装备科技译著出版基金

水声换能器与基阵(第二版)

Transducers and Arrays for Underwater Sound, Second Edition

[美] 约翰·巴特勒 (John L. Butler)
[美] 查尔斯·谢尔曼 (Charles H. Sherman) 著

张洪刚　周奇郑　张　虎　译

国防工业出版社

·北京·

内 容 简 介

本书系统介绍了20世纪后半叶至21世纪初水声换能器与基阵在理论和实践方面的进展。全书共13章，第1章至第4章系统介绍了换能器的发展历史与应用、电声转换机理、性能参数以及换能器分析和设计中使用的模型和方法等基础理论知识。第5章至第8章详细介绍了发射换能器、接收水听器以及基阵的类型、工作原理、结构形式和相应的设计原理。第9章介绍了换能器评估与测量的主要方法。第10、11章阐述了换能器声辐射的概念、模型与分析方法。第12章描述了换能器主要的非线性机制。

本书可作为水声工程、水中兵器专业高年级本科生或研究生教材，也可供电气工程、机械工程、物理、海洋工程等领域的工程师、科研人员参考。

著作权合同登记号　01-2022-5902

图书在版编目(CIP)数据

水声换能器与基阵:第二版/(美)约翰·巴特勒
(John L. Butler),(美)查尔斯·谢尔曼
(Charles H. Sherman)著;张洪刚,周奇郑,张虎译
.—北京:国防工业出版社,2023.9
书名原文:Transducers and Arrays for
Underwater Sound(Second Edition)
ISBN 978-7-118-12948-9

Ⅰ.①水… Ⅱ.①约… ②查… ③张… ④周… ⑤张
… Ⅲ.①水声换能器 Ⅳ.①TB565

中国国家版本馆 CIP 数据核字(2023)第 173919 号

First published in English under the title
Transducers and Arrays for Underwater Sound, edition:2
by John L. Butler and Charles H. Sherman
Copyright © Springer International Publishing Switzerland, 2016
This edition has been translated and published under licence from
Springer Nature Switzerland AG.

本书简体中文版由 Springer 授权国防工业出版社独家出版。
版权所有,侵权必究。

※

国防工业出版社出版发行
(北京市海淀区紫竹院南路23号　邮政编码100048)
北京虎彩文化传播有限公司印刷
新华书店经营
﹡
开本 787×1092　1/16　印张 29¾　字数 675 千字
2023 年 9 月第 1 版第 1 次印刷　印数 1—1000 册　定价 198.00 元

(本书如有印装错误,我社负责调换)

国防书店:(010)88540777　　书店传真:(010)88540776
发行业务:(010)88540717　　发行传真:(010)88540762

译者序

水声换能器与基阵主要应用于舰艇声纳、水中兵器、水声对抗器材、海洋环境与资源勘测等领域，其相关基础理论与应用技术在国家基础工业、智能制造、国防工业等行业有着重要应用。本书作为"现代水声与信号处理丛书"的一册，由美国声学学会与 Springer 联合出版，全书内容系统、深入、全面，是近年来反映水声换能器与基阵相关理论、技术与应用全貌的重要著作。本书可作为国内相关专业本科、研究生教学的专业教材，也可供水声工程、电气工程、机械工程、物理、海洋工程等领域从业人员参考，本书的翻译出版填补了国内在这一领域的空白，将有力推动该领域的教学、科研与相关工程技术工作的发展。

原著第一版 2006 年出版，因其内容全面、实用性强，受到了业界的一致好评。2016 年原著作者将全书内容进行优化整理，增补最新研究成果后出版了本书第二版。全书从换能器与基阵的概念、性质、典型类型、等效模型等基础知识入手，重点介绍了当前应用的和新型的发射换能器及基阵、接收水听器及基阵的相关内容。同时，对与换能器应用关系密切的性能参数测量、声辐射建模与计算等内容也进行了系统介绍。全书内容系统全面，实践性强，可更好地帮助读者解决实际问题，并为读者从事相关专业奠定坚实的理论基础。

译者所在单位长期从事水声换能器与基阵相关的教学与科研工作，具有一定的专业基础。译者在初次读到本书后，便产生了将其译为中文，以飨国内业者的冲动。但是，在翻译工作正式启动后发现由于跨专业知识的欠缺，前沿领域的生疏等原因，翻译工作面临非常大的困难。最终在译者所在单位的支持下，在苑秉成教授的指导与鼓励下，翻译组克服困难最终完成了本书的翻译工作。为了保留原著的特色，译文中对于矢量、矩阵以及矩阵转置等符号形式保留了原书中的格式，对于参考文献，亦采用原著的形式，请读者理解。具体分工如下：张洪刚负责第 1、4、6、7、8 章，周奇郑负责第 5、10、11、12 章，张虎负责第 2、3、9、13 章，全书由张洪刚进行统稿与校对。在此诚挚感谢中国船舶第 715 研究所俞宏沛研究员和西北工业大学陈航教授，感谢两位前辈在本书的立项与翻译过程中给予鼓励与指导。

还要感谢国防工业出版社在本书的翻译和出版过程中所给予的理解与帮助，感谢许波建等多位编辑极为严谨、辛苦的努力。

由于译者的水平与学识有限，译文中难免有描述不规范乃至错误之处，敬请读者批评指正。

第二版前言

第二版介绍了 20 世纪后半叶至 21 世纪初水下电声换能器与基阵在理论和实践方面的进展。第二版在形式上重新组织，更适合学生、工程师或科学家使用或设计换能器与基阵，并且加入了新的设计概念、分析和数据。

本书对水声换能器与基阵进行了全面的介绍。第 1 章阐述了电声换能器最重要的基本概念，简要回顾了历史，并概述了换能器与基阵的部分应用情况。第 2 章描述和比较了 6 种主要类型的电声换能器，给出了换能器其他的概念和特点，并介绍了换能器的等效电路分析法。第 3 章介绍了包括有限元法在内的换能器建模、分析和设计的主要方法。第 4 章给出了换能器重要性质的进一步讨论。

第 5~8 章涵盖了现代换能器与基阵的主要内容。第 5 章和第 6 章分别介绍了作为发射器的发射换能器和作为水听器的接收水听器。此外，还包含了当前换能器应用和新设计中的许多细节。第 7 章和第 8 章解释了大量换能器组合成基阵使用的优势，这些基阵通常包含数百个换能器。这些大型基阵在许多声纳应用中都是必需的，但同时也会带来其他问题，我们在本章对这些问题也进行了讨论和分析。第 9 章总结了用于评估换能器与基阵性能的主要测量方法。

第 10 章介绍了基本声学概念和确定声学量值所需的分析，如对换能器与基阵分析和设计至关重要的指向性图和辐射阻抗。此外，还提供了在几类典型应用下此类量值的有用结果。第 11 章介绍了可应用于更复杂情况的更先进的分析方法，并简要介绍了数值法，从而扩展了对声学量值的讨论。第 12 章描述了所有换能器类型中出现的主要的非线性机制，并提供了分析谐波失真等重要非线性效应的方法。本书结尾提供了一个宽泛的附录，其中包含了几类可用于换能器分析和设计的具体信息。

第二版的结构安排更适合学生、教师和从业者。虽然本书的某些部分对本科生是有用的，但本书属于为电气工程、机械工程、物理、海洋工程和水声工程领域研究生水平的工程师和科学家撰写的书籍。本书一般使用国际单位制（MKS），但偶尔使用英制单位是为了阐明与实际设备的关系。

John L. Butler

2016 年 3 月于明尼苏达州科哈塞特

第一版前言

本书属于美国海军部海军研究办公室(Office of Naval Research,ONR)发起的水声专著系列。ONR发行系列专著的目的是出版特定水下研究领域对物理声学进行深入回顾与分析的书籍。本专著介绍了20世纪后半叶至21世纪初水下电声换能器与基阵在理论和实践方面的进展。

首先以水下换能器与基阵的一个简要回顾和部分现代应用呈现给读者本学科的概况。然后采用统一的方式介绍6种主要类型的电声换能器,以便进行比较和解释为何某些换能器更适合在水中产生和接收声波。接下来详细介绍了可用作发射器和水听器的换能器的性质,以及评估和测量换能器的方法。我们解释了组合大量换能器形成基阵的理由以及分析这类基阵必须考虑的特殊问题。描述了存在于所有换能器中的非线性问题,并对其中最重要的某些影响进行了分析。一些不同的声学量值在电声换能器与基阵的设计和性能分析中起着至关重要的作用,本书便介绍了确定这些声学量值的方法。本书强调了解析建模和理解的重要性,但也明确指出,数值建模现在是换能器与基阵设计的一个重要组成部分。本书不包括应用于水下特定场景的非电声类型换能器,如爆炸声源、电火花声源、水力声源和光学水听器。

本书在内容组织上便于读者在前6章中以最少的背景知识快速了解当前换能器与基阵的主体内容。第1章阐述了电声换能器最重要的基本概念,简要回顾了历史,并概述了换能器与基阵的部分应用情况。第2章描述和比较了6种主要类型的电声换能器,给出了换能器其他的概念和特点,并介绍了换能器的等效电路分析法。第3~6章涵盖了现代换能器与基阵的主要内容。第3章和第4章分别介绍了作为发射器的发射换能器和作为水听器的接收水听器。此外,还包含了当前应用中特定换能器设计的许多细节。第5章和第6章解释了大量换能器组合成基阵使用的优势,这些基阵通常包含一千多个换能器。这些大型基阵在许多声纳应用中都是必需的,但同时也会带来其他问题,我们在本章对这些问题也进行了讨论和分析。

第7~12章是对前面章节内容的支持,对一些概念和方法进行了更深入的讨论,以帮助那些需要更深入了解换能器原理的人群。第7章介绍了包括有限元法在内的换能器建模、分析和设计的所有主要方法。第8章进一步讨论了一些重要的换能器特性。第9章描述了所有换能器类型中出现的主要的非线性机制,并提供了分析谐波失真等重要非线性效应的方法。第10章介绍了确定声学量值所需的基础声学分析,如对换能器与基阵分析和设计至关重要的指向性图和辐射阻抗。此外,还提供了在几类典型应用下此类量值的有用结论。第11章介绍了可应用于更复杂情况的更先进的分析方法,并简要介绍了数值法,从而扩展了对声学量值的讨论。第12章总结了用于评估换能器与基阵性能的主要测量方法。本书结尾提供了一个宽泛的附录,其中包含了几类可用于换能器分析和设计的具体信息以及一个术语表。

我们试图使本书适合初学者并让换能器领域的从业者从中学到更多。此外，以任何方式关注水下领域研究的人士也会发现本书是关于换能器与基阵应用方面的有益参考。虽然本书的某些部分对本科生是有用的，但本书属于为电气工程、机械工程、物理、海洋工程和水声工程领域研究生水平的工程师和科学家撰写的书籍。本书一般使用国际单位制(MKS)，但偶尔使用英制单位是为了阐明与实际设备的关系。

John L. Butler　Charles H. Sherman
2006 年 1 月于明尼苏达州科哈塞特

致 谢

本书第一版和第二版均依据作者在政府和行业组织的经验编写。要感谢我们在换能器和水声领域的启蒙老师,如海军水声实验室(现为海军水下战中心,NUWC)的 R. S. Woollett 博士、E. J. Parsinnen 博士和 H. Sussman 博士;东北大学的 W. J. Remillard 博士;布朗大学的 R. T. Beyer 博士;海军水下战中心的 T. J. Mapes 博士;Hazeltine 公司(现为 Ultra Ocean Systems 公司)的 G. W. Renner;海军水下战中心的 B. McTaggart;Massa Products Corporation 公司的 Frank Massa;还有雷神公司的 Stan Ehrlich。我们还要感谢 W. Thompson Jr.博士和 W. J. Marshall 博士对第一版的评论。与以下同事的讨论也在不同方面提供了很大的帮助:S. C. Butler、D. T. Porter、H. H. Schloemer 博士、S. H. Ko 博士、W. A. Strawderman 博士、R. T. Richards 博士、A. E. Clark 博士、J. E. Boisvert 博士、M. B. Moffett 博士以及 R. C. Elswick 博士。

我要感谢很多在各个具体方面对第二版出版提供帮助的人士;感谢 Jan F. Lindberg 从一开始便鼓励我接受第二版的编写任务,以及图像声学有限公司的 Alexander L. Butler 和 Victoria Curtis 在插图、图表和分析方面给我提供的帮助。我也要感谢 William J. Marshall、Jan F. Lindberg 和 Harold C. Robinson 博士对第二版的意见、建议和评论。

我尤其要感谢我的妻子 Nancy Clark Butler 给予的鼓励和理解。第二版的编写是为了纪念我的合著者、导师、同事和朋友 Charles Sherman。

John L. Butler

目 录

第1章 引言 ... 1

1.1 水声换能器历史简介 ... 1
1.2 水声换能器的应用 ... 5
1.3 线性电声转换概述 ... 13
1.4 换能器性质 ... 17
    1.4.1 机电耦合系数 ... 17
    1.4.2 换能器响应、指向性指数和声源级 ... 18
1.5 换能器基阵 ... 20
1.6 小结 ... 21
参考文献 ... 21

第2章 电声转换 ... 23

2.1 压电换能器 ... 23
    2.1.1 概述 ... 23
    2.1.2 33模式的纵向振子 ... 27
    2.1.3 31模式的纵向振子 ... 29
2.2 电致伸缩换能器 ... 31
2.3 磁致伸缩换能器 ... 33
2.4 静电换能器 ... 35
2.5 可变磁阻换能器 ... 37
2.6 动圈式换能器 ... 39
2.7 转换机理的比较 ... 40
2.8 等效电路 ... 42
    2.8.1 等效电路基础 ... 42
    2.8.2 谐振电路 ... 44
    2.8.3 品质因数Q和带宽 ... 44
    2.8.4 功率因数和调谐 ... 46
    2.8.5 功率极限 ... 49
    2.8.6 效率 ... 50
    2.8.7 水听器电路和噪声 ... 52

2.9　热因素考虑 ··· 53
　　2.9.1　换能器热模型 ··· 53
　　2.9.2　谐振时的功率和发热 ·· 55
2.10　扩展的等效电路 ··· 56
2.11　小结 ··· 57
参考文献 ··· 57

第3章　换能器模型 ··· 60

3.1　集总参数模型和等效电路 ·· 60
　　3.1.1　机械单自由度集总等效电路 ·· 60
　　3.1.2　机械多自由度集总等效电路 ·· 63
　　3.1.3　压电陶瓷集总参数等效电路 ·· 65
　　3.1.4　磁致伸缩集总参数等效电路 ·· 69
　　3.1.5　涡流 ··· 72
3.2　分布参数模型 ·· 73
　　3.2.1　分布参数力学模型 ·· 73
　　3.2.2　矩阵表示 ··· 76
　　3.2.3　压电分布参数等效电路 ·· 78
3.3　矩阵模型 ·· 84
　　3.3.1　三端口矩阵模型 ·· 84
　　3.3.2　二端口 ABCD 矩阵模型 ·· 87
3.4　有限元模型 ·· 88
　　3.4.1　一个简单的有限元示例 ·· 88
　　3.4.2　FEA 矩阵表示 ··· 89
　　3.4.3　压电有限元 ··· 91
　　3.4.4　空气负载作用下 FEA 的应用 ··· 92
　　3.4.5　水负载作用下 FEA 的应用 ··· 93
　　3.4.6　水负载作用下的大型基阵 ·· 95
　　3.4.7　磁致伸缩的有限元分析 ·· 96
　　3.4.8　FEA 模型的等效电路 ··· 97
3.5　小结 ··· 98
参考文献 ··· 99

第4章　换能器性质 ··· 101

4.1　谐振频率 ··· 101
4.2　机械品质因数 ··· 103
　　4.2.1　定义 ·· 103
　　4.2.2　棒质量的影响 ··· 105

  4.2.3 与频率相关的电阻的影响 ………………………………………… 106
 4.3 特性机械阻抗 ………………………………………………………………… 106
 4.4 机电耦合系数 ………………………………………………………………… 108
  4.4.1 耦合的能量定义及其他解释 ……………………………………… 108
  4.4.2 无源元件对耦合系数的影响 ……………………………………… 111
  4.4.3 动态条件对耦合系数的影响 ……………………………………… 115
 4.5 基于优质因数的参数(FOM) ……………………………………………… 117
 4.6 小结 …………………………………………………………………………… 119
 参考文献 …………………………………………………………………………… 120

第5章 发射换能器 …………………………………………………………… 122

 5.1 工作原理 ……………………………………………………………………… 123
 5.2 环形和球形换能器 …………………………………………………………… 125
  5.2.1 31模式压电环 ……………………………………………………… 125
  5.2.2 33模式压电环 ……………………………………………………… 129
  5.2.3 球形换能器 …………………………………………………………… 130
  5.2.4 磁致伸缩环 …………………………………………………………… 131
  5.2.5 溢流环 ………………………………………………………………… 132
  5.2.6 多模环 ………………………………………………………………… 135
 5.3 活塞式换能器 ………………………………………………………………… 137
  5.3.1 Tonpilz发射换能器 ………………………………………………… 137
  5.3.2 混合换能器 …………………………………………………………… 143
 5.4 传输线换能器 ………………………………………………………………… 146
  5.4.1 夹心式换能器 ………………………………………………………… 146
  5.4.2 宽带传输线换能器 …………………………………………………… 149
  5.4.3 大板换能器 …………………………………………………………… 153
  5.4.4 复合换能器 …………………………………………………………… 154
 5.5 弯张换能器 …………………………………………………………………… 157
  5.5.1 第Ⅳ类和第Ⅶ类弯张换能器 ……………………………………… 157
  5.5.2 第Ⅰ类木桶板弯张换能器 ………………………………………… 161
  5.5.3 第Ⅴ类和第Ⅵ类弯张换能器 ……………………………………… 161
  5.5.4 星形、三元和交叉弹簧换能器 …………………………………… 162
  5.5.5 集总模式等效电路 …………………………………………………… 164
 5.6 弯曲换能器 …………………………………………………………………… 165
  5.6.1 弯曲棒式换能器 ……………………………………………………… 166
  5.6.2 弯曲盘式换能器 ……………………………………………………… 168
  5.6.3 带凹槽圆柱体换能器 ………………………………………………… 170
  5.6.4 弯曲模式交叉弹簧换能器 ………………………………………… 172
 5.7 模态换能器 …………………………………………………………………… 172

  5.7.1 传动轮换能器 ·· 173
  5.7.2 八字弯张换能器 ·· 175
  5.7.3 杠杆圆柱形换能器 ·· 176
5.8 低轮廓活塞换能器 ··· 177
  5.8.1 悬臂模式活塞换能器 ·· 177
  5.8.2 剪切模式活塞换能器 ·· 181
5.9 小结 ·· 182
参考文献 ·· 182

第6章 水听器 ·· 188

6.1 工作原理 ·· 189
  6.1.1 灵敏度 ·· 189
  6.1.2 优质因数 ·· 191
  6.1.3 简化的等效电路 ·· 191
  6.1.4 关于灵敏度的其他问题 ·· 192
6.2 圆柱形和球形水听器 ··· 195
  6.2.1 端部屏蔽时性能 ·· 195
  6.2.2 球形水听器 ·· 197
  6.2.3 有端盖时性能 ·· 198
6.3 平面水听器 ·· 199
  6.3.1 Tonpilz 型水听器 ·· 200
  6.3.2 1-3 复合水听器 ··· 201
  6.3.3 柔性水听器 ·· 203
6.4 弯曲水听器 ·· 204
6.5 矢量水听器 ·· 205
  6.5.1 偶极子矢量传感器、障板和虚源 ·· 206
  6.5.2 声压梯度矢量传感器 ·· 209
  6.5.3 振速矢量传感器 ·· 210
  6.5.4 加速度计矢量灵敏度 ·· 211
  6.5.5 多模矢量传感器 ·· 212
  6.5.6 标量和矢量传感器相加性能 ·· 214
  6.5.7 声强传感器 ·· 217
6.6 平面波衍射常数 ··· 219
6.7 水听器热噪声 ··· 221
  6.7.1 指向性和噪声 ·· 222
  6.7.2 低频水听器噪声 ·· 223
  6.7.3 水听器噪声的其他信息 ·· 223
  6.7.4 水听器噪声综合模型 ·· 226
  6.7.5 矢量水听器内部噪声 ·· 226

	6.7.6 矢量水听器对局部噪声的敏感性	227
	6.7.7 辐射阻产生的热噪声	228
6.8	小结	229
参考文献		230

第7章 发射器基阵   234

- 7.1 基阵指向性函数 ……………………………………………… 236
  - 7.1.1 乘积定理 …………………………………………… 236
  - 7.1.2 线形、矩形和圆形基阵 …………………………… 237
  - 7.1.3 栅瓣 ………………………………………………… 240
  - 7.1.4 波束扫描与波束形成 ……………………………… 242
  - 7.1.5 错位基阵 …………………………………………… 245
  - 7.1.6 随机变化量的影响 ………………………………… 248
- 7.2 互辐射阻抗与基阵方程 ……………………………………… 249
  - 7.2.1 基阵方程组的求解 ………………………………… 249
  - 7.2.2 振速控制 …………………………………………… 252
  - 7.2.3 负辐射电阻 ………………………………………… 253
- 7.3 互辐射阻抗的计算 …………………………………………… 253
  - 7.3.1 活塞换能器平面基阵 ……………………………… 253
  - 7.3.2 非平面基阵与不均匀振速 ………………………… 257
- 7.4 非FVD换能器基阵 …………………………………………… 259
  - 7.4.1 辐射阻抗模态分析 ………………………………… 259
  - 7.4.2 基阵模态分析 ……………………………………… 260
- 7.5 体积基阵 ……………………………………………………… 263
- 7.6 发射器基阵的近场 …………………………………………… 265
- 7.7 非线性参量阵 ………………………………………………… 266
- 7.8 双扫描基阵 …………………………………………………… 270
- 7.9 小结 …………………………………………………………… 271
- 参考文献 ………………………………………………………… 272

第8章 水听器基阵   275

- 8.1 水听器基阵的指向性 ………………………………………… 276
  - 8.1.1 指向性函数 ………………………………………… 276
  - 8.1.2 波束扫描 …………………………………………… 279
  - 8.1.3 束控与指向性因数 ………………………………… 280
  - 8.1.4 基阵的波矢量响应 ………………………………… 284
- 8.2 阵增益 ………………………………………………………… 285
- 8.3 基阵中的噪声源及其性质 …………………………………… 287

8.3.1 海洋环境噪声 ……………………………………………………………… 287
8.3.2 结构噪声 …………………………………………………………………… 290
8.3.3 流噪声 ……………………………………………………………………… 291
8.4 基阵噪声的控制 …………………………………………………………………… 292
8.4.1 环境噪声控制 ……………………………………………………………… 292
8.4.2 结构噪声控制 ……………………………………………………………… 294
8.4.3 流噪声控制 ………………………………………………………………… 297
8.4.4 噪声控制小结 ……………………………………………………………… 300
8.5 矢量传感器基阵 …………………………………………………………………… 301
8.5.1 指向性 ……………………………………………………………………… 302
8.5.2 环境噪声中的矢量传感器阵列 …………………………………………… 303
8.5.3 结构噪声中的舰壳基阵 …………………………………………………… 307
8.6 平面圆形基阵 ……………………………………………………………………… 313
8.7 小结 ………………………………………………………………………………… 317
参考文献 …………………………………………………………………………………… 317

第9章 换能器评估与测量 ……………………………………………………………… 321

9.1 空气中换能器的电测量 …………………………………………………………… 321
9.1.1 电场换能器 ………………………………………………………………… 321
9.1.2 磁场换能器 ………………………………………………………………… 325
9.2 水中换能器的测量 ………………………………………………………………… 326
9.3 换能器效率的测量 ………………………………………………………………… 329
9.4 换能器的声响应 …………………………………………………………………… 330
9.5 互易校准 …………………………………………………………………………… 332
9.6 调谐响应 …………………………………………………………………………… 334
9.6.1 电场换能器 ………………………………………………………………… 334
9.6.2 磁场换能器 ………………………………………………………………… 337
9.7 近场测量 …………………………………………………………………………… 338
9.7.1 远场距离 …………………………………………………………………… 338
9.7.2 水箱中测量 ………………………………………………………………… 339
9.7.3 近场至远场的推算:小型声源 …………………………………………… 341
9.7.4 近场至远场的推算:大型声源 …………………………………………… 342
9.7.5 换能器外壳的影响 ………………………………………………………… 345
9.8 已校准标准换能器 ………………………………………………………………… 346
9.9 小结 ………………………………………………………………………………… 346
参考文献 …………………………………………………………………………………… 347

第10章 换能器的声辐射 ……………………………………………………………… 349

10.1 声辐射问题 ……………………………………………………………………… 349

10.2 远场声辐射 ······ 354
   10.2.1 线声源 ······ 354
   10.2.2 平面声源 ······ 355
   10.2.3 球声源和柱声源 ······ 360

10.3 近场声辐射 ······ 360
   10.3.1 圆形活塞轴上的声场 ······ 360
   10.3.2 近场对空化的影响 ······ 362
   10.3.3 圆形声源的近场 ······ 363

10.4 辐射阻抗 ······ 364
   10.4.1 球形声源 ······ 365
   10.4.2 平面上的圆形源 ······ 366

10.5 偶极子耦合到寄生单极子 ······ 368

10.6 小结 ······ 371

参考文献 ······ 372

第 11 章 声辐射数学模型 ······ 374

11.1 互辐射阻抗 ······ 374
   11.1.1 球面上活塞式换能器 ······ 374
   11.1.2 圆柱上活塞式换能器 ······ 377
   11.1.3 Hankel 变换 ······ 382
   11.1.4 Hilbert 变换 ······ 383

11.2 格林定理和声学互易定理 ······ 383
   11.2.1 格林定理 ······ 383
   11.2.2 声学互易性 ······ 384
   11.2.3 格林函数解 ······ 385
   11.2.4 亥姆霍兹积分公式 ······ 388

11.3 散射和衍射常数 ······ 390
   11.3.1 衍射常数 ······ 390
   11.3.2 圆柱声源的散射 ······ 392

11.4 声学计算的数值方法 ······ 395
   11.4.1 混合边界条件:配置法 ······ 395
   11.4.2 边界元法 ······ 397

11.5 小结 ······ 398

参考文献 ······ 399

第 12 章 非线性机理及其影响 ······ 402

12.1 集总参数换能器中的非线性机理 ······ 402
   12.1.1 压电换能器 ······ 402

XVII

    12.1.2 电致伸缩换能器 …… 406
    12.1.3 磁致伸缩换能器 …… 407
    12.1.4 静电和可变磁阻换能器 …… 409
    12.1.5 动圈式换能器 …… 410
    12.1.6 其他非线性机理 …… 411
  12.2 非线性效应分析 …… 412
    12.2.1 谐波畸变：直接驱动摄动分析 …… 412
    12.2.2 间接驱动的谐波畸变 …… 418
    12.2.3 静电和可变磁阻换能器的不稳定性 …… 419
  12.3 分布参数换能器的非线性分析 …… 421
  12.4 非线性因素对机电耦合系数的影响 …… 425
  12.5 小结 …… 426
  参考文献 …… 426

第13章 附录

  13.1 量纲转化与常数 …… 428
    13.1.1 量纲转化 …… 428
    13.1.2 常数 …… 428
  13.2 换能器的材料和阻抗 …… 429
  13.3 时间平均，功率因数，复声强 …… 430
    13.3.1 时间平均 …… 430
    13.3.2 功率 …… 430
    13.3.3 声强 …… 431
    13.3.4 辐射阻抗 …… 431
    13.3.5 复声强 …… 431
  13.4 压电系数之间的关系 …… 432
  13.5 小信号下的压电材料性能 …… 433
  13.6 压电陶瓷近似频率常数 …… 435
  13.7 小信号下的磁致伸缩材料性能 …… 436
    13.7.1 33磁致伸缩性能 …… 436
    13.7.2 三维 Terfenol-D 性能 …… 437
  13.8 电压分压器和戴维宁等效电路 …… 437
    13.8.1 分压器 …… 437
    13.8.2 戴维宁等效电路 …… 437
  13.9 磁路分析 …… 438
    13.9.1 等效电路 …… 438
    13.9.2 例子 …… 438
  13.10 诺顿电路变换 …… 439
  13.11 积分变换对 …… 440

- 13.12 刚度、质量、力阻 ·· 440
  - 13.12.1 结构刚度 $[K=F/x]$ ·· 440
  - 13.12.2 压电材料的柔度 $[C^E=x/F]$ ··· 440
  - 13.12.3 质量 $[m=F/a]$ ·· 441
  - 13.12.4 谐振 $[\omega_0=(mC)^{-1/2}]$ ··· 441
  - 13.12.5 力阻 $[R=F/u]$ ·· 441
- 13.13 换能器常用公式 ·· 442
  - 13.13.1 转换关系 ·· 442
  - 13.13.2 辐射 ··· 443
- 13.14 压电陶瓷的应力极限、电场极限和老化 ··· 445
- 13.15 水听器综合噪声模型建立 ··· 448
- 13.16 电缆和变压器 ··· 452
  - 13.16.1 电缆 ··· 452
  - 13.16.2 变压器 ··· 452
- 13.17 复数运算 ·· 454

第 1 章
引 言

在20世纪期间,水下电声换能器快速发展,逐步形成了一个将力学、电磁学、固体物理学和声学融入许多重大应用中的、不断增长的知识领域。广义上讲,换能器是将能量从一种形式转换为另一种形式的过程或设备。因此,一个电声换能器可将电能转换为声能或将声能转换为电能。这种过程和装置很常见。例如,暴风雨是一种自然发生的过程,闪电产生的电能使之清晰可见,并且有一部分电能转换为雷声。另一种熟悉的人造换能器是用于收音机、电视和其他音响系统中的动圈式扬声器。扬声器是如此普遍,以至于它们的数量可能超过世界发达地区的人口。而用于水下声音产生和接收的发射换能器和接收水听器的设计,与用于空气中的扬声器和麦克风类似。"声纳"(SONAR)一词源自声波导航与测距(sound navigation and ranging)的缩写,用于表示通过接收物体发出的声波探测和定位该物体的过程(被动声纳),或在物体不发声时以接收物体所反射的回声来探测和定位该物体的过程(主动声纳)。在水中,每一种声音的产生和接收所需的换能器大多数是基于电声学设计的。此外,一些非电声换能器也在水中得到应用,如基于爆炸、火花和水动力声的发射器,它们与光学水听器一样在本书中不做介绍。

本书主要介绍21世纪初期有关水下电声换能器的理论和实践。第1章首先简要回顾一下电声学的发展历史,以及众多的水声应用情况。此外,还以一种通用的方式介绍了电声转换的基本概念,它可适用于所有类型的电声换能器。第2章介绍并比较了几种主要的电声转换机理,并指出为什么某些压电材料仍普遍应用于水下换能器领域。第3章介绍了换能器的模型和分析方法。第4章讨论了换能器的特征。第5章和第6章介绍了几种具体的发射换能器和水听器设计,第7章和第8章讨论了有关发射换能器和水听器基阵的内容。第9章介绍了换能器评估与测量的方法。第10章讨论了换能器产生的声辐射,而第11章讨论了几种先进的声辐射数学模型。最后,第12章分析了第2章中所介绍换能器的非线性效应。

1.1 水声换能器历史简介

200多年前,电声学便开始观察机械效应与电和磁之间的联系。到了20世纪初期,电声学在水下声领域起到了重要作用。F. V. Hunt对电声学的发展历史进行了最完整的调查,并在"电声学走向海洋"一节中进行了详细介绍[1]。文献[2]中,Urick对电声学的水下应用做了简要的历史介绍。R. T. Beyer回顾了声学200年的发展历程,其中也多次提及水下声换能器[3]。本书也从上述作品中摘取并简要介绍了有关电声学的一些历史背景。1826年,Daniel Colladon和Charles Sturm共同合作首次对瑞士日内瓦淡水湖中的声速进行了直接测量[3]。他们没有采用电声换能器在水中产生声音,采用的发射器是一个机械声学换能器,即水下敲击的钟。在湖上的某一点位置,在敲钟的同时发出闪光信号,观察者在13km外的船上测量看到闪光与听到声音之间的时间间隔。观察者也没有使用电声换能器来检测声音的到来,而是将耳朵贴在一根管子的一端,另一端置于水中,这就是他们所采用的水听器。他们在水温8℃时测得的数值按Beyer的标准为1438m/s[3],而按Rayleigh的标准为1435m/s[4]。在水温8℃的淡水中现代的测量值为1439m/s[3,5]。首次测量且传输时间不足10s的情况下得到这样的精确度确实令人惊叹。

到了18世纪后期19世纪初期,对电报技术的兴趣在实践中推动了电声换能器的发展。起初,并未涉及声学;利用机械输入产生电信号,可在电报线路的另一端直接观察到另一种机械效应,即针的移动。系统各端所使用的装置均为机电或机磁换能器。1830年,Joseph Henry使用移动电枢换能器(现在通常称为可变磁阻换能器)将电声换能器引入电报,通过电枢撞击的声音来观察发射的信号。这些成果促进了电话的发明。1876年,在Alexander Graham Bell的领导下,利用移动电枢电声换能器在电线的两端实现了人声的传播。

尽管其他人更早观察到磁致伸缩的各种表现,但通常认为是根据詹姆斯·焦耳(James Joule)在1842—1847年间的定量实验发现了磁致伸缩效应,包括测量铁棒被磁化时长度的变化[1]。1880年,Jacques和Pierre Curie发现了在石英和其他晶体中存在压电性[1]。磁致伸缩和压电性的发现对水下声学的研究产生了重大影响,因为具有这两种属性的材料现在被广泛地应用于水下换能器。磁致伸缩和压电材料分别放置在磁场或电场中时会发生尺寸变化,而且还具有其他属性使之非常适用于在水中辐射或接收声音。对电场和磁场机械效应的关注也促进了19世纪对电、磁和电磁理论的理解和发展。

20世纪初,潜艇信号公司(后成为Raytheon公司的一个部门)首次将水下声学应用到导航中。在此应用中,要求舰船的船员们测量听到水下声音和空中声音的时间间隔。水下敲响的钟作为水中声源,同时在相同地点吹响雾笛,在空中产生声音。早期船载声设备包括用于产生声音的机械装置(如图1-1所示),以及用于判断声音方向的双耳装置(如图1-2所示)。

图1-1　早期使用了锤子、棒和活塞的简单水下信号系统(Raytheon公司提供)[6]

1912年泰坦尼克号撞击冰山沉没后不久,L. F. Richardson向英国专利办事处提交了利用

图1-2 早期的水下双耳探测定位空气管传感器(Raytheon公司提供)[6]

空中和水下声音进行回声测距的专利申请。可能因为没有合适的换能器可用,所以他没有实施这些想法。然而,在美国工作的加拿大人 R. A. Fessenden 很快通过开发一种新型动圈换能器满足了这一需求,到1914年,该传感器已成功用于潜艇之间的信号传输和回声测距。1914年4月27日,通过水下回声测距的方式探测到近2mile①处的一座冰山。第一次世界大战期间,工作在500~1000Hz范围内的"费森登振荡器"被安装在美国潜艇上。这或许是水下电声换能器的第一次实际应用[6-8]。

在第一次世界大战开始之前,人们认为除了极低频和蓝绿光外,一般电磁波在水中经过很短的距离便会被吸收。因此,声波是在水中可以发送信号的唯一可用且可行的手段。随后,潜艇受到的威胁首次出现,同时大量的水下回声测距实验也被开展[9]。早在1915年,Paul Langevin(郎之万)与其他研究人员在法国利用一种静电换能器作为发射器,以及一个防水碳麦克风作为水听器进行了相关研究。虽然在接收近距离目标的回声方面取得了一些成果,但仍存在大量的问题,还需要进一步改进换能器。当法国得出的结果传到英国后,在 R. W. Boyle(盟军潜艇探测调查委员会)领导下的工作组于1916年启动了类似的实验。双方均意识到利用石英的压电效应有改善换能器的潜力。郎之万发现了适用的石英样本后,压电性立即展现了其价值。首先通过利用石英水听器代替碳水听器获得了更好的结果,并在1917年初再次获得改进的结果,当时石英换能器同时用于发射器和水听器。在进一步改进了石英换能器的设计之后,1918年初从一艘潜艇上听到了回声。主要的设计改进包括通过将石英夹在钢板之间来制造谐振器(见图1-3),这种方法仍在现代传感器中应用。

上述成果极大地提升了潜艇上有效回声测距的前景,法国、英国、美国和德国均投入了更多

---

① 1mile=1.609km。

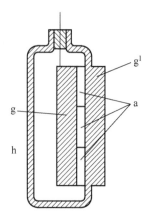

图 1-3 1921 年 7 月 28 日郎之万的英国发明专利 145,691：
钢（g）-石英（a）-钢（g^1）夹心式换能器

的力量进行研究。Boyle 领导的小组研发了一种被称为"ASDIC 装置"的设备安装在英国舰队中的部分舰船上。在美国，位于康涅狄格州新伦敦县的海军实验站启动了回声测距项目，并得到了其他几个实验室的研究支持，尤其是在压电材料方面的研究。虽然这些工作的进展都不够迅速，不足以在第一次世界大战中发挥重要作用，但它确实为很快到来的第二次世界大战中需要的回声测距研究提供了基础。

在两次世界大战之间舰船的水下测深得到了商业性开发。同时，美国 H. C. Hayes 领导的海军研究实验室针对潜艇的回声测距也进行了持续研究。其中一个主要问题是缺乏足够功率的换能器来达到必要的测量范围。研究发现，磁致伸缩换能器可以产生更大的声功率，而它们的坚固性也使它们非常适合水下应用。然而，与压电换能器相比，磁致伸缩材料中的电损耗和磁损耗导致效率较低。此外，还探讨了其他类型的换能器概念，包括使用磁致伸缩的拉伸运动来驱动弯曲的辐射表面（称为弯张换能器，参见图 1-4）。

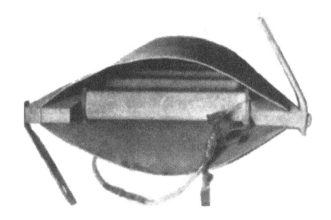

图 1-4 1929 年 5 月在 NRL 制作的一个供空气中运行的试验性弯张换能器，
由三个磁致伸缩管驱动放大的壳体拉伸[10]

第一次世界大战之后，罗谢尔盐（酒石酸钾钠）作为一种比石英具有更强压电效应的人工合成晶体被世人所知，它为改进换能器提供了另一种可能。人工合成罗谢尔盐可能是电声换能器领域第一个重要的创新，即改进了机电性能的新型人造材料。

在第二次世界大战早期，这些在换能器方面的成就，加上电子学的进步和对海洋中声波传播规律的了解更充分，为研发可应用但性能有限的声纳系统提供了基础，声纳系统有效性改进的潜力是显而易见的，随着德国潜艇对美国东海岸的舰船造成严重破坏，这种需求更加强烈[9]。1941年，几所大学启动了相关研究工作，如位于新伦敦的哥伦比亚大学战争研究部，位于剑桥的哈佛大学水声实验室（HUSL）以及位于圣地亚哥的加州大学战争研究部。他们的工作使得许多美国船只配备了回声测距和被动监听系统。此外，还研发了利用换能器和水声技术的其他类型设备，如声自导鱼雷、声引信水雷和声纳浮标。这些装备的使用积累了大量的实践经验，为战中和战后的许多新发展提供了坚实的基础[10]。

第二次世界大战结束时，哥伦比亚大学在新伦敦的研究工作在美国海军研究实验室的指导下继续开展。位于新伦敦的研究机构称作海军水声实验室，其中John M. Ide担任技术总监，J. Warren Horton担任总顾问。1945年后，哈佛大学水声实验室的声纳项目以及将近一半的研究人员并入新伦敦的海军水声实验室，而哈佛大学的军械项目以及剩余的研究人员并入宾夕法尼亚州立大学新的军械研究实验室。声纳和电磁学方面的重大进展在新伦敦持续多年，包括对换能器和基阵的各种研究和开发[11]。在同一时期，在华盛顿特区和佛罗里达州奥兰多的海军研究实验室以及圣地亚哥的海军电子实验室也对换能器和基阵进行了类似的研究。

第二次世界大战和接下来的冷战极大地推动了对新型人造换能材料的研究，其中在20世纪40年代早期产生了磷酸二氢铵（ADP）、硫酸锂和其他晶体材料。到了1944年，A. R. von Hippel在永久极化的钛酸钡陶瓷中发现了压电性[12]，并于1954年，在极化后的锆钛酸铅（PZT）陶瓷中发现了更强的压电性[13]。这些材料的发现开启了压电换能器的新纪元，并再次在应对美国东海岸潜艇的威胁中发挥了重要作用，此时苏联潜艇已装备了远程核导弹。

20世纪末，PZT陶瓷复合材料仍然被广泛应用于水声换能器中。然而与PZT相比，在部分应用中具有可以进一步提高性能潜力的材料已经出现，如铌镁酸铅（PMN），纹理陶瓷与相关化合物的单晶体，如铌铟酸铅-铌镁酸铅-钛酸铅（PIN-PMN-PT）和磁致伸缩材料Terfenol-D、Galfenol。压电陶瓷和陶瓷弹性体复合材料具有多种组成形式，能被制作成多种多样的形状和尺寸，并提供所需的特定性能。这些材料的上述特征推动了新型换能器的研发和制造，且成本相对低廉，这在电声学研究初期是无法想象的。

1.2 水声换能器的应用

在大面积水域（或部分浅水水域）中，许多应用中的水下声波频率范围从1Hz到1MHz以上。例如，在海洋中数千千米的声学通信是可能的，但是要求其频率低于100Hz，因为频率越高，海洋中的声吸收越大[2]。另一方面，在浅至1m的水中进行测深对于小船来说很重要，但需利用几百千赫的短脉冲声波，从而将回声与发射的声波区分开。高分辨率的近程主动声纳采用的声波频率最高达到1.5MHz。在如此宽广的频率范围中开展应用，就需要众多不同的换能器设计。

水声在海军中的应用需要大量各式各样的换能器。两艘潜艇之间进行声通信需要使用一个发射器发出声波，并在每艘潜艇上采用水听器接收声波。回声测距通常要求在同一艘舰船上采用一个发射器和一个水听器，而被动监听只需要一个水听器。水听器和发射器常常成组应用，每组中数量可达1000个以上，这些换能器被紧密安装在舰船上的平面、圆柱形或球形基阵中。

其他的海军应用还包括由水听器的输出电压引爆的声引信水雷,该电压由运动船只辐射的低频声波所激发;可用于潜航中的潜艇之间或水面舰船与潜艇之间声通信的特定发射器和水听器;具有高频定向基阵的主动声自导鱼雷,与此同时,被动声自导鱼雷则要求具有低频声波探测能力来探测舰船辐射噪声。潜艇通常配备其他专门的水听器来监控自身噪声或提高主动声纳系统的性能。声纳浮标属于通过航空器投入水中的消耗性水听器/无线电发射器组合。无线电发射器漂浮在水面上,系留的水听器在合适的深度探测潜艇。某些被动监听浮标和回声测距浮标,都用无线电发射器向航空器反馈信息。Urick[2]讨论了很多这类海军应用的情况。

随着声纳技术的成熟,声纳技术开始投入到大量的商业应用中,如测深声纳就是一种接收来自底部主动声纳,准确了解船底的水深不仅对海军非常重要,而且对大型舰船以及小型游船上的全体船员都很重要。声纳不仅能够确定舰船所在位置的水深,还可进一步提供详细的水底地形图,良好的水底地形图使导航变得容易。目前,地球整个 1.4 亿 ft²① 的海洋大部分已经绘制了水底地形图。声纳还可在冰层下表面进行类似的测深,这对于在北极冰盖下航行的潜艇至关重要。水底测绘技术已经扩展到对沉入水底物体的探测和搜寻中,包括舰船和航空器残骸以及古代宝藏。主动声纳对于捕鱼业具有良好的商用价值,专门定位鱼群的系统已被研发出来。水下换能器甚至可以通过超声波能量照射蚊卵的方式消灭蚊卵[14]。

声纳的水底测绘属于海洋学的一个重要组成部分,可进一步用于浅底层测绘以及确定海底特征的工作。例如,通过声纳研究纽约长岛佩科尼克湾的海底,试图找出扇贝种群减少的原因[15]。利用回声测距和断层扫描技术,声传播测量能被用于对海洋盆地的建模。

水声可应用于海洋工程的各个方面。在海洋深处钻探石油和天然气或铺设水下电缆或管道时,确定特定点或物体的精确位置通常至关重要。需要结合水下声学和地震声学来寻找海洋下的石油或天然气矿床。水下通信网络系统涉及多台声调制解调器,每台均配有一个发射器和一个水听器,该系统对于海军作战和其他水下项目特别重要。

一些研究项目利用水声来收集与各种主题相关的数据。海洋气候声学测温项目(ATOC)通过测量数千千米长的海洋路径上的声波传播时间,以确定平均声速是否随着时间的推移而增加。由于海水中声速的增加意味着地球大部分地区的平均温度升高,因此这可作为一个测量全球变暖的最佳手段之一。该项目需要极低频的发射器和水听器以及非常精细的信号处理过程[16]。声监测系统已被应用于探测抹香鲸发出的声音从而对抹香鲸的行为进行研究,并且可以探测海底的地震和火山爆发[17]。在可能成为声纳浮标概念的终极版本中,已经计划在2020年左右将声学传感器降落在木星的卫星"欧罗巴"上。欧罗巴表面覆盖的冰层中会出现天然开裂,从而在冰层和可能位于冰下的海洋中产生声波。声传感器接收到的声波可用于了解冰层的厚度以及下方海洋的深度和温度。这些信息可以为研究外星生命是否存在提供线索[18]。如果物理学家成功地证明水听器基阵能够探测到高能中微子穿过海洋所发出的声波,那么水声甚至可能在粒子物理学领域发挥作用[19]。

所有上述水声的应用,需要大量的具有各种特性,可用于很宽的频率、功率、尺寸、重量和水深范围的换能器。各种应用和众多解决方案所带来的问题继续使水声换能器的研究和开发成为一个具有挑战性的主题。图 1-5~图 1-17 显示了几种较新的水声换能器,其中图 1-9 显示的是一种早期的低频基阵,图 1-10~图 1-12 显示的是最近的基阵,图 1-13 和图 1-14 显示的是弯张换能

---

① 1ft² = 0.093m²。

器，图 1-15~图 1-17 显示的是利用最新材料 Terfenol-D 和单晶体 PMN-PT 制成的换能器。

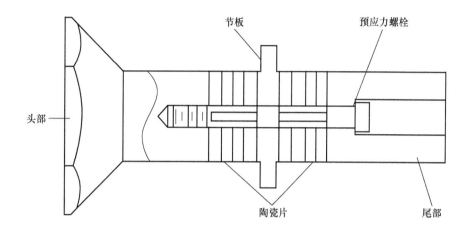

图 1-5 采用节板安装的 Tonpilz 型换能器简图

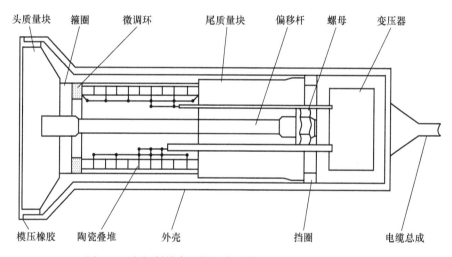

图 1-6 有钢制外壳的低频大功率 Tonpilz 型换能器简图

图 1-7 低频大功率 Tonpilz 型换能器图片，显示了模压橡胶活塞、
由六个压电陶瓷环组成并用玻璃纤维包裹的驱动叠堆、尾质量块、变压器和外壳

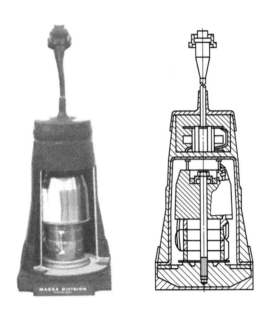

图 1-8　中频 Tonpilz 型换能器的外壳剖面图和横截面简图[30]，显示了压紧螺栓及模压橡胶密封壳，以及水密连接器(Massa Products 公司提供)

图 1-9　即将用于深潜检测的极低频率磁性变磁阻偶极"摇箱"换能器大型基阵(Massa Products 公司提供)[30]

图 1-10 Tonpilz 型换能器的圆柱形扫描基阵

图 1-11 检测中的潜艇声纳球形基阵

图 1-12　正在检测中的潜艇共形基阵板

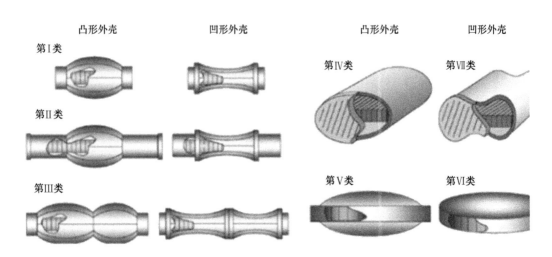

图 1-13　各类弯张换能器简图[31]

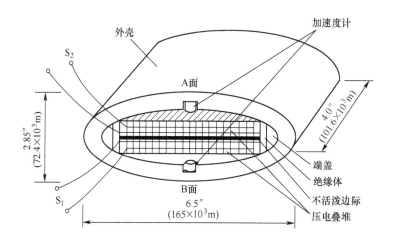

图 1-14 在偶极模式下运行的第Ⅳ类弯张换能器简图[32]，
外壳和接口由英国 Aerospace England 公司的 John Oswin 提供

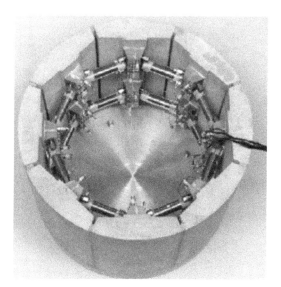

图 1-15 由 16 根 Terfenol-D 磁致伸缩棒驱动的实验用环形模式磁致伸缩换能器
（去除顶部端盖后）[33]

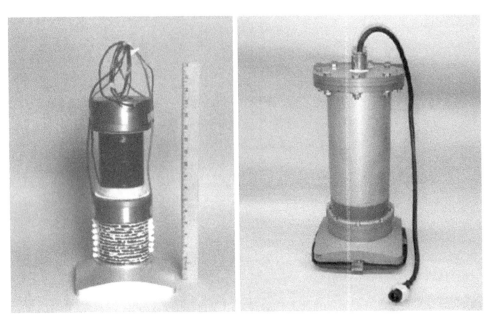

图 1-16 大功率磁致伸缩/压电混合换能器[34]，配有方形活塞、压电陶瓷驱动、中质量块、磁致伸缩驱动和尾质量块，以及水密外壳和电连接器

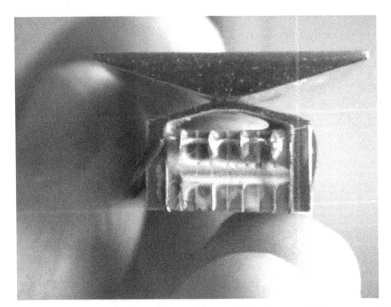

图 1-17 弯曲增强型单侧边长 1in① 的正方形活塞换能器，由 8 个单晶 PMN-PT 板驱动进入弯曲模式。其由 Image Acoustic 设计，经 Northrop Grumma 进一步改进，并由 Harris Acoustic Products 为 Northrop Grumman 制作

---

① 1in=2.54cm。

1.3 线性电声转换概述

电声转换机理主要有 6 种类型(压电、电致伸缩、磁致伸缩、静电、可变磁阻和动圈),均已应用到水声换能器。尽管这些机理的细节差别很大,但所有 6 种机理的线性运行都可以统一描述。上述 6 种机理中,3 种与电场有关,另外 3 种与磁场有关。由于电力或磁力来源于整个活性材料,所以压电、电致伸缩和磁致伸缩机理被称作体积力换能器。而静电、可变磁阻以及动圈机理被称作表面力换能器是因为力起源于表面。压电和动圈换能器的线性机理适用于小幅振动,而其他 4 种换能器具有内在非线性,必须经过极化或偏置(参见第 2 章)方可实现较低幅值下的线性运行。由于体积力换能器较常用于水声换能器,因此本书主要关注这类换能器,尤其是最常用的压电换能材料。

当非线性忽略不计时,任何电声换能器均可以理想化地视为一个振子,具有质量 M、刚度 K_m 和内部力阻 R (参见第 13.12 节)并承受声作用力 F。此外,振子连接有电源以提供电动力,如图 1-18 所示。

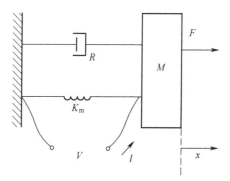

图 1-18 一维简谐振子

在电场的情况下,电动力与电压 V 成正比,可以用 $N_{em}V$ 表示,其中 N_{em} 为常数。在上述电动力的影响下质量块的移动可以用牛顿定律得出如下:

$$M\ddot{x} = -K_m x - R\dot{x} + F + N_{em}V \tag{1-1a}$$

式中,x 表示质量块的位移。当驱动力在角频率 ω 下随时间正弦变化时,即 $e^{j\omega t}$,上述方程变为(参见 13.17 节)

$$(j\omega M - jK_m/\omega + R)u = Z_m u = F + N_{em}V \tag{1-1b}$$

式中,$u = j\omega x$ 为质量块的振速;机械阻抗 $Z_m = j\omega M + 1/j\omega C_m + R$ 是力与振速的比值,其中 $C_m = 1/K_m$ 为力顺(也称顺性系数)。那么,所得振速的解可表示为

$$u = (F + N_{em}V)/Z_m \tag{1-1c}$$

对于无外部作用力的情况下,可简化为 $u = N_{em}V/Z_m$。在谐振 $\omega_r = (K_m/M)^{1/2}$ 时得到最大输出振速 $u = N_{em}V/R$,其中 $\omega_r M = K_m/\omega_r$ 且阻抗为 $Z_m = R$。

例如:如果 $K_m = 1 \times 10^6 \text{N/m}$ 且 $M = 2.5\text{g} = 0.0025\text{kg}$,则 $\omega_r = 20,000$ 且 $f_r = 20,000/2\pi = 3.18\text{kHz}$。此时,在谐振下有 $N_{em} = 2\text{N/V}$,$V = 1\text{V}$ 且 $R = 2000\text{N·s/m}$,可得到 $u = 1 \times 10^{-3}\text{m/s}$。正如以上讨论的一样,对于 1V 的输入电压则功率为 $W = u^2R = 2 \times 10^{-3}\text{W}$,而输入电压为 100V 时则为 20W。此例中,假设电压 V 的值为 RMS 值(有效值),因此振速也是 RMS 值。

线性换能器的本质特征是一种关系,例如方程(1-1b),它将机械变量 F、u 和电变量 V 联系在一起。同样类似地,可以将电流 I、u 和 V 联系在一起,如下:

$$I = N_{me}u + YV \qquad (1-2)$$

式中,Y 为电导纳,即电流与电压的比值;N_{me} 为另一个常数。这些方程的使用,以及 $N_{me} = \pm N_{em}$ 的情况,将在更详细地定义变量后进行全面讨论。此处注意 N_{em} 为换能器的电气部件与机械部件相关联的量,反之亦然。对于 $N_{em} = 0$,无耦合时,该装置不是一个换能器。

此外,换能器也可以被认为是一种机制,具体细节不明,它有一个电气端口(两根导线)和一个声学端口(一个表面,可以在声学介质中振动)。在图 1-19 中,声学端口的表示方式与电气端口相同,即两根导线,F 类似于电压,而 u 则类似于电流。

图 1-19　任何线性换能器的电压、电流、振速和作用力的一般示意图

这就是所谓的经典类比或阻抗类比,是最常用的类比。另一种类比被称作导纳类比,也用 F 和 u 分别对应 I 和 V。

变量 V 和 I 明确定义为两根导线两端的电压和通过导线的电流。但是,由于 F 和 u 与声学介质接触的扩展表面有关,因此需要考虑它们的定义。通常情况下,$F = F_r + F_b$,其中 F_r 为介质对表面运动的反作用力;F_b 为外力,如来自另一个声源的声波。当表面运动均匀时,振速 u 在表面上的每个点都具有相同的法向振速,$u = u_0 e^{j\omega t}$。此时,F_r 为表面上声压的积分,即

$$F_r = -\iint_S p(\vec{r})\mathrm{d}S \qquad (1-3a)$$

式中,负号表示 F_r 为介质对换能器的反作用力,而 $\vec{r}$ 为表面上的位置矢量(如果压力在整个面积 S 上为均匀的,则有 $F_r = -pS$)。辐射阻抗可定义为

$$Z_r = -F_r/u_0 = \frac{1}{u_0}\iint_S p(\vec{r})\mathrm{d}S = R_r + jX_r \qquad (1-4a)$$

式中,R_r 为辐射阻,X_r 为辐射抗,是任何电声换能器的关键参数。$F_r u$ 的时间平均值为辐射声功率,等于 $1/2 R_r u_0^2 = R_r u_{rms}^2$(参见第 13.3 节)。因此,$R_r$ 是与将能量从换能器传输到外部声场有关的电阻,这是发射器的基本功能。R_r 在换能器运行中的作用与内部机械阻 R 的作用完全不同,后者代表换能器内部的能量损耗。有效的声辐射要求较大的 R_r 值和较低的 R 值。X_r 代表一种增加到振子上的质量,即 $M_r = X_r/\omega$,因为表面振动加速相邻介质并将动能传递给它。增加的质量通过改变谐振频率来影响换能器的工作,因为谐振发生在质量电抗和刚度电抗抵消的频率[见方程(1-1b)]。第 10 章会详细讨论各类辐射器的辐射阻抗。

对于具有特定但不均匀的法向振速 $u(\vec{r})$ 的曲面,必须在曲面上选择某一点 $u(\vec{r})$ 的具体值,作为定义辐射阻抗的参考振速。最常用的是中心值或表面上的空间平均值。所选的参考振速值用 u_0 表示,它被用于定义在非均匀移动时的 F_r 和 Z_r,这与方程(1-4a)相一致:

$$F_r = -Z_r u_0 \qquad (1-3b)$$

式中,

$$Z_r = -(1/u_0 u_0^*) \iint_S p(\vec{r}) u^*(\vec{r}) dS \tag{1-4b}$$

Z_r 是与 u_0 相关的辐射阻抗（*表示复共轭）。辐射阻抗的这种更一般定义的基础是方程（1-4b）中的积分与时间平均声强（参见第 10 章和第 13.3 节）有关，所以由面上的积分可得出辐射的声功率。那么，与均匀振速的换能器一样，其时间平均功率也等于 $1/2R_r u_0^2$。此外，方程（1-4b）还可以简化为均匀振速的情况，此时的 $u(\vec{r})$ 是换能器表面上的一个常数。Foldy 和 Primikoff[20, 21]对换能器在声学介质中的振动进行了更一般性的讨论。

上述定义仅适用于假设换能器具有固定振速分布的良好近似[21]。固定振速分布是指振速幅值不受限制，尽管可能会随频率而变化，但其相对空间分布不会因水深、声荷载变化或者受到外部声源的声波影响而发生变化。这个概念也表明，用于描述一个换能器的振速分布必须与这个换能器工作的介质相一致。例如，对于一个在真空中振动的物体的振动模式，在水中由于水的加载，其振动模式就会发生改变[22]。虽然固定振速分布是一种从未满足的理想化情况，但大多数水下换能器在机械上相当坚硬，所以可根据此概念很好地近似。然而，在某些情况下，振速分布在整个工作条件范围内会出现显著变化，那么就必须考虑采用其他方法，如振动表面的模态分析法（参见第 7.4.1 节）。

因此，至少对固定振速分布的换能器而言，介质的反作用问题就变成了确定辐射阻抗的问题，而这将在第 10 章中进行讨论。在此之前，只有出于分析目的，才需要考虑换能器的质量和内部机械阻力，以增加辐射质量和辐射阻力。然而，应该注意的是，辐射电抗、辐射电阻和辐射质量通常都与频率有关，而方程（1-1a）中的 M 和 R 往往被视作与频率无关的参数。在低频率下，辐射质量为常数，辐射阻较低；在高频率下，辐射阻为常数，而辐射质量较小。在较小的频带上，对总质量和电阻进行与频率无关的近似可以满足要求。

对于发射器，$F_b = 0$ 且只有外部作用力是辐射力时 $F = F_r = -Z_r u_0$。对于水听器，由入射声波的声压而产生的外力 F_b 为驱动力，但由于声波导致水听器的表面发生振动，因而介质也存在反作用力。因此，水听器运行时，存在：

$$F = -Z_r u_0 + F_b \tag{1-5}$$

式中，F_b 为入射自由场声压 p_i 与散射声压 p_s 之和，并经振速分布加权后的表面积分：

$$F_b = \frac{1}{u_0^*} \iint_S [p_i(\vec{r}) + p_s(\vec{r})] u^*(\vec{r}) dS \tag{1-6}$$

当水听器表面被钳定且不发生振动时，散射声压由水听器以及水听器安装结构的反射构成。衍射常数 D_a 可定义如下[23]：

$$D_a = F_b / A p_i \tag{1-7}$$

式中，A 为水听器可移动表面的面积。当水听器在低频率下应用时，往往可忽略不计散射的情况，得到 $F_b = A p_i$ 且 D_a 近似于 1（有关衍射常数的更多信息，请参见第 6.6 和第 11.3 节）。

利用成对的线性方程组将上述定义的四个时间谐波变量 V、I、F 和 u 相关联，从而能够描述任何线性换能器的性能。由于电场换能器的电动力与电压相关，因此自然存在的成对方程组为方程（1-1b）和方程（1-2），可改写为

$$F_b = Z_{mr}^E u + N_{em} V \tag{1-8}$$

$$I = N_{me} u + Y_0 V \tag{1-9}$$

式中，在 $K_m^E = 1/C_m^E$ 时，包括辐射阻抗的短路（$V = 0$）机械阻抗为

$$Z_{\mathrm{mr}}^{E} = (R + R_{\mathrm{r}}) + \mathrm{j}\left[\omega(M + M_{\mathrm{r}}) - \frac{K_{\mathrm{m}}^{E}}{\omega}\right]$$

此处的上标 E 指的是，$V=0$ 即 $E=0$ 情况下的电场。这就使得换能器方程与第2章中介绍的材料状态方程上标形成了一致。这种情况意味着电场的时间谐波部分为零，但总电场可能非零而是一个常数，因为大多数情况下还存在与时间不相关的偏差（参见第2章）。Y_0 为静态（$u=0$）时的电导纳。转换系数 N_{em} 和 N_{me}（也称作机电转化率或匝数比）是确定机械和电变量之间耦合的关键量。对于电力依赖于电流的磁场换能器，自然成对的方程组可根据 I 和 u 给出 F_{b} 和 V。这两种形式的方程有一个优点，即仅在转换系数同时具有电和机械特性时，机械阻抗系数和电导纳系数（或磁场情况下的阻抗）有类似的含义。

方程（1-8）和方程（1-9）或类似的方程是分析换能器性能的基础。本书后面章节将针对不同的换能器推导出这些方程，并可借助材料属性和尺寸来确定方程中所有参数的特定值。以其应用举例，假设发射器工作中 $F_{\mathrm{b}}=0$，则由方程（1-8）可得出电压 V 产生的振速如下：

$$u = -N_{\mathrm{em}}V/Z_{\mathrm{mr}}^{E}$$

利用辐射阻得出辐射功率为 $1/2R_{\mathrm{r}}|u|^2$。其中，R_{r} 为因振速 u 造成的机械损耗，而功率损耗为 $1/2R_{\mathrm{r}}|u|^2$。

例如：机械效率 η_{ma} 可根据辐射功率输出与总输入功率的比值计算得出，也可简单表示为 $\eta_{\mathrm{ma}} = R_{\mathrm{r}}/(R+R_{\mathrm{r}})$。如果 $R=R_{\mathrm{r}}$，则机械效率为50%。如果 $R=R_{\mathrm{r}}/3$，则机械效率为 $\eta_{\mathrm{ma}} = 3R/(R+3R)$，这在声纳换能器中是常见的。

如果 $N_{\mathrm{em}} = N_{\mathrm{me}}$，则耦合被称为对称的或互易的。如果 $N_{\mathrm{em}} = -N_{\mathrm{me}}$，则耦合被称为反对称的或反互易的。然而，反互易的说法具有误导性，因为两种情况下均必须存在相同的互易属性[1]。在第2章中将看到电场换能器方程中的 u 和 V 是独立的，磁场换能器方程中的 u 和 I 是独立的，所有转换系数大小是相同的，但符号相反。转换系数 N_{em} 等于正或负的 N_{me}，这种属性被称作机电互易性，它适用于所有主要的换能器类型。这很重要，因为它允许理想化的换能器由3个参数而不是4个参数来描述，这意味着通过换能器的能量流与方向无关。第2个特性特别重要，因为与声学互易性相结合，它构成了互易校准的基础（参见第9.5节和第11.2.2节）。Foldy 和 Primikoff [20] 表明，当 $|N_{\mathrm{em}}| = |N_{\mathrm{me}}|$ 时，互易性校准有效。

为了使 u 和 I 而非 u 和 V 为自变量，对于电场换能器在 $N_{\mathrm{me}} = N$ 和 $N_{\mathrm{em}} = -N$ 时，可将方程（1-8）和方程（1-9）改写如下：

$$F_{\mathrm{b}} = Z_{\mathrm{mr}}^{D}u - (N/Y_0)I \tag{1-10}$$

$$V = -(N/Y_0)u + (1/Y_0)I \tag{1-11}$$

式中，$Z_{\mathrm{mr}}^{D} = Z_{\mathrm{mr}}^{E} + N^2/Y_0$ 为开路（$I=0$）机械阻抗，D 为电位移。需注意转换系数已变为 N/Y_0，表明其值取决于因变量。此外还需注意，虽然两组方程组都应用于相同的换能器，但是反对称的方程（1-8）和方程（1-9）已经变为了对称的方程（1-10）和方程（1-11）。因此，对称和反对称方程之间的差异几乎不具有物理意义，但会影响用于表示特定换能器的电路类型。Woollett [24] 讨论了不同的换能器方程组以及可表示这些换能器的电路。

作为使用换能器方程的第2个例子，假设水听器工作时，$I=0$，方程（1-7）中的 $F_{\mathrm{b}} = AD_{\mathrm{a}}p_{\mathrm{i}}$；合并方程（1-10）和方程（1-11）得到每单位声压的电压输出为 $V/p_{\mathrm{i}} = (NAD_{\mathrm{a}})/(Y_0Z_{\mathrm{mr}}^{D})$，这即是水听器开路的接收灵敏度。

虽然诸如 Z_{mr}^E,N 和 Y_0 的 3 个参数能用于描述一个互易换能器,但也可以方便地定义其它参数,例如前文中的 Z_{mr}^D。所以,再次将方程(1-8)和方程(1-9)改写,使得 F_b 和 V 为自变量,可得出在 $N_{em} = -N$ 和 $N_{me} = N$ 时的下列方程组:

$$u = (1/Z_{mr}^E)F_b + (N/Z_{mr}^E)V \quad (1-12)$$

$$I = (N/Z_{mr}^E)F_b + Y_f V \quad (1-13)$$

此处引入了另一个参数 $Y_f = Y_0 + N^2/Z_{mr}^E$,也即是自由($F_b = 0$)电导纳。自由电导纳和静态电导纳之间的差值($Y_f - Y_0$)以及开路和短路机械阻抗之间的差值($Z_{mr}^D - Z_{mr}^E$)是机电耦合的重要指标。如果这些差值为零,则该装置就不是一个换能器。

线性换能器方程的这种公式适用于所有主要类型的电声换能器,但它仅限于无源的换能器,因为它们没有内部能量源。例如,碳扣式麦克风,它由一个电源和一个与压力相关的电阻组成,所以它不属于无源换能器。

1.4 换能器性质

1.4.1 机电耦合系数

方程(1-8)和方程(1-9)中的转换系数将电和机械变量关联起来,可用于机电耦合的度量,但时仍需要一个更加通用的度量方式以便对不同类型的换能器或某一类型换能器中的不同设计进行比较。机电耦合系数(也称为机电耦合因子)可满足此需求,它以 k 表示。对于 k 的定义和物理意义已有相当多的研究[1,24-26]。本节主要介绍具有不同物理解释但本质上一致的两种定义。

耦合系数是依据静态(不移动)或准静态(缓慢移动)条件来定义的,但常常根据动态条件下测量的值来确定。准静态条件发生在低频下,在忽略电阻后,机械阻抗 Z_{mr}^D 和 Z_{mr}^E 简化为刚性电抗 $K_m^D/j\omega$ 和 $K_m^E/j\omega$(或 $1/j\omega C_m^D$ 和 $1/j\omega C_m^E$),而电导纳 Y_0 和 Y_f 则简化为容性电纳 $j\omega C_0$ 和 $j\omega C_f$。因此,上一节中针对互易性换能器推导得出的关系式 $Z_{mr}^D = Z_{mr}^E + N^2/Y_0$ 和 $Y_f = Y_0 + N^2/Z_{mr}^E$ 可简化为

$$K_m^D - K_m^E = \frac{N^2}{C_0} \quad (1-14)$$

以及

$$C_f - C_0 = \frac{N^2}{K_m^E} = N^2 C_m^E \quad (1-15)$$

当电边界条件或机械边界条件被改变时,机电耦合造成了上述刚度和电容的变化。除去两个关系式中的 N^2,可得出 $C_0(K_m^D - K_m^E) = K_m^E(C_f - C_0)$,因此有 $C_0 K_m^D = C_f K_m^E$。由此可见,相对变化是相同的,k^2 可定义如下:

$$k^2 \equiv \frac{K_m^D - K_m^E}{K_m^D} = \frac{C_f - C_0}{C_f} = N^2 C_m^E / C_f \quad (1-16)$$

根据 Hunt 的建议[1],k^2 的物理含义可被定义为耦合引起的机械阻抗变化,但这并非 k^2 唯一的物理含义,具体将在方程(1-19)中讨论。方程(1-16)使得 k^2 成为一个无量纲的量且仅适用于线性互易电场换能器,但下文对磁场换能器给出类似的定义。方程(1-16)中两个等价

定义中的一个仅涉及机械参数,另一个仅涉及电参数。可根据上述关系式得出同时涉及电参数和机械参数的 k^2 替代表达式。例如:

$$k^2 = \frac{N^2}{K_m^D C_0} = \frac{N^2}{K_m^E C_f} = \frac{N^2/K_m^E}{C_0 + N^2/K_m^E} \tag{1-17a}$$

由于换能器工作中往往同时用到机械刚度和柔顺性,即刚度的倒数,也可根据顺性系数 $C_m = 1/K_m$ 将方程(1-17a)表示为

$$k^2 = \frac{N^2 C_m^D}{C_0} = \frac{N^2 C_m^E}{C_f} = \frac{N^2 C_m^E}{C_0 + N^2 C_m^E} \tag{1-17b}$$

根据刚度变化得出的定义非常有用,因为如果假设刚度 K_m^D 和 K_m^E 与频率无关,则 k^2 可以和换能器可测量的谐振/反谐振频率相关联。基于电容变化的定义并不能提供一种方便的测量 k^2 的方法,因为通常很难根据需要钳定水下声换能器来测量 C_0。然而,在有限元模拟的理想环境下则很容易实现。

首先讨论磁场换能器的方程组,其中 F 和 V 为因变量,而磁场变量为 H 和 B。根据刚度变化、电感变化和换能参数确定在开路机械顺性系数 $C_m^H = 1/K_m^H$ 时的耦合系数如下:

$$k^2 \equiv \frac{K_m^B - K_m^H}{K_m^B} = \frac{L_f - L_0}{L_f} = \frac{N^2}{K_m^B L_0} = \frac{N^2}{K_m^H L_f} = \frac{N^2 C_m^H}{L_f} \tag{1-18}$$

量值 $(C_f - C_0)$ 和 $(L_f - L_0)$ 被称作动态电容和电感,因为它们表示换能器自由移动和被钳定时两个数值之间的差值。

Mason[25]指出,对于静电换能器而言,k^2 的意义在于它表示了在静态或直流电压下总输入电能中以机械能形式储存的部分。这种描述通常被用作所有类型电声换能器的 k^2 的定义,因为它简单的物理含义非常引人注意。例如,电压 V 施加到一个用方程(1-8)和方程(1-9)描述的互易换能器上,在 $F_b = 0$,低频时产生位移 $x = NV/K_m^E$。对于机械自由的换能器,其输入电能为 $1/2 C_f V^2$,而以机械能形式储存的能量为 $1/2 K_m^E x^2$。在短路机械顺性系数为 $C_m^E = 1/K_m^E$ 时,可根据 Mason 的定义得出:

$$k^2 = \frac{\text{转换的机械能}}{\text{输入的电能}} = \frac{K_m^E x^2/2}{C_f V^2/2} = \frac{N^2}{K_m^E C_f} = N^2 C_m^E/C_f \tag{1-19}$$

这与方程(1-17a)中得到的另一种 k^2 定义一致。从这个定义我们可以看出,我们期望换能材料满足 $0 < k < 1$ 的条件。压电陶瓷的 $k \approx 0.7$,而压电单晶体的 $k \approx 0.9$。

例如,压电陶瓷存在 $k \approx 0.7$ 且 $k^2 \approx 0.5$,得出电能到机械能的转换率约为50%。另一方面,单晶体压电材料存在 $k \approx 0.9$ 且 $k^2 \approx 0.8$,得出的能量转换率更高,约为80%。

k^2 的重要性在于它是转换能量与存储能量的比率的概念。它与另一个重要概念效率不同,效率是功率输出与功率输入的比值。前者取决于从一种形式到另一种形式的能量转换,后者取决于辐射的功率(与功率损耗发热的情况有关)。

1.4.2 换能器响应、指向性指数和声源级

电声换能器的功能是将声波辐射到空气或水等介质中,或者检测由其他源辐射到介质中的声波。换能器响应是换能器执行这些功能的能力的衡量标准。它们被定义为在固定驱动条件下,每单位输入下的换能器的输出,其为频率的函数。换能器通常以定向方式辐射声波,并随频

率和到换能器的距离发生变化。在给定的频率下,远场是指向性与距离无关的区域,此时声压与距离成反比。远场距离是一个重要的概念,将在第 9 章和第 10 章中进行更多量化讨论。在远场中给定距离 r 处,声强 $I(r,\theta,\phi)$ 随极角 θ 和方位角 ϕ 而发生的变化被称为远场指向性函数。它本质是一种干涉图,由高强度角区域(波瓣)组成,被低强度角区域(零陷)隔开,并由指向性因数和指向性指数定量表征。最大声强 $I_0(r)$ 的方向被称为声轴或最大响应轴(MRA)。指向性因数是远场中在相同距离 r 下最大声强与所有方向上平均声强 $I_a(r)$ 的比值。平均声强由总辐射声功率 W 除以在距离 r 处的圆形面积得出,即 $I_a = W/4\pi r^2$(参见第 10.1 节了解声强的完整定义)。因此,指向性因数可定义如下:

$$D_f \equiv \frac{I_0(r)}{I_a(r)} = \frac{I_0(r)}{W/4\pi r^2} = \frac{I_0(r)}{\left(\dfrac{1}{4\pi r^2}\right)\displaystyle\int_0^{2\pi}\!\!\int_0^{\pi} I(r,\theta,\phi) r^2 \sin\theta \, d\theta \, d\phi} \tag{1-20}$$

此外,指向性指数可定义为以 dB 为单位的指向性因数:

$$DI = 10\log D_f \tag{1-21}$$

当换能器振动表面的面积 A 与声波波长 λ 的平方相比较大时,且表面的法向振速是均匀的,指向性因数可更好地近似为 $D_f \approx 4\pi A/\lambda^2$(参见第 10.2.2 节)。

换能器的声源级用于衡量它在最大响应轴上能够产生的远场声压。在无损耗介质中,总辐射功率与距离无关,但由于声压与距离成反比,必须为声源级定义一个参考距离,通常为距离换能器声中心 1m。设 $p_{rms}(r)$ 为最大响应轴上、距离 r 处的远场声压幅度的有效值,且 $p_{rms}(1) = rp_{rms}(r)$ 为反推到 1m 处的远场声压。声源级定义为 $p_{rms}(1)$ 与 $1\mu Pa$ 的比值,单位为 dB:

$$SL = 20\log\left[p_{rms}(1) \times 10^6\right] \tag{1-22}$$

声源级可用总辐射声功率和指向性指数通过下列关系式表示:

$$W = 4\pi I_a(1) = 4\pi I_0(1)/D_f \tag{1-23}$$

$$I_0(1) = \frac{[p_{rms}(1)]^2}{\rho c} \tag{1-24}$$

式中,ρ 为密度;c 为介质中的声速(参见第 10.1 节)。那么,水中的声源级在 $\rho c = 1.5 \times 10^6 \text{kg}/(\text{m}^2 \cdot \text{s})$ 时可表示为

$$SL = 10\log W + DI + 170.8 \text{dB} \quad (1\text{m 时为 } 1\mu Pa) \tag{1-25}$$

式中,W 为以瓦特为单位的输出功率,即由于电声效率而导致减少的输入电功率。通常,能可靠辐射最大声功率时的声源级是一个发射器最重要的衡量指标。声功率与辐射阻和换能器辐射面参考振速的大小有关,其中 $W = 1/2 R_r u_0^2$。

例如:假设换能器辐射 1000W 且存在 DI = 5dB,则 SL = 205.8dB,其声源级相当于仅辐射 500W 但存在 DI = 8dB 的换能器。当 DI 增加 3dB,只需要换能器一半的功率即可实现相同的声源级。

根据方程(1-8),得出电场换能器的振速为

$$u_0 = N_{em} V / Z_{mr}^E \tag{1-26}$$

那么,声源级可表示如下:

$$SL = 10\log\left[\frac{1}{2}R_r \left|\frac{N_{em}V}{Z_{mr}^E}\right|^2\right] + DI + 170.8 \text{dB} \quad (1\text{m 时为 } 1\mu Pa) \tag{1-27}$$

方程(1-27)表示出了电声发射器许多重要属性中的一个,这个方程中包含了声学参数 R_r、DI,电驱动幅值 V、机电转换系数和机械阻抗(含辐射阻抗)(注意:电压 V 往往采用RMS值,此时方程(1-27)中并未出现因子1/2)。

发送电压和电流响应定义为1rms电压或1rms电流输入时的声源级。有些情况下,也会使用其他的发送响应,如1W或1V-A输入时的声源级。自由场电压接收响应定义为一个平面波到达最大响应轴时,1μPa自由场声压作用下的开路输出电压。这些响应将在第5章和第6章详细讲述,并且会介绍各类发射器和水听器的设计。第9章中也会介绍其测量方法。

1.5 换能器基阵

为了精确判断方位和抑制噪声,需要大型换能器基阵具备指向性。同时,对于主动基阵,为实现远处目标距离的测定,也需要大型换能器基阵具有足够的功率。此外,基阵还可以灵活地对主动和被动声波束进行束控和扫描。在主动声纳中,距离测定可通过测量回波返回的时间来实现。在被动声纳中,距离测定也可以利用两个基阵通过三角法,或者在基阵间距离允许时利用三个基阵通过测量波阵面曲率来实现。图1-10~图1-12显示了声纳中使用的基阵示例:圆柱形和切去顶端的球形主动基阵和一个共形被动基阵。Schloemer对舰壳声纳基阵进行了综合研究[27]。

美国海军在其主要的主动和被动声纳系统中使用了成百上千的换能器,还有许多换能器用于特定目的的较小系统中。对中距离探测的主动声纳通常使用一个倍频程的带宽,并且在2~10kHz的范围内运行。对近距离应用的主动声纳,例如水雷或鱼雷探测,使用的频率可达到100kHz,而对于高分辨率应用的情况,频率甚至会达到1.5MHz[28]。包含数百个水听器的海军用被动基阵被设计成多种阵形,从符合船体外壳的配置到船尾拖曳的线列阵。

部分被动基阵专门设计用于海洋中固定设备的监控。这些基阵与安装在舰船上的基阵相比往往存在一个优点,即没有舰船的自噪声,可实现远距离监控。而远距离主动监控,则要求低频和大功率,这正是设计中面临的两大主要问题。第一个问题涉及单个发射器,因为这些发射器必须工作在谐振点附近才能辐射出大功率。而低频谐振换能器存在体积大、笨重且造价高的问题[29]。当发射器在基阵中彼此距离较近时,则会出现第二个问题,因为每个发射器的声场会影响其他的发射器(参见第7章)。这些声互作用或耦合使得基阵的分析和设计变得复杂,也能造成严重问题,故它们需要特别重视。例如,耦合可能会降低某些换能器的总机械阻抗,使其振速变得足够高,从而导致机械故障。

对于单只换能器来说,波束宽度和旁瓣级等特征是固定的,但是对基阵来说,波束宽度和旁瓣级可通过调整单只换能器的相对幅度和相位来改变。例如,可以调整单个换能器的幅值,使得旁瓣相对于主瓣降低,或者调整相位使波束扫描。

此外,主动和被动基阵在接近频带的上限时也会出现栅瓣或混叠问题,此时换能器的输出,可能在不需要的方向上合并形成与主瓣一样大小的瓣,尤其是在扫描时(参见第7章和第8章)。由于高频端受到栅瓣的限制,而低频端受限于换能器之间的声互作用,使得增加主动基阵的带宽尤为困难。

在固定的被动基阵中,辨别内部噪声和海洋环境噪声的能力非常重要。在舰壳被动基阵中,除了速度极低的情形,因水流和机械激发的流噪声和结构噪声比海洋环境噪声更重要。拖曳被动基阵会降低舰船噪声的影响,但拖曳被动基阵会受到自身流噪声和水流激发的结构噪声限制。环境噪声、流噪声和结构噪声属于比较大的研究主题,本书不做详细研究,但与基阵设计直接相关的一些方面将在第 8 章讨论。

1.6 小　　结

　　本章简要介绍了水声换能器的历史及其应用,并概述了换能器、换能器特征和换能器基阵。第一次世界大战期间,Fessenden 的动圈换能器被首次应用到潜艇上。自此,500Hz～1MHz 以上的水下声换能器系统以磁致伸缩和压电发射器、水听器为主,尤其后者最为常用。最常见的换能器类型包括环形、圆柱形、活塞(Tonpilz)型和弯张型。在其最基本的形式中,换能器可以由一个双端口网络表示,一侧是电压 V 和电流 I,另一侧是力 F 和振速 u。明确了4个时间谐波函数关联起来的成对线性方程组,可用于描述换能器的性能。电能与机械能以及机械能与电能之间的转换的度量采用耦合系数 k 的平方表示,范围为 $0 < k < 1$,其与活性材料和换能器具体设计有关。

　　作为发射器,电压驱动换能器产生电流 I,电流 I 取决于输入换能器阻抗 $Z = V/I$,从而输出作用力;力产生振速 u,振速 u 取决于换能器的辐射阻抗 Z_r 和效率。该振速将声音辐射到水中,并在介质中产生一个远场声压 p,同时在换能器的辐射区域也形成一个近场声压。作为水听器时,声压为 p_i 的入射声波在面积为 A 的换能器上形成一个作用力 $F = \int p_i \mathrm{d}A$,从而产生开路电压。衍射常数 $D_a = F/p_i A$ 可用于确定给定几何形状和入射波声压 p_i 下主动换能器表面上的力。对于指向性指数 $\mathrm{DI} = I_0(r)/I_a(r)$,$I_0$ 为轴向声强,而 I_a 为远场半径为 r 的虚拟球面上的平均声强。远场声强可简单地以 $I = |p|^2/\rho c$ 表示,其中 ρ 为密度,c 为水中声速($\rho c = 1.5 \times 10^6 \mathrm{kg/(m^2 \cdot s)}$)。

　　声源级 SL 的一个重要方程是 $\mathrm{SL} = 20 \log [p_{\mathrm{rms}}/10^{-6}] = 10 \log W + \mathrm{DI} + 170.8 \mathrm{dB}$ (参考距离 1m 且声压为 $1\mu\mathrm{Pa}$),其中,p_{rms} 为参考距离 1m 的声压有效值;W 为换能器或换能器基阵的输出声功率,等于 $\eta_{ea} W_i$,η_{ea} 为电声效率;W_i 为输入电功率。大型换能器基阵可以通过提高 DI 的方法来增大发射声源级,即通过协同工作的换能器增大所需方向上的声压同时极大地消除其它方向的声压,从而形成更窄的波束。此外,增加 DI 也能帮助水听器基阵增加作用在基阵中每一个换能器上的直达信号,并消除来自不需要目标的辐射信号。

参 考 文 献

1. F. V. Hunt, Electroacoustics (Wiley, New York, 1954)
2. R. J. Urick, Principles of Underwater Sound, 3rd ed. (Peninsula, Los Altos Hills, CA, 1983)
3. R. T. Beyer, Sounds of Our Times (Springer/AIP Press, New York, 1999)
4. J. W. S. Rayleigh, The Theory of Sound, vol. 1 (Dover, New York, 1945), p. 3
5. L. E. Kinsler, A. R. Frey, A. B. Coppens, J. V. Sanders, Fundamentals of Acoustics, 4th ed. (Wiley, New York, 2000), p. 121
6. H. J. W. Fay, Sub Sig Log—A History of Raytheon's Submarine Signal Division 1901 to Present. (Raytheon Company, 1963)
7. G. W. Stewart, R. B. Lindsay, Acoustics (D. Van Nostrand, New York, 1930), pp. 249-250
8. I. Groves (ed.), Acoustic Transducers, Benchmark Papers in Acoustics, vol 14 (Hutchinson Ross Publishing, Stroudsburg, PA, 1981)

9. T. Parrish, The Submarine: A History (Viking, New York, 2004)
10. National Defense Research Committee, Div. 6, Summary Technical Reports(1946) vol 12, Design and Construction of Crystal Transducers, vol 13, Design and Construction of Magnetostrictive Transducers
11. J. Merrill, L. D. Wyld, Meeting the Submarine Challenge—A Short History of the Naval Underwater Systems Center (U. S. Government Printing Office, Washington, DC, 1997)
12. M. S. Dresselhaus, Obituary of A. R. von Hippel. Phys. Today, p. 76, September (2004); see also R. B. Gray, US Patent 2,486,560, Nov 1, 1949, filed Sept 20 (1946)
13. B. Jaffe, R. S. Roth, S. Marzullo, J. Appl. Phys. 25, 809-810 (1954); J. Res. Natl. Bur. Standards 55, 239 (1955)
14. New Mountain Innovations, 6 Hawthorne Rd. Old Lyme, Connecticut
15. R. Ebersole, Sonar takes bay research to new depths. Nat. Conserv. Mag. 52, 14 (2002)
16. P. F. Worcester, B. D. Cornuelle, M. A. Dziecinch, W. H. Munk, B. M. Howe, J. A. Mercer, R. C. Spindel, J. A. Colosi, K. Metzger, T. G. Birdsall, A. B. Baggeroer, A test of basin-scale acoustic thermometry using a large-aperture vertical array at 3250 km range in the eastern North Pacific Ocean. J. Acoust. Soc. Am. 105, 3185-3201 (1999)
17. Acoustics in the news. Echoes Acoust. Soc. Am. 13(1) (2003)
18. N. Makris, Probing for an ocean on Jupiter's moon Europa with natural sound sources. Echoes Acoust. Soc. Am. 11(3) (2001)
19. T. D. Rossing, Echos, scanning the journals. Acoust. Soc. Am. 12(4) (2002)
20. L. L. Foldy, H. Primikoff, General theory of passive linear electroacoustic transducers and the electroacoustic reciprocity theorem. J. Acoust. Soc. Am., Part I, 17, 109 (1945); Part II, 19, 50 (1947)
21. L. L. Foldy, Theory of passive linear electroacoustic transducers with fixed velocity distribution. J. Acoust. Soc. Am. 21, 595 (1949)
22. M. Lax, Vibrations of a circular diaphragm. J. Acoust. Soc. Am. 16, 5 (1944)
23. R. J. Bobber, Diffraction constants of transducers. J. Acoust. Soc. Am. 37, 591 (1965)
24. R. S. Woollett, Sonar Transducer Fundamentals. (Naval Undersea Warfare Center, Newport, Rhode Island, Undated)
25. W. P. Mason, Electromechanical Transducers and Wave Filters, 2nd ed. (D. Van Nostrand, New York, 1948), p. 390
26. J. F. Hersh, Coupling Coefficients. Harvard University Acoustics Research Laboratory Technical Memorandum No. 40, Nov 15 (1957)
27. H. H. Schloemer, Technology development of submarine sonar hull arrays. Technical Digest. Naval Undersea Warfare Center-Division Newport, Sept 1999, see also Presentation at the Undersea Defense Technology Conference and Exhibition, Sydney, Australia, Feb 7-9 (2000)
28. C. M. McKinney, The early history of high frequency, short range, high resolution, active sonar. Echos Acoust. Soc. Am. 12, 4 (2002)
29. R. S. Woollett, Power limitations of sonic transducers. IEEE Trans. Sonics Ultrason. SU-15, 218 (1968)
30. Massa Products Corporation, 280 Lincoln Street, Hingham, MA
31. D. F. Jones et al., Performance analysis of a low-frequency barrel-stave flextensional projector. ONR Transducer Materials and Transducers Workshop, March, 1996, Penn Stater Conference Center, State College, PA, Artwork by Defence Research Establishment Atlantic, DREA, Dartmouth, Nova Scotia, CANADA B2Y 3ZY
32. S. C. Butler, A. L. Butler, J. L. Butler, Directional flextensional transducer. J. Acoust. Soc. Am. 92, 2977-2979 (1992)
33. J. L. Butler, S. J. Ciosek, Rare earth iron octagonal transducer. J. Acoust. Soc. Am. 67, 1809-1811 (1980)
34. S. C. Butler, F. A. Tito, A broadband hybrid magnetostrictive/piezoelectric transducer array. Oceans 2000 MTS/IEEE Conference Proceedings, Providence, RI, vol 3, September (2000), pp. 1469-1475

第 2 章

电声转换

本章将统一描述6种主要的电声转换机理,使用一维模型来推导出每种机理特定的线性方程对,如第1.3节所述。同时,本章将总结和比较各类换能器的重要特征,以说明为什么压电和磁致伸缩换能器最适合大多数水中应用。

在压电、电致伸缩和磁致伸缩材料中,施加的电场或磁场会对晶体结构中的电荷或磁矩产生作用力。在这类体积力换能器中,电能或磁能与弹性能和一些动能一起分布在整个活性材料中。因此,刚度、质量和驱动部件并非如图1-18中所示完全分离,而是如图2-5中所示活性材料中同时存在刚度、驱动力和部分质量。图1-18中的符号 M 仅表示质量,而符号 K_m 仅指刚度,代表了所谓的集总参数近似。这种非常常用的近似仅在活性材料的尺寸与材料中应力波的波长相比较小并且质量和刚度与频率无关时才适用于体积力换能器。本章将使用集总参数模型,因为尽管它们相对简单,但它们仍然包含每种转换机理的基本特征。集总参数等效电路换能器模型也将用于评估换能器的发热。

本章中的换能器模型不包括将在第3章和第4章中讨论的重要动态效应和非线性效应。后者在某些情况下也很重要,因为大多数转换机理本质上是非线性的,而那些线性转换机理在高振幅情况下也会变成非线性。本章中,最初每种机理的方程考虑了部分的非线性,但之后将方程简化为大多数换能器工作中均采用线性形式。在第12章中,会重新探讨非线性机理和计算其影响的方法。

本章还将介绍其他的换能器特征,如谐振、品质因数、特性阻抗、效率和功率极限,以及通过等效电路对换能器建模的简要总结。这样读者能够掌握基本知识,以便理解第5章和第6章有关具体水下电声发射器和水听器设计的内容,以及第7章和第8章有关发射器基阵和水听器基阵的内容。第3章和第4章将详细介绍所有主要换能器建模的方法,并进一步讨论有关换能器的特征。本章首先讨论偏置电致伸缩材料中的压电性,如最常用的水声换能材料——压电陶瓷。

2.1 压电换能器

2.1.1 概述

尽管本节关注的是压电换能器,但首先还是要弄清电致伸缩和压电之间的区别。Cady[1]简明扼要地说:"正是这种应变符号与场符号的逆转,将压电性与电致伸缩区分开来"。换句说,压电显示机械应变和电场之间的线性关系,而电致伸缩显示相同变量之间的非线性关系,如图 2-1 所示。

虽然在小电场下,天然的压电材料有线性关系,但当电场足够大时仍会表现出非线性。这类非线性至少部分是源于所有材料中均存在的弱电致伸缩性,在高电场情况下它比压电性更重要。

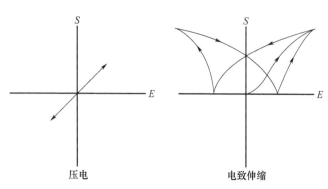

图 2-1 压电和电致伸缩材料的应变与电场关系

压电性仅发生在缺少对称中心的晶体结构中[1, 2]。如果在一个平行于压电晶体棒长度的方向上施加电场,则棒将变长;如果在相反方向上施加电场,则棒会变短。这种在电场中压电体长度的变化称为逆压电效应(有时也称作反压电效应),而由机械应力使压电体产生电荷的变化称为正压电效应,这是由 Curie 兄弟首次观察到的。由随机取向的压电晶体组成的多晶压电材料,由于单个晶体中的压电效应相互抵消,不会表现出宏观的压电效应,因此不能用于换能器。石英是第一种被发现的压电材料,之后还发现了罗谢尔盐(酒石酸钾钠)、磷酸二氢铵(ADP)和硫酸锂等其他材料。

电致伸缩发生在包括固体、液体和气体在内的所有介电材料中,但仅在包含定向电偶极畴的铁电材料中才足以实际应用[1]。在这些材料中,施加一个电场后,可使偶极畴排列一致并且尺寸发生显著变化,如图 2-2 所示。一个电致伸缩材料棒被施加一个与其长度平行的电场时,无论这个电场的方向如何,棒体均会变长(在多数情况下[1])。因此,机械响应是非线性的,因为它与电场不成正比。机械响应取决于电场的平方和更高次幂,且机械应力与电响应没有互易性。为了对所施加的交变驱动场做出线性响应,必须首先施加一个更大且稳定的极化或偏置场。这个偏置场形成一个对称的极轴,并沿该轴产生固定位移。然后,再叠加一个交变驱动场,这样整个场就会在固定位移左右交变位移,从而形成了一个近似线性的、互易的机械响应,如图 2-3 所示。偏置场将各向同性多晶体电致伸缩材料转化成具有平面各向同性的材料,其平面与极轴垂直。这种类型材料的对称性与 C_{6v} 级晶体具有相同的弹性-压电属性[1, 2],且就换能器而言,偏置电致伸缩材料与压电材料等效。Newnham 给出了材料性能的一般描述[3]。

电致伸缩材料可分为两类。一类具有高矫顽力,当图 2-2(b)中的电场 E_0 消除后,仍然保持有大的剩余极化。另一类材料则具有低矫顽力,需要保持偏置以保持极化。钛酸钡($BaTiO_3$)和锆钛酸铅(PZT)均属于具有较高矫顽力的铁电类电致伸缩材料,在接近居里温度时短暂施加一个高电场极化后,使偶极畴仍部分取向一致,当降温去掉电场后就能保持剩余极化,使得它对交变电场有线性响应,如图 2-4 所示。在陶瓷 $BaTiO_3$ 和 PZT 中,剩余极化非常稳定且足够大,可产生很强的压电效应。但是,在工作温度很靠近居里温度点时,或在很高的静压

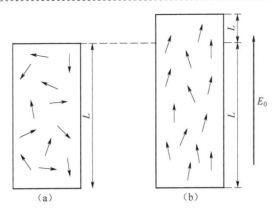

图 2-2 随机取向偶极畴(a)因较强的稳定电场 E_0
(b)达到近似一致时铁电类电致伸缩材料出现的极化,沿 E_0 方向材料长度也增加

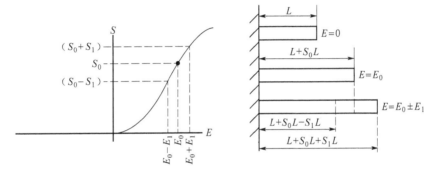

图 2-3 维持静态偏置场 E_0 和静态应变 S_0 的电致伸缩材料
交变场 E_1 沿着小磁滞回线产生一个交变应变 S_1,如果 $E_1 \ll E_0$,变化近似线性

力下(如深水下工作)[4],或在很高的交变电场下都会引起退极化,同时随时间的流逝也存在轻微的退极化(参见第 13.14 节)。所以,真正的压电性取决于材料内部的晶体结构,且不会发生改变,而极化的电致伸缩材料的压电性取决于材料极化过程中获得的剩余极化水平,它可能也会因运行条件而发生改变。虽然存在上述局限,但与其他材料相比,这些材料目前仍然更常应用到水下换能器,但在设计过程中必须考虑这些局限性。除了这些去极化的问题外,"永久性"极化的 $BaTiO_3$ 和 PZT 具有与 C_{6v} 级晶体相关联的对称性,可被视为具有压电性。由于这些材料也可以方便地制成陶瓷形式,也被称作压电陶瓷(有时英文简写为 piezo ceramics)。第 13.5 节中介绍了最常用压电陶瓷的属性。

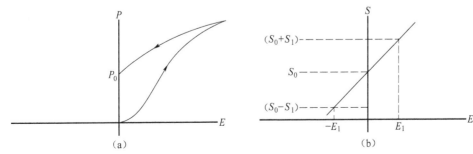

图 2-4 去掉电场后,极化和应变与显示剩余极化 P_0 (a)和剩余应变 S_0
(b)的电场的关系,施加交变场 E_1,则在剩余应变 S_0 左右产生交变应变 S_1

部分铁电类材料具有较强的电致伸缩性,但不具有高矫顽力。这些材料中的剩余极化可能足以用于低场应用,如水听器,但无法满足高电场发射器的应用。在后者应用中时,必须维持一个稳定的电偏置,以实现线性运行。铌镁酸铅(PMN)、铌酸锆铅(PZN)以及钛酸铅的混合物,如 PZN-PT 或 PMN-PT,均是这种类型的有前途的材料。PIN-PMN-PT 材料中含有铟,因此具有较高的矫顽力,无需外部稳定的电偏置。

第 2.4~2.6 节将直接根据适用于宏观对象的基本物理原理来分析表面力转换机理。但体积力换能器呈现出不同的情况,因为机电效应是由原子水平上的相互作用产生的。对这些效应的宏观描述采用类似于胡克弹性定律的现象学形式。由于本节仅限于线性效应,因此描述采用一组线性方程,其中涉及应力 T、应变 S、电场 E 和电位移 D,这些都是位置和时间的函数。对于大多数换能器工作时,可假设存在绝热条件,所以可以省略方程中的温度和熵变量[2]。但是必须清楚这些方程中的系数往往与温度有关,其方式因材料而异。

由于二阶张量 T 和 S 为对称的,所以可简化为 6 个独立的量。而且,系数存在 2 个而非 4 个上标,可将状态的现象学方程表示为两个矩阵方程组:

$$S = s^E T + d^t E \quad (2\text{-}1\text{a})$$
$$D = dT + \varepsilon^T E \quad (2\text{-}1\text{b})$$

在上述方程中,S 和 T 为 1×6 列矩阵;E 和 D 为 1×3 列矩阵;s^E 为柔顺系数,6×6 矩阵;d 为压电系数,3×6 矩阵(d^t 表示 d 的转置);且 ε^T 为介电系数,3×3 矩阵[2]。每个系数均与偏导数成正比,其中上标表示变量保持不变。例如,s^E 是 S 相对于 T 的偏导数,E 保持恒定,s^E 可以在保持电场恒定时从应变与应力曲线的斜率测得。由于 $d = (\partial D/\partial T)_E = (\partial S/\partial E)_T$ 可从热力势推导得出,因此 d 省略了上标[2]。这即是第 1.3 节中简要讨论的机电互易性的由来。

将方程(2-1a)和方程(2-1b)中的系数矩阵合并,得到一个对称的 9×9 矩阵,一般拥有 45 个唯一系数。然而,对于 C_{6v} 级压电晶体以及永久极化的电致伸缩材料而言,很多的系数均为零,且其他系数是彼此相关的,最后只剩下 10 个独立的系数。因此,对于这种对称,方程(2-1a)和方程(2-1b)可扩展为

$$\begin{aligned}
S_1 &= s_{11}^E T_1 + s_{12}^E T_2 + s_{13}^E T_3 + d_{31} E_3 \\
S_2 &= s_{12}^E T_1 + s_{11}^E T_2 + s_{13}^E T_3 + d_{31} E_3 \\
S_3 &= s_{13}^E T_1 + s_{13}^E T_2 + s_{33}^E T_3 + d_{33} E_3 \\
S_4 &= s_{44}^E T_4 + d_{15} E_2 \\
S_5 &= s_{44}^E T_5 + d_{15} E_1 \\
S_6 &= s_{66}^E T_6 \\
D_1 &= d_{15} T_5 + \varepsilon_{11}^T E_1 \\
D_2 &= d_{15} T_4 + \varepsilon_{11}^T E_2 \\
D_3 &= d_{31} T_1 + d_{31} T_2 + d_{33} T_3 + \varepsilon_{33}^T E_3
\end{aligned} \quad (2\text{-}2)$$

式中,$s_{66}^E = 2(s_{11}^E - s_{12}^E)$ 且下标 4、5 和 6 分别表示剪应力和应变。

例如:假设方程(2-2)中存在方向 1 和 2 上没有荷载或作用力的特殊情况,并希望得出方向 3 上的应变,则有:

$$S_3 = s_{33}^E T_3 + d_{33} E_3$$

电极间短路 $E_3 = 0$ 时,则存在力学条件为 $S_3 = s_{33}^E T_3$。根据第 13.5 节的内容,柔顺系数为

$s_{33}^E = 15.5 \times 10^{-12} \text{m}^2/\text{N}$,而应力为 $T_3 = 0.2 \times 10^6 \text{N/m}^2$ (29 psi),则得出力学应变为 $S_3 = 3.10 \times 10^{-6}$。当长度 L 为1m时,偏移为 $X_3 = S_3 L = 3.10 \times 10^{-6}$m。如果施加一个10kV/m的电场,因没有荷载则有 $T_3 = 0$。根据第13.5节中PZT-4存在 $d_{33} = 289 \times 10^{-12}$C/N,则电场产生的应变 S_3 与 2.89×10^{-6} 时几乎相同。

此外,与 S、T、E 和 D 相关的另外三组方程也要根据特定应用情况,选择使用哪些更容独立处理的变量:

$$T = c^E S - e^t E$$
$$D = eS + \varepsilon^S E \tag{2-3}$$

$$S = s^D T + g^t D$$
$$E = -gT + \beta^T D \tag{2-4}$$

以及

$$T = c^D S - h^t D$$
$$E = -hS + \beta^S D \tag{2-5}$$

式中,c^E、s^D 和 c^D 均为弹性和柔顺系数,6×6 矩阵;h、g 和 e 为均为压电系数,3×6 矩阵;ε^S、β^T 和 β^S 均为介电和介电隔离系数,3×3 矩阵。这些系数之间存在着一定关系[2],可以用来将一对方程得到的结果转化为与另一对方程相关的符号(参见第13.4节)。每对中有10个系数,方程(2-2)~方程(2-5)总共有40个不同(但不是独立)的系数,其中36个为第13.4节中针对几种压电陶瓷和一种单晶体给出的系数。剩余的4个系数为介电隔离系数(β_s'),也即是第13.4节中所述介电系数(ε_s')的倒数。此外,第13.5节中还给出5种不同的耦合系数、介电损耗因子 $\tan\delta$(参见第2.8.5节中的定义)和每种材料的密度 ρ。

2.1.2 33模式的纵向振子

本节将分析图2-5中所示理想状态下的一维纵振换能器。

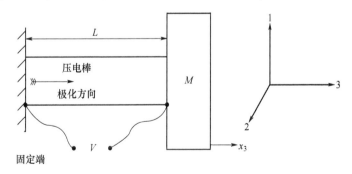

图2-5 应变平行于极化方向且电极位于棒体两端的33模式压电纵向振子

将一个长度为 L 的压电陶瓷棒一端固定,并将另一端连接到质量块 M 上。质量块的另一侧面积为 A,与声学介质接触。为验证集总参数近似(参见第4章)假设棒体的长度小于陶瓷中纵波波长的1/4。同时假设棒体已经被极化,通过两端的电极建立平行棒长度方向的极轴(通常被称作 x_3 轴,但有时也称作 z 轴)。在相同的电极之间施加交变电压 V,产生平行于极化的交变电场 E_3。作为等电位表面电极上的电场 $E_1 = E_2 = 0$,也即是等势面。如果忽略场的边缘效应,可假设上述分量在整个棒体中均为零。此外,还假设这种纯纵向电场不会激发剪应力,即 $T_4 = T_5 = T_6 = 0$。那么,方程(2-2)中的状态方程可简化为

$$S_1 = s_{11}^E T_1 + s_{12}^E T_2 + s_{13}^E T_3 + d_{31} E_3$$
$$S_2 = s_{12}^E T_1 + s_{11}^E T_2 + s_{13}^E T_3 + d_{31} E_3$$
$$S_3 = s_{13}^E T_1 + s_{13}^E T_2 + s_{33}^E T_3 + d_{33} E_3$$
$$D_3 = d_{31} T_1 + d_{31} T_2 + d_{33} T_3 + \varepsilon_{33}^T E_3$$

(2-6a)

设棒体的横截面积为 A_0 并假设棒体的两侧面均可以自由移动,则两侧面上的应力 T_1 和 T_2 均为零。如果横向尺寸较小,则 T_1 和 T_2 在整个棒体上均为零。因此,状态方程可进一步简化为

$$S_1 = s_{13}^E T_3 + d_{31} E_3 \tag{2-6b}$$

$$S_2 = s_{13}^E T_3 + d_{31} E_3 \tag{2-6c}$$

$$S_3 = s_{33}^E T_3 + d_{33} E_3 \tag{2-6d}$$

$$D_3 = d_{33} T_3 + \varepsilon_{33}^T E_3 \tag{2-6e}$$

前两个方程表明 $S_1 = S_2$。这些侧应变是由压电应变改变的泊松比效应引起的,它们在换能器的运行中不起作用,因为侧面通常不与真实换能器中的声学介质接触。这也说明了选择恰当的方程组的重要性。注意到在这种情况下,因为把不重要的应变 S_1 和 S_2 和重要的应变 S_3 分开分析,所以将应力设为自变量是很方便的。

方程(2-6d)和方程(2-6e)为两个换能器方程提供了依据。如果棒体足够短,则位移会沿着换能器长度发生线性变化,从固定端的零值到附有质量块一端的最大值。应力 T_3 和应变 S_3 沿长度方向恒定不变,则陶瓷棒施加在质量块上的作用力为 $A_0 T_3$。由 T_3 求解得到 S_3 的方程,并直接代入质量块的运动方程中,从而得到

$$M_t \ddot{x}_3 + R_t \dot{x}_3 + A_0 T_3 = M_t \ddot{x}_3 + R_t \dot{x}_3 + (A_0/s_{33}^E)[S_3 - d_{33} E_3] = F_b \tag{2-7}$$

式中,x_3 为质量块的位移;$M_t = M + M_r$,$R_t = R + R_r$,R_r 和 M_r 分别为辐射阻和辐射质量;F_b 为外部作用力。陶瓷棒中的应变为 $S_3 = x_3/L$,棒体内的电场为 $E_3 = V/(L + x_3)$,从而得到

$$M_t \ddot{x}_3 + R_t \dot{x}_3 + (A_0/s_{33}^E L) x_3 = (A_0 d_{33}/s_{33}^E) V/(L + x_3) + F_b \tag{2-8}$$

式中,$A_0/s_{33}^E L$ 等于短路刚度 K_m^E。上述方程表明压电陶瓷棒提供了弹性力(与 x_3 成正比)和电驱动力(与 V 成正比)。由于 x_3 出现在分母中,因此驱动力为非线性的,但 $x_3 \ll L$,且与 L 相比可忽略,故仍可视为线性。所以对于正弦驱动,删除所有变量中出现的因子 $\mathrm{e}^{\mathrm{j}\omega t}$,则方程(2-8)变为

$$F_b = \left[-\omega^2 M_t + \mathrm{j}\omega R_t + \left(\frac{A_0}{s_{33}^E L} \right) \right] x_3 - \left(\frac{A_0 d_{33}}{s_{33}^E L} \right) V \tag{2-9a}$$

$$= Z_{mr}^E u_3 - (A_0 d_{33}/s_{33}^E L) V$$

式中,$u_3 = \mathrm{j}\omega x_3$,且有

$$Z_{mr}^E = (R + R_r) + \mathrm{j}\omega(M + M_r) + (A_0/L s_{33}^E)/\mathrm{j}\omega \tag{2-9b}$$

上式为包含辐射阻抗的总机械阻抗。

短棒的集总参数的弹性常数为 $K_m^E = A_0/L s_{33}^E$,其中 $1/s_{33}^E$ 为恒压下的杨氏模量。虽然棒是弹性的,但也存在质量。因为棒的一端以与辐射质量相同的速度运动,而另一端不动,所以整个棒拥有一部分动能。这种动态质量将在第4章和第5章中讨论,其中将表明短棒的有效质量是

短棒静态质量的 1/3。考虑短棒的动态质量比考虑短棒的动态刚度更为重要。对于非常短的棒体,动态刚度接近静态刚度。对于一个只有 1/8 波长的棒体,动态刚度仅比静态刚度高 1%。对于一个 1/4 波长的棒体,动态刚度比静态刚度则会高出 23%(参见第 4 章)。所以短压电陶瓷棒的集总参数可近似由弹簧、一部分棒体质量和一个作用力组成。

换能器方程对的另一个源自方程(2-6e)。由于电位移反映的是单位面积上的电荷,则电流为

$$I = A_0 \frac{dD_3}{dt} = A_0 \frac{d}{dt}[d_{33}T_3 + \varepsilon_{33}^T V/L] \quad (2-10)$$

稍后将在该方程中加入另一个项表示压电材料中的电损耗。为了借助 u_3 表示方程(2-10),有必要使用方程(2-6d)用 S_3 表示 T_3,得到正弦驱动的方程如下

$$I = (A_0 d_{33}/s_{33}^E L) u_3 + Y_0 V \quad (2-11)$$

式中,

$$Y_0 = j\omega(\varepsilon_{33}^T A_0/L)[1 - (d_{33}^2/\varepsilon_{33}^T s_{33}^E)] = j\omega C_0 \quad (2-12)$$

上式为静态($x_3 = 0$)的电导纳。静态电容则为

$$C_0 = (\varepsilon_{33}^T A_0/L)[1 - (d_{33}^2/\varepsilon_{33}^T s_{33}^E)] \quad (2-13)$$

方程(2-13)中的第一个因子为自由($F_b = 0$)电容,即

$$C_f = \varepsilon_{33}^T A_0/L \quad (2-14)$$

利用方程(1-16)以及 $C_0 = C_f(1 - k_{33}^2)$,得出耦合系数如下

$$k_{33}^2 = d_{33}^2/\varepsilon_{33}^T s_{33}^E \quad (2-15)$$

此外,根据方程(1-16)还可得到

$$K_m^D = K_m^E/(1 - k_{33}^2) = K_m^E + N_{33}^2/C_0 \quad (2-16)$$

$N_{33} = A_0 d_{33}/s_{33}^E L$ 是转换系数,在方程(2-9a)和方程(2-11)中出现时符号相反。需注意,因 d_{33} 为正数则 N_{33} 为正数。k_{33} 的下标表示当应变 S_3 和电场 E_3 均与极轴平行时,出现最高机电耦合系数值。这类换能器被称作 33 模式的纵向振子。

例如,根据第 13.5 节的内容,PZT-4 的自由($T = 0$)介电常数为 $\varepsilon_{33}^T = \varepsilon_0 K_{33}^T = 8.842 \times 10^{-12} \times 1300 = 11.49 \times 10^{-9}$ C/mV,并且利用 d_{33} 和 s_{33}^E 的值以及方程(2-15)可得到 $k_{33} = 0.70$,这恰好与第 13.5 节中列出的数值一样。如果压电部件的面积为 $A_0 = 400 \times 10^{-6}$ m²,且长度为 $L = 0.01$ m,则比值为 $A_0/L = 40 \times 10^{-3}$。根据方程(2-14),得到 $C_f = 11.49 \times 10^{-9} \times 40 \times 10^{-3} = 460$ pF 且 $C_0 = 234$ pF。根据上述讨论内容,机电换能器的转换比为 $N_{33} = 40 \times 10^{-3}(289 \times 10^{-12}/15.5 \times 10^{-12}) = 0.746$。

利用 $F_b = 0$ 与方程(1-27)求出 u_3 后,可通过方程(2-9a)和方程(2-11)得出声源级和发送响应。设 $I = 0$ 并求解 V,得出 $F_b = D_a A p_i$ 时的开路接收响应。但是,只有在声参数、辐射阻抗、指向性指数和衍射系数确定之后才能完成上述计算。方程(2-9a)和方程(2-11)也可用于得出第 2.8 节中的其他换能器参数。

2.1.3 31 模式的纵向振子

本节将以另一个压电纵向振动换能器为例展开讨论,且仅讨论同种陶瓷棒作 31 模式的振动情况。虽然 31 模式具有较低的耦合,但由于极化与静压力垂直,所以避免了静压力引起的退

极化影响[4,5](在单晶体中,某些极化方位存在较高的 32 模式耦合,且推导出等效电路的处理过程也是相同的,除了电场变成了 E_2 且 d_{31} 不等于 d_{32})。假设 31 模式的棒体有横向尺寸 h 和 w,其中 $A_0 = hw$,用面积为 hL 的两边作电极进行极化,如图 2-6 所示。

现在,极轴垂直于长度并平行于尺寸为 w 的边,仍然称作 x_3 轴。棒体的一端固定,另一端连接到之前的质量块上。唯一的非零应力分量仍然与棒体的长度平行,但此时被称为 T_1,且存在 $T_2 = T_3 = 0$。在用于极化的电极之间施加驱动电压,并且 E_3 是唯一的电场分量。此时,方程(2-2)变为

$$S_1 = s_{11}^E T_1 + d_{31} E_3$$
$$S_2 = s_{12}^E T_1 + d_{31} E_3$$
$$S_3 = s_{13}^E T_1 + d_{33} E_3$$
$$D_3 = d_{31} T_1 + \varepsilon_{33}^T E_3$$

(2-17)

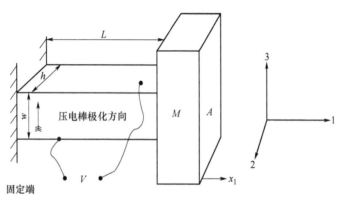

图 2-6 应变垂直于极化方向且电极位于棒体两端的 31 模式压电纵向振子

与 33 模式情况下的 S_1 和 S_2 一样,横向应变 S_2 和 S_3 仍然不产生任何作用但它们不相等,因为其中一个平行于极轴,而另一个垂直于极轴。同样,由 T_1 求解得到 S_1 的方程,并直接代入质量块的运动方程中,从而得到

$$M_t \ddot{x}_1 + R_t \dot{x}_1 = -A_0 T_1 + F_b = -(A_0/s_{11}^E)[S_1 - d_{31} E_3] + F_b \quad (2-18)$$

应变为 $S_1 = x_1/L$ 且电场为 $E_3 = V/w$,对于 $x_3 \ll w$,可得到

$$M_t \ddot{x}_1 + R_t \dot{x}_1 + (A_0/Ls_{11}^E) x_1 = (A_0 d_{31} V/w s_{11}^E) + F_b \quad (2-19)$$

或者,对于正弦驱动,可得到

$$F_b = Z_{mr}^E u_1 - (A_0 d_{31}/w s_{11}^E) V \quad (2-20)$$

需注意:Z_{mr}^E 与之前的情况相同,但弹性常数变为 $K_m^E = A_0/Ls_{11}^E$,其数值取决于 s_{11}^E 而非 s_{33}^E。此外,转换系数也不同,取决于 d_{31} 和 s_{11}^E 而非 d_{33} 和 s_{33}^E。

$$N_{31} = A_0 d_{31}/w s_{11}^E = h d_{31}/s_{11}^E \quad (2-21)$$

由于 d_{33} 为被设定正值,且当长度增加时横向尺寸降低,所以 d_{31} 和 N_{31} 为负值。

另一个来自 D_3 方程的换能器方程

$$I = hL \frac{dD_3}{dt} = hL \frac{d}{dt}[d_{31} T_1 + \varepsilon_{33}^T V/w] \quad (2-22)$$

在根据 S_1 得出 T_1 的表达式后,则变为

$$I = (A_0 d_{31}/w s_{11}^E) u_1 + Y_0 V \qquad (2\text{-}23)$$

式中，
$$Y_0 = j\omega(\varepsilon_{33}^T hL/w)[1 - d_{31}^2/\varepsilon_{33}^T s_{11}^E] = j\omega C_0 \qquad (2\text{-}24)$$

上式为静态导纳，且 C_0 为静态电容。$C_f = \varepsilon_{33}^T hL/w$ 为自由电容。与方程(1-16)相比较发现耦合系数为

$$k^2 = 1 - C_0/C_f = d_{31}^2/\varepsilon_{33}^T s_{11}^E = k_{31}^2 \qquad (2\text{-}25)$$

由于应变垂直于电场，压电系数 d_{31} 通常约为 d_{33} 的 $1/2$，而 d_{33} 为 33 模式中应变平行于电场的压电系数。由于 s_{11}^E 和 s_{33}^E 的幅值相近(参见第 13.5 节)，所以 k_{31} 明显小于 k_{33}，因此 33 模式换能器的性能在很多方面都优于 31 模式换能器。

需要重点注意的是，k_{33} 和 k_{31} 仅与压电材料的属性有关，它们是表征活性材料的材料耦合系数，但不一定表征完整的换能器。当假定棒体相对于波长较短时，可理想化分析得到 k_{33} 和 k_{31}，相应的应变和电场在整个棒中是相同的，此时压电陶瓷有最佳应用，耦合系数具有最大值。第 3~5 章将讨论声波动使活性材料中应变和电场发生变化的换能器，和依靠部分的结构而非活性材料来储存电能或弹性能的换能器。在这种情况下，换能器则存在一个有效耦合系数，且该系数低于材料耦合系数[6]。通常有效设计的目标是使有效耦合系数尽可能接近材料耦合系数。除了纵向谐振器以外，压电陶瓷也是目前许多其他换能器配置中最受欢迎的材料，具体可参见第 5 章的内容。

2.2 电致伸缩换能器

多数情况下，如上一节所述，分析和使用最终极化后的压电陶瓷时主要考虑其压电性。本节将继续讨论具有低矫顽力的电致伸缩材料的电致伸缩性，电致伸缩材料在作为发射器应用时必须保持偏置。在这类材料中，PMN 陶瓷和 PMN-PT 单晶[7]对水下换能器而言是比较有潜力的新材料。第 13.5 节中介绍了 PMN-PT(以及高矫顽力极化的 PIN-PMN-PT 晶体和 PMN-PT)的各种属性。电场依赖性和其中一些性质的温度依赖性，如第 13.5 节中 PZT 所示，可能需要进一步研究。在本节中，我们将从非线性电致伸缩状态方程中推导出电致伸缩材料的有效压电常数，以显示它们如何依赖于偏置电场。

图 2-3 和图 2-4 分别表示在偏置电场和剩余极化场情况下应变与电场的关系。施加偏置电场就要另外添加偏置电路和电功率，这就增添了制作负担，同时也降低了效率。已有研究清晰地表明了维持偏置的可行性和价值，并证明了在已经永久极化的 PZT 上增加维持偏置的好处[8]。尽管在一些应用中需要施加偏置，但以 PMN 为基材的电致伸缩材料仍具有不错的机电性能，是具有优势的。PMN 陶瓷在几乎所有的应用中都需要保持偏置，但 PMN-PT 存在一定的剩余极化，具体与加工过程中所得到晶体的对齐程度有关[9]，而 PIN-PMN-PT 单晶体则存在大量的剩余极化，可用于极高驱动电压的情况。

为了证明有效压电常数对偏置的依赖性，必须从近似的非线性状态方程开始分析，这些方程可以从热力学势[10]推导出来，作为诸如方程(2-2)等线性方程的扩展。为简单起见，将考虑具有平行应力和电场的一维情况，如第 2.1.2 节中的 33 模式传感器。当只保留线性和二次项，则非线性方程可表示如下[10]：

$$S_3 = s_{33}^E T_3 + d_{33} E_3 + s_2 T_3^2 + 2s_a T_3 E_3 + d_2 E_3^2 \qquad (2\text{-}26a)$$

$$D_3 = d_{33} T_3 + \varepsilon_{33}^T E_3 + s_a T_3^2 + 2d_2 T_3 E_3 + \varepsilon_2 E_3^2 \qquad (2\text{-}26b)$$

上述两个方程中,有些系数是相同的,因为它们是从热力学势(精确微分)推导出来的[10]。为了本目的,这些方程将专门用于电致伸缩材料,其中通过将 d_{33},s_a 设置为零,应变为电场的偶函数。此外,弹性和介电系数的非线性效应对于现在的问题无需关注,因此 s_2,ε_2 也将设置为零,得到

$$S_3 = s_{33}^E T_3 + d_2 E_3^2 \tag{2-27a}$$

$$D_3 = 2d_2 T_3 E_3 + \varepsilon_{33}^T E_3 \tag{2-27b}$$

在上述方程中存在一个并不常见的系数,即 d_2,它表示材料的一种属性,它由应力恒定情况下,应变随电场而变化的关系来度量。这些是最简单的非线性电致伸缩方程。需注意这些方程是非互易性的,因为在 $T_3 = 0$ 时施加 E_3,可得出 S_3,但在 $E_3 = 0$ 时施加 T_3 则无法像压电材料那样得出 D_3。还要注意 E_3 的符号改变时应变的符号也不会发生改变。

现在,假设施加了一个偏置电场 E_0 和一个静态预应力 T_0,它们都平行于棒体的长度方向。陶瓷在大功率下使用时必需要加预应力,以防动态应力超过材料本身的抗拉伸强度。当仅施加偏置电场 E_0 和预应力 T_0 时,方程(2-27a)和方程(2-27b)给出所产生的静态应变和静态电位移如下

$$S_0 = s_{33}^E T_0 + d_2 E_0^2 \tag{2-28a}$$

$$D_0 = 2d_2 T_0 E_0 + \varepsilon_{33}^T E_0 \tag{2-28b}$$

当一个小的交变电场 E_a 叠加在偏置电场 E_0 上,且忽略迟滞效应时,可利用下列方程求得交变分量 S_a、T_a 和 D_a

$$S_0 + S_a = s_{33}^E(T_0 + T_a) + d_2(E_0 + E_a)^2 \tag{2-29a}$$

$$D_0 + D_a = 2d_2(T_0 + T_a)(E_0 + E_a) + \varepsilon_{33}^T(E_0 + E_a) \tag{2-29b}$$

利用方程(2-28a)和方程(2-28b)消除静态分量,并忽略较小的非线性项,可得到交变分量的方程如下

$$S_a = s_{33}^E T_a + (2d_2 E_0) E_a \tag{2-30a}$$

$$D_a = (2d_2 E_0) T_a + (\varepsilon_{33}^T + 2d_2 T_0) E_a \tag{2-30b}$$

以上为线性电致伸缩方程。从这些方程可看出,如果偏置电场为零,则不会产生机电效应。这些方程是互易的,并且与压电方程具有完全相同的形式。与方程(2-6d)和方程(2-6e)比较可知,$d_{33} = 2d_2 E_0$,介电常数增加 $2d_2 T_0$。因此,在偏置电场 E_0 恒定情况下,电致伸缩材料可以像压电材料一样使用,并且通过 $d_{33} = 2d_2 E_0$ 知道有效 d 常数取决于偏置电场 E_0,在不考虑饱和影响时,第 2.1 节中 33 模式的换能器分析仍适用。

从以 T 和 D 为自变量的方程出发,假设 S 为 D 的偶函数,得出另一组不同的非线性电致伸缩方程如下

$$S_3 = s_{33}^D T_3 + Q_{33} D_3^2 \tag{2-31a}$$

$$E_3 = -2Q_{33} T_3 D_3 + \beta_{33}^T D_3 \tag{2-31b}$$

式中,Q_{33} 为一种材料属性。施加了偏置电场和预应力后,像前面一样,消去静态项进行线性化,这些方程则变为

$$S_a = s_{33}^D T_a + 2Q_{33} D_0 D_a \tag{2-32a}$$

$$E_a = -2Q_{33} D_0 T_a + (\beta_{33}^T - 2Q_{33} T_0) D_a \tag{2-32b}$$

这与 Mason 使用的方程相类似[11]。所得的有效压电常数(参见方程(2-4))为 $g_{33} = 2Q_{33} D_0$,其中,D_0 为偏置电场形成的静态电位移。此外,g_{33} 的结果也与 Berlincourt[2] 所得的结果相同,也就

是说其结果可用于具有高矫顽力的电致伸缩材料,该材料在运行时存在剩余电位移 D_0。

Piquette 和 Forsythe 发展了更加完善的电致伸缩陶瓷材料的模型,该模型包含了饱和极化和剩余极化[12-14]。其一维方程组如下

$$S_3 = s_{33}^D T_3 + Q_{33} D_3^2 \tag{2-33a}$$

$$E_3 = (D_3 - P_0)[(\varepsilon_{33}^T)^2 - a(D_3 - P_0)^2]^{-1/2} - 2Q_{33} T_3 D_3 \tag{2-33b}$$

此处利用了参考文献[14]中使用的符号,并且用到的是介电常数而不是相对介电常数。P_0 为剩余极化;a 为饱和参量,是一个小量,表示在电场较高之前,饱和度不显著。当 $P_0 = 0$ 且 $a = 0$ 时,则上述方程简化为方程(2-31a)和方程(2-31b)。此外,文献[15-17]中还提到了 PMN 和类似材料中的其他电致伸缩现象模型,包括与实验数据的比较。在对聚氨酯部分系数进行测量后建立起的类似电致伸缩模型也是可用的[18]。

Piquette-Forsythe 方程包括与饱和及电致伸缩均相关的非线性。本节中,设 $a = 0$ 从而忽略饱和度。通过对存在剩余极化的压电陶瓷施加一个交变电场 E_a,使得这些方程适用于较低水平的运行情况。然后,方程变为 $D_3 = P_0 + D_a$,其中,D_a 为与 E_a 相关的交变电位移。

$$S_3 = s_{33}^D T_3 + Q_{33}(P_0 + D_a)^2 \tag{2-34a}$$

$$E_a = \beta_{33}^T D_a - 2Q_{33} T_3 (P_0 + D_a) \tag{2-34b}$$

假设不存在预应力($T_3 = T_a$)并且通过忽略变量值的乘积进行线性化,可得出交变分量的方程如下

$$S_a = s_{33}^D T_a + 2Q_{33} P_0 D_a \tag{2-35a}$$

$$E_a = -2Q_{33} P_0 T_a + \beta_{33}^T D_a \tag{2-35b}$$

上述方程基本上与方程(2-32a)和方程(2-32b)相同,其中 P_0 代替了 D_0。当剩余极化为 $g_{33} = 2Q_{33} P_0$ 时,保持偏置电场的情况下 $g_{33} = 2Q_{33} D_0$。这里的介电隔离系数 β_{33}^T 和在方程(2-32b)中一样,不需要修正,但如果施加了预应力,则需要修正。

上述结果表明被线性化的电致伸缩材料的压电常数取决于剩余极化或固定偏置电场。由于换能器设计人员可以掌控偏置电场,因此如 Piquette 和 Forsythe 讨论的一样,可对其进行最优化设计处理[13, 14]。

2.3　磁致伸缩换能器

磁致伸缩是指固体材料在进行磁化时其尺寸发生改变。在许多方面它与电致伸缩类似,最具影响的是铁磁材料。自然界中既存在正的磁致伸缩,也存在负的磁致伸缩。如铁棒在磁化后会变长,镍棒在磁化后会缩短。磁致伸缩材料对所施加磁场的机械响应属于非线性的,与磁场的偶数幂有关。所以对于低磁场而言,其响应基本为平方关系,而想要得到线性响应则需要施加偏磁场。偏磁场可以通过在磁致伸缩材料外的绕组通以直流电或用永久磁铁形成闭合磁路而得到。高磁致伸缩材料的剩余磁化强度通常不足以在剩余状态下运行。

在第二次世界大战之前和期间,针对主动声纳研发了大功率换能器[19],而磁致伸缩镍是当时最常用的换能器材料,即使在压电陶瓷出现后,它仍然具有高拉伸强度和低输入电阻抗的优势。第二次世界大战之后,针对低频且大功率的应用,制造并测试了镍卷绕环形换能器(参见第5.2.4节),其中的圆环直径达到13ft(4m),这可能是迄今为止最大的单个换能器[20]。然而,PZT 具有更低的电损耗和更高的耦合系数,并且可通过施加预应力来增大有效抗拉强度。

自第二次世界大战以来,已经研究了其他几种磁致伸缩材料。其中,非金属铁氧体磁致伸缩材料因为低的电导率可使涡流损耗降低而受到关注[21],金属玻璃(Metglas)[22]因其高耦合系数而具有一定前景。但是它们还是难与PZT压电陶瓷相比。直到20世纪70年代,稀土磁致伸缩材料被发现具有磁力学性能,在某些方面超过了压电陶瓷[23]。这些新材料,尤其是Terfenol-D(铽Tb、镝Dy和铁Fe)重新点燃了人们对磁致伸缩的兴趣,并使新的换能器设计成为可能,如压电-磁致伸缩混合换能器(参见第5.3.2节和图1-16)。最新的稀土磁致伸缩材料为更高强度的Galfenol[24]。第13.7节中介绍了最新关注的磁致伸缩材料的属性。

虽然没有压电效应的磁学类比,但磁致伸缩材料在被施加偏磁场后,有时也被称作压磁材料。它们像压电陶瓷那样有相同的对称性,所以也能够像压电方程那样用一组线性方程来描述[2]。主要区别是用磁变量B和H代替压电材料的D和E,同时保持类似于压电材料的符号也是很方便的[25],压磁材料的矩阵方程组如下

$$S = s^H T + d^t H \tag{2-36a}$$
$$B = dT + \mu^T H \tag{2-36b}$$

式中,s^H为6×6的柔顺系数矩阵;d为3×6的压磁系数矩阵;μ^T为3×3的磁导系数矩阵。这些矩阵类似于压电矩阵,完整的方程与方程(2-2)的形式相同。此外,还使用了与方程(2-3)~方程(2-5)对应的其他方程组。压磁系数与偏置的关系也与第2.2节中讨论的情况相类似。

像压电换能器那样,也是用一个理想的纵向振动换能器来描述磁致伸缩换能器。和压电换能器结构不同的是磁场通过一个闭合的磁回路产生,如图2-7所示,磁路由两条磁致伸缩细棒和在它们两端的高导磁率材料构成(参见第13.9节)。

每根棒材的长度为L;两根棒材的总横截面积为A_0;每根棒材周围环绕的线圈匝数为n。假设磁致伸缩材料在偏置电流下运行,并可确定有效d_{33}常数的值[26]。

在图2-7所示的配置中,应力T_3与棒体平行;应力T_1和T_2为零;唯一的磁场分量为H_3和B_3,与棒体平行。这种情况下,状态方程可简化为

$$S_1 = S_2 = s_{13}^H T_3 + d_{31} H_3 \tag{2-37a}$$
$$S_3 = s_{33}^H T_3 + d_{33} H_3 \tag{2-37b}$$
$$B_3 = d_{33} T_3 + \mu_{33}^T H_3 \tag{2-37c}$$

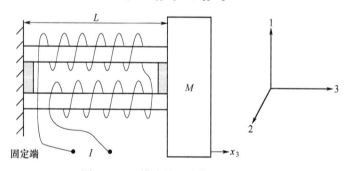

图2-7 33模式的磁致伸缩纵向振子

这种磁致伸缩换能器的振动方程与压电换能器的33模式方程类似。T_3利用S_3的方程可求出,且存在$S_3 = x_3/L$和$H_3 = nI/L$,其中,I为流过线圈的电流(利用安培回路定律,在$2L$长的路径上有$2n$匝,并在高磁导率的端部忽略路径的长度)。那么,棒的运动方程如下

$$M_t \ddot{x}_3 + R_t \dot{x}_3 = -A_0 T_3 + F_b = -(A_0/s_{33}^H L)[x_3 - d_{33} nI] + F_b \tag{2-38}$$

对于简谐运动,上式可变为

$$F_b = Z_{mr}^H u_3 - (nA_0 d_{33}/s_{33}^H L)I \qquad (2-39)$$

根据法拉第感应定律和 B_3 的方程可得出电压方程如下

$$V = (2n)(A_0/2)\frac{dB}{dt} = (j\omega nA_0)[d_{33}x_3/s_{33}^H L + (\mu_{33}^T - d_{33}^2/s_{33}^H)nI/L] \qquad (2-40)$$

或者

$$V = (nA_0 d_{33}/s_{33}^H L)u_3 + Z_0 I \qquad (2-41)$$

阻抗 Z_{mr}^H 为整个棒的开路机械阻抗,$K_m^H = A_0/s_{33}^H L$ 为整个棒的开路刚度。静态电阻抗为 $Z_0 = j\omega L_0$,静态电感 $L_0 = (\mu_{33}^T A_0 n^2/L)(1 - d_{33}^2/\mu_{33}^T s_{33}^H)$,自由电感 $L_f = \mu_{33}^T A_0 n^2/L$。根据方程(1-18)中耦合系数的定义,显然存在

$$k^2 = 1 - L_0/L_f = d_{33}^2/\mu_{33}^T s_{33}^H = k_{33}^2 \qquad (2-42)$$

转换系数为 $N_{m33} = nA_0 d_{33}/s_{33}^H L$,在方程(2-39)和方程(2-41)中以相反的符号呈现。方程(1-18)也显示

$$K_m^B = K_m^H + N_{m33}^2/L_0 \qquad (2-43)$$

这些结果完全类似于压电案例,其中 k_{33} 为磁致伸缩材料的材料耦合系数。这个类比来自假设偏置使磁致伸缩机理线性化,以及忽略电和磁损耗机理。线圈中的电损耗以及磁滞和涡流损耗也忽略不计,但往往仍会超过压电材料中的介电损耗。在第 3 章和第 5 章中建立的更完整的模型中考虑了上述损耗。

2.4 静电换能器

静电换能器中产生的电作用力作用于电容器极片的表面,这是所有换能器中最简单的受力规律,即两极板上相反电荷之间的吸引力。Hunt[27]给出了静电换能器(通常称为电容式换能器)的详细说明。目前,静电换能器在微机电系统(MEMS)中非常重要[28],尽管它们在历史上确实有一席之地,但很少用于水声中。第一次世界大战早期,郎之万在做水中测深实验时使用过,但很快就被石英晶体代替[27]。

在这类换能器的理想化模型中,一个电容器极片是固定的,另一个电容器极片是与声介质接触的振动质量,并且两个电容器极片之间用一个弹性常数为 K_m 的弹簧保持分离,如图2-8所示。

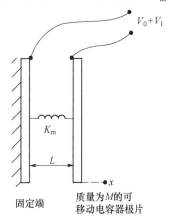

图 2-8 静电换能器的基本单元

假设电容器极片的面积为 A_0，在施加电压之前两个极片的距离为 L。加上电压 V 后，两个极片上分别有电荷 $\pm Q$，使得一个极片向另一个极片移动距离 x，当两个极片相向运动时，设定 x 为负值。不考虑边缘效应，并假设两个电容器极片之间的电场为均匀的，则电场可用以下方程得出

$$E = \frac{V}{L+x} \qquad (2\text{-}44)$$

此时电位移 $D = \varepsilon E$，其中，ε 为电容器极片之间介质（通常为空气）的介电常数。电场储存的能量如下

$$U = 1/2 QV = 1/2 EDA_0(L+x) = \frac{\varepsilon A_0 V^2}{2(L+x)} \qquad (2\text{-}45)$$

两个极片之间的吸引力是能量相对位置的变化率，即能量对位移的导数

$$F = \frac{\mathrm{d}U}{\mathrm{d}x} = -\frac{\varepsilon A_0 V^2}{2(L+x)^2} \qquad (2\text{-}46)$$

此外，质量为 M 的可移动电容器极片的运动方程如下：

$$M_t \ddot{x} + R_t \dot{x} + K_m x = -\varepsilon A_0 V^2 / 2(L+x)^2 + F_b \qquad (2\text{-}47)$$

电场力与 V^2 相关说明，为了获得线性机械位移输出，必须加以一个偏置电压 V_0。当仅施加偏置电压且无外部作用力（$F_b = 0$）时，方程(2-47)可简化为静态形式，其中电容器极片达到平衡点距离 x_0，此时电场力与弹性力相等：

$$K_m x_0 = -\frac{\varepsilon A_0 V_0^2}{2(L+x_0)^2} \qquad (2\text{-}48)$$

该方程的解给出了振动位移平衡点。但是当偏置电压增加到超过某一数值时，发现不存在解，表明电场力克服了弹性力，并且由于非线性，极片之间的间隙闭合（参见第12.2.3节）。

当驱动电压 V_1 叠加在偏置电压上时，可移动电容器极片围绕平衡点位置 x_0 以振幅 x_1 振动。总偏移 x 可表示为 $x_1 + x_0$，且方程(2-47)变为

$$M_t \ddot{x}_1 + R_t \dot{x}_1 + K_m (x_1 + x_0) = -\frac{\varepsilon A_0 (V_0 + V_1)^2}{2(L_0 + x_1)^2} \qquad (2\text{-}49)$$

式中，$L_0 = L + x_0$。方程(2-49)中出现了两种形式的非线性，即电场力是 x_1 的非线性函数，与总电压的平方有关。现在可通过展开 $(V_0 + V_1)^2$ 和 $(L_0 + x_1)^{-2}$，并删除非线性项进行线性化。利用方程(2-48)消去静态项可得到以下结果：

$$M_t \ddot{x}_1 + R_t \dot{x}_1 + (K_m - \varepsilon A_0 V_0^2 / L_0^3) x_1 = -(\varepsilon A_0 V_0 / L_0^2) V_1 + F_b \qquad (2\text{-}50)$$

由于线性化，仅在 $x_1 \ll L_0$ 条件下，方程(2-50)有很好的近似。电场力与 V_1 和 x_1 都有关，线性化后仍然保留两种线性力，即与 V_1 成正比的电作用力和与 x_1 成正比的机械作用力。机械作用力与通常的弹性力结合形成了偏压换能器的有效弹性常数 $K_m^V = (K_m - \varepsilon A_0 V_0^2 / L_0^3)$。其中，$(\varepsilon A_0 V_0^2 / L_0^3)$ 表示与弹性力相反的作用力，因此被称作负刚度。对于正弦驱动，方程(2-50)可表示如下：

$$F_b = Z_{mr}^V u_1 + (\varepsilon A_0 V_0 / L_0^2) V_1 \qquad (2\text{-}51)$$

式中，$u_1 = \mathrm{j}\omega x_1$；$Z_{mr}^V = R_t + \mathrm{j}\omega M_t + (1/\mathrm{j}\omega) K_m^V$ 为总短路机械阻抗。通过电压表示的作用力可清晰地看出静电换能器的两个重要的物理本质特征，即负刚度和不稳定性。

静电换能器另外的换能器方程是由电压 V_1 给出的电流 I_1 方程，即：

$$I_1 = A_0 \frac{dD}{dt} = A_0 \varepsilon \frac{dE}{dt} = A_0 \varepsilon \frac{d}{dt}[(V_0 + V_1)/(L_0 + x_1)] \tag{2-52}$$

经过线性化之后,该方程变为

$$I_1 = -(\varepsilon A_0 V_0/L_0^2)u_1 + (\varepsilon A_0/L_0)dV_1/dt \tag{2-53}$$

对于正弦驱动则为

$$I_1 = -(\varepsilon A_0 V_0/L_0^2)u_1 + Y_0 V_1 \tag{2-54}$$

式中,$Y_0 = j\omega C_0$ 为静态电导纳;$C_0 = \varepsilon A_0/L_0$ 为静态电容。方程(2-54)中的转换系数 $N_{ES} = \varepsilon A_0 V_0/L_0^2$,与方程(2-51)中相同,但增加了一个负号。

由方程(2-54)解出 V_1 并将它代入方程(2-51),令 $I_1 = 0$ 可以求得 $K_m^I = K_m$。利用方程 $k^2 = 1 - \dfrac{K_m^V}{K_m^I}$ 得到静电换能器有效机电耦合系数:

$$k^2 = 1 - K_m^V/K_m^I = \varepsilon A_0 V_0^2/K_m L_0^3 \tag{2-55}$$

可见,k^2 随着 V_0 增加而增大。第9章将讨论 V_0 达到使电容器极片相撞时的值则 $k = 1$。因此,$k < 1$ 是静电换能器在物理上可以实现的条件(参见第4章)。

静电换能器与磁致伸缩换能器一样,它们的机电转换系数和耦合系数都与偏置电压有关,也就产生了最优偏置电压问题。如方程(2-55)所示,有效机电耦合系数随 V_0 增大,但增大 V_0 也会导致不稳定。因此,只有在考虑静态和动态稳定性以及谐波失真情况下,才能找到最佳的偏置电压电场值 V_0(参见第12章)。

2.5 可变磁阻换能器

可变磁阻换能器(也称为电磁或动片式换能器)是一种磁场换能器,其中由磁场产生的力作用于磁回路中间隙的表面上[26, 27]。在有关静电换能器的讨论中,部分内容也适用于可变磁阻换能器,因为当两者均处于足够理想化的状态时,可变磁阻即是静电的磁版本。

图 2-9 显示了一个可变磁阻换能器的主要组成部件,其中一块电磁体被两个狭窄的空气间隙分隔成两个部分,每个气隙部分的长度为 L,面积为 $A_0/2$。电磁体通过一个弹性常数为 K_m 的弹簧连接。当电流流过 $2n$ 匝的线组时,气隙中会形成磁场 H 和磁通量 $BA_0/2$,这样在两磁极间就产生了吸引力。电磁体的一部分连接到与声学介质接触的可移动板上,另一部分固定。x 表示可移动部分的位移,x 为负值表示间隙缩小。每个气隙间的磁阻是磁动力与磁通量的比值(参见第 13.9 节)为 $2(L+x)/A_0$,它随可移动部分的振动而改变,这也是这种换能器名称的由来。μ 为间隙中空气的磁导率。磁性材料的磁导率要比空气的大很多,因此磁路的磁阻可以忽略。

两磁极体之间的作用力可通过磁能量求得。在忽略磁体材料边缘漏磁条件下,间隙中的能量为

$$U = 1/2(BH)2(A_0/2)(L+x) = \mu A_0(nI)^2/2(L+x) \tag{2-56}$$

两磁极之间的作用力如下:

$$dU/dx = -\mu A_0(nI)^2/2(L+x)^2 \tag{2-57}$$

以方程(2-57)作为换能器振动部件驱动力时,它的运动方程是:

$$M_t \ddot{x} + R_t \dot{x} + K_m x = -\mu A_0(nI)^2/2(L+x)^2 + F_b \tag{2-58}$$

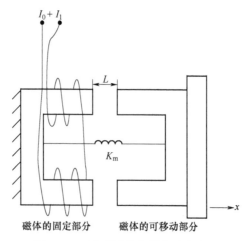

图 2-9 可变磁阻换能器的基本单元

其中，M_t 为辐射质量的总和，即磁体可移动部分质量、介质接触的辐射板质量和辐射声质量之和。上述电流驱动的可变磁阻换能器运动方程与电压驱动的静电换能器运动方程(2-47)具有同样的形式，即用磁导率替换了介电常数，用 nI 替换了 V，包括了同类型的非线性项。所以，可变磁阻换能器除了驱动电流外还需要偏置一个电流才能实现线性输出。

可变磁阻换能器和静电换能器之间存在的基本差异是磁通线形成了闭环，而电通线在电容器极片处终止。因此，可变磁阻换能器中需要一个闭合的磁回路。而磁性材料由于存在磁滞和涡电流损耗以及线圈中存在铜损耗（漏磁损失），所以缺点明显。

可变磁阻换能器也会出现静电换能器存在的不稳定性，但这种不稳定性在实际应用中可利用。磁性继电器就是一种可在不稳定区域中运行的可变磁阻换能器。当只施加一个稳定的偏置电流（$I = I_0$）且不存在外部作用力时，方程(2-58)显示稳定的平衡位置可通过下式求解得出：

$$K_m x_0 = -\mu A_0 (nI_0)^2/2(L+x_0)^2 \qquad (2-59)$$

方程(2-59)的形式与静电换能器的方程(2-48)相同，所以对稳定性和其他非线性影响的分析同时适用于这两种换能器。

当一个驱动电流 I_1 加载在偏置电流 I_0 上，且用 $x_0 + x_1$ 表示 x 时，方程(2-58)可采用与方程(2-49)相同的方式线性化。对于正弦驱动，且 $L_x = L + x_0$，结果可表示为

$$F_b = Z_{mr}^I u_1 + (\mu A_0 n^2 I_0/L_x^2) I_1 \qquad (2-60)$$

式中，开路机械阻抗为 $Z_{mr}^I = R_t + j\omega M_t + K_m^I/j\omega$，且 $K_m^I = K_m - \mu A_0 n^2 I_0^2/L_x^3$，表明电流驱动的负刚度与静电情况中电压驱动的负刚度类似。

可变磁阻换能器的电学方程遵从法拉第感应定律。利用稳定偏置电流 I_0 和驱动电流 I_1，并忽略损耗，则电学方程变为

$$V_1 = 2n(A_0/2)\frac{dB}{dt} = nA_0\frac{d}{dt}[\mu n(I_0+I_1)/(L_x+X_1)] \qquad (2-61)$$

对该方程线性化并删除静态项后，电压则为

$$V_1 = -(\mu A_0 n^2 I_0/L_x^2)u_1 + Z_0 I_1 \qquad (2-62)$$

式中，$Z_0 = j\omega L_0$ 为静态电阻抗；$L_0 = \mu A_0 n^2/L_x$ 为静态电感。方程(2-60)与方程(2-62)中的转

换系数为 $N_{VR} = \mu A_0 n^2 I_0 / L_x^2$，它们的幅值相等但符号相反。后一个方程能表明 $K_m^V = K_m$。

利用方程(2-60)得出的关系式，即 $K_m^I = K_m^V - \mu A_0 n^2 I_0^2 / L_x^3$，由方程(1-18)中对 k^2 的刚度定义可得出：

$$k^2 \equiv (K_m^V - K_m^I)/K_m^V = \mu A_0 n^2 I_0^2 / K_m L_x^3 \tag{2-63}$$

所得 k^2 的结果与方程(2-56)中的静电换能器的结果类似，包括当 nI_0 等于使得间隙相遇时的值时，$k=1$。

2.6 动圈式换能器

因为动圈式换能器(也称作电动式换能器)被作为扬声器广泛应用在音乐和语言再现系统中，所以它比其他换能器更为人们熟悉[27]。但动圈式换能器也在水下低频、宽带、中功率声波校准中有着很好的应用价值[29]。这是因为它的谐振频率可以做得很低，同时如果其他谐振可避免，它能在谐振点以上获得一个宽的、平坦的发送响应(参见第9.8节中的J9换能器)。

图2-10显示了动圈式换能器的基本组成部件。环形永久磁体镶嵌在导磁好的前后软铁圆板中，前板形成如图所示的气隙。由辐射板和音圈组成的部件通过弹簧件连接到后板上。

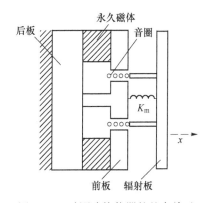

图2-10 动圈式换能器的基本单元

当线圈中通以电流时，音圈因受到磁铁在气隙中径向磁场作用形成一个驱动力。这是个洛仑兹力，它与磁场垂直，因此这个力推动辐射板沿 x 方向运动。如果线圈长度为 l_c，通以电流 I，磁体产生的磁场强度为 B_0，那么这个力的幅值为

$$F = B_0 l_c I \tag{2-64}$$

在大多数空气扬声器中，换能器的基本配置是通过将线圈连接到用作辐射表面的纸质或塑料锥体来完成的。锥形边缘悬架(环绕体)的刚度与中心装置或支架的刚度相结合，作为弹簧，也就是图2-10中的 K_m。在水中使用时，特征机械阻抗比在空气中高出许多，则可如图2-10所示采用一个刚性活塞辐射器来代替纸质圆锥体。

动圈式换能器与静电换能器和可变磁阻换能器机电转换机理的根本区别是换能器的激励力是电流的线性函数。这就使得动圈式换能器获得广泛应用。因为它的非线性效应小，所以特别适用于需要高保真度的音响系统和水下声换能器校准系统，这些系统对线性度要求非常高。正因为这样，对动圈式换能器中的非线性效应研究更加关注。动圈式换能器线性度主要受到它的振动幅度限制。动圈式换能器由方程(2-64)作为唯一的驱动力，它的振动方程如下：

$$M_t \ddot{x} + R_t \dot{x} + K_m x = B_0 l_c I + F_b \tag{2-65}$$

式中,M_t 为辐射质量、线圈质量以及纸盆或活塞的有效质量之和。对于正弦驱动,方程(2-65)变为

$$F_b = Z_{mr}^I u - B_0 l_c I \tag{2-66}$$

式中,$Z_{mr}^I = Z_{mr}$,$K_m^I = K_m$ 且当 $F_b = 0$ 时振速为 $u = B_0 l_c I / Z_{mr}$。

显然,动圈式换能器与静电换能器和可变磁阻换能器的差异体现在它可以在无需偏置的情况下实现线性运行。尽管磁场无法像可变磁阻换能器那样提供静态力作为偏置,但磁场 B_0 仍扮演着偏置的角色。转换系数 $B_0 l_c$ 与 B_0 成正比,且在 $B_0 = 0$ 时无线性转换。磁场 B_0 可采用永磁体或在磁化线圈中施加直流电流的形式实现。

动圈式换能器的电学方程也由法拉第定律确定。由于线圈中交变电流且线圈在径向磁场中垂直切割磁力线运动,因此存在两个电压源。设 L_b 为线圈的静态电感,并将损耗忽略不计,则电压的方程如下:

$$V = L_b (dI/dt) + B_0 l_c (dx/dt) \tag{2-67}$$

或者

$$V = B_0 l_c u + Z_b I \tag{2-68}$$

式中,$Z_b = j\omega L_b$ 为静态电阻抗。

从方程(2-64)中可以看出,动圈式换能器由电流产生的力与位移无关,因此它不像静电换能器和可变磁阻换能器那样会出现负刚度问题。因此,根据 $K_m^I = K_m$ 并将方程重新排列使 V 作为因变量,可得到

$$Z_{mr}^V = Z_{mr}^I + (B_0 l_c)^2 / Z_b \tag{2-69}$$

$$且 K_m^V = K_m + (B_0 l_c)^2 / L_b \tag{2-70}$$

因为 L_b 通常近似与 l_c^2 成正比,因此,动圈式换能器的短路刚度随着 B_0 增大而增强。

利用方程(1-18)中 k^2 刚度定义中 K_m^I 和 K_m^V 的数值,可得到

$$\begin{aligned} k^2 &= (K_m^V - K_m^I)/K_m^V = (B_0 l_c)^2 / [K_m L_b + (B_0 l_c)^2] \\ &= 1/[1 + K_m L_b / (B_0 l_c)^2] \end{aligned} \tag{2-71}$$

方程(2-71)中 k^2 的第二种形式由哈斯(Hersh)[30]给出,第三种由沃伦特(Woollett)[26]提出。方程(2-71)说明在给定 B_0 的条件下,减少 K_m 就能增大 k^2 直到接近 1。沃伦特[26]指出这种情况对应于音圈没限定平衡位置,即处于漂浮型的不稳定状态。但是,对于动圈式换能器,在没有到达不稳定前,通过 $(B_0 l_c)^2 \gg K_m L_b$ 使 k^2 大约达到 0.96[30]。

请注意,在可变磁阻换能器中 $K_m^V = K_m$,而对于动圈式换能器 $K_m^I = K_m$。这种差别是由于在这两种情况中,磁场力的物理性质不同。在可变磁阻换能器中,在线性化后,磁场力是正比于 x 和 I 的函数。而对小振幅振动的动圈式换能器,其磁场力与 x 无关,只正比于 I。在可变磁阻换能器中偏压增大使刚度 K_m^I 减小,而 K_m^V 恒等于 K_m。但在动圈式换能器中 K_m^I 恒等于 K_m,而 B_0(偏压)增大使刚度 K_m^V 也增大。

2.7 转换机理的比较

为了鉴别哪些换能器最适合水声应用,现在对前面讲到的转换机理基本特性进行比较和总结。我们注意到在描述每一类型换能器的方程组中,它们都是以力和电流(或电压)作因变量

导出。现在概括如下：

电场型换能器：

$$F_\text{b} = Z_\text{mr}^V u - NV \tag{2-72b}$$

$$I = Nu + Y_0 V \tag{2-72a}$$

磁场型换能器：

$$F_\text{b} = Z_\text{mr}^I u - NI \tag{2-73b}$$

$$V = Nu + Z_0 I \tag{2-73a}$$

表 2-1 列出了每种类型换能器的机电转换系数 N 和耦合系数平方 k^2，它们以材料常数、尺寸以及偏置方式来表示，表明了这些参数在换能器设计中的至关重要性。需注意 N 的表达式给出了等效电路中理想变压器的匝数比，具体将在第 2.8 节和第 3 章中进行讨论。

表 2-1 转换机理比较

换能器类型	机电转换系数 — N	有效耦合系数 — k^2	$(N/k)^2$
静电换能器[a]	$-\varepsilon A_0 V_0 / L_0^2$	$\dfrac{\varepsilon A_0 V_0^2}{K_\text{m}^I L_0^3}$	$K_\text{m}^V C_\text{f}$
压电/电致伸缩换能器	$d_{33} A_0 / s_{33}^H L$	$d_{33}^2 / \varepsilon_{33}^T s_{33}^E$	$K_\text{m}^E C_\text{f}$
磁致伸缩换能器	$d_{33} n A_0 / s_{33}^H L$	$d_{33}^2 / \mu_{33}^T s_{33}^H$	$K_\text{m}^H C_\text{f}$
可变磁阻换能器[a]	$-\mu A_0 n^2 I_0 / L_x^2$	$\dfrac{\mu A_0 n^2 I_0^2}{K_\text{m}^V L_x^3}$	$K_\text{m}^I C_\text{f}$
动圈式换能器	$B_0 I_\text{c}$	$(B_0 I_\text{c})^2 / K_\text{m}^V L_\text{b}$	$K_\text{m}^I C_\text{f}$

[a] 对于静电换能器和可变磁阻换能器机理，必须假设 N 为负值，从而与前面的换能器方程保持一致。在这两种情况中，V 或 I 增大且 $F_\text{b} = 0$，会造成负偏移；在其他的情况中，V 或 I 增大会造成正偏移。

表 2-1 还表明偏置是决定转换系数和耦合系数的常用因子。最显而易见的情况是在表面力换能器中以 V_0/L_0、nI_0/L_0 和 B_0 明确表示偏置场。在电致伸缩和磁致伸缩换能器中，d_{33} 常数与偏置有关，如第 2.2 节和第 2.3 节中所述。在纯压电材料中，所测得的 d_{33} 为一个自然存在的属性，与晶体结构有关，可根据内部偏置进行解释。表 2-1 中最后一列强调了线性化后的各类换能器之间的相似性。

在换能器方程中，NV 或 NI 项决定了换能器产生作用力的能力，而 N 的最主要部分是材料属性和偏置场。例如，d_{33}/s_{33}^E 和 $\varepsilon_0 V_0 / L_0$ 对压电和静电换能器均至关重要，其中 PZT-4 的 d_{33}/s_{33}^E 约为 20，而存在 10^6 V/m 的偏置时 $\varepsilon_0 V_0 / L_0$ 约为 10^{-5}。因此，压电换能器产生作用力的能力比相同尺寸的静电换能器强一百万倍。同样，按产生作用力的能力从小到大的顺序排列，即是静电换能器、动圈换能器、可变磁阻换能器、磁致伸缩和压电换能器（后两种几乎相同）[31]。但是，对于水声大功率换能器而言，这个结论不是普遍适用，因为在频率很低时，声负载很小，这时大位移比大推力更为重要。

对于发射换能器而言，它产生推动力的潜力取决于到达换能器损坏前可施加的电压或电流（参见第 2.8.5 节和第 13.14 节）。这是一个难以量化的概念，因为极限驱动是由电击穿、机械故障和过热等现象决定的，而这些现象与材料的属性以及设计和构造的具体细节有关。因此将要进行的估计旨在显示换能器类型的相对（但仅近似于）最终能力。换能器的方程表明，NV_1/A_0 或 NI_1/A_0 是换能器单位激励面积可产生的最大动态力。对于压电换能器来说，NV_1/A_0

$=V_1d_{33}/s_{33}^EL$。在表 2-2 中,单位激励面积的动态力是在方括号内的条件下产生的。相比之下,一些水下应用要求换能器辐射面上的声压接近静压(如 1~10atm 或 10^5~10^6Pa)。更高的压力会受到空化的限制(参见第 10 章)。对于谐振下的最优声荷载,表 2-2 中每单位面积推动力在水中产生的压力可通过辐射面积(A)与驱动面积(A_0)的比值,在 1~5 范围内减小。

表 2-2 每单位面积作用力的产生能力比较

	NV_1/A_0 或 NI_1/A_0,单位:Pa	
静电换能器	3	[$E_0=10^6$V/m,$E_1=3\times10^5$V/m]
动圈式换能器	8000	[200 匝,半径 = 0.1m,$B_0=1$T,$I_1=2$A]
可变磁阻换能器	10^5	[$H_0=5\times10^5$A/m,$H_1=1.7\times10^5$A/m]
压电(PZT)换能器	8×10^6	[$E_1=4\times10^5$V/m]
磁致伸缩(Terfenol)换能器	8×10^6	[$H_1=2\times10^4$A/m,$H_0=4\times10^4$A/m]

表 2-2 显示静电换能器在水中不适合作为大功率发射用。动圈式换能器略好一点,而可变磁阻换能器则好得多。压电和磁致伸缩换能器完全能够产生所需的推动力。此外,压电、电致伸缩和磁致伸缩换能器所具有的特性阻抗也使它们适合水中的应用(PZT 的 $\rho c=22\times10^6$kg/(m²·s))。再加上这些换能器产生作用力的能力较高,使它们在大多数水声应用中颇受青睐。

2.8 等效电路

2.8.1 等效电路基础

等效电路是换能器的一种替代表示,与功率放大器电路和其他电路共同构成更为完整的系统表示。此外,等效电路还为换能器的单个部件和相互联系的分析,提供了可见的替代方案。本节将简要介绍等效电路,而在第 5 章和第 6 章中进一步利用等效电路表示具体的发射器和水听器设计。等效电路作为换能器建模的主要方法之一,将在第 3 章中得到更充分的应用。最简单的等效电路是用集总元件表示,如用电感、电容和电阻分别类比质量、力顺(弹性常数倒数也叫柔度)和力阻。用电压 V、电流 I 类比力 F 和振速 u。这种类比是立足在电磁学定律和力学定律之间的相似性关系:

(1) 对于电气电阻 R_e,电压 $V=R_eI$。

对于力阻 R,作用力 $F=Ru$。

(2) 对于线圈电感 L,电压 $V=LdI/dt=j\omega LI$。

对于理想质量 M,作用力 $F=Mdu/dt=j\omega Mu$。

(3) 对于电容 C,电压 $V=(1/C)\int Idt=I/j\omega C$。

对于力顺 C_m,作用力 $F=(1/C_m)\int udt=u/j\omega C_m$。

(4) 对于匝数比为 N 的电变压器,输出电压为 NV。

对于机电变压器,作用力 $F=NV$。

(5) 电功率为 $W=VI=|V|^2/2R_e=|I|^2R_e/2$。

机械功率为 $W = Fu = |F|^2/2R = |u|^2R/2$。

角谐振频率 ω_r 和品质因数 Q 的类比如下：

（6）对于电感 L 和电容器 C，谐振为 $\omega_r = (1/LC)^{1/2}$。

对于质量 M 和力顺 C_m，谐振为 $\omega_r = (1/MC_m)^{1/2}$。

（7）对于电感 L 和电阻 R_e，$Q = \omega_r L/R_e$。

对于质量 M 和机械阻 R，$Q = \omega_r M/R$。

其中，包含 $j\omega$ 的项适用于正弦的情况。力顺 $C_m = 1/K_m$ 的作用类比电容器，在等效电路用它而不是刚度 K_m。

因此，电路可以通过用作用力 F 替换电压 V 和用振速 u 代替电流 I 来表示机械振动系统。由于电声换能器同时涉及电学部分和机械部分，可使用一个电路表示整个换能器，其中，用一个理想的机电变压器连接电学和机械部分，如图 2-11 所示。

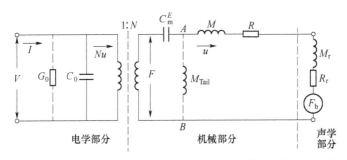

图 2-11　集总等效电路（AB 之间的后盖板电感器为有限反应质量）

理想变压器的机电匝数比 $N = F/V$ 为本章前面称为转换系数的量。图 2-11 是阻抗类比的一个例子，其中，作用力和振速分别如同电压和电流，可直接适用于压电陶瓷和其他电场换能器。由于水下声换能器中普遍使用压电陶瓷，本节主要介绍阻抗类比的情况。然而，正如第 3 章所示，因为磁力来源于相关线圈中的电流，磁场换能器更容易用导纳类比电路来表示，其中，振速类似于电压而作用力类似于电流。

图 2-11 中的电路为方程（2-9a）和方程（2-11）的等效表示方法，其中，K_m 替换为柔度 $C_m^E = 1/K_m^E$。因此，方程（2-9a）可表示为

$$j\omega(M + M_r)u + (R + R_r)u + u/j\omega C_m^E = uZ_{mr}^E = NV + F_b \quad (2-74)$$

方程（2-74）给出了图 2-11 中电路的机械和声学部分形成的力的总和。这与由电压 $NV + F_b$ 驱动的电学串联"RLC"电路的形式相同，其中 $F = NV$，证明了图 2-11 中等效电路的机械和声学部分的表示。

图 2-11 中电学部分可通过将方程（2-11）中的输入电流写成如下形式来表示：

$$I = j\omega C_0 V + Nu \quad (2-75)$$

方程（2-75）给出了两个电流的总和，满足等效电路中电学部分的要求，其中 $j\omega C_0 V$ 为通过电容器 C_0 的电流，而 Nu 为流入匝数比为 N 的理想变压器的电流。如果声学部分开路，即振速 $u = 0$，则电容器 C_0 为唯一的反应元件。没有这个电容器，转换将是完美的，所有的电能将被转换为机械能形式，且耦合系数为 1。

理想变压器的匝数比 N 与耦合系数成正比，并通过关系式连接电路的电学和机械部分：

$$F = NV \text{ 且 } u = I/N \quad (2-76)$$

由于 $VI=Fu$,所以流经变压器两边的功率是一样的。此电路表示 $F_b=0$ 时的声发射器,其中功率输出为 $W=|u|^2R_r/2$。输出振速如下:

$$u = NV/\{(R+R_r) + j[\omega(M+M_r) - 1/\omega C_m^E]\} = NV/Z_{mr}^E \qquad (2-77)$$

可直接根据常用电路定理利用等效电路参数得出,并与方程(2-74)保持一致。如果 DI 为已知,则可通过方程(1-25)或方程(1-27)得出声源级。在不使用 DI 时,也可采用方程(2-77)和远场声压的分析表达式,根据换能器的法向振速得出声源级(参见第10章)。

2.8.2 谐振电路

在给定电输入条件下,当换能器在谐振频率时,它的输出速度被换能器的品质因数 Q 放大,所以发射换能器一般都选在一阶谐振频率附近的频带内工作。我们知道谐振频率可以定义为动能和势能相等时的频率(参见第4章了解更多有关谐振的内容),在电路中,相当于电抗消失时的频率。由于存在并联电容 C_0,图2-11中存在两个谐振频率,一个是电纳 B 消失时的频率,而另一个是电抗 X 消失时的频率。这两个频率在确定换能器特征中起到重要作用。

输入电导纳 $Y=G+jB$ 可根据图2-11中的电路得出,其中外部作用力 $F_b=0$,并可表示为

$$Y = I/V = j\omega C_0 + N^2/\{(R+R_r) + j[\omega(M+M_r) - 1/\omega C_m^E]\}$$
$$= j\omega C_0 + N^2/Z_{mr}^E \qquad (2-78)$$

机械谐振频率出现在短路情况(即电容器 C_0 发生短路)下,其中电抗抵消,$\omega(M+M_r) - 1/\omega C_m^E = 0$,得到

$$\omega_r = 1/[(M+M_r)C_m^E]^{1/2} \qquad (2-79)$$

这个是发射换能器在恒定电压激励下的最大响应频率,也是最大电导频率。在开路条件下,电容 C_0/N^2 与 C_m^E 串联,使加顺减小到

$$C_m^D = (C_m^E C_0/N^2)/(C_m^E + C_0/N^2) = C_m^E/(1 + N^2 C_m^E/C_0)$$

由此得出在开路状态下的反谐振频率:

$$\omega_a = 1/[(M+M_r)C_m^D]^{1/2} \qquad (2-80)$$

这个是水听器接收灵敏度最大响应频率,也近似于最大阻抗频率。利用方程(1-16)中耦合系数 k 是通过刚度定义,存在 $K_m^E = 1/C_m^E$ 且 $K_m^D = 1/C_m^D$,从而得出

$$k^2 = [1 - (\omega_r/\omega_a)^2] = [1 - (f_r/f_a)^2] \qquad (2-81)$$

上式常用于确定换能器的有效耦合系数,可通过计算或测量谐振和反谐振频率得出。这个重要的量值 k 是一种转化能力的衡量,其范围在零与1之间(参见第1章和第4章)。如果 k 接近1,则 C_0 也会接近零,且不再有效地使电路分流,此时可得到一个几乎完美的换能器。实际中,C_0 是指定值且 $C_f = C_0/(1-k^2)$,因此当耦合系数较高时,可得到 $C_f \gg C_0$。

2.8.3 品质因数 Q 和带宽

机械品质因数 Q_m(参见第4章中更为详细的内容)用于衡量谐振响应曲线的尖锐度,可由下式确定:

$$Q_m = f_r/(f_2 - f_1) = \omega_r M^*/R^* \qquad (2-82)$$

方程中,f_r 为机械谐振频率,f_2 和 f_1 为相对于谐振功率一半的频率点。通常情况下,带宽被认为是 $\Delta f = f_2 - f_1$,它涵盖了输出功率在谐振时下降 3dB 的响应区域,这个定义对多谐振换能器也适用。有时带宽也可根据输入功率或声强响应得出(这与分别由效率和 DI 得出的输出功

率不同)。在带边频率 f_1 和 f_2 处,图 2-11 电路中的机械和声学(运动)组合部分的相位角为 $\pm 45°$。

方程(2-82)中的两个表达式仅适用于图 2-11 中的单谐振频率 ω_r 等效电路。第一个表达式常用在测量中,而第二个表达式多用于理论分析。在第二个表达式中,M^* 为有效质量且 R^* 为有效机械阻。第二个表达式可从基于能量的定义中得到:

$$Q_m = 2\pi (总能量)/(谐振点每周期内损耗的能量)$$

在图 2-11 中的电场换能器等效电路中,机械谐振时品质因数 Q_m 和反谐振时品质因数 Q_a 分别为

$$Q_m = \omega_r(M+M_r)/(R+R_r), Q_a = \omega_a(M+M_r)/(R+R_r) \tag{2-83}$$

利用 ω_r、ω_a、Q_m、Q_a 和 $N^2 = k^2 C_f K_m^E$,把导纳方程(2-78)改写成以下形式:

$$Y = G_0 + j\omega C_f[1-(\omega/\omega_a)^2 + j\omega/\omega_a Q_a]/[1-(\omega/\omega_r)^2 + j\omega/\omega_r Q_m] \tag{2-84}$$

方程(2-84)表明当频率远低于机械谐振频率 ω_r 时,导纳近似等于电损耗电导 G_0 加上 $j\omega$ 乘以自由电容 $C_f = C_0/(1-k^2)$。方程(2-84)还表明,对于低损耗,G_0 小,更重要的是 Q_m 和 Q_a 大时,Y 的幅度在机械谐振 $\omega = \omega_r$ 时达到最大值,而在反谐振 $\omega = \omega_a$ 时出现最小值。以上情况可用于确定压电陶瓷换能器的谐振和反谐振频率,并且如果安装不会引入显著的刚度或阻尼时,在空气荷载条件下所得数值通常比较精确,具体可见第 9 章中内容。在水荷载条件下,Q_m 和 Q_a 不一定高,对于常见的小电损耗电导 G_0,可利用最大电导的频率得到机械谐振频率 ω_r,利用最大电阻的频率得到反谐振频率 ω_a。

人们常希望换能器有一个低的 Q_m,但为了有大的声能量辐射,则必须立足有大的辐射阻 R_r,而不是大的机械损耗阻 R。从机械谐振频率 ω_r 时的电导纳入手,将 Q_m 与耦合系数联系起来,方程(2-78)变为

$$Y = G_0 + j\omega_r C_0 + N^2/(R+R_r) \tag{2-85}$$

利用方程(1-17a)得出的 $k^2 = N^2/K_m^E C_f$,动态电导 $G_m = N^2/(R+R_r)$ 可变为

$$G_m = k^2 \omega_r C_f Q_m \tag{2-86}$$

若在谐振时将 Y 的表达式中通常较小的电损耗电导 G_0 忽略不计,这时电学品质因数 Q_e 可定义如下:

$$Q_e = \omega_r C_0/G_m \tag{2-87}$$

该式说明 Q_e 是电纳与电导的比值,当换能器连到功率放大器时,它是功率因数大小的重要考量。如果 Q_e 较大,电流通过 C_0 分流,导致要实现给定的功率目标就需要功率放大器产生很大的伏安容量,因此实现宽带功率运行是很难的。将方程(2-86)中的 G_m 代入方程(2-87)可得 $Q_e = C_0/(k^2 C_f Q_m)$,并且用 $C_0 = C_f/(1-k^2)$ 得到一个重要的普遍转换公式:

$$Q_m Q_e = (1-k^2)/k^2 \tag{2-88}$$

上述说明,在耦合系数 k 给定的情况下,Q_m 和 Q_e 的关系就确定了。同时,通过 Q_m 和 Q_e 的测量值也可以求得有效耦合系数 k_{eff}(参见第 4 章),具体将在第 9 章加以讨论。

例如:方程(2-88)可改写为 $k^2 = 1/(1+Q_m Q_e)$。如果换能器 $Q_m = 9$ 且 $Q_e = 1$,或反之亦然,则得到 $k = 0.32$。在两种情况下,从机械或电的角度来看带宽都较窄。然而,如果 $Q_m = Q_e = 3$,仍然可以得到耦合为 0.32 以及更令人满意的带宽。

Q_m 用来衡量电压驱动的响应曲线的尖锐度,Q_e 用来衡量无功电纳。为了获得宽频带应

用,通常要求它们的乘积是一个小的数值。为此,我们定义一个把它们相加的品质因数 Q_t,利用方程式(2-88),得

$$Q_t = Q_m + Q_e = Q_m + (1 - k^2)/(k^2 Q_m) \qquad (2-89)$$

当 $dQ_t/dQ_m = 0$ 时 Q_t 为最小值,则可得到

$$Q_m = (1 - k^2)^{1/2}/k \qquad (2-90)$$

该公式就是获得宽频带响应的最优 Q_m 值。从方程(2-88)可以看出,当 $Q_m = Q_e$ 时,就得到最佳 Q_m。因此,对应于宽带性能就要有低的最优 Q_m,因而就需要有高的耦合系数(参见 Mason[11] 对此概念的详细讨论)。表 2-3 列出了耦合系数 k 与最优 Q_m 值以及响应更宽但波动较小的 $1.25 Q_m$ 值关系(参见 Stansfiel[32] 中有关 $1.25 Q_m$ 的内容)。

通常情况下,低的 Q_m 是通过使换能器的阻抗与介质匹配来实现。特性阻抗是声学和电声学中的一个重要概念。流体介质(如空气或水)的特性声阻抗率(即单位面积的机械阻抗)为 ρc,其中,ρ 表示密度,c 表示介质中的声速。水的 ρc 值为 $1.5 \times 10^6 \text{kg}/(\text{m}^2 \cdot \text{s})$ 或 $1.5 \times 10^6 \text{rayls}$〈瑞利〉。在两个不同介质的边界处,$\rho c$ 的相对值(参见第 13.2 节)决定了声波如何分为反射波和透射波。在换能器振动表面和它所浸入的介质之间的界面上也会有这种情形发生。

表 2-3 最优 Q_m 的值

k	Q_m	$1.25 Q_m$
0.1	9.9	12.4
0.2	4.9	6.1
0.3	3.2	4.0
0.4	2.3	2.9
0.5	1.7	2.1
0.6	1.3	1.6
0.7	1.0	1.2
0.8	0.8	0.9
0.9	0.5	0.6

换能器机械特性阻抗的确定办法是:用它在谐振频率附近的带宽内测量的阻抗平均值表示。(参见第 4.3 节)。为使换能器在较宽的频带下实现良好的性能,就必须要使得它的机械特性阻抗接近介质特性阻抗。

2.8.4 功率因数和调谐

如果换能器对电压和电流的要求过高而造成电源不足,则可能无法实现其最佳的功率容量。功率因数就是一种评估功率容量的方法,它与换能器之间的关系可参照图 2-11 中的等效电路来理解。正如第 2.8.3 节中所述,静态电容 C_0 存储了未转换为机械振动的能量,并且有抗的电流流过。如果没有这个电容,换能器的耦合系数将达到 100%。这种容抗功率对功率辐射是没有贡献的,所以功率因数总是一个小于 1 的数值,即使在谐振频率处也是这样。只有用一个电感与电容 C_0 串联或并联调谐才能增大功率因数(参见第 9.6 节)。此外,在偏谐振的频率下运行时,还会因质量 M 和力顺 C_m^E 产生的机械抗功率不能相抵消,因此又导致功率因数降低。

功率因数 P_f 由电压和电流之间相位角的余弦表示。当相位角为 $\varphi = \arctan(B/G)$ 时,功率因数为 $P_f = \cos\varphi = W/VI$,其中,W 为所吸收的功率,VI 为输入电压和电流幅度的乘积。因此,

输入换能器的电功率为 $W = VI\cos\varphi$，并且大的功率因数是人们所期望的。由于输入功率为 $W = V^2 G$ 且 $VI = V^2|Y|$，则得到

$$P_\mathrm{f} = G/|Y| = G/|G + jB| = 1/[1 + (B/G)^2]^{1/2} \quad (2\text{-}91)$$

从方程(2-91)可知，功率因数 P_f 可由图2-11等效电路中的输入电导纳 Y 求得。方程(2-91)表明要得到较大的 P_f，则 B/G 的比值应较小，P_f 在 $B/G = 0$ 时才能得到最大值1。

在没有电调谐的情况下，方程(2-78)可改写为

$$Y = j\omega C_0 + G_\mathrm{m}/[1 + jQ_\mathrm{m}(\omega/\omega_\mathrm{r} - \omega_\mathrm{r}/\omega)] \quad (2\text{-}92)$$

在对方程(2-92)中的分母进行有理化并将结果表示为 $Y = G + jB$ 后，可得到

$$B/G = [Q_\mathrm{e} + Q_\mathrm{e}Q_\mathrm{m}^2(\omega/\omega_\mathrm{r} - \omega_\mathrm{r}/\omega)^2]\omega/\omega_\mathrm{r} - Q_\mathrm{m}(\omega/\omega_\mathrm{r} - \omega_\mathrm{r}/\omega) \quad (2\text{-}93)$$

在谐振时，比值 $B/G = Q_\mathrm{e}$ 且 $P_\mathrm{f} = 1/(1 + Q_\mathrm{e}^2)^{1/2}$，这表明希望有一个低的 Q_e，也就是要求低的电容 C_0。需注意当 $Q_\mathrm{e} = 1$ 时，可得到功率因数为0.707。方程(2-93)也表明当不在谐振频率时，可取较低的 Q_m 值和较高的 k 值，其中：

$$\begin{cases} B/G \approx Q_\mathrm{m}(\omega_\mathrm{r}/\omega)/k^2, & \omega \ll \omega_\mathrm{r} \\ B/G \approx Q_\mathrm{m}(\omega/\omega_\mathrm{r})^3(1 - k^2)/k^2, & \omega \gg \omega_\mathrm{r} \end{cases} \quad (2\text{-}94)$$

功率因数可以通过在图2-11的电学端子上并联一个电感 L_p 来电调谐(参见第9.6.1节了解更多有关调谐的内容)静态电容 C_0 从而得到提高，这时电端输入导纳为

$$Y = j\omega C_0 + 1/j\omega L_\mathrm{p} + G_\mathrm{m}/[1 + jQ_\mathrm{m}(\omega/\omega_\mathrm{r} - \omega_\mathrm{r}/\omega)] \quad (2\text{-}95)$$

用 L_p 在谐振时调谐 C_0，即 $L_\mathrm{p} = 1/\omega_\mathrm{r}^2 C_0$，由方程(2-95)得到

$$B/G = [Q_\mathrm{e} - Q_\mathrm{m} + Q_\mathrm{e}Q_\mathrm{m}^2(\omega/\omega_\mathrm{r} - \omega_\mathrm{r}/\omega)^2](\omega/\omega_\mathrm{r} - \omega_\mathrm{r}/\omega) \quad (2\text{-}96)$$

在远离谐振频率时，方程(2-96)可变为

$$\begin{cases} B/G \approx -Q_\mathrm{m}(\omega_\mathrm{r}/\omega)^3(1 - k^2)/k^2, & \omega \ll \omega_\mathrm{r} \\ B/G \approx Q_\mathrm{m}(\omega/\omega_\mathrm{r})^3(1 - k^2)/k^2, & \omega \gg \omega_\mathrm{r} \end{cases} \quad (2\text{-}97)$$

此外，电感器在 $\omega \ll \omega_\mathrm{r}$ 时降低了 B/G 的值，比方程(2-94)中没有电感器的情况降低得更多，但 $\omega \gg \omega_\mathrm{r}$ 时，就没有作用。当谐振 $\omega = \omega_\mathrm{r}$ 时，方程(2-96)中的第二个因子消失，导致 $B/G = 0$ 且 $P_\mathrm{f} = 1$。

但是从方程(2-96)右边第一个括号内(中括号里)因子看，有可能出现两个频率使得 $B/G = 0$，那就是当它等于零时，方程(2-96)可表示为

$$(\omega/\omega_\mathrm{r})^4 + [1/Q_\mathrm{m}^2 - k^2/(1 - k^2) - 2](\omega/\omega_\mathrm{r})^2 + 1 = 0 \quad (2\text{-}98)$$

方程(2-98)为一个二次方程，其解可表示如下：

$$(\omega/\omega_\mathrm{r})^2 = -b/2 \pm [(b/2)^2 - 1]^{1/2} \quad (2\text{-}99)$$

式中，$b = [1/Q_\mathrm{m}^2 - k^2/(1 - k^2) - 2]$ 且 $\omega/\omega_\mathrm{r} = f/f_\mathrm{r}$。例如，当 $k = 0.5$ 且 $Q_\mathrm{m} = 3$ 时，可得到 $b = -20/9$，并且除了在 $B/G = 0$ 和 $P_\mathrm{f} = 1$ 时的频率下 $f = f_\mathrm{r}$ 以外，还得到解为 $f = 0.792f_\mathrm{r}$ 和 $f = 1.263f_\mathrm{r}$。在这些频率下，导纳轨迹如图9-19所示穿过 G 轴3次，并如图2-12(a)所示在 $Q_\mathrm{m} = 3$ 时有3个频率使 $P_\mathrm{f} = 1$。由方程(2-90)得出了 $k = 0.5$ 时最优 $Q_\mathrm{m} = \sqrt{3} = 1.73$，如表2-3中所列，如功率因数响应，如图2-12(a)中所示。

Q_m 的最优值表明单谐振存在较宽的响应，而数值较低时如 $Q_\mathrm{m} = 1$ 则表明单谐振的尖锐度更高。另一方面，当数值较高时如 $Q_\mathrm{m} = 2$，显然比最优值时的响应更宽，但存在极小的波动。功率因数结果也显示在图2-12(b)中，此时 $k = 0.7$，图2-12(c)中，$k = 0.9$，从方程(2-90)中得出的最优 Q_m 值分别为1和0.5左右，如表2-3所列。显然，较高的耦合系数产生了更宽的带宽，

和较低的 Q_m 值,响应更平缓。此外,还可看出 Q_m 值比最优值 1.73、1 和 0.5 略高时,会产生更宽的带宽,但存在较小的波动,如图 2-12(a)~图 2-12(c)所示,Q_m 分别等于 2、1.73 和 0.7(分别对应 k = 0.5、0.7 和 0.9)的情况。这个结果与 Stansfield[32]的研究结果一致,即 Q_m 值比方程(2-90)得出的值高 25%,会产生更宽的带宽。这些较高的 Q_m 值也列在表 2-3 中。

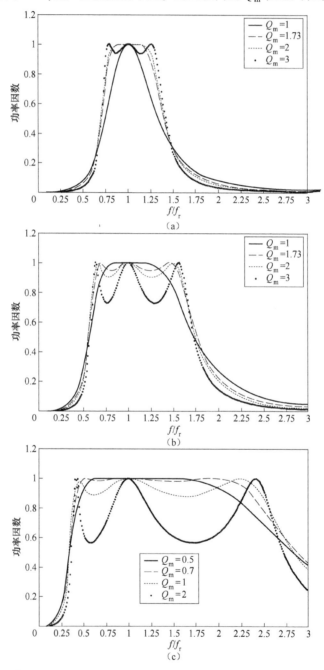

图 2-12 (a)当 k = 0.5 且 Q_m = 1,1.73,2 和 3 时功率因数是与谐振相关的频率的函数;
(b)当 k = 0.7 且 Q_m = 1,1.73,2 和 3 时功率因数是与谐振相关的频率的函数;
(c)当 k = 0.9 且 Q_m = 0.5,0.7,1 和 2 时功率因数是与谐振相关的频率的函数。

图 2-12(a)～图 2-12(c)的曲线也可用于表示有效耦合系数 k_{eff}。在实际 Tonpilz 型换能器中,该系数比材料耦合系数低 25%左右(参见第 4 章)。对采用 PZT 压电陶瓷的实际 Tonpilz 型换能器,其有效耦合系数通常为 $k_{\text{eff}} = 0.5$(参见第 5.3 节)。当 $k_{\text{eff}} = 0.7$ 时,则表明 Tonpilz 型换能器使用了耦合系数较高的单晶体 PIN-PMN-PT 材料。然而,当 $k_{\text{eff}} = 0.9$ 时,则表明 Tonpilz 型换能器采用了一种新型的换能材料,其材料耦合系数远高于 0.9,加上设计上的改进从而降低了 k_{eff} 实现了较低的 Q_m 值。另一方面,对于其他类型的换能器,如低频弯张换能器(参见第 5.5 节),其有效耦合系数在 0.3～0.36,在较低的情况下,大约比材料耦合系数低 50%左右,因此最优 Q_m 设计目标约等于 4。

2.8.5 功率极限

在谐振附近的最大输出功率的 Q_m 值与由方程(2-90)所得最佳带宽的 Q_m 值有所不同,可从计算电学和机械应力极限功率中看出。当换能器的电损耗可忽略不计时,在谐振下的总输入功率 W 可按方程(2-86)计算表示为 $W = \frac{1}{2}V^2 G_m = \frac{1}{2}V^2 \omega_r C_f k^2 Q_m$。代入自由电容 $C_f = \varepsilon_{33}^T A_0 / L$,并利用 $E = V/L$ 得到在压电材料中输入功率密度为

$$P = W/(A_0 L) = \frac{1}{2} k^2 \omega_r \varepsilon_{33}^T E^2 Q_m \quad (2-100)$$

在没有过高电损耗的情况下,电场 E 能被使用的最大值通常就是功率换能器输出极限,除非 Q_m 相当高。例如,对于压电陶瓷,电场 E_m 的最大 RMS 值通常在 2～4kV/cm(约为 5～10V/mil)。第 13.14 节中的图例显示,PZT 的电损耗随着电场的增加而增加。这是大功率应用的重要特性,对于新材料也必须考虑这一点。

此外,还可以得到一个以应力而不是电场来表示的功率密度表达式,因为在谐振时,陶瓷中应力是由质量 $(M+M_r)$ 在加速度 $\omega_r u = \omega_r NV/(R+R_r)$ 作用下产生。利用方程(2-9a)中的 N 就可以给出这个应力:

$$T = Q_m d_{33} E / s_{33}^E \quad (2-101)$$

求解 E 并利用 $k^2 = d_{33}^2 / s_{33}^E \varepsilon_{33}^T$,代入方程(2-100)则得到应力极限下的输入功率密度:

$$P = W/(A_0 L) = \frac{1}{2} \omega_r s_{33}^E T^2 / Q_m \quad (2-102)$$

在压电换能器中,最大安全应力 T_m 取决于陶瓷片之间的粘结力,约为 2kpsi① ≈ 1.4×10^7 Pa(参见第 13.14 节)。如果用螺杆或玻璃纤维施加预应力方法,应力极限值可增加 3 倍左右,从而使应力极限功率密度增大 9 倍。

方程(2-100)和方程(2-102)显示功率极限值与 Q_m 成反比。在谐振时,应力极限希望有一个高的 Q_m,而电场极限希望有一个低的 Q_m,所以最大安全输出功率不要超过 E_m 和 T_m 的极限功率。从这个意义上来讲,由方程(2-100)和方程(2-102)相等得出一个最佳 Q_m:

$$Q_m = (s_{33}^E / d_{33})(T_m / E_m) \quad (2-103)$$

将 E_m 和 T_m 代入上式算出 Q_m 值时,这时换能器的输出功率达到电和机械的极限功率值。对于 PZT 材料,Q_m 约为 3,它对水下发射器而言已有较好的带宽。将 Q_m 的最优值再次代入方程(2-100)或方程(2-103),可得到最大功率密度如下:

---

① 1psi=6.895kPa。

$$P = \frac{1}{2}\omega_r d_{33} E_m T_m \tag{2-104}$$

此外,对于具体材料而言,也可根据最大可接受驱动场中的最大应变 S 和杨氏模量 Y 计算得出最大机械能密度 U_m ,也就是 $U_m = YS^2/2$(由于应变 $S = dE$ 且能量密度 $U_m = YS^2/2$,也可直接将能量密度表示为 $U_m = d^2E^2/2s$,其中, E 为最大电场密度 $E = \sqrt{2}E_{rms}$ 且杨氏模量 $Y = 1/s$。对于压电材料,存在 $s = s^E$ 并可根据第 13.5 节的内容以及压电常数 d 的相应数值得出)。部分常见换能器材料的能量密度值[34]见表 2-4。

表 2-4 换能器材料的能量密度值

材料	杨氏模量/GPa	场(E_{rms})	应变(0-pk)/ppm	能量密度/(J/m³)
PZT-8	74	10V/mil	125	578
PZT-4	66	10V/mil	159	830
PMN	88	15V/mil	342	5150
Terfenol-D	29	64kA/m	582	4910
PIN-PMN-PT	17.5	10V/mil	735	4720

表 2-4 中的杨氏模量值为电场材料 PZT、PMN 和 PIN-PMN-PT 在短路情况,以及磁场材料 Terfenol-D 在开路情况下的数值。虽然 PZT-4 的能量密度高于 PZT-8,但该数值仅限于较低占空比下运行的情况。Terfenol-D、PMN 和 PIN-PMN-PT 可得到高得多的能量密度,但在 PMN 和非掺杂 PIN-PMN-PT 中电损耗引起的发热会在大功率的应用情况中造成问题,尤其是在高占空比下运行中发热本身就是一个问题。单晶体材料 PIN-PMN-PT 的应变最大。

2.8.6 效率

换能器电声效率是指换能器辐射到远场的声功率与输入到换能器上的电功率之比。正如第 1 章中所述以及第 2.11 节中电路所示,声功率可根据 $W_a = \frac{1}{2}R_r u^2$ 得出,而总的机械功率为 $W_m = \frac{1}{2}(R + R_r)u^2$。因此,机声效率可定义如下:

$$\eta_{ma} = W_a/W_m = R_r/(R + R_r) \tag{2-105}$$

从上式可见,为了有高的效率,必须使辐射阻 R_r 远大于机械损耗阻 R。一般情况下, η_{ma} 随频率增大,因为辐射阻会增大,最终最大值约等于 $\rho c A$ (参见第 10.4 节)。辐射阻 R_r 和辐射质量 M_r 通常可以用与换能器的辐射面面积 A 相同的等效球形辐射器来近似。因此,球体的半径为 $a = (A/4\pi)^{1/2}$,且波数为 $k = \omega/c$,根据第 10.4.1 节的内容得到

$$R_r = \rho c A (ka)^2/[1 + (ka)^2] \text{ 和 } M_r = \rho 4\pi a^3/[1 + (ka)^2] \tag{2-106}$$

在 $ka \ll 1$ 和 $ka \gg 1$ 情况下, R_r 都能很好地接近实际换能器的辐射阻。而机械损耗阻 R 取决于换能器装置结构设计、密封结构设计和制作工艺等因素,并且随频率升高, R 也要增加。 η_{ma} 典型值的范围是 60%~90%。

例如:在极低频率下, $R_r \approx \rho c A (ka)^2$ 且 $\eta_{ma} \approx \rho c A (ka)^2/R$,此时 $R_r \ll R$。在此范围内,随着频率($k = \omega/c$)的降低,效率会快速下降。偶极和四极换能器的下降速率会更大, R_r 与频率甚至存在更高阶的相关性。

影响换能器总效率的另一个因素是电或磁损耗造成的功率损失。因此,以 W_e 表示输入电功率,W_m 表示传递到换能器的机械功率,机电效率可定义如下:

$$\eta_{em} = W_m/W_e \tag{2-107}$$

而总的电声效率可定义为

$$\eta_{ea} = W_a/W_e = \eta_{em}\eta_{ma} \tag{2-108}$$

对于电场换能器,电输入功率为 $W_e = 1/2GV^2$,其中,G 为总的输入电导:

$$G = G_0 + \mathrm{Re}(N^2/Z_{mr}^E) = G_0 + G_e \tag{2-109}$$

式中,压电陶瓷的电损耗电导 $G_0 = \omega C_f \tan\delta$。可利用此关系式定义电损耗因子 $\tan\delta$。传递到换能器机械部分的功率为 $1/2G_eV^2$,可得出机电效率如下:

$$\begin{aligned}\eta_{em} &= G_e/(G_0 + G_e) \\ &= 1/[1 + (\tan\delta/k_{eff}^2)\{\omega/\omega_r Q_m + (Q_m\omega_r/\omega)(1 - \omega^2/\omega_r^2)^2\}]\end{aligned} \tag{2-110}$$

具体如第 13.15 节中所示的方程(13-87)。

可在全频段条件下对方程(2-110)求解,以了解所有的换能器参数对电声效率的影响。然后乘以 η_{ma} 得到方程(2-108)给出的总电声效率。借助有效耦合系数 k_{eff}(参见第 4.4.2 节和第 4.4.3 节),总电声效率的表示如下:

$$\eta_{ea} = (\omega R_r C_m^E)^2 k_{eff}^2/\tan\delta, \quad \omega \gg \omega_r \text{①} \tag{2-111}$$

$$\eta_{ea} = [k_{eff}^2 Q_m/(k_{eff}^2 Q_m + \tan\delta)][R_r/(R_r + R)], \quad \omega = \omega_r \tag{2-112}$$

$$\eta_{ea} = R_r^2 k_{eff}^2 \left(\frac{\omega_r^2}{\omega^4}\right)/[\tan\delta(M + M_r)^2], \quad \omega \gg \omega_r \text{②} \tag{2-113}$$

这三种情况表明:效率总是随着辐射阻和有效耦合系数增大而增加,而随着损耗增加而减小。在低于谐振频率时,效率随着机械顺性增大而增加,而在高于谐振频率时,随着质量减小而增加。说明低阻抗的换能器在高于和低于谐振时均可以实现很好的效率。我们注意到,因为通常 $k_{eff}^2 Q_m \gg \tan\delta$,所以在接近谐振时,中括号里的第一个因子接近 1,其效率主要取决于 R_r 和 R。谐振频率以上,效率反比于 ω^4,谐振频率以下,因辐射阻随 ω^2 降低,所以效率正比于 ω^6。

磁场换能器效率的类似表达式会因涡流而变复杂(参见第 3.1.5 节)。然而,如果涡流损耗可忽略不计,则可在谐振频率和远离谐振点频率处得到效率 η_{ea} 的简单表达式。利用 $N_m^2 = k_{eff}^2 L_f/C_m^H$ 以及定义 $Q_0 = \omega_r L_f/R_0$ 为线圈品质因数,所得结果如下:

$$\eta_{ea} = \frac{\omega^3}{\omega_r} R_r^2 k_{eff}^2 Q_0 (C_m^H)^2, \omega \ll \omega_r \text{③} \tag{2-114}$$

$$\eta_{ea} = [k_{eff}^2 Q_m Q_0/(k_{eff}^2 Q_m Q_0 + 1)][R_r/(R_r + R)], \omega = \omega_r \tag{2-115}$$

$$\eta_{ea} = R_r k_{eff}^2 Q_0 \omega_r/[\omega^3(M + M_r)]^2, \omega \gg \omega_r \text{④} \tag{2-116}$$

显然,效率与辐射电阻 R_r 以及电场情况下的 k_{eff}^2 成正比,而线圈品质因数与 $\tan\delta$ 的倒数具有相同的影响。由此得出,如果频率足够低,即使涡流,方程(2-114)也是有效的,而方程(2-115)

---

① 原著中,$\eta_{ea} = \omega R r K_{eff}^2 C_m^E/\tan\delta$

② 原著中,$\eta_{ea} = R_r \cdot K_{eff}^2 \left(\frac{\omega_r}{\omega}\right)^3/\tan\delta\omega_r(M+Mr)$

③ 原著中,$\eta_{ea} = \left(\frac{\omega}{\omega_r}\right)^2 \omega_r R_r k_{eff}^2 Q_0 C_m^H$

④ 原著中,$\eta_{ea} = R_r k_{eff}^2 Q_0 (\omega_r/\omega)^2/\omega_r(M+M_r)$

在 f_r 足够低时近似正确。虽然在方程(2-113)中效率的降低率仅与频率存在四次方关系,在方程(2-116)中存在三次方关系,但由于在较高频率下存在实际的涡流损耗,因此后者的降低率会更大。

在高占空比的主动声纳系统中,换能器在20%或更长时间内处于开启状态,存在因电损耗造成的发热和部分情况下因换能材料而造成的机械损耗,通常会限制输出功率[35]。在这些情况下,选择在高驱动条件下损耗因子最低的转换机理非常重要(参见第13.14节)。某些情况下,可采取具体的措施将热量从换能器中移除,如在壳体内注满油、增加外部散热片或充入导电环氧树脂[36]。有关更多讨论和换能器热模型,请参见第2.9节。脉冲声纳系统的脉冲长度较短且重复率较缓慢时,可选择施加应力或电场限制,因此第2.8.5节中讨论的最大功率的 Q_m 值则成为设计时要考虑的一个重要因子。

2.8.7 水听器电路和噪声

等效电路也可用于水听器,该水听器将输入自由场压力 p_i 转换成开路输出电压 V,其作用力为

$$F_b = D_a A p_i \qquad (2-117)$$

式中,A 为水听器的感应面积;D_a 为衍射常数。图2-11中的电路可作为一个分压电路用于求解开路输出电压 V(参见第13.8节),其中输入电压为 F_b/N,可得到

$$V = (F_b/N)(1/j\omega C_0)/[1/j\omega C_0 + Z_{mr}^E/N^2] \qquad (2-118)$$

将方程(2-9b)得出的 Z_{mr}^E 代入,可得到

$$V = (F_b/N)/[1 + C_0/C_m^E N^2 - \omega^2 C_0(M + M_r)/N^2 + j\omega C_0(R + R_r)/N^2] \qquad (2-119)$$

当频率远低于反谐振频率时,阻抗变为 $1/j\omega C_f$,其输出电压变为 $k^2 F_b/N$ 常数,可见它与水听器的频率无关。在反谐振时,输出电压 $V = -jQ_a k^2 F_b/N$,随反谐振 Q_a 值增大。

水听器灵敏度 $M = V/p_i$ 是衡量水听器响应的常用指标,可根据等效电路得出下式:

$$M = AD_a V/F_b \qquad (2-120)$$

开路接收响应和恒定电压发射响应通过输入阻抗和互易性彼此关联,具体参见第9章。

正如换能器内部的机械和电损耗对发射器的输出产生限制一样,由于等效串联电阻产生的内部热噪声,这些损耗也是对水听器性能的限制。在这种情况下,可以通过水听器的串联电阻 R_h 所形成的热噪声电压计算出水听器的自噪声(参见第6.7节)。然后,由该电阻通过下列方程得到等效总约翰逊均方热噪声电压 $\langle V_n^2 \rangle$:

$$\langle V_n^2 \rangle = 4KTR_h \Delta f \qquad (2-121)$$

式中,K 为玻耳兹曼常数(1.381×10^{-23} J/K);T 为绝对温度;Δf 为带宽。当温度为20℃时,由方程(2-121)可得到

$$10\log\langle V_n^2 \rangle = -198\text{dB} + 10\log R_h + 10\log \Delta f \qquad (2-122)$$

更为常用的是通过水听器灵敏度 M,把方程(2-122)中的噪声电压值转换成等效均方噪声声压,$\langle P_n^2 \rangle = \langle V_n^2 \rangle/M^2$。那么等效均方噪声声压级为:

$$10\log\langle p_n^2 \rangle = -198\text{dB} + 10\log R_h - 20\log M + 10\log \Delta f \qquad (2-123)$$

上式强调了噪声随带宽的增大而增加的事实。当信号压力为 $p_s \geq \langle p_n^2 \rangle^{1/2}$ 时,信号与自噪声的比值等于1或更大。

噪声的电分量可根据损耗电导 $G_0 = \omega C_f \tan\delta$ 得出,在图2-11的等效电路中,它分流在电输

入端上,其中,tanδ 为电损耗因子;C_f 为自由容量。显然在低频下(参见第6.7.2节)

$$R_h = (\tan\delta/\omega C_f)/(1 + \tan^2\delta) \approx \tan\delta/\omega C_f \tag{2-124}$$

式中,对大多数电场换能器,tanδ ≪ 1 近似成立。在这个 tanδ 近似条件下,图 2-11 中整个电路的输入串联电阻可表示如下(参见第 13.15 节):

$$R_h = R_r k^2 C^E/C_f \eta_{ea} [(\omega/\omega_a Q_a)^2 + (1 - \omega^2/\omega_a^2)^2] \tag{2-125}$$

上述表达式包含了 G_0 的噪声贡献、机械损耗电阻 R 和辐射电阻 R_r,可用于方程(2-122)中,并可与 M 一起用于方程(2-123)中。方程(2-123)也可利用 M 和 R_h 的测量值。

如第 6.7.1 节和第 13.15 节所示,如果换能器电声效率 η_{ea} 和 DI 已知,在温度为 20℃ 且以 $dB//(\mu Pa)^2 Hz$ 为单位,可根据下列方程得出等效均方自噪声:

$$10\log\langle p_n^2\rangle = 20\log f - 74.8 - 10\log\eta_{ea} - DI \tag{2-126}$$

应注意 DI 不会增大水听器的灵敏度,但会降低具有指向性的水听器中内部噪声的各向同性声等效值,从而增大信噪比。水听器的自噪声应低于在介质和水听器平台中很多其他的噪声源,可参见第 6 章和第 8 章的内容。

2.9 热因素考虑

换能器发热往往是由连续运行或高占空比操作所造成,可通过提高换能器的效率以及改善热量对周围介质的传导和对流来缓解。

本节将扩展集总模式的等效电路表示(参见图 2-11)用于判断热源,并形成一组方程为评估压电材料损耗提供更准确的方法。这些结果表明,在压电驱动部分和换能器安装中产生的热功率,可用于有限元模型或热流等效电路模型,得出换能器的温度升高结果。

这种集总模型表示存在局限性,包括假设的线性以及均匀的电场和机械场。除此之外,与压电堆中纵波的波长相比,压电堆的长度和横向尺寸被假定为小的。然而,使用此模型,传递到压电堆和换能器安装系统中的功率分量可以很容易地从常用参数中确定,例如谐振频率、机械 Q、有效耦合系数和损耗因子。

此外,本节还举例说明如何利用和操作换能器电路结构的简便表示用作分析模型。第 3 章和第 5 章将介绍针对球形、圆柱形和 Tonpilz 型换能器的其他电路表示以及相关内容。根据第 2.9.1 节中确立的详细等效电路的主要结果,方程(2-128)~方程(2-131),可在第 2.9.2 节中用于确定由方程(2-133)和方程(2-134)给出的发热造成的功率损失。

2.9.1 换能器热模型

图 2-13 所示的普通 Tonpilz 型换能器的刚度和质量可根据一个 T 形网络传输线分布模型推导得出,并简化为单自由度集总模型,其中压电堆振速 $u = u_1 + u_2$。这个单自由度集总电路是在 Butler 等[36]进行热分析时所使用的环形等效电路基础上总结得出的广义电路。这个广义电路[37]如图 2-14 所示。第 3.1.3 节和第 5.3.1 节中进一步讨论了 Tonpilz 型换能器的等效电路。

图 2-14 的串联等效分量可根据图 2-11 的等效电路得出,其中将电路分量 C_m^E、M_{Tail}、M、R 和 M_r 分别替换为 C_m、M、m、R_1 和 m_r,并且 $F_b = 0$。此外,还需注意电导 $G_0 = 1/R_0$,其中,R_0 为并联电损耗电阻;$R = R_1$ 为机械损耗电阻。在典型的 Tonpilz 型换能器条件下,即 $\omega_r L/c \ll 1$ 且

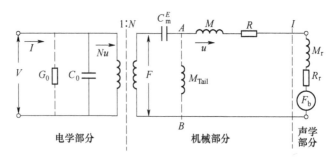

图 2-13 头部和尾部振速分别为 u_1 和 u_2 的 Tonpilz 型换能器简图

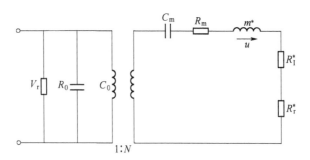

图 2-14 集总单自由度等效电路（$\omega_r M \gg R_1 + R_r$，其中 R_0 为静态并联电阻；R_m 为等效压电堆机械串联损耗电阻；R_1^* 为等效机械安装损耗电阻；R_r^* 为等效辐射电阻）

$\omega_r M \gg R_1 + R_r$，图 2-14 的电路为有效电路，其中，ω_r 为角谐振频率；c 为长度为 L 的压电堆中的声速；M 为尾部质量；R_1 为安装损耗；R_r 为辐射阻。在上述条件下，串联等效质量 m^*、机械损耗电阻 R_1^* 和辐射电阻 R_r^* 分别由下列方程得出：

$$m^* = m(1 + m/M), \quad R_1^* = R_1/(1 + m/M)^2, \quad R_r^* = R_r/(1 + m/M)^2$$

头部质量 m 可包含辐射质量 m_r 以及部分的压电堆质量 $m_s/2$。如果安装阻抗的值为 Z，则尾部质量 M 也可包含 $m_s/2$ 以及有效"质量" $Z/\text{j}\omega$。最后，质量 $m_s/6$ 与压电堆串联，得到压电堆质量更为完整的表示。短路机械柔顺系数为 C_m，机电匝数比为 N，静态电容为 C_0 且静态并联电阻为 $R_0 = 1/\omega C_0 \tan\delta_0$，其中，$\tan\delta_0$ 为静态电损耗因子。压电材料的自由电容 C_f、有效耦合系数 k_e 和静态电容 C_0 可分别由下列方程得出：

$$C_f = N^2 C_m + C_0, \quad k_e^2 = N^2 C_m / C_f, \quad C_0 = C_f(1 - k^2)$$

在机械谐振下，势能和动能相等，且 $\text{j}\omega_r m^* + 1/\text{j}\omega_r C_m = 0$，因此只剩下机械阻分量。此时，压电堆和其他元件的表示细节就不那么重要了，只要压电堆热源均匀分布并保持阻性机械损耗的串联表示即可。图 2-14 中等效压电堆串联损耗电阻 R_{ms} 可根据并联压电堆机械损耗电阻 $R_m = 1/\omega C_m \tan\delta_m$ 得出，其中，机械损耗因子 $\tan\delta_m = 1/Q_p$，Q_p 为压电材料或组成压电堆的已测得或公布的机械品质因数。并联柔顺系数 C_m 和损耗电阻 R_m 可通过串联等效 $C_{ms} = C_m(1 + \tan^2\delta_m) \approx C_m$ 和 R_{ms} 如下表示。

$$R_{ms} = \tan\delta_m / [\omega C_m (1 + \tan^2\delta_m)] \approx \tan\delta_m / \omega C_m = 1/Q_p \omega C_m$$

由于通常 $\tan\delta_m \ll 0.1$，因此借此表示的近似值一般是可接受的。PZT-8 陶瓷类材料就比一些单晶材料更适合这种近似，因为这些单晶材料的机械损耗因子更高。在图2-14中，用这种串联电阻表示所有的机械损耗可以方便地汇总为一个值如下：

$$R = R_{ms} + R_1^* + R_r^*$$

式中，前两个机械电阻代表机械热源，最后一个辐射阻代表声辐射。

图2-14中的单自由度换能器等效电路与基频模态下运行的环形、圆柱形或球形以及其他换能器的等效电路类似。电路的总电学输入导纳 Y 可表示如下：

$$Y = G + jB = j\omega C_0 + 1/R_0 + [N^2/R]/[1 + j(\omega/\omega_r - \omega_r/\omega)Q_m] \tag{2-127}$$

式中，角机械谐振频率可根据 $\omega_r = (1/m^* C_m)^{1/2}$ 得出。此处机械 Q 值被定义为 $Q_m = (1/\omega_r C_m R)$，R 为频率的函数。利用有效耦合系数 $k_e^2 = N^2 C_m/C_f$，可将方程(2-127)中的电导 G 表示如下：

$$G = 1/R_0 + k_e^2 \omega_r C_f Q_m/[1 + (\omega/\omega_r - \omega_r/\omega)^2 Q_m^2] \tag{2-128}$$

电输入功率可根据电压 V_r 的 RMS 值的平方与电导 G 的乘积得出，即 $W_i = V_r^2 G$。

根据方程(2-128)，在频率远低于谐振频率时，$\omega \ll \omega_r$，电导如下：

$$G \approx \omega C_f [(1-k^2)\tan\delta_0 + k^2 \tan\delta_m] \tag{2-129}$$

式中 $C_0 = C_f(1-k^2)$。在建立方程(2-129)时，假设方程(2-128)中的 Q_m 中的电阻 R_1 和 R_r 在低频时与 R_{ms} 相比可忽略不计。之所以如此，是因为 $R_{ms} \approx \tan\delta_m/\omega C_m$，它随着频率的降低而增加，而 R_1 是一个常数，辐射阻 R_r 会随着频率的降低而下降。在低频率时，电输入电导为电分量和机械分量的和，其中机械分量通过有效耦合系数 k_e 与电分量耦合。我们将方程(2-129)中的中括号项给出的这些贡献量的总和称为压电中的总自由电损耗因子 $\tan\delta$，写作

$$\tan\delta = (1-k^2)\tan\delta_0 + k^2 \tan\delta_m \tag{2-130}$$

方程(2-130)显示了依据耦合系数 k 的值，总损耗在电和机械部分是怎样分布的。注意到 $k \approx 1$，则 $\tan\delta \approx \tan\delta_m$；而 $k \approx 0$，则 $\tan\delta \approx \tan\delta_0$。

将方程(2-130)代入方程(2-129)得到 $G = \omega C_f \tan\delta$，该值为在自由条件下且远低于谐振频率时的电测量值。由于压电材料的 $\tan\delta$ 和 $Q_p = 1/\tan\delta_m$ 往往是确定的，可通过方程(2-130)得到静态 $\tan\delta_0$，表示如下：

$$\tan\delta_0 = (\tan\delta - k^2 \tan\delta_m)/(1-k^2) \tag{2-131}$$

需注意当 k 和 $\tan\delta_m$ 的值较小时，静态损耗因子为 $\tan\delta_0 = \tan\delta/(1-k^2)$。这在过去[2]已经被使用过，此处是依据静态电阻损耗 $R_0 = (1-k^2)/\omega C_0 \tan\delta$，而不是 $R_0 = 1/\omega C_0 \tan\delta_0$ 的确切表示。虽然原始的近似值似乎适用于压电陶瓷，但并非同样适用于单晶体压电材料，因为后者的 k 值较大接近90%且 $\tan\delta_m$ 的值也可能更高。

在 $\tan\delta$ 和 $\tan\delta_m$ 已公布或测量的基础上，通过方程(2-131)可精确计算 PZT 或单晶体材料的静态电损耗。此外，方程(2-131)也可用于建立一个方程组，用于根据已知的损耗值 $\tan\delta$ 和 $\tan\delta_m$ 来确定谐振时的热功率。

2.9.2 谐振时的功率和发热

在机械谐振时，图2-14中无功机械分量 $j\omega m^*$ 和 $1/j\omega C_m$ 被抵消，电导为最大值，换能器输入和输出功率可以较大。在谐振时运行通常是大驱动换能器应用的典型特征，此时依据方程(2-130)中的关系式对该频率下的热功率比建立一组方程。在机械谐振时 $\omega = \omega_r$，根据方程(2-128)和(2-130)得到电导如下：

$$G_r = \omega_r C_f [\tan\delta + k^2(Q_m - 1/Q_p)] \tag{2-132}$$

同上,式中 $Q_p = 1/\tan\delta_m$ 且 $Q_m = 1/\omega_r C_{ms}R$,在谐振时可求值。由于上述以及下文中的方程都以方程(2-130)为基础,因此均适用于单晶体压电材料以及陶瓷压电材料。

以上考虑内容可用于计算以 $\tan\delta$、$\tan\delta_m$ 和 R_1 为特征的热损耗机理中的功率。在谐振时,总输入功率为 $W_i = V_r^2 G_r$;传递到压中堆中的静态电学部分的功率为 $W_0 = V_r^2/R_0$;传递到压电堆的机械部分的功率为 $W_m = u^2 R_{ms}$;传递到头部安装损耗的功率为 $W_1 = u^2 R_1^*$;最后,传递到水中的声输出辐射功率为 $W_r = u^2 R_r^*$。在集总模型中,以 $W_p = W_0 + W_m$ 评估压电堆中的总损耗非常方便。用于计算 W_m 和 W_1 的振速 u 可通过电压表示为 $u = V_r N/R$,则在使用 $N^2 = k^2 C_f/C_m$ 时,损耗功率与输入功率之间的比值与电压、自由容纳 $\omega_r C_f$ 和匝数比 N 无关。

在确定常用的换能器参数后,谐振时传递到压电元件的部分热功率可表示如下:

$$W_p/W_i = [(\tan\delta - k^2/Q_p) + (k^2 Q_m^2/Q_p)]/[\tan\delta + k^2(Q_m - 1/Q_p)] \tag{2-133}$$

方程(2-133)①的分子中括号里的第一个项表示电损耗,而中括号里的第二个项表示机械损耗。

传递到安装损耗系统的部分热功率也可表示如下:

$$W_1/W_i = k^2 Q_m (1 - \eta_{ma} - Q_m/Q_p)/[\tan\delta + k^2(Q_m - 1/Q_p)] \tag{2-134}$$

机声效率 $\eta_{ma} = R_r^*/R \approx 1 - Q_m/Q_a$,其中,$Q_a$ 为空气荷载条件下的机械 Q 值。Q_m/Q_p 通常较小,常常可以忽略不计。最后,传递到水中的部分声功率可表示如下:

$$W_r/W_i = (k^2 Q_m \eta_{ma})/[\tan\delta + k^2(Q_m - 1/Q_p)] \tag{2-135}$$

根据 $W_i = V_r^2 G_r$ 得出的输入功率可用于方程(2-133)~方程(2-135)。

方程(2-133)和方程(2-134)以及方程(2-132)和 $W_i = V_r^2 G_r$ 即是所期望的结果,并表征了换能器的两个损耗热源,即压电堆的功率损耗 W_p 和活塞头部安装结构的功率损耗 W_1,它们可用作热模型中的损耗功率源。在高占空比条件下,压电堆中损耗的功率至关重要,因为高工作温度会影响材料的性能。Butler 等给出了将此方程组与换能器有限元模型结合使用的示例[37]。

2.10 扩展的等效电路

图 2-11 的集总等效电路能很好地表示薄壁压电圆环换能器,也能近似表示运行在谐振附近的其他换能器。另一方面,Tonpilz 型换能器的结构中包含了一个质量为 M 的辐射活塞、一个近似柔顺系数为 C_m^E 的压电驱动部分、一些分布的质量和惯性尾部质量。如第 3 章所述,通过在图 2-11 中节点 A 和 B 之间增加一个尾部质量来消除图 2-5 中所示的刚性壁限制 M_{Tail}。此时,也如第 3 章所示,方程(2-79)和方程(2-80)中的频率 ω_r 和 ω_a 增大了 $[1 + (M + M_r)/M_{tail}]^{1/2}$ 左右,而方程(2-83)中的 $Q's$、即 Q_m 和 Q_a 增大了 $[1 + (M + M_r)/M_{tail}]$ 左右。在典型的 Tonpilz 型换能器设计中,尾部质量 M_{Tail} 约为头部质量 M 的 3 倍,且移动速度大约是辐射头部质量速度的 1/3。

考虑压电驱动的分布式特性时,可将纯弹簧柔顺元件 C_m^E 替换成一个分布式柔顺元件,即

$$C_m^E = (s_{33}^E L/A)(\sin kL)/kL \tag{2-136}$$

---

① 原著中为方程(2-93)。

和两个分布式质量元件,即

$$m = 1/2\rho A_0 L(\tan kL/2)/(kL/2) \tag{2-137}$$

一个质量元件与头部质量 M 串联,另一个质量元件与尾部质量 M_{tail} 串联。ρ 为压电棒的密度;波数 $k = \omega/c^E$;声速 c^E 为棒体中的短路声速。该模型经常用于将几个压电元件并联,并粘合在一起形成一个较长的驱动部分,实现更大的输出。此时,假设电极之间的距离与波长相比较小。有关换能器等效电路表示的更多内容可参见第 3 章。

以压电换能器作为发射器和水听器工作的例子说明了电压驱动和声驱动的条件。电流驱动也可用于电场换能器,但更适用于磁场换能器。这些驱动在用于分析工作时是理想化的,其驱动变量被限定为随着频率变化而具有恒定振幅的正弦波。这两个电驱动与功率放大器的内部阻抗的极值相对应,即极低的阻抗得到近似的电压驱动,而极高的阻抗得到近似的电流驱动。实际的放大器会处于中间的状态,但往往更接近电压驱动。根据电边界条件,电压驱动近似短路,而电流驱动近似开路。

2.11 小 结

本章首先讨论了 6 种主要的电声转换方法,即压电、电致伸缩、磁致伸缩、静电、可变磁阻和动圈式,并给出了相关的机械运动方程。指出为什么压电和磁致伸缩最适用于大多数水下换能器的应用情况。

应注意经过电偏置后,电致伸缩材料会变为线性并具有与自然压电晶体相同(甚至更优良)的性能,而在此状态下它被视为"压电的"。介绍了 33 和 31 两种工作模式,其中第一个下标表示电场的方向,而第二个下标表示机械运动的方向。在 33 工作模式下,性能几乎增加了 2 倍。

提出了换能器的基本集总等效电路,并讨论了电路谐振 f_r、反谐振 f_a、机械 Q 和 Q_m、电学 Q 和 Q_e、耦合系数 k、功率因数 P_f、调谐、带宽优化以及电的和机械的功率极限。此外,还讨论了发射器的机声效率 η_{ma}、机电效率 η_{em}、热因素以及等效电路模型和水听器噪声。指出了谐振和反谐振频率以及 Q_m 和 Q_e 与耦合系数相关,关系式为 $k^2 = 1 - (f_r/f_a)^2 = 1/(1 + Q_m Q_e)$。

如果 k 值较大,通常在谐振、调谐和较宽的频带下,功率因数 $P_f = W/VI$ 最可能为 1,其中,W 为换能器所吸收的功率,VI 为输入电压和电流的乘积。此外,还指出如果 Q_m 值较大,换能器可能会存在机械应力极限;如果 Q_m 值较小,换能器可能存在电场极限。换能器电声总效率是功率输出和功率输入的比值,$\eta_{ea} = \eta_{em} \eta_{ma}$。此外,由于存在电损耗和机械损耗,换能器也会受到温升的限制。当占空比超过 10% 时,这种问题会更加突出。此外,还介绍了传递给电阻元件的功率的热模型和计算方法。

参考文献

1. W. G. Cady, Piezoelectricity, vol 1. (Dover Publications, New York, 1964), p. 177. See also, Piezoelectricity, ed. by C. Z. Rosen, B. V. Hiremath, R. Newnham (American Institute of Physics, New York, 1992)
2. D. A. Berlincourt, D. R. Curran, H. Jaffe, Piezoelectric and Piezomagnetic Materials and Their Function in Transducers, in Physical Acoustics, ed. by W. P. Mason, vol. 1 (Academic, New York, 1964)

3. R. E. Newnham, Properties of Materials (Oxford University Press, Oxford, 2005)
4. E. J. Parssinen (verbal communication), The possibility of depoling under pressure cycling was the reason for choosing the 31 mode over the 33 mode in the first use of PZT for submarine transducers of NUWC, Newport, RI
5. E. J. Parssinen, S. Baron, J. F. White, Double Mass Loaded High Power Piezoelectric Under-water Transducer. Patent 4,219.889, 26 Aug 1980
6. R. S. Woollett, Effective coupling factor of single-degree-of-freedom transducers. J. Acoust. Soc. Am. 40, 1112–1123 (1966)
7. W. Y. Pan, W. Y. Gu, D. J. Taylor, L. E. Cross, Large piezoelectric effect induced by direct current bias in PMN–PT relaxor ferroelectric ceramics. Jpn. J. Appl. Phys. 28, 653 (1989)
8. M. B. Moffett, M. D. Jevenager, S. S. Gilardi, J. M. Powers, Biased lead zirconate titanate as a high-power transduction material. J. Acoust. Soc. Am. 105, 2248–2251 (1999)
9. S. Trolier-McKinstry, L. Eric Cross, Y. Yamashita (eds.), Piezoelectric Single Crystals and Their Application. (Pennsylvania State University and Toshiba Corp., Pennsylvania State University Press 2004)
10. V. E. Ljamov, Nonlinear acoustical parameters in piezoelectric crystals. J. Acoust. Soc. Am. 52, 199–202 (1972)
11. W. P. Mason, Piezoelectric Crystals and Their Application to Ultrasonics (Van Nostrand, New York, 1950)
12. J. C. Piquette, S. E. Forsythe, A nonlinear material model of lead magnesium niobate (PMN). J. Acoust. Soc. Am. 101, 289–296 (1997)
13. J. C. Piquette, S. E. Forsythe, Generalized material model for lead magnesium niobate (PMN) and an associated electromechanical equivalent circuit. J. Acoust. Soc. Am. 104, 2763–2772 (1998)
14. J. C. Piquette, Quasistatic coupling coefficients for electrostrictive ceramics. J. Acoust. Soc. Am. 110, 197–207 (2001)
15. C. L. Hom, S. M. Pilgrim, N. Shankar, K. Bridger, M. Massuda, R. Winzer, Calculation of quasi-static electromechanical coupling coefficients for electrostrictive ceramic materials. IEEE Trans. Ultrason. Ferroelectr. Freq. Control 41, 542 (1994)
16. H. C. Robinson, A comparison of nonlinear models for electrostrictive materials. Presentation to 1999 I. E. Ultrasonics Symposium, Oct 1999, Lake Tahoe, Nevada
17. J. C. Piquette, R. C. Smith, Analysis and comparison of four anhysteretic polarization models for lead magnesium niobate. J. Acoust. Soc. Am. 108, 1651–1662 (2000)
18. F. M. Guillot, J. Jarzynski, E. Balizer, Measurement of electrostrictive coefficients of polymer films. J. Acoust. Soc. Am. 110, 2980–2990 (2001)
19. NDRC, Design and Construction of Magnetostriction Transducers. Div 6 Summary Technical Reports, vol 13 (1946)
20. R. J. Bulmer, L. Camp, E. J. Parssinen, Low Frequency Cylindrical Magnetostrictive Trans ducer for Use as a Projector at Deep Submergence. Proceedings of 22nd Navy Symposium on Underwater Acoustics, October 1964. See also T. J. Meyersm, E. J. Parssinen, Broadband Free Flooding Magnetostrictive Scroll Transducer, Patent No. 4,223,401, 16 Sept 1980
21. C. M. van der Burgt, Phillips Res. Rep. 8, 91 (1953)
22. M. A. Mitchell, A. E. Clark, H. T. Savage, R. J. Abbundi, Delta effect and magnetomechanical coupling factor in Fe80B20 and Fe78Si10B12 glassy ribbons. IEEE Trans. Mag 14, 1169–1171 (1978)
23. A. E. Clark, Magnetostrictive rare earth-Fe2 compounds. Ferromag. Mater. 1, 531–589 (North Holland Publishing, 1980). See also, A. E. Clark, H. S. Belson, Giant room temperature magnetostriction in TbFe2 and DyFe2. Phys. Rev. B 5, 3642 (1972)
24. A. E. Clark, J. B. Restorff, M. Wun-Fogle, T. A. Lograsso, D. L. Schlagel, Magnetostrictive properties of b.c.c. Fe-Ga and Fe-Ga-Al alloys. IEEE Trans. Mag. 36, 3238 (2000). See also, A. E. Clark, K. B. Hath-

away, M. Wun-Fogle, J. B. Restorff, V. M. Keppens, G. Petculescu, R. A. Taylor, Extraordinary magnetoelasticity and lattice softening in b. c. c. Fe-Ga alloys. J. Appl. Phys. 93, 8621 (2003)
25. S. L. Ehrlich, Proposal of piezomagnetic nomenclature for magnetostrictive materials. Proc. Inst. Radio Eng. 40, 992 (1952)
26. R. S. Woollett, Sonar Transducer Fundamentals. (Naval Undersea Warfare Center Report, Newport Rhode Island, Undated)
27. F. V. Hunt, Electroacoustics (Wiley, New York, 1954)
28. A. Caronti, R. Carotenuto, M. Pappalardo, Electromechanical coupling factor of capacitive micromachined ultrasonic transducers. J. Acoust. Soc. Am. 113, 279–288 (2003)
29. R. J. Bobber, Underwater Electroacoustic Measurements (US Government Printing Office, Washington, DC, 1970)
30. J. F. Hersh, Coupling Coefficients. Harvard University Acoustics Research Laboratory, Technical Memorandum No. 40, 15 Nov 1957
31. C. H. Sherman, Underwater sound transducers—a review. IEEE Trans. Sonics Ultrason. Su-22, 281–290 (1975)
32. D. Stansfield, Underwater Electroacoustic Transducers (Bath University Press, Bath, UK, 1991)
33. R. S. Woollett, Power limitations of sonic transducers. IEEE Trans. Sonics Ultrason. SU-15, 218–229 (1968)
34. J. F. Lindberg, The application of high energy density transducer material to smart systems, Mat. Res. Soc. Symp. Proc. vol 459 (Materials Research Society, 1997). See also D. F. Jones, J. F. Lindberg, Recent transduction developments in Canada and the United States. Proc. Inst. Acous. 17(Part 3), 15 (1995)
35. J. Hughes, High power, high duty cycle broadband transducers; R. Meyer High power transducer characterization. ONR 321 Maritime Sensing (MS) Program Review, 18 August, 2005, NUWC, Newport, RI
36. S. C. Butler, J. B. Blottman III, R. E. Montgomery, A thermal analysis of high drive ring transducer elements. NUWC-NPT Technical Report 11,467, 15 June 2005, see also R. Montgomery, S. C. Butler, Thermal analysis of high drive transducer elements (A). J. Acoust. Soc. Am. 105, 1121 (1999)
37. J. L. Butler, A. L. Butler, S. C. Butler, Thermal model for piezoelectric transducers. J. Acoust. Soc. Am. 132, 2161–2163 (2012)

第 3 章

换能器模型

前两章介绍了水下声转换的物理原理及其相关方程,本章将详细讨论换能器分析和设计中使用的模型和方法[1-6]。接下来的章节将进一步讨论换能器的重要特性,然后介绍发射换能器和水听器及其在基阵中的应用。随后介绍,用于评估换能器和计算换能器声辐射的测量方法。

水下电声换能器是一种振动装置,它作为一种发射器,将交变电场转换为运动,使其交替地推拉水介质,从而辐射声。作为水听器,水中的声波作用在换能器上使其运动,产生电信号。电声换能器在其与声学介质接触的运动表面部分是声学的,部分是机械的,即由力控制的运动体,部分是电学的,即由电压控制的电流。因此,代表声学和机械部分的等效电路使整个换能器的电学模拟成为可能。由于换能器总是与其他电子元件连接,例如水听器的前置放大器、或用于发射换能器调谐和变压器电路的功率放大器,因此,等效电路是分析和设计换能器的重要手段。

第 2.8 节指出了如何由等效电路表示电声换能器。本章将更详细地讨论这一表述,包括机械系统和机电系统的电路等效,以及换能器设计和分析所需的所有参数和物理概念。等效电路最初仅限于由纯质量和纯弹簧组成的集总参数模型,然后扩展到包括支持声波分析的分布式系统。虽然重点讨论水声发射换能器,但分析方法也适用于水听器,关于水听器性能的详细分析见第 6 章。由于压电材料在水声换能器中应用最广泛,本章将重点讨论压电换能器机理,简要介绍磁致伸缩换能器、电场和磁场换能器的模型等。

有些换能器不能完全将其转换为等效电路。例如,对于磁致伸缩换能器,可以通过阻抗匹配的方式将其转换为等效电路,虽然也可以获得正确的振幅,但是输出振速的相位并不准确。在这种情形下,必须使用导纳匹配或回转器,或者将换能器每个部件的输入和输出端口之间的关系用传递矩阵表示。然后通过将单个矩阵相乘,得到构成完整换能器各连接部件的整体矩阵表示。由于没有电路实现,这种数学方法没有限制,而且也可以用于分析基阵中换能器之间的相互作用。本章也将给出换能器的有限元建模,以及基于 FEA 模型的等效电路和 ABCD 参数模型。

此外,能量法是一种替代方法,也可以用于建立换能器的模型。Aronov 提出了建立换能器模型的能量法,并将其用于建立脉动球体和多模态圆柱的模型[7]。

3.1 集总参数模型和等效电路

3.1.1 机械单自由度集总等效电路

首先讨论最简单的情形,考虑弹簧和阻尼器的一端连接刚性边界、另一端连接质量块的单自由度机械振动系统。由于该模型中机械部件的尺寸均小于 $\lambda/4$，质量块是完全刚性的，没有压缩或弯曲，弹簧具有刚度，没有质量，因此该模型被称为集总参数模型。单自由度系统的动力学模型如图 3-1 所示，包括一个与电压或电流成正比的力 F，一个质量 M，一个刚度 $K=1/C$（C 是柔度）的弹簧和一个力阻 R（这类部件的更多说明见第 13.12 节）。假定质量块的位移为 x，振速为 $u = \mathrm{d}x/\mathrm{d}t$。

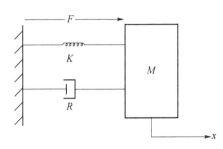

图 3-1　质量为 M、弹簧刚度为 K、力阻为 R，驱动力为 F 的集总参数振子

从动力学方程出发，可将图 3-1 所示的简单机械模型转化为等效电路。在典型电压驱动的理想换能器中，如压电换能器，力 $F = N_\mathrm{v}V$，其中，V 是电压；N_v 是转换系数或理想机电转换比，弹簧代表压电材料，质量块为辐射活塞。在典型电流驱动的理想换能器中，如磁致伸缩换能器，力 $F = N_\mathrm{I}I$，其中，I 是电流；N_I 是一个理想的机电转换器，弹簧代表磁致伸缩材料。

图 3-1 模型的动力学方程可以表示为振速的形式，即

$$M\mathrm{d}u/\mathrm{d}t + Ru + (1/C)\int u\mathrm{d}t = F \tag{3-1a}$$

在正弦力 $F = F_0 \mathrm{e}^{\mathrm{j}\omega t}$ 驱动下，振速的形式为 $u = u_0 \mathrm{e}^{\mathrm{j}\omega t}$，其中，$\omega$ 是振动的角频率。则方程 (3-1a) 可以写成

$$\mathrm{j}\omega M u_0 + R u_0 + u_0/\mathrm{j}\omega C = F_0 \tag{3-1b}$$

质量块的振速可以写成

$$u_0 = F_0/Z \tag{3-2}$$

方程中，$Z = R + \mathrm{j}(\omega M - K/\omega) = R + \mathrm{j}X$ 是机械阻抗（了解关于复数代数运算的更多信息见第 13.17 节）。谐振时，机械抗 X 为零，机械谐振角频率 $\omega_\mathrm{r} = (K/M)^{1/2} = (1/MC)^{1/2}$（见第 2.8.2 节和第 4.1 节）。

在给定力 F 作用下，方程(3-2)的响应特性可以参考图 3-2 中的曲线。

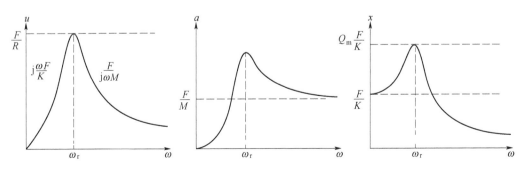

图 3-2　图 3-1 中集总参数振子的振速 u、加速度 a、位移 x 的响应

谐振时，振速 u 的幅值等于 F/R；在远高于谐振频率时，振速的幅值为 $F/j\omega M$，且随频率的增大而减小，而加速度 a 的幅值是常数，等于 F/M；在远低于谐振频率时，振速的幅值为 $j\omega F/K$，且随频率的增大而增大，位移 x 的幅值是常数，等于 F/K。谐振时，位移被放大了 $Q_m = \omega_r M/R$ 倍，Q_m 通常被称为机械品质因数，也称为机械存储因数。Q_m 是换能器的一个重要参数，因为它既是谐振处位移放大的量，又是带宽的量。（见第 2.8.3 和第 4.2 节）。

方程（3-1a）所示振速的动力学方程与图 3-3 所示电流的串联电路方程有相同的形式，图 3-3 中，电阻为 R_e、电感为 L_e、电容为 C_e，驱动电压为 V。电路中的压降方程为

$$L_e dI/dt + R_e I + (1/C_e)\int I dt = V \tag{3-3}$$

如果将方程（3-1a）和方程（3-3）中的力与电压（$F:V$）、振速与电流（$u:I$）、力顺与电容（$C:C_e$）、质量与电感（$M:L_e$）以及力阻与电阻（$R:R_e$）进行类比，那么方程（3-1a）和方程（3-3）是类似的。因此，可以用图 3-4 的等效电路描述方程（3-1a），然后采用电路定理解决机械问题。

考虑到电功率和机械功率具有相似的关系：输入功率为 VI 和 Fu；时间平均输出功率或耗散功率为 $I_{rms}^2 R_e$ 和 $u_{rms}^2 R$；电阻抗为 $Z_e = V/I$，机械阻抗为 $Z = F/u$。更多相似之处包括：电谐振角频率 $\omega_e = 1/(L_e C_e)^{1/2}$ 与机械谐振角频率 $\omega_r = 1/(MC)^{1/2}$ 类似；电学品质因数 $Q_e = \omega_e L_e/R_e$ 和机械品质因数 $Q_m = \omega_r M/R$ 相似。由于换能器包括机械部分和电学部分，而其他的电学系统通过换能器的电学端口与之相连，因此等效电路分析非常有用。

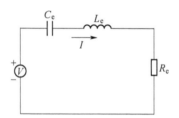

图 3-3 电感 L_e、电容 C_e、电阻 R_e 以及电压 V 的串联电路

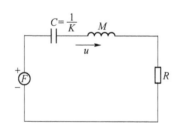

图 3-4 图 3-1 集总参数振子的等效电路，振速 $u = j\omega x$

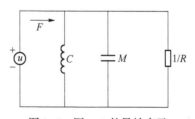

图 3-5 图 3-1 的导纳表示

图 3-4 的电路是阻抗类比的一种表示,其中,F 类比 V,u 类比 I。对方程(3-1b)进一步分析发现另一种称为导纳类比的关系,即 F 类比 I,u 类比 V。在这种情形下,方程(3-1b)左侧的三项作为电流,当求和时等于总电流,用 F 表示。3 个分支电流的总和表明有 3 个电气元件并联。流过电容的电流为 $j\omega C_e V$,流过电感的电流为 $V/j\omega L$,通过电阻的电流为 V/R。方程(3-1b)表明,质量块 M 为并联电容,力顺 C 为并联电感,力阻 R 为并联电导。因此,也可以用图 3-5 所示的导纳等效电路表示图 3-1 所示的机械系统。

图 3-5 中的电路称为图 3-4 中电路的对偶。它也可以通过拓扑变换得到,其中串联的元件被并联的元件取代,即电容被电感,电感被电容,电阻被电导,电压被电流,电流被电压替代。在磁场换能器的分析中,由于驱动力来自电流而不是电压,采用导纳表示磁场换能器比较自然和方便。

图 3-1 的模型和图 3-4 对应的等效电路是振动系统最简单的形式,它也直接适用于具有对称性的振动系统,例如圆环,或单自由度系统。

3.1.2 机械多自由度集总等效电路

图 3-1 的模型和图 3-4 的等效电路是不现实的,除非弹簧 K 非常柔软,使得刚性边界或"刚性墙"的假设,即位移为零,可以实际实现。相反,压电材料是相当坚硬的,"刚性墙"的假设不易实现。一个更真实的模型如图 3-6 所示,其中,刚性墙被一个以位移 x_1 移动的质量块 M_1 和一个以阻尼 R_1 表示的负载所代替。

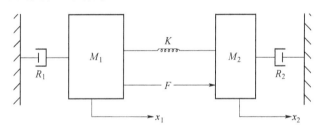

图 3-6 双质量两自由度振子

原质量块用 M_2 表示,以位移 x_2 移动,负载阻尼为 R_2。这两个质量块由刚度为 K 的弹簧连接,并由两个质量块之间施加的力 F 驱动。如果声辐射来自于 M_2,那么该质量块将被认为是活塞辐射体,或"头"部质量,而质量块 M_1 将被认为是所谓的"尾"部或惯性反应质量,如果足够大的话,就会接近刚性墙的条件。

当驱动力推动两个质量块时,它们分别以 x_1 和 x_2 移动,弹簧的拉伸量为 $x_2 - x_1$。因此,两个质量块的运动方程是:

$$M_2 d^2 x_2/dt^2 = F - K(x_2 - x_1) - R_2 dx_2/dt \tag{3-4a}$$

$$M_1 d^2 x_1/dt^2 = -F - K(x_1 - x_2) - R_1 dx_1/dt \tag{3-4b}$$

注意,刚度项表示连接两个质量块的弹簧,使两个运动方程耦合在一起。若施加的是正弦形式的力,这些方程可以写为

$$R_2 u_2 + j\omega M_2 u_2 = F - (K/j\omega)(u_2 - u_1) \tag{3-5a}$$

$$-R_1 u_1 - j\omega M_1 u_1 = F - (K/j\omega)(u_2 - u_1) \tag{3-5b}$$

从方程(3-5a)和方程(3-5b)可以看出,两个方程右端是一样的,均为驱动力减去弹簧上的力降。根据基尔霍夫定理,图 3-7 所示的等效电路与方程(3-5a)和方程(3-5b)是一致的。差值

$u_2 - u_1$ 是两个质量块的相对振速。

当尾部质量块 M_1 在空气中振动时,损耗阻尼 R_1 可以忽略不计,等效电路可简化为图 3-8 所示形式。如果 R_2 也比较小,M_1 和 M_2 并联,则等效质量为 $M^* = M_1 M_2 /(M_1 + M_2)$,系统的谐振频率为

$$\omega_r = (K/M^*)^{1/2} = (K/M_2)^{1/2}(1 + M_2/M_1)$$

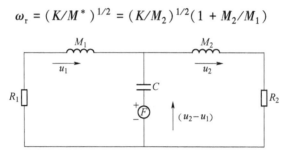

图 3-7　图 3-6 所示双质量块振子的等效电路

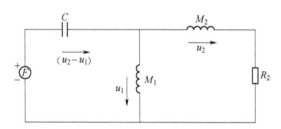

图 3-8　阻尼 $R_1 = 0$ 时图 3-7 的等效电路

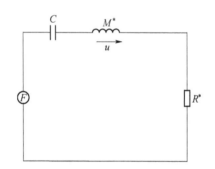

图 3-9　质量简化后图 3-8 的等效电路

在方程(3-5a)和方程(3-5b)中令 $R_1 = R_2 = 0$,可以得到同样的结果。两个质量块以相同频率振动的解是一种简正波,可以用等效质量 M^* 的单自由度来描述。从上式可以看出,如果 $M_1 \gg M_2$,谐振频率接近于刚性壁上安装的单质量弹簧系统的谐振频率,如图 3-1 所示。随着尾部质量 M_1 的减小,谐振频率增加,当 $M_1 = M_2$ 时,谐振频率比刚性壁时高 41%。

通过将图 3-8 中质量和阻尼并联形式转换为图 3-9 的串联形式,可以得到两自由度振动系统的机械品质因数 Q_m。

通常情况 $R_2 \ll \omega(M_1 + M_2)$,等效串联电阻 $R^* \approx R_2/(1 + M_2/M_1)^2$。然后,利用上面给出的等效质量 M^*,可以得到

$$Q_m = \omega_r M^*/R^* = (\omega_r M_2/R_2)(1 + M_2/M_1) = [(KM_2)^{1/2}/R_2](1 + M_2/M_1)^{3/2}$$

由于系统以单自由度简正模式振动,因此这个结果适用于 Q_m。括号内的项是较简单的用刚性墙代替尾部质量 M_1 时的机械品质因数 Q_m。

例如:$M_1 = M_2$ 时,Q_m 肯定大于 $M_1 \gg M_2$ 时刚性墙的情况。$M_1 = 2M_2$ 时,Q_m 增加 50%,$M_1 = 3M_2$ 时,Q_m 增加 33%。后一种情况经常在 Tonpilz 型换能器的实际设计中使用。

图 3-6 所示的力学模型及图 3-7 所示的等效电路,可以扩展到其他无阻尼器情形的一维振子系统,如图 3-10 所示。可以将一系列质量块和弹簧用串联的质量块和刚度元件表示,如图 3-11 和图 3-12 所示,它对应于由元件 M_1、K_1 和 M_2 组成的驱动谐振器,驱动由刚度 K_2 和质量 M_3 组成的弹簧组成的第二个谐振器,加载到阻尼负载 R_3 上。换能器和负载之间的这种接口常用来连接匹配装置,或作为放大换能器在并联谐振频率为 $(K_2/M_3)^{1/2}$ 时的振速 u_2 的一种方法。这些元件组成的连续分布也可用来表示支持驻波的分布式系统。

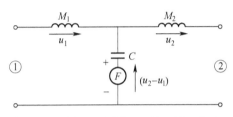

图 3-10　图 3-6 和图 3-7 的双端口表示

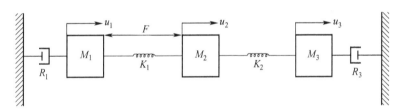

图 3-11　三自由度振子

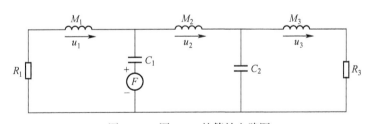

图 3-12　图 3-11 的等效电路图

3.1.3　压电陶瓷集总参数等效电路

如第 2 章所述,压电陶瓷一词适用于电致伸缩陶瓷材料,如锆钛酸铅(PZT),它们已经被偏置或永久极化以进行线性操作。压电陶瓷的换能机理可由方程(2-6d)和方程(2-6e)进一步发展得到:

$$S_3 = s_{33}^E T_3 + d_{33} E_3 \tag{3-6a}$$

$$D_3 = d_{33} T_3 + \varepsilon_{33}^T E_3 \tag{3-6b}$$

该方程是基于理想的一维情况,在图 3-13 所示的所谓 33 振动模式中,运动和电场都沿极化方向。(该方程也适用于高矫顽力单晶材料,如 PIN-PMN-PT。)

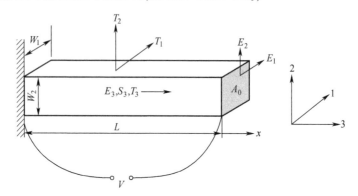

图 3-13 两端为电极的压电陶瓷棒,其一端刚性安装

假定图 3-13 中陶瓷棒的横向尺寸与材料中纵波的波长相比非常小,并且棒的两侧没有载荷,使得应力 T_1 和 T_2 实质上为零。无电极的电场分量 E_1 和 E_2,在整个陶瓷棒上也被假定为零。如果棒短于 $\lambda/4$,运动不改变电场,E_3 沿棒的长度方向近似不变。

如第 2 章所指出的,方程(3-6a)和方程(3-6b)中系数的物理意义可以从它们关于偏导数的定义看出。例如,短路柔顺系数 $s^E = \partial S/\partial T|_E$ 和自由介电常数 $\varepsilon^T = \partial D/\partial E|_T$ 分别是 S 对 T、D 对 E 的斜率,可以分别通过测量恒定电场和恒定应力下曲线的斜率得到。还可以发现,压电电荷系数 d 通常被称为" d "常数,由 $\partial D/\partial T|_E$ 或更常见的 $\partial S/\partial E|_T$ 给出,可以通过恒定应力下 S 与 E 曲线的斜率确定。

如果方程(3-6a)的两端除以 s_{33}^E,方程(3-6b)的两端除以 ε_{33}^T,消去方程(3-6a)中的 E_3 和方程(3-6b)中的 T_3,那么方程(3-6a)和方程(3-6b)可以改写为

$$S_3 = s_{33}^D T_3 + g_{33} D_3 \tag{3-7a}$$

$$D_3 = e_{33} S_3 + \varepsilon_{33}^S E_3 \tag{3-7b}$$

这样得到了两个额外的压电常数:$g_{33} = d_{33}/\varepsilon_{33}^T$ 和 $e_{33} = d_{33}/s_{33}^E$,以及开路($D = 0$)柔顺系数 s_{33}^D 和钳定($S = 0$)介电常数 ε_{33}^S 为

$$s_{33}^D = s_{33}^E(1 - k_{33}^2)$$
$$\varepsilon_{33}^S = \varepsilon_{33}^T(1 - k_{33}^2)$$

正如第 2 章中所讨论的,$k_{33}^2 = d_{33}^2/s_{33}^E \varepsilon_{33}^T$ 是该情形下的机电耦合系数,它是换能器中转换的电能或机械能与换能器中储存的总电能或机械能的比值,取值范围为 0~1(关于耦合系数的其他定义和解释,参见第 4.4 节)。

上述关系表明,开路柔顺系数 s_{33}^D 小于短路柔顺系数 s_{33}^E,钳定状态介电常数 ε_{33}^S 小于自由介电常数 ε_{33}^T。如果 k_{33} 很大,电路边界条件由短路到开路,弹性系数会有很大的变化。同样,随着力学边界条件的改变,介电常数也会发生很大的变化。

方程(3-6a)和方程(3-7b)也可用力 F、位移 x、电荷 Q、电压 V 来改写,如图 3-13 所示。图 3-13 给出了一个面积为 A_0、长度为 L、长度方向上电压为 V 的理想压电陶瓷棒。这样有 $x = SL, F = TA_0, Q = DA_0, V = EL$,从而方程(3-6a)和方程(3-7b)变为

$$x = C^E F + C^E N V \tag{3-8}$$

$$Q = C_0 V + Nx \tag{3-9a}$$

方程中,短路柔度 $C^E = s_{33}^E L/A_0$；钳定(或静态)电容 $C_0 = \varepsilon_{33}^S A_0/L$；机电转换比 $N = d_{33}A_0/s_{33}^E L$。

现在考虑在图3-13的陶瓷棒中增加一个阻尼 R，一个质量为 M 的辐射活塞,以及一个辐射反作用力 F_r,如图3-14所示。在非常低的频率下,加速度和振速很小,无功负荷小,压电陶瓷棒自由移动。此时 $F = 0$,方程(3-8)简化为 $x = C^E NV$,则方程(3-9a)变为

$$Q = (C_0 + N^2 C^E)V = C_f V \tag{3-9b}$$

方程中,$N^2 C^E$ 为动态电容,C_f 为自由电容,即在非常低的频率下测量得到电容。

如第1、2章中所讨论的,如果令方程(3-8)中的 F 包含活塞上的辐射质量 M_r 和辐射阻 R_r,如图3-15所示,方程(3-8)变为

$$(M + M_r)du/dt + (R + R_r)u + (1/C^E)\int u dt = NV \tag{3-10}$$

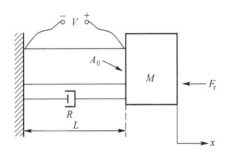

图3-14 截面面积 A_0、长度 L、驱动电压 V 的压电陶瓷棒作用下自由质量块 M 的单自由度振动

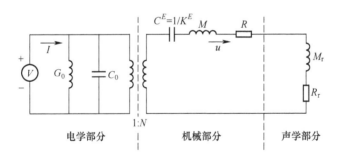

图3-15 图3-14所示的单自由度压电振子的等效电路

方程(3-10)与方程(3-1a)具有相同的形式,它们之前都被用来进行等效电路类比。但现在,对于压电陶瓷转换的具体情况,力等于 NV,其中 $N = d_{33}A_0/s_{33}^E L$。如果电压 V 是正弦变化的,振速的解是:

$$u = NV/Z \tag{3-11}$$

方程中,机械阻抗 $Z = R + R_r + j[\omega(M + M_r) - 1/\omega C^E]$。

输入电导纳 Y 可通过将方程(3-9a)写成电流 I 的形式得到,即:

$$I = dQ/dt = C_0 dV/dt + Nu \tag{3-12a}$$

正弦条件下,加上电损耗 G_0,方程(3-12a)变为

$$I = G_0 V + j\omega C_0 V + Nu \tag{3-12b}$$

方程中,$G_0 = \omega C_f \tan\delta$ 是损耗电导,$\tan\delta$ 是压电陶瓷材料的电损耗因子(在低电场下通常为0.004~0.02,见第13.5节)。由方程(3-11)和方程(3-12b)可以得到电导纳 I/V,写成

$$Y = G_0 + j\omega C_0 + N^2/Z \qquad (3\text{-}13)$$

方程中,$G_0 + j\omega C_0$ 是静态导纳;N^2/Z 是动态导纳。振速 u 和输入电导纳的方程(3-11)和方程(3-13)是构建图 3-15 所示等效电路所需要的,该电路与这些方程一致,包含压电陶瓷换能器的重要部分。因此,可使用方程(3-11)和方程(3-12)的方程组,或图 3-15 等效电路两种方法中的任一种进行换能器分析。

虽然将水声换能器划分为独立的电学部分和机械部分有些武断,但图 3-15 给出了一种常见的划分。介质中的辐射是由代表机械辐射阻抗的声学部分产生的;变压器的左侧是电学部分,代表的是 $u = 0$ 条件下的静态导纳;变压器的右侧称为电路的动态部分,它有一个相关的动态阻抗或导纳。或者,可以将电路表示为一个"Van Dyke"电路[8],其中的运动元件通过匝数比为 N 的理想变压器转换为电气元件(下标为 e),如图 3-16 所示。第 9 章中将介绍如何评估电气元件。

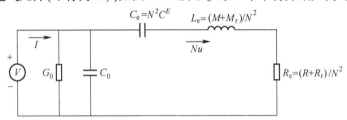

图 3-16　图 3-15 等效电路的全电路表示

如用图 3-6 和图 3-8 代替图 3-1 和图 3-4 一样,图 3-14 中的刚性壁可以用图 3-17 所示的更真实的尾部质量块代替其等效电路如图 3-18 所示。图 3-18 所示的等效电路增加了尾部质量块 M_1 作为一个分流元件,并通过力顺 C^E 显示相对振速 $u - u_1$。可以看出,在这个表示中,端点 1 右侧的多质量/电阻电路是位于端点 1 左侧的压电陶瓷的负载。尾部质量块 M_1 降低了头部质量块 M 的振速,除非 M_1 比 M 大得多。M_1 与 M 的典型比值约为 3。当 R、R_r 和 M_r 比较小时,在两质量块上的力几乎相同 $j\omega M_1 u_1 \approx j\omega M u$,尾部振速相对于头部振速为 M/M_1,比如,对于 $M_1 = 3M$ 的情形,头部振速是尾部振速的 3 倍。

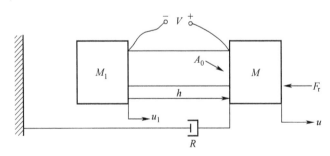

图 3-17　电压为 V 的压电陶瓷棒驱动下的双自由度系统

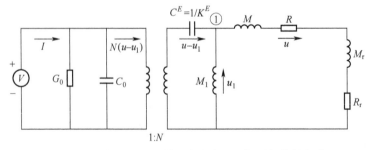

图 3-18　图 3-17 所示的双自由度压电振子的等效电路

上述分析可以应用于其他的电场换能器,这些换能器在方程(3-11)和方程(3-13)适用的区域内运行。磁致伸缩换能器的方程在形式上与此是类似的,但在物理基理上有较大的差异,因此需要单独研究,如下所述。

3.1.4 磁致伸缩集总参数等效电路

高活性稀土磁致伸缩材料 Terfenol-D[9,10]和高强度磁致伸缩材料 Galfenol[11](见第13.7节)的大应变能力,使人们对磁致伸缩换能器的设计和使用重新产生了兴趣,需要建立实用的换能器模型。偏置磁致伸缩换能器的等效电路可以采用类似于压电换能器的方式得到,只是在这种情况下,机械系统的驱动力与电流成正比,而不是与电压成正比[12-15]。这种差异产生了压电电路的对偶等效电路。从第2.3节引入的磁致伸缩方程开始,假定3个方向上只存在一维运动,即 $T_1 = T_2 = 0, H_1 = H_2 = 0$。方程(2-37b)和方程(2-37c)可表示为

$$S_3 = s_{33}^H T_3 + d_{33} H_3 \tag{3-14}$$

$$B_3 = d_{33} T_3 + \mu_{33}^T H_3 \tag{3-15}$$

式中,S_3 是应变;B_3 是磁通量密度;T_3 是机械应力;H_3 是磁场强度;s_{33}^H 是开路($H_3 = 0$)条件下的柔顺系数;μ_{33}^T 是自由($T_3 = 0$)条件下的磁导率;压磁常数"d_{33}"为 $d_{33} = \partial S_3 / \partial H_3 |_T$。如第2.3节所示,耦合系数的平方 $k_{33}^2 = d_{33}^2 / s_{33}^H \mu_{33}^T$。方程(3-14)和方程(3-15)可以改写为

$$S_3 = g_{33} B_3 + s_{33}^B T_3 \tag{3-16}$$

$$B_3 = e_{33} S_3 + \mu_{33}^S H_3 \tag{3-17}$$

方程中,$g_{33} = d_{33} / \mu_{33}^T, e_{33} = d_{33} / s_{33}^H$。短路($B_3 = 0$)条件下的柔顺系数 s_{33}^B 和钳定($S_3 = 0$)条件下的磁导率 μ_{33}^S 为

$$s_{33}^B = s_{33}^H (1 - k_{33}^2)$$

$$\mu_{33}^S = \mu_{33}^T (1 - k_{33}^2)$$

可见在磁致伸缩情形下,开路柔顺系数 s_{33}^H 大于短路柔顺系数 s_{33}^B,使得开路谐振频率低于短路谐振频率,与压电情形相反。同时注意,静态磁导率 μ_{33}^S 小于自由磁导率 μ_{33}^T,压电情形下的介电常数也是如此。

单自由度集总磁致伸缩模型如图3-19所示,其中,磁致伸缩棒的长度为 L、横截面积为 A_0,电流 I 通过匝数为 N_t 的线圈。图3-19中,假设有一个闭合的磁路,但未显示。这种回路是磁致伸缩换能器的重要组成部分,将在第13.9节和第5章中讨论。由安培环路定理 $H = IN_t/L$,式(3-14)可以写成

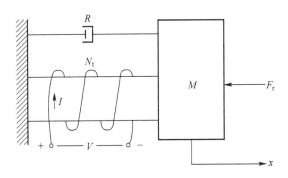

图3-19 单自由度集总磁致伸缩模型

$$x = C^H F + C^H N_m I \qquad (3\text{-}18)$$

方程中，载荷 $F = A_0 T_3$，$C^H = s_{33}^H L/A_0$，磁致伸缩机电转换比 $N_m = N_t d_{33} A_0 / L s_{33}^H$。注意，该机电转换比 N_m 与压电机电转换比 $N = d_{33} A_0 / L s_{33}^E$ 类似。在第 3.2.3 节将证明，如果将长度为 L 的压电棒分成 n 个厚度为 h 的相等段，那么 $N = n d_{33} A_0 / L s_{33}^E = d_{33} A_0 / h s_{33}^E$，这类似于磁致伸缩的情形。如压电情形一样，如果载荷 F 中包含作用力、阻力、辐射载荷，那么有

$$(M + M_r) du/dt + (R + R_r) u + (1/C^H) \int u dt = N_m I \qquad (3\text{-}19)$$

在正弦条件下，给定电流 I 时，振速的响应为

$$u = N_m I / Z \qquad (3\text{-}20)$$

式中，$Z = R + R_r + \mathrm{j}[(M + M_r) - 1/\omega C^H]$。与方程(3-11)对应的压电响应相比，电压 V 已被电流 I 所取代，机电转换比为 N_m，而机械阻抗包含了开路柔度 C^H 而不是短路柔度 C^E。由式(3-17)和法拉第定律可以得到输入电阻抗，其中，通过匝数为 N_t 的线圈的电压为

$$V = N_t A_0 (\mathrm{d}B/\mathrm{d}t) = (d_{33} N_t A_0 / L s_{33}^H) u + (\mu_{33}^E N_t^2 A_0 / L) \mathrm{d}I/\mathrm{d}t \qquad (3\text{-}21)$$

在 $N_m = N_t d_{33} A_0 / L s_{33}^H$ 和钳定电感 $L_0 = \mu_{33}^S N_t^2 A_0 / L$ 的条件下，方程(3-21)变为

$$V = L_0 \mathrm{d}I/\mathrm{d}t + N_m u \qquad (3\text{-}22)$$

在正弦激励及方程(3-20)给出的 u 下，由式(3-22)得到电阻抗为

$$Z_e = V/I = R_e + \mathrm{j}\omega L_0 + N_m^2 / Z \qquad (3\text{-}23)$$

式中，增加了一个电阻 R_e 用来表示线圈中电阻的损失。如果忽略涡流损失和滞后损失，式(3-20)和式(3-23)足以描述磁致伸缩换能器的基本特性。

比较方程(3-20)、方程(3-23)和对应的压电方程(3-11)和方程(3-13)发现，如果用 I 替换 V，L_0 替换 C_0，Z_e 替换 Y，N_m 替换 N，这些方程具有相似的形式。由方程(3-20)和方程(3-23)可以直接得到如图 3-20 所示的，用机械导纳表示的等效电路，其中，χ 是涡流因子(不包括在方程式中，但在下面定义)。在导纳表示中，力类似于电流、振速类似于电压。如果将压电和磁致伸缩模型结合在一起(见第 5.3.2 节的混合换能器)，或用基阵互阻抗模型表示辐射负载，导纳表示就变得复杂了。可通过对方程(3-20)和方程(3-23)的补充检验或者通过图 3-20 的对偶，得到如图 3-21 的等效电路。该电路具有与图 3-18 一致的机械阻抗表示，但这里是电学部分的双重表示，也就是说，电压 V 现在被解释为"流动"或"通过"的量，电流 I 被解释为"电势"或"穿过"的量。

使用回转器[16]可以实现另一种替代表示。回转器能够将输入电压转换为输出电流，将输入电流转换为输出电压。在机电耦合情形下，回转器将电压转换为振速，将电流转换为力。因此，将图 3-20 的变压器用具有转换因子 N_m (通常称为 γ)的回转器代替可以得到图 3-22 所示的等效电路。

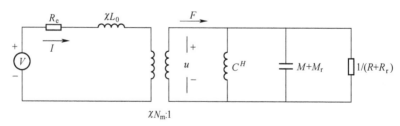

图 3-20　图 3-19 的导纳等效电路

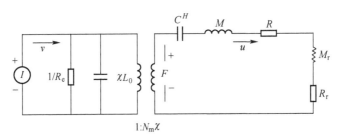

图 3-21　图 3-20 的对偶等效电路

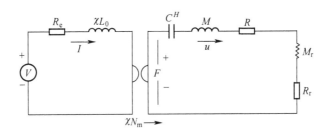

图 3-22　图 3-19 所示的回转器电路

还有一种更进一步的表示，包括一个与频率相关的机电变压器，它能够产生正确的振速幅值，但相位不正确。该表示如图 3-23 所示，注意，C^B 是短路状态下的柔度，而不是开路值 C^H，并且电感 χL_0 是与 R_e 并联，而不是串联。虽然图 3-20 和图 3-23 的等效电路看起来不一样，但都给出了相同的电输入阻抗。这可从图 3-23 所示电路的输入电阻抗中得到，即

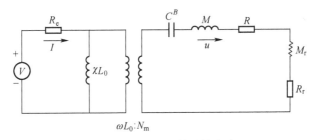

图 3-23　图 3-19 的阻抗电路

$$Z = R_e + Z_0 Z_m^E / [Z_m^E + Z_0 (N_m/\omega L_0)^2]$$
$$= R_e + Z_0 - Z_0^2 (N_m/\omega L_0)^2 / [Z_m^E + Z_0 (N_m/\omega L_0)^2]$$

将 $Z_0 = j\omega \chi L_0$ 和 $Z_m^E = R + j\omega M + 1/j\omega C^B$ 代入上式，并由 $k^2 = N_m^2 C^B / L_0$ 可得

$$Z = R_e + j\omega \chi L_0 + (\chi N_m)^2 / [R + j\omega M + (1 - \chi k^2)/j\omega C^H (1 - k^2)]$$

对于小涡流效应，$\chi = 1$，阻抗 Z 变为

$$Z = R_e + j\omega \chi L_0 + (\chi N_m)^2 / (R + j\omega M + 1/j\omega C^H)$$

这与图 3-20 中电路的输入电阻抗相等。注意，在图 3-20 中，钳定电感 L_0 和转换比 N_m 被涡流因子 χ 放大，而在图 3-23 中，只有钳定电感被放大。

图 3-21~图 3-23 的电路具有机械阻抗分支（而不是图 3-20 中的机械导纳分支）的优点，它允许直接连接到自辐射阻抗模型和互辐射阻抗模型（见第 7 章和第 11 章）。电路实现的缺点

是图 3-21 的电路要求电流源充当零阻抗的电压源,图 3-22 的电路需要一个回转器而不是变压器。虽然图 3-23 的电路易于实现和使用,但输出中有一个 90°的相位差,如果只需要声压幅值或者声强,这没有影响。另一方面,图 3-23 的电路不能与压电换能器电路相结合,因为两者之间的相位关系非常重要,如第 5.3.2 节中讨论的混合换能器的设计。图 3-23 电路中缺少的 90°相移与磁转换的电流感应力和相关的"反对称性的负载"有关[3],这些会限制分析电路的实现。

3.1.5 涡流

在磁致伸缩和其他磁性材料中,循环的涡流会降低电感并引入损耗电阻。对于周围线圈引起的,沿长度方向上的磁场作用下的棒,棒中存在与线圈电流方向相反的环电流。该感应电流会由于磁致伸缩材料的电阻率造成功率损耗,同时也将产生一个能够抵消部分线圈磁场的磁场。这两种效应都包含在复涡流因子的定义中,即

$$\chi = \chi_r - j\chi_i = |\chi|e^{-j\xi} = (R' + j\omega L_0')/j\omega L_0$$

方程中,R' 和 L_0' 分别是由涡流引起的附加电阻和修正线圈电感。

对于圆棒,χ 的表达式可写成 Kelvin 函数[17]或快速收敛级数[18]的形式,即

$$\chi_i = (2/p)\{\sum[(p/4)^{2q}(2q)/(q!)^2(2q)!]\}/D_r \tag{3-24a}$$

$$\chi_r = \{\sum[(p/4)^{2q}(q!)^2(2q+1)]\}/D_r \tag{3-24b}$$

$$D_r = \sum[(p/4)^{2q}(q!)^2(2q)!]$$

方程中,对 q 的求和通常是从 0 到 15 的;$p = f/f_c$,f 是驱动频率,f_c 是特征频率,具体表达式为

$$f_c = 2\rho_e/\pi\mu^S D^2 \tag{3-24c}$$

式中,ρ_e 是磁致伸缩材料的电阻率;D 是圆棒的直径。

高 f_c 将降低 p 值,减少涡流损耗。高电阻率和低磁导率的情形具有较高的特征频率,能够将频率范围扩展到可接受范围。Terfenol-D 的电阻率为 $60\times10^{-8}\Omega\cdot m$,相对磁导率约为 5,即 $\mu^S = 5(4\pi \times 10^{-7})$ h/m。显著的涡流效应也会导致换能器有效耦合系数的降低(见第 4.4.2 节)。

在涡流损耗小且 $f_c \gg f$ 的情形下,方程(3-24a)和方程(3-24b)可用 $\chi = 1 - jf/8f_c$ 近似。这种情形下,与钳定电感相关的阻抗可近似为[13]

$$j\omega L_0(1 - jf/8f_c) = j\omega L_0 + \omega^2 L_0/16\pi f_c$$

在低频范围内,涡流损耗可以用一个与钳定电感 L_0 并联的大电阻 $R_s = 16\pi f_c L_0$ 表示,如图 3-24 所示。这可从图 3-24 中电路的阻抗看出,即

$$j\omega L_0 R_s/(R_s + j\omega L_0) \approx j\omega L_0 + \omega^2 L_0^2/R_s = j\omega L_0 + \omega^2 L_0/16\pi f_c$$

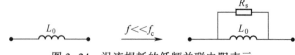

图 3-24 涡流损耗的低频并联电阻表示

对于层厚度为 t 的矩形磁致伸缩棒,涡流因子的实部和虚部分别为[17]

$$\chi_i = (\sinh\theta - \sin\theta)/D$$

$$\chi_r = (\sinh\theta + \sin\theta)/D$$

式中，$D = \theta(\cosh\theta + \cos\theta)$，$\theta = t(\pi f \mu^S/\rho_e)^{1/2}$。

磁致伸缩换能器中引起损耗的另一个效应是在大多数铁磁材料中存在的磁滞现象。磁场 H 随通量密度 B 的增大而增大。然而，随着 H 的减小，B 和 H 减小的曲线，与 B 和 H 增大的曲线不同，从而导致磁性材料中吸收的能量损失。磁滞损失可以用一个阻值为 $\omega L_f \tan\delta$ 的串联电阻等效，其中，L_f 为自由电感；$\tan\delta$ 是由磁滞曲线的面积决定的滞迴损耗系数[17,19]。磁滞、涡流和导线损耗也发生在其他磁性换能器中。

3.2 分布参数模型

对于运动部件的尺寸小于材料中声波波长的换能器，可以认为是由质量块、弹簧及阻尼器组成的，采用第 3.1 节给出的集总参数模型对于理解、设计和评估其性能非常有用。利用从动能和势能考虑确定的等效集总元件，这些简单的集总参数模型也可以用来表示更复杂的分布式模型（见第 4.2 节和第 4.3 节）。集总的方法在某些情形下是非常有用的，但它的精度有限，不能预测高阶谐振模式。此外，利用目前的计算工具，对分布参数模型进行数值计算并不比集总模型难。本节将给出分布式机械和机电模型以及相应的等效电路和矩阵模型。使用"分布式系统"一词是为了强调质量和刚度在整个结构中是连续分布的，而不像集总参数模型只在少量点处指定。这里给出的分布式（有时也称为传输线）模型仅限于一维纵波运动。在棒的情形中，假设横截面积为 A_0 的，细棒具有圆形、管状、正方形或矩形的横截面。

第 5 章和第 6 章讨论的弯张换能器和弯曲式换能器是基于弯曲波的，弯曲波比纵波更复杂。因此，本节没有给出弯曲式换能器的分布模型，但弯曲式换能器的建模将在第 5.5 节和第 5.6 节中给出，其中也采用了分布式建模的结果。

3.2.1 分布参数力学模型

以一个长度为 L、横截面积为 A_0、总质量为 M 的简单棒的分布参数表示开始，如图 3-25 所示，端口 1 在一端，端口 2 在另一端。如果棒的尺寸与棒中的波长相比非常小，它可以用质量 $M = \rho A_0 L$，或者弹性系数 $K = YA_0/L$ 的弹簧表示，其中，ρ 是密度，Y 是杨氏模量。如果棒可以自由移动，它就会像一个质量块；然而，如果它一端被固定，慢慢地向另一端压缩，它就会像弹簧一样。一般来说，棒具有两种运动特性，下面将给出一种基于棒中波动的分布式模型。

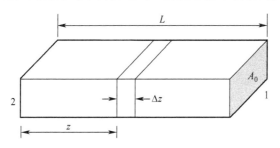

图 3-25 小单元 Δz 位于 z 处时的机械棒

对于集总弹簧-质量描述的振动系统，可以先将棒分成相邻的小集总单元，从而给出棒中纵波运动理论。考虑长度为 Δz 的小单元，它受纵向力的作用，如图 3-25 所示。如果横向尺寸比棒的长度小，则横向力可以忽略。如果单元 Δz 与波长相比很小，则可以表示为质量和弹簧。

长度为 Δz 的相邻小单元可以用图 3-26 所示的一系列质量和弹簧表示,其中,$\Delta z = L/n$,n 为棒中单元的总数。每一个单元的质量是 $M = \rho A_0 \Delta z$,弹性系数是 $K = Y A_0 / \Delta z$。第 i 个单元的纵向位移为 ζ_i,如图 3-26 所示。图 3-27 给出了对应的等效电路,其中,质量为 M,柔顺系数为 $1/K$,以及位移和相对位移。

如图 3-26 所示,中心质量块的加速度由两侧的两个弹簧以与它们的相对位移成正比的力来产生。因此,第 i 个质量块的运动方程为

$$M \partial^2 \zeta_i / \partial t^2 = -K(\zeta_i - \zeta_{i-1}) - K(\zeta_i - \zeta_{i+1})$$

由于 $K/M = Y/\rho (\Delta z)^2$,所以该式可重新写为

$$\partial^2 \zeta_i / \partial t^2 = (Y/\rho)[(\zeta_{i+1} - \zeta_i)/\Delta z - (\zeta_i - \zeta_{i-1})/\Delta z]/\Delta z$$

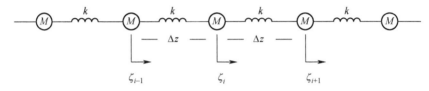

图 3-26 图 3-25 棒的集总模型表示

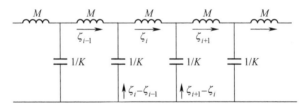

图 3-27 图 3-25 棒的等效电路表示

由于棒的长度为 $L = n\Delta z$,可以通过保持长度 L 不变,增大单元数 n,减小 Δz 的大小,使 Δz 趋近于 ∂z,这样可以获得连续分布。当 Δz 减小时,位移差也变小。质量块两边位移之间的差值,在极限情况下,会产生波动方程:

$$\partial^2 \zeta / \partial t^2 = c^2 \partial^2 \zeta / \partial z^2 \tag{3-25}$$

式中,常数 $c = (Y/\rho)^{1/2}$ 是棒中纵波波速。棒中的应力与应变成正比,即 $T = Y \partial \zeta / \partial z$,将其代入波动方程有

$$\partial T / \partial z = \rho \partial^2 \zeta / \partial t^2 \tag{3-26}$$

这可以解释为单位体积材料的牛顿第二定律一种表述。右边的项是单位体积的质量乘以加速度,而左边的项(应力梯度)是单位体积的合力。

一维无损耗波动方程(3-25)的通解可以用两个任意函数 f 和 g 来表示,即

$$\zeta(z,t) = f(z - ct) + g(z + ct) \tag{3-27}$$

右边第一项表示以速度 c 向右运动的纵波(比如,沿 z 增大的方向),第二项表示以速度 c 向左侧运动的纵波。

例如:钢或铝中纵波的速度近似为 5100m/s,PZT 中的为 3000m/s(见第 13.2 节)。相比之下,依赖于体积模量 B 的体积声速,在水中为 1500m/s,在空气中为 343m/s。体积模量 B 和杨氏模量 Y 的关系为 $Y = 3B(1 - 2\sigma)$,其中,σ 是泊松比。对于流体,$\sigma = 1/2, Y = 0$。液体和气体中由于它们不支持适用于细棒的自由横向边界条件,因此不存在棒中那样的波速度。

在多数情况下,期望响应是频率的函数,这样就可以得到一个傅里叶变换解。因此,更简单地说,可以假设一个复时变正弦解为 $\zeta(z,t) = \zeta(z)e^{j\omega t}$(见第13.17节)。将其代入波动方程(3-25)中,可以得到一维亥姆霍兹微分方程(也称为简化的波动方程):

$$d^2\zeta/dz^2 + k^2\zeta = 0 \qquad (3-28)$$

式中,波数 $k = \omega/c$。

位移的通解可以代入方程(3-28)来验证,写成

$$\zeta(z,t) = Be^{-jkz} + De^{jkz} \qquad (3-29)$$

式中,系数 B 和 D 是常数。随时间变化的位移解为

$$\zeta(z,t) = \zeta(z)e^{j\omega t} = Be^{-(kz-\omega t)} + De^{j(kz+\omega t)} \qquad (3-30)$$

式中,右边两项代表纵波沿 $+z$ 和 $-z$ 方向运动。

质点振速 $u = \partial\zeta/\partial t$,即有

$$u(z) = j\omega\zeta(z) = j\omega[Be^{-jkz} + De^{jkz}] \qquad (3-31)$$

以及力 $F = -A_0T = -A_0Y\partial\zeta/\partial z$,即

$$F(z) = -jkYA_0[Be^{-jkz} - De^{jkz}] \qquad (3-32)$$

方程(3-31)和方程(3-32)是棒模型的基础。系数 B 和 D 可以通过对棒的两端施加边界条件得到。例如,$F = 0$ 或 $u = 0$;或者更一般地 $F_i/u_i = Z_i$,其中,Z_i 是棒两端的阻抗($i = 1,2$)。

棒上任意点的机械阻抗可以写成 $Z(z) = F(z)/u(z)$,从而有

$$Z(z) = \rho c A_0[Be^{-jkz} - De^{jkz}]/[Be^{-jkz} + De^{jkz}] \qquad (3-33)$$

如果 $-z$ 方向上没有波,那么有 $D = 0$ 和 $Z(z) = \rho c A_0$。如果棒上 $z = 0$ 处的机械阻抗为 Z_0,$z = L$ 处的机械阻抗为 Z_L,那么系数 B 和 D 可以由 Z_0 和 Z_L 确定,这样会得到一个非常有用的传输线方程,即

$$Z_0 = \rho c A_0[Z_L + j\rho c A_0\tan kL]/[\rho c A_0 + jZ_L\tan kL] \qquad (3-34)$$

因此,如果 Z_L 为零,这种自由条件下棒另一端的阻抗为 $Z_0 = j\rho c A_0\tan kL$。此外,如果 Z_0 也是零,那么 $\tan kL = 0$。这发生在 $kL = n\pi, (n = 1,2,3,\cdots)$ 处,导致两端自由棒的半波长谐振条件为 $f_n = nc/2L$,并产生一系列具有谐波共振频率的偶数和奇数驻波模式。另一方面,如果 Z_L 比 $\rho c A_0$ 大,那么这个钳定条件就会产生 $Z_0 = -j\rho c A_0\cot kL$。如果阻抗 $Z_0 = 0$,那么 $\cot kL = 0$。这发生在 $kL = \pi(2n-1)/2$ 处,导致自由-钳定棒 $\lambda/4$ 谐振条件为 $f_n = (2n-1)c/4L$,并产生一系列奇数谐振频率和驻波,其一阶谐振频率为两端自由的棒频率的一半。图3-28给出了两端自由、钳定-自由棒前两种振动位移模式。虽然位移幅值的大小是由曲线描述的,但实际的位移是沿着纵波方向上的杆的长度来表示的。

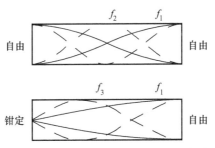

图3-28 基频 f_1、二次谐波 f_2、三次谐波 f_3 谐振频率的位移分布

经过一些算术运算和三角函数性质的应用,可以得到图3-29所示的等效电路或"T网络",

与式(3-34)在端口 1 处 $F_1/u_1 = Z_0$ 和在端口 2 处 $F_2/u_2 = Z_L$ 的结果是一致的。该电路在端口 1 和端口 2 的边界条件下成为平面波沿棒传播的等效电路或传输线表示。还有一个同样好的"π网络"表示法(例如 Woollett[2]),在某些情况下可能很有用。

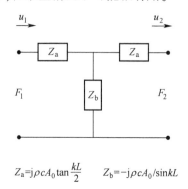

$Z_a = j\rho c A_0 \tan\dfrac{kL}{2}$ $Z_b = -j\rho c A_0/\sin kL$

图 3-29 图 3-25 棒的分布式"T 网络"电路

如果棒长 L 比波长 λ 小,比如 $kL \ll 1$,有 $j\rho c A_0 \tan(kL/2) \approx j\rho c A_0 kL/2 = j\omega M/2$ 和 $-j\rho c A_0/\sin(kL) \approx -j\rho c A_0(1/kL + kL/6) = YA_0/j\omega L - j\omega M/6$,从而可以得到如图 3-30 所示的集总等效电路[20]。$-M/6$ 单元在低频段通常可以忽略,因此可以不包含在某些表达式中。但是,在杆端 2 钳定,u_2 等于 0,端口 2 因此开路的情况下,它很重要。在这种情况下,质量 $M/2$ 和 $-M/6$ 相加,使得图 3-31 所示等效电路中棒的等效质量为 $M/3$(第 4.2 节给出了一种固定端棒的等效质量 $M/3$ 的替代能量计算)。压电陶瓷材料具有较高的密度,其质量通常需要包含在图 3-30 的集总等效电路中。

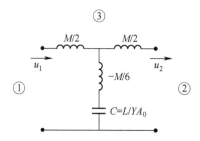

图 3-30 图 3-25 棒的集总模式电路

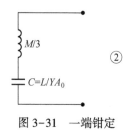

图 3-31 一端钳定

3.2.2 矩阵表示

图 3-29 所示电路的回路方程可以用阻抗系数表示为

$$F_1 = Z_c u_1 - Z_b u_2 \tag{3-35a}$$
$$F_2 = Z_b u_1 - Z_c u_2 \tag{3-35b}$$

式中,$Z_c = Z_a + Z_b = -\mathrm{j}\rho c A_0 \cot kL$,$Z_b = -\mathrm{j}\rho c A_0/\sin kL$。由该式可以看出,$u_2 = 0$时,$Z_c$是端口1的输入阻抗。在棒一端有给定负载的情形下,求解这对方程可以得到u_1和u_2。如果Z_2是端口2的负载,则$F_2 = Z_2 u_2$,由式(3-35b)可以得到$u_2 = u_1 Z_b/(Z_c + Z_2)$。对于给定的$F_1$,将其代入式(3-35a)可以得到负载$Z_2$下,振速$u_1$和$u_2$的解为

$$u_1 = (Z_2 + Z_c)F_1/(Z_c^2 + Z_c Z_2 - Z_b^2) \tag{3-35c}$$
$$u_2 = Z_b F_1/(Z_c^2 + Z_c Z_2 - Z_b^2) \tag{3-35d}$$

因此,对于一个力F_1,输入振速u_1和输出振速u_2可以由图3-29中带负载Z_2的电路得到。

上述阻抗方程组(3-35a)和(3-35b),也可以写成如下形式:

$$F_2 = (Z_c/Z_b)F_1 + (Z_b - Z_c^2/Z_b)u_1$$
$$u_2 = (-1/Z_b)F_1 + (Z_c/Z_b)u_1$$

进一步改写为

$$F_2 = a_{11}F_1 + a_{12}u_1 \tag{3-36a}$$
$$u_2 = a_{21}F_1 + a_{22}u_1 \tag{3-36b}$$

式中,$a_{11} = Z_c/Z_b = \cos kL$;$a_{12} = (Z_b - Z_c^2/Z_b) = -\mathrm{j}\rho c A_0 \sin kL$;$a_{21} = -1/Z_b = -\mathrm{j}[\sin kL]/\rho c A_0$;$a_{22} = Z_c/Z_b = \cos kL$。

传输线方程组可以写成矩阵形式,它将输入向量F_1、u_1通过元素为a_{ij}的矩阵A转换为输出向量F_2、u_2。方程(3-36a)和方程(3-36b)的矩阵方程为

$$\begin{pmatrix} F_2 \\ u_2 \end{pmatrix} = \begin{pmatrix} a_{11} & a_{12} \\ a_{21} & a_{22} \end{pmatrix} \begin{pmatrix} F_1 \\ u_1 \end{pmatrix}$$

如图3-32所示,一系列连接在一起的棒单元可以被建模为如图3-33(a)所示的连接在一起的一系列图3-29电路。然后,输出与输入的关系可以由每个单元矩阵A和A'相乘描述。

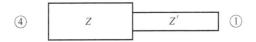

图3-32 机械串联在一起的两根棒

例如,对于由4根棒串联组成的系统,其传递矩阵为$A_1 A_2 A_3 A_4$,将矩阵乘积可以写成单个矩阵。那么,对于端口4的给定负载$Z_4 = F_4/u_4$,在输入力F_1作用下的输出振速u_4可以表示为

$$u_4 = F_1(a_{11}a_{44} - a_{14}a_{41})/(Z_4 a_{44} - a_{14})$$

式中,a_{ij}是乘积矩阵$A_1 A_2 A_3 A_4$的元素。

图3-33(b)给出了两根理想连接棒的并行排列。这种情况在实际应用中也经常发生,例如,为防止压电陶瓷在张力下开裂,采用应力螺栓压缩压电陶瓷。由于理想的直接连接,连接边界条件为$u_4 = u_1$和$u_3 = u_2$。在这些并行连接中,两端的总力是如图3-33(c)所示的两个力的总和,因此$F_5 = F_2 + F_3$和$F_6 = F_1 + F_4$。如果将方程组改写成阻抗矩阵的形式,这种情况下最容易求解。

$$F_1 = z_{11}u_1 - z_{12}u_2 \tag{3-37a}$$
$$F_2 = z_{21}u_1 - z_{22}u_2 \tag{3-37b}$$

式中,$z_{11} = z_{22} = Z_c = Z_a + Z_b = -\mathrm{j}\rho c A_0 \cot kL$和$z_{12} = z_{21} = Z_b = -\mathrm{j}\rho c A_0/\sin kL$。采用图3-33(b)中

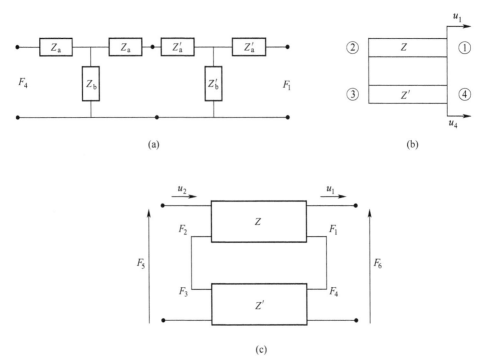

图 3-33 （a）图 3-32 中两根串联棒的分布式网络表示；（b）两根棒并联机械连接；
（c）（b）中两根并联棒的分布式网络表示

棒阻抗 Z' 相似的形式，对于 z' 有

$$F_4 = z'_{11}u_1 - z'_{12}u_2 \tag{3-37c}$$

$$F_3 = z'_{21}u_1 - z'_{22}u_2 \tag{3-37d}$$

将两端的两具力相加，得到

$$F_6 = (z_{11} + z'_{11})u_1 - (z_{12} + z'_{12})u_2 \tag{3-37e}$$

$$F_5 = (z_{21} + z'_{21})u_1 - (z_{22} + z'_{22})u_2 \tag{3-37f}$$

上式可以被缩减并转换为单一的传递矩阵形式，以便与其他元件进行进一步的级联处理。

多个传输线等效电路或级联矩阵计算机程序通常用于求解这些一维多元件换能器的波动问题[21-25]。

3.2.3 压电分布参数等效电路

第 3.2.1 节给出的力学模型在这里将被扩展到包括压电激励的情形，利用集总机电等效电路和基于波动的分布式力学模型建立压电陶瓷棒的矩阵和等效电路模型[1,2]。本节将研究四种压电陶瓷和一种磁致伸缩结构，由于不同的电学和力学边界条件，需要不同的转换常数（压电陶瓷和磁致伸缩常数的完整清单，参见第 13.5 和第 13.7 节），所以，每一种情况都是独特的。因此，要为每一类模型给出具体的求解方法。普通读者不妨采取概览的方式，将注意力集中在结果和模型的差异上。

虽然所有的模型都使用一维平面声波分析，但电场可以沿着运动的方向或垂直于运动的方向。此外，在分割的 33 棒和未分割的 31 棒两种情况下的电场是恒定的，而其他两种情况（长度振动棒和厚度振动板）中，由于沿棒长度方向的波动引起电场沿长度方向变化，这就产生了两

类不同的等效电路。在四种情况下,以棒(包括磁致伸缩棒)为代表的转换方程可以写成自变量为应力 T 的形式,且转换方程在垂直于波动方向的横向分量为零。这符合横向自由边界条件,允许棒中波的传播速度由杨氏模量决定。在厚度振动板的情况下,转换方程可以写成自变量为应变 S 的形式,并在符合刚性边界的横向方向上等于零,从而导致以体波速度传播。

1. 分割的 33 棒

换能器通常是由若干压电陶瓷片组合而成的,它们被粘合在一起,并且并联布线,从而产生比相同长度的单个陶瓷棒更低的电阻抗[2]。这种排列方法能够以较低的驱动电压产生相同的电场,同样为了避免极高的电压极化电场,这也是必要的。例如,考虑如图 3-34 所示 33 模式下的压电陶瓷棒,其中四段压电陶瓷片并联布线。

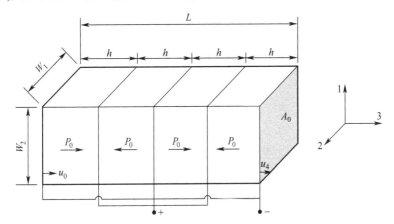

图 3-34 四个压电陶瓷片机械串联堆叠,并联布线

每片压电陶瓷的厚度为 h、横截面面积 $A_0 = w_1 w_2$,沿 3 方向或 z 方向上有一个电场 E_3,引起 3 方向上的伸缩。每片的末端作为电极的镀银表面沿如图所示的 P_0 极化方向粘合在一起,沿 3 方向运动。假设粘合剂是理想的并且是极薄的,所以各段之间的振速 u 和力 F 是连续的。在 $z = 0$ 和 $z = L$ 的棒端假设加载的力分别为 F_2 和 F_1,相应的阻抗分别为 Z_2 和 Z_1。

尽管总长度 L 不受限制,但还需假定电极之间的厚度 h 远小于 $\lambda/4$。另外,假设 $w_1 \ll L$ 和 $w_2 \ll L$,并且在 1 和 2 方向上没有负载,所以棒的两侧和材料内部都有 $T_1 = T_2 = 0$。由于没有横向钳定,基于杨氏模量横向运动不受约束,产生最低的刚度,并在 3 方向上产生最大的耦合。另外,由于电极表面是等电位的,所以在 1 和 2 方向上没有电场,并且因为 h 比较小,所以压电陶瓷材料中 $E_1 = E_2 = 0$。通常在极化方向上,例如,3 方向,应力和外场均能达到最大性能。33 模式是最活跃的振动模式,对于 PZT 材料,典型耦合系数为 0.7,对于单晶 PMN-PT 和 PIN-PMN-PT 材料,典型耦合系数为 0.9。

例如:在自由边界条件下,对于给定电场 E,应变 S 与常数 d 成正比。对于 PZT 材料,d_{33} 大约为 300×10^{-12} m/V,而 d_{31}(见第 3.2.3.2 节)仅为 -135×10^{-12} m/V(见第 13.5 节压电常数)。

在上述假设下,压电方程组(3-6a)和(3-7b)可以改写为

$$S_3 = s_{33}^E T_3 + d_{33} E_3 \tag{3-38a}$$

$$D_3 = (d_{33}/s_{33}^E) S_3 + \varepsilon_{33}^S E_3 \tag{3-38b}$$

式中,钳定状态介电常数 $\varepsilon_{33}^S = \varepsilon_{33}^T (1 - k_{33}^2)$。

如果在电场 E_3 作用下,纵波沿 z 方向的位移为 ζ,应变可写成 $S_3 = \partial\zeta/\partial z$。因此,方程 (3-38a)的导数可以写成

$$\partial^2\zeta/\partial z^2 = s_{33}^E \partial T_3/\partial z + d_{33} \partial E_3/\partial z \tag{3-39}$$

由于 $\partial T/\partial z = \rho \partial^2 \xi/\partial t^2$,将其代入方程(3-39),可以得到波动方程,即

$$\partial^2\zeta/\partial z^2 = s_{33}^E \rho \partial^2\zeta/\partial t^2 + d_{33} \partial E_3/\partial z \tag{3-40}$$

电压 V 作用下,$E_3 = V/h$ 对于每段都是相同的,因此 $\partial E_3/\partial z = 0$,从而得到一般形式的波动方程:

$$\partial^2\zeta/\partial t^2 = c^2 \partial^2\zeta/\partial z^2 \tag{3-41}$$

式中,纵波波速 $c = 1/(s_{33}^E \rho)^{1/2}$。

上节分析表明,波动方程(3-41)的解可以用图 3-29 所示的等效电路表示。Mason 研究表明,该等效电路也适用于压电器件[26]。压电陶瓷的集总参数等效电路模型表明,电压 V 和电流 I 的全等效电路可以由图 3-35 表示,在短路条件下,图 3-35 与图 3-29 相同。

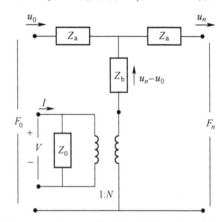

图 3-35　图 3-34 所示模型的分布式网络表示

通过式(3-38b)可以得到机电转换比 N 和并联电阻抗 Z_0,即有

$$D_3 = (d_{33}/s_{33}^E)\partial\zeta/\partial z + \varepsilon_{33}^S E_3 \tag{3-42}$$

电位移 $D_3 = Q/A_0$,其中,Q 是电荷,A_0 是电极的表面积。由于电荷对时间的导数是电流 I,位移 ζ 对时间的导数是振速 u,因此,式(3-42)对时间的导数为

$$I(z) = (A_0 d_{33}/s_{33}^E)\partial u/\partial z + j\omega(\varepsilon_{33}^S A_0/h)V \tag{3-43}$$

由于电极之间的距离与波长相比很小,所以振速 u 或者电流 I 在每段中变化很小,如图 3-36 所示。因此,可以用 $(u_i - u_{i-1})/h$ 近似代替 $\partial u/\partial z$,从而得到通过第 i 部分的电流为

$$I_i = (A_0 d_{33}/h s_{33}^E)(u_i - u_{i-1}) + j\omega(\varepsilon_{33}^S A_0/h)V \tag{3-44}$$

由于电极是并联的,且电压 V 在每对电极上是相同的,所以总电流是每段的电流之和。n 段的总电流为

$$I = \sum I_i = (A_0 d_{33}/h s_{33}^E)(u_n - u_0) + j\omega n(\varepsilon_{33}^S A_0/h)V \tag{3-45}$$

可见,总电流是两个电流的和,即棒末端相对振速产生的电流,和由电阻抗为 $1/j\omega n(\varepsilon_{33}^S A_0 h)$ 的 n 个并联的电容器上的电压产生的电流。振速差 $(u_n - u_0)$ 产生的电流通过转换比为 N 的变压器转换到电气端,与图 3-35 的等效电路相比可以得到

$$N = A_0 d_{33}/h s_{33}^E, Z_0 = 1/j\omega n C_0, C_0 = \varepsilon_{33}^S A_0/h, c = 1/(s_{33}^E \rho)^{1/2} \tag{3-46}$$

式(3-46)中波速 c 的值用在图 3-35 中的 $k = \omega/c$,$Z_a = j\rho c A_0 \tan(kL/2)$ 和 $Z_b =$

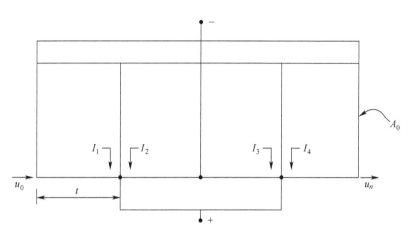

图 3-36 电流求和说明

$-\mathrm{j}\rho cA_0/\sin kL$ 中。C_0 是单段棒的静态电容，nC_0 是总的静态电容。总的机电转换比 N 与单段的转换比相同。各段的耦合系数由 $k_{33}^2 = d_{33}^2/s_{33}^E \varepsilon_{33}^T$ 给出，但谐振时，整个棒的有效耦合系数因动态效应而降低（见第 4.4.3 节）。图 3-35 的 33 模式等效电路对声纳基阵中大功率纵向振动换能器的设计起到了重要的作用。

2. 未分割的 31 棒

图 3-35 的等效电路也可以用来表示如图 3-37 所示的 31 模式（或驱动电场为 E_2 时的 32 模式）下工作的细棒[1,26]。

在同样的假设条件下，该模式可以通过方程组表示（见第 2.1.3 节）：

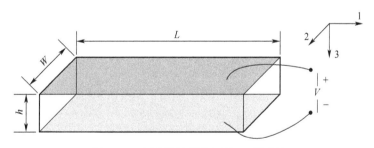

图 3-37 压电陶瓷侧电极的 31 模式棒

$$S_1 = s_{11}^E T_1 + d_{31} E_3$$
$$D_3 = d_{31} T_1 + \varepsilon_{33}^T E_3$$

消除这两个方程中的 T_1，第二个方程可以改写为

$$D_3 = (d_{31}/s_{11}^E) S_1 + \varepsilon_{33}^S E_3$$

该工作模式下，电场 E_3 的方向垂直于应变 S_1 和应力 T_1 的方向，从而与 1 方向上的运动间接耦合。然后，参照之前的 33 模式，可以很容易地表示：

$$N = wd_{31}/s_{11}^E, Z_0 = 1/\mathrm{j}\omega C_0, C_0 = s_{33}^S wL/h, c = 1/(s_{11}^E \rho)^{1/2} \tag{3-47}$$

注意用在图 3-35 中 $k = \omega/c$，$Z_a = \mathrm{j}\rho cA_0 \tan(kL/2)$ 和 $Z_b = -\mathrm{j}\rho cA_0/\sin kL$ 的 c 值，与式（3-47）中波速 c 的值不同。准静态耦合系数由 $k_{31}^2 = d_{31}^2/s_{11}^E \varepsilon_{33}^T$ 给出，该系数在谐振时因动态效应而降低（见第 4.4.3 节）。对于 PZT 材料，耦合系数 k_{31} 的值约为 0.33，常数 d_{31} 约为 -135×10^{-12} m/

V,k_{31} 约为 33 模式下 k_{33} 的一半。

3. 长度振动棒

其他感兴趣的情况还包括 33 模式长度振动棒(不分割)和厚度振动板,其中电极之间的距离与材料中的波长相比并不小。在这些情形下,电场不是恒定的,而是关于传播距离 z 的函数,所以 $\dfrac{\partial E(z)}{\partial z}$ 不会消失[1]。因此,最合适的方程组是关于自变量 D_3 的函数而不是 E_3 的函数。通常由于介电常数相对较高,不存在边缘效应,所以 $D_1 = D_2 = 0$。此外,由于非导电介质上没有自由电荷 $\text{div}D = 0$,所以 $\partial D_3(z)/\partial z = 0$。对于如图 3-38 所示的两端带电极的细长棒,方程可以写成

$$S_3 = s_{33}^D T_3 + g_{33} D_3 \tag{3-48a}$$

$$E_3 = -(g_{33}/s_{33}^D)S_3 + (1/\varepsilon_{33}^S)D_3 \tag{3-48b}$$

其中,$s_{33}^D = s_{33}^E(1 - k_{33}^2)$。

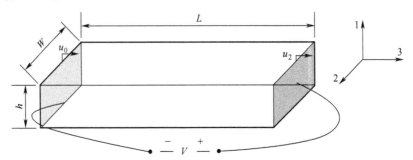

图 3-38 压电陶瓷端电极的 33 模式棒

3 方向上的纵向位移和振速分别是 ζ 和 u,应变 $S_3 = \partial \zeta/\partial z$,压力梯度 $\partial T_3/\partial z = \rho \partial^2 \zeta/\partial t^2$。因为 $\partial D_3(z)/\partial z = 0$,所以式(3-48a)对 z 求导得到波动方程,即

$$\partial^2 \zeta / \partial z^2 = s_{33}^D \rho \partial^2 \zeta / \partial t^2 \tag{3-49}$$

由于 $s_{33}^D < s_{33}^E$,所以该情形下的波速 $c = 1/(s_{33}^D \rho)^{1/2}$ 比分割的棒中的波速高。为了与此保持一致,开路情况下的机电等效电路须采用图 3-39 的形式,而不是图 3-35 的形式。由这种形式可以看出,电路开路状态下,Z_0 和 $-Z_0$ 抵消导致机械分支短路,使得波速 $c = 1/(s_{33}^D \rho)^{1/2}$。另一方面,电路短路状态下,$Z_0$ 短路,只有负阻抗 $-Z_0$ 仍在电路中。当转换到机械端时,这一负阻抗(见图 3-40)降低了系统的刚度,并且在电路短路状态下产生了如预期那样较低的谐振频率。

从式(3-48b)中可以得到 Z_0 和机电匝数比 N 的值为

$$E_3 = -(g_{33}/s_{33}^D)\partial \zeta/\partial z + (1/\varepsilon_{33}^S)D_3 \tag{3-50}$$

由于 $E_3(z) = \partial V/\partial z$,对 z 从 $z = 0$ 到 $z = L$ 积分可以得到电压的表达式。此外,对于正弦激励,由于 $I = A_0 \partial D_3/\partial t, u = \partial \zeta/\partial t$ 以及 $\partial V/\partial t = j\omega V$,从而有

$$I = j(\omega \varepsilon_{33}^S/L)V + (d_{33}A_0/Ls_{33}^E)[u(L) - u(0)] \tag{3-51}$$

由该结果和波动方程可以得到图 3-39 等效电路中的

$$N = A_0 d_{33}/Ls_{33}^E, Z_0 = 1/j\omega C_0, C_0 = \varepsilon_{33}^S A_0/L, c = 1/(s_{33}^D \rho)^{1/2} \tag{3-52}$$

式(3-52)中波速 c 的值用在图 3-39 中的 $k = \omega/c, Z_a = j\rho c A_0 \tan(kL/2)$ 和 $Z_b = -j\rho c A_0/\sin kL$ 中。

准静态耦合系数为 k_{33},在谐振时因动态效应而降低,减小量大于分割棒的耦合系数(见第

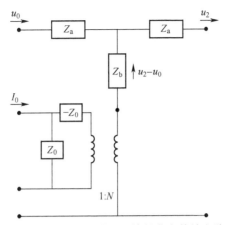

图 3-39　图 3-38 端电极棒的分布等效电路

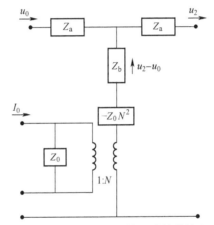

图 3-40　图 3-38 端电极棒的替代等效电路

4.4.3 节)。

等效电路的另一种形式如图 3-40 所示,将负阻抗转换为与 Z_b 串联的机械分支。当 L 远小于波长,$kL \ll \pi$ 时,这两个元件组合形成的柔度等于 $L/A_0 s_{33}^E$,图 3-40 的电路简化为图 3-30 的电路,其中,M 为棒的总质量。Martin[27]指出,n 个长度为 h 的长度振动棒的分段序列,在 $kh \ll \pi$ 和总长度 $L = nh$ 时,可简化为图 3-35 所示的形式并伴有最初在第 3.2.3 节 1 中提出的方程 (3-46)。

4. 厚度振动板

图 3-40 的电路也可以用来表示图 3-41 的压电片。然而,由于横向尺寸较大,厚度振动板的刚度比棒的刚度大,耦合系数较低。

在这种情况下,使用压电常数 $h_{33} = g_{33}/s_{33}^D$ 和钳定介电隔离系数 $\beta_{33}^S = 1/\varepsilon_{33}^S$,从而有

$$T_3 = c_{33}^D S_3 - h_{22} D_3 \tag{3-53a}$$

$$E_3 = -h_{33} S_3 - \beta_{33}^S D_3 \tag{3-53b}$$

其中,系数可以通过令 S_3 和 D_3 分别等于 0 确定。图 3-40 所示等效电路的数值可以利用长度振动棒的计算过程得到,结果为

$$N = C_0 h_{33}, Z_0 = 1/\mathrm{j}\omega C_0, C_0 = \varepsilon_{33}^S A_0/L, c = (c_{33}^D/\rho)^{1/2} \tag{3-54}$$

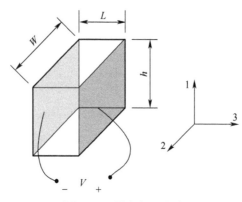

图 3-41 端电极压电片

由式(3-54)得到 c 的值,用在图 3-39 中的 $k=\omega/c, Z_a = j\rho cA_0\tan(kL/2)$ 和 $Z_b = -j\rho cA_0/\sin kL$ 中。准静态耦合系数为厚度耦合系数 $k_t = h_{33}(\varepsilon_{33}^S/c_{33}^D)^{1/2}$。通常情况下,大板块被切割或"切开",以减小横向刚度,提高耦合系数,减少横向模态干扰。

5. 磁致伸缩棒

第 3.1.4 节讨论的磁致伸缩换能器的等效电路如图 3-23 所示,可扩展到磁致伸缩棒换能器中的波动效应。利用 $\text{div}B=0$ 的事实以及 B 的横向分量可以忽略的假设,通常波动方程可以由式(3-16)得到。在这种情形下,利用图 3-35 的电路和 $N_m = N_t d_{33}A_0/Ls_{33}^H$,可以得到

$$N = N_m/\omega L_0, Z_0 = j\omega L_0, L_0 = \chi\mu_{33}^S N_t^2 A_0/L, c = (s_{33}^B/\rho)^{1/2} \quad (3-55)$$

式中,χ 为涡流因子,转换比 $N = N_m/\omega L_0$,为图 3-23 和图 3-35 所示电路配置的结果。由式(3-55)得到 c 的值,用在图 3-35 中的 $k=\omega/c, Z_a = j\rho cA_0\tan(kL/2)$ 和 $Z_b = -j\rho cA_0/\sin kL$ 中。该电路输出振速的相位受限,但对获得电路输入阻抗和输出振速的大小是很有用的。准静态耦合系数 $k_{33} = (d_{33}^2/s_{33}^B\mu_{33}^T)^{1/2}$,在谐振时因动态效应降低,与压电陶瓷长度振动棒的降低方式相同。(见第 4.4.3 节)。

第 3.1.4 节中给出的并联钳定电感表示的相位限制仍然适用。对于磁场换能器 $F = N_m I$。由于钳定状态下,$V/I = Z_0 = j\omega L_0$,可以将图 3-23 中的钳定力表示为 $F = N_m V/Z_0 = (N_m/j\omega L_0)V$。然而,理想变压器必须是真实的,以便进行适当的阻抗变换,从而系数 j 在公式(3-55)中相应地被删除,导致电压到振速的传递函数出现 $-90°$ 的相位误差。第 3.3 节中将表明,相应的矩阵表示没有这样的等效电路传输相位限制。

3.3 矩阵模型

3.3.1 三端口矩阵模型

考虑图 3-35 分布式电路的矩阵表示,其中,机电转换比 N 将电压 V 转换为力 F,如图 3-42 所示,这为将驱动电压纳入矩阵表示提供了便利手段。相应的阻抗方程组(3-35a)和(3-35b)可改写为

$$F_1 = Z_c u_1 - Z_b u_2 + NV \quad (3-56a)$$
$$F_2 = Z_b u_1 - Z_c u_2 + NV \quad (3-56b)$$

式中,$Z_c = Z_a + Z_b = -j\rho cA_0 \cot kL, Z_b = -j\rho cA_0/\sin kL, k=\omega/c, c$ 是短路纵波波速。

方程组也可以写成传递方程的形式，即

$$F_2 = a_{11}F_1 + a_{12}u_1 + a_1V \quad (3\text{-}57\text{a})$$

$$u_2 = a_{21}F_1 + a_{22}u_1 + a_2V \quad (3\text{-}57\text{b})$$

或者写成传递矩阵的形式

$$\begin{pmatrix} F_2 \\ u_2 \end{pmatrix} = \begin{pmatrix} a_{11} & a_{12} \\ a_{21} & a_{22} \end{pmatrix} \begin{pmatrix} F_1 \\ u_1 \end{pmatrix} + \begin{pmatrix} a_1 \\ a_2 \end{pmatrix} V \quad (3\text{-}57\text{c})$$

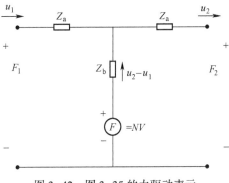

图 3-42 图 3-35 的力驱动表示

式中，

$$a_1 = N(1 - Z_c/Z_b), \quad a_2 = N/Z_b \quad (3\text{-}57\text{d})$$

$$a_{11} = Z_c/Z_b, \quad a_{12} = Z_b - Z_c^2/Z_b, \quad a_{21} = -1/Z_b, \quad a_{22} = Z_c/Z_b \quad (3\text{-}57\text{e})$$

将 Z_c 和 Z_b 代入上式可得

$$a_1 = N(1 - \cos kL), \quad a_2 = jN\sin kL/\rho cA_0 \quad (3\text{-}58\text{a})$$

$$a_{11} = \cos kL, \quad a_{12} = -j\rho cA_0\sin kL \quad (3\text{-}58\text{b})$$

$$a_{21} = -j\sin kL/\rho cA_0, \quad a_{22} = \cos kL$$

式中，机电转换比 N 与特定的换能器和结构有关。

由于转换比 N 将振速转换为电流，所以图 3-35 中的总电流是振速（$u_0 = u_1, u_2 = u_n$）转换为电流的部分与电压 V 通过阻抗 Z_0 的电流之和，可以表示为

$$I = N(u_1 - u_2) + (1/Z_0)V \quad (3\text{-}59)$$

式中，$1/Z_0 = Y_0$，为静态电导纳。对于 n 个并联的分段压电陶瓷换能器，电极间距离较小，有

$$N = nd_{33}A_0/Ls_{33}^E, \quad Z_0 = 1/j\omega nC_0, \quad c = 1/(s_{33}^E\rho)^{1/2}$$

对于线圈匝数为 N_t 的磁致伸缩换能器，参数 N、Z_0 和 c 为

$$N = (N_t d_{33}A_0/Ls_{33}^H)/j\omega L_0, \quad Z_0 = j\omega L_0, \quad c = 1/(s_{33}^B\rho)^{1/2}$$

由于钳定电感为 $L_0 = N_t^2\mu_{33}^S A_0/L$，磁致伸缩机电转换比也可以写为 $N = d_{33}/(j\omega N_t s_{33}^H \mu_{33}^S) = d_{33}/(j\omega N_t s_{33}^B \mu_{33}^T)$。

以图 3-43 的换能器为例，Z_r 为活塞头部的辐射阻抗，Z_m 为尾部质量的安装阻抗，压电陶瓷驱动器夹在头部和尾部之间。图 3-44(a) 显示了它的等效"T 网络"形式，可以用电路分析过程得到输出的解。矩阵表示如图 3-44(b) 所示，其中，1 为尾部，2 为压电陶瓷，3 为头部。

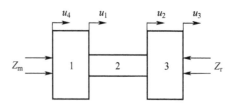

图 3-43 有安装阻抗 Z_m 和辐射阻抗 Z_r 的换能器的三部分

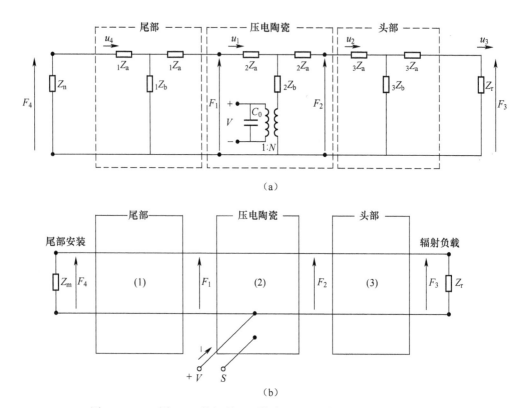

图 3-44 (a)图 3-43 的级联 T 网络表示;(b)图 3-43 的级联矩阵表示

矩阵方法依赖于上文给出的压电陶瓷方程组(3-57a)和(3-57b)以及下面给出的头部和尾部的方程组,分别为

$$F_3 = {}_3a_{11}F_2 + {}_3a_{12}u_2, \quad F_1 = {}_1a_{11}F_4 + {}_1a_{12}u_4 \quad (3\text{-}60\text{a})$$

$$u_3 = {}_3a_{21}F_2 + {}_3a_{22}u_2, \quad u_1 = {}_1a_{21}F_4 + {}_1a_{22}u_4 \quad (3\text{-}60\text{b})$$

式中,前下标 m,在 ma_{ij} 中表示一个特定的矩阵 A_m。如果令 $\underline{Fu}_i$ 表示第 i 个力速度矢量,A_m 是元素为 a_{ij} 的矩阵,对于头部有 $\underline{Fu}_3 = A_3 \underline{Fu}_2$;对于尾部有 $\underline{Fu}_1 = A_1 \underline{Fu}_4$;对于压电陶瓷有 $\underline{Fu}_2 = A_2 \underline{Fu}_1 + a_2 V$,其中,$A_2$ 和 a_2 对应于方程式(3-57a)和式(3-57b)。将 $\underline{Fu}_1$ 和 $\underline{Fu}_2$ 代入方程 $\underline{Fu}_3$ 有

$$\underline{Fu}_3 = A_3 A_2 A_1 \underline{Fu}_4 + A_3 a_2 V \quad (3\text{-}61\text{a})$$

经过矩阵相乘后,上述表达式可以被并重写为

$$\underline{Fu}_3 = A_4 \underline{Fu}_4 + a_4 V \quad (3\text{-}61\text{b})$$

其中，$A_4 = A_3A_2A_1$，$a_4 = A_3a_2$。那么，与尾部后面的运动、压电陶瓷元件上的电压和头部前面的运动有关的一组方程可以写成

$$F_3 = {}_4a_{11}F_4 + {}_4a_{12}u_4 + {}_4a_1V \tag{3-62a}$$

$$u_3 = {}_4a_{21}F_4 + {}_4a_{22}u_4 + {}_4a_2V \tag{3-62b}$$

对于给定的一组边界条件，如图3-44(b)所示的加载阻抗，$F_4 = Z_m u_4$ 和 $F_3 = Z_r u_3$，可以得到方程组的一个解。将 F_3 和 F_4 代入方程(3-62a)和方程(3-62b)中可得

$$Z_r u_3 = ({}_4a_{11}Z_m + {}_4a_{12})u_4 + {}_4a_1V \tag{3-63a}$$

$$u_3 = ({}_4a_{21}Z_m + {}_4a_{22})u_4 + {}_4a_2V \tag{3-63b}$$

消除两个方程中的 u_4 可以得到活塞振速 u_3 作为电压 V 的函数的理想解。通常换能器的安装阻抗 Z_m 较小，在 $Z_m = 0$ 的情况下，有

$$u_3 = V({}_4a_{22}a_1 - {}_4a_{12}a_2)/({}_4a_{22}Z_r - {}_4a_{12}) \tag{3-64}$$

本节介绍了运动方向上任意长度的换能器电路分析和级联矩阵模型。虽然集总参数模型给出了物理解释，但是它没有分布式模型的计算结果准确，两种方法在换能器组件非常短的情形下可以获得一致的结果。本节讨论的一维模型如果包括换能器中所有重要的部件(如粘合剂和电极)，且横向尺寸与材料的波长相比较小，则与测量结果吻合较好。在横向尺寸与材料中的波长相近的情况下，例如，换能器头部有弯曲的情况，使用有限元建模(FEM)技术能够更准确地描述(见第3.4节)。

3.3.2 二端口 *ABCD* 矩阵模型

上述电路表示通常可以简化为等效的二端口系统，电气端口为电压 V 和电流 I，向水中辐射声的一端为力 F 和振速 u。力 F 是外力，如果存在，它则取决于辐射阻抗和入射声压。将这种等效方式描述为图3-45所示的形式，其中，A、B、C、D 参数仅代表换能器，不含辐射阻抗，并通过方程组给出

$$V = AF + Bu \tag{3-65a}$$

$$I = CF + Du \tag{3-65b}$$

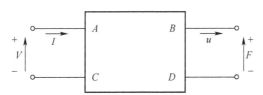

图 3-45 *ABCD* 机电表示

由方程(3-65a)和方程(3-65b)可知，系数可以表示为

$$A = V/F|_{u=0}, \quad B = V/u|_{F=0}, \quad C = I/F|_{u=0}, \quad D = I/u|_{F=0} \tag{3-66}$$

用方程(3-65a)除以方程(3-65b)可以得到电阻抗 $Z_e = V/I$，为

$$Z_e = (AF + Bu)/(CF + Du) \tag{3-67}$$

对于发射换能器，F/u 是作用在换能器上的辐射负载 Z_r，式(3-67)变为

$$Z_e = (AZ_r + B)/(CZ_r + D) \tag{3-68}$$

换能器的 *ABCD* 表示法在换能器基阵分析中特别有用，因为它将每个换能器的辐射阻抗与其他换能器参数分开。由图3-15的压电等效电路可以构建图3-46，通过转换比为 N 的机电变压器

将机械端转化为电学端,导纳为 $Y_0 = G_0 + j\omega C_0$,换能器的机械阻抗为 $Z_m = R + j(\omega M - 1/\omega C^E)$。因此,参数 ABCD 仅代表换能器,而辐射阻抗 Z_r 是一个单独的组件,可以用阻抗 Z_r/N^2 的形式连接到图 3-46 的电路中。在一个典型基阵中,所有的换能器都具有相同的 ABCD 参数,但是由于互阻抗的存在,每个换能器的辐射阻抗不同(见第 7.2 节)。因此,将可变部分与固定部分分开是比较方便的。

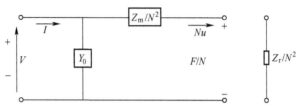

图 3-46 图 3-15 等效电路的替代电学表示

使用式(3-66)给出的定义,可以计算任意二端口换能器的 ABCD 参数。图 3-46 也是计算 ABCD 参数的一种方便的表示方法,可以将其简化为如图 3-15 所示的简单集总电路模型,这在换能器一阶谐振附近通常是有效的。根据上述条件,由式(3-66)可得

$$A = 1/N, \quad B = Z_m/N, \quad C = Y_0/N, \quad D = Y_0 Z_m/N + N \quad (3-69)$$

ABCD 参数都不是纯电学的或纯机械的,都有机电特性,除了 A 以外,都通过 Y_0 和 Z_m 与频率强相关。大多数情况下,机电变压器转换比 N 与频率无关。

3.4 有限元模型

针对机械和机电一维系统的分析,提出了集总参数、分布式电路和级联矩阵模型,演示了如何将多个集总模型扩展表示分布式换能器系统,然后将其用于进一步分析。有限元法[28-30]采取了相反的方法,将分布式系统简化为在整个换能器空间中分布的大量集中或离散单元组成的三维阵列。通过减小单元的尺寸和成比例增加单元的数量,可以很容易地获得复杂换能器的精确模型。目前,具有大型内存的高速计算机和面向用户的有限元计算机软件包括压电、磁致伸缩、动圈、MEMS 和声辐射单元,使换能器的设计发生了革命性的变化。如果知道准确的材料特性,就有可能开发和设计复杂的换能器,并期望预测的结果与测量结果一致。本节简要介绍有限元模型(FEM,也称有限元分析 FEA)和相关的换能器分析技术。

3.4.1 一个简单的有限元示例

本节介绍了一种引入有限元模型技术的方法,以说明其基本原理。更广泛的开发超出了本书的范围,但可以在许多参考文献[28-30]中找到。首先考虑杨氏模量为 Y、密度为 ρ、总长度为 L 和变横截面积为 A_i 的锥形杆[28],如图 3-47 所示。该锥形杆被划分为长度为 L_i 的若干离散单元,在节点 i 处连接,以位移 x_i 移动。与波动表示法不同的是,波动节点指的是无振动的平面,而有限元节点是运动的点,在节点上有与其他节点相关联的力和质量。

两个节点之间的刚度是离散单元的一部分。每个单元的刚度是 $K_i = YA_i^*/L_i$,其中,$A_i^* = (A_i + A_{i+1})/2$ 是平均面积。各单元之间的刚度反作用力为

$$F_i = K_i(x_{i+1} - x_i) \quad (3-70)$$

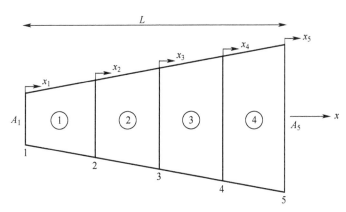

图 3-47 变横截面积为 A_i 的杆

每个单元的质量为密度、单元长度和平均面积的乘积,即

$$m_i = \rho L_i A_i^* = \rho L_i A_i/2 + \rho L_i A_{i+1}/2 \tag{3-71a}$$

这种类型单元的质量分配方案是将一个质量 M_i 与每个节点 x_i 相连,将单元质量的一半添加到左侧节点,另一半添加到右侧节点,即

$$M_i = m_{i-1}/2 + m_{i-2}/2 \tag{3-71b}$$

对于图 3-47 的第一个节点和最后一个节点,由于节点 x_1 的左侧没有其他节点、x_5 的右侧也没有其他节点,只有 $M_1 = \rho A_1 L_1/2$ 和 $M_5 = \rho A_5 L_4/2$。因此,杆中间的节点有一个关联质量,它是两边单元质量的平均值,而两端节点有一个关联质量,它是末端单元质量的一半。

图 3-47 中圆锥杆的力学集总模型表示如图 3-48 所示,其中,刚度 $K_i = YA_i^*/L_i$。单个单元的简单表示如图 3-49 所示,其中,施加的激励力或载荷为 F_i 和 F_{i+1}。该模型可以通过将独立的杨氏模量 Y_i、密度 ρ_i 与每个长度为 L_i 和平均横截面为 A_i 的单元相关联来概括。

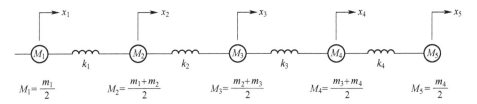

图 3-48 图 3-47 棒的力学集总模型

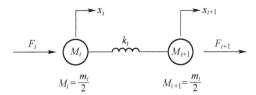

图 3-49 单个单元的集总表示

3.4.2 FEA 矩阵表示

对于给定的力,确定其位移通常需要联立求解一组方程。针对计算机软件中计算量最大的

部分,已经开发出了许多功能强大的方程求解器。方程组最初是以"全局"坐标的矩阵形式出现,该"全局"坐标是相对于坐标参考系而言的。为简单起见,考虑图 3-50 所示棒的两弹簧单元表示,在节点 1、2、3 处的力为 F_1、F_2 和 F_3,产生的位移为 x_1、x_2 和 x_3。

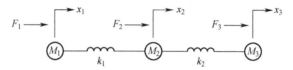

图 3-50 棒的两弹簧集总单元表示

3 个质量 M_1、M_2 和 M_3 的运动方程可以写成

$$M_1 d^2 x_1/dt^2 = F_1 - K_1(x_1 - x_2) \quad (3-72a)$$

$$M_2 d^2 x_2/dt^2 = F_2 - K_2(x_2 - x_3) - K_1(x_2 - x_1) \quad (3-72b)$$

$$M_3 d^2 x_3/dt^2 = F_3 - K_2(x_3 - x_2) \quad (3-72c)$$

上述方程组可以被重新改写成一个更对称的形式

$$M_1 d^2 x_1/dt^2 + K_1 x_1 - K_1 x_2 + 0 x_3 = F_1 \quad (3-73a)$$

$$M_2 d^2 x_2/dt^2 - K_1 x_1 + (K_1 + K_2) x_2 - K_2 x_3 = F_2 \quad (3-73b)$$

$$M_3 d^2 x_3/dt^2 + 0 x_1 - K_2 x_2 + K_2 x_3 = F_3 \quad (3-73c)$$

用矩阵方程表示为

$$\begin{pmatrix} M_1 & 0 & 0 \\ 0 & M_2 & 0 \\ 0 & 0 & M_3 \end{pmatrix} \begin{pmatrix} d^2 x_1/dt^2 \\ d^2 x_2/dt^2 \\ d^2 x_3/dt^2 \end{pmatrix} + \begin{pmatrix} K_1 & -K_1 & 0 \\ -K_1 & K_1+K_2 & -K_2 \\ 0 & -K_2 & K_2 \end{pmatrix} \begin{pmatrix} x_1 \\ x_2 \\ x_3 \end{pmatrix} = \begin{pmatrix} F_1 \\ F_2 \\ F_3 \end{pmatrix} \quad (3-74)$$

从上式可以看到质量和刚度矩阵的存在,还包含加速度、位移和力矢量,这些矢量可以用粗体矩阵符号表示为

$$\boldsymbol{M} d^2 \boldsymbol{x}/dt^2 + \boldsymbol{K} \boldsymbol{x} = \boldsymbol{F} \quad (3-75)$$

并且,在正弦条件下,有

$$(\boldsymbol{K} - \omega^2 \boldsymbol{M}) \boldsymbol{x} = \boldsymbol{F} \quad (3-76)$$

分析式(3-74)中刚度矩阵的元素发现,该矩阵中包含了刚度为 K_1 和 K_2 的弹簧的独立刚度子矩阵,即

$$\begin{pmatrix} K_1 & -K_1 \\ -K_1 & K_1 \end{pmatrix} \quad 和 \quad \begin{pmatrix} K_2 & -K_2 \\ -K_2 & K_2 \end{pmatrix}$$

它们与节点位移为 x_1、x_2 和 x_3 的"局部"单元刚度矩阵相关。这个例子说明了两个"局部"弹簧单元到式(3-74)的"全局"矩阵的组合过程。通常将成百上千个单元组合成一个全局矩阵,从而得到系统的解。

对于一个给定的力,通常需要得到位移 x 的解,在这种情况下,方程(3-76)将会产生谐波响应。方程(3-76)取齐次形式即 $\boldsymbol{F}=\boldsymbol{0}$,$(\boldsymbol{K} - \omega^2 \boldsymbol{M}) = \boldsymbol{0}$ 的解给出了空气(或更严格地讲真空)中换能器的模态谐振频率或特征值。方程(3-76)可以通过力 F,包括阻尼电阻 R,驱动电压 V 和机电转换比 N 进行扩展,写成:

$$(\boldsymbol{K}+j\omega\boldsymbol{R}-\omega^2\boldsymbol{M})\boldsymbol{x}=N\boldsymbol{V} \quad (3-77)$$

这种一维模型是有限元法的简化介绍。然而,矩阵形式可以很容易地扩展到二维和三维模型。弹簧和质量单元只是商业软件中可用的众多单元中的两个,这些单元还包括梁、板、壳等二维 4 节点结构单元、三维 8 节点结构固体、压电单元、流体单元和声吸收单元。其中一些单元包括分程序的插值函数,以提高单个单元的精度。二维 4 节点结构单元,每个节点有 2 个自由度;三维 8 节点结构单元,每个节点有 3 个自由度,如图 3-51(a),(b)所示。下面讨论的内容适用于一维、二维、三维系统。

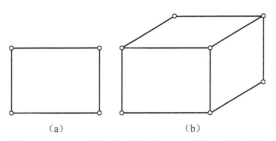

图 3-51 (a)二维 4 节点单元;(b)三维 8 节点单元

流体单元使用压力而不是位移作为因变量,当与结构单元连接时,需要一个流体结构耦合单元(FSI)。用压力的梯度来求得给定方向上的振速。计算速度可通过考虑换能器的固有对称性来提高,三维情形可以简化为轴对称情形,其运行速度与二维情形一样快。其他对称性可以在节点处使用刚性边界条件施加,也可以在对称平面内建立。自动划分网格和后处理是建立模型和获得所需输出的有效辅助手段。

3.4.3 压电有限元

一些商业有限元软件包含可用于换能器建模的压电单元[31-33]。压电有限元模型可以建立在矩阵方程组的基础上。

$$T = c^E S - eE \tag{3-78a}$$
$$D = e^t S + \varepsilon^S E \tag{3-78b}$$

式中,c^E 是短路弹性系数矩阵;ε^S 是钳定介电系数矩阵;e 是压电系数矩阵;e^t 是 e 的转置矩阵。方程(3-78a)和方程(3-78b)可以重写为

$$K^E x - NV = F_t \tag{3-79a}$$
$$N^t x - C^S V = Q \tag{3-79b}$$

式中,K^E 是短路刚度矩阵;N 是机电转换比矩阵;C^S 是钳定电容矩阵;F_t 是总的力矢量,可以包括辐射载荷力和阻挡声波力 F_b;Q 是电荷矢量;x 是位移矢量;V 是电压矢量。

在质量 M 和阻力 R 的情形下,$F_t = F_b - M \mathrm{d}^2 x/\mathrm{d}t^2 - R \mathrm{d}x/\mathrm{d}t$,这样方程(3-79a)可以写成:

$$M \mathrm{d}^2 x/\mathrm{d}t^2 + R \mathrm{d}x/\mathrm{d}t + K^E x - NV = F_b \tag{3-80a}$$

采用类似的形式,可以将方程(3-79b)重写为

$$0 \mathrm{d}^2 x/\mathrm{d}t^2 + 0 \mathrm{d}x/\mathrm{d}t + N^t x + C^S V = Q \tag{3-80b}$$

上面的方程组引出了一个耦合矩阵方程:

$$\begin{pmatrix} M & 0 \\ 0 & 0 \end{pmatrix} \begin{pmatrix} \ddot{x} \\ \ddot{V} \end{pmatrix} + \begin{pmatrix} R & 0 \\ 0 & 0 \end{pmatrix} \begin{pmatrix} \ddot{x} \\ \ddot{V} \end{pmatrix} + \begin{pmatrix} K^E & -N \\ N^t & +C^S \end{pmatrix} \begin{pmatrix} x \\ V \end{pmatrix} = \begin{pmatrix} F_b \\ Q \end{pmatrix} \tag{3-81}$$

式(3-81)中,每个矩阵由 4 个子矩阵组成,每个向量由两个向量组成,这是有限元模型中力学单元和压电单元耦合的矩阵表示。当 $N = 0$ 时,方程组解耦,成为独立的电学方程和力学方程。

3.4.4 空气负载作用下 FEA 的应用

实践中,用户不必关心数学过程的细节,就像不需要关心电路分析计算机程序背后的数学细节一样。本节关注空气载荷条件下换能器 FEA(FEM)模型的应用和实用性。换能器设计过程通常是从一个目标或规格开始的,该目标或规格规定了工作频带以及期望的输出和大致尺寸。为在一个频带上获得高的声功率输出,通常需要使谐振发生在频带的中心频率附近,尽管这样设计对于一个给定尺寸的换能器可能是一个问题。虽然特定的设计可能达到谐振频率的目标,但除非具有显著的有效耦合系数。FEA 程序的模态分析部分可以评估模态共振和反共振频率,从而得到有效的耦合系数(见第 2、4 和 9 章)。

在压电驱动晶堆呈现一维运动的情况下,仍然可以使用缺少压电单元的机械有限元分析软件来评估换能器的设计。在模态替代法[34]中,模型的构建是将压电部分视为机械部分,但使用压电材料的密度和杨氏模量。FEA 程序运行两次:第一次使用短路条件下的杨氏模量,得到一阶模态谐振频率 f_r;然后再运行一次,使用开路条件下的杨氏模量 Y^D,得到反谐振频率 f_a。如第 2 章和第 9 章所述,从而可以计算出有效耦合系数为

$$k_{\mathrm{eff}} = [1 - (f_r/f_a)^2]^{1/2} \quad (3-82)$$

如果 FEA 软件具有压电模块,则输入压电参数,并分别通过短路和开路条件下的模态选项评估谐振频率 f_r 和反谐振频率 f_a。这种评估更为准确,且不限于压电元件的一维运动。模态选项通常包含有用的振动动态动画,它给出了有关物理运动的详细描述。图 3-52(a)和(b)显示了一个 Tonpilz 换能器在静态和动态峰值时的例子,在头部有无弯曲的情况下得到两种不同的波速。

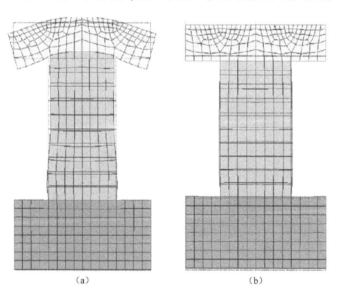

图 3-52 (a)头部弯曲的换能器动态运动;(b)无头部弯曲的换能器动态运动

除非限制在感兴趣的频带范围之内,否则模态频率的结果可能比较多的。一个简单的电路或矩阵模型计算程序通常被用来获得一阶谐振和其他性能特征的估计。振动模态的动画也可以在频率扫描响应选项下获得,在此选项中可以对模态的实际耦合进行评估。

虽然式(3-82)是获得耦合系数最常用的动态方法,但还可以使用其他静态方法。由于有效耦合系数也可以由 $k_{\mathrm{eff}} = [1 - K^E/K^D]^{1/2}$ 给出,可以使用有限元分析的静态选项,通过评估短

路条件下和开路条件下动态表面位移 x^E 和 x^D 获得 k_{eff}。考虑图 3-53 所示的简单压电换能器的位移 x，图中的辐射力 F_r 被静力 F_s 替换。

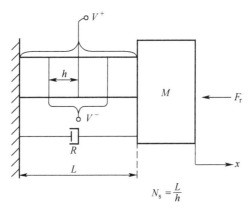

图 3-53 单自由度压电换能器的集总模型

对于一个给定的 F_s，弹性系数 $K^E = F_s/x^E$ 和 $K^D = F_s/x^D$，那么上述公式为

$$k_{\text{eff}} = [1 - x^D/x^E]^{1/2} \tag{3-83}$$

式中，短路和开路条件下的位移 x^E 和 x^D 很容易由 FEA 程序确定。

由于 $k_{\text{eff}} = (1 - C_0/C_f)^{1/2}$，也可以通过静态电容 C_0 和自由电容 C_f 获得耦合系数。再次考虑图 3-53，但这次令 $F_r = 0$。由静态电荷 $Q_0 = C_0 V$ 和自由电荷 $Q_f = C_f V$，那么公式变为

$$k_{\text{eff}} = (1 - Q_0/Q_f)^{1/2} \tag{3-84}$$

因此，在运动表面被钳定（图 3-53 的质量 M 用有限元"辊"支撑）和表面自由的情况下评估电荷，也可以得到有效耦合系数。

静态选项也可用于获得有效压电常数 d。在静态施加电压 V 作用下，自由运动表面（图 3-53 中 $F_r = 0$）位移 x 与有效压电常数 d 的关系为

$$d_{\text{eff}} = x/V \tag{3-85}$$

利用 FEA 可以直接测定电压 $V = 1$ 时的 x。一个好的换能器设计要求 d_{eff} 的值接近材料 d_{33} 的值（材料 $d_{33} = S_3/E_3|_{T=0} = x_3/V$，其中，$x_3$ 是电压 V 和电场 E_3 作用下压电驱动部分的位移）。在深海应用中，换能器能够承受的高压能力也可以通过静态选项来评估。

FEA 换能器模型还包括机械阻尼，但机械损耗参数往往不为人所知。然而，如果有空气中的电导测量值，则可以调整有限元换能模型中的机械阻尼或耗散因子的值，以获得与测量电导曲线（参见第 9 章）相同的机械品质因数 Q_m（见第 9 章）。一旦匹配，这使得有限元分析能够预测水负载条件下换能器的机械效率。

3.4.5 水负载作用下 FEA 的应用

有限元声学介质采用在单元节点上具有声压值的流体单元来描述声压场，而不是在节点具有位移值的结构单元。因此，在换能器及其壳体表面需要一个流固耦合界面（FSI）单元来连接固体和流体单元。在流场的外侧，通常采用"ρc"匹配的吸收层来满足远场无反射的辐射条件。三维声学流体单元可满足界面、流体单元和吸收层 3 种条件。除了吸收声波外，还有一些特殊的球面波单元可以对声波进行无限延拓。这些球面波单元需要一个具有特定坐标中心的球面流体场。

流体-结构相互作用是通过一对力学和流体矩阵方程耦合在一起的[31]，即

$$[M_s]\{\ddot{x}\} + [K_s]\{x\} = \{F_s\} + [R]\{P\} \tag{3-86}$$

$$[M_f]\{\ddot{P}\} + [K_f]\{P\} = \{F_f\} + \rho[R]^t\{\ddot{x}\} \tag{3-87}$$

式中，[ ]表示矩阵，{ }表示列向量。[M]是质量矩阵，[K]是弹性矩阵，{F}是力向量，{P}是压力向量，{x}是位移向量，ρ是介质的密度，[R]代表耦合矩阵，每个节点上流体单元和结构单元的有效表面积分别用下标 f 和 s 表示。这些方程表明，流体结构界面上的节点同时具有位移和压力的自由度，这使得两个系统能够相连。有效的流体载荷可以表示为

$$F_f = -AL\rho\partial^2 x_n/\partial t^2 \tag{3-88}$$

式中，A 和 L 是与密度为 ρ 的流体单元的节点相关的面积和距离，而 x_n 则是外法向位移。

二维和轴对称 FEA 换能器模型可以在没有流场的情况下构建，以模拟空气中的工作特性，并确定基频模态和其他较高模态下的运动，这通常是在谐振频率 f_r、电极电压设置为零和反谐振频率 f_a、电极被移除情形下确定的。然后，由 $k_{eff} = [1 - (f_r/f_a)^2]^{1/2}$ 给出动态有效耦合系数。接着在与介质接触的辐射面上施加单位静压力，以确定换能器关键部位的应力。

最后，将 FEA 流体场添加到模型中，并在离换能器适当距离处吸收层来终止。这段距离通常要求是在远场，但如果采用近场到远场技术，可以使距离更近，从而减少流体单元的数量和计算时间。图 3-54 显示了一个带有流体场、刚性障板和吸收层的 Tonpilz 换能器轴对称有限元模型。

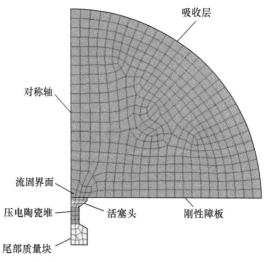

图 3-54 设定在刚性障板中具有流体场和吸收层的 Tonpilz 换能器轴对称有限元模型

吸收层具有与流体相等的特性阻抗。在流体单元无位移的条件下，不需要对流体单元的节点施加任何附加条件，就可以获得刚性障板条件。另外，对于固体单元，如在换能器中，单元节点上未施加条件时是一个自由或零应力状态。刚性障板是一个中间步骤，其后面通常是流体场，流体场以模拟一个可能的换能器的外壳形式包围着换能器。在三维有限元模型中，流体场最初是作为换能器的一部分而建立的，可以暂时移除以获取未加载荷的结果，然后替换以获得流体加载的结果。由于三维结构及其与流体载荷界面的耦合，这一过程是必要的。

第 7 章给出了 16 个密排的压电式 Tonpilz 换能器组成的发射换能器基阵，在水中以正方形辐射面辐射声压的近场有限元分析结果，如图 7-17(a)、(b)所示。图 7-17(a)为基阵表面声

压幅值的等高线图,图 7-17(b)为基阵表面法向位移幅值的等高线图。由于所有的换能器都是以等幅同相电压驱动的,因此这两幅图是关于阵列二等份的两条直线和两条对角线对称的。这种对称性可以将计算区域减少到一个象限,在象限的两侧通过适当的边界条件与阵列的其他部分相连。

流场必须足够大,以包括近场的必要部分,从而准确地确定辐射质量载荷。例如,对于半径为 a 的小圆形活塞,其等效体积的辐射质量等于 $8a_3^3$,因此其高度约为 $0.85a$(见第 13.13 节)。所以在这种情形下,FEA 流场必须至少延伸到 $0.85a$ 的距离。如果在 FEA 流场的末端使用流体吸收单元,由于吸收在正入射时最有效,因此,吸收单元应该很小且位于符合辐射场波前的表面上。理想情况下,在距离大于近场到远场过渡距离(即瑞利距离 $R \approx 2a^2/\lambda$(见第 10 章))的球面上,流场被吸收单元终止。这就避免了近场边界效应,同时还可以对球体上流体单元节点的声压进行评估,以获得波束图,这与测试设备测量的过程类似。在理想的情形下,流体单元的大小应该小于 $\lambda/10$。实际应用中,上述条件通常需要长时间的运行计算,尤其是当换能器的声学表面比较大或正在评估换能器基阵性能时。在这种情况下,一些流体单元的大小可以增大到近 $\lambda/4$,以提高实际运行速度,但降低了计算精度。

一些特定的换能器有限元软件,如 Atila[32],通过评估换能器附近封闭表面的声压和振速,然后使用亥姆霍兹积分方法(参见第 11 章)计算远场声压和波束模式,从而避免了求解大型流体场。这是将解析方法与 FEA 结合,以减少程序运行时间或增加可处理问题规模的可行算例。在确定所需的最小流场后,可以将亥姆霍兹积分子程序添加到其他 FEA 程序中。

在第 9 章讨论的近场测量技术,也可以与 FEA 结合。例如,换能器中心声压 $p(0)$ 可以近似由半径 $a \ll$ 波长 λ 的圆形活塞的有限元分析确定,刚性障板情形下远场声压为 $p_f = p(0)a/2$,无障板情形下远场声压为 $p_f = p(0)a/3$。对于换能器中心的声压可以用一个较小的 FEA 流场确定,而不需要建立包含远场的流场。如果活塞的声学尺寸比较大,并且位于刚性障板之中,那么活塞轴向的声压可以令瑞利积分公式(10-26)中 $\theta = 0$ 得到:

$$p_f = -2\pi\rho f^2 (e^{-jkr}/r) \iint x_n dA \tag{3-89}$$

如果活塞表面法向位移已知,即可由该式得到轴向远场声压。一个相对较小的 FEA 流场就足以求出表面位移。表面积分可以用平均位移 $\langle x_n \rangle$ 的求和来代替。如果总面积是 A,那么有

$$p_f(r) = -2\pi\rho f^2 (e^{-jkr}/r) A \langle x_n \rangle \tag{3-90}$$

因此,在参考距离 $r = 1$m 处,$|p_f| = 2\pi\rho f^2 A \langle x_n \rangle$。在上述近似方法中,确定满足精度要求的最小流场是必要的。

3.4.6　水负载作用下的大型基阵

大型基阵的 FEA 程序运行时间很长,因此,通常仅分析大型基阵的代表性部分。另外,通过假设阵列足够大的方式,大的平面阵可以近似地模拟密集排列的基阵。这时,除了边缘上的换能器,每个换能器都具有相同的负载条件,只需分析一个换能器即可。例如,对于一个由方形活塞换能器为阵元组成的大型矩形阵,可以通过考虑每个换能器被开口端带有吸收单元的方形硬壁波导包围来分析。如果换能器之间有间隙,波导壁将位于间隙中心。然后,可以在关心的频率范围内运行有限元程序,以获得活塞表面的位移分布和波导水柱内的声压。

基阵的远场声压可以用第 10 章中方程(10-25a)的位移或振速分布来估计,也可以用波导中的声压来估计。后者比较容易,因为波导约束声压形成一个幅值为 p_p 的近似平面声波,p_p 可

以由 FEA 计算确定,相关的质点振速为 $p_p/\rho c$。然后组合所有的波导,使整个基阵具有相同的均匀法向振速,并假设满载为 ρc 时,其总辐射功率 $W = NA(p_p^2/2\rho c)$,其中,N 是基阵中换能器的个数,A 是每个包括间隙的换能器的面积。通过指向性因数,功率与远场声强有关,因此在距离 r 处垂射方向的声压 p 为

$$p^2/2\rho c = D_f W/4\pi r^2 \tag{3-91}$$

使用第 7.1.2 节的基阵指向性因数 $D_f = 4\pi NA/\lambda^2$,可得

$$p = NAp_p/\lambda r = NAfp_p/cr \tag{3-92}$$

上式可作为 FEA 计算的 p_p 值和基阵垂射响应 p 之间的一种简单关系。但这只是一个近似解,因边缘上的换能器比中央的换能器声负荷小。因此,该式的有效性依赖于边缘上换能器的相对数量(例如,在由 400 个换能器组成的正方形基阵中,近 20% 的换能器处于边缘)。如果这些阵元只接受了一半的负载,则假设的满载估计就可能高 10%。

3.4.7 磁致伸缩的有限元分析

FEA 程序处理磁致伸缩单元[32,33]的能力是有限的,可能是因为磁致伸缩器件没有压电器件应用的广泛。另一方面,由于一个换能器是另一个换能器的对偶,所以可以用压电单元[31]模拟磁致伸缩单元[35]。考虑图 3-19 所示的简单磁致伸缩模型以及相应的方程,方程(3-19)和方程(3-22)重复为

$$(M + M_r)du/dt + (R + R_r)u + (1/C^H)\int u dt = N_m I \tag{3-93a}$$

$$V = L_0 dI/dt + N_m u \tag{3-93b}$$

式中

$$N_m = N_t dA/Ls^H, \; L_0 = \mu^S N_t^2 A/L, \; C^H = s^H L/A, N_t \text{ 为匝数} \tag{3-93c}$$

对应的压电模型如图 3-14 所示,在这里如图 3-53 所示,此时的压电陶瓷棒由 4 段组成。为了简单起见,原始方程(3-10)和方程(3-12a),被限制为一个压电片。在第 3.2.3 节 1 中,多个压电片被黏合并联起来,方程(3-10)和方程(3-12a)可以写成包含 $N_s = L/h$ 个压电片的形式,即

$$(M + M_r)du/dt + (R + R_r)u + (1/C^E)\int u dt = NV \tag{3-94a}$$

$$I = C_0 dV/dt + Nu \tag{3-94b}$$

式中

$$N = N_s dA/Ls^E, \; C_0 = \varepsilon^S N_s^2 A/L, \; C^E = s^E L/A, \; N_s = \text{为压电片数} \tag{3-94c}$$

逐项比较这些方程发现,如果让电压表示电流,电流表示电压,导纳表示相同长度和横截面积的换能器阻抗,则可以用压电单元来表示磁致伸缩单元。更进一步的细节分析,包括用静态磁导率表示钳定状态介电常数 ($\varepsilon^S \Rightarrow \mu^S$),用开路柔顺系数表示短路柔顺系数 ($s^E \Rightarrow s^H$),用磁致伸缩常数 d 表示压电常数 $d(d_{piezo} \Rightarrow d_{mag})$。此外,压电片的数量必须等于线圈匝数的数量 ($N_t = N_s$)。但是,如果线圈匝数的数量比较大,那么,只能将压电片做得足够小以满足 $N_s d_{piezo} = N_t d_{mag}$ 和 $\varepsilon^S N_s^2 = \mu^S N_t^2$ 的匹配条件。通过对图 3-15 和图 3-21 的等效电路进行比较,也可以看出等效性。这些等效电路揭示了有限元替代模型局限性在于没有考虑导线的电热损耗和涡流损耗,以及第 3.1.4 节中讨论的漏磁和退磁效应。然而,这些影响可以通过一个磁性有限元模型单独评估,并纳入 FEA 磁致伸缩参数中。

本节介绍了压电换能器的有限元建模基础,并介绍了一种基于压电的磁致伸缩换能器模型。在参考文献[28-30]中可以找到关于有限元建模及其功能的更详细的介绍。有限元软件可以为大多数换能器提供精确的模型,并能显著减少需要制作和测试的实验模型的数量。最好的方法是使用FEA与电路分析或级联矩阵模型一起提供交叉检查,并揭示可能存在的建模误差。

3.4.8 FEA 模型的等效电路

FEA模型可以在一个比较宽的频率范围内为换能器和基阵的性能分析提供精确的结果。然而,等效电路可以提供换能器工作原理的简图、放大器测试的虚拟负载、快速优化设计的方法,以及用于快速评估大型基阵相互作用的换能器单元模型。本节提出一种简单的方法,用于确定沿FEA换能器模型主轴上运动的等效电路集总参数。

单自由度换能器的例子有:主要运动方向为径向的环形或球形换能器(见第5.2节),或主要运动为质量较轻的头部的Tonpilz换能器,其尾部质量非常大(见第3.1.3和第5.3.1节)。由于本质上只有一个质量体在运动,因此可以采用第5章图5-4的机电电路。在低负载阻抗条件下,如在空气中,很容易评估无功等效电路的参数。在非常低的频率范围内,柔度C^E的机械阻抗为$1/j\omega C^E$,与其他阻抗$j\omega M$、R_m和Z_r相比,变得非常大。在这种情况下,柔顺性成为主导成分,基本上是匝数比为N的变压器次级端子上的唯一成分。在这种情况下,输入终端的总电容为$C_f = C_0 + N^2 C^E$。

对于给定的FEA模型,希望评估图5-4的等效电路元件C_0、N、C^E和M。有效耦合系数(见第1.4.1节和第4.4节)可以写成$k^2 = N^2 C^E/C_f$,因此,匝数比N为

$$N^2 = k^2 C_f / C^E \tag{3-95}$$

由低频电纳$B = \omega C_f$,可以得到FEA模型中自由电容为

$$C_f = B/\omega \tag{3-96}$$

这里,短路状态机械柔度C^E也可以由FEA模型得到,即通过在压电体上施加一个$F=1N$的力,并在辐射面或连接活塞的位置获得所需运动方向上的位移x。在短路条件下,柔度为

$$C^E = x/F \tag{3-97}$$

当力$F=1N$,有$C^E = x$。有效耦合系数k可以通过有限元分析获得的基频机械谐振频率f_r和反谐振频率f_a给出,即

$$k^2 = 1 - (f_r/f_a)^2 \tag{3-98}$$

在已知k^2、C_f、C^E后,可以通过式(3-95)得到N,通过下式得到静态电容C_0为

$$C_0 = C_f(1 - k^2) \tag{3-99}$$

最后,振动表面或活塞的结构质量M可以由机械谐振条件$(2\pi f_r)^2 = 1/MC^E$给出,即

$$M = 1/C^E (2\pi f_r)^2 \tag{3-100}$$

电导$G_0 = \omega C_f \tan\delta$可以通过电损耗因子$\tan\delta$计算得到,或者更准确地可以采用第2.9节中所述的机械损耗因子计算。安装损失可以利用FEA电导评估。如果是两自由度的Tonpilz换能器,其尾部质量为M_1,如图3-18所示,则等效质量为

$$M^* = MM_1/(M+M_1) = M/(1 + M/M_1) \tag{3-101}$$

这里$M^* = 1/C^E (2\pi f_r)^2$(见图3-8和图3-9)。由于动量$Mx = M_1 x_1$,因此质量比M/M_1可以由位移x和x_1确定:

$$M/M_1 = x_1/x \qquad (3\text{-}102)$$

对于给定的电压 V 或力 $F=NV$，这个比值可从有限元分析模型得到的质量块的位移比 x_1/x 确定。

虽然集总等效电路模型是有用的，但是其精度只限于工作频率在谐振频率附近或工作频率远低于谐振频率，且单元尺寸小于相关波长的情形。当工作频率高于谐振频率时，换能器通常会激发其他振动模态，如头部弯曲、分布式延展高阶模态或横向运动，这些情形下不能采用简单的集总模型。此外，换能器安装到壳体后，谐振可以在低于谐振的频率下发生。这些振动模态及对性能的影响在宽频带系统中，很重要。虽然可以使用更复杂的等效电路模型，但最好还是使用双端口 $ABCD$ 参数系统（参见第 3.3.2 节），以在感兴趣的频率范围内建立换能器的 FEA 模型。如果有其他工作模态，$ABCD$ 参数也可以改变以适应这些以频率为函数的模态，从而影响换能器单元的性能，并进一步影响所研究的基阵。利用图 3-45 所示的二端口表示形式和式 (3-66) 的边界条件值，通过 FEA 模型可以得到每个频率点下的 A、B、C、D 值。这里式 (3-66) 重复为式 (3-103)：

$$A=V/F|_{u=0},\quad B=V/u|_{F=0},\quad C=I/F|_{u=0},\quad D=I/u|_{F=0} \qquad (3\text{-}103)$$

式中，I 为电流，u 为振速。

3.5 小　　结

本章讨论了用于描述压电和磁致伸缩水声换能器的电流模型，包括集总参数等效电路、分布式电路、矩阵模型和有限元模型。从机械振动系统开始，给出了一维单自由度、二自由度、三自由度系统的等效电路，并将第 2 章中的 33 模式压电陶瓷棒视为等效电路中的集总元件。此外，还给出了磁致伸缩换能器的集总等效电路。

针对变质量和弹簧组成的一维机械系统，建立了系统的分布式电路和矩阵表示模型。分布电路以"T 网络"的形式给出，其正切函数 $[j\rho cA_0\tan(kL/2)]$ 为"臂"，正弦函数 $[-j\rho cA_0/\sin(kL)]$ 为中心的"体"。在低频段，这些函数在"臂"中等效为 $\dfrac{M}{2}$ 的质量，在"体"中等效为一个 $C=L/YA_0$ 的力项和（一个经常被忽略的）负质量项 $-\dfrac{M}{6}$ 的串联。模型中，A_0 是横截面积，L 是长度，k 是波数，$2\pi/\lambda=\omega/c$，ρ 是密度，c 是材料中的纵波声速。最后给出了分割的 33 模式压电棒、未分割的 31 模式棒、长度振动棒、厚度振动板和磁致伸缩棒的分布式波动模型。

建立了一个三端口分布式压电矩阵模型，并展示了如何将这些模型的机械部分和机电部分串联起来表示换能器，并通过矩阵乘法得到一个整体表示。给出了电压 V、电流 I、力 F、振速 u 的二端口模型，以及对应的换能器参数 A、B、C、D，并有以下关系：$V=AF+Bu$，$I=CF+Du$。根据边界条件，可以确定每个频率下的 4 个参数：$A=V/F|_{u=0}$，$B=V/u|_{F=0}$，$C=I/F|_{u=0}$，$D=I/u|_{F=0}$。

有限元模型能准确地预测复杂换能器模型的特性。本章介绍了一种引入有限元模型的方法，给出了将变截面棒简化为 3 个质量、2 个弹簧模型的例子，并且将相应的方程组转换为矩阵形式，从而可以得到矩阵的解。然后这种机械运动模式在压电有限单元中得以加强。本章还介绍了如何利用有限元模型（也常称为有限元分析模型），来研究换能器活塞不必要的弯曲振动，以及如何获得有效耦合系数和"d"常数的方法。这些空气中的求解方法随后被扩展到水负载作用的情形。最后,提出了一种利用压电模型对磁致伸缩换能器进行评价的方法,并给出了用压电有限元分析模型确定等效电路参数的方法。

参考文献

1. D. A. Berlincourt, D. R. Curran, H. Jaffe, Ch. 3, Piezoelectric and Piezomagnetic Materials, in Physical Acoustics, ed. by W. P. Mason, vol. I (Part A) (Academic, New York, 1964)
2. R. S. Woollett, Sonar Transducer Fundamentals. (Naval Underwater Systems Center, Newport, RI, Undated)
3. F. V. Hunt, Electroacoustics (Harvard University Press, New York, 1954)
4. O. B. Wilson, Introduction to Theory and Design of Sonar Transducers (Peninsula, Los Altos Hills, CA, 1988)
5. D. Stansfield, Underwater Electroacoustic Transducers. (Bath University Press, Bath, UK, 1990). See also G. W. Benthien, S. L. Hobbs, Modeling of Sonar Transducers and Arrays. Tech Doc. 3181, April, 2004, available on CD, Spawar Systems Center, San Diego, CA
6. A. Ballato, Modeling piezoelectric and piezomagnetic devices and structures via equivalent networks. IEEE Trans. Ultrason. Ferroelectr. Freq. Control 48, 1189-1240 (2001)
7. B. Aronov, The energy method for analyzing the piezoelectric electroacoustic transducers. J. Acoust. Soc. Am. 117, 210-220 (2005)
8. K. S. Van Dyke, The piezoelectric resonator and its equivalent network. Proc. IRE 16, 742-764 (1928)
9. A. E. Clark, H. S. Belson, Giant room temperature magnetostriction in TbFe2 and DyFe2. Phys. Rev. B5, 3642 (1972)
10. A. E. Clark, Magnetostrictive Rare Earth-Fe2 Compounds, in Ferromagnetic Materials, ed. by E. R. Wohlforth, vol. 1 (North-Holland, Amsterdam, 1980), pp. 531-589
11. A. E. Clark, J. B. Restorff, M. Wun-Fogle, T. A. Lograsso, D. L. Schlagel, Magnetostrictive properties of b. c. c. Fe-Ga and Fe-Ga-Al alloys. IEEE Trans. Mag. 36, 3238 (2000). See also, A. E. Clark, K. B. Hathaway, M. Wun-Fogle, J. B. Restorff, V. M. Keppens, G. Petculescu, R. A. Taylor, Extraordinary magnetoelasticity and lattice softening in b. c. c. Fe-Ga alloys. J. Appl. Phys. 93, 8621 (2003)
12. S. Butterworth, F. D. Smith, Equivalent circuit of a magnetostrictive oscillator. Proc. Phys. Soc. 43, 166-185 (1931)
13. Design and Construction of Magnetostrictive Transducers. Summary Technical Report of Division 6, vol 13 (National Defense Research Committee, 1946)
14. L. Camp, Underwater Acoustics (Wiley-Interscience, New York, 1970)
15. E. L. Richardson, Technical Aspects of Sound II, Ch. 2 (Elsevier, Amsterdam, 1957)
16. B. D. H. Tellegen, The gyrator, a new network element. Phillips Res. Rep. 3, 81-101 (1948)
17. R. M. Bozorth, Ferromagnetism (D. Van Norstrand, New York, 1951)
18. J. L. Butler, N. L. Lizza, Eddy current factor series for magnetostrictive rods. J. Acoust. Soc. Am. 82, 378 (1987)
19. W. Weaver, S. P. Timoshenko, D. H. Young, Vibration Problems in Engineering (Wiley, New York, 1990)
20. J. L. Butler, Underwater Sound Transducers. (Image Acoustics, Cohasset, MA, Course Notes, 1982), pp. 217 and 231
21. TAC Program User's Manual, General Electric, Syracuse, NY (1972). Developed for NUWC, Newport, RI
22. E. Geddes, Audio Transducers. (Geddes Associates LLC, 2002)

23. TRN Computer Program (NUWC, Newport, RI 02841). Developed by M. Simon and K. Farnham with array analysis module by Image Acoustics, Inc., Cohasset, MA. The computer programs TRN and TAC are based on the program SEADUCER, see H. Ding, L. McCleary, J. Ward, Computerized Sonar Transducer Analysis and Design Based on Multiport Network Incterconnection Techniques. TP-228. (Transducer and Array Systems Division, Naval Undersea Research and Development Center, San Diego, CA, 1971)
24. R. Krimholtz, D. A. Leedom, G. L. Matthaei (KLM Transducer Model), New equivalent circuit for elementary piezoelectric transducers. Electron. Lett., 6(13), 398 (1970)
25. TAP Transducer Analysis Program. (Image Acoustics, Cohasset, MA)
26. W. P. Mason, Electro-Mechanical Transducers and Wave Filters (D. Van Nostrand, New York, 1942), p. 205
27. G. E. Martin, On the theory of segmented electromechanical systems. J. Acoust. Soc. Am. 36, 1366–1370 (1964)
28. W. B. Bickford, A First Course in the Finite Element Method (Irwin, Boston, MA, 1990)
29. O. C. Zienkiewicz, The Finite Element Method (McGraw-Hill Book Company, Maidenhead, 1986)
30. K. J. Bathe, Finite Element Procedures in Engineering Analysis (Prentice-Hall, Englewood Cliffs, 1982)
31. ANSYS, Inc., Canonsburg, PA
32. ATILA, MMech, State College, PA (Also models magnetostriction)
33. COMSOL, Burlington, MA (Magnetostrictive can be added)
34. K. D. Rolt, J. L. Butler, Finite Element Modulus Substitution Method for Sonar Transducer Effective Coupling Coefficient, ed. by M. D. McCollum, B. F. Harmonic, O. B. Wilson. Transducers for Sonics and Ultrasonics (Technomic Publishing, PA, 1992). See also J. L. Butler, M. B. Moffett, K. D. Rolt, A finite element method for estimating the effective coupling coefficient of magnetostrictive transducers. J. Acoust. Soc. Am. 95, 2533–2535 (1994)
35. J. L. Butler, A. L. Butler, Analysis of the MPT/Hybrid Transducer. March 11, 2002, Image Acoustics, Inc., NUWC Contract N66604-00-M-7216 Oceans 2000 MTS/IEEE Conference Proceedings, Vol. 3 September, 2000

第 4 章

换能器性质

本章将进一步讨论有关换能器的几个重要性质，如谐振频率、机械品质因数、特性阻抗、机电耦合系数和优质因数（FOM）。由于换能器理论中存在很多非标准化的方面，因此需要进一步讨论这些重要性质。例如，机电耦合系数和机械品质因数就有几种定义同时在应用。尤为重要的是，将对第1.4.1节提出的机电耦合系数展开讨论，以包含其他不同的定义、性质、解释等。此外，前面各章节中对部分实践应用的描述并不充分，因而也需要进一步讨论这些重要特征。第 2 章中指出换能器性能取决于有效耦合系数，而此有效耦合系数常常小于换能器中所使用有源材料的材料耦合系数。这种耦合性的降低有几个原因，如所有换能器均存在的无源换能器分量和动态工况，以及磁致伸缩换能器中存在的涡电流。我们将通过一些特别的实例，介绍几种在实践中确定有效耦合系数的方法。最后，提出一种基于参数的 FOM 作为功率换能器的一个度量指标。

4.1 谐振频率

通常情况下，发射换能器在谐振频率或谐振频率附近运行，以便在给定驱动力下输出最大功率。谐振频率的定义是当驱动力幅值维持不变而驱动频率发生变化时，某个量值达到最大值时的频率。在谐振频率下，位移取决于谐振器的机械品质因数 Q_m（见第 4.2 节）。通常，与功率或振速相关的谐振是我们最感兴趣的，而且当机械阻与频率无关时，它们以相同的频率发生。除非机械阻非常大，位移和加速度的谐振频率与振速谐振频率仅有轻微差别。

在图 3-1 所示的单自由度系统中，集总机械阻抗为 $Z_m = R + j(\omega M - K/\omega)$，其中，$R$、$M$ 和 K 均与频率无关（参见第 13.17 节）。当驱动频率为 $\omega M = K/\omega$，阻抗幅值 $|Z_m|$ 为最小值且振速 $F/|Z_m|$ 为最大值，即数值 F/R（见图 3-2(a)），这时得到振速谐振频率 $\omega_r = (K/M)^{1/2}$。因为功率与 Ru^2 成正比，此时功率谐振与振速谐振发生的频率相同。此外，也可根据质量块的动能 $\frac{1}{2}Mu^2 = \frac{1}{2}M\omega^2 x^2$ 和弹性势能 $\frac{1}{2}Kx^2$ 之间的基本关系得出谐振频率。一个振动周期中在 $x = 0$ 的点，势能为零而动能最大，质点运动速度最大，另一方面在最大位移点振速 $u = 0$，动能为零而势能最大。在正弦驱动下，谐振发生在能量实现完全转换的时候，即峰值的动能与势能相等：$\frac{1}{2}Kx^2 = \frac{1}{2}M\omega^2 x^2$，从该式中也可得出上述谐振频率。自由振动的固有频率也出现在峰值动能与势能相等的振速谐振的相同频率，除非被机械阻所改变。

在图 4-1 中,位移谐振发生在 $\omega|Z_m|$ 取最小值的频率点 $(\omega_r^2 - R^2/2M^2)^{1/2}$,加速度谐振发生在 $|Z_m|/\omega$ 取最小值的频率点 $\omega_r^2/(\omega_r^2 - R^2/2M^2)^{1/2}$。位移、振速和加速度作为频率的函数,在图 4-1 中对比给出了当力阻不大时(当 $R = \omega_r M/2$ 或 $Q_m = 2$)它们谐振频率的差异。

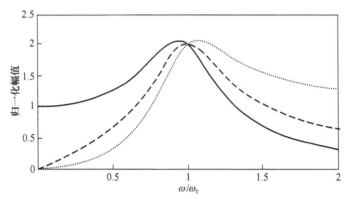

图 4-1　$Q_m = 2$ 的简单振子的归一化位移 x_n(实线)、振速 u_n(虚线)和加速度 a_n(点线)与归一化频率的关系

在刚度取决于电学边界条件的电声换能器中,存在一个振速谐振频率和一个振速反谐振频率。电场换能器出现短路时会发生谐振,表示为 ω_r(或 ω_r^E),而在出现开路时会发生反谐振,表示为 ω_a(或 ω_r^D)。对于磁场换能器,谐振发生在开路的情形下而反谐振发生在短路的情形下。对于这两种换能器有 $\omega_r < \omega_a$。在图 3-15 和图 3-16 的集总参数等效电路中给出了电场换能器的这两个频率:当电学端子短路时机械谐振的发生频率为 $\omega_r = (1/C_e L_e)^{1/2}$,当电学端子开路时反谐振频率为 $\omega_a = [(C_0 + C_e)/C_0 C_e L_e]^{1/2}$。

作为分布参数换能器模型中谐振频率与反谐振频率的一个例子,我们考虑一个长度为 L、横截面积为 A_0 的压电陶瓷棒,如图 4-2 所示。

假设压电陶瓷棒一端固定,另一端的负载包含一个质量块 M 和力阻 R。如图 3-29 的等效电路,左边等效为一个开路的机械端子,$u_0 = 0$,机械阻抗 $R + j\omega M$ 接在右端。根据式(3-34),当 $Z_L = \infty$ 时压电陶瓷棒的机械阻抗为 $-j\rho c A_0 \cot kL$,因此换能器的阻抗为

$$Z_m = R + j\omega M - j\rho c A_0 \cot kL \tag{4-1}$$

式中,kL 为小量时,式(4-1)最右端简化为集总参数模型的电抗 $-jK/\omega$,其中 $K = \rho c^2 A_0/L$。当 R 与频率无关时,振速谐振频率出现在 $\omega_r M = \rho c A_0 \cot k_r L$,可以写成

$$k_r L \tan k_r L = M_b/M \tag{4-2}$$

式中,$k_r = \omega_r/c$ 为谐振时的波数,c 是压电陶瓷棒中的纵波速度,$M_b = \rho A_0 L$ 为棒的质量。

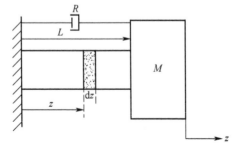

图 4-2　有质量荷载振动棒的动能与势能计算

在第 3.2 节讨论的 3 种压电棒电极排列中，每种都包含一个不同的弹性常数（s_{33}^E, s_{11}^E 或 s_{33}^D）和不同的纵波速度。式（4-2）可应用于这 3 种情形，但是 $k_r L$ 的每一个解都与一个不同的 $\omega_r = (c/L)(k_r L)$ 值相关，ω_r 取决于该种电极排列中的波速。作为一个例子可以考虑第 3.2.3 节 1 中给出的 R 和 M 都为零的分段棒，即一端为自由端的情形。当取 $\zeta(0) = 0$ 和 $\zeta(L) = \zeta_0$ 时由式（3-29）可得出位移的表达式

$$\zeta(z) = \zeta_0 \frac{\sin kz}{\sin kL}$$

式中，$k = \omega/c^E$ 且 $c^E = (\rho s_{33}^E)^{-1/2}$。接下来利用 $S_3 = \partial\zeta/\partial z$，由式（3-38a）得到应力为零的自由端的位移，它与电压的关系由下式给出

$$k\zeta_0 \cot kL = d_{33} V/h \tag{4-3a}$$

短路谐振情形的发生需要 $V = 0$ 或者 $\cot k_r^E L = 0$（这里 $k_r^E = \omega_r/c^E$），在式（4-2）中需要 $M = 0$。上式的解为 $k_r^E L = m\pi/2, m = 1, 3, 5, \cdots$，这时谐振频率是 $\omega_{rm} = m\pi c^E/2L$。

这种情形下，电流可以由式（3-45）给出，并且有 $u_0 = 0$ 和 $u_n = j\omega\zeta_0$（见图 3-29）。当 $I = 0$ 时出现反谐振频率，因此式（3-45）可以利用式（4-3a）简化为

$$k_a^I L \cot k_a^I L = -\frac{k_{33}^2}{1 - k_{33}^2} \tag{4-3b}$$

式中，$k_a^I = \omega_a/c^E$。这个方程有 $k_a^I L$ 的一组解并可以得到反谐振频率 $\omega_{am} = (c^E/L) k_a^I L$。例如，当 $k_{33}^2 = 0.5$ 时第一个解为 $k_a^I L \approx 2.03$，基频模态下谐振频率与反谐振频率的比值为 $\omega_{r1}/\omega_{a1} = (\pi/2)/2.03 = 0.773$，频率 ω_{rm} 与 ω_{am} 的不同主要是因为电学边界条件的差异，但是它们取决于相同的纵波速度，$c^E = (\rho s_{33}^E)^{-1/2}$。注意对于非常小的 k_{33} 这两个频率近似相等。后面关于式（4-35b）的讨论就是利用谐振/反谐振频率来确定换能器的耦合系数的。

换能器通常可以有多种振动模态，每种模态都有不同的谐振频率，但是大部分情况下它们都是应用在基频模态的附近。在一些情况下，不必要的高阶模态会干扰基频模态的正常工作，但是在另一些情形下，会有意将来自高阶模态的辐射与来自基频模态的辐射混合以获得更好的带宽或特殊的方向特性（见第 5、6 章）。需要强调的是在典型换能器中并不需要激发所有的机械谐振频率（见第 5.4.2 节）。

4.2 机械品质因数

4.2.1 定义

换能器的谐振与功率频率曲线的峰值点宽度相关，而此宽度通常以机械品质因数或储能因数 Q_m 来度量。Q_m 是一个无量纲实数且为正值。在某个谐振频率为 ω_r 的振动模态下，Q_m 通常定义为

$$Q_m \equiv \frac{\omega_r}{\omega_2 - \omega_1} \tag{4-4}$$

式中，ω_2 和 ω_1 分别表示大于和小于 ω_r 的一个频率，这两个频率下的功率为图 4-3[1, 2]中所示最大功率的 1/2。

例如，在电阻与频率无关的情形下，ω_2 和 ω_1 出现在 $|Z_m|^2 = 2|Z_m(\omega_r)|^2$ 的频率下。这个

定义的物理含义显而易见,由于$(\omega_2 - \omega_1)$就是带宽的一个直接度量,所以较高的Q_m表示频带窄而较低的Q_m表示频带宽。当用作窄带滤波器的晶体振动器应用品质因数时,较高的Q_m表示较高的品质,也即内部电阻较低。另一方面,水声应用通常需要使用宽频带,这些情形下较低的Q_m则表示了较高的品质,即意味着较大的带宽和较高的辐射电阻。当水声换能器在空气中进行测量时,品质因数仍然适用。此时要求具有较高的Q_m,这表示换能器具有较低的内部损耗,从而可在水中实现高效应用。

部分学者[3]认为根据储存和损耗的能量来定义Q_m,比式(4-4)中的带宽定义更为基础。这种能量定义可表示为

$$Q_m \equiv \omega_r \frac{U_s(\omega_r)}{W_d(\omega_r)} = \frac{2\pi U_s(\omega_r)}{T_r W_d(\omega_r)} \tag{4-5}$$

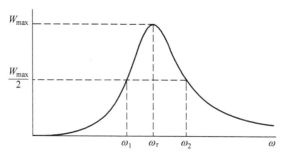

图4-3 显示半功率频率的功率频率图

式中,$U_s(\omega_r)$为谐振频率ω_r下储存在质量块中的最大动能;$W_d(\omega_r)$为谐振频率ω_r和振荡周期T_r下的时间平均损耗功率。此外,该定义还有一个明显的物理含义:由于$T_r W_d$为一个周期中损耗的能量,必定超过储存能的峰值,使得$Q_m < 2\pi$。较低的Q_m表明输入能量主要被辐射,部分输入能量发生内部损耗,只有相对少量被储存。

Q_m的另一个表达式如下:

$$Q_m = \frac{\omega_r}{2R(\omega_r)} \left| \frac{dZ_m}{d\omega} \right|_{\omega_r} \tag{4-6}$$

式中,Z_m为机械阻抗;$R(\omega_r)$为谐振频率下总的机械阻。Q_m的这个表达式来源不详。1965年左右,美国东北大学的W. J. Remillard教授或哈佛大学的F. V. Hunt教授将此表达式介绍给本书的一名作者(JLB)。此表达式得出的结果与Q_m的另外两个表达式完全相同或非常相近。代入$Z_m = R + jX$并根据求导的平均值定理,对于与频率无关的电阻可近似证明此表达式,即

$$\left| \frac{dZ_m}{d\omega} \right|_{\omega_r} = \left| \frac{dX}{d\omega} \right|_{\omega_r} \approx \frac{|X(\omega_2) - X(\omega_1)|}{\omega_2 - \omega_1}$$

式中,R与频率无关,谐振频率ω_r发生在$X = 0$时,而ω_2和ω_1出现在$R^2 + X^2 = 2R^2$或$X = \pm R$且$|X(\omega_2) - X(\omega_1)| = 2R$时。将这些结果应用于式(4-6)时发现,在以上假设条件下该式与式(4-4)相同。显然,在部分情况下采用式(4-6)比采用Q_m的物理定义公式可以更方便地计算Q_m。此外,式(4-6)还可用于其他计算中,具体参见第7.1.6节。当Z_m的表达式已知时,式(4-5)或式(4-6)通常比式(4-4)可以更加方便地计算Q_m。然而,当功率或电导测量值作为频率的函数时(参见第10章),仍需要利用式(4-4)确定Q_m,在利用其他方法已确定Q_m的前提下也需要利用式(4-4)计算带宽。

在图3-1所示的简单集总参数换能器模型中，$Z_m = R + j(\omega M - K/\omega)$，且 R、M 和 K 均为常数。Q_m 的上述3个表达式均得到相同的结果，即 $Q_m = \omega_r M/R$。由于 $U_s = 1/2 M u_r^2$ 且 $W_d = 1/2 R u_r^2$，得到该结果的最简单的方法就是利用式(4-5)中的能量表达式，其中 u_r 为谐振时的振速幅值。此外，也可采用式(4-6)中的导数表达式方便地得出该结果，因为导数 $M + K/\omega^2$ 在 $\omega = \omega_r$ 时与 $2M$ 相等。式(4-4)中的带宽表达式需要根据 $X = (\omega M - K/\omega) = \pm R$ 计算 ω_2 和 ω_1，得出 $(\omega_2 - \omega_1) = R/M$。表达式如下：

$$Q_m = \omega_r M/R$$

每当参数 ω_r、M 和 R 的持续有效值均已知时，均可利用上式作为 Q_m 的定义[4]（参见第4.2.2节）。

4.2.2 棒质量的影响

本节继续以一端固定并有质量荷载的压电棒为例，介绍棒体的质量如何影响 Q_m。棒体提供弹力和驱动力，也产生质量，而质量对于高密度材料而言非常重要，如压电陶瓷。压电陶瓷（PZT）的密度约为 $7500 kg/m^3$。棒体内的动能沿长度方向分布，而厚度 dz 的薄片中的能量位于 z 处（见图4-2）。

$$dU_K = 1/2 \rho A_0 dz u(z)^2$$

式中，$u(z)$ 为 z 处的纵向振速；ρ 为密度。式(3-31)表明因 $u(0) = 0$ 且 $u(L) = u_0$，则有：

$$u(z) = u_0 \sin kz / \sin kL$$

合并表达式并进行从 0 到 L 的积分运算，得到棒体内的总动能如下：

$$U_K = \frac{1}{2} M_b u_0^2 \left[\frac{1 - \sin 2kL/2kL}{2\sin^2 kL} \right]$$

棒体的有效集总动态质量为 M_d，也即是棒体自由端的振速，使 U_K 等于 $1/2 M_d u_0^2$ 得出下式：

$$M_d = M_b \left[\frac{1 - \sin 2kL/2kL}{2\sin^2 kL} \right] \tag{4-7a}$$

动态质量与频率相关，且有时存在一些特别有趣的情况，如 $kL \ll 1$ 时，有 $M_d = M_b/3$；$kL = \pi/4$ 时，有 $M_d = M_b(1 - 2/\pi)$；$kL = \pi/2$ 时，有 $M_d = M_b/2$。上述结果也可根据第3章中的图3-24和图3-25所示等效电路得出。压电棒所增加的动态质量会降低谐振频率并提高 Q_m。例如，$kL \ll 1$ 时，刚度为 $K = YA_0/L$，并且：

$$\omega_r = \left[\frac{K}{M + M_b/3} \right]^{\frac{1}{2}} \quad \text{和} \quad Q_m = \omega_r \frac{M + M_b/3}{R}$$

由于棒体的质量 M 和动态质量均储存了动能，利用式(4-5)中 Q_m 的能量表达式，通过式(4-7a)并以 U_r 表示谐振下 M 的振速，得到下列表达式：

$$Q_m = \omega_r \frac{M_d u_r^2/2 + M u_r^2/2}{R u_r^2/2} = \omega_r \frac{M_d + M}{R} = \frac{\omega_r M}{R} \left[1 + \frac{M_b}{M} \left\{ \frac{1 - \sin 2k_r L/2k_r L}{2 \sin^2 k_r L} \right\} \right]$$

上述公式可将 $\sin 2k_r L$ 扩展为 $2 \sin k_r L \cos k_r L$ 并利用式(4-2)中的谐振条件简化如下：

$$Q_m = \frac{\omega_r M}{R} \left[\frac{1}{2} + \frac{M_b/M}{2\sin^2 k_r L} \right] \tag{4-7b}$$

通过式(4-6)中 Q_m 的导数表达式并使用式(4-1)中的机械阻抗，可以更方便地得出相同的结果，也即是：

$$\left|\frac{\mathrm{d}Z_\mathrm{m}}{\mathrm{d}\omega}\right|_{\omega_\mathrm{r}} = M + \rho A_0 L / \sin^2 k_\mathrm{r} L$$

动态质量可用于接近基频谐振的情况，得到有质量荷载棒体的简单集总等效电路以及相关的 Q_m。在接近式(4-2)所得任一较高谐振频率模态下，也同样可以应用动态质量。然而，当可能会涉及多个模态时，如需准确了解各种频率下的换能器性能，Q_m 的一般意义并不适用，则必须采用分布模型。

4.2.3 与频率相关的电阻的影响

上一小节讨论了机械电阻与频率不相关的情况，但在低频下辐射电阻与频率的平方成正比（参见第 2 章和第 10 章），并且也是经过良好设计的换能器中电阻的主要构成部分。因此，如需了解与频率相关的电阻在低频下所产生的影响，自然要考虑机械阻抗，即

$$Z_\mathrm{m} = R_0(\omega/\omega_0)^2 + \mathrm{j}(\omega M - K/\omega) \tag{4-8}$$

式中，R_0、M 和 K 为常数，$\omega_0^2 = K/M$。例如，一个半径为 a 的球面换能器存在 $R_0 = 4\pi\omega_0^2\rho a^4/c$。当电阻随频率发生改变时，谐振频率和 Q_m 均受到影响。当 $|Z_\mathrm{m}| = [R_0^2(\omega/\omega_0)^4 + (\omega M - K/\omega)^2]^{1/2}$ 为最小值时，会出现振速谐振，可利用 $(\omega/\omega_0)^2$ 的三次方程确定：

$$(2R_0^2/KM)(\omega/\omega_0)^6 + (\omega/\omega_0)^4 - 1 = 0$$

如果 $2R_0^2/KM$ 较小，则可通过假设 $\omega_\mathrm{r} \approx \omega_0(1-\alpha)$ 且 $\alpha \ll 1$ 得出一个近似解，并对三次方程逼近得出：

$$(2R_0^2/KM)(1-6\alpha) + (1-4\alpha) - 1 = 0$$

上述公式得出 $\alpha \approx R_0^2/2KM$，且

$$\omega_\mathrm{r} \approx \omega_0(1 - R_0^2/2KM) = \omega_0(1 - 1/2Q_{\mathrm{m}0}^2) \tag{4-9}$$

式中，$Q_{\mathrm{m}0} = \omega_0 M/R_0$ 表示电阻值 R_0 为常数时的 Q_m。因此，与频率相关的电阻降低了振速谐振频率。

与频率相关的电阻通过改变谐振频率对 Q_m 产生直接和间接影响。Q_m 的能量表达式如下所示：

$$Q_\mathrm{m} = \omega_\mathrm{r}(Mu_\mathrm{r}^2/2)/[R_0(\omega_\mathrm{r}/\omega_0)^2 u_\mathrm{r}^2/2] = Q_{\mathrm{m}0}/(1 - 1/2Q_{\mathrm{m}0}^2) \tag{4-10}$$

因此，与频率相关的电阻会增大 Q_m。这种情况下，Q_m 的导数表达式得到基本相同的结果，但两个并非完全相同。

4.3 特性机械阻抗

简单集总振动器的机械阻抗可表示为

$$Z_\mathrm{m} = R + \mathrm{j}(\omega M - K/\omega) = (MK)^{1/2}[1/Q_\mathrm{m} + \mathrm{j}(\omega/\omega_\mathrm{r} - \omega_\mathrm{r}/\omega)]$$

式中，因子 $(MK)^{1/2}$ 决定了基本的阻抗幅值水平，被称为换能器的特性机械阻抗[3]，即 $Z_\mathrm{c} = (MK)^{1/2}$。机械品质因数与 Z_c 密切相关，具体如下：

$$Q_\mathrm{m} = \omega_\mathrm{r} M/R = (K/M)^{1/2}(M/R) = Z_\mathrm{c}/R \tag{4-11}$$

上式表明在 Z_c 和 R 的幅值相近时 Q_m 较低。

分布式系统的特性阻抗可采用有效集总参数确定。以一端固定的有质量荷载压电棒为例，此类参数包括式(4-7a)中的动态质量。同样，可根据棒体内的势能得出集总动态刚度。在一

个棒体薄片中,势能的微分单元如下(参见图 4-2):

$$dU_p = \frac{1}{2}Y\left(\frac{\partial \zeta}{\partial z}\right)^2 A_0 dz$$

式中,Y 为杨氏模量;根据式(3-29)得到位移 $\zeta(z) = \zeta_0 \sin kz/\sin kL$,其中 ζ_0 为棒体的端部位移。沿棒体长度求积分得到

$$U_p = \left(\frac{YA_0}{L}\right)\left(\frac{\zeta_0 kL}{2\sin kL}\right)^2\left[1 + \frac{\sin 2kL}{2kL}\right]$$

棒体的有效集总动态刚度为 K_d,也即是棒体自由端的位移,可由 $1/2 K_d \zeta_0^2$ 等于 U_p 得出下式:

$$K_d = \frac{1}{2}\left(\frac{YA_0}{L}\right)\left(\frac{kL}{\sin kL}\right)^2\left[1 + \frac{\sin 2kL}{2kL}\right] \tag{4-12}$$

式中,$YA_0/L = K_b$ 为棒体的静态刚度。存在一些特殊的情况:$kL \ll 1$ 时,$K_d \approx K_b$;$kL = \pi/4$ 时,$K_d = (\pi/8)(1+\pi/2)K_b = 1.0095K_b$;$kL = \pi/2$ 时,$K_d = (\pi^2/8)K_b = 1.234K_b$。

式(4-12)解释了为什么长度小于 $1/4\lambda$ 时可以对棒体进行合理的集总逼近。当 $L = \lambda/4$ 时,K_d 比 K_b 大 23%。然而,当 L 小于 $\lambda/4$ 时,K_d 快速接近 K_b,而当 $L = \lambda/8$ 时,K_d 仅比 K_b 大 10%。在较低频率时,K_d 必然为常数。因此,对于长度不足 $\lambda/4$ 的棒体,可合理忽略其动态刚度,考虑动态质量更为重要,而且动态质量绝不会低于静态质量的 1/3。

现在,谐振下的特性阻抗表达式可使用 ω_r、M_{dr} 和 K_{dr} 分别测定动态量 M_d 和 K_d。根据 $(M_b K_b)^{1/2} = \rho c A_0$,所得结果如下:

$$Z_{cr} = [(M + M_{dr})K_{dr}]^{1/2} = \left[\left(\frac{M}{M_b} + \frac{M_{dr}}{M_b}\right)\frac{K_{dr}}{K_b}\right]^{1/2}\rho c A_0 \tag{4-13a}$$

当 M/M_b 的值已指定时,可利用式(4-2)得出 $k_r L$ 和 ω_r。然后,可利用式(4-7a)和式(4-12)得到 M_{dr}/M_b 和 K_{dr}/K_b。此外,可合并式(4-11)和式(4-7b)得到特性阻抗的另一个表达式如下:

$$Z_{cr} = \omega_r M\left(\frac{1}{2} + \frac{M_b/M}{2\sin^2 k_r L}\right) \tag{4-13b}$$

表 4-1 中列出了 M/M_b 的三个值以及 $Z_{cr}/\rho c A_0$ 和 Q_m 的值。

表 4-1 谐振下特性阻抗以及有质量荷载且端固定棒体的品质因数

M/M_b	Q_m	$Z_{cr}/\rho c A_0$
$\gg 1$	$\dfrac{\omega_r M_b}{R}\left(\dfrac{M}{M_b} + \dfrac{1}{3}\right)$	(M/M_b)
$4/\pi$	$\dfrac{\omega_r M_b}{R}[1 + 2/\pi]$	1.29
$\ll 1$	$\dfrac{\omega_r M_b}{2R} = \dfrac{\pi \rho c A_0}{4R}$	$\pi/4$

例如:表 4-1 显示在棒体端部增加质量会增大 Q_m 和特性阻抗,但当 $M \ll M_b$ 时,则 $Z_{cr} \approx \rho c A_0$。对于压电陶瓷,$\rho c = 22 \times 10^6 \mathrm{kg/(m^2 \cdot s)}$,且在满布声荷载时,$R \approx (\rho c)_w A$。其中,$(\rho c)_w = 1.5 \times 10^6 \mathrm{kg/(m^2 \cdot s)}$,而 A 是质量块的辐射面积。例如,$A/A_0 = 5$ 时,

$$Q_m = \frac{Z_{cr}}{R} \approx \frac{\rho c A_0}{(\rho c)_w A} \approx 3$$

显然,对于压电陶瓷这类材料,实现满布声荷载时可能出现较低的 Q_m,而这种情况有时会发生在紧密堆积基阵中(参见第 7 章)。

根据第 2.8 节的定量讨论内容,换能器振动表面向水中的有效能量传播要求换能器具有与水相近的特性阻抗。本节所得结果以及第 3 章所建立的分布式换能器模型可对此进行量化,表明纵向振动器内部产生的应力波可在 Q_m 较低且 Z_{cr} 与 $(\rho c)_w A$ 几乎相同时有效辐射。

4.4 机电耦合系数

本节将讨论机电耦合系数的定义和其他属性。机电耦合系数是一个非常重要且实际的换能器性能度量参数,其数值为正数且无量纲。第 2 章中将根据式(1-16)中刚度变化或电容变化所得定义应用于所有基础类型的线性换能器,但也经常采用其他定义,尤其是包含能量的定义。式(1-16)或其变体之一也可应用于更加复杂的换能器结构,其中包含振动所涉及的分量,但不会转换能量。当动态影响较大时,也可应用上述公式。重要的是要考虑机电耦合系数的其他定义,因为方程(1-16)仅适用于线性转换机制,而基于能量的定义能够推广以包括非线性的情况。

4.4.1 耦合的能量定义及其他解释

1. 梅森(Mason)能量定义

Hung[5]讨论了机电耦合系数的重要性,并根据与电气条件从开路变为短路相关的机械刚度变化,提出了方程(1-16)中类型的定义。然而,他仅考虑了三个表面换能器,而且仅讨论了其中一个静电换能器的耦合系数。Hersh[6]对耦合系数进行了综合的技术和背景研究,回顾了各种定义耦合的方法,包括电路中的耦合以及机电系统中的耦合。此外,Hersh 还讨论了大多数类型的换能器并提出一种基于反馈的耦合新定义。Woollett 在一项研究中曾提及这种反馈定义,但这种定义并不常用[3]。很多学者[2,7,8]都强调了耦合系数在比较不同类型的传感器和不同的设计概念时的价值。

Woollett[3]认为 k 的一个基本物理含义是表示物理可实现性的极限。式(1-16)中根据刚度对 k^2 的定义也包含此属性。该定义如下:

$$k^2 = 1 - K_m^E/K_m^D \quad \text{电场换能器} \quad (4-14a)$$

$$k^2 = 1 - K_m^H/K_m^B \quad \text{磁场换能器} \quad (4-14b)$$

其中,$k \to 1$ 对应于电场换能器的 $K_m^E \to 0$,而磁场换能器则与 $K_m^H \to 0$ 相对应。从某种意义上来说,换能器无法消除刚度。在静电和可变磁阻换能器中,这种不可实现性反映在电容器片或极面接近 $k \to 1$ 时的动态不稳定性。在动圈式换能器中,这种不可实现性体现在 $K_m^I \to 0$ 时的平衡位置不确定性,但 k 的值实际上非常接近于单位值[6]。在体积力换能器中,k 显然不会超过单位值,这是由于其内部非线性机制存在极化或磁化饱和。目前已知材料 k_{33} 的最大值出现在单晶 PMN-33%PT 中[9],约为 0.96。如果这类构造接近于相边界,则其属性可能不够稳定,无法用于必然存在温度和应力变化的工作换能器中。

因此,k 的可实现值范围是 $0 < k < 1$。这个明确的范围适用于所有换能器,使得 k 非常适用于换能器之间的属性比较。然而,在比较不同的转换机制时,必须先考虑其他条件,才能很好

地比较耦合系数[7]。例如,动圈式换能器作为水中发射器使用时存在限制,而在设计用于空气中时可方便地得到接近单位值的耦合系数。

梅森对 k 的能量定义为文献[10]参见第 1.4.1 节和式(1-19)。该定义被广泛使用,本节将详细讨论此定义。首先,计算在不同条件下能量被转换为输入能量的比率,并与式(4-14a)所定义的 k^2 进行比较。电场换能器根据要求简化为准静态条件时,式(2-72a)和式(2-72b)可用于确定准静态耦合系数:

$$F_b = K_m^E x - NV \quad (4-15)$$

$$Q = Nx + C_0 V \quad (4-16)$$

假设偏向状态为机械和电能量取零,且首先考虑发射器在 $F_b = 0$ 时运行。电输入能量 U_e 因电压 dV 增加所产生,可通过式(4-16)乘以 dV 计算得出。利用式(4-15)将 dV 作为 dx 的项,并从 $0 \sim V$ 和 $0 \sim x$ 积分运算。结果如下:

$$U_e = \int Q dV = 1/2 K_m^E x^2 + 1/2 C_0 V^2 = 1/2 K_m^E x^2 (1 + C_0 K_m^E / N^2) \quad (4-17)$$

显然,电压从 0 增大到 V 的电输入能量可分为两部分。一部分转换为机械能 $1/2 K_m^E x^2$,另一部分仍然为电能 $\frac{1}{2} C_0 V^2$。因此,电输入能量转换为机械能的部分可利用第 1.4.1 节中的关系式表示为

$$(1/2 K_m^E x^2)/U_e = (1 + C_0 K_m^E / N^2)^{-1} = 1 - C_0/C_f = 1 - K_m^E/K_m^D = k^2 \quad (4-18)$$

这与式(4-14a)相一致。

当能量输入为声能时,存在 $F_b = p_i A$,其中 p_i 为换能器表面 A 上的平均入射声压。当作为开路水听器运行时,$Q = 0$,则式(4-15)和式(4-16)变为

$$p_i A = K_m^E x - NV \quad (4-19)$$

$$0 = Nx + C_0 V \quad (4-20)$$

将 $p_i A dx$ 从 $0 \sim x$ 的积分运算得到输入机械能为

$$U_m = 1/2 K_m^E x^2 + 1/2 C_0 V^2 = 1/2 C_0 V^2 (1 + C_0 K_m^E / N^2) \quad (4-21)$$

式(4-21)的第一种形式与式(4-17)相同,但 x 和 V 之间的关系与之不同,可由式(4-20)而非式(4-15)得出,其中 $F_b = 0$。转换为机械能的部分为

$$1/2 C_0 V^2 / U_m = (1 + C_0 K_m^E / N^2)^{-1} = k^2 \quad (4-22)$$

与电能转换为机械能的情况相同。上述结果表明梅森对 k^2 的能量定义与式(4-14a)的定义相一致,也适用于简单的磁场换能器模型。

此外,还有一种将 k^2 与能量相关联的方法,首先采用电容变化定义:

$$k^2 = \frac{C_f - C_0}{C_f} \quad (4-23)$$

当施加电压为 V 时,可表示为

$$k^2 = \frac{C_f V^2/2 - C_0 V^2/2}{C_f V^2/2} \quad (4-24)$$

式(4-24)的分母为自由能量(或总输入能量),而分子是自由能量和钳持能量的差值,也即是转换的机械能或动能。因此,式(4-24)中的能量比率与式(4-18)中的比率具有相同的物理含义。

Hersh[6]和 Woollett[3]对机电耦合系数能量定义的部分观点有一定意义。Hersh 认为确定储存的能量需根据一个耦合系统中的能量部分进行定义,但是"即便在简单的系统中也不可避

免地存在模棱两可和令人困惑的情况"。上述观点可能有些价值。在近期发表的一篇有关静电换能器耦合系数的文章中,针对转换的能量采用了两个不同的表达式,并计算了 k^2 的两个不同值[11]。Woollett 似乎赞成 Hersh 得出的结论,但对能量定义的普遍性提出质疑并指出无法观察所储存的能量。这些观点可能对更为复杂的换能器结构相对重要。此类换能器结构的端口处存在一个或多个内部自由度无法观察的情况。在第 4.4.2 节和第 4.4.3 节中,会使用更为复杂的案例进一步讨论梅森对 k^2 的能量定义。

2. 互能定义

耦合系数还有一种不同的能量定义,该定义由 Vigoureux 在 1950 年[6]提出,并且也经常被使用[12-17]。根据该定义,存在:

$$k^2 = U_{mut}^2 / (U_{mech} U_{el}) \qquad (4-25)$$

式中,U_{mech} 为机械能;U_{el} 为电能;U_{mut} 为互能。目前,尚未明确定义可确定上述能量的条件,或者互能的物理意义。在采用此定义时,经常会提出总能量的表达式,将 U_{mech} 作为仅涉及机械变量的项,U_{el} 作为仅涉及电变量的项,U_{mut} 作为涉及上述两种变量的项(参见上例)。需注意式(4-17)中所计算发射器情况($F_b = 0$)的总输入能量,以及式(4-21)中所计算水听器情况($Q = 0$)的总输入能量,分别属于明确的电能和机械能,而不涉及互能。

互能的概念类似于对两个电路进行耦合的情况,例如存在互感的情况。Berlincourt 等[12]采用了式(4-25)并指出只有使用存在齐次变量的公式时才与 k^2 的其他定义相一致。存在混合变量的公式可得到 $k^2/(1-k^2)$。因此,在式(4-25)中按照上述情况处理各种能量时,需根据公式的结构处理,具体在下文中举例说明。式(4-15)和式(4-16)均包含混合自变量,其中 x 为容度变量而 V 为强度变量。然而,上述公式均可改为下列齐次形式:

$$F_b = K_m^D x - (N/C_0)Q$$
$$V = -(N/C_0)x + (1/C_0)Q$$

显然式(4-25)可得到与其他定义相同的 k^2。如果同时施加一个外部力 F 和一个电压 V,总能量的差分变化如下:

$$dU_{tot} = Fdx + VdQ = K_m^D x dx - (N/C_0)(Qdx + xdQ) + QdQ/C_0$$

上式包含两个同时存在 x 和 Q 的互项。将此表达式积分运算得到总能量如下:

$$U_{tot} = 1/2 K_m^D x^2 - (N/C_0)xQ + 1/2 Q^2/C_0 = U_{mech} - 2U_{mut} + U_{el}$$

明确了机械能、互能和电能各项后,由式(4-25)得到

$$k^2 = N^2/K_m^D C_0$$

这与第 1.4.1 节中对 k^2 的定义相一致。需注意此处明确的项为机械能 $1/2 K_m^D x^2$,它与式(4-17)中的机械能 $1/2 K_m^E x^2$ 有所不同,因为两者之间存在不同的刚度和位移。一种情况中位移仅被所施加的电压所引起,而另一种情况中则由所施加的电压和力共同引起。还应该注意为了得到 k^2 的正确值,对 U_{mut} 所采用的值为互项值的一半。

还可从另一个不同的角度定义 U_{mut},即根据其他成对的变量改动上述 U_{tot} 的表达式如下:

$$U_{tot}(x,Q) = 1/2 K_m^D x^2 - (N/C_0)xQ + 1/2 Q^2/C_0$$
$$U_{tot}(x,V) = K_m^E x^2/2 - NxV + NxV + C_0 V^2/2$$
$$U_{tot}(F,Q) = F^2/2K_m^D + FNQ/C_0 K_m^D - FNQ/C_0 K_m^D + Q^2/2C_f$$
$$U_{tot}(F,V) = F^2/2K_m^E + NFV/K_m^E + C_f V^2/2$$

当 U_{tot} 用混合变量(x,V 或 F,Q)得出表达式时,显然两个相等的互项会存在相反的符号。这

些项会在 U_{tot} 中抵消掉,导致不存在 U_{mut} 且无法应用式(4-25)。当 U_{tot} 用齐次变量得出表达式时,存在一个正的互项 F,V,以及一个负的互项 x,Q。如果忽略负号的存在,且假设 U_{mut} 为互项的一半,则式(4-25)得到的 k^2 值与其他定义相一致。Lamberti 等[16]最近曾讨论过式(4-25)并进行了求值,发现此公式的物理含义并非总与基于转换能的定义相同。Woollett 也讨论了这种计算耦合系数的方法,并指出最好选择理论基础更明确的其他方法[3]。

3. 耦合系数的其他特点

部分学者将耦合系数定义为换能器公式中的系数的向量积比率[1,14],其中还存在 k^2 与 $k^2/(1-k^2)$ 之间的模糊性。例如,在上一节开始所采用的齐次公式中,该比率为 $N^2/K_m^D C_0 = k^2$。采用相关的式(4-15)和式(4-16)可得出比率 $N^2/K_m^E C_0 = k^2/(1-k^2)$。这种情况下,无需首先得出低频限值[1,14],也可得到与频率和电阻相关的耦合系数。常用的定义认为振动器在任何单一模式下的耦合系数与驱动频率无关,但相同振动器在不同模式下的情况会有所不同。通常情况下,不考虑耦合处的电或机械散射所产生的影响,即便散射明显会降低转换的储存能量。

1978 年,IEEE 关于压电材料的标准弃用基于(相互)作用能的耦合系数定义,并将静态耦合系数定义为与指定应力应变循环或电场位移相关的能量比率。该定义显然与基于转换能量的定义相同。1987 年版的该标准仍保留了这个变化[18]。

虽然 k_{33} 和 k_{31} 均是水下声换能器最常用的压电耦合系数,但根据有源材料不同的应力系统或不同的自由和荷载面组合仍存在很多其他情况。为此,也有很多学者以表格形式汇总了水下声换能器可能使用的具体压电配置方案[3,12,18]。最常见的 3 种情况包括:厚度耦合系数(如沿厚度方向扩展的圆片,参见第 3.2.3 节 4、第 5.4.3 节和第 5.4.4 节),即

$$k_t^2 = h_{33}^2/\beta_{33}^S c_{33}^D$$

平面延伸系数(如径向扩展的圆片,参见第 5.4.3 节),即

$$k_p^2 = 2d_{31}^2/\varepsilon_{33}^T(s_{11}^E + s_{12}^E)$$

剪切模式系数(部分加速度计设计中采用的模式),即

$$k_{15}^2 = d_{15}^2/s_{44}^E \varepsilon_{11}^T$$

上述系数的值可参见第 13.5 节中压电陶瓷部分的内容。

Baerwald[19]指出压电晶体存在 3 个不变的耦合系数(而压电陶瓷为两个),而其中一个是最大可能耦合系数。压电陶瓷的 k_{33} 仅比最大可能耦合系数低几个百分点[3,12],同时可利用简单的应力系统方便地求出,即 $T_1 = T_2 = T_4 = T_5 = T_6 = 0$,且仅 T_3 不为零。

4.4.2 无源元件对耦合系数的影响

所有的换能器均包含无源元件,如电缆电容、杂散电容、泄漏电容和防水密封件,此类元件不会转换能量,但如果它们能够存储能量,则确实会影响能量转换。大多数情况下,换能器也必须包含一些无源元件,如前后盖板之间的应力杆,压电部分之间的胶合剂,以及陶瓷与前盖板之间的绝缘体。有时候,振动系统中的某个主要零件也可能是无源的,如椭圆形弯张换能器的外壳。本节将计算无源元件导致耦合系数降低的数值[3,20]。

首先,利用第 1.4.1 节中的式(1-16)得到耦合系数的表达式,其中包括机电匝数比 N、短路柔顺系数 C^E 和静态电容 C_0:

$$k^2 = N^2 C^E/(N^2 C^E + C_0) \tag{4-26}$$

然后，可将式(4-26)中的所有参数替换为有效值 N_e、C_e^E 和 C_{0e}，以定义有效耦合系数 k_e：

$$k_e^2 = N_e^2 C_e^E / (N_e^2 C_e^E + C_{0e}) \tag{4-27}$$

当包含无源元件的换能器能够简化为一个机械自由度和一个电气自由度的系统时，可得出上式，其中图 3-15 中的基本等效电路包含有效电路参数。此时，电路参数的有效值将取代基本值，但参数之间的关系维持不变。第 1.4.1 节中给出的任何其他涉及其他参数的 k^2 表达式也可以用相同的方式推广。此外，虽然部分转换的能量可能会储存在无源元件中，但式(4-26)与梅森对 k^2 的能量定义相一致，则与同等条件下的式(4-27)也一致。现在，利用式(4-27)得出 k_e 的表达式，了解具体的无源元件如何改变原始耦合系数 k。

例1：假设电缆电容和部分杂散电容集总形成 C_c，与静态电容 C_0 相平行，不会对图 4-4 中所示电路的运动部分进行任何更改。则有 $C_{0e} = C_0 + C_c$，$N_e = N$，$C_e^E = C^E$，且由式(4-27)和式(4-26)得到：

$$k_e^2 = \frac{N^2 C^E}{N^2 C^E + C_0 + C_c} = \frac{k^2}{1 + (1-k^2)(C_c/C_0)} = \frac{k^2}{1 + C_c/C_f} \tag{4-28}$$

式中，k 为不存在无源元件时的耦合系数。

电缆电容会降低有效耦合系数，但对 Q_m 或谐振频率不产生影响。能量解释可证明电缆电容对耦合系数的影响，即在既定施加电压下，输入电能从 $\frac{1}{2}(C_0 + N^2 C^E)V^2$ 增大到 $\frac{1}{2}(C_0 + C_c + N^2 C^E)V^2$，而转换的机械能 $\frac{1}{2}N^2 C^E V^2$ 未发生变化。因此，电缆可储存部分的输入能量降低了耦合系数。

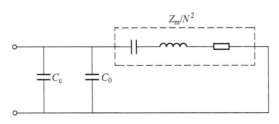

图 4-4 包含电缆和/或杂散电容 C_c 的电路

例2：由一个压电陶瓷棒驱动的活塞换能器承受刚度为 K_s 的应力杆所产生的压力，等效电路如图 4-5 所示。

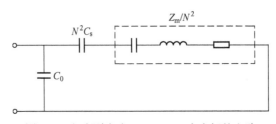

图 4-5 包含刚度为 $K_s = 1/C_s$ 应力杆的电路

本例中，增加陶瓷棒和应力杆的刚度得到 $1/C_e^E = K_e^E = K^E + K_s$，同时存在 $N_e = N$ 和 $C_{0e} = C_0$。那么，由式(4-27)可得到

$$k_e^2 = \frac{N^2/(K^E+K_s)}{N^2/(K^E+K_s)+C_0} = \frac{k^2}{1+(1-k^2)K_s/K^E} = \frac{k^2}{1+K_s/K^D} \quad (4-29)$$

表明有效耦合系数随着应力杆刚度的增大而降低。本例中，在既定电压下，输入电能和转换机械能均发生相同程度的降低，即 $\frac{1}{2}N^2V^2[1/K^E - 1/(K^E+K_s)]$，从而降低了耦合系数。应力杆储存了部分输入能量，同时谐振频率按因子 $1/(K^E+K_s)^{1/2}$ 增大。

在上述电缆和应力杆例子中，阐述了换能器中无源元件的作用。无源元件作为换能器的一个部件，只能够储存一种能量，即电缆储存电能或应力杆储存机械能，但无法转换能量。当部分输入能量被储存在无源元件中时，会导致耦合系数降低，即便应力杆中存在转换能量也是如此。式(4-28)和式(4-29)表明电缆和应力杆单独作用时，所造成耦合系数降低的方式仍然相同。

在陶瓷和前盖板之间存在的一层可用作电绝缘子的弹性材料，或在陶瓷部分之间的胶合剂，也可视作无源元件(参见图 4-6)。

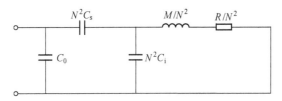

图 4-6 包含刚度为 $K_i = 1/C_i$ 的胶合剂或绝缘层的电路

这种情况更为复杂。由于陶瓷棒的端部和前盖板会独立移动，造成另一个自由度的出现。必须消除这种内部自由度才能使式(4-27)适用。盖板位移、陶瓷端部位移和电压的3个公式可共同消除陶瓷端部的位移，则只剩下盖板位移 x 和电压 V 的一对静态公式，正常情况下可采用有效电路参数：

$$F_b = \frac{K^E K_i}{K^E+K_i}x - \frac{NK_i}{K^E+K_i}V = K_e^E x - N_e V$$

$$Q = \frac{NK_i}{K^E+K_i}x + \left(C_0 + \frac{N^2}{K^E+K_i}\right)V = N_e x + C_{0e}V$$

式中，K_i 为绝缘层或胶合剂的刚度。上述公式表明所有的3个电路参数均发生改变。有效刚度与 K_i 和 K^E 相关。由于钳定盖板后陶瓷仍能自由移动，因而钳定电容发生改变。此外，从陶瓷转移到盖板的力降低，造成 $N_e < N$。由于模型转换为单个自由度，可采用式(4-27)确定有效耦合系数，得到结果如下：

$$k_e^2 = \frac{k^2}{1+K^E/K_i} = \frac{k^2}{1+(1-k^2)(K^D/K_i)} \quad (4-30)$$

由于有效耦合系数随着无源层的顺服性增大而降低，应尽可能缩小绝缘层或胶合剂的厚度。此外，谐振频率按因子 $1/(K^E+K_i)^{-1/2}$ 降低。

根据有效电路参数计算能量发现，在给定电压下胶合剂或绝缘层不会改变输入能量。然而，钳定电容增大会导致更多电能被储存，从而使得转换的机械能降低到 $\frac{1}{2}(N^2V^2/K^E)[K_i/(K^E+K_i)]$。转换的机械能减少会降低耦合系数。

以上分别讨论了3种不同类型的无源元件的影响。由于换能器常常同时包含所有的3种无源元件,有时甚至会超过3种,因此下面探讨这些元件会产生的共同作用。当应力杆和胶合剂同时存在时,胶合剂的刚度 K_i 与陶瓷机械串联,而应力杆的刚度 K_s 与陶瓷及 K_i 机械并联。如图4-7中所示的等效电路,应力杆顺服性 $C_s = 1/K_s$,成为一个串联元件,而胶合剂或绝缘子顺服性 $C_i = 1/K_i$,则成为一个并联元件。

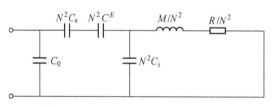

图4-7 包含应力杆和胶合剂的电路

在陶瓷末端的移动属于内部自由度,必须完全消除如同只有胶合剂的情况一样。根据两个换能器端口的变量,所得静态公式如下:

$$F_b = \left(\frac{K^E K_i}{K^E + K_i} + K_s\right)x - \frac{NK_i}{K^E + K_i}V = K_e^E x - N_e V$$

$$Q = \frac{NK_i}{K^E + K_i}x + \left(C_0 + \frac{N^2}{K^E + K_i}\right)V = N_e x + C_{0e} V$$

因此,在只有胶合剂的情况下,N_e 和 C_{0e} 不发生改变,但是应力杆造成了有效刚度的变化。在式(4-27)中,采用有效电路参数的结果得出:

$$k_e^2 = \frac{k^2}{\left[1 + \frac{K_s}{K_i} + (1-k^2)\frac{K_s}{K^E}\right]\left(1 + \frac{K^E}{K_i}\right)} = \frac{k^2}{\left(1 + \frac{K_s}{K_i} + \frac{K_s}{K^D}\right)\left[1 + (1-k^2)\frac{K^D}{K_i}\right]} \quad (4\text{-}31)$$

上述表达式可在 $K_i \to \infty$ 时简化为只有应力杆的结果,以及在 $K_s \to 0$ 时简化为只有胶合剂的结果。需注意两种影响之间存在相互作用,因此它们的共同影响不等于两者的乘积。

如果根据上文中 Q 的公式将 C_0 替换为 $C_0 + C_c$ 以确定 C_{0e},则也可考虑电缆电容的影响。然后,根据式(4-27)得出3个无源元件共同作用所产生的有效耦合系数如下:

$$k_e^2 = \frac{k^2}{\left[1 + \frac{K_s}{K_i} + (1-k^2)\left(\frac{K_s}{K^E} + \frac{C_c}{C_0}\right)\right]\left(1 + \frac{K^E}{K_i}\right)}$$

$$= \frac{k^2}{\left(1 + \frac{K_s}{K_i} + \frac{K_s}{K^D} + \frac{C_c}{C_f}\right)\left[1 + (1-k^2)\frac{K^D}{K_i}\right]} \quad (4\text{-}32)$$

上述公式在 $C_c = 0$ 时简化为式(4-31),并在 $K_i \to \infty$ 和 $K_s \to 0$ 时简化为式(4-28)。

表4-2列出了无源元件的典型数值,表中以 C_f 和 K^D 给出3个有源材料耦合系数值 k。需注意3种无源元件的共同影响远低于各影响的乘积。

表4-2 各类无源元件的有效耦合系数

无源元件	—	$k = 0.90$	$k = 0.70$	$k = 0.50$
电缆	式(4-28),$C_c/C_f = 0.2$	$k_e = 0.82$	$k_e = 0.64$	$k_e = 0.46$
应力杆	式(4-29),$K_s/K^D = 0.2$	$k_e = 0.82$	$k_e = 0.64$	$k_e = 0.46$

(续)

无源元件	—	$k = 0.90$	$k = 0.70$	$k = 0.50$
胶合剂	式(4-30),$K_i/K^D = 5$	$k_e = 0.88$	$k_e = 0.67$	$k_e = 0.47$
上述3种	式(4-32)	$k_e = 0.74$	$k_e = 0.56$	$k_e = 0.39$
涡电流	式(4-34),$x_r = 0.8$	$k_e = 0.88$	$k_e = 0.66$	$k_e = 0.46$

磁场换能器也存在会造成耦合系数降低的类似或等效无源元件。例如,泄漏电感与电缆电容一样会降低耦合系数。然而,磁场换能器也存在涡电流屏蔽效应(参见第3.1.5节),从而改变电感和机电匝数比,如图3-17中电路所示。该电路存在的k_e^2表达式,与式(4-27)相类似:

$$k_e^2 = \frac{N_{me}^2 C_e^H}{N_{me}^2 C_e^H + L_{0e}} \tag{4-33}$$

式中,N_{me}、C_e^H和L_{0e}分别为有效匝数比、开路顺服性和钳持电感。由涡电流屏蔽可得出$N_{me} = x_r N_m$、$L_{0e} = x_r L_0$和$C_e^H = C^H$,其中x_r为涡电流因子的实数部分。利用上述数值,由式(4-33)可得到

$$k_e^2 = \frac{x_r k^2}{1 + (x_r - 1)k^2} \approx x_r k^2 \tag{4-34}$$

式中,k^2为涡电流不大且$x_r = 1$时的材料耦合系数。当涡电流较低且x_r接近单位值时,式(4-34)的近似形式成立,可参见表4-2中的数值。

4.4.3 动态条件对耦合系数的影响

第4.3节中计算了振动棒的弹性势能、动能、有效动态刚度和动态质量,可用于评估驻波对机电耦合系数的影响[3, 11, 15, 16]。式(4-12)表明长度为L且没有质量荷载的固定端棒的动态刚度保持在接近静态刚度的位置,直到频率接近基频模态谐振,其中L等于$\lambda/4$。在该频率下,动态刚度超过静态刚度系数$\pi^2/8 = 1.234$。虽然棒体为一个分布式系统,但可视为单一自由度的系统,其有效动态耦合系数根据谐振频率和适用的近场谐振定义。在第1.4.1节中所有的k^2表达式均表明,当其他参数保持不变时,刚度增加会造成耦合系数降低。式(4-27)是计算动态耦合系数的最简单公式,前提是合理假设N和C_0与频率无关,此时只有一个与频率相关的参数K^E,可根据式(4-12)得出。

对于压电棒,有效耦合系数由于动态刚度增加而降低,这取决于电极的排列方式。首先,假设棒电极各部分按第3.2.3节1中的规定排列。由式(3-46)得到N_e和C_{0e}的表达式,表明棒体内的驻波与s_{33}^E相关。因此,静态刚度为$K_b^E = A_0/nhs_{33}^E$,且由式(4-12)得出基频模态的有效动态刚度为$K_d^E = \pi^2 K_b^E/8$。将N_e、C_{0e}和K_d^E的上述数值代入式(4-27)得到有效耦合系数,但刚度的动态增大相当于增加一个刚度为$K_s = [(\pi^2/8) - 1]K_b^E$的应力杆,从而也能得到相同的结果,当然也存在更深层的含义。当K_s的值用式(4-29)中时,存在$k = k_{33}$,发现无质量荷载棒体的基频模态下有效动态耦合系数为

$$k_{ed1}^2 = \frac{k_{33}^2}{k_{33}^2 + (\pi^2/8)(1 - k_{33}^2)} \tag{4-35a}$$

上式也可表示为

$$\frac{k_{ed1}^2}{1 - k_{ed1}^2} = \frac{8}{\pi^2} \frac{k_{33}^2}{1 - k_{33}^2} \tag{4-35b}$$

当 k_{33} 较小时,则 $k_{ed1}^2 \approx 8k_{33}^2/\pi^2$;当 k_{33} 接近单位值时,则 $k_{ed1} \approx k_{33}$;当 k_{33} 为典型值 0.707 时,则 $k_{ed1} = 0.669$。因此,在这种模态下,对于分段棒材,动态耦合系数减少仅为约 6%,但实际换能器还会存在因无源元件造成的其他降低情况。

可按式(4-3a)的情况计算棒体特定模态下的谐振频率和反谐振频率,以估算对耦合系数产生的不同动态影响。对于基频模态,存在 $\omega_{r1}/\omega_{a1} = 0.773$,从而得出 $k_{eff1} = [1-(\omega_{r1}/\omega_{a1})^2]^{1/2} = 0.634$,与上述的 0.669 进行比较。这是由于 ω_r 和 ω_a 在两个不同频率下对动态刚度和动态质量的依赖性而引起的实际差异。如果无动态影响,则计算均可得到 $k_{ed1} = k_{eff1} = 0.707$。此外,需注意若质量在 ω_{r1} 和 ω_a 时均相同,则 $k_{eff1} = 0$ 的表达式可表示为 $[1-K_d^E(\omega_{r1})/K_d^I(\omega_{a1})]^{1/2}$,这与式(1-16)相类似,但并非由此得出。因为 $K_d^E(\omega_{r1})$ 和 $K_d^I(\omega_{a1})$ 不同,这不仅是由于短路/开路条件,而且是由于刚度的频率依赖性。式(4-27)采用在 ω_{r1} 时求得的有效动态刚度,得出有效动态耦合系数,该系数不依赖于 ω_r 和 ω_a 之间刚度差的频率相关部分,也不依赖于质量。

对于这种电极排列激发棒体的其他奇的模态,仍可计算出有效耦合系数。以无质量荷载的下一个模态为例,其中 $k_r L = 3\pi/2$,式(4-12)显示 $K_d^E = (9\pi^2/8)K_b^E$,并得出

$$k_{ed3}^2 = \frac{k_{33}^2}{k_{33}^2 + (9\pi^2/8)(1-k_{33}^2)} \tag{4-36}$$

在上述模态中,$k_{33} = 0.707$ 时,得到 $k_{ed3} \approx 0.29$。表明在较高的模态下,动态影响会大幅度降低有效耦合系数。在第 n 个模态($n = 1, 3, 5, \cdots$)中,存在

$$\frac{k_{edn}^2}{1-k_{edn}^2} = \frac{8}{n^2\pi^2}\frac{k_{33}^2}{1-k_{33}^2} \tag{4-37a}$$

注意由于无穷级数的值为 $\pi^2/8$ [21],因此存在

$$\sum_{n,\text{odd}}^{\infty}\frac{k_{edn}^2}{1-k_{edn}^2} = \frac{8}{\pi^2}\frac{k_{33}^2}{1-k_{33}^2}\sum_{n,\text{odd}}^{\infty}\frac{1}{n^2} = \frac{k_{33}^2}{1-k_{33}^2} \tag{4-37b}$$

上述结果出自 Clevite 公司的非正式技术备忘录。将在式(4-39b)之后详细解释此数值在各种模态下的情况。

上述有效耦合系数适用于无质量荷载棒体的各种模态。采取相同的步骤可得到式(4-35b),表明具有任意质量荷载的固定端分段条的一般结果是

$$\frac{k_e^2}{1-k_e^2} = \frac{K_b^E}{K_d^E}\frac{k_{33}^2}{1-k_{33}^2} \tag{4-38}$$

其中,由式(4-12)可得出

$$\frac{K_d^E}{K_b^E} = \frac{1}{2}\left(\frac{k_r^E L}{\sin k_r^E L}\right)^2\left[1 + \frac{\sin 2k_r^E L}{2k_r^E L}\right]$$

此外,k_r^E 为下列等式的解:

$$k_r^E L \tan k_r^E L = M_b/M$$

例如,当 $M_b/M = \pi/4$ 时,则有 $k_r^E L = \pi/4$,$K_d^E/K_b^E \approx 1.01$ 且 $k_e \approx k_{33}$,其中棒体长度仅为波长的 1/8 且动态刚度仅略高于静态刚度。

其他电极排列方式的棒的有效耦合系数也可以用类似的方式得出。此外,延长棒也存在与棒体平行的电场(参见第 3.2.3 节 3),但此时沿棒体方向的电场并不恒定。控制弹性常数为 s_{33}^D 而非 s_{33}^E,并且根据式(4-12)得出无质量荷载的基频模态下动态刚度为 $K_d^D = \pi^2 A_0/8 s_{33}^D L$。$N_e$ 和

C_{0e} 的数值由式(3-52)得出,计算 k_e 的式(4-27)可采用 K_d^D 表示,且 $K_d^E = K_d^D(1-k_e^2)$。那么,由式(4-27)可得到

$$k_e^2 = \frac{N_e^2}{K_d^I C_{0e}} = \frac{8}{\pi^2} k_{33}^2 \qquad (4-39\text{a})$$

由于 K_d^D 代替了 K_d^E 表示有效刚度,因此延长棒 k_e 和 k_{33} 的关系与棒段中的关系不同。

对于第 n 个模式,存在 $k_{en}^2 = 8k_{33}^2/n^2\pi^2$,且利用上述无穷级数的值得到

$$\sum_{n,\text{odd}}^{\infty} k_{en}^2 = \frac{8k_{33}^2}{\pi^2} \sum_{n,\text{odd}}^{\infty} \frac{1}{n^2} = k_{33}^2 \qquad (4-39\text{b})$$

上述结果强调了高阶模式下能量转换能力较差。如果所有模式在各自的频率下一起驱动,且采用相同的能量输入 U_e,总转换能量则为 $\sum_{n,\text{odd}}^{\infty} k_{en}^2 U_e = k_{33}^2 U_e$,而此转换能量与假设棒体在远低于基频模态的单一频率下以能量 U_e 驱动所得转换能量相同。

对于两侧有电极的 31 棒体(参见第 3.2.3 节 2),N_e 和 C_{0e} 参见式(3-47),且控制弹性参数为 s_{11}^E。因此,存在 $K_d^E = \pi^2 A_0/8s_{11}^E L$,且由式(4-27)得到

$$\frac{k_e^2}{1-k_e^2} = \frac{8}{\pi^2} \frac{k_{31}^2}{1-k_{31}^2} \qquad (4-40)$$

有效耦合系数和材料耦合系数之间的关系与棒段以及 31 棒体之间的关系相同,因为两种情况下有效刚度均为 K^E。

针对上述 3 种不同的棒电极排列方式所计算的有效耦合系数与能量定义相一致,其中:

$$k_e^2 = \frac{U_p}{U_p + C_{0e}V^2/2}$$

式中,$U_p = 1/2 K_d \zeta_0^2$ 为采用式(4-12)和 K_d 得出的转换机械能。带模数的有效耦合系数快速降低与驻波应变分布的复杂程度增加直接相关,而驻波应变分布按 $\cos(m\pi z/2L)$ 沿棒体发生变化,其中 m 为奇数。当 $m=1$ 且 $L=\lambda/4$ 时,应变在固定端最大,在自由端为零,且在整个棒体中应变迹象不变。当 $m=3$ 且 $L=3\lambda/4$ 时,棒体 2/3 部分存在相反的应变迹象,只有 1/3 部分中压电激励是有效的。由于弹性能量与应变平方成正比,转换能量为 $n=1$ 所得值的 1/9,且与 k_{en}^2 降低 $1/n^2$ 的情况一致。

Woollett 也讨论过上文分析的 3 种不同的棒电极排列方式,并得出两端均自由的棒体在各种模式下的有效耦合系数[3]。针对存在固定自由端的棒体,所得结果与式(4-35b)、式(4-39a)和式(4-40)相同。Aronov 提出了一种通过改动电极形状优化有效耦合系数的方法[22]。

可利用式(3-82)和式(9-5)并根据所测得的谐振/反谐振频率来确定耦合系数,而该系数是最广义的有效耦合系数,其中涵盖了具体被测换能器的全部影响因素,如无源元件、动态条件和能量损耗机制。如只需测量某种转换材料的耦合系数,则需要消除所有的上述影响因素。

4.5 基于优质因数的参数(FOM)

除了有效耦合系数、功率因数、带宽和最大能量密度外,发射优质因数(FOM)还用作评估换能器作为水下声功率发射器时其最大功率处理能力的指标。这种发射换能器的优质因数定

义为

$$\text{FOM}_v = W/(V_0 f_r Q_m) \tag{4-41}$$

式中,W 为谐振下的最大输出功率(依据适用的电驱动、应力或热限值);f_r 为谐振频率;Q_m 为换能器的机械品质因数;下标"v"表示优质因数参考换能器的总体积 V_0。FOM_v 的单位是 $\text{W}/(\text{Hz} \cdot \text{m}^3)$。采用弯张换能器设计的情况下,最常见的取值范围是 60~130。Jones、Lindberg[23] 和 Delany[24] 对此提供了详尽的列表。单晶圆柱形换能器的 $\text{FOM}_v = 2174$[25]。在这个定义中,FOM_v 的值通常可根据 W、V_0、f_r 和 Q_m 的测试数值计算得出。虽然式(4-41)显示 FOM_v 为 f_r 和 Q_m 的一个函数,但实际情况并非如此,且 FOM_v 可根据其他常见的换能器参数计算得出。此外,还指出 FOM_v 也不依赖于总体积 V_0,但与有源换能器压电材料的体积 V_p 占总体积 V_0 的比率,即与 V_p/V_0 相关。

通过将式(4-41)乘以 V_0/M 可以将该式与换能器的质量 M 相关联,由于该度量标准 FOM_m 的单位通常为 $\text{W}/(\text{kHz} \cdot \text{kg})$[23, 26],所得结果也必须乘以 1000。显然,$\text{FOM}_m \approx B \times \text{FOM}_v$,其中 B 为浮力。若需 FOM_m 较大,则应使得 FOM_v 和 B 均较大。第 5 章第 5.1.1 节中进一步讨论了 FOM。水听器的优质因数与压电常数"d"和"g"以及材料体积 V_p 的乘积成正比,可参见第 6 章中第 6.1.2 节的内容。

第 5 章中介绍了式(4-41)的另一种等效表示,用于评估压电发射换能器的优质因数,其形式基于存储在传感器中的电能 E_e。此结果可表示如下:

$$\text{FOM}_v = 2\pi \eta_{ea} k_e^2 E_e / V_0 \tag{4-42}$$

式中,k_e 为有效耦合系数;η_{ea} 为换能器的电声效率。此处将第 4 章中的方法进一步扩展,并介绍了一种替代方式[27],该方式通过电场强度 ξ 和压电材料的体积 V_p 提供了更直接的评估。

远低于谐振时,压电材料所储存的最大电能密度可简单地表示为 $U_e = \varepsilon^T \xi^2/2$,其中 ε^T 为材料的自由介电常数,ξ 为峰值最大施加电场(V/m)。那么,电能则为 $E_e = V_p U_e = V_p \varepsilon^T \xi^2/2$,其中,$V_p$ 为压电材料的体积。由于有效耦合系数的平方可表示为能量转换为机械形式的 E_m 与储存的电能的比值,即 $k_e^2 = E_m/E_e$,可表示如下:

$$E_m = k_e^2 V_p \varepsilon^T \xi^2 / 2 \tag{4-43}$$

那么,在谐振下的输入功率 $W_i = 2\pi f_r Q_m E_m$ 可表示如下:

$$W_i = 2\pi f_r Q_m V_p k_e^2 \varepsilon^T \xi^2 / 2 \tag{4-44}$$

输出功率为 $W = \eta_{ea} W_i$,其中,η_{ea} 为换能器的效率。因此,使用电场的 RMS 值 $\xi_r = \xi/\sqrt{2}$ 可得到输出功率的表达式如下:

$$W = \eta_{ea} V_p 2\pi f_r Q_m k_e^2 \varepsilon^T \xi_r^2 \tag{4-45}$$

上述表达式是对换能器输出功率的常用表述。最后,根据式(4-45)和 FOM_v 的实用性定义式(4-41)得到

$$\text{FOM}_v = 2\pi \eta_{ea} \varepsilon^T k_e^2 \xi_r^2 V_p / V_0 \tag{4-46a}$$

式(4-46a)显示 FOM_v 与有效耦合系数和最大电场强度存在较大的二次相关性。此外,还与效率、介电常数以及压电材料体积占换能器总体积的比率存在线性相关性。可见,与 f_r 和 Q_m 不相关。式(4-46a)的所有参数均易获得,这为评估和设计换能器的最大功率性能提供了经验或理论基础。式(4-46a)表明,若 V_p/V_0 保持恒定,在换能器设计时,FOM_v 是一个常量。

将压电材料体积 V_p 替换为磁致伸缩材料体积 V_m,自由介电常数 ε^T 替换为自由磁导率 μ^T,均方根电场强度 ξ_r 替换为均方根磁场强度 H_r,上述表达式就可用于磁致伸缩换能器。对

于磁致伸缩换能器,公式可表示如下:

$$\text{FOM}_v = 2\pi\eta_{ea}\mu^T k_e^2 H_r^2 V_m/V_0 \tag{4-46b}$$

式(4-46a)也可用于压电材料单独求值,此时设 $\eta_{ea}=1$, $V_0=V_p$ 且 $k_e=k$。对于单独的这类有源材料,可表示如下:

$$\text{FOM}_v(\text{压电}) = 2\pi\varepsilon^T k^2 \xi_r^2 = 2\pi\xi_r^2 d^2/s^E = 2\pi\xi_r^2 ed \tag{4-47a}$$

式中,$k^2=d^2/\varepsilon^T s^E$,$s^E$ 为短路弹性模量;d 为压电"d"的常数;且压电常数为 $e=d/s^E$。如上所示,FOM 与压电"ed"的乘积直接相关,而水听器的优质因数与"gd"的乘积直接相关。从式(4-47a)中选用何种情况取决于压电常数的准确性或可用性。对于 PZT 陶瓷,由于 33 模式的耦合系数约为 31 模式的两倍,因此在 33 模式下运行会使 FOM_v 产生大约 4 倍的提高。对于磁致伸缩的情况,FOM_v 可以很容易地从式(4-47a)获得,其中 s^H 为开路弹性模型且 d 为磁致伸缩"d"的常数。具体的表达式如下:

$$\text{FOM}_v(\text{磁致伸缩}) = 2\pi\mu^T k^2 H_r^2 = 2\pi H_r^2 d^2/s^H \tag{4-47b}$$

表 4-3 中列出了压电陶瓷 PZT-4 和 PZT-8、非掺杂单晶 PIN-PMN-PT 和掺杂织构陶瓷 PMN-PT 的部分结果[27](参见第 13.5 节)(非掺杂材料的最大电场较低为 200kV/m,因而 PIN-PMN-PT 的 FOM 较低)。最大电场 ξ_r 的数值并不准确,具体取决于材料参数是否为较高耗散性或非线性的范围。虽然已经降低了部分的场强值,但下列结果并不能充分反映由于高占空比运行所造成的耗散热限值。

表 4-3 压电陶瓷 PZT-4 和 PZT-8、非掺杂单晶 PIN-PMN-PT 和掺杂织构陶瓷 PMN-PT 的部分结果

材料	d_{33}/(pC/N)	s_{33}^E/(pm²/N)	ξ_r/(kV/m)	FOM_v
PZT-4	289	15.5	200	1350
PZT-8	225	13.5	400	3770
PIN-PMN-PT	1320	57.3	200	7640
织构 PMN-PT	517	23.5	400	11,430

根据第 5 章中所得的换能器结果发现,FOM_v 值比典型弯张换能器高出 10 倍以上。由于效率低、有效耦合系数低且通过比率 V_p/V_0 所得有源材料的比例降低,FOM_v 值会更低。针对具体应用设计实用的换能器时必须考虑此情况。第 5 章中提出不同类型的发射器设计必须是应用于宽带。FOM 的值应该有助于从一组发射器类换能器中选出最佳的发射器设计,从而满足特殊的运行要求,如频率、带宽、尺寸、外形、静水压力以及重量(可能需满足)。

优质因数可按换能器的一阶谐振频率求值,且该值与频率或 Q_m 无关。正如第 5 章中所示,某些类型的换能器设计更适合特定的工作频率,因为需要在一个合理的尺寸范围内实现所需的谐振频率。此时,FOM 的值有助于在这类换能器中选择最佳设计方案。

4.6 小　　结

本章更为详尽地讨论了重要的换能器特征,如谐振频率 f_r、机械品质因数 Q_m、特性阻抗 Z_c、有效机电耦合系数 k_e 和优质因数 FOM。结果表明,一个简单振动器在位移响应时的谐振频率值低于振速响应时的谐振频率值,而加速度响应时的谐振频率值高于振速响应时的谐振频

率值。此外,在频率较低时,与频率相关的辐射电阻会降低谐振。在典型情况下,机械 Q 可由 $Q_m = \omega_r M/R = f_r/(f_2 - f_1)$ 得出,其中,f_2 和 f_1 为功率曲线在-3dB 半功率点时的频率;M 为质量;R 为等效电路表示的机械阻。对于振动棒,质量是分布的,并且小于棒的静态质量 M。对于 $\lambda/4$ 谐振棒,质量为 $M/2$,但在远低于该 $\lambda/4$ 谐振的频率下,动态质量为 $M/3$。$(KM)^{1/2}$ 被称作换能器的特性机械阻抗 Z_c,且作为 Q_m 的一种度量方式,可表示为 $Q_m = (KM)^{1/2}/R = Z_c/R$。

本章讨论了几种耦合系数的其他定义。其中最有用的定义是耦合系数的平方等于以一种形式转换的能量占以另一种形式储存的总能量的比值。此定义具有物理启示意义,并在换能器上增加了无源材料时可作为有效耦合系数 k_e 和其降低量的求值基础。例如,如果刚度为 K_s 的应力螺栓用于压缩换能器的压电驱动元件,则表明存在 $k_e^2 = k^2/(1 + K_s/K^D)$,其中 K^D 为压电元件的开路刚度。

压电发射器的体积优质因数以实用性的形式表示为 $\text{FOM}_v = W/(V_0 f_r Q_m)$,其中,$W$ 为换能器的输出功率,V_0 为换能器的总体积。本章表明,我们也可以将其理论形式写为 $\text{FOM}_v = 2\pi\eta_{ea}\varepsilon^T k_e^2 \xi_r^2 V_p/V_0$,其中,$V_p$ 为压电有源材料的体积;ξ_r 为均方根电场强度;η_{ea} 为电声效率;ε^T 为自由介电常数。上述形式表明,FOM 基本上与谐振频率 f_r 或 Q_m 不相关,但与电场和有效耦合系数存在二次相关性,并与效率、自由介电常数和部分压电材料存在线性相关性。

参考文献

1. L. E. Kinsler, A. R. Frey, A. B. Coppens, J. V. Sanders, Fundamentals of Acoustics, 4th ed. (Wiley, New York, 2000)
2. D. Stansfield, Underwater Electroacoustic Transducers (Bath University Press, Bath, UK, 1991)
3. R. S. Woollett, Sonar Transducer Fundamentals (Naval Undersea Warfare Center, Newport, Rhode Island, Undated)
4. P. M. Morse, Vibration and Sound, 2nd ed. (McGraw-Hill, New York, 1948)
5. F. V. Hunt, Electroacoustics (Wiley, New York, 1954)
6. J. F. Hersh, Coupling Coefficients. Harvard University Acoustics Research Laboratory Technical Memorandum No. 40, 15 Nov 1957
7. R. S. Woollett, Transducer Comparison Methods Based on the Electromechanical Coupling Coefficient Concept (USNUSL, New London, Connecticut)
8. M. B. Moffett, W. J. Marshall, in The Importance of Coupling Factor for Underwater Acoustic Projectors. 127th ASA Meeting, June 1994; also Naval Undersea Warfare Center Technical Document 10,691, 7 June 1994
9. Private Communication, Wenwu Cao, Materials Research Institute, Pennsylvania State University (2004)
10. W. P. Mason, Electromechanical Transducers and Wave Filters, 2nd ed. (Van Nostrand, New York, 1948)
11. A. Caronti, R. Carotenuto, M. Pappalardo, Electromechanical coupling factor of capacitive micromachined ultrasonic transducers. J. Acoust. Soc. Am. 113, 279–288 (2003)
12. D. A. Berlincourt, D. R. Curran, H. Jaffe, in Piezoelectric and Piezomagnetic Materials and Their Function in Transducers, ed. by W. P. Mason. Physical Acoustics, vol 1-Part A (Academic, New York, 1964)
13. J. C. Piquette, Quasistatic coupling coefficients for electrostrictive ceramics. J. Acoust. Soc. Am. 110, 197–207 (2001)
14. O. B. Wilson, An Introduction to the Theory and Design of Sonar Transducers (US Government Printing Office, Washington, DC, 1985)

15. W. J. Marshall, Dynamic Coupling Coefficients for Distributed Parameter Piezoelectric Transducers. USNUSL Report No. 622, 16 Oct 1964
16. N. Lamberti, A. Iula, M. Pappalardo, The electromechanical coupling factor in static and dynamic conditions. Acustica 85, 39–46 (1999)
17. K. Uchino, Piezoelectric Actuators and Ultrasonic Motors (Kluwer Academic, Boston, 1997)
18. IEEE: Standard on Piezoelectricity, ANSI/IEEE Std 176–1987
19. H. G. Baerwald, IRE Intern. Conv. Record, vol 8, Part 6 (1960)
20. R. S. Woollett, Effective coupling factor of single-degree-of-freedom transducers. J. Acoust. Soc. Am. 40, 1112–1123 (1966)
21. I. S. Gradshteyn, I. M. Ryzhik, Table of Integrals, Series and Products (Academic, New York, 1980), p. 7, 0.234, 7
22. B. Aronov, On the optimization of the effective electromechanical coupling coefficients of a piezoelectric body. J. Acoust. Soc. Am. 114, 792–800 (2003)
23. D. F. Jones, J. F. Lindberg, in Recent Transduction Developments in Canada and the United States. Proceedings of the Institute of Acoustics, vol 17, Part 3 (Institute of Acoustics, St. Alabans, UK, 1995), pp. 15–33
24. J. L. Delany, Bender transducer design and operations. J. Acoust. Soc. Am. 109, 554–562 (2001)
25. H. Robinson, in High Pressure Characterization of Single Crystal Cylinder Transducers. 2007 U.S. Navy Workshop on Acoustic Transduction Materials and Devices, State College, PA
26. J. F. Lindberg, The application of high energy density transducer materials to smart systems. Mater. Res. Soc. Symp. Proc. 459, 509–518 (1997)
27. J. L. Butler, Transducer figure of merit. J. Acoust. Soc. Am. 132, 2158–2160 (2012)

第 5 章

发射换能器

　　主动声纳和水声通信系统依赖于电声换能器，换能器发射声波，然后由水听器通过入射声波或目标反射回波探测到。本章重点研究发射换能器，由于需要产生高声强，因此，它比水听器尺寸更大，结构也更复杂。由于换能器的互易性，本章提出的基本概念也适用于第 6 章将要讨论的水听器，虽然细节上可能有些不同。第 1~4 章是研究发射换能器和水听器的基础，第 3 章给出了利用等效电路、矩阵表示和有限元模型对发射换能器进行建模和分析的基础。发射换能器基阵的特性将在第 7 章讨论，换能器的声辐射特性将在第 10 章和第 11 章讨论。

　　海军的军事应用需求，是水声换能器的基础，也是开发新型换能器的主要动机。水面舰艇使用由数百个发射换能器组成的舷侧基阵，用于中频主动搜索声纳和高频探雷声纳，类似的基阵也安装在拖曳的物体上，水面舰艇上的其他发射换能器主要用于水声通信和测深。与其他水面舰艇相比，潜艇更依赖于水声，它使用了以上所有类型的声纳，但还需要一些声纳来避免航行过程中的障碍物和水下冰块，用于潜艇的换能器还必须能够在大的静水压下工作。由于需要低频高功率，远程主动声纳监测对换能器的发展提出了更大的挑战。水下通信系统要求船舶安装换能器，但是一些特殊需求要求有固定的换能器网络。此外，水声换能器还有许多非军事应用，如测深、海底测绘、鱼类发现、船舶和飞机残骸的调查、石油勘探和各种研究项目。

　　根据源级、带宽和系统需求，发射换能器可以采用不同的几何和机械形式，如球体、圆柱体、环、活塞辐射体(见图 1-5~图 1-8)、弯曲体和放大运动的装置，如弯张换能器(见图 1-13 和图 1-14)。由于压电陶瓷可以被制造成许多几何形状，并且具有优良的机电特性、低的电损耗以及高强度等特点，因此，它是一种最常用的水声材料。发射换能器的理想性能通常包括高功率或高声强、高效率和宽带宽，这通常在尺寸和重量上是有限制的，更大的声强和更窄的波束需要采用发射换能器基阵(见图 1-9~图 1-11)，将在第 7 章讨论。

　　发射换能器通常具有三维全向性、二维全向性或者单向性。尺寸比声波波长小时，发射换能器具有接近三维全向性，弯张换能器通常是这样的情形。球形换能器在所有频率上都是全向性的，而圆柱形换能器在垂直于轴向的平面上具有二维全向性，在轴向任何平面上都有指向性。圆柱体或环是常用的压电陶瓷元件，当它与一个活塞头部质量和惯性后尾质量结合在一起时，就形成了常用的 Tonpilz 换能器，当活塞的尺寸大于半波长时，就会接近单向波束。大量密集的活塞式换能器可以用来形成一个高度定向的单向波束。通信换能器通常在水平面上是全向的，但它减少了垂直辐射，从而限制了表面和底部不必要的反射。

　　由于隔声材料在高静水压下通常会失去压缩变形，所以工作深度会影响发射换能器的性能。隔声材料经常被用于降低换能器表面的辐射噪声，因为这些噪声可能是反相的，或者是由换能器壳体振动产生的。由于在潜艇压力循环下"永久"偏置可以改变,因此,在高静水压下,压电陶瓷的性能也可以改变。高静水压问题的一个解决方案是采用溢流环,溢流环内部和外部的静水压力是相同的,但其辐射波束不便于形成基阵。

特定应用的工作频带对换能器的类型有重要影响。如果换能器是在低频工作的,那么需要设计具有低谐振频率和易于控制尺寸的换能器,如弯曲或弯张式压电换能器,是最合适的。高频下工作是另一个极端,换能器尺寸必须很小,通常采用的是压电陶瓷金属夹心型换能器。最常见的中频换能器是 Tonpilz 换能器,它由一堆压电陶瓷元件组成包括一个较大的活塞辐射头部质量和一个重惯性尾部质量。这些是最常用于产生强定向波束的换能器。本章将讨论针对特殊工作频带和其他需求的具有特定性能的各种换能器设计,最后,将介绍和讨论模态与低轮廓换能器。

高输出功率和效率对于任何水下发射换能器都是至关重要的,如果需要较宽的工作频率范围,需要设计多个谐振频率、高于谐振频率的质量控制区,这是很难实现的。高输出功率的需求导致了磁致伸缩材料 Terfenol-D、变形陶瓷、单晶材料 PMN-PT 和 PIN-PMN-PT 的发展,这些材料做成的换能器具有较宽的带宽和较高的功率因数。

5.1 工 作 原 理

高功率发射换能器经常是在谐振频率附近工作的,谐振频率附近输出的运动被换能器的机械品质因数 Q 放大。在谐振频率下,机械质量和刚度电抗抵消,并且如果换能器是电调谐的,输入电阻抗在谐振时是阻性的。偏离谐振频率时,阻抗变为部分电抗,将降低功率因数并增加给定输出功率所需的 $V-I$ 乘积。具有高有效耦合系数的换能器需要较小的 $V-I$ 乘积,因此,对于给定频带上的输出功率需要较小的功率放大能力。

低于谐振频率时,存储的电能密度为 $U_e = \varepsilon^T E^2/2$,式(1-19)表明,转换为机械形式的能量密度为 $U_m = k_e^2 \varepsilon^T E^2/2$,其中,$\varepsilon^T$ 是自由介电常数,E 是电场强度,k_e 是换能器的有效耦合系数。对于磁致伸缩换能器,机械能量密度为 $U_m = k_e^2 \mu^T H^2/2$,其中,μ^T 为自由渗透率,H 为磁场强度。如第 2 章所述,谐振时的机械功率密度为 $P = \omega_r Q_m U_m$,压电陶瓷的机械功率密度为

$$P = \omega_r Q_m k_e^2 \varepsilon^T E^2/2$$

式中,Q_m 为机械品质因数;ω_r 为机械角谐振频率。如果陶瓷被充分压缩,它不是动态应力有限的,那么输出功率受到电场强度 E 的限制,通常限制在 10000V/in,或约 4kV/cm(见第 13.14 节)。如果有源材料的体积为 AL,那么总的机械辐射功率为

$$W = \eta_{ea} \omega_r Q_m k_e^2 C_f V^2/2$$

式中,η_{ea} 是电声效率;V 是电压,$C_f = \varepsilon^T A/L$ 是自由能力。

经常使用发射换能器的两个优点,一个优点依赖于换能器的总体积 V_0,定义为

$$\text{FOM}_v = W/(V_0 f_r Q_m)$$

也就是每单位体积的功率除以 Q_m 和谐振频率 f_r,也可以写成 $\text{FOM}_v = \eta_{ea} \pi k_e^2 C_f/V_0$,代替 W 的表达式。当重量比尺寸重要时,这就定义了涉及换能器总质量 M 的另一个优点,即

$$\text{FOM}_m = W/(M f_r Q_m)$$

FOM_v 的单位是 $\text{W}/(\text{Hz}\cdot\text{m}^3)$,而传统 FOM_m 的单位是 $\text{W}/(\text{kHz}\cdot\text{kg})$。如果换能器能在最小的体积内或最轻质量的情形下,对于给定的频率产生最大的功率,那么换能器具有较高的优质因

数,更多的讨论和基于参数的发射换能器的优质因数(FOM)见第 4 章第 4.5 节。只要工作条件相似,就可以用优质因数直接比较不同发射换能器的设计。表 5-1 列出了本章将要讨论的一些弯张换能器(图 1-13)的优质因数[1]。

由于换能材料中储存的电能 $E_e = C_f V^2/2$,也可以用压电材料的体积 V_p 表示为

$$\text{FOM}_v = 2\pi\eta_{ea}k_e^2 E_e V_p/V_0 \text{ 和 } \text{FOM}_m = 2\pi\eta_{ea}k_e^2 E_e V_p/M$$

这和第 4 章的式(4-46a)和式(4-46b)是一致的。从这些表达式可以看出,FOM 是通过有效耦合系数将单位总体积或总质量存储的电能转换为机械能的 $2\pi\eta_{ea}$ 倍。因此,采用高电能存储能力和高材料耦合系数的换能材料,结合高效的换能器结构,以及相应的高效耦合系数和小的换能器体积或质量,可以获得具有较高优质因数的换能器。应该注意的是,如上所述 FOM 的定义,不包括换能器的工作条件。设计在异常高压或承受高冲击或高温条件下工作的换能器时,往往需要增加换能器的质量或体积,或降低有效耦合系数,并产生较低的优质因数。除非考虑到工作条件,否则 FOM 可能会产生误导。

表 5-1 各种 PZT 驱动的弯张压电换能器的性能指标

发射器	$\text{FOM}_m/(\text{W}/(\text{kHz}\cdot\text{kg}))$	$\text{FOM}_v/(\text{W}/(\text{kHz}\cdot\text{m}^3))$
Ⅰ类木桶板换能器	26	63
Ⅳ型弯张换能器	30	64
Ⅴ型环形换能器	55	81
Ⅵ型环形换能器	25	71
星形换能器	28	128

如第 10 章所述,发射换能器的声压 p 正比于面积 A 和平均法向振速 u_n;乘积 Au_n 被称为体积振速或源强度。在远场,声压产生的声强为 $I = |p|^2/2\rho_0 c_0$。因此,高声强要求大面积和高的法向振速。对于有限辐射面积的辐射体,需要较大的振速,相应的位移 $x_n = u_n/j\omega$,随着频率的降低而增大。这是低频情形下获得小声源高声强的最基本的困难。

与低频小声源相关的低辐射电阻是导致低机械效率和低输出功率的另一个难题。在低频段,辐射阻 $R_r = A^2\omega^2\rho_0/4\pi c_0$(见第 10 章),其中,$A$ 是辐射面积,本章 c_0 是声波的速度,ρ_0 是介质密度(还会使用 c 和 ρ 表示其他的声速和密度,不同情况会加以说明)。因此,辐射功率是:

$$W = u_n^2 R_r/2 = u_n^2 A^2\omega^2\rho_0/c_0 4\pi = (x_n A)^2\omega^4\rho_0/c_0 4\pi$$

因此,位移和面积的乘积以平方增加来补偿频率的线性衰减,这严重限制了低频输出功率。通过杠杆臂(见第 5.5 节)或 $\lambda/4$(见第 5.4 节),可放大有限驱动材料的位移,然而活塞面积变换(见第 5.3 节)可用于增加辐射面积。

由于给定振速时,输出功率与辐射阻成正比,所以将换能器的辐射阻设计为最大是很重要的。一种测量辐射阻的方法是所谓的辐射"效率" $\eta_{ra} = R_r/A\rho_0 c_0$,即在声学上,大小一致的辐射体的辐射效率,就像换能器辐射的平面波一样接近于 1。虽然曲面不产生平面波,但如果曲率半径大于关心的声波波长,则它的辐射效率可以接近于 1。重要的是,辐射体表面的振幅和相位不发生变化,因为降低振幅会减少输出功率,相位变化会降低辐射阻和辐射效率。高阶模式振动或主辐射体背面的反相辐射都可以引起反相运动,对于不带后罩活塞的振动,设计换能器的辐射部分与设计换能器的驱动部分一样重要。

此外,选择换能方法和换能材料至关重要。如果采用压电陶瓷,那么在高驱动场下,海军三型(PZT-8)的电损耗最小,因为 PZT-8 在高驱动下的电损耗不会像其他压电陶瓷那么高(见第 13.5 节和第 13.14 节)。另一方面,在较低驱动条件下Ⅰ型(PZT-4)材料是更好的选择,因为它具有较大的常数 d 和耦合系数,变形陶瓷具有更大的常数 d 和更高的耦合系数,在某些应用中,由于磁致伸缩材料 Terfenol-D 功率密度大、阻抗低,它可能是比压电陶瓷更好的选择。新的磁致伸缩材料 Galfenol 提供的功率密度没有压电陶瓷的高,但是它的强度超过压电陶瓷一个数量级,具有更大的抗拉强度,并且可以焊接或串到换能器的其他部分。新的单晶材料,如 PIN-PMN-PT,提供了一个更大的常数 d 和耦合系数,具有更大的输出电势,在没有外部偏置场的情形下,有更好的功率因数。单晶 PMN-PT 材料需要一个额外的偏置场来实现其全部输出电势,偏置场需要额外的电源和配线或永磁体,从而增加了设计的复杂性。磁致伸缩材料 Terfenol-D 和 Galfenol 都要求有偏置场,也必须对其进行层压,以减少涡流损耗。这些换能材料的性质,以及用于换能器的其他材料,都将在第 13.5 节~第 13.7 节给出。

5.2 环形和球形换能器

环或短薄壁圆柱,是最常见的水声换能器形式之一,用于发射换能器和水听器。它可以堆叠形成一个线列阵,端部封闭空气或溢流工作于 31 压电模式或 33 压电模式。如果环的高度小于介质中的声波波长,这种形状在垂直于轴的平面上和通过轴的平面上不具有指向性。与功能材料的波长相比,一个小的高度也可以防止激发扩展和弯曲振动模态。在周向振动模式下,圆环径向的单质量振动是电场或磁场引起圆环的周向扩展和伸缩的结果,可以由一个简单的集总等效电路表示。

5.2.1 31 模式压电环

31 模式压电环是最常用的环形换能器。与其他换能器相比,它通常不贵,并且达到了几乎等于 k_{31} 的有效耦合系数。通常,在陶瓷环上加两个引线、两个端盖和防水封装是制造这种换能器所需的全部材料。此外,等效电路可采用形式最简单的换能器。图 5-1 所示为一个 31 模式压电环的草图,在柱面内外有电极,压电坐标 1、2、3 如图所示。

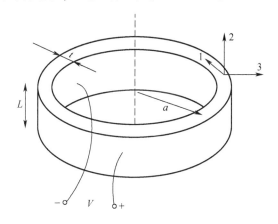

图 5-1 平均半径 a、厚度 t 和长度 L 的 31 模式压电环

1方向是圆周方向,2方向是长度方向,3方向是径向。在31模式中,主应力和主应变位于周向,通过一个正交于周向的电场,激励压电环以圆柱模式振动。虽然这不是激发周向运动的最优方法,但因为它的构造简单,所以比较常用。假设圆环的壁厚t与平均半径a相比较小,长度L小于平均直径$D=2a$。同时假定末端可以自由移动,未施加载荷时,有$T_2=0$,并且圆柱体内部充满空气,通过底部端帽对外部流体介质进行声学隔离。因为电极表面是等电位的,且t很小,所以,在内外表面和整个圆柱体中$E_1=E_2=0$。这些条件确定了压电方程组为

$$S_1 = s_{11}^E T_1 + d_{31} E_3 \tag{5-1}$$

$$D_3 = d_{31} T_1 + \varepsilon_{33}^T E_3 \tag{5-2}$$

径向运动方程可以由式(5-1)给出。将式(5-1)中的周向应变S_1写成ξ/a,有

$$\xi/a = s_{11}^E F/tL + d_{31}V/t \tag{5-3}$$

式中,ξ是径向位移,从$2\pi a$到$2\pi(a+\xi)$变化,如图5-2所示;F是周向力,$F=T_1 tL$。力F可能与径向力F_r有关,如图5-3所示。

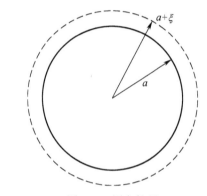

图5-2 周向扩展

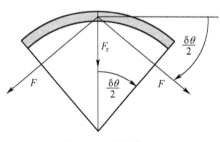

图5-3 径向力F_r

对于较小的$\delta\theta$,$F_r = 2F\sin(\delta\theta) \approx F\delta\theta$,并且由于该力作用在环上的每一个点,因此,总的径向力为$F_r = 2\pi F$。对于小位移ξ,密度为ρ的整圆环,以质量$M = \rho 2\pi atL$运动,那么径向运动方程为

$$M\ddot{\xi} = F_0 - F_r = F_0 - 2\pi F \tag{5-4}$$

式中,F_0是任何额外的力,如径向运动表面的辐射力或入射声波产生的力。替换式(5-3)中的周向力F,有

$$M\ddot{\xi} + K^E \xi = NV + F_0 \tag{5-5}$$

式中,短路的径向刚度$K^E = 2\pi tL/s_{11}^E a$,机电匝数比$N = 2\pi L d_{31}/s_{11}^E$。在正弦激励条件下,方程

(5-5)变为

$$j\omega M\dot{\xi} + (K^E/j\omega)\dot{\xi} = NV + F_0 \tag{5-6}$$

式中，F_0 包括机械阻抗 R_m、辐射阻抗 Z_r，那么振速 $u = \dot{\xi}$ 的解为

$$u = NV/(j\omega M + K^E/j\omega + R_m + Z_r) \tag{5-7a}$$

式中，NV 是径向单自由度质量/弹簧系统的压电驱动力。

相对于水中加载，空气加载条件下，Z_r 可以忽略。当 $\omega M = K^E/\omega$ 时发生机械谐振，谐振频率 $\omega_r^2 = K^E/M = 1/s_{11}^E \rho a^2$。由于棒中传播的声速 $c = (1/s_{11}^E \rho)^2$，因此，发生谐振的频率为

$$f_r = c/2\pi a \text{ 和 } f_r D = c/\pi = \text{常数} \tag{5-7b}$$

对于海军 I 型（PZT-4）材料，频率常数（见第 13.6 节）$f_r D = 41\text{kHz} \cdot \text{in}$①，给出了一种简单评估所需谐振频率平均直径的方法。由于波速 $c = f\lambda$，所以当波长等于周长时产生谐振。虽然这是谐振条件的一种有用关系，但因为连续的圆周没有边界条件，所以圆柱周向没有驻波。然而，可以将波长条件解释为两个半波长的谐振棒，形成半圆并连接到它们的末端，形成一个完整的波长结构。圆环中的周向波满足周期性条件 $2\pi a/\lambda = 1, 2, 3, \cdots$，这是增强振动的最优条件。

消除式(5-1)和式(5-2)中的 T_1，可以由式(5-2)得到圆环的输入电导纳为

$$D_3 = (d_{31}/s_{11}^E)S_1 + \varepsilon_{33}^S E_3 \tag{5-8}$$

式中，如第 2 章所述，夹持状态介电常数 $\varepsilon_{33}^S = \varepsilon_{33}^T(1 - k_{31}^2)$，$k_{31}^2 = d_{31}^2/s_{11}^E \varepsilon_{33}^T$。如果给定单位面积上电荷 Q 下的电介质位移为 D_3，那么式(5-8)变为：

$$Q/(2\pi aL) = (d_{31}/s_{11}^E a)\xi + \varepsilon_{33}^S V/t \tag{5-9}$$

电流为

$$I = dQ/dt = (2\pi a L d_{31}/s_{11}^E)u + \varepsilon_{33}^S(2\pi aL/t)dV/dt \tag{5-10}$$

在正弦激励条件和静态电容 $C_0 = (2\pi aL/t)\varepsilon_{33}^S$ 下，式(5-10)给出的输入电导纳为

$$Y = I/V = Nu/V + j\omega C_0 \tag{5-11}$$

替换式(5-7a)中的 u/V，得到电导纳的最终表达式为

$$Y = G_0 + j\omega C_0 + N^2/(j\omega M + 1/j\omega C^E + R_m + Z_r) \tag{5-12}$$

这里，增加了电气损失电导 $G_0 = \omega C_f \tan\delta$（见第 2 章和第 3 章），并且引入了电容 $C^E = 1/K^E$，类似于如图 5-4 所示的机电等效电路中的电容组件。

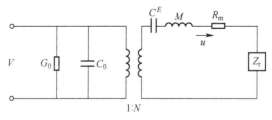

图 5-4 压电环的等效电路

在上述模型中，假设电极位于圆柱表面的内部和外部，因此，极化的方向是径向。但是，如果电极放置在图 5-1 中环形表面的顶部和底部，那么，圆环是沿着方向 2 极化的，且有 $C_0 = $

---

① 1in = 2.54cm。

$(2\pi at/L)\varepsilon^S$ 和 $N = 2\pi td_{31}/s_{11}^E$，而不是上面径向极化情况的值。

电路图 5-4 或式(5-7a)都可用于获得圆环径向振速；然而，不能获得辐射阻抗或远场声压和圆环径向振速之间关系的精确封闭解。另外，基于有限长及无限扩展刚性振动圆柱的 Laird-Cohen 模型[2]（见第 10 章），给出了远场声压的较好近似。采用傅里叶级数法[3]可以获得该模型的辐射阻抗（见第 11.2 节）。环形换能器的辐射阻抗也可以用相同辐射面积（半径 $a_s = (aL/2)^{1/2}$）的等效球体近似，其辐射阻抗（见第 10.4.1 节）为

$$Z_r = R_r + j\omega M_r = A\rho_0 c_0[(ka_s)^2 + jka_s]/[1 + (ka_s)^2] \quad (5-13)$$

式中，面积 $A = 4\pi a_s^2 = 2\pi aL$；ρ_0 和 c_0 为水的密度和声速；波数 $k = \omega/c_0$。

用式(5-13)作为辐射阻抗的近似，那么机械品质因数 Q_m 为

$$\begin{aligned}Q_m &= \omega_r(M + M_r)/(R_m + R_r) = \eta_{ma}\omega_r(M + M_r)/R_r = \eta_{ma}[\omega_r M/R_r + \omega_r M_r/R_r]\\ &\approx \eta_{ma}[(k_r a_s + 1/k_r a_s)(t\rho/a_s\rho_0) + 1/k_r a_s]\end{aligned}$$
$$(5-14)$$

式中，$k_r = \omega_r/c_0$。由该式可以看到，第一项取决于壁厚 t；剩下的项 $1/k_r a_s$ 是由比值 $\omega_r M_r/R_r$ 产生的该比值是辐射 Q 的测量值，仅取决于辐射加载条件。如果壁厚极小，这一项就占主导地位。对于较大的 $k_r a_s$，辐射质量可以忽略不计，而式(5-7b)保持不变，那么式(5-14)可简化为

$$Q_m \approx \eta_{ma}(t/a)(\rho c/\rho_0 c_0) \quad (5-15)$$

这表明，如果 $t \ll a$，圆柱形换能器有较宽的带宽。

例如：机声效率的典型数值为：$\eta_{ma} = 0.8$，$t/a = 0.2$，$\rho c/\rho_0 c_0 = 22.4\times 10^6/1.5\times 10^6 = 14.9$，得到比较低的机械品质因数 $Q_m = 2.4$。在实际应用中，圆环的谐振通常发生在 $k_r a_s \approx 2$，Q_m 近似为 3.5，在式(5-14)中令 $\rho/\rho_0 = 7.8$ 也可以得到该结果。

辐射质量总可以（第 5.8.1 节中有例外）降低谐振频率，并且当 $k_r a_s$ 较低时，辐射质量近似为 $4\pi a_s^3 \rho_0$，谐振频率为

$$f_r \approx (c/2\pi a)(1 + 4\pi a_s^3 \rho_0/M)^{-1/2} = (c/2\pi a)(1 + \rho_0 a_s/\rho t)^{-1/2} \quad (5-16)$$

对于 $t \ll a_s$ 的情形，这可能导致谐振频率的显著降低。对于小圆环，远场声压可以用球面辐射模型将其表示为径向振速的形式，而径向振速可以由式(5-7a)或等效电路图 5-4 给出。

$$p(r) = j\omega\rho_0 Aue^{-jkr}/4\pi r(1 + jk_r a_s) \quad (5-17)$$

环形压电换能器的典型设计包括金属板或弯曲陶瓷隔声端帽，以防止水进入换能器内部。端帽有时会被一根沿圆环轴向的硬杆分开，它会在距离环的两端保持一个较小的距离，防止环径向运动的夹持。软隔声材料，如橡胶浸渍软木（corprene）或纸（见第 13.2 节）也可用作隔声端帽。圆柱可以用玻璃纤维包裹，以防止高驱动下的拉伸工作，也可以用橡胶、聚氨酯或两者兼用包裹。在大的静水压 P_0 下，压缩陶瓷环的周向应力 $T = P_0 a/t$，允许在较高的动应力下工作。

例如：在 1000ft 的水深下，海水环境压力为 444psi，对于 $a/t = 10$ 的情形，环上的压缩周向应力为 4440psi。另一方面，如果环境压力导致的应力达到大于 10000~15000psi，压电参数就会退化，从而导致换能器性能的降低（参见第 13.14 节）。

多个声学隔离的环可以叠加成线阵，可以从垂射到端射方向进行扫描，而在垂直于基阵轴线的平面上保持全指向模式（见第 7 章）。

5.2.2 33模式压电环

31模式环形换能器虽然简单有效,但电场直接作用在圆周方向(比如主应力和应变的方向)引起的33工作模式可以获得更大的耦合、更高的输出功率和效率。这通常是由压电陶瓷元件机械串联结合而成的,其中的电极如图5-5(a)所示。另一种方法是使用电极条纹与周向极化,如图5-5(b)所示;并且在图5-5(a)的分段环中,换能器通常与并联的所有元件一起使用。

图5-5(a)的分段构造允许添加非功能材料改善换能器的性能。由于圆环被相同的电极极化,所以图5-5(b)的条纹图中,位于电极下面的一小部分陶瓷是未被极化的,该部分的弹性模量近似等于极化材料的开路模量。

Butler[4]给出了具有非功能材料段的33模式环形换能器的模型,并使用图5-4的电路进行了总结。当弹性模量为 s_i 的非功能材料的宽度为 w_i,弹性模量为 s_{33}^E 的压电功能材料的宽度为 w_a,那么有效耦合系数为(见式(4-30))

$$k_e^2 = k_{33}^2/(1 + s_i w_i / s_{33}^E w_a) \tag{5-18}$$

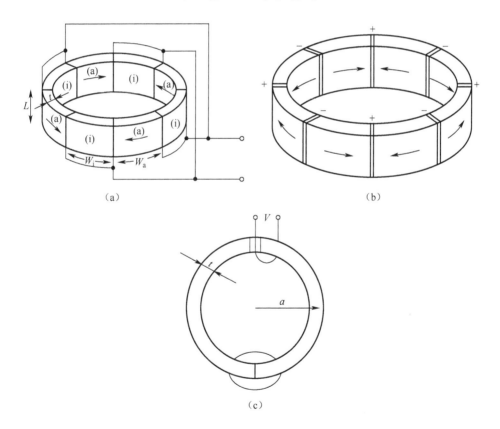

图5-5 (a)具有非功能材料段(i)与有源压电段平行交错黏接的分段环,
箭头表示残余极化的方向[4];(b)条纹33模式压电陶瓷圆柱;
(c)由两个半球组成的球形压换能器截面,电极在内外表面上

式中,$k_{33}^2 = d_{33}^2/s_{33}^E \varepsilon_{33}^T$。非功能材料可以表示黏接层,条状电极屏蔽固体环的部分,或附加材料

（如铝），可用于降低 Q_m，以及优化换能器的性能以满足特定的应用。

在横截面积为 $A_\mathrm{c} = tL$，存在 n 个功能材料段和 n 个非功能材料段的情形下，总的平均周长为 $2\pi a = n(w_\mathrm{i} + w_\mathrm{a})$，圆环的质量是 $M = nA_\mathrm{c}(\rho_\mathrm{i} w_\mathrm{i} + \rho w_\mathrm{a})$，其中，$\rho_\mathrm{i}$ 是非功能材料段的密度；ρ 是功能材料段的密度。图 5-4 所示等效电路的其余参数为

$$C_0 = nA_\mathrm{c} \varepsilon_{33}^T (1 - k_\mathrm{e}^2)/w_\mathrm{a} \tag{5-19a}$$

$$N = 2\pi A_\mathrm{c} d_{33}/(s_\mathrm{i} w_\mathrm{i} + s_{33}^E w_\mathrm{a}) \tag{5-19b}$$

$$C^E = n(s_\mathrm{i} w_\mathrm{i} + s_{33}^E w_\mathrm{a})/4\pi^2 A_\mathrm{c} \tag{5-19c}$$

从而得到空气中的谐振频率为

$$f_\mathrm{r} = (w_\mathrm{i} + w_\mathrm{a})/2\pi a \left[(\rho_\mathrm{i} w_\mathrm{i} + \rho w_\mathrm{a})(s_\mathrm{i} w_\mathrm{i} + s_{33}^E w_\mathrm{a}) \right]^{1/2} \tag{5-20}$$

且机械品质因数 Q_m 为

$$Q_\mathrm{m} = \left[2\pi A_\mathrm{c}/(R_\mathrm{m} + R_\mathrm{r}) \right] \left[(\rho_\mathrm{i} w_\mathrm{i} + \rho w_\mathrm{a})/(s_\mathrm{i} w_\mathrm{i} + s_{33}^E w_\mathrm{a}) \right]^{1/2} \tag{5-21}$$

式(5-20)和式(5-21)表明，密度小于陶瓷材料密度的非功能材料，将会产生一个低的 Q_m；具有较高弹性柔度（$s_\mathrm{i} > s_{33}^E$）的材料，将会产生一个较低的谐振频率。

对于没有非功能材料的情形，即 $w_\mathrm{i} = 0$，$f_\mathrm{r} = (1/2\pi a)(1/\rho s_{33}^E)^{1/2} = c/2\pi a$，从而导致恒定频率 $f_\mathrm{r} D = 37 \mathrm{kHz} \cdot \mathrm{in}$，低于第 5.2.1 节中的 31 模式。

更重要的是，33 模式环的耦合系数和常数"d"大约是 31 模式环的两倍，并且使功率因数得到大幅提高，带宽更大。式(5-13)的辐射阻抗和式(5-17)的远场压力可用于近似评估 33 模式环的性能。

5.2.3 球形换能器

球形薄壳换能器能够提供一种近乎理想的指向性波束。它通常由两个半球形的壳体组成，它们被黏合在一起，并在内部和外部电极表面之间施加径向电场。两个外电极和两个半球的内电极连接在一起。在两个半球的交界处，内电极上的导线穿过一个绝缘的连接器，进入球体的一个小洞中，如图 5-5(c) 所示。

虽然更大的尺寸可以通过球面三角段[5]制造而成，但是球体的大小通常被制造过程限制到大约 6in 的直径。这种换能器即使在波长小于球体尺寸的频率下工作，也具有全向性波束，所以特别有用。由于形状为球形，这种换能器可以在相当深的地方工作，而且由于它有平面工作模式，有一个平面模式耦合系数 k_p（见第 5.4.3 节），大约是 31 模式环和 33 模式环的一半。但是制造成本比第 5.2.1 节所述的 31 模式环换能器的成本高得多。

球形换能器的独特之处在于，它是唯一可以通过一个简单的闭合表达式精确表示辐射载荷的换能器，因此，在水载荷条件下，可以用精确的代数公式计算出谐振频率和机械品质因数。与环形换能器的情况一样，基本的全向径向（或所谓的脉动）振动模式可以用一个简单的集总等效电路模型来表示，并且该模型适用于一般情况下的壁厚 $t \ll 2a$，其中，a 是平均半径。当在电极表面之间施加径向电场 E 时，就会产生周向应力，使球壁在径向以集总质量 $M = 4\pi a^2 t\rho$ 膨胀，其中，ρ 是材料的密度。这个质量径向振动的谐振频率是有效径向刚度与质量 M 的比值的平方根的 $1/2\pi$ 倍。

该模型中除了在 1 和 2 方向上的应力和应变导致的球壳周长方向的平面扩展外，其他分析与第 5.2.1 节 31 模式环相似。该分析结果由 Berlincourt[6] 给出，并可以利用图 5-4 所示等效电路进行说明。在面积 $A = 4\pi a^2$ 和 $a \gg t$ 的情形下，等效电路参数为

$$C_0 = A\varepsilon_{33}^T(1-k_p^2)/t, N = 4\pi a d_{31}/s_c^E, M = 4\pi a^2 t\rho, C^E = s_c^E/4\pi t \tag{5-22}$$

式中,平面耦合系数是 $k_p^2 = d_{31}^2/\varepsilon_{33}^T s_c^E$ 和 $s_c^E = (s_{11}^E + s_{12}^E)/2$。空气中谐振时,$\omega_0^2 = 1/MC^E$,$\omega_0 = c/a$,其中,波速 $c = (1/\rho s_c^E)^{1/2}$。

式(5-13)的辐射阻抗正好适用于将 a_s 用球体的外半径替代;或者,对于薄壁球体,用平均半径 a 代替 a_s,是一个极好的近似,从而给出辐射阻 R_r 和辐射质量 M_r 为

$$R_r = \rho_0 c_0 A(ka)^2/[1+(ka)^2], M_r = M_0/[1+(ka)^2] \tag{5-23}$$

式中,$M_0 = 4\pi a^3 \rho_0$。谐振时,$\omega_r M + \omega_r M_0/[1+(\omega_r a/c_0)^2] = 1/\omega_r C^E$,导致 $(\omega_r/\omega_0)^2$ 的二次方程为

$$(\omega_r/\omega_0)^4 + [(1+a\rho_0/t\rho)(c_0/c)^2 - 1](\omega_r/\omega_0)^2 - (c_0/c)^2 = 0$$

其解为

$$\begin{aligned}(\omega_r/\omega_0)^2 = &[1 - a\rho_0 c_0^2/t\rho c^2 - (c_0/c)^2]/2 \\ &+ \{[1 - a\rho_0 c_0^2/t\rho c^2 - (c_0/c)^2]^2/4 + (c_0/c)^2\}^{1/2}\end{aligned} \tag{5-24}$$

对于 $a/t = [(c/c_0)^2 - 1]\rho/\rho_0$ 的特殊情况,式(5-24)可以简化为 $\omega_r = \omega_0(c_0/c)^{1/2}$。这个例子对应的是一个极薄的壳,对于 PZT-4 材料,$a/t = 101$ 时,$\omega_r = 0.51\omega_0$;对于特殊 a/t 的值,如 10,$\omega_r = 0.95\omega_0$。

水载荷作用下,机械品质因数 Q_m 的通解是:

$$Q_m = \eta_{ma}\omega_r(M + M_r)/R_r = \eta_{ma}[k_r t\rho/\rho_0 + (1+t\rho/\rho_0 a)/k_r a] \tag{5-25}$$

式中,$k_r = \omega_r/c_0 = 2\pi/\lambda_r$。该式表明,当球体的尺寸相对于介质中的波长较大时,与式(5-25)的第二项相比,Q_m 是由第一项控制的;当球体尺寸比波长小时,由于质量负载的作用,Q_m 是由第二项控制的。

球体结构比较坚固,它可能淹没到两倍于圆柱体的深度。对于球体,由环境压力 P_0 所引起的周向应力是 $T = P_0 a/2t$,而圆柱体的情形为 $P_0 a/t$。部分球体可以被覆盖或屏蔽,以控制辐射,并形成除了自然全指向性情况外的波束模式[7]。在谐振频率附近,仅用半球形的部分就可以得到近似于 180°的波束模式;在这种情形下,空气中的谐振频率比一个完整的球体高出 24%[5]。由于具有良好的机械和电气结构,如果将较大的直流偏置电压施加于法向预极化压电陶瓷材料上,选择球形换能器,可以获得近 10dB 的大输出功率[8]。

5.2.4 磁致伸缩环

磁致伸缩环形换能器通过绕环匝数为 n 的励磁线圈,也可在径向模式下工作,如图 5-6 所示。Butterworth 和 Smith[9] 最先给出了它的等效电路表示,等效电路机械部分的迁移率形式如图 3-20 所示,其中,L_0 为截止电感,χ 是涡流因子,N 是机电匝数比,C^H 是开路有效径向电容,M 是圆环的质量,R_m 是机械损耗电阻,Z_r 是辐射阻抗。

等效的电路元件为

$$L_0 = \mu_{33}^S n^2 A_c/2\pi a, N = d_{33} A_c n/a s_{33}^H, C^H = a s_{33}^H/2\pi A_c, M = \rho 2\pi A_c \tag{5-26}$$

式中,换能参数在第1、2、3章中已经讨论过,A_c 是 33 模式下工作的圆环的横截面积。如第 3 章所述,图 5-7 所示的对偶电路和直接等效阻抗表示也可用来描述换能器。

Terfenol-D 棒可用于制造八角形,如图 1-15[10] 所示,或方形[11],或环形结构,在杆的交点处支撑活塞,形成外圆柱结构。磁直流偏置场可以通过相同的交流线圈或附加线圈施加。磁致伸缩环形换能器也可由长条形镍或铁钴合金(铁钴 50% 合金)加工而成,并将其卷成卷轴。这

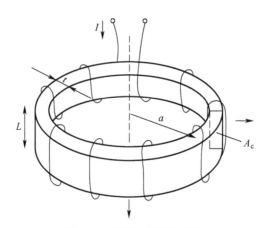

图 5-6 磁致伸缩环换能器

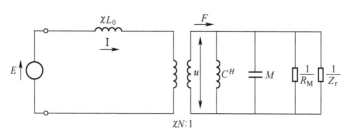

图 5-7 机械部分的迁移率电路表示

种设计很坚固,比较简单,并且可以做得很大。在深潜器的应用中,它一直被用作低频溢流式发射换能器。

5.2.5 溢流环

水下环形发射换能器通常在两端隔离和内部充满空气的情形下工作。对于深度下潜工作情形,有时内部充满流体,流体作为附加的径向刚度,提高了谐振频率,降低了有效耦合系数。另外,当内部是溢流时,如果允许溢流环辐射并与外表面的辐射结合,那么可以利用内表面的运动以及内部流体的压缩。溢流环已被广泛应用于深潜方面,而其他类型换能器在此深度无法承受。McMahon[12]和其他一些人已经制作并测试了由压电材料制成的溢流环基阵。

图 5-8 为横截面长度为 $2L$ 的溢流环,以及一个较简单有流体端口的半空间模型,并且流体端口是对称的。

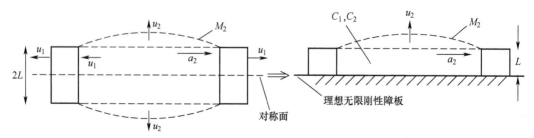

图 5-8 半平面对称的溢流环

溢流环的声场比大多数换能器更难以计算,因为溢流环的外部、内部、顶部和底部以及两个端口,都是辐射面。在环形坐标中,一个恒定的坐标面是环面,当环的高度和厚度相等时,该坐标提供了一种能够给出远场声压结果的可能方法[13]。由于 L 通常比波长短得多,其他的方法,比如用刚性障板上的活塞来模拟端口的辐射,可能更实用一些。

当圆环膨胀时,外表面压缩周围的流体,而内表面使环内流体膨胀,产生一个近似 180° 的反相偶极环,导致低频段环轴向部分被部分抵消。但是,由于内部和外部区域的不同,以及可探测的圆环厚度和高度模态辐射的不同,轴上声压通常不为零。在亥姆霍兹谐振频率 ω_h 处,内部流体(半长)轴向电容为 $C_2 = L/\beta\pi a_2^2$,辐射质量为 M_2,在端口有 $\omega_h^2 = 1/C_2 M_2$,其中,$\beta = \rho_0 c_0^2$ 为流体的体模量。这里声压有一个额外的 90° 相移,导致轴上产生一个旁瓣,如图 5-9 所示。高于亥姆霍兹谐振频率时,声压的相移会降低,辐射抗(ωM_2)显著降低了内室的输出功率。溢流环的通带响应如图 5-10 所示,其中 f_r 和 f_h 分别为环谐振频率和亥姆霍兹谐振频率。

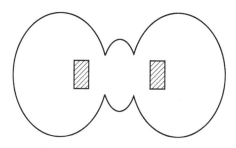

图 5-9 溢流环的典型指向性图

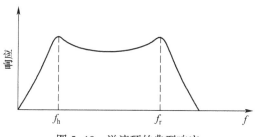

图 5-10 溢流环的典型响应

亥姆霍兹(或喷射)谐振频率通常等于或低于环谐振频率。如果 f_r 和 f_h 非常接近,那么中频段将减少。由于取消了相移,低于 f_h 的频率幅值下降速度比通常要快。

内表面和外表面的声学耦合类似于低音反射扬声器系统[14],扬声器锥体的背面通过一个管道在圆锥体的前面移动,该管道内部容积为亥姆霍兹谐振系统。Lyon[15] 给出了亥姆霍兹腔与扬声器锥体之间互辐射阻抗的耦合。如果只考虑径向振动模式,而忽略环长度和壁厚模式的辐射,就会得到一个具有内部流体耦合的半波长环的合理的完整电路模型。这种相对简单的电路模型,没有互辐射阻抗耦合,如图 5-11 所示。

Z_r 为外表面积为 A_1 的圆环的自辐射阻抗,Z_p 为面积为 A_2 的腔室的自辐射阻抗,R_2 是由于环内黏性液体振动引起的腔室机械损失,$C_1 = 1/\beta 4\pi L$ 是刚性封闭($u_2 = 0$)内部体积的径向电容。

圆环外部和内部的振速是 u_1,腔体的振速是 u_2。对于同样的体积振速,溢流环的谐振频率远低于亥姆霍兹谐振频率,$A_2 u_2 = -A_1 u_1$,所以 $u_2 = -u_1 A_1/A_2 = -u_1 2\pi a_2 L/\pi a_2^2 = -u_1 2L/a_2$。因

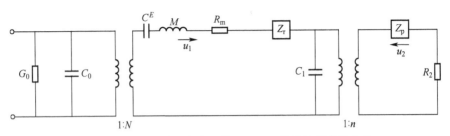

图 5-11 带环和端口辐射阻抗 Z_r 和 Z_p 的溢流环等效电路

此,在图 5-11 中,腔体振速与圆环振速连接起来的声学变压器比是 $n = -u_1/u_2 = a_2/2L$。注意,由于变压器将轴向运动连接到径向运动,因此,轴向电容 $C_1/n^2 = L/\beta\pi a_2^2$。由于半平面的对称性及 L 足够小,刚性障板上活塞的阻抗可以近似为 Z_p(如果圆环的一个端口被重物堵塞,没有无限的刚性障板,端口的辐射抗负载降低了大约一半,而这个单边的溢流环被称为"喷射器")。如果两个端口都被阻塞,则 $u_2 = 0$,图 5-11 的电路将进一步简化为图 5-12 所示的流体填充封闭环的电路。

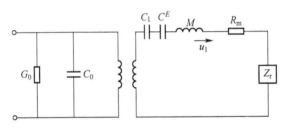

图 5-12 流体填充封闭环的等效电路

这里 $C_1 = 1/\beta_1 4\pi L$,其中,β_1 是封闭流体的体积模量。封闭流体将圆环的耦合系数 k 降低到有效的耦合系数 k_e,即(见式(4-29))

$$k_e^2 = k^2/[1 + (1 - k^2)C^E/C_1] = k^2/(1 + s^D\beta_1 2a/t) \tag{5-27}$$

式中,s^D 为圆柱关心模态的开路弹性模量。可以看到,如果 t 很小,且 β_1 很高,那么有效耦合系数将被显著降低。

内部封闭流体的体积模量不仅降低了有效耦合系数,而且提高了谐振频率。这些效果可以通过插入更柔顺的液体,如硅油,或更符合要求的结构,如扁平的空气柱状管[16],即所谓的压扁管,来最优化。这些管子已经被用在充满流体的弯张换能器中(见第 5.5 节),从而使换能器可以工作在更大的深度。

在理想的径向工作条件下,如果环的长度足够短,可使得长度扩张和弯曲模态的谐振频率远远高于圆环基本的谐振频率。圆环可能是堆叠的,它们之间相互隔离,每一个圆环上面的圆环长度有所增加,这样就可以产生一个半波长的流体谐振器,它可以由压电环的径向运动直接激励。长度扩张管可以由附加阻抗 $Z = -1/j\omega C_2 - j\rho_0 c_0 \pi a_2^2 \cot kL$ 与腔体辐射阻抗 Z_p 建模;注意,在低频段或 L 较小的情形,增加的阻抗 $Z \approx -1/j\omega C_2 + \rho_0 c_0^2 \pi a_2^2/j\omega L = 0$。由于扩张管不再是短管,而且末端不接近中面,所以用刚性障板上的活塞模型是不准确的,用管末端的辐射模型[17]或与一个距刚性障板 L 的等效球体的近似模型,可能更合适。

多端口环形换能器[18,19]是另一种类型的溢流环,其中,同心管用于创建带通滤波器,频率远低于圆环的谐振频率。多端口换能器的截面图和后视图如图 5-13 所示,该图显示了一个压电圆环(通常为33模式),通过它的内表面和外表面的外管谐振,激起了内管谐振。

内管和外管形成两个半波长流体谐振器,其中,外短管在内管上方约一个倍频程处、由于两个180°相移的结果,两个谐振器之间获得了平滑的叠加响应,类似于图5-10所示的曲线,这使来自内管和外管的远场声压同相。第一个180°相移由压电驱动器的两个管子激励产生;第二个180°相移发生在两个管子谐振频率之间的范围内,其中一个管子处于质量控制区域,另一个管子处于刚度控制区域。

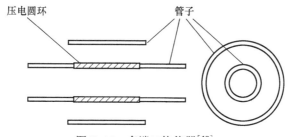

图5-13 多端口换能器[19]

5.2.6 多模环

前几节中,考虑了环形换能器以基本的"脉动"模式工作,它的径向扩张由均匀的径向或周向电场激发。圆环的高阶拉伸模态可以由一个依赖于方位角$\cos(n\varphi)$的周向电场激发。文献[20]给出了这些模态的谐振频率f_n,即

$$f_n = f_0 (1 + n^2)^{1/2} \tag{5-28}$$

式中,空气中圆环的基本谐振频率$f_0 = c/\pi D$,c为圆环中杆的声速,D为圆环的平均直径。图5-14给出了无指向性、偶极子和四极子模式环的径向表面位移。偶极子模式的谐振频率是$f_1 = f_0 (2)^{1/2}$,四极子模式的谐振频率是$f_2 = f_0 (5)^{1/2}$,高阶模式的谐振频率为$f_1 \approx n f_0 (n \gg 1)$。一种$\cos(n\varphi)$的理想电压分布,仅能激发第$n$种模式;然而,一个近似的方波通常足以激发所需模式,尽管其他相应的模式幅度较低。电压可施加于有间隙的电极之间,并且以适当的相位反转或直接连接。如图5-15所示,分别为31模式环的偶极子和四极子模式,它们分别有2个和4个间隙。

Ehrlich[21]最先将圆环的偶极子模式用于定向检测,使用无指向性模式作为参考,以确定偶极子的哪些旁瓣收到信号,从而解决了定向模棱两可的问题(见第6章)。Gordon等给出了换能器偶极子模式的模型[22],Butler等又将其扩展到发射换能器四极子模式的模型[23]。四极子模式可以看作无指向性模式与偶极子模式的结合,从而得到归一化的波束函数为

$$F(\varphi) = (1 + A\cos\varphi + B\cos 2\varphi)/(1 + A + B) \tag{5-29}$$

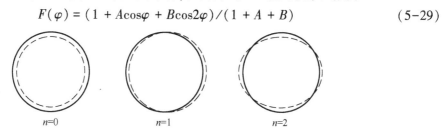

图5-14 无指向性、偶极子、四极子模式环的振型

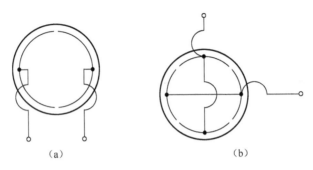

图 5-15 偶极子(a)和四极子(b)模式的接线激励方案

$A=1$ 和 $B=0.414$ 是一种特殊情形,可以产生宽度为 $90°$ 的波束。可以通过改变环形换能器 8 个电极上电压的分布来控制 $45°$ 增量,该波束的合成如图 5-16 所示。

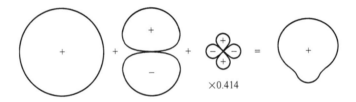

图 5-16 $90°$ 波束合成[23]

通过选择工作带宽[23]或电压均衡化,实际上通常可以将权重因子 A 和 B 保持为常数。

一般来说,圆环每个工作模态贡献的压力 p_n 可能取决于所需的远场压力函数 $p(\varphi)$ 的傅里叶级数,即

$$p_n = (\delta_n/\pi)\int_0^\pi p(\varphi)\cos(n\varphi)\mathrm{d}\varphi \tag{5-30}$$

式中,$\delta_0 = 1, \delta_n = 2(n>0)$。基于 Laird-Cohen[2] 具有刚性轴向扩展圆柱模型的解[参见式(10-34)],可以得到圆环的模态振速为

$$u_n/u_0 = (p_n/p_0)\mathrm{e}^{-\mathrm{j}n\pi/2}\mathrm{H}_n'(ka)/\mathrm{H}_0'(ka) \tag{5-31}$$

式中,$\mathrm{H}_0'(ka)$ 为第二类 n 阶圆柱形 Hankel 函数的导数。通过类比式(5-7a),可以得到振速 u_n 与施加电场 E_n 的关系为

$$u_n = \mathrm{j}\omega\omega_0^2 a d_{31} E_n/[(1+n^2)\omega_0^2 - \omega^2 + (1-n^2\omega_0^2/\omega^2)\mathrm{j}\omega Z_n/\rho t] \tag{5-32}$$

式中,ω_0 为基本角谐振频率;a 为平均半径;ρ 为密度;t 为圆柱体壁厚;d_{31} 为压电系数[22]。Z_n 是特定声辐射模态的阻抗,$Z_n = p_n/u_n$,p_n 为模态声压。对于小圆环,可以用球体的模态阻抗近似(见第 10.4.1 节)。其他情形,模态阻抗可以通过傅里叶级数法得到[3](见第 11.2 节)。波束可以由附加模态形成,如式(5-29),可以得到一个独立于频率的波束,前提是这些系数在关心的频率范围内保持为实常数。

适当分布的电压驱动下,可以得到由离散换能器组成的与圆柱形基阵同样的辐射模式(见第 7.1.4 节)。

5.3 活塞式换能器

虽然球形和环形声源至少在一个平面上是无指向性的,但活塞式换能器通常将声音发射到一个方向上,该方向取决于换能器的大小与波长的关系。这些换能器组成的大型基阵用于向特定区域发射高指向性、高声强声波波束,将在第 7 章中讨论。由于活塞式换能器非常适合于大型的封闭基阵,所以在水声学中,活塞式换能器比其他任何类型的换能器都常用。移动线圈和可变磁阻活塞式换能器通常在 600Hz 以下的频率范围内使用,在该频率范围内,压电或磁致伸缩换能器的尺寸对大多数应用来说都太长了。然而,机械杠杆式压电 X-弹簧活塞换能器的工作频率可以低至 300Hz 和高达 50kHz。Tonpilz 集总模式换能器的工作范围为 1~50kHz,夹心式传输线换能器的频率覆盖范围为 10~500kHz,而压电片、切粒板或压电复合材料制成的换能器,频率范围从大约 50kHz 到 2MHz 以上。最常用的声纳发射换能器是 Tonpilz 换能器,下面开始讨论这类活塞式换能器的设计。

5.3.1 Tonpilz 发射换能器

Tonpilz 换能器(见图 1-7 和图 1-8)的名字取自德国的"声音蘑菇"或"音乐蘑菇"[24],这可能是因为它采用一个细长的驱动部分驱动一个巨大的活塞头部质量,这使得它呈现为蘑菇形的横截面。这一概念和尾部质量允许一个紧凑的方法使其在中频段可以获得高的输出功率,而不需要一个过长的压电陶瓷或磁致伸缩驱动器堆栈。图 5-17 展示了一个典型 Tonpilz 换能器横截面的示意图。该图给出了一个 33 模式驱动的环组[25],其中,4 个平行连接的 PZT 环驱动一个相对较轻但刚度较强的活塞质量,活塞的另一端有相对较重的尾部质量。

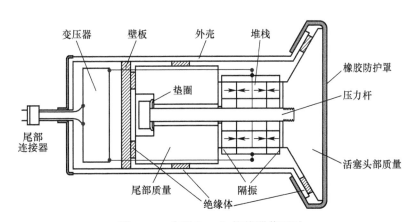

图 5-17 典型 Tonpilz 换能器截面图

其他部件包括机械隔振、外壳、调谐网络变压器、头部周围的橡胶外壳和水下电连接器。换能器堆栈是由压力杆[26]压缩形成的,有时采用的是一个兼容的锥形阀瓣或 Bellville 垫圈[27],可以解耦压力杆,并在热膨胀下保持压缩应力。在一些设计中,PZT 堆栈的圆周也是由玻璃纤维包裹的,以增加强度。一般来说,换能器头是由铝质材料制成的,而尾是由钢质材料制成的,应力杆是由高强度钢制成的,而压电环是由海军 I 或 III 型压电陶瓷制成的。换能器的壳体通常为钢结构,水密引导为氯丁橡胶或丁基橡胶,偶尔采用聚氨酯作短期浸泡。橡胶防护罩被硫化到头部,以确保良好的密封性,这将降低换能器的载荷和减少辐射阻抗。

获得活塞头部最大可能的运动和辐射尽可能接近于机械谐振的功率是一种理想状态。虽然换能器可能工作于谐振频率,但是发射电压响应(TVR)谐振时,每倍频程通常会下降12dB。此外,当激励的谐波频率等于或大于谐振频率时(见第12章),可能会显著放大谐波失真。第3章和第4章,给出了一些直接适用于Tonpilz换能器分析的集总参数模型和分布参数模型,以及特定的公式。这些模型将是本节更详细讨论Tonpilz换能器设计和分析的基础。

简化的集总参数模型可以作为理解和换能器初步设计的辅助工具。通常情况下,将采用更精确的分布参数模型和有限元模型。对于Tonpilz换能器来说,其大小和形状都有利于简化为集中质量和弹簧,所以,集总参数模型表示是一个相当好的模型。如第3章所述,厚壁圆柱或杆的高功率压电陶瓷或磁致伸缩驱动部分具有显著的质量,因为它们的密度为7600kg/m³(压电陶瓷)和9250kg/m³(Terfenol-D)。因此,即使是最简单的集总模型,也应该将驱动部分的质量M_s包括在头部质量M_h和尾部质量M_t中。

图5-17所示Tonpilz换能器的集总机械模型中最重要的部分如图5-18所示,可作为图5-19等效电路的基础。

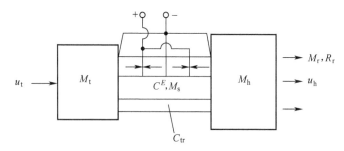

图5-18 基本机械集总模型

第3章给出的电路参数为

$$\begin{cases} G_0 = \omega C_f \tan\delta, C_f = n\varepsilon_{33}^T A_0/t, C_0 = C_f(1 - k_{33}^2) \\ N = d_{33}A_0/ts_{33}^E, C^E = nt/A_0 s_{33}^E \end{cases} \quad (5\text{-}33)$$

式中,$R_0 = 1/G_0$;n是驱动堆栈中圆环的数量;t是每个圆环的厚度;$k_{33}^2 = d_{33}^2/s_{33}^E \varepsilon_{33}^T$;$C^E$是驱动堆栈的短路状态柔顺系数;$C_{tr}$是合成应力杆的电容;$R_m$是机械损耗电阻;$R_r$是辐射电阻;$M_r$是辐射质量;$u_h$是换能器头部的振速;$u_t$是换能器尾部的振速;两者之间的相对振速是$u_r = u_h - u_t$。

当堆栈展开时,换能器头部和尾部的运动方向相反。头部振速、尾部振速和相对振速的大小关系为

$$\begin{aligned} |u_h/u_t| &= M_t/M_h, \quad |u_h/u_r| = 1/(1 + M_h/M_t) \\ |u_t/u_r| &= 1/(1 + M_t/M_h) \end{aligned} \quad (5\text{-}34)$$

一个大的尾头质量比是可取的,因为它将产生一个较大的头部振速,辐射最大的能量。如果$M_t = M_h$,那么$|u_t| = |u_h|$,$u_h = u_r/2$,这比$u_t = 0$(接近于$M_t \gg M_h$的情形)时的声源级低6dB。典型Tonpilz换能器的设计采用的尾头质量比是2~4,更大的值导致更大的重量。对于$M_t/M_h = 4$的情形,$u_h = 0.8u_r$,只比理想无限大尾部质量情形的声源级强度低2dB。一个低质量活塞头部的设计允许一个很大的M_t/M_h比率,而没有重量负担。

如果采用柔度为C_B的Bellville弹簧与柔度为C_{sr}的应力杆机械串联,那么总应力杆的组合

柔度变为 $C_B + C_{sr} = C_{tr}$,由于通常情况下 C_B 比 C_{sr} 大得多,所以相加后的结果近似于 C_B。在这种情形下,应力杆与尾部质量解耦,并作为一个质量而不是一个弹簧,可以增加到头部质量中。此外,由于 $C_B \gg C^E$,总的机电力顺 $C_m \approx C^E$,并且耦合系数没有损失。然而,正如第4章所讨论的,由于电绝缘体(通常是 GRP、Macor、氧化铝或非极化压电陶瓷)位于堆栈的两端(见图 5-17),以及圆环之间的黏接缝,耦合系数在一定程度上会减少。黏接头具有与塑料相似的弹性性能,如厚度约为 0.003in 的有机玻璃,可以将其视为柔度 C_s 并联在 C^E 与 $-M_s/6$ 的交接处,如图 5-19(a)所示。绝缘体的柔度与黏合剂的柔度具有相同的效果,两者可以被集总在一起建模。此外,头部质量的电绝缘体也可被用作换能器谐振频率的机械调谐。电极在圆环之间固定,通常是薄的金属条,或大约 0.003in 厚的铍铜,位于黏接剂和穿孔之间,确保与压电陶瓷上的电极接触。

如果驱动堆栈由薄壁圆柱或薄壁环组成,则可忽略堆栈质量 M_s,那么近似谐振频率和机械品质因数为

$$\omega_r^2 = (1 + M_1/M_t)/M_1 C^E, Q_m = \eta_{ma}\omega_t M_1(1 + M_1/M_t)/R_r \quad (5-35)$$

式中,$M_1 \approx M_h + M_r$,机声效率 $\eta_{ma} = R_r/(R_r + R_m)$。式(5-35)表明,通过增加 M_h,可以获得较低的谐振频率,但会导致更高的 Q_m 和更低的输出功率;相对较重的尾部质量会降低谐振频率、减少 Q_m,但会导致更重的换能器。

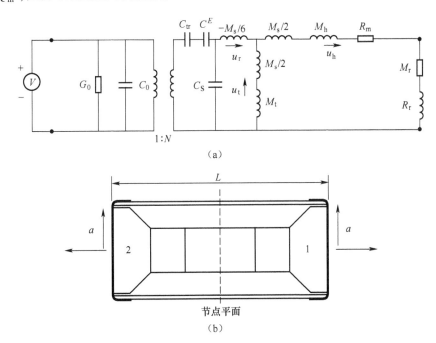

图 5-19 (a)Tonpilz 换能器的集总等效电路;(b)对偶活塞式换能器

对偶活塞式换能器是一种特殊情况,如图 5-19(b)所示,它实现了无附加尾部质量的无限尾部质量的理想条件,可以从换能器的对称运动中受益,并且在换能器的中平面上有振动节点。

除此之外,中平面对称给出了等效的刚性障板条件(见第10章),如果周围介质中的点到中平面的距离小于 $\lambda/4$,则在每个活塞上将产生较大的辐射载荷。较大的辐射载荷也可以认为是由两个活塞之间的互辐射阻抗 Z_{12} 引起的。活塞1上的辐射阻抗为 $Z_1 = Z_{11} + Z_{12}$,对于相同大小的小声源($ka \ll 1$)的辐射阻是(见第7章)

$$R_1 \approx R_{11} + R_{11}\sin(kL)/kL = R_{11}[1 + \sin(kL)/kL] \tag{5-36}$$

式中，R_{11} 是活塞的自辐射阻；L 是小活塞之间中心与中心的分离距离。因此，若 $k \ll L$，活塞 1 的总辐射阻（类似于活塞 2）是 $R_1 \approx 2R_{11}$，与一般的单活塞 Tonpilz 换能器相比，这可以显著降低 Q_m。但是当式(5-35)中 M_t 趋于无穷大时，由于不像典型 Tonpilz 换能器那样有移动的尾部质量储存能量，所以，对偶活塞式换能器的 Q_m 有一个附加的降低。

图 5-19(b)中换能器的讨论表明，一个带有大刚性障板的活塞的辐射阻大约是没有刚性障板的活塞的两倍。当计算单个活塞式换能器在刚性障板中的响应时，在预期的应用中，可能没有任何近似于刚性的障板，这一点有时会被忽略。当 ka 很小时，无障板条件下的远场压力和辐射阻大约是有刚性障板情形的一半。

如果 $\omega(M_h + M_t + M_s + M_r) \gg R_r + R_m$，那么图 5-19(a)所示的两个自由度电路可以进一步简化为单自由度系统，实际应用中通常是这样的。图 5-20 给出的是单自由度电路，其中，$M_1 = M_r + M_h + M_s/2$ 和 $M_2 = M_t + M_s/2$。

$$\begin{cases} M = M_1/(1 + M_1/M_2) - M_s/6, C_m = C^E/(1 + C^E/C_{tr}) \\ R = (R_r + R_m)/(1 + M_1/M_2)^2 \end{cases} \tag{5-37}$$

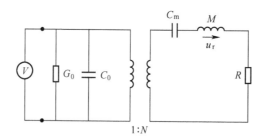

图 5-20　简化的 Tonpilz 换能器等效电路

这与图 5-4 所示环形换能器的电路相似。当由 N^2 转换为全电路时，它与图 3-16 的 Van Dyke 电路和图 9-1 的测量电路相似。图 5-20 的电路也可以用来代表图 5-19(b)的对偶活塞式换能器，因为具有对称性，变压器两侧的尾部质量 M_2 位于两边的节面，其作用就像一个刚性壁，实际上，M_2 接近于无穷大。

一个低 Q_m 的换能器与第 4 章所讨论的介质是紧密匹配的。在图 5-20 的简化电路中，其刚度为 $K_m = 1/C_m$，因此有

$$\omega_r = (K_m/M)^{1/2} \text{ 和 } Q_m = (K_m M)^{1/2}/R \tag{5-38}$$

对于一个低 K_m 系统，可以获得较低的谐振频率和较低的 Q_m。由于 $K_m = Y_m A_0/L$，其中，Y_m 是有效杨氏模量，低的 K_m 意味着较长的堆栈长度 L 或较小的横截面积 A_0，或两者兼而有之。由于输出功率与驱动器材料的体积 $A_0 L$ 成比例，减小 A_0 必须伴随成比例增大的 L 才能得到一个常数 $A_0 L$。低 Q_m 或几乎匹配的阻抗可以通过调整活塞头部面积 A 与驱动堆栈面积 A_0 的比值实现。

谐振时全基阵载荷条件的匹配阻抗要求 $A_0(\rho c)_t$ 必须等于 $A_0(\rho c)_w$，其中，t 和 w 分别表示换能器和水。对于 PZT 材料，这将要求换能器头部与驱动堆栈的面积比 $A/A_0 = (\rho c)_t/(\rho c)_w \approx 22.4 \times 10^6/1.5 \times 10^6 \approx 15$。这一比例在实践中很难达到，因为大直径的活塞头部可以导致纵向谐振附近的弯曲谐振，而薄壁压电驱动堆栈可以限制输出功率（当活塞直径等于或小于 $\lambda/2$ 时，单元匹配加载可能需要更大的面积比）。另一方面，换能器通常使用 $Q_m \approx 3$ 工作，这需要一

个 5 倍的面积比,这在实际中是可以实现的。如果指定谐振频率(而不是 Q_m)的输出功率是一个更重要的问题,那么就要增加堆栈的面积、增加力、按比例增加堆栈的长度、增加位移、才能保持相同的刚度和几乎相同的谐振频率。

由于活塞头部是驱动堆栈和介质之间的主接触面,所以它的设计与驱动堆栈的设计几乎一样重要。活塞头部需要足够大以能够提供与介质的良好匹配,同时还必须提供均匀的纵向运动。活塞头部的第一阶弯曲谐振频率应显著高于换能器的工作频带,直径为 D 和厚度为 t 的圆盘的第一阶自由弯曲谐振频率为

$$f_r = 1.65ct/D^2 (1-\sigma^2)^{1/2} = 2.09Mc/\rho D^4 (1-\sigma^2)^{1/2} \tag{5-39a}$$

方程中,c 是杆的声速;σ 是泊松比;圆盘的质量 $M = \rho\pi a2t$。式(5-39a)表明,具有高声速的材料,如氧化铝($c = 8500$m/s)、铍($c = 9760$m/s)可以产生高弯曲谐振频率 f_r。头部材料的密度也很重要,因为低密度的材料可以使头部更厚,使相同的头部质量提高。铍合金的密度为 2100kg/m³(见第 13.2 节),比氧化铝密度 3760 kg/m³ 低,因此作为头部材料更好。钢、铝和镁的声速大致相同,分别为 5130m/s、5150m/s、5030m/s;然而,它们的密度分别为 7860kg/m³、2700kg/m³、1770kg/m³,因此,三者中镁是最好的选择,而钢是最差的选择。

恒定厚度的圆形活塞不是一种最优的方案,因为增加厚度会增大工作频带之上的弯曲谐振频率,从而引起圆盘质量的增加、输出功率的降低。采用从中心到边缘的锥度,移去外部质量,这可以提高弯曲谐振频率并减少总质量。矩形和正方形板的弯曲谐振频率比圆盘的更低,因此造成更大的问题。四个角与中央部分反向移动的正方形板的第一阶自由弯曲谐振频率可以写成

$$f_r = 1.12ct/L^2 (1-\sigma^2)^{1/2} \tag{5-39b}$$

方程中,L 是方板的边长。头部弯曲谐振频率可以引起工作频带上部输出功率的增大或减小,这主要取决于它与一阶谐振频率和换能器带宽的相对位置,Butler、Cipolla 和 Brown 的研究[28]表明,尽管活塞弯曲可能会对 Tonpilz 换能器的谐振频率产生不利影响,但由于 Tonpilz 换能器谐振频率的降低,在较低频率范围内换能器性能有微小的改善,如图 5-21 所示。

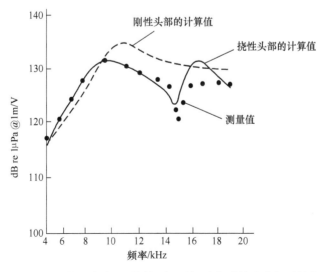

图 5-21 刚性(虚线)和挠性(实心线)头部计算响应与测量的
(实点)恒压传递响应[28]

换能器的响应在弯曲谐振频率附近有一个谷值,这主要是由活塞的一半面积与另一半面积的不一致引起的。

尾部质量设计是最简单的。尾部尺寸通常要小于 $\lambda/4$,直径略大于驱动堆栈的直径。它通常以实心钢圆柱的形式出现,偶尔在较小的高频设计中使用钨,中间有一个孔以容纳应力杆。在高驱动条件下,应力杆在陶瓷上施加一个压应力 T_0,以防止驱动堆栈在张力下工作。横截面积为 A_t 的应力杆对应的拉应力为 $T_t = T_0 A_0 / A_t$。由于典型的大面积比,应力棒必须由高强度钢,如工具钢或钛制成。应力杆的刚度通常约为驱动堆栈刚度的 10% 左右,以防止有效耦合系数显著降低(参见式(4-29))。

换能器安装在外壳内,其中使用的隔振材料为应力可达 200~300psi 的柯普林、应力达到 1000psi 的纸(见第 13.2 节)。隔振材料的总刚度 K_i 应该足够低,使其与换能器总质量 M_{tot} 对应的谐振频率远低于工作频段的最低频率 f_1,即 $(K_i/M_{tot})^{1/2}/2\pi < f_1$。换能器也可以安装在头部、尾部或中央节点平面上。然而,安装在节点平面上(见图 1-5)要用惰性材料代替压电陶瓷中受力最大的部分,这样将降低有效耦合系数。安装在尾部和节点平面上可以产生更高的效率,因为这些点的振速较低,传输到壳体的运动更少。然而,在压力较大的情况下,由于没有环境压力传递到驱动堆栈,使用橡胶或合成泡沫的头部安装最为有效。换能器壳体是 Tonpilz 换能器的一个重要组成部分,因为它不仅保护了水中的电气元件,而且还防止了活塞前端和活塞后端反相运动引起的声学短路,它还将来自尾部质量的辐射和来自驱动堆栈的横向振动隔离开来。声纳换能器通常被设计成能够抗高强度的爆炸冲击,爆炸冲击能激发一阶谐振,使尾部和头部质量向相反方向运动,在驱动堆栈上产生巨大的拉应力。压力棒和玻璃纤维缠绕在堆栈上有助于防止爆炸冲击对堆栈的损坏。请参阅 Woollett[29]、Stansfield[30] 和 Wilson[24] 的文献,了解 Tonpilz 换能器设计的更多附加信息。

图 5-17 所示的 Tonpilz 换能器设计中,给出了由一组 4 个 33 轴向模式海军 I 型或 III 型圆环并联组成的堆栈。通常,圆环的轴向厚度是 0.25~0.50in,圆环的数量由 2 到 12,取决于工作的频率和所需的功率。利用偏置的预极化压电陶瓷[8]、偏置 PMN、偏置单晶 PMN-PT、预极化的 PIN-PMN-PT、纹理陶瓷(见第 13.5 节)或磁场偏置的 Terfenol-D 磁致伸缩材料(见第 13.7 节)可以获得更大的输出功率。如第 2~3 章中所讨论的,Terfenol-D 在磁饱和之前可以获得较大的位移。然而,由于周围线圈的欧姆损耗以及材料中的涡流损耗,它也有额外的损失,而且由于磁路的缘故,它的有效耦合系数将降低[31](见第 13.9 节)。然而,由于这些问题可以得到控制(例如,减少涡流和设计良好的磁路),Terfenold-D 换能器能够产生比同等尺寸的海军 I 型或 III 型压电陶瓷换能器更大的输出功率,并能降低输入阻抗[32,33]。图 5-22 所示为两种不同的永磁式磁致伸缩结构,给出了两种不同永磁体(典型的稀土)的磁场偏置方案。

对偶驱动情形需要每个支撑具有相同数量的匝数,从而具有与单个支撑驱动相同的性能。

如果在线圈上施加直流电流,那么永磁体可能会被消磁,但由于线圈中额外的直流欧姆损耗,它的电效率和加热能力会降低。通过将换能器的单个支撑更换为具有正磁致伸缩的 Terfenold-D 支撑,将另一个支撑用例如 SmDyFe2 这样的负磁致伸缩支撑替换,并将每个支撑与反向定向的二极管分别安装在一起[34],也可以消磁。在这种布置下,一个周期的一半将被导向一个支撑,而第二个半周期将被导向另一个支撑,这样就产生了半周期扩张,接着是半周期的收缩,从而使换能器以与驱动频率相同的频率在没有偏置场的情况下振动。该方法也提供了一种使换能器极限应变加倍的方法,因为没有偏置场,应变从最大负值到最大正值变化。另一方面,由于一个磁致伸缩支撑在另一个支撑被驱动时没有激活,换能器的有效耦合系数降低了约30%(参见第4.4.2节,式(4-29))。

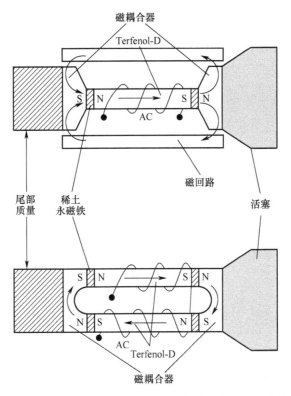

图5-22 Tonpilz换能器的磁偏置设计(箭头表示磁通方向)

5.3.2 混合换能器

混合换能器[35]是一种活塞式换能器,驱动堆栈由磁致伸缩和压电陶瓷驱动组件机械耦合组成。它具有独特的性能,如自调谐、一端运动增强与另一端运动抵消,以及宽频双谐振响应。这种独特的性能是由恒定电压驱动下压电陶瓷和磁致伸缩材料90°固有相移引起的。通过分析低频段的本构方程(见第2~3章),可以发现辐射阻抗负载通常可以忽略不计,这就是产生90°固有相移的原因。这里33型压电应变是$S_3 = d_{33}E_3$,而33型磁致伸缩应变是$S'_3 = d'_{33}H_3$,上标"'"主要用来区分磁致伸缩应变和压电应变以及常数d。对于每段长度为L和横截面积为A_0的功能材料杆,在每段上施加相同的正弦电压V,压电电压为$V = EL$,而磁致伸缩电压为$V = j\omega n A_0 \mu^T H$,从而得到应力为

$$S_3 = d_{33}V/L \text{ 和 } S'_3 = (d'_{33}V/L)(n/j\omega L_f) \tag{5-40}$$

方程中,n为线圈匝数;自由电感$L_f = \mu^T n^2 A_0/L$。式(5-40)磁致伸缩部分的j表明:应力S'_3的相位超前电压90°,并且相同电压下,应力S_3和S'_3有90°的相位差。Terfenol-D和压电陶瓷是一种独特的组合,它们具有几乎相同的耦合系数、机械阻抗、短路波速(虽然混合换能器的磁致伸缩驱动部分自动提供了必要的90°相移,但是如果需要引入电学上强加的90°相移,则可以用压电片来代替磁致伸缩部分[36])。

比较阻抗和耦合之间的 90°相位差,可提供一个在一端附加声波并在另一端抵消声波的有利条件。这种情况可以在传输线或 Tonpilz 换能器结构中实现。下面根据传输线换能器[37]的模型,从物理上解释整个过程,图 5-23 给出了 $t = 0$ 到 $t = T/2$(T 是振动周期)时间范围内两个 1/4 波长部分和事件的整个序列。

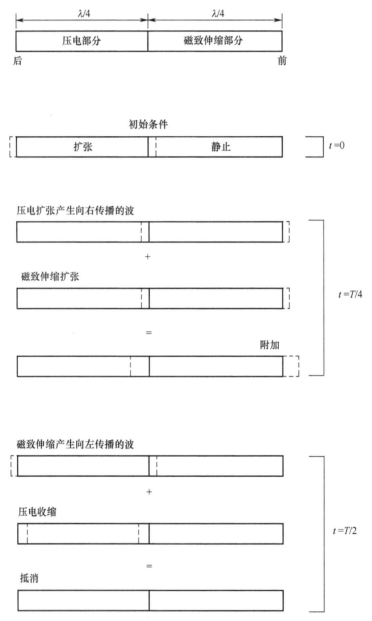

图 5-23 混合换能器中事件序列在一端增强另一端抵消的情形,
每一部分的长度为 $\lambda/4$,T 是循环周期,λ 是各自材料测量的波长[37]

最初,压电部分扩展导致应力波向前传播,经过 $\lambda/4$ 的距离到达磁致伸缩部分的扩张时间(这是由磁致伸缩部分 90°相移引起的),增加了磁致伸缩运动和向介质中发射声波。在下一个 1/4 周期中,磁致伸缩部分的扩张向左移动,正好压电部分开始收缩运动,从而使换能器后部的运动被抵消。结果产生这样一种换能器，即一端有较大运动幅度，而另一端没有运动。如果驱动器部分的相位颠倒了，则两端的运动将互换。

这种换能器在某种意义上讲是不能严格服从互易定理的，即如果发射换能器从前面发射声波，而后面没有声波，那么接收水听器的响应将从后面发射声波，而前面没有声波。Bobber[38]采用独立磁致伸缩和压电换能器阵元组成棋盘基阵，获得了类似的单向发射接收效果。第9章的互易公式给出了接收模式下一组引线被反转的情况。图5-24给出了基阵中采用的混合对称Tonpilz换能器的设计方案，在谐振频率4.25kHz[39]附近，声压级的前后差为15dB。

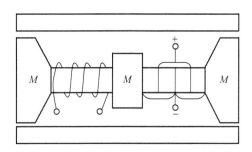

图5-24 定向混合换能器

换能器两个部分的电压输入是并联的，对每个部分施加相同的电压，并在磁致伸缩部分的电感和压电片的电容之间进行调谐。该换能器可以用"T"网络建模，网络通过中心质量M耦合在一起。

因为该换能器由磁致伸缩磁场和压电电场两部分组成，所以它的有效耦合系数的评估[39]需要考虑一些特殊因素。然而，如果将梅森能量的定义进行扩展，并考虑电调谐谐振的有效耦合，混合换能器设计的一个有趣方面就变得很明显了。首先考虑磁致伸缩部分被压电片取代的情况，这样换能器由两个相同的压电片组成。每一部分的耦合系数为$k^2 = E_m/(E_m + E_e)$，其中，E_m是转换的机械能；E_e是存储的电能。两个相同压电片连接的总有效耦合系数与没有连接的情况一致，即$k_e^2 = 2E_m/(2E_m + 2E_e) = k^2$。现在考虑磁致伸缩部分和压电陶瓷部分混合的情况，用具有相同耦合系数的等效磁致伸缩部分替换压电部分，那么总的机械能与之前一样是$2E_m$；然而，由于电谐振时，两部分的磁电能量交换，总电能仅为E_e，由此产生的有效耦合系数为

$$k_e^2 = 2E_m/(2E_m + E_e) = 2k^2/(1 + k^2)$$

因此，当$k = 0.5$时，有效耦合系数增大到0.63；当$k = 0.7$时，有效耦合系数增大到0.81。评估这种效果时，电调应设置在同一频率，机械谐振频率和有效耦合系数可以通过动力学表示$k_e^2 = 1 - (f_r/f_a)^2$确定。有效耦合系数的增加是由于电容式压电部分和感应式磁致伸缩部分的电气连接所产生的固有的电调谐减少了储存的电能。

混合换能器设计可以采用另一种形式，在磁致伸缩部分和压电部分相关联的两个不同的谐振频率之间进行平滑过渡，从而提供较宽频带响应。这种宽频带换能器的结构简图如图5-25所示，其中，压电部分和磁致伸缩部分的刚度分别为K_1^E和K_2^B，质量分别为m_1和m_2，头部、中心和尾部质量分别为M_1、M_2和M_3。

在低频段，刚度K_1^E将导致较高的阻抗，并且M_1和M_2耦合在一起，使换能器前面的部分作为一个质量$M_f = M_1 + M_2 + m_1$。质量M_f连同尾部质量M_3，与磁致伸缩短路的刚度K_2^E谐振，谐振频率为$\omega_1 = [K_2^E(1 + M_f/M_3)/M_f]^{1/2}$。在高频段，尾部质量$M_3$通过$K_2^E$解耦，导致谐振频率为$\omega_h = [K_1^E(1 + M_1/M_2)/M_1]^{1/2}$。由于90°相移，谐振频率之间的响应几乎没有减少，并且，电感和电容取消了提供的电自调谐。在实际应用中，Terfenold-D的截面图如图5-25所示，由于需要考虑涡流和较低频率下更大的输出功率，换能器在频带的较低部分工作最有效。典型的混合频带响应如图5-26所示。

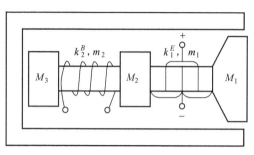
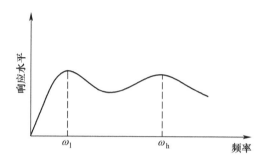

图 5-25 宽带混合换能器　　　　图 5-26 典型混合宽带响应

目前,已经设计出了高频宽带混合换能器[40]和宽带混合换能器[41](见图 1-16)。如果在谐振频率之间添加一个反向连接线,则可以用两个压电堆栈来获得宽频双谐振响应[36]。如同混合换能器一样,这样也可以给出一个宽频带响应,但是由于两个压电堆栈之间的相位相反,一阶谐振频率以下的响应会更快地衰减。

5.4 传输线换能器

虽然设计的 Tonpilz 换能器的工作频率范围为 1～50kHz,但传输线夹心式换能器的工作频率范围为 10～500kHz,而压电陶瓷换能器的工作频率范围为 50kHz 到超过 2MHz。在 10kHz 以上的频率范围内,集总单元变得非常短,并且在该频率范围内,波长非常短,换能器的波动特性更明显。此外,由于头部弯曲的影响较大,活塞头部与驱动堆栈之间的面积比必须减小。本节将讨论工作在 10kHz 以上频率范围内的夹心式换能器、板式换能器以及复合材料换能器的设计。

5.4.1 夹心式换能器

郎之万[42]首先提出了夹层传输线式换能器,它是一种金属、石英和金属的分层对称结构(见图 1-3),它降低了薄石英厚度模式板的谐振频率,并提供了一种实用的水下声纳发射换能器。Liddiard[43]给出了许多使用压电陶瓷设计的其他夹心式换能器,夹心式换能器前部的材料与中间阻抗匹配材料的介质近似,如铝、镁或玻璃增强塑料(GRP,例如 G10),而不是像 Tonpilz 换能器那样采用面积的变化;夹心式换能器后部的材料通常是钢或钨,用来阻挡或降低后表面的运动,阻挡和匹配通常是通过 $\lambda/4$ 来完成的。这些过程导致换能器的谐振频率较低,Q_m 比只有压电陶瓷驱动板的换能器更低。第 3、4 章的建模方法可以很容易地应用于传输线换能器。

$\lambda/4$ 谐振部分是传输线换能器的一个重要概念。第 3.2.1 节中,长度为 L 的传输线一端的阻抗为 Z_0,杆的阻抗为 $Z_b = \rho c A_0$,传输线另一端的负载阻抗 Z_L 可以写成

$$Z_0 = Z_b[Z_L + jZ_b\tan kL]/[Z_b + jZ_L\tan kL] \tag{5-41}$$

式中,$k = 2\pi/\lambda$ 是杆中的波数(见图 5-27)。

如果现在的杆长是 $\lambda/4$,$kL = \pi/2$,那么式(5-41)变为 $Z_0 = Z_b^2/Z_L$,表明 Z_b 作为一个变压器,将负载导纳 $Y_L = 1/Z_L$ 转换为 Z_0。因此,一个小的负载阻抗可以转换为一个大的输入阻抗,一个大的负载阻抗可以转换为一个小的输入阻抗。还表明,如果希望将阻抗 Z_0 的换能器与特定的负载阻抗 Z_L 匹配,那么,$\lambda/4$ 匹配层的阻抗必须是

$$Z_b = (Z_0 Z_L)^{1/2} \tag{5-42}$$

这是负载阻抗和换能器阻抗的几何平均。

例如:考虑与 PZT 平面波机械阻抗匹配的情况,即将大约 $22.4×10^6 kg/(m^2·s)$ 匹配到平面波的水负载阻抗 $1.5×10^6 kg/(m^2·s)$。如果匹配的 $\lambda/4$ 层是面积相同的换能器,需要一个材料 $\rho c = 5.8×10^6 kg/(m^2·s)$,这与玻璃钢(GRP)$\rho c = 4.9×10^6 kg/(m^2·s)$ 的情况近似(见第 13.2 节)。

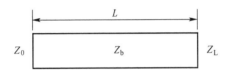

图 5-27　长度为 L,负载阻抗为 Z_L 和输入阻抗为 Z_0 的杆

理想匹配条件下,没有反射,所有的输入功率都传递到负载上。然而,这只精确发生在截面为 $\lambda/4$ 和奇数倍波长的频率处。在这些频率下,更大的负载降低了设备的高 Q 谐振。在充分加载的情况下,主谐振频率降低,导致了图 5-28 所示的双峰响应曲线。

图 5-27 中的杆也可以由图 5-29 传输线换能器的"T"网络表示,其中,$Z_1 = jZ_b\tan(kL/2)$,$Z_2 = -jZ_b/\sin(kL)$,和第 3 章给出的结果一致。在输入振速 u_0 和负载振速 u_L 下,电路方程为 $Z_2(u_0 - u_L) = (Z_1 + Z_L)u_L$,利用 $\tan kL/2 = (1 - \cos kL)/\sin kL$,可得振速比为

$$u_L/u_0 = 1/[\cos kL + j(Z_L/Z_b)\sin kL] \tag{5-43}$$

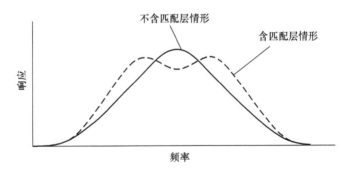

图 5-28　没有(实线)和有(虚线)匹配层传输线换能器的响应

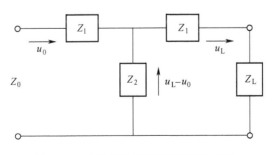

图 5-29　传输线换能器的"T"网络表示

例如:当 $L=\lambda/2$ 时, $kL=\pi$ 且 $u_L/u_0=-1$;然而,当 $L=\lambda/4$ 时, $kL=\pi/2$ 和 $u_L/u_0=-jZ_b/Z_L$,这种情况下将产生90°相移;但更重要的是,输出振速增加了 Z_b/Z_L 倍。对于匹配条件,放大比率 $Z_b/Z_L=(Z_0/Z_L)^{1/2}=(22.4\times10^6/1.5\times10^6)^{1/2}$,那么,采用 $\lambda/4$ 部分,压电阻抗 $Z_0=22.4\times10^6 \mathrm{kg}/(\mathrm{m}^2\cdot\mathrm{s})$,水负载的阻抗为 $1.5\times10^6 \mathrm{kg}/(\mathrm{m}^2\cdot\mathrm{s})$,振速提高约3.9倍。

在换能器尾部使用额外的 $\lambda/4$ 部分可以提供一个近乎刚性的边界条件,驱动部分的尾部迫使前面有更大的运动。然后,由换能器尾部后面的自由边界条件 $Z_L=0$ 和式(5-43)有, $u_0=u_L\cos kL$,并且在 $\lambda/4$ 谐振频率处 $kL=\pi/2$,从而得到刚性条件 $u_0=0$。由式(5-41)可知, $Z_L=0$ 时,阻抗 $Z_0=jZ_b\tan kL$,在 $kL=\pi/2$ 时将产生无限阻抗;在高于或低于 $\lambda/4$ 谐振频率时,阻抗与 Z_b 成正比。因此,尾部一般采用高阻抗材料,如钢或钨。图5-30所示为等面积夹心式传输线换能器设计的示意图。一种设计方案是使尾部和驱动部分的长度各为 $\lambda/4$,创建一个具有额外 $\lambda/4$ 头部部分作为匹配层的半波长谐振器。图5-28给出了一个典型有无匹配层换能器的响应曲线。

特定的三层换能器模型如图5-31(a)所示,该模型可以由第3、4章给出的方法求解,如级联3个"T"网络、在交界面匹配波动方程的3个解、将末端阻抗或压力设定为零得到空气中的谐振条件。在 $Z_i=\rho_i c_i S_i$, $k_i=\omega/c_i$, S_i 为第 i 段区域的面积的条件下,当总无功阻抗为0时,发生谐振,即有

$$(Z_1/Z_2)\tan k_1 L_1 + [1-(Z_1 Z_2/Z_3^2)\tan k_1 L_1 \tan k_3 L_3]$$
$$\tan k_2 L_2 + (Z_3/Z_2)\tan k_3 L_3 = 0 \tag{5-44}$$

图5-30 夹心式传输线换能器

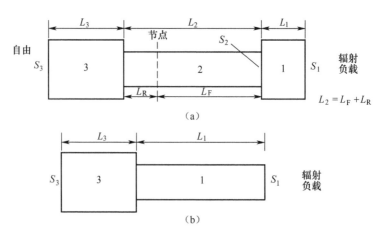

图5-31 (a) 三部分传输线换能器;(b) 两部分传输线换能器

式中，$L_2 = L_F + L_R$，L_F 和 L_R 分别为节点到头部 1 和尾部 3 的距离，节点的位置可以从下式得到

$$\tan k_1 L_1 \tan k_2 L_F = S_2 \rho_2 c_2 / S_1 \rho_1 c_1 \text{ 或 } \tan k_3 L_3 \tan k_2 L_R = S_2 \rho_2 c_2 / S_3 \rho_3 c_3 \quad (5-45)$$

方程(5-45)的解也可以用求解方程(5-44)的方法求得，但是只在一端为刚性条件、另一端为自由条件下可以使用。

节点位置非常重要，因为它是没有运动的平面，因此是安装换能器的好地方(如图 1-5 所示)。然而，由于这个位置会随附加辐射质量改变，因此，在节点平面和壳体之间添加橡胶层通常是必要的。该节点平面同时也是应力最大的位置，因此对于黏接层来说是一个较差的位置，除非使用压缩应力杆。Q_m 可以写成(见第 3.1.2 节)

$$Q_m = \eta_{ma}(1 + m/M)\omega_r m/R$$

式中，R 为辐射电阻；η_{ma} 为机声效率。换能器头部的有效质量为 m，尾部质量为 M，可以由动能确定(见第 4.2.2 节)，并通过式(5-45)可以进一步简化为

$$m = (\rho_1 S_1 L_1/2)[1 + \mathrm{sinc} 2k_1 L_1 / \mathrm{sinc} 2k_2 L_F] + m_r$$
$$M = (\rho_3 S_3 L_3/2)[1 + \mathrm{sinc} 2k_3 L_3 / \mathrm{sinc} 2k_2 L_R]$$

式中，m_r 是辐射质量。有效质量与换能器两端的振速有关。

对于没有第二部分的特殊情况，如图 5-31(b) 所示，$\lambda/4$ 波长谐振发生在 $k_1 L_1 = \pi/2$ 和 $k_3 L_3 = \pi/2$ 以及平面波载荷特定介质的声阻抗率 $\rho_0 c_0 = 1$ 和 $\eta_{ma} = 1$，从而有

$$Q_m = (\pi/4)(\rho_1 c_1 / \rho_0 c_0)(1 + S_1 \rho_1 c_1 / S_3 \rho_3 c_3) \quad (5-46)$$

使用式(5-46)和 $S_1 = S_3$，可以构建表 5-2 所示的各种常见材料组合(参见第 13.2 节)的两部分传输线换能器。

表 5-2 传输线换能器的组合

尾部	$\rho_3 c_3 \times 10^{-6}$	头部	$\rho_1 c_1 \times 10^{-6}$	Q_m
PZT	22.4	PZT	22.4	23.5
钢	40.4	PZT	22.4	18.2
钨	83.5	PZT	22.4	14.9
PZT	22.4	铝	13.9	11.8
PZT	22.4	镁	8.9	6.5
PZT	22.4	GRP(G-10)	4.9	3.1

表 5-2 给出了所有 Q_m 相对较高的 PZT 换能器，以及如何在一定程度上使用高阻抗 $\lambda/4$ 背衬尾部和 $\lambda/4$ 匹配头部来降低 Q_m。

5.4.2 宽带传输线换能器

水下电声换能器通常是在一阶谐振频率附近工作以获得最大的输出功率。某种程度上高于谐振频率也可以获得宽带性能，但它往往受到下一个高频谐振的限制。由于存在相位差，一般情况下高频谐振会在某些频率处产生抵消，通常会导致响应中有一个显著的缺口，从而限制了带宽。

驱动堆栈的横向模态或活塞辐射体的弯曲振动模态常常会引起一些问题。然而，在这些模态得到控制的情形下，由于存在无法消除的基础谐波，仍然存在着一种影响带宽的主要障碍。基本质量控制区域与第一个超调刚度控制区域之间的 180° 相位差，导致了响应抵消和响应中存在缺口。通过在这些模式之间引入一个额外的相移，可以消除缺口[44]。

图5-32给出了一种消除缺口的具体方法,图5-33计算得到了不同频率下声压的幅值。

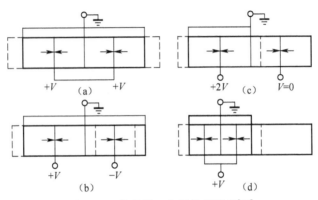

图5-32 换能器工作的物理模型[44]

图5-32(a)给出了33模式下工作的压电纵梁谐振器,由4个独立的平行于极化方向的压电元件组成,如箭头所示,用于梁纵向的加性运动;虚线表示电压+V作用下杆的对称位移。当杆长为半波长时,发生一阶谐振;当杆长与波长相等时,产生二阶谐波,但二阶谐波不受图5-32(a)布置电压的激励。由于电学上的对称性,只有一阶谐振和所有的奇次谐波被激起。如果一阶谐振频率为f_1,那么,奇次谐振频率为$f_{2n+1}=(2n+1)f_1$,其中,$n=1,2,3,\cdots$。图5-33给出了梁右端声压幅值的响应,图5-33中曲线(a)的一阶谐振频率是22.5kHz、三阶谐波的频率为67.5kHz,而在45kHz处的幅值为零。零幅值出现在二阶谐波频率处,它不能被电极排列所激励。在此频率下计算的空值是深的,因为基本质量控制区域的振动与三阶谐波刚度控制区域的振动方向完全相反。因为存在不被激发的偶次模式,所以可以在这些空值处构造出另一个谐振响应。

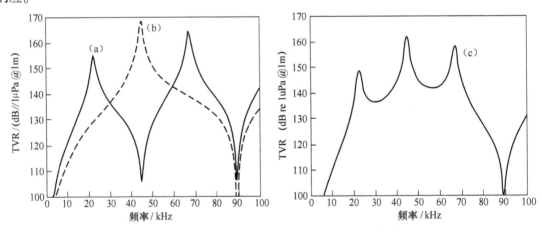

图5-33 偶次(a)、奇次(b)、组合(c)模式激励[44]

图5-32(b)的排列方式可以激起偶次谐波(而不是奇次谐波)。图5-32(b)中,右边一对单元上电压的极性与左边的电压极性是相反的,这将导致右边单元对的收缩,而左边单元对的扩张,如虚线所示。激起的偶次谐波在频率为$f_{2n}=2nf_1$,$n=1,2,3,\cdots$时发生谐振。图5-33中,曲线(b)是二阶谐波声压振幅响应,谐振频率约为45kHz,正好是图5-33中曲线(a)的空位置。比较图5-32(a)和图5-32(b)的位移可以发现,梁右侧二阶谐波运动与基本运动是180°

反相的。图 5-32(a)和图 5-32(b)所附加的相移,将在中频段产生同相条件,这样可以在图 5-32(a)响应的基础上附加图 5-32(b)的二次谐波。

图 5-32(a)和 5-32(b)的电压条件之和,即图 5-32(c)所示左侧压电对的电压为 2V,右侧压电对电压为 0V 的情形。由于 $V=0$ 时电压驱动段不再产生位移,它可以由非功能的压电片代替,如图 5-32(d)所示。图 5-32(c)或图 5-32(d)的宽频声压振幅响应如图 5-33 曲线(c)所示,显示在初始空值 45kHz 处增加了二次谐振谐波。本例的谐波频率为 $f_n = nf_1$, $n = 1,2,3,\cdots$。第一个波谷出现在 90kHz 附近,其频率是图 5-33 初始情况曲线(a)的 45kHz 波谷频率的两倍,从而使带宽增加了一倍。当左侧的压电对为一个波长时,就会出现这个波谷。现在换能器可以利用复合杆的基础、二次和三次谐波。通过减小主动压电片的长度与总长度的关系,进一步拓宽带宽,并允许激发更高次的谐波模态,如第 4、5 和 6 种模态。

在某些宽带换能器设计中,每一个谐振频率的 Q_m 可能会有很大的不同。在这些情形下,可以用反馈来控制响应。图 5-34(a)中给出了具有谐振频率 12kHz、25kHz 和 38kHz 的宽带传输线换能器[44]的反馈控制示意图。压电堆栈的尺寸是一种频率约为 42kHz 的波长,将带宽限制在 40kHz 范围之内。计算的不带反馈传输线换能器的响应结果,如图 5-34(b)所示。

上述分析表明,多重谐振频率之间没有任何波谷,反馈可以在两个倍频程的带宽内得到一个平滑的响应。反馈引起的电压,可以使传输线与压电堆栈交界附近的压电元件保持一个恒定的振速。采用积分器、宽频换能器和声纳实现反馈的系统,如图 5-34(a)所示。在主谐振频率上,需要采用积分器或微分器,以提供所需的 90° 相移和无损阻尼。通过使用积分器而不是微分器,和调整声纳沿压电陶瓷堆栈长度方向的方法,可以最小化高频振荡。

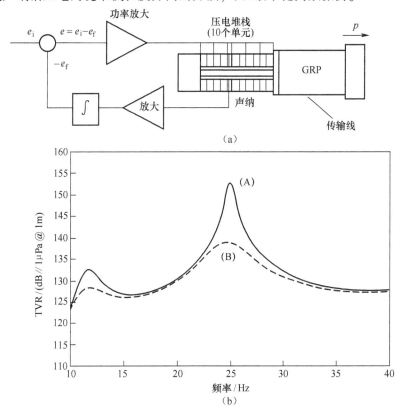

图 5-34 (a)带反馈的多谐振换能器;(b)无(A)和有(B)反馈的发射电压响应[44]

Rodrigo[45]描述了一个在 Tonpilz 换能器和介质之间增加弹簧-质量的双谐振系统,如图 5-35(a)所示,实现了一个倍频程的带宽。图 5-35(b)给出了图 5-35(a)的集总等效电路草图。

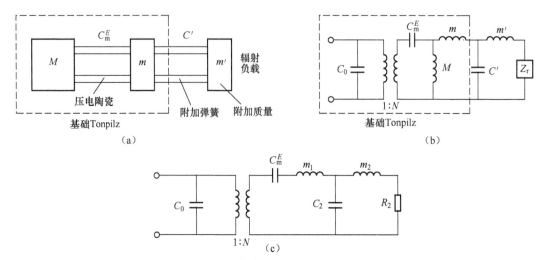

图 5-35 (a)Rodrigo 设计的宽带换能器[45];(b)图(a)的等效电路;(c)图(a)的近似电路表示

当 M' 和 C' 并联谐振时,如果在 Tonpilz 换能器谐振频率处产生谐振,将得到 Tonpilz 换能器部分的高阻抗负载,就会得到如图 5-28 所示的双峰响应曲线。这种加载效果类似于溢流环和 $\lambda/4$ 匹配层的加载效果,也类似于在带通低音扬声器[46]和 Sims[47]的气泡负载换能器中使用亥姆霍兹的加载效果。这些双谐振换能器可以以相同的或不同的谐振频率工作。采用第 13.10 节的第二类诺顿变换,以及总阻力明显小于质量电抗的典型条件,尤其是当 $R_r + R_1 \ll \omega[(M+m+m'+m_r)(m'+m_r)]^{1/2}$ 时,图 5-35(b)的等效电路可以简化为图 5-35(c)的简单电路。可以看到,一个大的尾部质量 M 可以改善这个条件。在该表达式中,引入了机械损耗电阻 R_1,令 $Z_r = R_r + jm_r$,R_r 是辐射电阻,m_r 是辐射质量。在得到的简化电路图 5-35(c)中,

$$m_1 = m/(1+m/M), m_2 = (m'+m_r)/[1+(m+m'+m_r)/M][1+m/M]$$
$$C_2 = C'(1+m/M)^2, R_2 = (R_r+R_1)/[1+(m+m'+m_r)/M]^2$$

该电路去掉了尾部质量 M,将其作为原始电路的一个单独的组成部分,从而使双谐振换能器有更简单的表示和两个谐振频率更简单的代数解。

Butler[48]也给出了在驱动和介质之间使用多谐振区的改进替代宽带方法,得到了一个有三个谐振频率、两个倍频程带宽的宽带换能器。该换能器的示意图如图 5-36 所示,在主动谐振器 5-6-7 的前面附加了两个无源谐振子部分 1-2 和 3-4,其中,6 为压电驱动部分,7 为尾部质量,5 为头部质量。

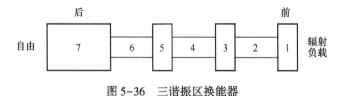

图 5-36 三谐振区换能器

在最低谐振频率 f_1 处,第 1~4 部分作为一个单一质量,与第 5 部分结合和第 6、第 7 部分一

起谐振。在下一个谐振频率 f_2 处,第 1~3 部分作为一个质量,与第 4、第 5 部分一起谐振,将第 6 部分与第 7 部分解耦。最后,在第三个谐振频率 f_3 处,第 1~3 部分作为谐振器,通过第 4 部分的柔度与换能器的剩余部分解耦。

在一些应用中,如有限振幅非线性参数系统(见第 7.7 节),需要较宽的独立双波段换能器系统,而不是一个宽带换能器。换能器的上频带用于产生非线性差分频率,下频带用于接收差频。Lindberg[49] 描述了一个有高频带换能器基阵的两波段换能器系统,其节点连接在低频带换能器的活塞上。在这种布置下,每一个较小的换能器都在低频带作为活塞头部的一部分运动,并从较高的频带中分离出较大的活塞,从而允许两个换能器系统独立运行。

5.4.3 大板换能器

大板换能器的电极位于压电陶瓷大直径板的两个主要表面上,该大直径板通常被用来在一个相对简单的设计中获得高声强的窄波束,而基本上没有其他部件。这些设计限制厚度约为 0.5in,直径大约是 7in,除非将多个板块黏合在一起,形成一个更大的直径。这些板块通常是由一种压力释放材料,如 corprene,或用于更深深度工作的纸张(见第 13.2 节)在背部隔离,并由一个钢背板支撑。压电陶瓷片通常以圆盘的形式出现,在厚度模式下工作,由于板的尺寸较大,且横向夹紧,板厚谐振频率比纵向杆谐振频率高约 20%。对于典型的压电陶瓷材料,最大厚度 0.5in 将最低半波长谐振频率限制到约 150kHz。平板换能器厚度模式的等效电路如图 3-39 所示,并已在第 3.2.3 节讨论过。当 $f_a = c/2L$ 时,空气中半波长的反谐振频率(电路开路)发生,$c = (c_{33}^D/\rho)^{1/2}$,其中,$L$ 为厚度;当 $Z_a/2 + Z_b - Z_0N^2 = 0$(见图 3-40)时,发生电短路谐振。利用该条件与厚度耦合系数平方 $k_t^2 = h_{33}^2 \varepsilon_{33}^S/c_{33}^D$ 和三角函数的关系 $\sin2x = 2\sin x \cos x$ 及 $x = \omega_r L/2c$ 可得到方程:

$$k_t^2 = (\omega_r L/2c)\cot(\omega_r L/2c) \text{ 或 } k_t^2 = (\pi f_r/2f_a)\cot(\pi f_r/2f_a)$$

对于 $k_t = 0.50$,$\omega_r L/2c = 1.393$,空气中短路谐振频率 $f_r = 0.887c/2L$。采用 k_t^2 方程的第二种形式,可以利用测量得到的 f_r 和 f_a 值获得 k_t。在水负载条件下,板或圆盘的尺寸通常比水中声波波长要大得多,在这种情况下,机械辐射阻抗是电阻性的,等于 $A_0\rho_0c_0$。

工作于 200kHz 的具有直径为 2in 的圆盘深度探测仪是很常见的。这些圆盘中心通常有一个孔,可以将径向谐振频率转移到关心的频率范围之外[50]。更大直径的圆盘有非常窄的波束,按 1° 的顺序排列,已经被用于更大深度的探测。这些 200kHz 大直径换能器,也被用于同时传输两种频率以产生差分频率的有限幅值,例如 195kHz 和 205kHz,可以在差分频率 10kHz 的范围内,产生异常窄的波束(见第 7.7 节)。

圆盘换能器厚度模式是与径向基本模式和低阶谐振模式相互作用的,因此比较复杂。由 Nelson 和 Royster 给出的阻抗表达式[51]可以建立径向模式的等效电路模型。经过简单的代数运算后,半径为 a 和厚度为 L 的薄圆盘的电输入导纳可以表示为

$$Y_0 = j\omega C_0 + N^2/(Z_r + Z_m^E)$$

其中,

$$C_0 = C_f(1 - k_p^2), C_f = \pi a^2 \varepsilon_{33}^T/L, N = 2\pi a d_{31}/s_{11}^E(1 - \sigma^E)$$

$$k_p^2 = 2d_{31}^2/\varepsilon_{33}^T s_{11}^E(1 - \sigma^E)$$

Z_r 是面积为 $2\pi aL$ 的圆盘边缘的径向负载阻抗。该圆盘的短路机械阻抗为

$$Z_m^E = -j2\pi aL\rho c[J_0(ka)/J_1(ka) - (1 - \sigma^E)/ka]$$

式中，J_0 和 J_1 是第一类贝塞尔函数的第 0 阶和第 1 阶；$ka = \omega a/c$，声速 $c = [1/s_{11}^E \rho \{1 - (\sigma^E)^2\}]^{1/2}$；泊松比 $\sigma^E = -s_{12}^E/s_{11}^E$；圆盘的密度为 ρ。如果圆环的机械阻抗为 $j\omega M + 1/j\omega C^E$，将其用圆盘的径向机械阻抗 Z_m^E 代替，则图 5-4 所示的圆环等效电路可以用来表示圆盘径向模式。

在非常低的频率下，$Z_m^E \approx 2\pi L/j\omega s_{11}^E (1 - \sigma^E)$，其中，$2\pi L/s_{11}^E (1 - \sigma^E)$ 是短路刚度。在机械谐振频率处，$Z_m^E = 0$ 和自由边缘（$Z_r = 0$），下面方程的根即为圆盘的径向谐振频率

$$J_0(ka)/J_1(ka) = (1 - \sigma^E)/ka$$

最小的根是 $\sigma^E = 0.31$ 时[6]，$ka = 2.05$ 导致的基本短路谐振频率为 $f_r = 2.05c/2\pi a = 0.65c/D$，其中，直径 $D = 2a$。$D \gg L$ 时，径向高阶模式对厚度模式性能的影响不大，Iula 等[52]给出了压电片驱动下传输线朗之万换能器的径向模式和厚度模式的三维模型。

另一个问题来自表面波，如圆盘边缘产生的剪切波或 Lamb 波。与水中声速相比，这些波以较慢的速度传播，并在指定的重合角 $\sin\alpha = c_0/c_s$ 上发射声波，其中，c_0 是介质的速度，而 c_s 则是表面波的速度。这样可以在以角度 α 为中心的波束中有一个明显的波瓣，它不会随板的直径或厚度发生显著变化。对于直边的矩形板，效果比圆板更明显。在平板的边缘和电极之间，表面波瓣可以减少 $\lambda/4$ 的边缘。

通过将换能器切割成更小的单元，可以减轻横向谐振和表面波的影响。切割通常用非常细的金属丝锯，在 90°方向交叉切割，从而产生一个单独的小方块或后向结构。切割工具调整后，在背面留下一个薄的互连陶瓷结构，以保持结构与前面的小方形辐射体基阵一起。这也使得背面的一个电极作为一个共同的连接，但是需要将电极单独连接到每个小方形辐射体的前面。

5.4.4 复合换能器

复合压电（或压电复合材料）换能器由聚氨酯、硅树脂或其他橡胶、聚乙烯或环氧树脂等惰性聚合物基体中的 PZT 组成。Newnham[53]描述了压电材料的连通性，图 5-37(a)给出了聚合物材料的连接性，复合材料的命名就遵循这种描述。因此，1-3 连通性是指压电陶瓷仅沿单一(1)方向连接，而聚合物则沿 3(3)方向连接。0-3 连通性情形下，小压电陶瓷颗粒悬浮在聚合物内，(0)方向彼此互不连接，而高分子材料在 3(3)方向上连接；2-2 连通性情形下，压电陶瓷和聚合物在 2(2)方向上连接（陶瓷棒和高分子材料交替）。2-2 型复合材料可以用压电材料切割制成，并用聚合物填充，已在医用超声基阵中得到应用。虽然 0-3 型复合材料很难极化，但它们具有高灵活性的优势，并且由于耦合系数低，比较适合作为水听器。下面将重点关注最常用的 1-3 连通性材料，它已经应用在发射换能器中。

1-3 型复合材料由压电棒基阵按一定方式布置在聚合物中，见图 5-37。压电棒不是由压电陶瓷材料沿 x 和 y 方向连接的，而是由高分子材料在 x 和 y 方向以及 z 方向连接的。这些 1-3 型复合材料可以作为发射器和接收器，性能可以在大约 1000psi 工作范围内成比例。该复合材料可做成高耦合系数和宽带性能的器件，复合材料的性能取决于棒的体积层数、具体材料和压电棒的长宽比、聚合物的组成、电极或盖板刚度、空间基阵周期与复合材料波长的比值以及整个尺寸与声学介质中波长的比值。由于注射成型技术的进步[54]，1-3 型复合材料的制造成本可以与相应的压电材料实心板的成本相媲美，最常见的结构形式是圆形和方形压电棒的常规基阵，宽度大小从 20mm 到 5mm 不等。

包含 15% 的 PZT-5H、85% 的聚合物基体的 1-3 型复合材料与固体压电陶瓷 PZT-5H 的性

能比较如表 5-3 所示[55]。从表中可看出,1-3 型复合材料的厚度模式耦合系数大于 PZT-5H 的耦合系数,但是其力学阻抗要低得多。

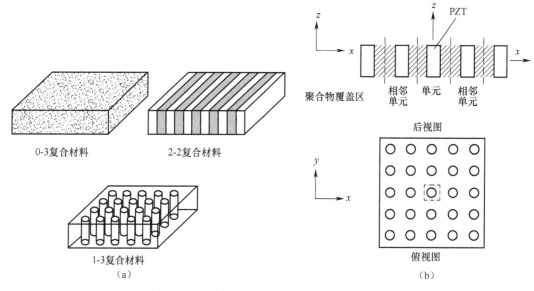

图 5-37 (a)目前换能器使用的三种压电复合结构;(b) 1-3 复合材料的模型

表 5-3 1-3 复合材料和 PZT-5H 的比较 1-3 型复合材料

性能	单位	1-3 Composite	PZT-5H
相对介电常数		460	3200
损耗因子		0.02	0.02
耦合系数 k_t		0.63	0.51
机械 Q		20	65
d_{33}	pC/N	550	650
阻抗	Mrayls	6	30
密度	kg/m³	1800	7500

Smith 和 Auld[56]给出了压电复合材料一个简单有效的厚度模式模型,该模型可以将复合压电陶瓷的重要参数表示为每层压电陶瓷材料体积 v 的函数。Avellaneda 和 Swart[57]给出了压电复合材料的张量模型。

Smith-Auld 模型利用 3 方向上以应变和电场为函数的应力和电位移作为压电本构方程组,即

$$T_3 = c_{33}^E S_3 - e_{33}^t E_3$$
$$D_3 = e_{33} S_3 + \varepsilon_{33}^S E_3$$

施加边界条件并进行假设和近似后,模型可以给出压电复合材料的短路弹性模量 c^E、夹持状态介电常数 ε^S 和压电常数" e "的有效值。大直径板厚度(3)的工作模式通常假定沿横向(1)和(2)方向施加截止条件(见第 5.4.3 节)。通常盘或板与波长相比较大,而复合材料及其邻近聚合物中每一个压电陶瓷元件就好像是在一个具有刚性边界的单元内产生响应(见图 5-37(b))。这是因为每个单元对相邻单元的作用都是相同的(除了边缘上少量单元可以自由移动,

不满足截止条件的假设)。因此,在这个模型中,假设在单元表面的有效应力 S_1 和 S_2 为零,因此在整个单元上的应力为零,从而有

$$S_1 = \nu S_1^c + (1-\nu)S_1^p = 0, 从而 S_1^p = -S_1^c \nu/(1-\nu)$$

式中,上标 c 和 p 分别表示压电陶瓷和聚合物,S_2 采用相同的表示方法。有效密度为

$$\boldsymbol{\rho} = \nu \rho^c + (1-\nu)\rho^p$$

其中,**加粗**表示有效的复合值。

另外假设:聚合物和压电陶瓷中 1 方向和 2 方向的横向应力是相同的。整个结构中应变和电场独立于 1 方向和 2 方向。电场分量 E_1 和 E_2 是零,因为电极表面是等电势的。陶瓷和聚合物中的电场 E_3 是相同的。陶瓷和聚合物沿着 3 个方向一起移动,所以对两者来说 S_3 都是一样的。这一模型可以导出一组有效的数值,即

$$\boldsymbol{c}_{33}^E = \nu[c_{33}^E - 2(c_{13}^E - c_{12})^2/\boldsymbol{c}] + (1-\nu)c_{11}$$
$$\boldsymbol{e}_{33} = \nu[e_{33} - 2e_{31}(c_{13}^E - c_{12})/\boldsymbol{c}]$$
$$\boldsymbol{\varepsilon}_{33}^s = \nu[\varepsilon_{33}^s + 2(e_{31})^2/\boldsymbol{c}] + (1-\nu)\varepsilon_{11}$$
$$\boldsymbol{c} \equiv c_{11}^E + c_{12}^E + \nu(c_{11} + c_{12})/(1-\nu)$$

弹性模量 c_{11}、c_{12} 和介电常数 ε_{11} 没有上标,表示的是聚合物基体的参数。

这些结果可以用于本构方程中一个附加的方程组,其中 D 和 S 是自变量。这组方程对于表示具有较大横向尺寸厚度模式复合传感器的谐振工作最有用。采用本方程组表示的 33 模式可以重写为

$$T_3 = \boldsymbol{c}_{33}^D S_3 - \boldsymbol{h}_{33} D_3$$
$$E_3 = -\boldsymbol{h}_{33} S_3 + (1/\boldsymbol{\varepsilon}_{33}^s)D_3$$

式中,$\boldsymbol{h}_{33} = \boldsymbol{e}_{33}/\boldsymbol{\varepsilon}_{33}^s$,$\boldsymbol{c}_{33}^D = \boldsymbol{c}_{33}^E + (\boldsymbol{e}_{33})^2/\boldsymbol{\varepsilon}_{33}^s$。

本组方程适用于图 3-40 的等效电路和方程(3-54),其中,有效厚度耦合系数 k_t、声速 v_t 和阻抗 Z_t,可以写为

$$k_t = \boldsymbol{h}_{33}(\boldsymbol{\varepsilon}_{33}^s/\boldsymbol{c}_{33}^D)^{1/2}, v_t = (\boldsymbol{c}_{33}^D/\boldsymbol{\rho})^{1/2}, Z_t = (\boldsymbol{c}_{33}^D \boldsymbol{\rho})^{1/2} A_0$$

且

$$Z_0 = 1/j\omega C_0, C_0 = A_0 \boldsymbol{\varepsilon}_{33}^s/t, Z_a = jZ_t \tan\omega t/2v_t, Z_b = -jZ_t/(\sin\omega t \times v_t)$$

在等效电路中,A_0 是复合换能器的横截面积。厚度为 t,当 $t = \lambda/2$ 时,发生一阶厚度模式谐振。由于声速 $v_t = \lambda f$,一阶谐振频率 $f_1 = v_t/2t$,这常被用于表示厚度模式频率常数 $f_1 t = v_t/2$。激发谐振频率是 f_1 的奇数倍。

Smith 和 Auld 采用提出的模型对几种复合材料性能与陶瓷材料体积 ν 的关系进行了数值计算。和预期的一样,有效密度 $\boldsymbol{\rho}$ 和有效相对介电常数 $\boldsymbol{\varepsilon}_{33}^s/\varepsilon_0$ 随 ν 线性变化。然而,对于有效弹性常数 $\boldsymbol{c}_{33}^D$ 和压电常数 $\boldsymbol{e}_{33}$ 以及声阻抗率 Z_t/A_0,由于 PZT 杆相邻的 PZT 杆的更大横向截止,使得 PZT 层体积的线性度大于 75%。在极小的 PZT 层体积下,有效厚度模式声速 v_t 在聚合物基体材料中接近声速,而在大 PZT 层体积时,速度接近 PZT 材料的速度。

发生在有效厚度耦合系数 k_t 中的变化最受关注。小 PZT 层体积中,有效耦合系数降低,小于 5%,其中复合材料更像压电聚合物。在大 PZT 层体积中(大于 99%),有效耦合 k_t 接近 k_t,和期望的一样,复合的作用像一个固体磁盘(见第 4.4.1 节)。另一方面,PZT 层体积在 15%~95%之间时,1-3 复合材料的有效耦合系数 k_t 显著高于 k_t,由于横向截止作用的降低,使得 k_{33} 的值在 PZT 层体积约为 75%时达到最大值。对于以流体静压模式工作的水听器,在自由而

非固定的横向边界条件下,最大耦合的最佳PZT层体积约为10%(见第6.3.2节)。

5.5 弯张换能器

弯张换能器(见图1-13)一般被用于中频高功率发射换能器,通过工作于弯张模式的驱动堆栈激励金属或GRP壳体产生弯曲振动发声。最常见的设计是第Ⅳ类(见图1-14),它有一个椭圆形的壳体,沿主轴方向堆叠的压电陶瓷,侧轴方向的放大运动驱动。由于非功能材料的外壳构成了传感器的主要刚度,导致耦合系数显著降低,从而使33模式驱动系统中的有效值 $k_e \approx k_{33}/2$。

第一个弯张换能器被认为是Rolt[59]和Hayes[60]给出的(见图1-4)。然而,后来的作品和Toulis[61]的专利,产生了第Ⅳ类设计。Brigham[62]为这种设计建立了模型,而Butler[63]对其进行了计算机辅助设计和分析。由Merchant[64]和Abbott[65]给出的弯张设计以及Royster[66]建立的模型,为Jones和McMahon[67]、Nelson和Royster[51]的最新设计奠定了基础。Dogan和Newnham[68]开发出了一个非常紧凑的设计,Butler[69-72]则从多个方面扩展了弯张的概念。由于弯张换能器利用弹性外壳的各种弯曲模式,因此需要进行极其复杂的分析和建模来确定等效电路参数,比之前讨论的纵向模式复杂得多。为此,往往需要进行简化近似处理。本节将以这类建模的结论为依据,具体可参见上述各类文献。初步设计需要采用近似模型,但最终设计则依据有限元数值法(参见第3.4节)。

最初的弯张换能器类型被赋予了一类称号,如图1-13所示,它们遵循历史的顺序,并通过外壳和驱动系统的类型来区分模型。本节将讨论最具技术价值且最常用的各类弯张设计。

5.5.1 第Ⅳ类和第Ⅶ类弯张换能器

图1-14和图5-38给出了第Ⅳ类弯张换能器[61]。

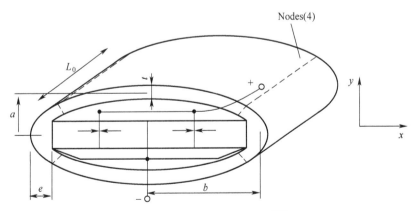

图5-38 第Ⅳ类弯张换能器[61]

第Ⅳ类弯张换能器的外壳多是椭圆形的,通常由高强度的铝(或钢、玻璃钢)制成,配有机械隔离端盖和橡胶防尘套。驱动堆栈通常为Ⅰ型(PZT-4)或Ⅲ型(PZT-8)压电陶瓷,尽管电致伸缩PMN和磁致伸缩Terfenol-D已用于更大的功率输出。在实际工作中,驱动器沿 x 方向振动,使壳体端部发生小幅振动,壳体在 y 方向发生对称的放大运动。峰值放大运动近似由半长

轴与半短轴之比 b/a 确定。当堆栈扩张时，端部向外移动，使壳体的主要部分向内移动，从而形成如图 5-38 所示虚线大致定位的 4 个节点。由于 y 方向的运动比 x 方向的运动幅度大得多，面积也大得多，因此端部的反相辐射可以忽略不计。驱动堆栈以其基本的四极弯曲振动模式激励壳体，该振动模式由驱动堆栈施加的壳体端部边界条件修正。除此模式外，还可能激发更高频率的八极弯曲模式和基本壳拉伸模式。八极弯曲模式产生尖锐的低负载（由于多个相位反转）谐振，而壳拉伸模式产生高负载强谐振。

图 5-39 所示的简化四极模式等效电路有助于理解传感器的基本特性。

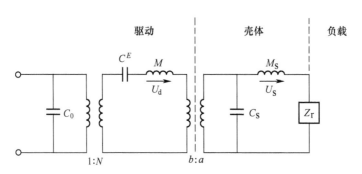

图 5-39　简化的四极模式等效电路

这里我们利用了 x 和 y 方向的对称性，来减少电路元件和输出端口的数量。压电驱动器在其末端以振速 u_d 运动，而壳体以平均振速 u_s 运动，平均振速由辐射阻抗加载并辐射声压。壳体中点处的振速被放大 b/a 倍。质量 M_s 是壳体的动态质量，C_s 是壳体的有效柔度。M 和 C^E 代表静态电容为 C_0 和机电匝数比为 N 的压电驱动堆栈的质量和短路状态柔顺系数。

Brigham[62] 给出了一种更详细的等效电路，包括四极、八极弯曲模式以及全向扩张模式，如图 5-40(a) 所示。这里，驱动堆栈由阻抗的传输线表示

$$Z_1 = -j\rho_1 c_1 A_1 \cot(\omega L_1/2c_1)$$

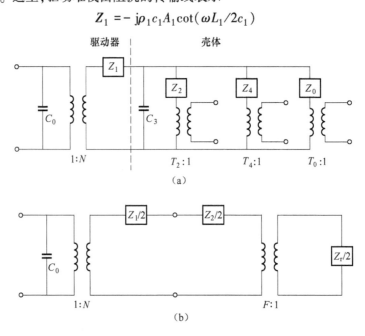

图 5-40　(a)Brigham 的弯曲模式等效电路；(b)四极模式等效电路

式中，ρ_1 是密度；c_1 是纵向短路声速；A_1 是横截面积；L_1 是驱动器的全长。C_3 是在堆栈和外壳之间的金属件或电气绝缘件的柔度，Z_2、Z_4 和 Z_0 分别是四极、八极和全向扩张模式的阻抗，而 T_2、T_4 和 T_0 是各自模式的变压器放大比例。该模型假设对称，不包括奇次模式。然而，在存在挡板或其他传感器基阵的情况下，两个主要表面上的压力分布通常不相同，这可能会激发其他振动模式。该弯张换能器模型以及此类换能器的交互式基阵模型已被编程，用于计算机分析[63]。

尽管全向扩张模式确实会影响四极模式，但如果仅保留四极模式和其他一些简化假设，则可获得 Brigham 模型的简化版本。该近似表示如图 5-40(b) 所示。阻抗被分为两部分，以说明对称的水平面，从而产生一个单端口模型。堆栈机械阻抗 Z_1 源于图 5-38 的左右对称性，避免了第 3.2.3 节的"T"网络表示。在壳长度为 L_0，且 $L_0 = (\pi/2)(a^2+b^2)^{1/2}/\sqrt{2}$ 的情形下，四极模式的阻抗为

$$Z_2 = -j(K_2/\omega)(1-\omega^2/\omega_2^2)$$

其中

$$K_2 \approx Yt^3 L_0 / [5.14 S_0 a^2 (a/b)^{1/2} (t/e)^{3/2}]$$

$$\omega_2 \approx \pi^2 tc[2.5 - 0.25\cos(\pi a/b)]/8S_0^2 \sqrt{3}$$

在图 5-38 中定义了参数 e 和 L_0，并给出了图 5-40(b) 的变换因子 F

$$F^2 \approx [(1+a/b)^4 - 15(a/b)^2]/[30(a/b)^3(1+a/4b)]$$

在图 5-40(b) 的电路中，C_0 是每个驱动堆栈元件的静态电容，机电匝数比可以写成 $N = g_{33} C_0 Y_{33}^D$，Z_r 为辐射阻抗。基于这些近似方程和八极、全向扩张模式的类似方程的简单计算模型已被编程[63]，可作为单个传感器和基阵初始分析的设计工具（在构建更广泛的有限元模型之前）。

由于换能器工作在四极模式附近，其端部的运动可忽略不计，因此辐射几乎是全向的，辐射载荷可近似为等效球体。然而，波束图确实显示 y 方向上的输出减少（见图 5-38），这是由两侧到达的波之间的时间延迟造成的。换能器的组装需要对接口柄和外壳内端的平面进行精密加工。堆栈尺寸通常较大，因此在组装过程中，当壳体在主要表面上受压时，可以插入堆栈，并在壳体受压解除时接收压缩偏压。当静水压力增加时，堆栈的压缩降低，因此需要预压缩。

正如前面提到的，由于设计的对称性，只有偶次模式通常被激发。然而，在四极模式附近有一种非常奇怪的模式，这可能是由于两个主要表面的不均匀压力或驱动堆栈的不对称所激发的（见图 1-14）。奇异模式本质上是壳体的刚体运动，作为对驱动堆栈基本弯曲方式的反应。Butler[69,70] 已经表明，通过将第Ⅳ类弯张换能器的堆栈转化为弯曲模式（见第 5.6 节），这种奇异的偶极模式可以被激发，当与四极模式结合时，会产生一个定向弯曲的换能器，如图 5-41 所示。

在这里，四极（几乎全向）模式的+/+运动与偶极子模式的耦合运动，将减少壳体的运动和一侧的远场压力[69]，产生定向远场压力[70]，如图 5-42 所示。这种获得定向远场模式的方法基本上与第 5.2.6 节中所述的多模换能器的方法相同。

第Ⅶ类"骨头形"[64] 弯张换能器如图 5-43 所示，被认为与第Ⅳ类相同，只是外壳是倒置的。这种情况下，由于压电堆栈向外移动导致整个外壳向外移动，而且两者在低于谐振频率时

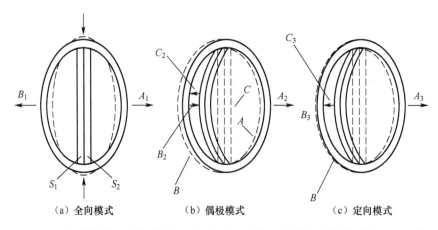

图 5-41 弯张换能器示意图(图中显示了产生定向模式的顺序,并用虚线表示中间状态)

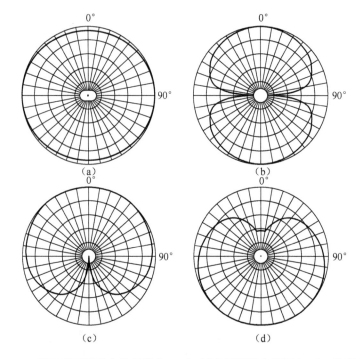

图 5-42 测量得到的单个换能器在 900Hz 时的辐射指向性图(10dB/分度)[70]
(a)四极模式;(b)定向模式;(c)定向模式;(d)定向反相模式

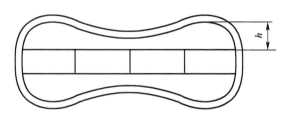

图 5-43 第Ⅶ类"骨头形"弯张换能器

同相。主要是表面的静水压力导致了压电堆栈的进一步压缩,而不是第Ⅳ类换能器初始压缩的释放。虽然第Ⅶ类的设计实现了更大深度运行,但外壳高度 h 的比例导致适应性大于第Ⅳ类的设计,从而产生了额外的弯曲并且降低了有效耦合系数。

5.5.2 第Ⅰ类木桶板弯张换能器

Ⅰ类凸形弯张换能器是第一批完全建模的弯张换能器[66],其横截面如图 5-44 所示。外壳沿 z 轴方向分布凹槽以降低横向泊松耦合所造成的轴向刚性。这类设计围绕 z 轴对称,但凹槽不对称。图中所示的凹形版本也有凹槽,可利用分开的金属板制成,而此处被称作"木桶板"弯张换能器[67]。与骨头形弯张换能器一样,木桶板弯张换能器上的静水压力导致驱动堆栈受压而非受拉。这种换能器采用圆柱形,使其在水下牵引线路和声纳浮标应用中颇受欢迎。

Moffett 等[73]给出了一个木桶板弯张换能器模型。Butler 等[31]指出磁回路会影响磁致伸缩铽镝铁所驱动的木桶板弯张换能器的有效耦合系数。换能器通常会采用橡胶护套以避免进水,但这也会导致橡胶被压力推入凹槽使输出下降。Purcell[74]研发了一种无需护套的换能器,通过在连续金属外壳内设置轴向褶皱以减少周向绷直的情况。

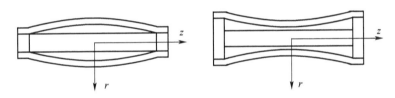

图 5-44 Ⅰ类凸形和凹形木桶板弯张换能器

5.5.3 第Ⅴ类和第Ⅵ类弯张换能器

第Ⅴ类平面压电盘驱动和环驱动凸形外壳弯张换能器的横截面如图 5-45 所示,第Ⅵ类凹形环驱动外壳弯张换能器的横截面如图 5-46 所示。

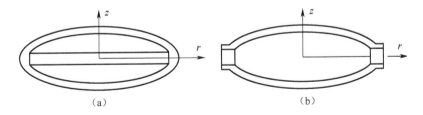

图 5-45 第Ⅴ类盘驱动(a)和环驱动(b)弯张换能器

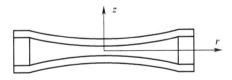

图 5-46 第Ⅵ类环驱动凹形弯张换能器

盘驱动换能器围绕 z 轴实现完美的轴对称,而环驱动换能器由于外壳固定采用压电 33 模式驱动环,导致外壳和金属部分存在凹槽,只能实现近似的轴对称。根据 McMahon 和 Armstrong[75]的一项专利技术,已经制造出一种 600Hz 的第Ⅴ类环形外壳弯张换能器,并且成功通过了测试[76]。Butler[77]将这类换能器与理论模型进行了对比。第Ⅴ类环形外壳的凸形设计,需要一个内部加压的气囊以便在较深位置运行,而凹形外壳会由于环境压力对压电环产生周向拉力。第Ⅵ类环形外壳的凹形设计会在圆环上产生周向压力,通常在无气囊的情况下其运行深度会超过第Ⅴ类盘形外壳换能器。

与环形外壳换能器相比,第Ⅴ类盘驱动换能器的驱动结构刚度更大,且能够抵抗更高的应力。Nelson 和 Royster[51]首次提出了这种设计的模型。之后,Butler[77]根据 Mason[78]的原始压电盘模型,将其应用于一个计算机模型。Newnham 和 Dogan[68]研发出一种第Ⅴ类小型弯张换能器,根据其外壳形状被称作"钹式",其横截图见图 5-47。需注意,与图 5-45 中的情况一样,外壳固定到盘表面而非盘端部。这样,小型换能器的制造流程较简单。这些小型换能器可以实现较低的谐振频率,从而可用作水听器和发射换能器。

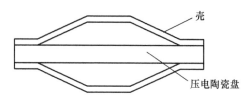

图 5-47 钹式弯张换能器[78]

5.5.4 星形、三元和交叉弹簧换能器

图 5-48 列出了一种内部和外部驱动的星形(四尖点的圆内旋轮[79])弯张换能器[71]。如图 5-48 所示,内部驱动换能器有 4 个压电堆栈,每个配有一个钢制中心件和金属外壳。然而,内部驱动换能器有 4 根磁致伸缩杆,组成了一个正方形。随着杆体和堆栈扩大,4 个外壳向内弯曲,产生了与第Ⅳ类弯张换能器相同的位移增大情况。在相位上,与驱动器的扩张运动一起产生了更大的外壳运动。星形设计可采用一对第Ⅳ类弯张换能器,其中第Ⅰ部分和第Ⅲ部分可作为一个换能器,而第Ⅱ部分和第Ⅳ部分则可作为另一个换能器,两者均可由堆栈驱动,而其长度为图 5-48 所示任一堆栈长度的$\sqrt{2}$倍。

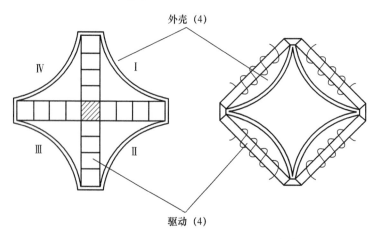

图 5-48 内外部驱动的星形弯张换能器[71]

交叉弹簧("换能器弹簧")类[72]的星形弯张换能器如图 5-49(a)所示,其中,4 只活塞固定到外壳杠杆臂放大器上移动程度最大的点。星形换能器中的一类是三元换能器[80],如图 5-49(b)所示。图中,换能器存在(经有限元分析放大的)动态移动,其中,3 只活塞和 3 个压电堆栈处于扩张模式,并且活塞与堆栈之间采用高强度杠杆外壳。这种设计中,由于位于堆栈端部之间的 3 根杠杆臂比较长,可实现较大的增大效果,将在较低频率下发生谐振。

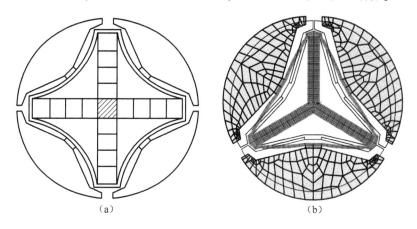

图 5-49　(a)交叉弹簧类星形弯张换能器;(b)三元换能器动态移动的有限元分析

上述设计能够使直径受限的圆柱形换能器实现较低 Q_m 的宽带性能、较高的输出以及低频工作。较低 Q_m 会产生较低谐振,而压电堆栈上存在活塞质量和辐射载荷阻抗增大的情况,也是造成这种情况的部分原因。当输出位移放大系数为 3 时,压电堆栈上的载荷会增大 9 倍。

第Ⅳ类和第Ⅵ类(环形外壳)的另外两种交叉弹簧弯张换能器如图 5-50(a)和图 5-50(b)所示。a 方向上的运动增大可根据图 5-50(a)中长度为 H 的杠杆臂得出,其中 $H^2 = a^2 + b^2$,且 b 为压电驱动器长度的一半。可推导得出 $2HdH = 2ada + 2bdb$,其中 da 为 a 的长度变化,而 db 为压电堆栈的长度变化。理想条件下,杠杆臂可沿交接点旋转,并且具有足够的刚度使得 dH 可忽略不计。从而得出放大系数为

$$M_f = da/db = -b/a$$

式中,负号表示在图 5-50(a)中的凸形换能器中 b 的延长会造成 a 的收缩。图 5-50(b)中的凹形换能器则采用同相正号。

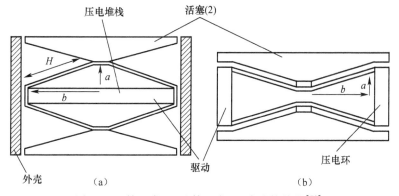

图 5-50　第Ⅳ类(a)和第Ⅵ类(b)弯张换能器[72]

放大系数使得活塞位移比堆栈位移大 M_f 倍，亦或是堆栈振速比活塞振速高 $1/M_f$ 倍。除了存在位移传递外，活塞上的各种力也会通过杠杆臂被传递给驱动堆栈，并经过杠杆臂的放大作用，使得各种力都在驱动堆栈上放大了 M_f 倍。由于堆栈振速比活塞振速高 $1/M_f$ 倍，力的增大和振速的降低使得驱动堆栈上的有效辐射载荷放大达到 M_f^2，从而能够更好地匹配介质，并实现较低的 Q_m。实践应用中，随时可得到 $M_f=3$，使得有源驱动器上的有效载荷增大 9 倍。然而，由于杠杆臂存在弯曲以及扩展顺服性，有效耦合系数会有所下降。

图 5-39 中的等效电路为交叉弹簧换能器的模型，其中 M_s 为活塞质量（加上杠杆臂的动态质量），C_s 为杠杆的顺服性，b/a 表示变压器放大比率。与传统的弯张换能器相比，这类交叉弹簧换能器由于活塞安装在移动程度最大的点，可实现更大的输出。图 5-51(a)给出了一种单活塞的交叉弹簧换能器，其中，压电环驱动凹形和凸形外壳，而两者通过一根刚性杆连接，使得活塞接触点的移动增大。

由于圆环沿径向 r 向外运动，质量为 M_s 的活塞沿 z 轴方向向上移动，相对于质量为 M 的圆环的 $-z$ 方向运动。圆环不仅沿着径向，而且也沿着轴向运动，因此可作为反应质量。这种换能器可采用图 5-39 中的电路建模，根据杠杆臂的电容 C_s 同步增加环质量，其中轴向的活塞振速为 u_s，而径向的压电环振速为 u_d。此外，交叉弹簧也可作为作动器[72]。

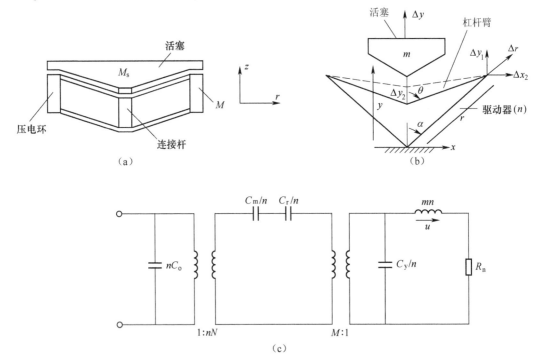

图 5-51 (a)单活塞交叉弹簧换能器；(b)星形换能器对称部分的机械模型；
(c)星形($n=4$)换能器的等效电路

5.5.5 集总模式等效电路

可利用图 5-51(b)中的机械模型对称部分，为交叉弹簧、星形、三角形和八角星形（参见第 5.7.2 节）弯张换能器构造一个简单的集总模式等效电路。在该模型中，对称面穿过两个压电驱动器的中间部分。通常采用高强度钢制作的杠杆臂，连接在活塞与驱动器之间，用于放大与压电驱动器的偏移。

对称部分的数量 n 与压电驱动板体的角度 $\alpha = 180/n$ 有关。例如，星形换能器存在 $n = 4$ 且 $\alpha = 45°$，并且图 5-51(b) 中压电驱动器的夹角 2α 为 $90°$（对于交叉弹簧换能器，则 $n = 2$ 且 $2\alpha = 90°$；对于三角形弯张换能器，则 $n = 3$ 且 $2\alpha = 120°$；对于八角星形弯张换能器，则 $n = 4$ 且 $2\alpha = 45°$）。图 5-51(b) 中的角度 θ 决定了部分放大系数 $M_f = \tan\theta$，利用图 5-50 中所示杠杆臂 b/a 的比值得出。压电驱动器按偏移量 Δr 扩张，包括偏移分量 Δx_2 和 Δy_1，共同造成了质量为 m 的活塞偏移 $\Delta y = \Delta y_1 + \Delta y_2$，其中增大的偏移 $\Delta y_2 = \Delta x_2 \tan\theta$ 以及直接移动 $\Delta y_1 = \Delta r \cos\alpha$。活塞的总移动增大量则为

$$M = \Delta y/\Delta r = \cos\alpha + \sin\alpha\tan\theta$$

刚度为 K 的杠杆臂会给驱动堆栈带来刚度 $K_r = K\cos\theta$，并且在活塞和刚度为 $K_y = K\cos(\theta - \alpha)$ 的杠杆臂之间产生顺服性。可建立一个等效电路，其中 m 为活塞质量和水辐射质量，R 为辐射电阻和机械损耗电阻，顺服性分别为 $C_r = 1/K_r$ 和 $C_y = 1/K_y$，压电堆栈短路状态柔顺系数为 C_m 且静态电容为 C_0。最后，根据机电匝数比得到每个堆栈的等效电路，如图 5-51(c) 所示，其中 n 为图 5-51(b) 所示对称部分的数量。

根据图 5-51(c) 中的等效电路，串联杠杆臂顺服性分量 C_r 会提高驱动系统的刚度，而另一个并联杠杆臂分量 C_y 会在驱动和质量之间产生一种顺服性。串联顺服性 C_r 会增大谐振频率，而并联顺服性 C_y 会减少谐振频率，而两个分量均会降低耦合系数（参见第 4.4.2 节）。放大系数可用升压比为 $1/M$ 的变压器表示。变换会使输出振速 u 按比例 M（典型的数值为 3）增大，并按比例 M^2（典型的数值为 9）增加在驱动堆栈上的阻抗负载，从而放大驱动堆栈上的质量和阻性负载，产生较低的谐振频率和较低的机械 Q。由于杠杆臂会弯曲，而且不能作为它与驱动堆栈结合点的理想铰。这种简化的等效电路应作为初始分析模型，之后再建立有限元分析的数值模型。

5.6 弯曲换能器

除了第 5.5.1 节中讨论的定向弯张换能器以外，我们仅考虑了存在扩张运动的压电或磁致伸缩驱动系统，如图 5-52(a) 所示。本节将讨论在非扩张弯曲模式下工作的弯曲换能器，驱动弯曲时中性面的长度不发生变化，如图 5-52(b) 所示。

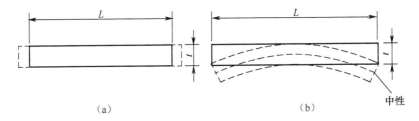

图 5-52　扩张模式(a)和非扩张(b)模式

随着棒体发生弯曲，中性面以上的部分会延长，而中性面以下的部分会收缩，因而不存在净扩张。结构在弯曲时的顺服性通常大于受拉时，因此尺寸不变时谐振频率更低。对于图 5-52 中两端均自由的棒体，基本纵向扩张谐振频率 f_r 和弯曲非扩张谐振频率 f_i 如下：

$$f_r = c/2L \text{ 且 } f_i \approx tc/L^2 \text{ 得到 } f_i \approx 2f_r t/L$$

式中，c 为棒体声速；t 为厚度。对于厚度为 $t = L/2$ 的粗棒，以上两种谐振频率几乎相同。然而，对于厚度为 $t = L/20$ 的细棒，则有 $f_f \approx f_r/10$，也即弯曲谐振频率为纵向扩张谐振频率的 $1/10$。因此，弯曲模式的换能器更适用于低频应用，而大型换能器则不实用。对弯曲模式的激励需要驱动系统倒转，使得一部分可以围绕中性面延长，而另一部分则围绕中性面收缩。本节将讨论弯曲棒式和弯曲盘式换能器，以及开槽圆柱（弯曲）换能器以及弯曲模式驱动的交叉弹簧换能器。

正如第 5.5 节开始所述，根据弯曲模式进行换能器分析和建模比依据纵向模式更为复杂。虽然弯曲棒式换能器和弯曲盘式换能器的几何外形相对简单，可进行更为合理的分析建模，但本节只提供了建模结构，具体的细节可查阅参考文献。

5.6.1 弯曲棒式换能器

图 5-52(b) 中显示了一根在基频模态下振动的棒体，其两端边界均自由，且一阶谐振频率为 $f_1 = 1.028tc/L^2$、倍频为 $f_2 = 2.756f_1$ 和 $f_3 = 5.404f_1$。结果表明，若棒体两端被牢牢夹持，则可得到相同的谐振频率[82]。另一方面，如果棒体两端为简支形式，则一阶谐振频率会低很多，大概降低两倍，约为 $f_1 = 0.453tc/L^2$、倍频为 $f_2 = 4f_1$ 和 $f_3 = 9f_1$。图 5-53 中提供了前几阶振动模式[83]。

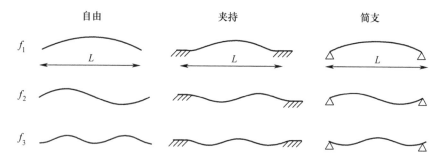

图 5-53 自由、夹持和简支的振动弯曲模式

由于在刚性夹持处的边界为零斜率，可有效缩短主动振动的长度，因此夹持谐振频率较高，然而，主动长度降低导致其有效耦合系数低于简支时的有效耦合系数，因此后者往往更适用于换能器。当谐振频率相同时，简支弯曲棒的厚度可做到夹持弯曲棒的两倍左右，使其抗静水压力的强度更高，并且功率容量更大。Woollett[84]分析了弯曲棒式换能器并建立了多种有用的模型。多数情况下，可将基频模态的等效电路简化为简单的 Van Dyke 形式来表示。

图 5-54 列出了两种常用的弯曲棒 31 模式激励配置，其中，简单支撑位于最佳位置，即节点平面。在图 5-54(a) 中，两根相同且方向一致的压电 31 模式棒体与一个电极接头固定，并且采用并联接线。在图 5-54(b) 中，极性方向相反，并且两者采用串联形式。在上述两种情况下，顶部件的极性方向箭头的尖端均为正连接，而底部件箭头的尖端均为负连接。由于顶部件横向扩张，而底部件横向收缩，导致向上弯曲，在下一个半循环中出现弯曲反转。图 5-53 简支情况下的正态振速分布如下，其中，x 为两个支撑件之间中点处横向测量值：

$$u(x) = u(0)\cos(\pi x/L)$$

得到均方根平均振速为 $0.707u(0)$，其中，$u(0)$ 为棒体在 $x = 0$ 时中点处的峰值振速。

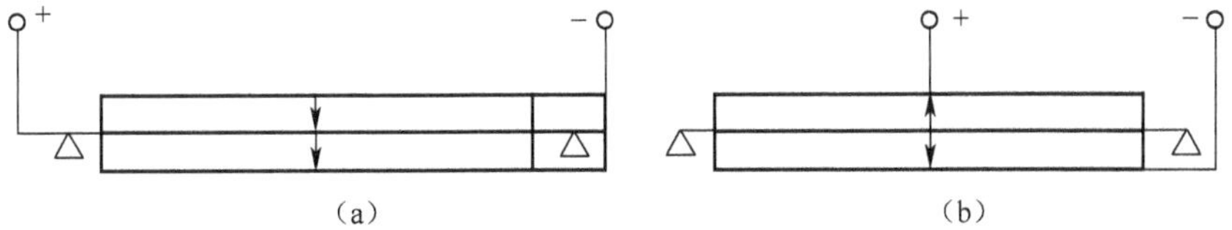

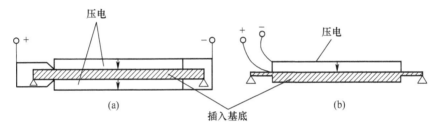

图 5-54 并联(a)和串联(b)连线双层压电棒

弯曲机构的一个主要缺点在于应力会随着厚度变化。在中性面上的应力为零,由于所有材料不会在峰电位下运行,因此会降低耦合系数。可将陶瓷部分替换成非活性材料,如铝材或黄铜,如图 5-55(a)所示,从而在一定程度上缓解这种情况。压电弯曲体的中心部分应力较小,可替换成非活性材料,通过采用应力较高的压电材料可提高有效耦合系数。在图 5-55(b)中,下方的压电件可替换成非活性材料,从而提高抵抗静水压力的能力,但这也会降低有效耦合系数。

图 5-55 双层(a)和三层(b)弯曲体

在这类设计中,由于只有金属层抗拉强度超过陶瓷,会导致张力,从而对压电层产生静压力。虽然已经解释了采用 31 模式的机构,但是 33 模式更适用于大功率的应用情况。图 5-56(a)列出了一种由两个 33 模式弯曲体组成的换能器,其扩张和收缩的方向如箭头所示。这些换能器基阵能够在较低频率下辐射较大的功率。

Woollett[84]针对简支 33 模式分段弯曲体建立了一个等效电路模型,如图 5-56(b)所示。该模型包含了四个部分,每个部分的上部和下部均极性相反,从而达到激励弯曲移动之目的。该驱动器的理想状态是采用简支件安装在中间平面上。若电路振速 u_r 为 Woollett 的均方根参考振速,即 $0.707u_p$,其中,u_p 为峰值振速,则可使用图 5-4 中所示的等效电路。根据此参考振速,动态质量与静态质量相等。电路各分量如下:

$$C_0 = n^2 bt\varepsilon_{33}^S/L, C^E = 12s_{33}^E L^3/\pi^4 bt^3, M = \rho tbL, N = (\pi/\sqrt{2})d_{33}nbt^2/s_{33}^E L^2$$

此外,动态有效耦合系数 k_e 如下:

$$k_e^2/(1 - k_e^2) = (6/\pi^2)k_{33}^2/(1 - k_{33}^2)$$

图 5-4 中的电路也可用于扩张频率范围以外的情况,只需将集总机械阻抗 $Z_m^E = j[\omega m - 1/\omega C^E]$ 替换成

$$Z_m^E = -j(2\pi bt^3/3L^2 c_f)/[\tan(\omega L/2c_f) + \tanh(\omega L/2c_f)]$$

式中,弯曲波速为 $c_f = (\omega^2 t^2/12\rho s_{33}^E)^{1/4}$。

在静水压力 P 下,棒体的最大机械应力 T_m 为

$$T_m = (3/4)(L/t)^2 P$$

从而限制了换能器的最大工作深度,尤其当 L/t 的比值较大时。此外,设计的一个重要工作便是安装简支件,为此会采用多个铰链座。另一类弯曲棒安装方式是在两端分别安装一根自由的

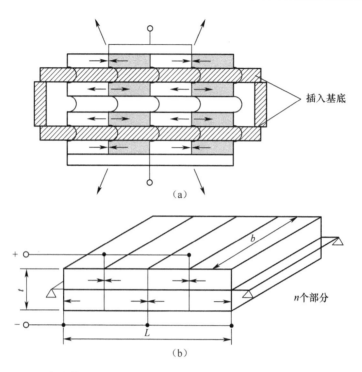

图 5-56 (a)两个三层弯曲体 33 模式弯曲体换能器;(b)33 模式换能器的等效电路(长度 L、厚度 t、宽度 b 且由 n 个部分组成)。箭头表示极化方向

棒体(参见图 5-52(b)),但末端部分加护罩以避免出现反相辐射[85]。

虽然主要讨论压电陶瓷材料作为弯曲件活性材料,但也可以采用磁致伸缩材料。然而,由于驱动线圈存在机械载荷会抑制弯曲运动,并且需要将偏置磁场颠倒方向,因此这类磁致伸缩材料的使用难度相当大。后面的问题可以通过采用两种不同材料的方式解决,即一种为正磁致伸缩,另一种为负磁致伸缩,但两者具有相似的属性[84]。由钐、镝和铁组成的稀土磁致伸缩材料具有负磁致伸缩[86],可与铽镝铁(铽、镝、铁、$Tb_{.27} Dy_{.73} Fe_{1.9}$)一起使用,因此,可作为磁致伸缩弯曲棒式换能器的一种备选材料。弯曲棒的偏置问题也可以通过采用残余偏置较大的磁致伸缩材料解决。其他类型的磁致伸缩换能器中,也可利用具有负磁致伸缩的材料消除对偏置的要求(参见第 5.3.1 节结尾)。

5.6.2 弯曲盘式换能器

弯曲盘式换能器可通过圆盘的平面径向模式激励,其基本耦合系数 k_p 为一个介于 k_{31} 和 k_{33} 之间的数值。对于直径为 D 且厚度为 t 的夹持圆盘,其一阶谐振频率为 $f_r = [1.868c/(1-\sigma^2)^{1/2}]t/D^2 \approx 2ct/D^2$(泊松比为 $\sigma \approx 0.33$)。简支边界的一阶谐振频率为 $f_r = [0.932c/(1-\sigma^2)^{1/2}]t/D^2 \approx ct/D^2$,可视为夹持情况的一半。圆盘的一阶谐振频率相当于与其直径相同棒体的两倍。承受水荷载时,辐射质量会造成谐振频率降低,可根据下列公式[87]估算得出:

$$f_w \approx f_r / [1 + 0.75(a/t)(\rho_0/\rho)]^{1/2}$$

式中,a 和 t 为圆盘的直径和厚度;ρ_0 和 ρ 分别表示圆盘和水介质的密度。显然,由于存在水质量荷载,低密度较薄圆盘的谐振频率会大幅度降低。根据圆盘的顺性系数和简支圆盘的动态质量可得出简化的等效电路,分别表示如下:

$$C_m^E = (2s_{11}^E/3\pi)(1-\sigma^2)a^2/t^3 \quad \text{且} \quad M = 2\pi a^2 t\rho/3$$

根据以上集总参数可得谐振频率为 $f_r = (1/2\pi)(C_m^E \rho)^{-1/2} = [0.955c/(1-\sigma^2)^{1/2}]t/D^2$。根据计算所得自由电容和有效耦合系数 k_e,确定夹持电容为 $C_0 = C_f(1-k_e^2)$、机电匝数比为 $N = k_e(C_f/C_m^E)^{1/2}$。Woollett[87] 给出了双层圆盘的有效耦合系数为 $k_e \approx 0.75k_p$。

虽然圆盘实现的谐振频率高于棒体,但盘式换能器仍然更为常用。与31模式棒体相比,圆盘的平面耦合系数更高。此外,圆盘与33模式棒体相比也更为简单。弯曲盘式换能器的直径不超过7in,这也是能够制作的最大压电盘尺寸。Woollett[87] 分析了弯曲盘式换能器,并建立了一个详细的模型和等效电路。此外,他还指出外层压电盘和非活性黄铜层厚度相同时,三层盘式换能器可实现最大程度的耦合。这种情况下,耦合系数会比完全采用压电陶瓷弯曲盘的情况高9%左右。图5-57(a)和图5-57(b)中分别为简支三层和两个双层弯曲盘设计。

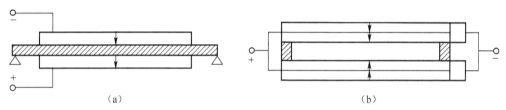

图5-57 三层(a)和两个双层(b)弯曲盘设计

两个双层弯曲盘设计中的内支撑环具有轴向刚性以及径向顺服性,以近似简支撑的情况[87]。可采用多种方法在圆盘的边缘实现近似的简支撑情况,而在部分设计中所测得谐振频率会介于理论刚性支撑和简支撑谐振频率之间。

Woollett 也提出了各种有用的设计公式,用于估算图5-57(b)中两个双层弯曲盘设计的性能,其中,包括半径为 a 的四个 PZT-4(Ⅰ类)圆盘和两个厚度为 t 的圆盘。这种简支撑情况下,空气中谐振频率 f_r 和反谐振频率 f_a 分别为

$$f_r = 705t/a^2 \quad \text{且} \quad f_a = 771t/a^2$$

其中,有效耦合系数为 $k_e = 0.41$。空气和水中的谐振频率比值 f_{rw} 以及机械 Q_m 分别为

$$f_r/f_{rw} = (1+0.10a/t)^{1/2}, \quad Q_m = 7.0(f_r/f_{rw})^3 \eta_{ma}$$

式中,η_{ma} 为机声效率。此外,他还指出机电匝数比为 $N = 106a$,且水听器在谐振频率以下的灵敏度为 $M = 0.01a^2/h((V \cdot m^2)/N)$。上述结果是依据直径 D 相对于介质中声波长较小,且厚度比直径 a 低很多的情况。这种情况在实践中常常会出现,因为往往存在 $t \approx a/10$ 的情况,尺寸小则谐振频率较低。此时,空气中频率常数 $f_r D = 0.141\text{kHz} \cdot \text{m}$,近似于扩张型33模式棒体频率常数的1/10(参见第13.6节)。

弯曲体的主要缺点是压电材料在静水压力下的抗拉应力限值较低。对于简支撑和夹持边的情况,在静水压力为 P 时,半径为 a 且厚度为 t 的圆盘中感应的径向应力 T_s 和 T_c 分别近似为

$$T_s \approx 1.25(a/t)^2 P \quad \text{且} \quad T_c \approx (a/t)^2 P$$

上述公式确定了厚度直径比 t/a 的限值,从而限制了整个换能器的设计,尤其是在考虑压电陶瓷存在抗拉强度限值为 2000psi 的情况。图5-58给出的高压双弯曲件设计中,采用金属圆盘基底代替内部压电陶瓷层,这种材料的抗拉强度比压电陶瓷高出25倍。

然而,由于基底属于非活性材料,有效耦合系数会降低30%左右。采用另一种替代的弯曲盘式换能器设计,可规避这种压电抗拉强度受限的问题,即将压电陶瓷堆栈置于圆盘的四周简

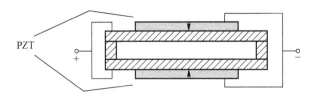

图 5-58 配非活性金属内盘的高压双弯曲件设计

支撑区域附近,来驱动金属弯曲圆盘(或棒体)[88,89]。

5.6.3 带凹槽圆柱体换能器

图 5-59 中所示带凹槽圆柱体换能器经激励进入弯曲模式,而激励通过外部金属基底上的内压电圆柱体的动作实现。

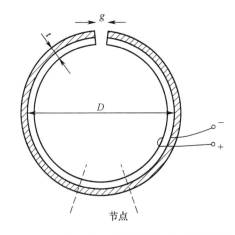

图 5-59 带凹槽 31 模式弯曲圆柱体换能器

这种换能器最初由 W. T. Harris[90]发明,但直到 H. Kompanak[91]对其进行改进并开始将这些换能器应用到油井中才为人所知。由于这些换能器具有外形紧凑且低频工作的特点,目前已被投入到其他水下声学换能器的应用中。这种换能器可以采用这样一种制作方法,即将间隙宽度为 g 的一根带凹槽金属铝管,穿过并按压固定在一个 31 模式压电圆柱体上,然后按照图 5-59 所示开凹槽。这个间隙往往较小,而且整体上会在末端加端盖(隔离开),充满空气并装有橡胶套,以便水下工作。在外侧采用金属使得压电陶瓷承受静水压力,而非应力。

这类换能器在弯曲模式下工作,与音叉的压电激励方式类似,如图 5-60(a)和图 5-60(b)所示。

由于压电材料收缩,音叉的尖齿以及圆柱体的各边均发生收缩,造成朝内的弯曲运动,然后随着压电材料膨胀发生向外运动。这种振动类似于一端夹持,另一端自由的悬臂情况。对于厚度为 t,长度为 L 且棒体速度为 c 的音叉悬臂模型,其一阶谐振频率为 $f_1 = 0.1615ct/L^2$,而倍频为 $f_2 = 6.267f_1$ 和 $f_3 = 17.55f_1$。如果将其与图 5-59 中带凹槽的圆柱体联接起来,并假设节点之间的距离较小,与间隙大小几乎相同,则可得到带凹槽圆柱体的一阶谐振频率如下:

$$f_i \approx 0.0655(1 + 4g/\pi D)ct/D^2 \approx 0.0655ct/D^2$$

如果将该值与基本扩张环模式谐振频率 $f_e = c/\pi D$ 相比较,则可得到相同直径下有 $f_i =$

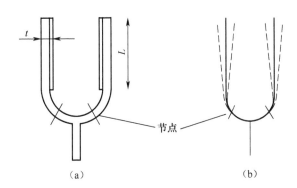

图 5-60 压电音叉(a)和基频振动模态(b)

$0.206f_e(t/D)$。因此，当 $t = D/10$ 时，带凹槽圆柱体的一阶谐振频率为 $f_i \approx f_e/50$，远低于相同直径完整圆环的谐振频率。

根据带凹槽圆柱体的动能和势能建立了一个等效电路模型[92]，其中圆柱体的长度为 L，有效密度为 ρ，有效杨氏模量为 Y。动态质量 M 和刚度 K^E 可表示为：

$$M = 5.40\rho LtD \quad 且 \quad K^E = 0.99YL(t/D)^3$$

由上述模型得到谐振频率 $f_r = 0.0682ct/D^2$，与音叉模型的结果仅有细微差异。这种单层模型可根据 Roark 和 Young[93] 提出的方法分解为双层模型，分别为压电陶瓷层和金属层。有效耦合系数 k_e 可根据模量代换法[94]或第 3.4.3 节中有限元分析方法确定，随后与测得的自由电容 C_f 一起确定机电匝数比 $N = k_e(C_fK^E)$（参见第 1.4.1 节）。然后，得出静态电容为 $C_0 = C_f(1 - k_e^2)$，完成集总表示。

圆柱体的径向运动近似于一个余弦分布，降低了有效源强度和辐射负载。可利用辐射阻抗的等效球体模型近似处理，其中，分别将因子 α 和 β 乘以电阻和电抗项。若圆柱体的壁厚 $t \ll D$，辐射质量荷载会造成谐振频率大幅度降低。与圆柱体面积相同的等效球体的半径为 $(LD)^{1/2}/2$，得到水质量荷载为 $M_w = \beta(\pi/2)\rho_0(LD)^{3/2}$，因此水中谐振频率为

$$f_w = f_r/(1 + M_w/M)^{1/2} \approx f_r/[1 + 0.29\beta(\rho_0/\rho)(LD)^{1/2}/t]^{1/2}$$

采用相同的等效球体时，根据水中辐射电阻 R_w 可得到 Q_m 如下：

$$Q_m = 2\pi f_w M(1 + M_w/M)/R_w \approx 16(\rho c_0 D/a\rho_0 cL)[1 + 0.29\beta(\rho_0/\rho)(LD)^{1/2}/t]$$

根据上述两个表达式，如果外壳的壁厚和密度较小，谐振频率和 Q_m 受到水荷载的影响最大。此外，还要注意 Q_m 会随着长度 L 增大和外壳密度降低而变小。考虑到振速分布，有效辐射面积仅为实际面积的一半左右，也即相当于 $\alpha \approx \beta \approx 1/2$。采用具有刚性延长，且存在余弦振速分布的有限长圆柱体建立的傅里叶变换模型[3]，可以得出更准确的辐射负载。当任何换能器设计中考虑了弯曲和其他复杂情况，应在制作前建立有限元模型或更广泛的分析模型。B.S. Aronov 建立了带凹槽环形换能器的分析模型，可优化有效耦合系数[95]。

对原始的带凹槽圆柱体设计进行优化，可在 33 模式下工作并实现更大的输出。图 5-61 所示为锥形带凹槽圆柱体[90]的 33 模式版本，显然内侧有一个较小的圆圈，并与更大的圆圈相切。

在 33 模式驱动下，机械应力有所增大，其峰值往往位于节点附近与间隙相对的区域内。锥形的设计使得该区域的厚度最大，从而使得应力最低。由于采用锥形设计，音叉的动态质量在间隙附近的区域会降低，造成外径相同情况下一阶谐振频率增大。因此，谐振频率附近的辐射电阻也会增加，并且提高了输出和机声效率，即在指定谐振下的尺寸较大。已对这种锥形带凹

槽换能器的设计进行了建模,并编制了称为锥形带凹槽声换能器(tapered slotted cylinder acoustic transducer,TSCAT)的计算程序[96]。

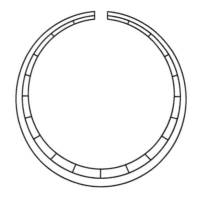

图 5-61 一种 33 模式锥形带凹槽圆柱体

5.6.4 弯曲模式交叉弹簧换能器

弯曲模式交叉弹簧换能器[81]综合了第 5.6 节所提及的几项规则,依据第 5.5.4 节讨论的交叉弹簧[72],但其驱动堆栈按图 5-62 和图 1-17 所示的弯曲模式运行。

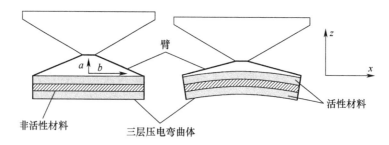

图 5-62 显示 z 方向上弯曲动作和活塞移动的弯曲模式交叉弹簧换能器

这类换能器将弯曲棒的驱动动作与交叉弹簧弯张换能器的放大功能相结合。由于三层压电部件会向上弯曲,悬臂会向外伸出造成连接的活塞质量沿着 $-z$ 方向运动,放大比率为 b/a。在图 5-51 所示环驱动单个交叉弹簧活塞的情况中,压电弯曲体作为惯性反应质量沿着 $+z$ 方向运动。活塞在 z 方向上的合成运动会因惯性运动而降低,但当驱动器的质量比活塞质量大得多时,这种降低程度最小。由于弯曲杆驱动具有较高的顺服性,这类换能器的工作频率比其他弯张或交叉弹簧换能器低很多。此外,也可采用弯曲盘代替弯曲棒驱动。

5.7 模态换能器

本节将介绍 3 种基于压电的模态换能器。模态传动轮发射换能器利用 8 个大功率 Tonpilz 型换能器和 1 个共尾质量,实现可调控模态合成波束图。八字弯张换能器与传动轮发射换能器类似,但利用放大运动实现了较低的谐振频率。杠杆式圆柱形换能器与八字换能器类似,但由压电环而非 8 个压电堆栈驱动。

5.7.1 传动轮换能器

第5.2.6节和第6.5.5节中介绍的多模态圆环(或圆柱体),利用一个压电圆柱体前3阶振动模态之和,即全向、偶极和四极,得出其定向模式。这些模式被同时激励并利用适当加权函数汇总得到各种波束结构,可以360°覆盖8种增量波束。换能器的指向性指数增大,则允许其功率和发热降低。本节将传动轮换能器[97]归入压电圆柱形设计,因为它利用8个离散分布的大功率Tonpilz型换能器耦合1个共尾质量实现这类模式。传动轮换能器并非必须使用共尾质量,然而共尾质量可实现所期望的低Q值、低谐振频率和高输出。

概念上,可在四周液体中同时激励各种声模式波束图来生成各类波束图,并利用具体的加权函数得到所需的波束图。除了基本的全向单极模式以外,很多发射换能器会产生偶极模式。此外,与前两个模式相结合时,更少数量的换能器也能生成一个四极模式,该模式能够在效率不会大幅度降低的情况下提高指向性。如果按第5.2.6节所示将波束图限制到前3种模式,则3种模式波束图函数可改写为

$$p(\theta)/p(0) = (1 + A_1\cos\theta + A_2\cos2\theta)/(1 + A_1 + A_2) \qquad (5-47)$$

其中,偶极模式的加权函数为A_1,四极模式的为A_2,单极模式的为1。需注意,单极模式的单波束图函数为1,偶极模式的为$\cos\theta$,四极模式的为$\cos2\theta$。偶极模式具有两个交替相的波瓣以及两个零陷,而四极模式包含4个波瓣和4个零陷,其中相邻波瓣存在交替相。

表5-4 公式(5-47)得出的模式波束特征

曲线	A_1	A_2	BW/(°)	DI/dB	BL/dB	90L/dB
(a)	1	0	131	4.8	无	-6
(b)	1	0.414	90	7.1	-15	-12
(c)	1.6	0.80	78	8.0	-25	-25

可根据式(5-47)得到几种有趣且有用的波束图(参见第6.5.6节)。部分波束图的特征如表5-4所示,其中BW表示(3dB以下)波束宽度,DI表示轴向对称的情况,BL表示后波瓣辐射电平,90L表示在±90°时的电平。相应的波束图如图5-63所示。

图5-63中,曲线(a)是经典的两模式真实心脏形曲线,而曲线(b)是Butler等[5]所使用的3模式圆环形曲线,曲线(c)是本节中所讨论的传动轮换能器曲线,其DI增益比真实心脏形的曲线(a)增加了3dB以上。曲线(c)中的波束图已经过优化,因此其3个后波瓣以及在±90°时的电平均处于-25dB的水平。当采用圆环构成的圆柱形基阵时,如传动轮换能器基阵,与延长圆柱体的圆柱全向相比,曲线(c)中DI增加达到6dB。6dB的增加表明,为达到指定声源级,所需的功率仅为圆环在圆柱全向模式下单独运行所需功率的25%。

全向单极模式的换能器结构和运动如图5-64(a)中的有限元图所示,其中显示了8个基元,且每个基元均有一个由6只压电陶瓷件组成的堆栈,利用共中心质量驱动活塞并且均为同相驱动。由于采用同相驱动,中心质量不发生运动且中心存在一个偏移零陷。现在假设换能器圆环基阵存在对立基元,其中,m为活塞质量,K为堆栈的短路刚度,R为阻性负载,则单极模式的角谐振频率ω_m和Q_m可表示为

$$\omega_m = (K/m)^{1/2} \text{ 且 } Q_m = \omega_m m/R$$

图5-64(b)中为偶极模式的工作情况,其中底部4个堆栈与顶部4个堆栈采用异相驱动。

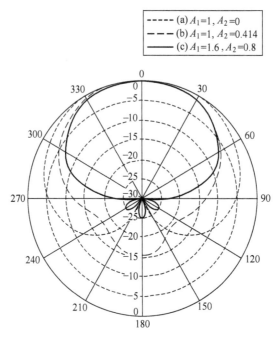

图 5-63　三个模式发射器波束图，加权因子分别为
(a) $A_1 = 1, A_2 = 0$；(b) $A_1 = 1, A_2 = 0.414$；(c) $A_1 = 1.6, A_2 = 0.8$

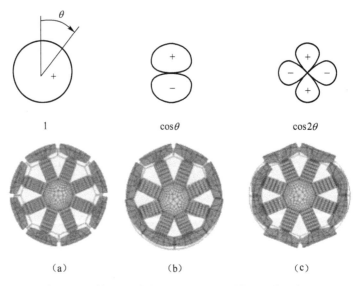

图 5-64　单极(a)、偶极(b)和四极(c)模式及其波束图

结果出现了垂直方向的线性运动，以及中心质量出现与活塞运动相反的净运动。这些相对的基元与 Tonpilz 型换能器基元类似，每个均有一个尾部质量 M，相当于中心质量的一半。这种运动最终会在水平面中产生一个波束图零陷，以及垂直方向上出现相反的相位波瓣，其波束图函数为 $\cos\theta$ 形式。若假设这种偶极模式存在相反的基元对，其中 $R \ll \omega_d M$，则偶极模式的角谐振频率 ω_d 和 Q_d 可表示为

$$\omega_d \approx (K/m)^{1/2}(1+m/M)^{1/2} \text{ 且 } Q_d = (\omega_m m/R)(1+m/M)$$

显然,偶极模式下谐振频率增大了 $(1+m/M)^{1/2}$,而 Q_d 增大了 $(1+m/M)$。此外,在理想的集总模式示意图中,当频率比谐振频率低很多时,振速降低了 $1/(1+m/M)$。当 $M=3m$ 时,谐振频率会增加 15%,而 Q_d 会增大 33%。

图 5-64(c) 为四极模式的有限元示意图,其波束图函数为 $\cos2\theta$。四极模式的激励可通过交换相邻对的相位来实现。如图所示,相对的基元为同相,因此对于理想集总模式的模型,预计该模式的谐振频率与单极模式相同。可根据前两个模式得到图 5-63(a) 中经典真实心脏形的波束图,但需要所有的 3 个模式才能得到图 5-63(b) 和图 5-63(c) 中改进的波束图。

式 (5-47) 的合并模式激励需要对电压驱动进行调整,使得偶极和四极模式的复杂同轴声压振幅和相位在各个频率下均与单极模式的振幅和相位相同。实施电压调整后,加权系数可应用到各个模式,然后汇总得到所需的波束图。如果所需的电压分布在相关的频带内各个频率下均得以实现,并且各个单极、偶极和四极波束图的结构均不发生改变,则波束图在所有频率下始终相同。这些模态换能器可采用 PZT-8 陶瓷、PMM-PT 单晶体和铽镝铁磁致伸缩驱动材料来驱动[98]。

5.7.2 八字弯张换能器

为了提高传动轮换能器的性能,可在 8 个驱动堆栈和 8 个活塞之间增加起到杠杆作用的环绕外壳。增加这种高强度外壳,类似于第 5.5.4 节所讨论图 5-49 中星形换能器所采用的方式,得到了类似的结果,即外壳增大了活塞的运动,从而拓宽带宽并降低了谐振频率。这种八字弯张换能器的前 3 个振动模式的结构和(增大的)动态变化[99]如图 5-65 所示,其中虚线表示有限元分析中静态的情况。

由于 8 个压电堆栈同时扩张,活塞向外移动产生单极/全向的移动放大(约为 3 的倍数)。偶极模式可通过驱动上方 4 个堆栈向外运动,以及下方 4 个堆栈向内运动来实现。显然,上方 3 个活塞向外运动,而下方 3 个活塞向内运动,在水平面形成一个零陷。另外两个活塞以摇摆的形式运动,而上部的与上方活塞同相,下部的与下方活塞同相,从而产生一个偶极指向性图。在四极模式中,上方和下方的活塞均向外驱动,而左侧和右侧的活塞均向内驱动。其他 4 个活塞按相邻同相的方式摇摆,在两个正交平面内产生零陷形成一个四极波束图。

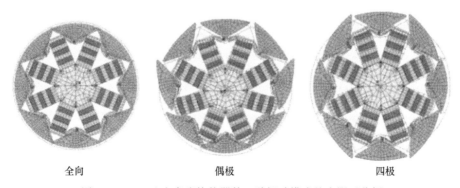

全向　　　　　　偶极　　　　　　四极

图 5-65　6in 八字弯张换能器前三种振动模式的有限元分析

对于直径为 6in 的结构,全向模式的水中谐振频率约为 8kHz,四极模式的水中谐振频率约为 9.5kHz,而偶极模式的水中谐振频率约为 12kHz。在没有起杠杆作用外壳的情况下,这些模式的谐振频率比对应模式功率发射器的谐振频率分别低40%、20%和25%。

5.7.3 杠杆圆柱形换能器

杠杆圆柱形换能器类似于第5.7.2节中所述的八字弯张换能器,将一个起杠杆作用的圆柱形外壳连接到8个共形活塞上。然而,杠杆圆柱形换能器采用压电圆柱体驱动,而非8个径向堆栈驱动[100]。压电圆柱体或圆环可采用31模式的圆柱体、33模式的条纹圆柱体,或者由8个压电堆栈组成的圆柱形结构,利用斜楔将杠杆外壳与活塞连接,具体如图5-66所示。杠杆臂、活塞和斜楔的上部可构成一个完整的整体,钢材自动化一次成型的电火花线切割件,或者通过额外的制造电子束熔化过程得到的钛结构。这种形式中,换能器的中心内部空间,在尺寸相同的情况下,其谐振频率比八字传动轮换能器的低30%。

全向(单极)、偶极和四极模式下工作的换能器运动模式如图5-67所示。这种运动基本不变,不会出现如图5-65所示八字弯张换能器的摇摆模式。由于这些模式非常接近,因此覆盖的带宽更宽。动态偶极谐振频率为全向模式的1.2倍,而四极谐振频率为全向模式的1.3倍。可通过同相驱动所有的8个圆环板来激励全向模式。然而,偶极模式上方的4个板与下方的4个板反相,四极模式上方和下方的两个板,与两个左侧板和两个右侧板反相。

图5-66 杠杆圆柱形换能器

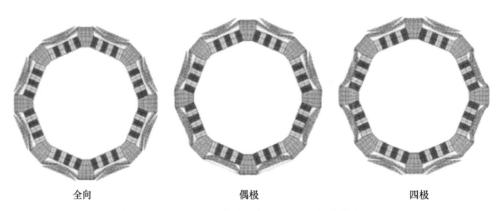

图5-67 单极(全向)、偶极和四极振动模式

图5-68给出了一种1/8对称模型在比谐振频率低很多的频率下单极模式的动态响应。此时,堆栈的径向偏移b与压电激活堆栈的偏移a的比值为$b/a = 2.25$,而活塞运动c与堆栈的径

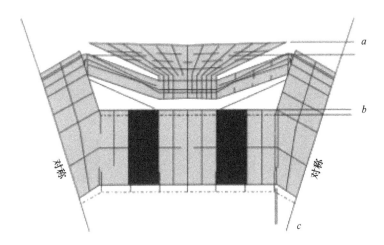

图 5-68　低频动态移动的有限元分析对称模型

向偏移 b 之间的比值为 $c/b = 2.0$，得到活塞的增大偏移为 $c/a = 4.5$。上述运动是由于堆栈的周向扩张以及周向偏移引起活塞杠杆放大所引起的结果。

这类换能器的独特优势体现在其可扫描性，使得换能器扫描基阵的性能得以提升[101,102]。单个独立模式换能器可与其他模式换能器基元组合在一起构成这类基阵。由于谐振频率较低，这类换能器可用于要求中心距为波长一半的基阵中，作为双扫描基阵的基元(参见第 7.8 节)。

这类换能器可采用一个简单的 31 模式圆环配以一个钢制外壳且无需活塞形式，其成本更低且功耗也更低。当单极模式只采用一个平均直径为 4.4in 的圆环时，它在空气中的谐振频率为 9.3kHz。当采用杠杆外壳时，圆环谐振频率为 5.8kHz，使得谐振频率大幅度降低 38%。

5.8　低轮廓活塞换能器

采用低轮廓活塞换能器时，无需进行大量重建工作便可将声纳基阵安装在舰船的船体上。本节介绍两种新型低轮廓活塞换能器，利用较小的体积和不同的压电驱动便可得到几乎同样低的谐振频率。第一种换能器根据双悬臂压电驱动得到活塞运动，而第二种换能器利用 4 个剪切模式 d_{36} 单晶体驱动器实现活塞运动。

5.8.1　悬臂模式活塞换能器

悬臂模式换能器(CMX)可实现短"活塞型"换能器的低频响应[103,104]。这种悬臂驱动的顺服性换能器采用一个安置在惯性尾部质量上的平移臂(即具有放大统一值的杠杆臂)，并将两个压电悬臂放置在其相对的两侧来驱动平移臂。这种换能器与活塞耦合能够对低轮廓外壳实现低频宽带响应。在紧密的基阵负载条件下，换能器达到的谐振频率也低于通常基阵条件下实现的谐振频率，堆积并且可得到所需的固定振速输出，从而减少这种谐振存在的基阵互作用问题。

这种换能器利用一个平移装置将一对悬臂弯曲模式驱动器固定到辐射活塞上，而该装置可将悬臂的水平运动转换成活塞的垂直运动。图 5-69 中给出了动态运动的有限元示意图。需注意这种低轮廓换能器的深度低于活塞盖板的尺寸。悬臂运动由反相压电 31 模式平板的动作来

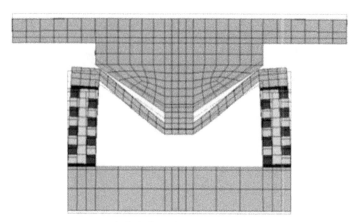

图 5-69 向内弯曲悬臂的活塞有限元分析动画

激励,而平板则置于中心基底或 33 模式弯曲压电堆栈的任一侧。如图 5-69 所示,由于臂发生运动,安装在尾板上的压电悬臂发生水平运动,而活塞发生垂直运动。由于悬臂向外弯曲,平移臂(外壳)向上运动造成活塞在其最大偏移下均匀运动。共同作用下得到了最大声源级,可根据声源强度的乘积 AU 计算得出,其中,A 为活塞面积,U 为活塞均速。

低谐振频率和平坦宽带响应可根据图 5-70 所示的简化压电等效电路来解释。此电路显示了完全基阵荷载条件下悬臂弯曲体的输入驱动电源 V、夹持电容 C_0、机电匝数比 N、顺性系数 C_m、尾部质量 M、活塞头部质量 m、机械损耗电阻 R_1 和辐射电阻 R_r。由于悬臂驱动器可独自造成足够的偏移,因此将平移杠杆臂的放大比例设为统一值。

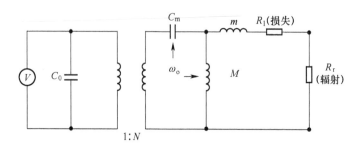

图 5-70 悬臂模式换能器的等效电路示意图

悬臂模式换能器的低谐振频率造成了特殊的低频宽带响应,其中,活塞电抗 $\omega_o m$ 与阻性负载 $(R_1 + R_r)$ 相比较小,导致 $Q_m \ll 1$,使得 M 与 C_m 之间产生更低的并联谐振频率 $f_0 = \omega_o/2\pi$,低于并联的 m 和 M 与 C_m 之间的典型 Tonpilz 型换能器的谐振频率 f_r。此并联谐振频率 f_0 不仅低于典型值 f_r,而且其机械阻抗比典型低阻抗串联谐振频率 f_r 高很多。由于换能器的频率和活塞质量 m 较低,在完全基阵荷载下甚至能实现更低的谐振频率。换能器并非始终会保持这种优势,因为大多数换能器在基阵规模增大时其谐振频率会升高,并且在完全基阵荷载下可实现更高的空气谐振频率。

首先,可根据辐射电阻和电抗解释这种影响。第 10 章中图 10-19 显示了活塞型换能器以尺寸参数 ka 为函数的曲线,其中,a 表示活塞的有效半径或基阵的有效半径。波数为 $k = \omega/c$,其中,c 为介质中的声速,ω 为角频率,$\omega = 2\pi f$。显然,由于活塞尺寸或基阵尺寸增大,辐射电

阻 R 增加并接近完全荷载下的情况 $\rho c A$,其中,ρ 为介质的密度,A 为活塞或基阵的面积。此外,还发现基阵电抗 $X = \omega m_r$(m_r 为辐射质量)最初随着辐射质量的定值 m_r 呈线性增大,但随着 $ka \approx 1.5$ 之后会下降,并且由于辐射电阻接近完全荷载下的 $\rho c A$,基阵电抗会降至零附近。

因此,在频率低且 ka 较小时,辐射质量荷载 m_r 应与活塞质量 m 相加,得到的谐振频率低于空气中的谐振频率。然而如上所述,有效半径 a 增大,则 X 和 m_r 接近为零,且谐振频率应回归到空气中的数值。大基阵中的大多数换能器都存在这种情况。然而,悬臂挂式换能器的谐振频率会随着基阵尺寸增大而降低。这是较低谐振频率所造成的另一种情况,由于换能器异常的高谐振频率以及活塞质量较低,但辐射电阻荷载相对较大,从而造成 $\omega m \ll \rho c A$。这种新的谐振频率 ω_0 受到了尾部质量的控制,比传统的谐振频率 ω_r 低很多。

这种新谐振频率 ω_0 可根据图 5-70 中典型活塞型换能器等效电路来理解,其中,N 为机电匝数比,C_0 为静态电容,C_m 为机械短路顺性系数,M 为尾部质量,m 为活塞质量,R_1 为机械损耗电阻,V 为输入电压。然后,以 R_r 表示辐射电阻,并设总电阻为 $R_t = R_r + R_1$,总质量为 $m_t = m + m_r$。在空气中或水中完全荷载(RHO-C 荷载)条件下,$m_r = 0$ 和 $m_t = m$。正常短路角谐振频率可根据下式得出:

$$\omega_r^2 = (1/C_m m_t)(1 + m_t/M) \tag{5-48}$$

同时,新的尾部质量谐振频率如下:

$$\omega_0^2 = 1/C_m M \tag{5-49}$$

结合各项后,在刚性障板内面积为 A 的活塞的压力响应可表示如下:

$$p(\omega) = (j\omega \rho A N V/2\pi)/[j\omega m_t(1 - \omega_r^2/\omega^2) + R_t(1 - \omega_0^2/\omega^2)] \tag{5-50}$$

上述公式显示了两种谐振情况,即两个参数 ωm_t 和 R_r 中分别有 $\omega = \omega_r$ 和 $\omega = \omega_0$ 的情况。此处应强调由于在较低频率下工作且悬臂顺服性 C_m 较高,只需 m_t 的值较低便可实现较低的谐振频率,因此 ω_{m_t} 较小。

现在,假设式(5-50)中谐振条件下系数 ωm_t 和 R_r 分别存在 $\omega = \omega_r$ 和 $\omega = \omega_0$ 的情况。当 $R_t \ll \omega m_t$ 时活塞或基阵较小,式(5-50)中分母的第一项包含了 ω_r,因此该项可控制响应。然而,大基阵中 $R_t \gg \omega m_t \approx \omega m$,分母中的第二项包含了 ω_0,则由该项控制响应。这种数学表述可以用图 5-70 中的等效电路表示。小基阵中 R_t 与质量电抗 ωm_t 相比较小,质量基本上与 M 相同,得出式(5-48)中的 ω_r。大基阵中 R_t 与质量电抗 ωm_t 相比较大,质量 m 则不再与 M 相同,可得到式(5-49)中更低的谐振频率 ω_0。这两个谐振频率在完全基阵荷载下可能存在相关性,因为

$$\omega_0^2 = \omega_r^2/(1 + M/m) \tag{5-51}$$

显然,$\omega_0 < \omega_r$。应注意:当 $M = m$ 时,则 $\omega_0 = 0.707\omega_r$;当 $M = 2m$ 时,则 $\omega_0 = 0.577\omega_r$;当 $M = 3m$ 时,则 $\omega_0 = 0.5\omega_r$。

图 5-70 的电压源往往属于低阻抗电源。在这种情况下,$V = 0$,则基阵中一个换能器的电路可如图 5-71 所示,其中,R_0 表示在顺服性 C_m 下的机械损耗,并可表示为 $R_0 = Q_0/\omega C_m$。此时,Q_0 的数值在 100~1000 的范围内(对于压电材料),因此,R_0 通常为一个较大的数值。另一方面,R_1 表示安装损耗,设计中往往低于辐射阻 R_r。由于基阵中换能器在四周布置,作用在这种换能器上的力(减去自辐射阻抗)表示为 F。那么,输入机械阻抗可表示为

$$Z(\omega) = R_1 + j\omega m + 1/[j\omega C_m + 1/j\omega M + 1/R_0] \tag{5-52}$$

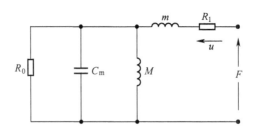

图 5-71 悬臂模式换能器的机械阻抗

当新的谐振频率 ω_0 较低且 R_0 非常大时,则有

$$Z(\omega_0) = R_1 + j\omega_0 m + R_0 \approx R_0 \qquad (5-53)$$

此时,振速为 $u(\omega_0) \approx F/R_0$。正常谐振频率 ω_r 下 R_0 非常大时,则有

$$Z(\omega_r) \approx R_1 \qquad (5-54)$$

此时,振速为 $u(\omega_r) \approx F/R_1$。

因此,由于 $R_0 \gg R_1$,振速 $u(\omega_0) \ll u(\omega_r)$,且活塞阻抗较高,则在这种新的较低阻抗下活塞几乎不会运动,如同刚性活塞一般。另一方面,活塞在 ω_r 时运动较大,如同一个顺服性的表面,会造成较大的运动并且可能导致换能器较大的 Q_m 和较高的应力。因此,预期在 ω_0 时的相互作用会比典型 Tonpilz 型换能器在谐振频率 ω_r 时的小很多。

有限元计算所得发射电压响应结果如图 5-72 所示,其中,由紧密堆积的 PZT-8 所驱动的悬臂模式换能器组成各类基阵,配有 3in×3in 活塞且空气中谐振频率为 2.10kHz,包括从谐振频率为 1.75kHz 的 1×1 单基元基阵,到谐振频率为 1.30kHz 的 8×8 共 64 基元的基阵。此外,理想的 ρc 完全基阵荷载的情况以虚线表示。上述结果表明:谐振频率随基阵尺寸的增大而降低。此外,还表明 8×8 基阵的性能非常接近理想荷载的基阵性能,也即不存在严重的基阵相互作用问题。此时,机电效率为 84%,比单基元基阵的数值 38% 高出 2 倍多,而谐振电阻要低很多。

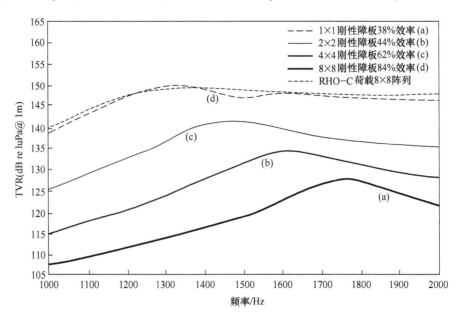

图 5-72 悬臂模式换能器各类基阵配置的有限元分析计算所得发射电压响应结果

5.8.2 剪切模式活塞换能器

压电单晶体材料的剪切模式 d_{36}（2200pm/V）的值较高，耦合值 k_{36} 较高，超过 0.80，并且弹性顺服性较大（为 $190×10^{-12}$ m²/N）。这种晶体片[105,106]可实现剪切模式运动，其电场与极化场方向相同，使得驱动场超过 10V/m，因此可作为替代材料供低频、低轮廓剪切模式换能器使用。过去必须采用电驱动的压电材料，使其与极化方向相反，从而激励剪切模式[107]。然而，这种方式限制了剪切模式在加速度计或水听器上的应用，因为这类设备不需要高驱动场。

目前，已经研制出一种剪切模式 d_{36} 的 Tonpilz 型换能器，它包含一个直径为 3in 和深度为 2.5in 的活塞，水中谐振频率为 2kHz 左右[108,109]。虽然这种剪切模式活塞换能器的运动与第 5.8.1 节中悬臂模式活塞换能器有所不同，但其大小和谐振频率则极其接近。图 5-73 中有限元分析模型为四个棒剪切模式基元的截面图。这种 d_{36} 棒体固定到活塞的中央杆上，并且通过四个连接件与外部质量固定。工作时，剪切模式棒体使得活塞相对于尾部质量运动，利用剪切模式工作时较高的顺服性实现较低的谐振频率。图 5-74 给出了这类基本剪切模式活塞换能器的有限元分析，得到在空气中 2.7kHz 的放大动态运动。这类设计中的尾部质量比活塞和杆体的质量大很多，导致活塞的运动大于尾部，这也是各种 Tonpilz 型换能器设计的典型情况。可采用较大直径 d_{36} 来得到较大的偏移值。

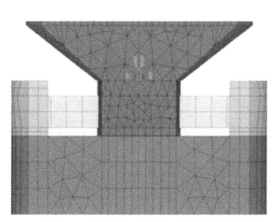

图 5-73 剪切模式 Tonpilz 型换能器的
有限元分析模型横截面图
（注意：虽然图中显示杆件与尾部质量相接
触，但是在此模型中并没有接触）

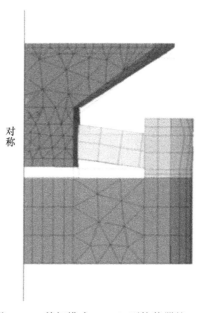

图 5-74 剪切模式 Tonpilz 型换能器的 1/8
对称模型在空气中的放大动态运动

若换能器安装在外壳但与尾部隔离，则活塞上的静水压力会压缩活塞和杆体，对单晶体基元产生极大的静水感应剪切应力，使其只能在一般深度工作。为了避免出现这种情况，可在外壳中充入压缩空气，或安装在外壳但与头部隔离。若采用第二种方式，安装系统的谐振频率必须比换能器谐振频率或工作频带低很多。顺服性油背衬技术可以满足这种要求，但是需要较大的外壳,这使得低轮廓尺寸失去意义。

剪切模式低轮廓活塞换能器的性能和尺寸与第5.8.1节的低轮廓悬臂模式活塞换能器差别不大。由于压电驱动系统具有很高的顺服性,这两种换能器的谐振频率以及活塞头部质量都很低。鉴于此,通常认为换能器的剪切模式基阵可能也会随着基阵尺寸增大而出现频率降低的情况,而并非传统的频率增大。

5.9 小 结

本章介绍了球形、圆柱形、环形、活塞(Tonpilz 型)、传输线、复合型、弯张、弯曲、模态和低轮廓换能器。目前,压电陶瓷最常用于水声,因为可以将这种材料制成多种几何形状,它具有极佳的机电性能,较低的电损耗,并且能够产生较大的力和较高的声源级。简要讨论了换能器工作原理之后,详细介绍了常用的31模式环形换能器、33模式环形换能器、磁致伸缩环形和平面模式球形换能器。溢流环形换能器可在较大深度工作,并且常常存在两种谐振频率,使其工作带宽较大,因此出现了溢流环形和多端口换能器。多模式杠杆换能器采用圆柱体形成各种可扫描的定向波束图,可以通过让基元和基阵扫描来改善基阵的响应。

Tonpilz 型换能器最常用于基阵中,因此第5.3.1节主要介绍这类换能器的性能和构造,以及用于表示这类换能器的简化集总等效电路模型。此外,还介绍了一种将磁致伸缩与压电驱动相结合的新型混合换能器,可得到较大的带宽、部分自调谐和较高的耦合系数。传输线换能器的长度相当于1/2波长,并且常常用于较高频率下。这类换能器可表示为波动方程的解,而等效电路则由三角函数组成。通常,可划分为三个部分和一个可能匹配层(也可能作为第三层)。与水最匹配的组合之一便是采用一个镁头部、钨尾部和压电驱动中心部。其他的设计还包括多重共振形式,在这些共振之间增加输出。另外,介绍了较高频率下工作的大型平板和复合换能器。

弯张和弯曲换能器可在较合理的尺寸下实现较低频率的谐振,因此低频率工作时常选用这两类换能器。弯张换能器还能通过固定在压电驱动部分的外壳放大运动。本章讨论了各种传统的弯张换能器类别,以及新型的星形、三元和交叉弹簧设计。由于谐振频率与长度的平方成反比,弯曲换能器甚至能够实现更低的谐振频率。另外,还展示并且讨论了弯曲棒和弯曲盘,以及带凹槽的圆柱体和交叉弹簧设计。还介绍了新型的模态发射换能器(传动轮、八字、杠杆圆柱体),可通过加入单极(全向)、偶极和四极模式来形成定向波束。最后,讨论了新型低轮廓低频悬臂模式活塞和剪切模式活塞的换能器。

虽然已经介绍了很多电声发射换能器设计,但仍不乏遗漏,如过去的动线圈费森登振荡器[110]和Massa设计的几种低频变阻抗换能器[111]。此外,剔除了未归入本书所讨论的6种电声类型的其他大功率低频声能源。另外,还略去了Bouyoucus设计的水声源[112]、火花源[113-115]、放电激励的Edgerton"声爆板"(Boomer)[116]和FSI的"波波枪"(Buble Gun)[117]等。

参考文献

1. J. F. Lindberg, The application of high energy density transducer material to smart systems, Mat. Res. Soc. Symp. Proc. 459,509-519(1997). See also D. F. Jones, J. F. Lindberg, Recent transduction develop-

ments in Canada and the United States, Proceedings of the Institute of Acoustics, 17, Part 3, 15-33 (1995)
2. D. T. Laird, H. Cohen, Directionality patterns from acoustic radiation from a source on a right cylinder. J. Acoust. Soc. Am. 24, 46-49 (1952)
3. J. L. Butler, A. L. Butler, A Fourier series solution for the radiation impedance of a finite cylinder. J. Acoust. Soc. Am. 104, 2773-2778 (1998)
4. J. L. Butler, Model for a ring transducer with inactive segments. J. Acoust. Soc. Am. 59, 480-482 (1976)
5. Channel Industries, Inc., Santa Barbara, CA 93111
6. D. A. Berlincourt, D. R. Curran, H. Jaffe, Piezoelectric and piezomagnetic materials and their function in transducers, in Physical Acoustics, ed. by W. P. Mason, vol. 1 (Academic, New York, 1964)
7. J. L. Butler, Solution of acoustical-radiation problems by boundary collocation. J. Acoust. Soc. Am. 48, 325-336 (1970)
8. M. B. Moffet, M. D. Jevnager, S. S. Gilardi, J. M. Powers, Biased lead zirconate titanate as a high-power transduction material. J. Acoust. Soc. Am. 105, 2248-2251 (1999)
9. S. Butterworth, F. D. Smith, Equivalent circuit of a magnetostrictive oscillator. Proc. Phys. Soc. 43, 166-185 (1931)
10. J. L. Butler, S. J. Ciosek, Rare earth iron octagonal transducer. J. Acoust. Soc. Am. 67, 1809-1811 (1980)
11. S. M. Cohick, J. L. Butler, Rare-earth iron "square ring" dipole transducer. J. Acoust. Soc. Am. 72, 313-315 (1982)
12. G. W. McMahon, Performance of open ferroelectric ceramic cylinders in underwater transducers. J. Acoust. Soc. Am. 36, 528-533 (1964)
13. C. H. Sherman, N. G. Parke, Acoustic radiation from a thin torus, with application to the freeflooding ring transducer. J. Acoust. Soc. Am. 38, 715-722 (1965)
14. A. L. Thuras, Translating Device, U. S. Patent 1, 869, 178 (26 July, 1932)
15. R. H. Lyon, On the low-frequency radiation load of a bass-reflex speaker(L). J. Acoust. Soc. Am. 29, 654 (1957)
16. A. J. Shashaty, The elastic problem of the flattened cylinder type of underwater acoustical compliance element. J. Acoust. Soc. Am. 66(6), 1818 (1979)
17. H. Levine, J. Schwinger, On the radiation of sound from an unflanged circular pipe. Phys. Rev. 73, 383-406 (1948)
18. J. L. Butler, Multiport Underwater Sound Transducer, U. S. Patent 5, 184, 332 (2 February, 1993)
19. A. L. Butler, J. L. Butler, A Deep-Submergence, Very Low-Frequency, Broadband, Multiport Transducer, Oceans 2002 Conference, Biloxi, MS, see also Sea Technology, pp. 31-34 (November 2003)
20. A. E. H. Love, Mathematical Theory of Elasticity, 4th edn. (Cambridge University Press, London, 1934), p. 452
21. S. L. Ehrlich, P. D. Frelich, Sonar Transducer, U. S. Patent 3, 290, 646, (6 December, 1966)
22. R. S. Gordon, L. Parad, J. L. Butler, Equivalent circuit of a ring transducer operated in the dipole mode. J. Acoust. Soc. Am. 58, 1311-1314 (1975)
23. J. L. Butler, A. L. Butler, J. A. Rice, A tri-modal directional transducer, J. Acoust. Soc. Am. 115, 658-665 (2004). J. L. Butler, A. L. Butler, Multimode Synthesized Beam Transducer Apparatus, U. S. Patent 6, 734, 604 B2, (11 May, 2004)
24. O. B. Wilson, Introduction to Theory and Design of Sonar Transducers, (Peninsula Publishing, Los Altos, 1988)
25. H. B. Miller, Origin of the 33-driven ceramic ring-stack transducer. J. Acoust. Soc. Am. 86, 1602-1603 (1989)
26. H. B. Miller, Origin of mechanical bias for transducers, J. Acoust. Soc. Am. 35, 1455 (1963). H. B. Miller, U. S. Patent 2, 930, 912, (March 1960)
27. W. C. Young, Roark's Formulas for Stress and Strain, 6th edn. (McGraw-Hill, New York, 1989), pp. 452-454
28. J. L. Butler, J. R. Cipolla, W. D. Brown, Radiating head flexure and its effect on transducer performance. J. Acoust. Soc. Am. 70, 500-503 (1981)
29. R. S. Woollett, Sonar Transducer Fundamentals, Section II, (Naval Underwater Systems Center, Newport) (n. d.)

30. D. Stansfield, Underwater Electroacoustic Transducers (Bath University Press, Bath, 1990)
31. J. L. Butler, M. B. Moffett, K. D. Rolt, A finite element method for estimating the effective coupling coefficient of magnetostrictive transducers. J. Acoust. Soc. Am. 95, 2533-2535 (1994)
32. M. B. Moffett, A. E. Clark, M. Wun-Fogle, J. F. Lindberg, J. P. Teter, E. A. McLaughlin, Characterization of Terfenol-D for magnetostrictive transducers, Hawaii. J. Acoust. Soc. Am. 89, 1448-1455 (1991)
33. S. C. Butler, A 2.5kHz Magnetostrictive Tonpilz Sonar Transducer Design, SPIE 9th Symposium on Smart Structures and Materials, Conference Proceedings, Session 11, (March 2002), San Diego. Also, of historical interest, J. L. Butler, S. J. Ciosek, Development of two rare-earth transducers, U. S. Navy J. Underw. Acoust. 27, 165-174 (1977)
34. W. M. Pozzo, J. L. Butler, Elimination of Magnetic Biasing Using Magnetostrictive Materials of Opposite Strain, U. S. Patent 4,642,802, (10 February 1987)
35. J. L. Butler, A. E. Clark, Hybrid Piezoelectric and Magnetostrictive Acoustic Wave Transducer, U. S. Patent 4,443,731, (17 April 1984). Hybrid Transducer, U. S. Patent 5,047,683, (10 September 1991)
36. S. C. Thompson, Broadband Multi-Resonant Longitudinal Vibrator Transducer, U. S. Patent 4,633,114, (1987). See also S. C. Thompson, M. P. Johnson, E. A. Mclaughlin, J. F. Lindberg, Performance and recent developments with doubly resonant wideband transducers, in Transducers for Sonics and Ultrasonics, ed. by M. D. McCollum, B. F. Hamonic, O. B. Wilson (Technomic Publishing, Lancaster, 1992). S. C. Butler, Development of a high power broadband doubly resonant transducer (DRT), UDT Conference Proceedings, (November 2001), Waikiki, Hawaii
37. J. L. Butler, S. C. Butler, A. E. Clark, Unidirectional magnetostrictive/piezoelectric hybrid transducer. J. Acoust. Soc. Am. 88, 7-11 (1990)
38. R. J. Bobber, A linear, passive, nonreciprocal transducer. J. Acoust. Soc. Am. 26, 98 (1954)
39. J. L. Butler, A. L. Butler, S. C. Butler, Hybrid magnetostrictive/piezoelectric Tonpilz transducer, J. Acoust. Soc. Am. 94, 636-641 (1993). S. C. Butler, J. F. Lindberg, A. E. Clark, Hybrid magnetostrictive/piezoelectric Tonpilz transducer, Ferroelectrics, 187, 163-174 (1996)
40. J. L. Butler, Design of a 10kHz Wideband Hybrid transducer, Image Acoustics, (31 December 1993), and Design of a 20kHz Wideband Hybrid transducer, Image Acoustics, (31 May 1994) with S. C. Butler and in collaboration with W. J. Hughes, Applied Research Laboratory, Penn State University
41. S. C. Butler, F. A. Tito, A broadband hybrid magnetostrictive/piezoelectric transducer array, Oceans 2000 MTS/IEEE Conference Proceedings, Vol. 3 (September, 2000)
42. P. Langevin, British Patent 145,691, (28 July 1921)
43. G. E. Liddiard, Ceramic sandwich electroacoustic transducers for sonic frequencies, in Acoustic Transducers, Benchmark Papers in Acoustics, ed. by I. D. Groves, vol. 14 (Hutchinson Ross, Stroudsburg, 1981)
44. J. L. Butler, A. L. Butler, Ultra Wideband Multiply Resonant Transducer, MTS/IEEE Oceans 2003, San Diego, (September 2003). Multiply Resonant Wideband Transducer Apparatus, U. S. Patent 6,950,373 (27 September 2005)
45. G. C. Rodrigo, Analysis and Design of Piezoelectric Sonar Transducers, Ph. D. Thesis, London, (1970). J. R. Dunn, B. V. Smith, Problems in the realization of transducers with octave bandwidths, Proceedings of The Institute of Acoustics, Vol. 9, Part 2 (1987)
46. H. C. Lang, Sound Reproducing System, U. S. Patent 2,689,016, (14 September 1954)
47. C. C. Sims, Bubble transducer for radiating high-power low-frequency sound in water, J. Acoust. Soc. Am. 32, 1305-1308 (1960). Underwater Resonant Gas Bubble, U. S. Patent 3,219,970 (1965). T. H. Ensign, D. C. Webb, Electroacoustic Performance Modeling of the Gas-Filled Bubble Projector, in Transducers for Sonics and Ultrasonics, ed. by M. D. McCollum, B. F. Hamonic, O. B. Wilson (Technomic, Lancaster, 1992)
48. S. C. Butler, Triply Resonant Transducer, MTS/IEEE Oceans 2003, San Diego (September, 2003). S. C. Butler,

Triple-resonant transducers, IEEE Trans. Ultrason. Ferroelectr. Freq. Control. 59,1292-1300(2012). Broadband Triply Resonant Transducer, U. S. Patent 6,822,373B1(23 November 2004)

49. J. F. Lindberg, Parametric Dual Mode Transducer, U. S. Patent 4,373,143(9 February 1983)
50. G. W. Renner, Private communication with J. L. Butler.
51. R. A. Nelson, L. H. Royster, On the vibration of a thin piezoelectric disk with an arbitrary impedance on the boundary, J. Acoust. Soc. Am. 46,828-830(1969). Development of a mathematical model for the Class V flextensional underwater acoustic transducer, J. Acoust. Soc. Am. 49,1609-1620(1971)
52. A. Iula, R. Carotenuto, M. Pappalardo, Än approximate 3-D model of the Langevin transducer and its experimental validation. J. Acoust. Soc. Am. 111,2675-2680(2002)
53. R. Newnham, L. Bowen, K. Klicker, L. Cross, Composite piezoelectric transducers. Mater. Eng. 2,93-106(1980)
54. L. J. Bowen, U. S. Patent 5,340,510,(23 August 1984)
55. L. J. Bowen, R. Gentilman, D. Fiore et al., Design, fabrication and properties of SonoPanel 1-3 piezocomposite transducers. Ferroelectrics 187(1),109-120(1996)
56. W. A. Smith, B. A. Auld, Modeling 1-3 composite piezoelectrics: thickness-mode oscillations. IEEE Trans. Ultrason. Ferroelectr. Freq. Control 38,40-47(1991)
57. M. Avellaneda, P. J. Swart, Calculating the performance of 1-3 piezoelectric composites for hydrophone applications: an effective medium approach. J. Acoust. Soc. Am. 103,1449-1467(1998)
58. W. A. Smith, B. A. Auld, Modeling 1-3 composite piezoelectrics: thickness mode oscillations. IEEE Trans. Ultrason. Ferroelectr. Freq. Control. 38,40-47(1991)
59. K. D. Rolt, The history of the flextensional electroacoustic transducer. J. Acoust. Soc. Am. 87,1340-1349(1990)
60. H. C. Hayes, Design and Construction of Magnetostrictive Transducers, Summary Technical Report of Division 6, Vol. 13, National Defense Research Committee(1946). H. C. Hayes, Sound Generating and Directing Apparatus, U. S. Patent 2,064,911,(22 December 1936)
61. W. J. Toulis, Flexural-Extensional Electromechanical Transducer Apparatus, U. S. Patent 3,277,433(4 October 1966)
62. G. A. Brigham, Lumped parameter analysis of the class IV(oval) flextensional transducer, Technical Report, TR 4463, NUWC, Newport,(15 August 1973). G. A. Brigham, Analysis of the class IV flextensional transducer by use of wave mechanics, J. Acoust. Soc. Am. 56,31-39(1974). G. A. Brigham, B. Glass, Present status in flextensional transducer technology, J. Acoust. Soc. Am. 68,1046-1052(1980)
63. J. L. Butler, FLEXT(Flextensional Transducer Program), Contract N66604-87-M-B328 to NUWC, Newport, Image Acoustics, Cohasset, MA
64. H. C. Merchant, Underwater Transducer Apparatus, U. S. patent 3,258,738(28 June 1966)
65. F. R. Abbott, Broad Band Electroacoustic Transducer, U. S. Patent 2,895,062,(14 July 1959)
66. L. H. Royster, Flextensional underwater acoustic transducer. J. Acoust. Soc. Am. 45,671-682(1969)
67. G. W. McMahon, D. F. Jones, Barrel Stave Projector, U. S. Patent 4,922,470(1 May 1990)
68. R. E. Newnham, A. Dogan, Metal-Electroactive Ceramic Composite Transducer, U. S. Patent 5,729,007,(17 March 1998). See also, A. Dogan, Flextensional "Moonie and Cymbal" Actuators, Ph. D. thesis, The Pennsylvania State University(1994). A. Dogan, K. Uchino, R. E. Newnham, Composite piezoelectric transducer with truncated conical endcaps "Cymbal", IEEE Trans. Ultrason. Ferroelectr. Freq. Control. 44, 597-605(1997). J. F. Tressler, R. E. Newnham, W. J. Hughes, Capped ceramic underwater sound projector: The "cymbal" transducer, J. Acoust. Soc. Am. 105,591-600(1999)
69. J. L. Butler, Directional Flextensional Transducer, U. S. Patent 4,754,441(28 June 1988). S. C. Butler, A. L. Butler, J. L. Butler, Directional flextensional transducer, J. Acoust. Soc. Am. 92,2977-2979(1992)
70. S. C. Butler, J. L. Butler, A. L. Butler, G. H. Cavanagh, A low-frequency directional flextensional transducer and line

array. J. Acoust. Soc. Am. 102,308-314(1997)

71. J. L. Butler, Flextensional Transducer, U. S. Patent 4,846,548(5 September 1989). See also H. C. Hayes, Sound Generating and Directing Apparatus, U. S. Patent 2,064,911(22 December 1936). J. L. Butler, K. D. Rolt, A four-sided flextensional transducer, J. Acoust. Soc. Am. 83,338-349(1988)

72. J. L. Butler, Electro-Mechanical Transduction Apparatus, U. S. Patent 4,845,688(4 July 1989)

73. M. B. Moffett, J. F. Lindberg, E. A. McLaughlin, J. M. Powers, An equivalent circuit model for barrel stave flextensional transducers, in Transducers for Sonics and Ultrasonics, ed. by M. D. McCollum, B. F. Hamonic, O. B. Wilson(Technomic, Lancaster, 1993)

74. C. J. A. Purcell, Folded Shell Projector, U. S. Patent 5,805,529(8 September 1998)

75. G. W. McMahon, B. A. Armstrong, U. S. Patent 4,524,693(25 June 1985)

76. G. W. McMahon, B. A. Armstrong, A 10 kw ring-shell projector, in Progress in Underwater Acoustics, ed. by H. M. Merklinger(Plenum press, New York, 1987)

77. J. L. Butler, An electro-acoustic model for a flextensional ring shell transducer, (The program FIRST), Contract N66604-88-M-B155, to NUWC, Newport, RI, Image Acoustics, Inc., Cohasset, MA(31 March 1988)

78. W. P. Mason, Piezoelectric Crystals and Their Application to Ultrasonics(D. Van Nostrand, New York, 1950)

79. C. Hodgman, C. R. C. Standard Mathematical Tables, 12th edn. (Chemical Rubber Company, Cleveland, 1961), p. 421

80. J. L. Butler, A. L. Butler, Multi Piston Electro-Mechanical Transduction Apparatus, U. S. Patent 7,292,503(6 November 2007)

81. J. L. Butler, A. L. Butler, Single-Sided Electromechanical Transduction Apparatus, U. S. Patent 6,654,316 B1(25 November 2003)

82. P. M. Morse, Vibration and Sound(McGraw-Hill, New York, 1948)

83. H. F. Olson, Acoustical Engineering(D. Van Nostrand, New York, 1957)

84. R. S. Woollett, The Flexural Bar Transducer(Naval Undersea Warfare Center, Newport, 1986)

85. J. W. Fitzgerald, Underwater Electroacoustic Transducer, U. S. Patent 5,099,461(24 March 1992)

86. A. E. Clark, private communication

87. R. S. Woollett, Theory of the Piezoelectric Flexural Disk Transducer with Applications to Underwater Sound, USL Research Report No. 490, Naval Undersea Warfare Center, Newport(1960)

88. A. L. Butler, J. L. Butler and V. Curtis, End Driven Bender, 2016 U. S. Navy Workshop on Acoustic Transduction Materials and Devices(The Pennsylvania State University, May 10, 2016)

89. D. J. Erickson, Moment Bender Transducer, U. S. Patent 5,204,844(20 April 1993)

90. W. T. Harris, U. S. Patent 2,812,452(November 1957)

91. H. W. Kompanek, U. S. Patents: 4,220,887(September 1980), 4,257,482(March 1981), 4,651,044(March 1987)

92. J. L. Butler, An Approximate Electro-Acoustic Model for the Slotted High Output Projector Transducer, Contract N62269-87-M-3792, NAVAIR, MD, Image Acoustics, Inc., (30 December 1987)

93. W. C. Young, Roark's Formulas for Stress and Strain, 6th edn. (McGraw-Hill, New York, 1989), pp. 117-120

94. K. D. Rolt, J. L. Butler, Finite element modulus substitution method for sonar transducer effective coupling coefficient, in Transducers for Sonics and Ultrasonics, ed. by M. D. McCollum, B. F. Hamonic, O. B. Wilson(Technomic, Lancaster, 1992)

95. B. S. Aronov, Piezoelectric slotted ring transducer. J. Acoust. Soc. Am. 133,3875-3884(2013)

96. J. L. Butler, TSCAT, The Computer Program TSCAT for a Tapered Slotted Cylinder Transducer, Contract N66604-93-D-0583, NUWC, Newport, RI, Image Acoustics, Inc., MA(30 June 1994)

97. A. L. Butler, J. L. Butler, Modal Acoustic Array Transduction Apparatus, US Patent 7,372,776 B2(13 May 2008)

98. J. L. Butler, A. L. Butler, S. C. Butler, The modal projector. J. Acoust. Soc. Am. 129, 1881-1889 (2011)

99. A. L. Butler, J. L. Butler, The octoid modal vector projector. J. Acoust. Soc. Am. 130, 2505 (2011)

100. J. L. Butler, Älternative tonpilz and bender transducer designs. J. Acoust. Soc. Am. 134, 4092 (2013)

101. J. L. Butler, A. Butler, M. J. Ciufo, Doubly steered array of modal transducers. J. Acoust. Soc. Am. 132, 1985 (2012)

102. J. L. Butler, A. L. Butler, Doubly Steered Acoustic Array, US Patent 8,599,648 B2 (3 December 2013)

103. J. L. Butler, A. L. Butler, Cantilever mode piston transducer array. J. Acoust. Soc. Am. 133, 3360 (2013)

104. A. L. Butler, J. L. Butler, Cantilever Driven Transduction Apparatus, US Patent 7,453,186 B1 (18 November 2008)

105. Pengdi Han, U. S. Patent Application Number 2006/0012270 A

106. S. Zhang, F. Li, W. Jiang, J. Luo, R. J. Meyer, W. Cao, T. R. Shrout, Face shear piezoelectric properties of relaxor-PbTiO3 single crystal. J. Appl. Phys. 98, 182903 (2011)

107. W. Cao, S. Zhu, B. Jiang, Analysis of shear modes in a piezoelectric vibrator. J. Appl. Phys. 83, 4415-4420 (1998)

108. D. J. Van Tol, R. J. Meyer, Acoustic Transducer, US Patent 7,615,912 B2 (10 November 2009) 109. R. J. Meyer, T. M. Tremper, D. C. Markley, D. J. Van Tol, P. Han, J. Tian, Low Profile, Broad Bandwidth Projector Design Using d36 Shear Mode, Navy Workshop on Transduction Materials and Devices, Penn State (11-13 May 2010)

110. G. W. Stewart, R. B. Lindsay, Acoustics (D. Van Nostrand, New York, 1930) pp. 248 - 250. H. J. W. Fay, in Acoustic Transducers, Benchmark Papers in Acoustics, 14, ed. by I. Groves (Hutchinson Ross, Stroudsberg, 1981). K. D. Rolt, The Fessenden Oscillator: History, Electroacoustic Model, and Performance Estimate, 127th Meeting of the Acoustical Society of America (June 1994)

111. D. P. Massa, High-power electromagnetic transducer array for Project Artemis, J. Acoust. Soc. Am. 98(5), 2901-2902 (1995). F. W. Massa, F. Massa, Electromagnetic transducers for high-power low-frequency, deep-water applications, J. Underw. Acoust. 20(3), 621-629 (July 1970). F. W. Massa, Electromagnetic Transducers for Underwater Low-frequency High-power Use, U. S. Patent 4,736,350, (5 April 1988)

112. J. V. Bouyoucos, Hydroacoustic transduction, J. Acoust. Soc. Am. 57, 1341-1351 (1975). Self-Excited Hydrodynamic Oscillators, Acoustic Research Laboratory, Harvard University, TM No. 36 (31 July 1955)

113. D. D. Caulfield, Predicting Sonic Pulse Shapes of Underwater Spark Discharges, WHOI Report 62-12 (March 1962)

114. J. L. Butler, K. D. Rolt, Feasibility of High Power, Low Frequency, High Efficiency Plasma Spark Gap Projector, Final Report, SBIR Topic N92-088 (23 June 1993), Image Acoustics, Inc. and Massa Products Corporation

115. R. B. Schaefer, D. Flynn, The Development of a Sonobuoy Using Sparker Acoustic Sources as an Alternative Explosive SUS Devices, Oceans "99 (IEEE, Seattle, 16 September 1999)

116. Originally manufactured by EG&G, currently manufactured by Applied Acoustic Engineering, Ltd., Great Yarmouth, Norfolk

117. Falmouth Scientific, Inc. Cataumet, MA

第 6 章

水 听 器

第 5 章一开始讨论了各类水下发射换能器,而这些发射换能器的应用也需要水听器。在大多数主动声纳系统中,换能器可同时用作发射换能器和水听器,但在部分情况下也会单独作为水听器用于接收,如拖曳线列阵中的水听器可以很好地避开舰船自噪声的影响。此外,在被动探测、警戒声纳以及被动测距声纳中也只用作水听器。被动声纳浮标和各类噪声监测设备也只需要水听器。

水听器可探测水中声信号和噪声的声压变化,并根据声压生成一个成比例的输出电压。此外,任何内部电阻的热扰动均会导致水听器输出一个噪声电压。因此,水听器的性能标准与发射换能器差异较大。发射换能器最需要关注输出功率,因此通常在谐振频率附近运行,而水听器往往在谐振频率下一个较宽的频带内运行,最关心的是开路输出电压和信噪比。水听器可探测到的最小信号相当于或略低于海洋环境噪声,除非水听器内部噪声与前置放大器输入噪声相加后大于海洋噪声。要比较水听器及其前置放大器所产生的噪声电压与海洋中噪声的大小,需要利用一定灵敏度的水听器来测量海洋中的等效噪声电压。

水听器通常比发射换能器体积更小且更为简单,但是,由于在大多数情况下存在互易性,因此水听器也可采用第 3 章中建立的换能器模型以及第 5 章中讨论的发射换能器设计理论。第 3 章和第 5 章中讨论的常用的 Tonpilz 型换能器设计对于大功率发射换能器而言非常有效,但仅用于被动声纳的单体水听器或水听器基阵而言并非最佳设计。Tonpilz 型换能器非常适合在紧密排列的主动基阵中同时用作发射换能器和水听器,但是当这类基阵工作在主动工作频带外的被动方式时,由于可能存在不需要的谐振而不再适用。

第 2 章中所讨论的各类换能器机理均可用于水听器,但是由于压电陶瓷和单晶体压电材料具有的显著优势,因此它们成为水听器的主要材料,这也是本章重点关注的内容。压电陶瓷可以做成各种形状和尺寸,再适配合适的电极、电缆和防水材料就可以制成水听器。例如,中空的压电陶瓷柱是一种非常常见的水听器形式,通过采用不同的电极和封装方式就可以得到不同规格的水听器。利用单晶体压电材料可以制作体积更小、频带更宽的水听器。

本章将讨论对声压和声压梯度(或振速)敏感的水听器,以及对结构中可能被激发的更高阶振动模态敏感的水听器。压敏水听器是最常见的类型,它们通常运行在谐振频率以下,此时其响应与频率无关并且是全向的。振速敏感的水听器具有"8"字形的波束图,此时其响应随频率增大,每倍频程增加 6dB。本章还将介绍标量(声压)和矢量(声压梯度和质点振速)传感器、声强探头与小型多元件的设计及需要考虑的特殊因素。此外,本章还会详细讨论水听器内部热噪声与其他水听器参数之间的关系,以及热噪声与辐射电阻之间的关系。

第 2.8.7 节简要介绍了水听器等效电路,以及一些重要参数的定义。第 8 章将会讨论水听器基阵,包括相关的噪声源。在介绍各类水听器设计前,我们首先了解一下水听器工作的基本原理。

6.1 工作原理

水听器的自由场电压灵敏度定义为入射平面声波的开路电压幅值与自由场声压幅值之比,通常用 M 表示(此外,M_0 也可以用来表示开路电压灵敏度,以便与符号 M_s 表示的短路灵敏度[1]相区分)。一般来说,灵敏度与频率、入射平面波方向、压电陶瓷等活性材料的属性以及水听器的几何形状有关。对于指向性水听器来说,灵敏度通常是针对到达最大响应轴〈MRA〉上的平面波而定义的。这里将从图 6-1 所示的矩形压电陶瓷片的最简单情况开始,推导诸多不同类型水听器的灵敏度。

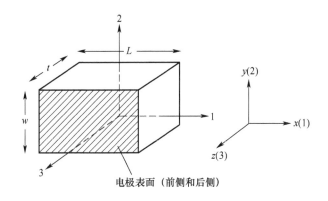

图 6-1 两电极与极化轴 3 垂直的压电陶瓷

为简化分析工作,本节声学部分的分析均假设频率足够低、波长足够长,声压幅值在整个水听器上是均匀的。在这些情况下,灵敏度有时也被称为声压灵敏度。此外,还假设水听器工作在低于其一阶谐振频率下,其灵敏度与频率无关。但实际上,在非常低的频率下,前置放大器较大的输入阻抗已接近于水听器的阻抗,其输出电压会降低。压电材料最常用于压敏水听器,部分原因即是它在低于谐振频率时的响应较为平坦。在第 6.6 节和第 6.7 节将更全面地讨论水听器的灵敏度,包括指向性、衍射和噪声等。

6.1.1 灵敏度

压电水听器是对声压敏感的,但是随着人们寻求设计能够探测更小声压的换能器,人们对声质点位移方面灵敏度的研究也颇感兴趣。

例如:零级海况(SS0)下海洋环境噪声谱密度在 1kHz 时约为 44dB$//(\mu Pa)^2$/Hz(参见图 6-37),相当于声压值 $p \approx 160 \mu Pa$。在相同声压的平面波信号中,质点位移为 $x = p/\rho c \omega = 1.7 \times 10^{-14}$m = 0.00017Å。水听器敏感表面上由于该平面波信号所产生的位移相对于水中要低,这是因为压电材料的刚度比水大得多。这种位移为压电材料的晶格尺寸的 1/10000。

由于声波中质点位移与水听器敏感表面是相干的,而水听器材料中的随机热运动与它是不相干的,因此很小的位移是可以被探测到的。水听器材料中的热运动会产生水听器的内部噪声,这将在第 6.7 节中讨论。

由于计算灵敏度的目的是测定由包括声压在内的应力所产生的电压,因此利用式(2-4)形式的状态方程是最直接的方法。考虑图 6-1 所示平板表面配有电极的情形,此时形成的两电极轴向平行于沿 3 或 z 轴的厚度方向。那么由电极所感应的电场分量为 E_3,可根据式(2-4)得出:

$$E_3 = -g_{31}T_1 - g_{32}T_2 - g_{33}T_3 + \beta_{33}^T D_3 \tag{6-1a}$$

电场强度 $E_3 = -\partial V/\partial z$,因此电压为

$$V = -\int_{-t/2}^{t/2} E_3 \mathrm{d}z = -E_3 t \tag{6-1b}$$

式中,E_3 为常数;t 表示平板厚度。在开路情况下,$D_3 = 0$,由式(6-1a)和式(6-1b)可得出:

$$V = g_{31}tT_1 + g_{32}tT_2 + g_{33}tT_3 \tag{6-2a}$$

此外,开路输出电压与电极之间的厚度、常数 g_{3i} 以及应力 T_i 成正比。

若如图 6-2(a)所示压电陶瓷材料垂直于 1 轴和 2 轴方向的表面可自由移动,但外部存在一个刚性结构屏蔽入射声压,刚性结构与材料表面之间为间隙或压力释放材料,则存在 $T_1 = T_2 = 0$。

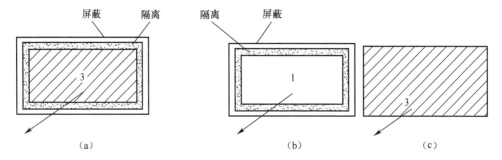

图 6-2 (a)1 和 2 轴向屏蔽 p_i;(b)2 和 3 轴向屏蔽 p_i;(c)1、2 和 3 轴向均暴露在 p_i 下

由于只有垂直于 3 轴方向的表面会暴露在入射声压中,则只有 T_3 非零并等于入射平面波的声压幅值 p_i。此时,由式(6-2a)可得出水听器 33 模式下的灵敏度:

$$M_{33} = V/p_i = g_{33}t \tag{6-2b}$$

另一方面,若只有垂直于 1 轴方向的表面出现暴露的情况,如图 6-2(b)中所示,则存在 $T_2 = T_3 = 0$,那么 31 模式下的接收灵敏度如下:

$$M_{31} = V/p_i = g_{31}t \tag{6-2c}$$

31 模式下的灵敏度接近 33 模式下的 1/2,这是因为在典型的锆钛酸铅(PZT)材料中存在 $g_{31} \approx -g_{33}/2$。如果与 1 轴和 2 轴垂直的表面均暴露在入射声压下,而垂直于 3 轴的表面被屏蔽,由于 PZT 材料存在 $g_{32} = g_{31}$,因此有 $M = g_{31}t + g_{32}t = 2g_{31}t$。在最后一个例子图 6-2(c)所示的情况中,压电陶瓷材料所有的表面均暴露在入射声压中,这种情况下的灵敏度被称作静水压灵敏度,可利用以下公式得出:

$$M_h = (g_{33} + 2g_{31})t = g_h t \tag{6-2d}$$

式中,$g_h = g_{33} + 2g_{31}$ 为静水压常数。

例如：对于 PZT-4 材料，$g_h = 0.0249 + 2(-0.0106) = 0.0037(\text{V·m})/\text{N}$，比 g_{33} 低了一个数量级（参见第 13.5 节）。但是，也有其他一些材料更适用于静水压模式，如铌酸铅或钛酸铅的，其中钛酸铅的 $g_h = 0.0320 + 2(-0.0017) = 0.0286(\text{V·m})/\text{N}$，与 g_{33} 非常接近。虽然该材料的静水压灵敏度较高，但压电常数近似为 PZT-4 材料的 1/5，从而会导致更高的阻抗和更低的优质因数。

水听器灵敏度的参考值为 $1\text{V}/\mu\text{Pa}$，因此可以将式（6-2b）、式（6-2c）和式（6-2d）乘以 10^{-6}，按对数计算得出的接收电压灵敏度为 $\text{RVS} = 20\log|M|$，单位为 $\text{dB}//1\text{V}/\mu\text{Pa}$。例如，工作在 33 模式下的一个 0.01m 厚 PZT-4 片状水听器，其灵敏度为 $\text{RVS} = -192\text{dB}//\text{V}/\mu\text{Pa}$（对于水听器响应，有时会使用自由场电压灵敏度 FFVS 来代替接收电压灵敏度 RVS）。

6.1.2 优质因数

水听器的优质因数通常定义为 $M^2/|Z_h|$，其中，Z_h 为水听器的电输入阻抗。由于水听器的内部噪声就产生于阻抗的电阻部分，因此这类阻抗相当重要。优质因数与信噪比有关，而与一些可能用来提高灵敏度的方式无关，比如将水听器的并联配置改为串联配置，或使用变压器。如果利用匝数比为 N 的变压器将输出电压灵敏度从 M 提高到 NM，相应地，阻抗会增大到 $N^2 Z_h$，而 M^2/Z_h 的分子和分母均增大 N^2 倍，因此会得到相同的优质因数。

另一方面，如果有 N 个水听器而非只有一个水听器，则优质因数按倍数 N 增大。例如，若 $N = 4$，且水听器连接成串联-并联配置，其中并联对彼此串联，或串联对彼此并联，则 4 个换能器的阻抗仍然为 Z_h。然而，由于存在串联对，输出电压翻倍且灵敏度从 M 增大到 $2M$，那么优质因数就变为 $(2M)^2/Z_h$，表明优质因数增大 4 倍，也即是水听器的数量。因此，增加水听器的数量或增加水听器的有效体积，都可以提高优质因数。另一方面，将给定数量的水听器重新接线，并不一定会如预期一般提高优质因数。

当频率较低且大幅低于谐振频率时，有 $Z_h = 1/j\omega C_f$ 和 $M^2/Z_h = M^2 j\omega C_f$。由于在低频率时 M 为常数，因此我们可以定义一个与频率无关的水听器优质因数 FOM_h，表示为 $M^2 C_f$。对于图 6-1 中的低频率工作的压电陶瓷水听器，自由电容 $C_f = \varepsilon_{33}^T LW/t$，并且在图 6-2(a) 所示屏蔽的情况下，可利用式（6-2b）得出灵敏度，从而得到：

$$\text{FOM}_h = M^2 C_f = (g_{33})^2 \varepsilon_{33}^T LWt = g_{33} d_{33} V_p \tag{6-3}$$

式中，V_p 为压电材料的体积，且 $g_{33} = d_{33}/\varepsilon_{33}^T$。显然，压电陶瓷的体积越大，优质因数越大。更好的水听器材料可得到较高的 gd 乘积，比如单晶体材料情况（参见第 13.5 节）。gd 乘积也常被作为材料的优质因数，但它与材料所应用的模式有关（某种材料的发射换能器优质因数与 ed 乘积成正比，参见第 4.5 节）。例如，工作在 33 模式下的 PZT 材料，其 gd 乘积为 31 模式下工作时的 5.5 倍。另一个可选的优质因数的定义考虑了噪声损耗因子 $\tan\delta$，并使用 $C_f/\tan\delta$ 而非 C_f。此时，式（6-3）变为

$$M^2 C_f/\tan\delta = g_{33} d_{33} V_0/\tan\delta \tag{6-4}$$

此处强调了低损耗因子的重要性。第 6.7 节中会进一步讨论优质因数以及它与噪声之间的关系。

6.1.3 简化的等效电路

对于接收的情况，可以直接应用第 2.8.1 节介绍的等效电路以及第 3 章中所建立的更宽泛

的电路。此时,假设换能器上的总作用力 $F = Z_r u + F_b$,其中,Z_r 为辐射阻抗,u 为振速。在这个假设的小型水听器(参见第6.6节)中,可忽略散射波的影响,因此钳定力(或阻挡力)F_b 为入射声压在水听器有效面积上的积分。例如,对于可用图3-15中电路表示的图3-14所示单自由度集总参数模型,此时增加声波作用力 F_b,它与辐射阻抗串联,并将电压源与电端断开。当频率远低于谐振频率时,阻抗 $1/j\omega C^E$ 占主导作用,则图3-15中表示的水听器电路可简化为图6-3中的电路,其中,V 为入射声波作用力 F_b 的开路输出电压,且 $G_0 = \omega C_f \tan\delta$。如果顺性系数 C^E 替换成电容 $N^2 C^E$ 且机械作用力 F_b 替换为电压 F_b/N,则电路中可去除机电变压器。

那么,可得出图6-4中所示的戴维南串联电路(参见第13.8节),其中:

$$V_t = k^2 F_b / [N(1 - j\tan\delta)], C'_f = C_f(1 - j\tan\delta) \tag{6-5}$$

显然,电路更为简单且显示了压电材料中电损耗的重大影响。由于 $k^2 = N^2 C^E/C_f$,还可将电压源表示为 $V_t = F_b k (C^E/C_f)^{1/2}/(1 - j\tan\delta)$。对于图6-1和图6-2(a)所示的情况,可简化为 $V_t = (F_b/LW)g_{33}t/(1 - j\tan\delta)$。当 $\tan\delta = 0$ 时,等同于式(6-2b)所得的结果。通常情况下,$\tan\delta \ll 1$ 且在计算灵敏度时可忽略不计,但在使用等效串联电阻求取水听器噪声(参见第6.7节)时必须计入阻抗中。

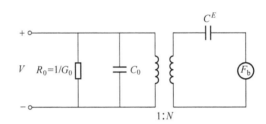

图 6-3 低频水听器等效电路示意图

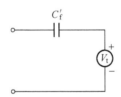

图 6-4 存在自由电容 C'_f 时图 6-3 的戴维南电路示意图

此外,水听器也可作为发射换能器进行建模和分析。此时可利用 TVR 和阻抗并根据互易性公式(参见第9.5节)得出 RVS:

$$RVS = TVR + 20\log|Z| - 20\log f - 294 \text{dB} \tag{6-6}$$

所得结果以 dB//V/μPa 为单位。尽管对于工作在谐振频率以下的小型水听器进行建模较为简单,但是对工作在谐振频率附近的较大型水听器进行建模往往较为复杂,尤其是在考虑入射声波散射的情况下。此时,作为发射换能器进行建模并利用互易性得出接收电压灵敏度是更为简单的方法,而这种方法常常用于有限元建模中。

6.1.4 关于灵敏度的其他问题

压电元件的边界条件会对灵敏度产生重要影响。在第6.1.1节的简单例子中,假设压电片较小,以致所有表面上均承受相同的声压。在33模式下其他表面均被屏蔽时,可得出两个暴露表面在声压 p_i 下的灵敏度为 $M = g_{33}t$。图6-5(a)显示了这种物理条件以及相应的集总参数等效电路,陶瓷片质量为 m,作用力 $F_b = p_i A$,其中 A 为1或3表面的横截面积。

当频率较低时,有 $\omega m \ll 1/\omega C^E$,端子2处的作用力为 F_b,由于存在对称性,图6-5(a)的电路等效于图6-3的电路。如果水听器在表面1被阻挡或钳定,端子1则会开路(即 $u_1 = 0$),如图6-5(b)所示。此时,可删除端子1和2之间的质量 $m/2$。显然,在较低频率时,节点2处的作用力仍然为 F_b,而灵敏度仍然为 $M = g_{33}t$,即图6-5(a)中的情况。另一方面,现在如果除去表面1上的钳定,并允许表面1上为压力释放且外部存在屏蔽的状态,如图6-5(c)所示,端子1处的作用力 F_b 则会消失,而图6-5(a)或图6-5(b)的等效电路中端子1会出现短路。端

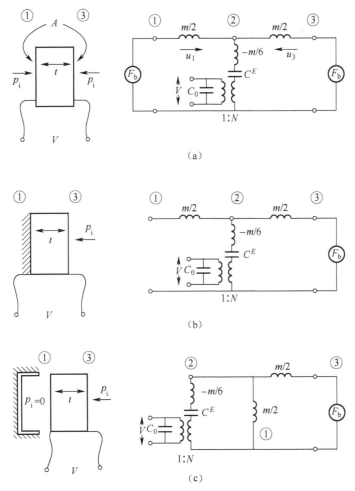

图6-5 (a) 1和3表面两侧等声压的水听器;(b) 1表面钳定3表面承压;(c) 1表面自由状态3表面承压

子1处的短路产生了附加质量 $m/2$,它平行于 $-m/6$、C^E 和变压器次级电压的串联组合,并得到了图6-5(c)所示的等效电路。尽管在低频率下并联质量 $m/2$ 的电抗较低,两个相等的 $m/2$ 质量也会构成一个分压电路(参见第13.8节),从而产生一个等于 $F_b/2$ 的戴维南等效作用力,并与质量 $m/4$ 串联导致较低频率下的灵敏度 $M = g_{33}t/2$。这表明在端子1处需要较大的惯性质量,从而逼近图6-5(b)所示被钳定的情况,避免在图6-5(c)所示的声压释放情况下可能造成的6dB的灵敏度损耗。

连接电缆末端的灵敏度(参见第13.16节)与电缆电容有关。如图6-6所示,电缆电容 C_c 与水听器自由电容 C_f 形成分压,从而在电缆末端形成一个输出电压,也即：

$$V_c = VC_f/(C_f + C_c) \tag{6-7a}$$

式中,V 为水听器自身的输出电压。

例如,若电缆电容 C_c 等于自由电容,则 $V_c/V=1/2$,造成有效灵敏度降低6dB。然而,如果水听器电容按倍数4增大,将4个均与原始水听器相同的水听器用电缆并联,则输出电压相同,但电容 C_f 会增大4倍,从而造成 $V_c/V=0.8$。如果4个水听器还用此电缆串联,则电压会增大4倍且电容按系数4降低,同样也会造成系数降低为0.8。因此,如果不使用一个水听器,而是使用4个水听器,则无论是并联还是串联,损耗均会从6dB降至1.9dB。

当电压源为开路输出电压,串联阻抗为 $V=0$ 时的阻抗,图6-6的电路可替换为其戴维南等效电路。戴维南等效电路见图6-7,其中,$V_t = V_c = VC_f/(C_f + C_c)$,电容为 $C_t = C_f + C_c$。此外,增加了一个可能的负载电阻 R,表示前置放大器的输入阻抗。

电阻器 R 和容抗 $1/j\omega C_t$ 表现为分压器,且电阻器的电压为 $V_R = V_t R/(R + 1/j\omega C_t)$。幅值可表示为

$$|V_R/V_t| = 1/[1 + (1/\omega RC_t)^2]^{1/2} \tag{6-7b}$$

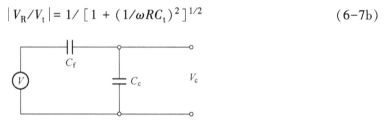

图6-6 电缆电容为 C_c 的水听器

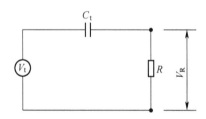

图6-7 前置放大器输入电阻为 R 的水听器

由此可见,若 $\omega RC_t \gg 1$,则电阻性负载对输出电压的影响较小。在 $\omega RC_t = 1$ 时,电压级下降3dB,而 $f = 1/2\pi RC_t$ 被称作低频截止频率。可以选择 R 的值,在感兴趣的频带以下降低灵敏度,从而降低所接收的外部噪声。应注意压电陶瓷的损耗电阻 $R_0 = 1/\omega C_f \tan\delta$ 自身不会造成低频截止,因为它与电抗 $1/j\omega C_f$ 一样存在频率相关性。可将式(6-7b)中的 R 替换为 R_0,以及在无电缆的情况下将 C_t 替换为 C_f,从而出现频率不相关的较小的电压降低,具体如下:

$$|V_R/V_t| = 1/[1 + (\tan\delta)^2]^{1/2} \tag{6-7c}$$

本节讨论了在远低于谐振频率下工作的水听器。然而,水听器工作在谐振频率下也有重要的应用,如主动声纳系统,其中的换能器工作在谐振频率附近并可同时用作发射换能器和水听器。此时,应使用全等效电路、传输线或矩阵模型(参见第3章和第5章),与发射换能器的情况一样。对于电场换能器,发射换能器谐振在短路机械谐振频率 f_r,而水听器谐振在开路反谐振

频率 f_a。由于 $f_r/f_a = (1 - k_e^2)^{1/2}$,当有效耦合系数 k_e 较大时,这两种谐振频率彼此差异较大,因而在整个系统设计时必须加以考虑。

6.2 圆柱形和球形水听器

圆柱形和球形水听器由于具有较高的灵敏度、宽带平滑的响应、较低的阻抗、良好的耐静水压性能和相对简单的结构,所以可能是最常用的水听器设计。圆柱形水听器需要端盖来维持空气背衬和密封状态以避免漏水,而球形水听器只需要密封即可。可利用式(6-6)中的互易性关系,或插入一个作用力源与辐射阻抗串联,则可将圆柱形或球形的发射换能器的等效电路应用于水听器。总而言之,作用力的值为 Ap_iD_a,其中,p_i 为入射自由场声压(通常表示为 p_{ff});D_a 为衍射常数;而 A 为有效承压或孔径面积,它等于计算辐射阻抗或 D_a 时使用的辐射面积。对于波长相对较小的压敏水听器,衍射常数取 $D_a \approx 1$。

第 6.1.1 节所述的水听器灵敏度计算可通过假设具有足够低的频率来进行简化,从而得到水听器在整个有效表面上声压是均匀一致的,并等于入射波的自由场声压(p_{ff})。小型水听器不会干扰声场,因此它测得是如同它并不存在时的声压。大型水听器或者位于大型安装结构中的小型水听器会改变声压场。例如,较大的刚性壁会造成壁上的声压翻倍,因为声波被完全反射。因此,刚性障板内的小型水听器所测得声压为无障板时所测得声压的两倍。这种声压的增加(或在部分情况下的降低)可用于度量衍射常数 D_a。以 p_b 表示水听器被钳定时的表面平均声压,此时其有效表面不会移动,可将 D_a 定义为 p_b/p_{ff}。衍射常数是式(1-6)和式(1-7)所定义钳定力与自由场力之间的比值。总而言之,它并非一成不变,而是作为频率以及水听器具体几何形状的函数,更多内容可参见第 6.6 节的讨论。

6.2.1 端部屏蔽时性能

对于电场换能器而言,其水听器通常工作于比其一阶反谐振频率低的频率处,该频率出现在开路情况下。现在,可将第 6.1.1 节开始时讨论的压电平板水听器扩展到环形或管式水听器,如图 6-8 所示。其中,平均半径为 a,壁厚为 $t < a$,且长度为 $L < 2a$。电极位于内外圆柱表面上。

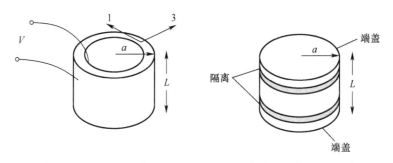

图 6-8 3 轴方向极化并在 31 模式下运行的压电环形(管式)水听器,两端有隔离端盖

图中还给出了一个端部屏蔽的压电管,两个端盖用一种高柔性材料与管体隔离开,如柯普林(参见第 13.2 节)。这种管体适用于环境声压低于 2kPa($\approx$ 300psi)的情况。首先,根据式(6-1a)在开路条件下 $D_3 = 0$,并且因管体两端有声压释放隔离材料则 $T_2 = 0$。如果假设管体充

满空气,则内部声压几乎为零,由于管壁上不存在压缩应力,则3轴方向的应力消失且 $T_3 = 0$。因此,所得结果为 $E_3 = -g_{31}T_1$。此外,由于 E_3 为厚度 t 的常数,与第6.1.1节中平板的情况一样,则输出电压为 $V = g_{31}tT_1$。

圆环的周向应力为 $T_1 = F/tL$,且如第5.2.1节中所示切向力为 $F = F_r/2\pi$,其中 F_r 为圆柱体上的周向力。如果水听器工作在低于其谐振频率下,且其尺寸与波长相比较小,则 $D_a \approx 1$ 且径向力为 $F_r = p_i 2\pi aL$。依次除去 T_1、F 和 F_r,可得到低频圆环的接收灵敏度如下:

$$M = V/p_i = g_{31}a \tag{6-8}$$

需注意此处的灵敏度与圆环的平均半径 a 而非厚度 t 有关,与式(6-2b)中平板的情况相同。

在涵盖了换能器谐振频率的频带中,水听器尺寸并非必然比波长小,且在作用力中应考虑衍射常数,即 $F_b = D_a p_i 2\pi aL$。那么,这个作用力与机械辐射阻抗串联,作为钳定(或"阻挡"开路戴维南)源,并根据图5-4中的等效电路表示为如图6-9和图6-10所示的电路,其中 $Z_m = R_m + j\omega M_m + 1/j\omega C^E$,$Z_r = R_r + j\omega M_r$,$Z_0 = 1/(G_0 + j\omega C_0)$ 以及 F_b 均转换为匝数比为 N 的机电变压器的电气端。

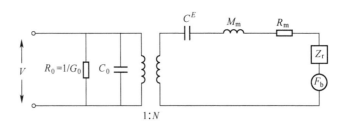

图6-9 水听器集总参数等效电路

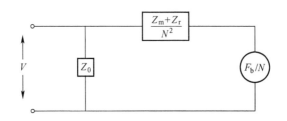

图6-10 宽频带水听器等效电路

那么,与分压电路的情况相同,输出电压 V 可根据输入作用力 F_b 得出,具体如下:

$$V = Z_0(F_b/N)/[Z_0 + (Z_m + Z_r)/N^2] \tag{6-9}$$

经过部分代数处理,也可将式(6-9)表示为

$$V = g_{31}ap_iD_a/[1 - (\omega/\omega_a)^2 + j\omega/\omega_a Q_a] \tag{6-10}$$

式中,为了计算电压灵敏度,将 $G_0 = \omega C_f \tan\delta$ 忽略不计,并利用第5.2.1节中的 $N = 2\pi L d_{31}/s_{11}^E$,$C^E = s_{11}^E a/2\pi tL$ 以及下列公式:

$$\omega_a^2 = 1/[(M_m + M_r)C^D] \text{ 和 } Q_a = 1/\omega_a C^D(R_m + R_r) \tag{6-11}$$

式中,$C^D = C^E(1 - k_{31}^2)$;ω_a 为反谐振频率且 Q_a 在反谐振频率取值。

当频率大幅度低于谐振频率时,即 $\omega \ll \omega_a$,$\omega_a \approx 1$ 且式(6-10)变为 $V = g_{31}ap_i$,存在与式

(6-8)预期相同的平坦响应。在反谐振频率下,由式(6-10)得到 $V = -jg_{31}ap_iD_aQ_a$,显示存在一个90°相移且灵敏度按因子 Q_a 增大。对于空气负载条件下的圆环的谐振频率,圆环的平均周长 $2\pi a$ 为材料的一个膨胀波长,即 $c^D = f_a2\pi a$,其中,c^D 为开路声速。那么,低频灵敏度可表示为 $|V/p_i| = g_{31}D_ac^D/2\pi f_a$。如果假设带宽从接近零频率一直到第一个反谐振频率,则可得到灵敏度带宽的乘积如下:

$$Mf_a = g_{31}D_ac^D/2\pi \tag{6-12}$$

这表明对于给定的材料和设计(如圆环),灵敏度带宽的乘积与常数 g、声速 c^D 以及衍射常数成正比。因此,提升谐振频率来增大带宽,会造成灵敏度的下降。对于圆环而言,Mf_a 的乘积在33模式下约按系数2增大。灵敏度带宽的乘积是一个普遍有用的设计概念,可适用于其他类型的水听器。显然,利用更多材料增大灵敏度时,会降低谐振频率和带宽。同样地,增大带宽也会降低灵敏度。

较短圆柱体的衍射常数可利用球体的衍射常数进行逼近(参见第6.6节),根据球体面积等于圆柱体的敏感面积 $2\pi aL$,得到球体的半径。Trott[2]给出了端部加盖和屏蔽的圆柱形水听器的 D_a 数值。可根据导纳得出输入阻抗如下:

$$1/Z = Y = j\omega C_0 + \omega C_f\tan\delta + N^2/(Z_m^E + Z_T) \tag{6-13a}$$

圆柱形水听器的灵敏度可通过周向极化的方式提升,如同第5.2.2节中采用式(5-18)~式(5.21)所讨论的情况。此时的等效电路[3]可用于计算发射响应,然后利用互易性计算得出接收响应。对于图5-5(b)中所示33模式下端部屏蔽并切向极化的分段或分条圆柱体,当工作在低于谐振频率下时其灵敏度可表示为

$$M = g_{33}a[2\pi a/tn] = g_{33}a[w/t] = g_{33}w[a/t]$$

式中,$a \gg t$。在第一个表达式中[4],整数 n 为偶数且为条状电极的数量,它随着圆环周长呈比例增大。由于每一段的长度为 $w = 2\pi a/n$,因此在第一个表达式中方括号内的因子可表示为 w/t。这种情况下得到的灵敏度高于式(6-8)所得的31模式圆柱体的灵敏度,因为 $g_{33} > g_{31}$ 且 $w > t$。此外,在第三个表达式中也给出了另一种解释,即灵敏度与电极之间的距离 w 有关,并按半径与壁厚的比值 a/t 增大。在端部屏蔽条件下最适宜工作在33模式,这是因为由于消除了31模式接收的情况,在自由或端部加盖条件下可产生更低的灵敏度。

6.2.2 球形水听器

式(6-9)~式(6-13a)以及图6-9和图6-10的等效电路也可用于中空球形水听器。第5.2.3节中将球形换能器描述为发射换能器,其中:

$$C_0 = 4\pi a^2\varepsilon_{33}^T(1 - k_p^2)/t, N = 4\pi ad_{31}/s_c^E, C^E = s_c^E/4\pi t, M_m = 4\pi a^2t\rho \tag{6-13b}$$

式中,ρ 为压电陶瓷的密度;$s_c^E = (s_{11}^E + s_{12}^E)/2$;$k_p^2 = d_{31}^2/\varepsilon_{33}^Ts_c^E$。作用力 $F_b = 4\pi a^2p_iD_a$,且式(6-53)给出的 D_a 表达式对于球形水听器而言比较精确。那么,用于描述圆柱形水听器接收响应的式(6-10)和式(6-11)也可用于球形水听器,且有 $C^D = s_c^D/4\pi t$,其中 $s_c^D = s_c^E(1 - k_p^2)$,这会得到更大的 ω_a 和 Q_a。

图6-11中比较了半径为0.0222m的相同壁厚的球形和圆柱形水听器的接收响应,其中圆柱体的直径和高度与球体的直径相等[5]。显然,由于半径相等导致两者在低频率下的灵敏度相同,但球形水听器的反谐振频率更高。谐振频率越高造成了带宽越大,另一方面导致灵敏度在低于反谐振频率附近时会按衍射常数值下降。由于圆柱形水听器的反谐振频率较低,因此衍

射常数对其响应产生的影响较小。

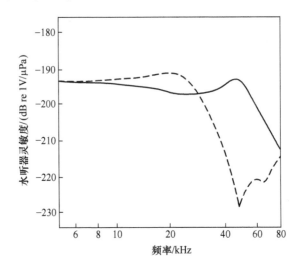

图 6-11　半径 $a = 0.0222\text{m}$ 时,球形(实线)和圆柱形(虚线)水听器的 RVS 理论结果比较
(圆柱体的直径和长度等于球体的直径)

6.2.3　有端盖时性能

第 6.2.1 节中在端部屏蔽的情况下假设端盖为刚性的,但与压电管体的端部是隔离开的。还有其他形式的端部设计能够提高(或降低)管式水听器的灵敏度。当大幅度低于谐振频率时,在这些情况下求值是最为简单的。常用的刚性端盖便是特别需要关注的情况,图 6-12(a)显示了将这种端盖安装到充满空气的 31 模式压电管体端部时的情况。这种端盖加强了压电陶瓷管体,提高了谐振频率,但降低了灵敏度。

由于 $g_{32} = g_{31}$,径向极化且端部暴露的管体同相叠加了 31 和 32 模式下的灵敏度。如果每个端盖的面积为 A,则圆柱体各端面上的作用力为 Ap_i,产生的轴向应力为 $T_2 = p_i A/A_0$,其中,A_0 为假设 $D_a \approx 1$ 时管体的轴向横截面积。对于厚度为 t 且平均半径为 a 的薄壁管体,比值 $A/A_0 \approx \pi a^2/2\pi at = a/2t$ 导致端盖应力大幅度增加。第 6.2.1 节中有关切向灵敏度的内容此时也适用。假设 $T_2 = p_i a/2t$ 而非 $T_2 = 0$,可得出:

$$-E = g_{31}T_1 + g_{32}T_2 = V/t = g_{31}ap_i/t = g_{32}ap_i/2t \tag{6-14a}$$

从而得出:

$$M = V/p_i = (g_{31} + g_{32}/2)a = 3g_{31}a/2 \tag{6-14b}$$

由此造成灵敏度比第 6.2.1 节中图 6-8 的端部屏蔽情况增大了 3.5dB 左右。

31 模式下圆柱形水听器的另一种端盖设计,即薄凸面端盖,如图 6-12(b)所示。由于凸面端盖存在弯曲,造成额外的周向应力放大,从而进一步提高了灵敏度。这种水听器运行的方式与第 5.5.3 节中提到的环壳(第Ⅵ类)弯张换能器相同,但采用了 31 模式而非 33 模式。

如果不使用端盖但压电管体的端部暴露出来且内部未屏蔽,如图 6-12(c)所示,则式(6-14a)变为

$$-E = g_{31}T_1 + g_{32}T_2 = V/t = g_{31}ap_i/t + g_{32}p_i \tag{6-15a}$$

从而得出:

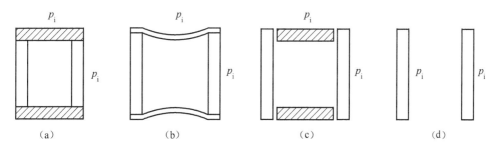

图 6-12　圆柱形水听器
(a)有刚性端盖；(b)有凸面端盖；(c)端部暴露；(d)自由溢流。

$$M = V/p_i = g_{31}a + g_{32}t = g_{31}a(1 + t/a) \tag{6-15b}$$

因此，薄壁圆柱体灵敏度仅出现小幅提高，如在 $t = a/10$ 时提高 0.8dB。我们假设管体充满空气，内侧不存在液体产生的声压。如果管体的内侧和外侧声压均相同，如图 6-12(d)所示，则不存在净切向压应力且 $T_1 = 0$。但是存在厚度压应力且 $T_3 = p_i$，以及轴向压应力，可得到：

$$-E_3 = V/t = g_{33}T_3 + g_{32}T_2 = g_{33}p_i + g_{32}p_i = (g_{33} + g_{32})p_i \tag{6-16a}$$

由于 PZT 压电材料存在 $g_{32} = g_{31}$ 且 $g_{31} \approx -g_{33}/2$，则可以得到：

$$M = V/p_i = -g_{31}t \approx g_{33}t/2 \tag{6-16b}$$

由于壁厚 t 往往比平均半径 a 小很多，因此上式中 M 值比其他的情况下低很多。此时所得为 31 模式下自由溢流的环形水听器在远低于空腔谐振时的灵敏度。McMahon[6] 求取了充满液体的管体安装刚性以及柔性端盖时的灵敏度。由于内装的液体存在强化作用，若管壁较薄并且具有一定的柔顺性，则灵敏度会大幅度降低。

本节研究了安装端盖的薄壁 31 模式圆柱形水听器，其性能因端盖得到提升。Langevin[4] 和 Wilder[7] 求出了在 31 和 33 模式下上述端部条件下圆柱形水听器的低频响应，并提供了更多有关有限壁厚所产生影响的内容。虽然圆柱形水听器在 33 模式下运行时 g_{33} 值较大，从而会产生更高的灵敏度，但并非因刚性端盖所引起。由于 33 与 31 模式下存在相反的符号，实际上会导致灵敏度有所下降。然而，对于 33 模式的环形水听器，确是受益于凹面环壳(第Ⅵ类)弯张端盖会增大径向应力，而该径向应力叠加了圆柱形表面上直接声压所产生的径向应力。

6.3　平面水听器

平面水听器常用于第 7 章和第 8 章中所讨论紧密排列形式的声纳基阵中。可采用第 5 章中关于发射换能器的方法来设计和分析，并利用互易性(参见式(6-6))得出接收响应。在主动声纳基阵中，发射换能器也被用作水听器，而换能器通常设计为发射换能器从而实现最大声源级，并且往往发现在主动频段内水听器也具有足够的响应。但是，如果在主动频段以外被用作被动基阵，则可能无法满足要求。一些扫描声纳需要接收的波束比发射波束更窄，这导致需要分离发射换能器和水听器基阵，这样就使得水听器与发射换能器的设计有相当大的差异。水听器可在低于谐振频率的情况下运行，相对于主动频段会有更小的相位和幅值起伏，并且所需的压电陶瓷材料量可能比发射换能器要少很多。此外，水听器设计单独的接收基阵，可以做到比发射换能器基阵更有效地降低噪声。最后，单独的接收基阵所具备的宽带特性，也使其更适合用于被动搜索。

6.3.1 Tonpilz 型水听器

图 6-13 显示了一种 Tonpilz 型水听器，其中陶瓷部分用电线并联并封闭在充满空气的外壳中。通常情况下，将 33 模式压电陶瓷夹在较大且轻的活塞前盖板与较重的（约为 3 倍）后盖板之间。图 6-14 中提供了一个集总质量等效电路，其中，R_m 为机械损耗阻；R_r 为辐射阻；m_r 为辐射质量；m_c 为长度 L 的压电陶瓷质量；F_b 为面积 A 的活塞表面上的作用力；压电段厚度为 $t = L/n$，n 为压电陶瓷段的数量。

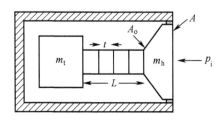

图 6-13 Tonpilz 型水听器

（压电堆长度为 L，横截面积为 A_0，活塞前盖板质量为 m_h，面积为 A 且后盖板质量为 m_t）

一般情况下，图 6-14 的电路可简化成更为简单的形式，其中总电阻 $R = R_m + R_r \ll \omega M_t$。在端子 $A-B$ 的右侧建立一个戴维南电路（参见第 13.8 节），并施加相同的条件。得到图 6-15 所示的电路，其中 $a = M_t/(M_t + m)$ 且 M_t 和 m 采用图 6-14 中的定义，从而得到输出电压为：

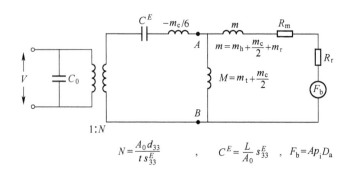

图 6-14 Tonpilz 型水听器集总质量等效电路 ($t = L/n$)

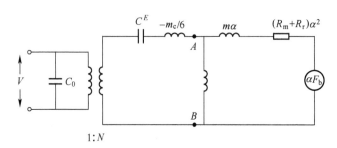

图 6-15 当 $(R_r + R_m) \ll \omega M_t$ 且 $a = M_t/(m + M_t)$，图 6-14 的等效电路

$$V \approx [g_{33} t p_i D_a (A/A_0) M_t/(M_t + m)]/[1 - (\omega/\omega_a)^2 + j\omega/\omega_a Q_a] \quad (6\text{-}17)$$

在开路条件下,换能器在反谐振频率 ω_a 下发生谐振,其中 $\omega_a^2 = 1/[C^D(m\alpha - m_c/6)]$,$Q_a = 1/\omega_a R C^D$,且 $C^D = C^E(1 - k_{33}^2)$。在频率大幅低于该频率时,水听器的响应较为平坦且输出电压 V 可根据式(6-17)的分子得出。显然,水听器的输出电压与各压电段的厚度 t 成正比。这与发射换能器运行的情况相反,其输出电压与厚度成反比。输出电压还按照活塞面积 A 与压电陶瓷面积 A_0 的比值成比例增大。此外,我们还发现需要较大的尾部质量块才能使因子 $M_t/(M_t + m)$ 接近单位值。例如,若 $M_t = m$,则灵敏度会降低 6dB。将这种 Tonpilz 型水听器置于刚性障板中,其中 $D_a = 2$,与无障板的单体水听器相比,灵敏度会得到 6dB 的增益。这种刚性障板的条件相当于大型紧密堆积基阵的中心单元。

与发射换能器的情况一样,高频率的 Tonpilz 型水听器具有压电材料制成的夹层或简单平板形式的传输线换能器的特征。第 5.4 节中讨论的原理仍然适用,但其解释略有不同。例如,$\lambda/4$ 的分段造成入射波的声压从 p_i 增强为 Qp_i,其中,Q 为此 $\lambda/4$ 分段的品质因数,它可以由谐振时的有效质量电抗(参见第 4.2.2 节)与阻性负载的比值得到。在部分应用中,也可利用大直径的半波长厚平板来同时发射和接收。

6.3.2　1-3 复合水听器

在第 5.4.4 节讨论的 1-3 复合模型发射换能器也可用于分析 1-3 复合水听器,此时声压仅会影响换能器的前侧。而当声波也影响水听器边缘时,则会造成灵敏度下降,这与第 6.1.1 节中所讨论的静水压模式相类似。所谓静水压模式往往出现在复合换能器沉浸在声压场中的情况下,此时波长足够大使得所有表面上的声压几乎相同(参见图 6-16)。

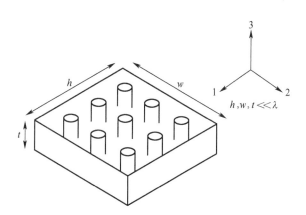

图 6-16　静水压 1-3 复合水听器模型

正如前面对单体 PZT 水听器的讨论,这种情况会在 31、32 和 33 模式下产生一个输出。由于 31 模式和 32 模式的 g 常数相同,但符号相反并接近 g_{33} 的一半,所以最终几乎完全抵消了输出电压。然而,在 1-3 复合水听器中的陶瓷和聚合物布局可以降低 31 模式和 32 模式的影响,从而大幅度提高静水压的电压灵敏度。这种提高主要源自有效 d_{31} 值的大幅度降低(约达 40%),而非有效 d_{33} 值的降低(约为 20%),从而提高了 d_h。该结果是基于 Smith[8] 建立的静水压模型。

在这个静水压模型中,复合材料的有效参数以黑体显示。因此,在低于谐振频率下静水压低频灵敏度可表示为

$$M = V/p = (\boldsymbol{g}_{33} + 2\boldsymbol{g}_{31})t = \boldsymbol{g}_h t \tag{6-18a}$$

式中，t 为沿 3 轴方向（极化方向）的厚度；p 为声压；V 为开路电压输出。有效静水压的 g 常数为：

$$g_h = d_h/\varepsilon_{33}^T, \text{ 其中 } d_h = d_{33} + 2d_{31} \tag{6-18b}$$

Smith[8]建立的静水压模型依据了压电本构方程组，具体如下：

$$S = s^E T + d^t E \tag{6-19a}$$

$$D = dT + \varepsilon^T E \tag{6-19b}$$

式中，s^E 为短路弹性系数；ε^T 为自由介电常数；d 为压电常数。与第 5.4.4 节中厚度模式的情况相似，可得到近似数值。但是，一个主要的区别在于需处理有效横向应变 S_1。在厚度模式的模型中假设存在钳定端部的情况，且 S_1 被设为等于零。然而，对于静水压模型，假设 S_1 为陶瓷中应变 S^C 和聚合物中应变 S^P 的和，与压电材料在体积中所占的分数 v 成正比，也即是：

$$S_1 = \nu S_1^c + (1-\nu) S_1^p \tag{6-20}$$

Smith 的静水压模型结果如下：

$$d_{33} = \nu s_{11}^E d_{33}/s \tag{6-21}$$

$$d_{31} = \nu d_{31} + \nu(1-\nu)(s_{12}^E - s_{13}^E)d_{33}/s \tag{6-22}$$

$$\varepsilon_{33}^T = (1-\nu)\varepsilon_{11}^T + \nu\varepsilon_{33}^T - \nu(1-\nu)d_{33}^2/s \tag{6-23}$$

$$s_{33}^E = s_{33}^E s_{11}^E/s \tag{6-24}$$

$$s_{13}^E = [\nu s_{13}^E s_{11}^E + (1-\nu)s_{33}^E s_{12}^E]/s \tag{6-25}$$

$$s_{11}^E + s_{12}^E = \nu[s_{11}^E + s_{12}^E - 2(s_{13}^E)^2/s_{33}^E] + (1-\nu)[s_{11}^E + s_{12}^E - 2(s_{12})^2/s_{11}^E] + 2(\nu s_{13}^E/s_{33}^E + (1-\nu)s_{12}^E/s_{11}^E)s_{13}^E, \tag{6-26}$$

$$s_h^E = s_{33}^E + 2(s_{11}^E + s_{12}^E) + 4s_{13}^E \tag{6-27}$$

其中，

$$s = (1-\nu)s_{33}^E + \nu s_{11}^E \tag{6-28}$$

那么，有效静水压耦合系数和材料的优质因数可表示为

$$k_h = d_h/(\varepsilon_{33}^T s_h^E)^{1/2}, d_h g_h = d_h^2/\varepsilon_{33}^T \tag{6-29}$$

基于该模型对 PZT-5H 和 Stycast（一种刚性聚合物）构成的复合水听器进行分析，所得结果表明 PZT-5H 占体积比例为 10% 时静水压水听器性能最优，其中耦合系数和优质因数达到最大值。Hayward，Bennett 和 Hamilton [9]将 Smith [8]的静水压模型与有限元分析所得结果进行了比较。虽然达到最佳性能的体积比例与 Smith 的模型一致，但 Smith 的模型显然有些高估了最大优质因数的幅值 $d_h g_h$。

Avellaneda 和 Swart[10]针对复合静水压模式计算建立了一个类似但是应用更广泛的张量模型。此外，他们还研究了聚合物泊松比 σ 对水听器性能的影响。研究得出当 $\sigma < -d_{31}/d_{33}$ 时可获得最佳的结果，它会造成横向 31 模式最大程度的解耦和灵敏度降低，从而提高了有效 g_h。一个 PZT-5A/Stycast 的复合结构也符合此情况。另一种降低横向 31 模式的方法是采用内有空隙并充满空气的聚合物。

图 6-17 显示了复合水听器的一种简化等效电路。

此时，假设水听器工作在远低于压电复合板一阶谐振频率下。电压为有效常数 g（g_{33} 或 g_h）、沿极化方向的压电厚度 t 以及入射声压 p 的乘积。如果（镀银或镀铜）前表面的总面积 A 与介质中的声音波长相比较大，那么在表面就会有声压翻倍，$D_a = 2$ 且用 $2p$ 替换 p。电阻抗可根据自由电容 C_f 和分流损耗电阻 R_0 得出，其中，$\tan\delta$ 为损耗因子（这种情况下通常为 0.01~

0.02），ω 为角频率。包含了压电陶瓷杆的 1-3 复合材料可配置成 Tonpilz 型水听器，具有前置活塞或匹配层以及尾部质量块覆盖杆体。杆体长度在 0.32～2.54cm 之间[11]。

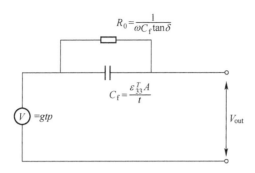

图 6-17 简化的低频复合水听器等效电路

6.3.3 柔性水听器

虽然 1-3 复合材料也可以配置于适度弯曲的表面，但 0-3 复合材料的柔软性与橡胶板相当。这是由于压电单元为相互不连接在一起的颗粒(0)悬浮在类似于橡胶的矩阵中，以此与其自身在三个方向(3)上保持连接，从而被称为"0-3"。柔性水听器的一个重要应用源自降低舰船在水上航行时所产生的流噪声的需求。例如，一种专为低频接收设计的基阵，可实现水听器中心间距为 0.5m。应用大面积水听器时，采用具有连续灵敏度的材料将间隙几乎填满，则可实现空间平均并降低流噪声，具体可参见第 8.4.3 节。与 1-3 复合材料相比，0-3 复合材料可提供更具连续性的灵敏度分布，而柔性压电聚合物[12]甚至可具备更小程度的连续性。

聚合物材料如 Inylidene fluoride、PVDF 或 PVF_2 以及 0-3 复合材料可作为大型舰船上嵌装或拖曳[13]水听器基阵的备选材料。这些材料可制成薄片并具有较低的特性阻抗，从而比压电陶瓷更适用于水下。聚合物片材可在极化时沿 1 轴方向延长，产生不同的横向 g 常数，$g_{31} = 180 \times 10^{-3} \text{V} \cdot \text{m/N}$ 和 $g_{32} = 20 \times 10^{-3} \text{V} \cdot \text{m/N}$，且 $g_{33} = -290 \times 10^{-3} \text{V} \cdot \text{m/N}$。由于其特殊的低声阻抗率且厚度很小，这些材料可用于发射换能器的前侧。然而，在这个位置的发射换能器还将作为谐振障板，而 PVDF 材料可以探测到这些振动。由于压电聚合物的 31 模式灵敏度与 33 模式灵敏度相当，在片材端部能够接收到较大且往往有害的输出。但是，增加电极的厚度或将聚合物粘到刚性薄板[14]上可降低这种影响。这种方式会增大 1 轴和 2 轴方向水听器的刚度，从而降低上述方向的灵敏度，而在 3 轴方向仅会产生最小限度的影响[15]。提高刚度可改善 g_h，并提高长度模式的谐振频率，从而带来灵敏度和带宽的同时增加。

当很高的环境声压导致很难对材料的端部进行屏蔽时，静水压水听器模式尤为适用。表 6-1 中比较了 1-3 和 0-3 复合材料、PVDF 和 PZT-5H 的静水压水听器典型属性的近似测量值。

表 6-1 静水压水听器材料属性

属性	单位	1-3 复合材料	0-3 复合材料	PVDF	PZT-5H
g_h	$(\text{V} \cdot \text{m/N}) \times 10^{-3}$	66	55	90	1.5
$g_h d_h$	$(\text{m}^2/\text{N}) \times 10^{-12}$	18	1	1	0.1
相对介电常数		460	40	13	3200

可以看出,1-3 和 0-3 复合材料以及 PVDF 的静水压模式灵敏度和优质因数均相对高于 PZT-5H,但所有材料的相对介电常数均大幅度降低,导致了较高的输入阻抗。

6.4 弯曲水听器

可使用发射换能器模型(参见第 5.6 节)和互易性来分析弯曲水听器。在发射换能器的情况中,比如一个只有简单支撑边界的三层水听器设计就可以实现最佳的灵敏度,但是从大潜深或低成本角度来看这并非最佳的设计。圆形弯曲水听器可利用第 5 章中的模型或 Woollett[16]、Antonyak 和 Vassergisre[17]以及 Aronov[18]提出的模型进行分析。Woollett[19]还对这种弯曲棒进行了建模。

最简单且最常用的设计可能是将双层薄压电盘置于一个黄铜板上,如图 6-18 所示。图 6-19 给出了估算其性能所使用的简单等效电路。

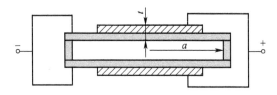

图 6-18 简化的双弯曲压电盘水听器,它以安装在黄铜圆环上的黄铜板为支撑

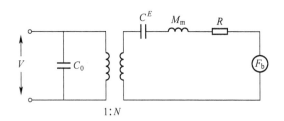

图 6-19 双弯曲压电盘水听器等效电路

由于压电陶瓷元件用电线并联且以通过圆环的平面对称,所以该等效电路也适用于双元件中的一个元件。以 A 表示有效孔径面积(一侧),Y_e^E 为有效短路杨氏模量,ρ 为有效密度,则这个简支结构的柔顺系数和机械质量如下:

$$C^E = [2/3\pi Y_e^E][a^2/t^3], M_m = 2\pi a^2 t\rho/3 \tag{6-30}$$

机械质量 M_m 的下标 m 用于将其与灵敏度 M 区分开。有效参数是针对图 6-18 中所示复合压电陶瓷盘和无源黄铜底材。得到的谐振频率为 $\omega_r = (3c^E/2)t/a^2$,其中,$c^E = (Y_e^E/\rho)^{1/2}$ 为短路有效声速;反谐振频率为 $\omega_a = (3c^D/2)t/a^2$,$c^D = (Y_e^E/\rho)^{1/2}$ 为复合圆盘的开路有效声速。静态电容和机电匝数比可通过下式得出:

$$C_0 = C_f(1 - k_e^2), N = k_e (C_f/C^E)^{1/2} \tag{6-31}$$

式中,C_f 为自由电容;k_e 为有效耦合系数。在图 6-19 中,作用力 $F_b = Ap_iD_a$,而 R 为机械阻和辐射阻的和。(辐射质量可添加到机械质量 M_m 中。)对于大多数弯曲换能器有 $D_a \approx 1$,这是因为频率提高直到反谐振频率 ω_a 它们相对于波长都具有较小的尺寸。

可根据图 6-19 的等效电路得到接收灵敏度,并表示如下:

$$M = V/p_i = k_e A (C^E/C_f)^{1/2} D_a/[1 - (\omega/\omega_a)^2 + j\omega/\omega_a Q_a] \quad (6-32)$$

式中,分子是低频时的灵敏度。对于压电陶瓷圆盘延伸至支撑圆环内边界且厚度为 $t/2$ 的情况,式(6-32)变为

$$M = V/p_i = g_e a(a/t)(D_a/\sqrt{3})/[1 - (\omega/\omega_a)^2 + j\omega/\omega_a Q_a] \quad (6-33)$$

式中,ω_a 和 Q_a 为水负载条件下的取值。式(6-33)表明灵敏度与有效常数 g,即 g_e 成正比,且有 $g_e^2 = k_e^2/Y_e^E \varepsilon_e^T$,其中,$\varepsilon_e^T$ 为换能器整体的有效自由压电常数;a/t 为复合板的半径厚度比。对于弯曲水听器,分子可根据反谐振频率表示为 $g_e(3c^D/2\omega_a)(D_a/\sqrt{3})$,由 $Mf_a = g_e c^D 3D_a/(4\pi\sqrt{3})$ 得到灵敏度带宽的乘积。

在简单支撑板中的最大应力可由 $T = 1.25(a/t)^2 P$ 给出,其中,P 为环境静水声压。因此,式(6-33)中的分子也可表示为 $g_e a(T/P)^{1/2} D_a/(3.75)^{1/2}$,代表指定半径和最大可接受 T/P 比值时的灵敏度。需要注意的是按图 6-18 中所示安装的弯曲盘,仅是理想的简单支撑情况的近似,所得到的谐振频率位于简单支撑和固定边界情况之间。

6.5　矢量水听器

典型的压电陶瓷水听器检测声压(一个标量),并将该压力转换成与之成正比的输出电压。前面几节主要讨论了这种声压或标量传感器,当它与波长相比较小时,没有方向灵敏度。本节将讨论对声波的大小和方向均敏感的声传感器,并将其称为矢量传感器。对矢量传感器的关注主要源自这类传感器能够从紧凑的单元件或双元件水听器设计中获得方向信息。第 8 章中将讨论矢量传感器基阵。

典型矢量传感器对质点振速的分量做出响应,具有"8 字形"或余弦指向性图。该指向性图的波束宽度为 90°,指向性指数为 4.8dB。压电陶瓷矢量传感器在谐振频率以下的响应随频率以-6dB/倍频程的速率降低,并且相对于声压水听器的相移为 90°。由于它的灵敏度随频率下降而降低,因此会导致等效自噪声增大,信噪比降低。由于矢量传感器可检测到特定方向的声压梯度,例如在 x 方向上的声波,它的声压梯度直接与该方向上的加速度 a、振速 u,通过公式 $a = -(1/\rho)\partial p/\partial x$ 相联系,ρ 是介质密度。对于简谐振动则有

$$u = -(1/j\omega\rho)\partial p/\partial x \quad (6-34)$$

可见,粒子振速与声压梯度成正比。

将 3 个矢量传感器置于 3 个正交方向,可实现三维覆盖(参见第 8.5.1 节)。将两个全向传感器连接成偶极子,根据敏感表面或封闭体积上的压差或浮力体的偶极子振动模式激励中得到矢量传感器的性能。定向偶极子麦克风的使用非常普遍,并有详细记录[20,21]。第 6.5.5 节将讨论采用四极子模式的高阶模式传感器。

为了方便,我们用评价声压传感器平面波接收灵敏度的方法来考量矢量传感器的灵敏度。用 M_p、M_a、M_u 分别表示平面波声压灵敏度、平面波加速度灵敏度、平面波振速灵敏度。三者关系是

$$M_p = V/p$$
$$M_u = V/u = \rho c V/p = \rho c M_p$$

$$M_a = V/a = V/j\omega u = (\rho c/j\omega)M_p$$

式中,V 为输出电压,c 为介质中的声速。从上述公式看到,在谐振点以下,压电陶瓷矢量传感器的振速灵敏度与频率无关。加速度灵敏度是以重力加速度 $1g$ 或 $1mg$ 作参考,其中重力加速度为 $g = 9.81 m/s^2$。第 6.7.5 节介绍了一个例子,其中 $M_a = -17 dB//V/g$,转换为 $M_p = -205 dB//V/\mu Pa$。

6.5.1 偶极子矢量传感器、障板和虚源

两个尺寸与波长相比很小的水听器,将它们的电压输出相减就可以得到一个偶极子矢量传感器(也称压差矢量传感器)。假设图 6-20(a)中的两个小型水听器拦截了幅值为 p_i 的一个平面波,而这个平面波与两个传感器的轴形成角度为 θ。

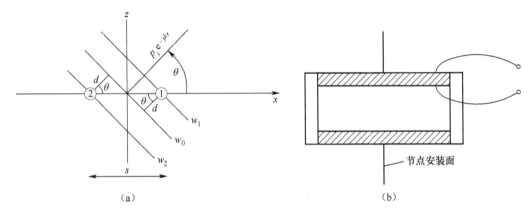

图 6-20 (a)两个全向标量传感器 1 和 2,接收平面波波阵面 w_1 和 w_2;
(b)安装在节点平面上的端盖 31 模式圆柱形声压传感器

以 s 表示两个水听器之间的距离,水听器处与原点之间的波阵面距离为 $d = (s/2)\cos\theta$,两个声压水听器的灵敏度分别为 M_1 和 M_2。它们输出的总电压为

$$V = M_1 p_i e^{-jk(r-d)} + M_2 p_i e^{-jk(r+d)}$$
$$= p_i e^{-jkr}[M_1 e^{jk(s/2)\cos\theta} + M_2 e^{-jk(s/2)\cos\theta}] \quad (6\text{-}35)$$

当 $ks/2 = \pi s/\lambda$,则可表示为

$$V = p_i e^{-jkr}[(M_1 + M_2)\cos\{(\pi s/\lambda)\cos\theta\} + j(M_1 - M_2)\sin\{(\pi s/\lambda)\cos\theta\}] \quad (6\text{-}36)$$

如果式(6-36)中的灵敏度相同,即 $M_2 = M_1$,在远低于谐振频率下,利用 $s/\lambda \ll 1$,此时式(6-36)变为

$$V = p_i e^{-jkr} 2M_1 \cos\{(\pi s/\lambda)\cos\theta\} \approx 2M_1 p_i e^{-jkr}$$

如果 1,2 水听器相位相反,那么它们的输出就是相减,在其他条件相同的情况下,它们的输出是

$$V = 2jM_1 p_i e^{-jkr}\sin\{(\pi s/\lambda)\cos\theta\} \approx 2jM_1 p_i e^{-jkr}(\pi s/\lambda)\cos\theta \quad (6\text{-}37a)$$

式中,近似结果在 $s/\lambda \ll 1$ 时成立。式(6-37a)显示了余弦指向性、90°相移以及由于 $1/\lambda = f/c$,灵敏度频率响应有 6dB/倍程斜率。水听器的间隔必须小于 $\lambda/4$,才能得到偶极指向性。该系统的好处是通过两个水听器相加和相减同时得到一个标量和矢量的传感器输出。

偶极子传感器(不包括多模传感器,参见第 6.5.5 节)的一个基本缺点是,由于中心到中心的间距或总长度必须很小,因此只能使用小型传感器。然而,偶极子确实具有对机械振动引起

的加速度不敏感的优点,因为两个小型全向声压传感器中的每一个都可以对称地安装在节点平面上,如图6-20(b)中安装在节点平面上的31模式水听器。然后,在出现加速度时,传感器的每一半均会产生与节点平面各侧反相的电压,导致总的输出电压为零。图6-20(a)中的水听器对也可以被认为是声压梯度传感器,因为它们可以检测一小段距离内的声压差。

现在考虑单个声压传感器和偶极子传感器在软障板附近的情况,这好比它们用于舰壳基阵的情形(参见第8.5节)。如图6-20(a)和图6-21(a)所示,利用障板虚源成像原理可得出,在距离平面柔性障板$s/2$处的单个声压传感器相当于一个距离为s的偶极子传感器。因此,当灵敏度为M_1时,其电压输出与式(6-37a)中的偶极子结果相同。

接下来,考虑在柔性障板附近有一个偶极子传感器。图6-21(b)显示了一个间隔距离L较小的偶极子传感器,中点与柔性障板前方的距离为$s_1/2$,并在障板后面相同距离$s_1/2$处创建一个虚源。结果相当于一个中心距离为s_1的二元偶极子传感器阵列。利用乘积定理(参见第7.1.1节)和式(6-37a)得出电压输出如下:

$$V = [2\cos\{(\pi s_1/\lambda)\cos\theta\}][2jM_1 p_i e^{-jkr}\sin\{(\pi L/\lambda)\cos\theta\}]$$
$$\approx 4jM_1 p_i e^{-jkr}(\pi L/\lambda)\cos\theta \tag{6-37b}$$

式中,$\pi s_1/\lambda \ll 1$且$\pi L/\lambda \ll 1$。对于间隔为L且无障板的偶极子传感器,根据式(6-37a)可得电压输出如下:

$$V_f \approx 2jM_1 p_i e^{-jkr}(\pi L/\lambda)\cos\theta \tag{6-37c}$$

因此,式(6-37b)中有柔性障板情况可使得输出比式(6-37c)中无障板的情况有所提高,并按2倍(6dB)增加,表明柔性障板能为附近的偶极传感器带来一定的益处。

由于传感器的大小和它与障板之间的距离对于舰壳基阵而言很重要,因此下面将比较单声压传感器和偶极子传感器与柔性障板有相同距离时的电压输出。假设单声压传感器的中心与障板的距离为L_1,如图6-21(c)所示。

如上所述,这种情况等效于间隔为$s = 2L_1$的偶极子传感器。此外,根据式(6-37a)可得出输出如下:

$$V_1 = 4jM_1 p_i e^{-jkr}(\pi L_1/\lambda)\cos\theta \tag{6-37d}$$

设图6-21(c)中偶极子的外传感器中心离障板的距离也为L_1,而内传感器中心离障板距离为L_2。式(6-37b)中存在$L = L_1 - L_2$,则得到偶极子传感器的输出如下:

$$V_2 = 4jM_1 p_i e^{-jkr}(\pi/\lambda)(L_1 - L_2)\cos\theta \tag{6-37e}$$

当两极之间的间隔为最大程度时,偶极子的输出最大。此时,L_2应尽可能最小。然而,L_2不可能小于单个传感器的半径,因此存在:

$$V_2 = V_1(L_1 - L_2)/L_1 < V_1$$

所以,当偶极子和单声压传感器与柔性障板之间的最大距离相同时,偶极子传感器的输出小于单声压传感器的输出。此外,还可以有一种更为直观的方法得出这个结论,即假设外极对(实际和虚源)以及内极对(实际和虚源)之间的间隔分别为$2L_1$和$2L_2$,如图6-21(c)所示。显然,外极对与图6-21(c)的声压传感器设计相同。因此,它所产生的电压可由式(6-37d)得出。内极对的输出电压与式(6-37d)所得结果的形式相同,但间隔为$2L_2$且存在反极性,并且增加了负号,所得结果如下:

$$V_3 = -4jM_1 p_i e^{-jkr}(\pi L_2/\lambda)\cos\theta \tag{6-37f}$$

叠加所得总结果为$V_1 + V_3$的和,从而再次得到式(6-37e)。那么,可以看出与外极对相比,两个内极(实际和虚源)所得偶极的符号相反,从而降低了外极对的输出电压。因此,这种采用四

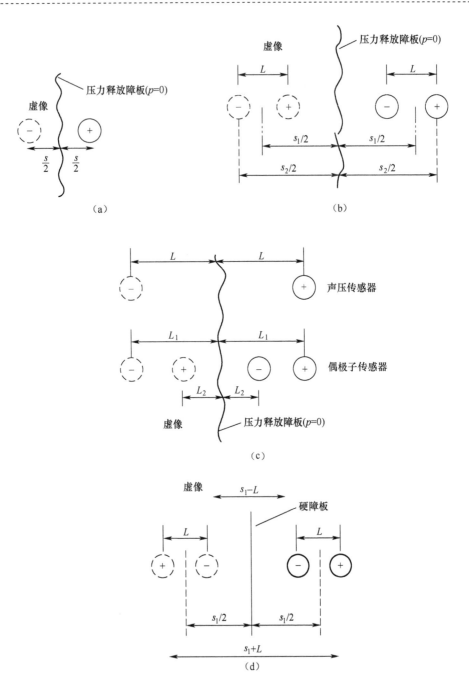

图 6-21　(a)大型平面柔性障板前方的水听器;(b)大型平面柔性障板附近的偶极传感器;
(c)与柔性障板的距离相同的声压传感器和偶极子传感器比较;
(d)大型平面刚性障板前方距离 $s_1/2$ 且间距为 L 的偶极子传感器

个极的偶极子传感器设计所得输出低于单独的外极对,如图 6-21(c)上部的声压传感器设计。

如果类似的结果对如图 6-24 和图 6-27 所示的其他类型的矢量传感器也成立,那么这对在舰壳基阵中使用矢量传感器具有重要意义,因为在基阵中柔性障板可降低噪声。这个问题将在第 8.5.3 节中进一步讨论,届时将用一个由柔性降噪障板组成的更为实际的模型来比较矢量和声压传感器。

图 6-21(d) 显示了偶极子传感器在钢性障板附近的情况。与图 6-21(b) 中的柔性障板不同,此处偶极子传感器的虚像没有反转,这使它相当于由两个异相偶极子组成的阵列,其输出减少为:

$$V = -4M_1 p_i e^{-jkr}(\pi S_1/\lambda)(\pi L/\lambda)\cos^2\theta$$

该响应具有类似于四极子传感器的特征,具有 180°相移,随频率变化的斜率为 12dB/倍频程,以及 $\cos^2\theta$ 的指向性。

部分应用情况下,在柔性障板附近使用矢量传感器时还需要考虑其他因素。此时,矢量传感器的表面或元件之间的间隔应尽可能增大,与偶极子条件一致。此外,内部表面或内部元件应置于柔性障板上以获得最大的整体灵敏度。外部表面或外部元件到柔性障板的距离应小于 $\lambda/8$,从而使得与虚源之间的距离小于 $\lambda/4$ 以获得偶极子性能。

6.5.2 声压梯度矢量传感器

浸没在流体中的物体在均匀同相的声压作用下会受到压缩力。当压力变化时,物体也会产生平移力。如图 6-22 所示,一个平面波入射到一个横截面积为 A 和长度为 L 较小的端盖圆柱形管上,其入射角度为 θ,与图 6-20 中的情况很相似,但此时的距离为 $d = (L/2)\cos\theta$。在端部 1 处,压力为 $p_i e^{-jk(r-d)}$,而在端部 2 处,压力为 $p_i e^{-jk(r+d)}$。因此,可根据两者的差值得出 x 方向上的净作用力如下:

$$F = Ap_i e^{-jkr} 2j\sin\{(\pi L/\lambda)\cos\theta\} \approx 2jAp_i e^{-jkr}(\pi L/\lambda)\cos\theta \tag{6-38}$$

式中, $\pi L/\lambda = kL/2$ 且 $L/\lambda \ll 1$。上式显然与式(6-37)类似,表现出明显的 $\cos\theta$ 依赖性、90°相移和 6dB/倍频程的响应。然而,在第 6.5.1 节中是两个无指向性小型声压传感器的输出电压差,现在是沿管的 x 方向产生的净力。为了检测它必须把它转换成电压输出。

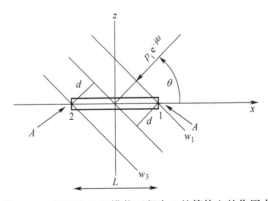

图 6-22 长度为 L 且横截面积为 A 的管体上的作用力

为检测这个作用力,可采用的方法是利用一对加速度计(参见第 6.5.4 节)的电压输出,而这对加速度计要固定到如图 6-23(a) 所示的刚性中心板上。

两个加速度计由压电元件(片或环)晶堆和质量块 M 组成;晶堆极性 P_0 是这样安排:当沿管长 L 向左运动时,A 端受压,输出电压为正(+);那么 B 端膨胀,因极性相反,输出电压也为正(+)。将它们相加就检测到这个运动引起的净作用力。此外,加速度计也可以移动到管体的末端,如图 6-23(b) 所示,同样可检测到作用力。当长度 L 较小时,净作用力与压力梯度的 x 分量成正比,即 $F = -AL\partial p_i/\partial x$,与式(6-38)一致。由于这些传感器检测加速度,故对机械振动所产生的加速度很敏感,因而需要与噪声源实现机械隔离。图6-23(a)和图6-23(b)中显示了一对加速度计,通过减法过程消除了压缩波或力,从而显著降低不必要的压力灵敏度。然而,在某些应用中,一个加速度计便可满足要求,如图6-24所示。

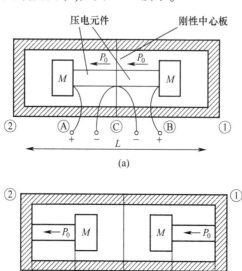

图6-23　(a)检测净作用力的中心加速度计;(b)端部安装的加速度计

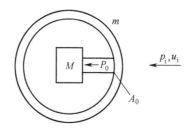

图6-24　外壳质量为 m 的电场加速度计矢量传感器

加速度计传感器与第6.5.1节中的偶极子传感器的不同之处体现在,前者是检测在物体上由声压差引起的净作用力值,而后者是检测声场中两点之间的声压差。

6.5.3　振速矢量传感器

图6-23(a)～(b)的压力梯度矢量传感器可以演绎为振速传感器,如果将管和加速度计作为一个质量 m,则在 x 方向上的管体振速 u 为 $u = F/\mathrm{j}\omega m$,并且式(6-38)变为

$$u = 2\mathrm{j}Ap_\mathrm{i}\mathrm{e}^{-\mathrm{j}kr}(\pi L/\mathrm{j}\omega m\lambda)\cos\theta = p_\mathrm{i}\mathrm{e}^{-\mathrm{j}kr}(AL/mc)\cos\theta \tag{6-39}$$

由于矢量传感器在水中的浮力等于它在水中所排开水体积的重量,即 ρAL。定义浮力因子为 $B = \rho AL/m$,则式(6-39)变为

$$u = B(p_\mathrm{i}\mathrm{e}^{-\mathrm{j}rk}/\rho c)\cos\theta = Bu_\mathrm{i}\cos\theta \tag{6-40}$$

式中,u_i 为与 x 轴成 θ 角的平面入射波在 x 方向的振速分量。

式(6-40)表明管体的振速 u 正比于质点振速 u_i 和浮力因子 B,并且与入射波频率无关。

对于电场型加速度计,当这个振速转换为电压时,电压与入射波频率无关。但是,如果是动圈式加速度计,那么只有在一阶谐振频率以上时电压与入射波频率无关。

Leslie、Kendall 和 Jones [22] 将一个加速度计置于一个具有浮力的球体中制成球形振速传感器,分析了它在较大频率范围内的情况。此外,还发现当球体较小时,式(6-40)变为

$$u = [3B/(2+B)]u_i\cos\theta \tag{6-41}$$

需注意当 $B = 1$ 时,中性浮力为 $u = u_i\cos\theta$。Gabrielson 等[23]提出了类似的设计,但使用了一种浮力泡沫,McConnell [24] 则分析了悬挂系统。如图 6-23 和图 6-24 所示的加速度计可用于检测第 6.5.4 节中所讨论的运动。

6.5.4 加速度计矢量灵敏度

加速度计是第 6.5.2 节和第 6.5.3 节中讨论的矢量传感器的主要转换装置。图 6-23(a) 和图 6-23(b) 显示了几种具体的加速度计设计,这些加速度计对压力不敏感,但对运动产生的净作用力或质点运动振速敏感。可根据图 6-13、图 6-14 和图 6-15 中的 Tonpilz 型水听器模型以及由式(6-17)得出的灵敏度公式得出灵敏度。该装置简化后如图 6-24 所示,其相应的等效电路如图 6-25 所示。

需注意式(6-17)中的作用力 $p_i D_a A$ 等于 $j\omega u(m + M_t)$,其中,$j\omega u$ 为加速度,u 为传感器的振速。对于圆形结构,将 $j\omega u(m + M_t)$ 代入式(6-17)中代替 $p_i D_a A$,并利用式(6-41)得到:

$$M_u \approx [g_{33}tj\omega\cos\theta M_t/A_0][3B/(2+B)]/[1 - (\omega/\omega_a)^2 + j\omega/\omega_a Q_a] \tag{6-42a}$$

式中,M_t 为压电堆质量块 M 加上晶堆有效质量 m。在低于谐振的频率下加速度计灵敏度可根据式(6-42a)的分子得出。注意到,对于给定的质点振速,存在一个 6dB/倍频程的斜率的响应,而对于给定的质点加速度,存在一个平坦的响应,即

$$M_a = M_u/j\omega \approx [g_{33}t\cos\theta M_t/A_0][3B/(2+B)]/[1 - (\omega/\omega_a)^2 + j\omega/\omega_a Q_a]$$

如果可推导得出或测得加速度灵敏度,则可以根据 $M_u = j\omega M_a$ 方便地得出振速灵敏度,并且可以根据下式得出有用的声压灵敏度:

$$M_p = j\omega M_a/\rho c$$

如果传感器不是球形的,那么浮力因子会与 $[3B/(B+2)]$ 不同。但是,在频率很低的一些情况下,因子 B 可以近似使用。设计传感器灵敏度最佳值 $B \approx 1$。

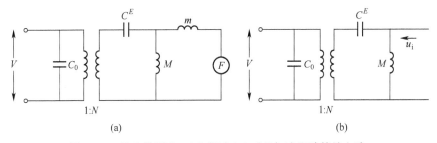

图 6-25 输入作用力(a)和振速(b)时的加速度计等效电路

基于动圈式转换机构的,基本上是振速传感器,但也经常被用作加速度计[25]。这类"地震检波器"可在极低的谐振频率下运行,而输出电压如下:

$$V \approx B_f l_c u_i\cos\theta[3B/(B+2)] \tag{6-42b}$$

式中,B_f 和 l_c 分别是磁感应强度和线圈长度。应该关注到在动圈式转换机理中不存在振速与

输出电压之间的频率依赖关系。这些加速度计的工作频带上限常受到线圈悬挂系统谐振频率的限制。

图 6-26 显示了一种具有较高工作频带的压电加速度计。这种加速度计[26]由两个安装在惯性质量上的弯曲圆盘换能器组成。薄铜板边缘支撑在惯性质量上,并在中心由小连接杆驱动,该连杆将外壳的运动转化到圆盘的中心。当外壳移动时,压电片的相位不一致,产生附加输出,导致一个圆盘向内移动,另一个向外移动。这与图 6-23(b)的区别在于有一个共同的惯性质量,且在金属基材上的弯曲压电陶瓷盘用于将运动转换成电压。共振被内部液体的黏性所抑制。这种加速器的尺寸约为 1in^3。图 6-27 中显示了另外一种利用具有较高灵敏度压电陶瓷弯曲体的设计,其整体尺寸中直径约为 1in,厚度约为 1/2in。在该设计中[27],利用一个三层弯曲体达到最大性能,并配以复合泡沫来获得最大的浮力和灵敏度。

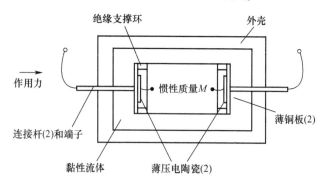

图 6-26 基于定向加速度计的水听器,其粘滞阻尼用于谐振运行。[26]

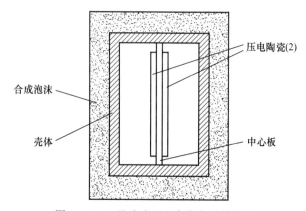

图 6-27 三叠片式压电陶瓷矢量传感器

6.5.5 多模矢量传感器

在第 6.2 节中,假设压电陶瓷环和空心球体在基本的扩张"呼吸"模式下运行,得到了低于反谐振频率 f_a 时的全向波束图以及平坦响应。这些水听器的其他振动模式可用于获得定向响应,如第 5.2.6 节中讨论的发射器。在那里,重点研究了 3 种环扩张模式,即全向($n=0$)、偶极子($n=1$)和四极子($n=2$)模式,如图 5-14 和图 5-15 所示。可根据 $f_1=\sqrt{2}f_a$ 和 $f_2=\sqrt{5}f_a$ 分别得出水听器的反谐振频率。第一种(全向)模式对声压较敏感,且水听器作为标量传感器运行。第二种(偶极子)模式对声压梯度较敏感,且水听器作为矢量传感器运行。第三种(四极子)模式对偶极模式的交叉梯度较敏感,并被称作并矢传感器[24]。Gordon、Parad 和 Butler[28]建立了环形模式的模型,而 Ko、Brigham 和 Butler[5]则给出球形模式的模型。这类换能器可利用第 5.2.6 节中的发射器模型以及互易性将其作为水听器来分析。

从平面波施加在圆柱体上的力可以确定每个模式的响应和相移。假设平面波为 $p = p_i e^{-jkx}$,如图 6-28 所示,其入射方向垂直于半径为 a 的圆柱形换能器的轴。

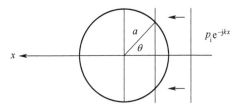

图 6-28 半径为 a 且长度为 L 的圆柱体上的入射平面波

随着声波沿着 x 轴前进,周边的声压存在空间相关性,即 $x = a\cos\theta$,并且入射平面波的声压可表示为 $p = p_i e^{-jka\cos\theta}$。入射声压从圆柱体朝外散射,而式(6-51)所得出的衍射常数通常与入射波和散射波声压之和以及圆柱体四周的振速分布有关。如果圆柱体与波长相比较小,则入射波不会受到严重干扰,且散射波也可忽略不计。因此,对于在有效面积为 $A = 2\pi aL$ 的圆柱体上第 n 个模式振速分布 $\cos n\theta$,根据 $\mathrm{d}S = La\mathrm{d}\theta$ 以及圆柱体的长度 L,由式(6-51)可得出作用力如下:

$$F_n \approx aLp_i \int_{-\pi}^{+\pi} e^{-jka\cos\theta}\cos n\theta \mathrm{d}\theta = 2\pi aLp_i J_n(ka)/\mathrm{j}^n$$
$$\approx Ap_i e^{-jn\pi/2}(ka/2)^n/n! \tag{6-43}$$

在上式中,我们利用了 n 阶贝塞尔函数的积分表示[29],并且式(6-43)的最后一个近似形式在 $ka \ll 1$ 时的低频有效。相应的衍射常数为 $D_a(n) = F_n/Ap_i$。这个表达式显示了 $n\pi/2$ 的相位相关性(每种模式存在 90°相移)。由于 $k = \omega/c$,也显示了幅值 ω^n 的相关性,造成频率增大时接收频率响应出现 $6n$dB/倍频程的增加。这些模式的波束图可通过点式传感器来模拟,即全向模式采用单传感器,偶极子模式采用两个反相全向传感器,而四极子模式采用平行反向偶极子对传感器,具体如图 6-29 所示。

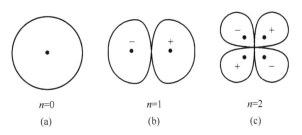

图 6-29 全向(a),偶极子(b)和四极子(c)点式传感器

最常用的高阶模式是偶极子模式,它具有一个"8"字形的方向响应,在这种情况下,可将压电陶瓷圆柱体或球体视作矢量传感器。偶极子模式的 90°波束宽为常数且指向性指数为 4.8dB。由圆柱形或球形模式所产生的偶极子在很宽的频率范围内保持着偶极子形式,且原则上不限于小型水听器。Ehrlich 和 Frelich[30]将偶极正交对用于全向模式,从而根据小型多模压电圆柱体得到定向信息。31 模式压电陶瓷圆柱体的内部电极分成四个部分用于两个正交偶极

激励，其波束图电压输出分别为 V_N 和 V_E，并分别与 $\sin\theta$ 和 $\cos\theta$ 成正比。由于偶极子的每个瓣的相位交替变化，所以可通过比较瓣的相位和全向模式的相位来确定入射信号的大致方位。方位可通过将一个通道除以另一个通道得到，即 $V_N/V_E = \tan\theta$，其中，方位角 $\theta = \arctan(V_N/V_E)$。

另一种方法是将其中一个通道相移 90°，得到正交和 $V_E + jV_N = V_1(\cos\theta + j\sin\theta) = V_1 e^{j\theta}$。此外，方位角可根据相位角得出，然后与全向模式的相位角进行比较以消除方向模糊。这种求正交和的有趣之处在于创建的环形波束图在水平面 X 轴和 Y 轴的幅度一致，而在垂直 Z 轴上为零陷[31]。轴向的零陷是由于抵消了创建偶极子时所使用的圆柱体反相部分所造成的。即便南北和东西偶极子分别进行相移得到电压函数 $V_1 e^{j\theta}$，仍然会维持此零陷。

6.5.6　标量和矢量传感器相加性能

将标量和矢量传感器的输出相加可得到有用的水听器波束图特征。最常见的例子便是根据标量全向和矢量偶极子水听器的和所形成的心形波束图，通过调节电压幅值和相位使远场压力幅值和相位相等，从而得到归一化的真心形波束图函数：

$$P(\theta) = (1 + \cos\theta)/2 \tag{6-44a}$$

具体如图 6-30 所示。该心形指向性图在 180°时为零，在 90°时下降 6dB，并在波束宽为 131°时下降 3dB，其指向性指数为 4.8dB，与偶极子相同，因为全向模式并未增加定向性。

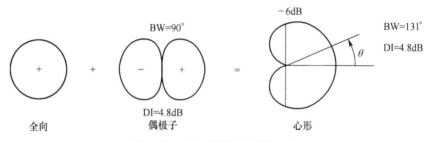

图 6-30　真心形指向性图的合成

需注意心形波束比偶极子的 90°波束宽很多。式(6-44a)的函数被称作真心形，因为它满足了对心形曲线的数学描述。在等幅求和的基础上改进得到诸如超心形的波束图函数如下：

$$P(\theta) = (1 + 1.7\cos\theta)/2.7 \tag{6-44b}$$

这种情况下，前后比为 11.7dB，在 90°时下降 8.6dB。此外，波束宽为 115°且指向性指数为 5.7dB。具体如图 6-31(a)所示。

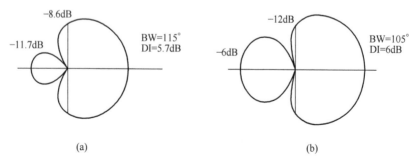

图 6-31　超心形(a)和高心形(b)波束图

高心形波束图函数如下：
$$P(\theta) = (1 + 3\cos\theta)/4 \tag{6-45}$$

具体如图 6-31(b) 所示。一个全向和一个偶极子传感器组成可产生的最高指向性指数 DI=6.0dB，它在 90°时下降 12dB，波束宽只有 105°，但前后比仅为 6dB。显然，需要在前后比与波束宽度之间进行权衡。当偶极子传感器单独的前后比为 0dB 时，则 90°的波束宽最小。由于偶极子分量相对于全向分量增大，则前后比及波束宽度均下降。必须通过其他方法提高前后比，同时保证较窄的波束。

如第 5.2.6 节中所述，可通过将四极子模式相加来实现更窄的波束以及更大的前后比。这种情况下，归一化的波束图函数通常可表示如下：
$$P(\theta) = (1 + A\cos\theta + B\cos2\theta)/(1 + A + B)$$

相应的轴对称指向性指数[参见式(1-20)和第 13.13 节]可根据 DI = $10\log D_f$ 得出，其中：
$$D_f = 15(1 + A + B)^2/(15 + 5A^2 + 7B^2 - 10B)$$

对于真心形的情况，即式(6-44a)，可根据 $A=1$ 且 $B=0$ 得出。增加一个权重因子 $B=0.414$ 的四极子模式，则得出波束图[32]如下：
$$P(\theta) = (1 + \cos\theta + 0.414\cos2\theta)/2.414 \tag{6-46a}$$

式中，DI = 7.1dB，90°波束宽，在 90°时降低 12dB，并且前后比为 15dB，如图 6-32(a)所示。

此外，也可利用四极子模式通过在心形指向性图上加一个双向指向性图，实现图 6-30 中，在 180°时存在零陷的更宽波束心形指向性图[33]。双向指向性图可通过一个幅值为 1 的全向模式和一个幅值为 -1 的四极模式叠加来构建，且两种模式均以权重因子 0.5 加权，加上心形指向性图函数得到式(6-46b)：
$$P(\theta) = [(1 + \cos\theta) + 0.5(1 - \cos2\theta)]/2 \tag{6-46b}$$

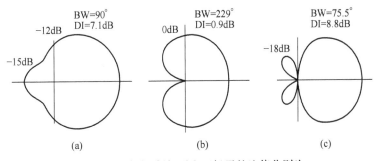

图 6-32　全向、偶极子和四极子的比值分别为
1∶1∶0.414(a)，1∶2/3∶-1/3(b)，1∶2∶1 的四极模式相加(c)

图 6-32(b)所示波束图函数所得指向性图与图 6-30 中真心形指向性图很相似，都在 180°时存在零陷。然而，其波束宽为 229°，而非 131°，并且在 ±90°时电平与在 0°时相同，并非 -6dB，这主要是由在 ±90°时的双向贡献所造成。这类空间覆盖方式可使较宽的波束具有较窄且较深的零陷，可指向一个特定的不需要的噪声源。式(6-46b)也可表示如下：
$$P(\theta) = 3[(1 + (2/3)\cos\theta - (1/3)\cos2\theta]/4 \tag{6-46c}$$

式中，相对偶极子声压显然为全向声压的 2/3，相对四极子声压为全向声压的 -1/3。

可利用偶极子和四极子模式实现在 180°时存在零陷的更窄波束，如下列指向性图函数：
$$P(\theta) = (1 + 2\cos\theta + \cos2\theta)/4 \tag{6-47a}$$

如图 6-32(c) 所示,在±90°和 180°时存在零陷。将偶极和心形指向性图相乘,也可得到相同的函数如下

$$P(\theta) = \cos\theta(1 + \cos\theta)/2, \quad (6-47b)$$

这与式(6-47a)中的三项式展开相同。

式(6-47b)还可表示如下

$$P(\theta) = (\cos\theta + \cos^2\theta)/2 \quad (6-47c)$$

上式可理解为将两个偶极子矢量传感器的差与相同的两个偶极子矢量传感器之和经过特定组合所形成的指向性图,如图 6-33 所示。

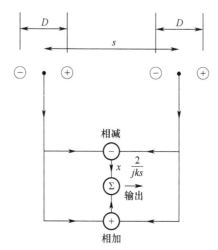

图 6-33 两个偶极子矢量传感器的差与和

从概念上来理解,这个表达式可视为两个矢量传感器所组成的阵列,其间距 s 与波长相比较小。根据乘积定理(参见第 7.1.1 节),这个阵列的波束图为偶极子波束图 $jkD\cos\theta$ 与线阵波束图的乘积。在和的情况下,间距 s 较小时阵列指向性图为全向的,且最终结果为偶极子指向性图 $2jkD\cos\theta$,得到式(6-47c)中的第一项。在差的情况下,间距 s 较小时阵列指向性图也是一个偶极子,需乘以单个偶极子指向性图得出 $(jks)(jkD)\cos^2\theta$。将该项乘以 $2/jks$ 并与第一项求和,得到式(6-47c)中的方向函数。Olson[20]根据两个偶极子的时间延迟也可得到类似的结果。

式(6-47a)、式(6-47b)和式(6-47c)中所提到的 3 种情况在数学上是相同的,表明可通过全向、偶极子和四极子模式相加,或偶极子和心形的乘积,或如上文所述以两个偶极子的差再加上两个偶极子的和得到波束图函数。第一种情况下,可直接加上更高阶模式,而最后一种情况则相当于两个元件所组成阵列的加减。第二种情况是乘法处理方案所得结果。乘法处理所得到的信噪比往往差于加法处理所得信噪比[34],并且常常仅用于噪声级极低的系统中。Thompson[35]指出将一个点源的对称线性基阵的指向性图函数增大到某个大于统一值的整数幂,可视为具有相同单体换能器间隔的较大对称基阵的指向性图函数。

由式(6-47a)所得波束图如图 6-32(c)所示,其波束宽度为 75.5°,后瓣在±120°时的电平为-18dB。与主瓣相比这些后波瓣的相位为负,可通过添加正的全向模式降低到-25dB 左右,所得归一化的波束图函数如下

$$P(\theta) = (1.25 + 2\cos\theta + \cos2\theta)/4.25$$

这种优化后的波束图函数可得到略宽一点的 78°波束宽度,在 180°时出现额外的正后波瓣。此外,在±90°时主波束的作用等于在±120°时另外两个后波瓣的-25dB 近似电平[33]。

另外一种实现与心形类似的波束图的方法是将两个标量传感器的输出合并,且两者之间存在一个相移。两个存在 90°相移的标量传感器的归一化波束图函数可表示如下

$$P(\theta) = \cos\{(\pi/4)[1 - (4s/\lambda)\cos(\theta)]\} \quad (6\text{-}47d)$$

式中,θ 为测得与轴形成的角度;λ 为水中声的波长;s 为传感器的中心间距。对于间距为 $\lambda/4$ 的情况,即 $4s/\lambda = 1$,一个方向的声压相加并与另一个方向的声压相抵消,得到的波束图与图 6-30 中的心形指向性图类似,但并非是真心形。通过 1/4 波间距和 90°相移得到的波束图比心形波束图更宽,而且在±90°时降低 3dB,波束宽度为 180°且 DI = 3dB。采用数学函数 $(1 + \cos\theta)/2$ 描述的真心形波束图中,在±90°时降低 6dB,波束宽为 131°且 DI = 4.77dB ≈ 4.8dB。这种特殊的间距和相控组合等效于端射扫描(参见第 8.1.2 节)。

在式(6-47a)中,可看出偶极子指向性图可根据两个间距较小的标量传感器的差得出。此外,两个标量输出之间增加一个较小的相移时,可根据偶极子的变化得出心形和其他的指向性图。所得结果如下

$$P(\theta) = 2\sin[(\pi s/\lambda)\cos\theta + \delta/2] \quad (6\text{-}47e)$$

式中,s 为标量传感器的间距;δ 为增加的相移。当 $s/\lambda \ll 1$ 且 $\delta = 2\pi s/\lambda$ 时,可得到心形指向性图。数值 $\delta = 2\pi s/3\lambda$ 使得指向性指数在 6dB 时最大,得到与式(6-45)相同的指向性图,在 105°时存在零陷以及较小的后波瓣。由 δ 的不同数值所组成的一系列定向指向性图被称作蜗线[1,20]。

表 6-2 中汇总了本节所得各类"心形"波束图函数。

表 6-2 "心形"波束图函数特征汇总

函数	图	波束宽度/(°)	±90°时电平/dB	±180°时电平/dB	指向性指数/dB
按模式求和					
式(6-44a)	6-30	131	-6	-∞	4.8
式(6-44b)	6-31(a)	115	-8.6	-11.7	5.7
式(6-45)	6-31(b)	105	-12	-6	6.0
式(6-46a)	6-32(a)	90	-12	-15	7.1
式(6-46b)	6-32(b)	229	0	-∞	0.9
式(6-47a)	6-32(c)	75.5	-∞	-∞	8.8
按相移					
式(6-47d)	—	180	-3	-∞	3.0
式(6-47e)	6-31(b)	105	-12	-6	6.0
注:式(6-47d)按 90°相移且 $4s/\lambda = 1$ 求值。式(6-47e)按 $\delta = 2\pi s/3\lambda$ 求值					

此外,上述各种波束模式函数也可以从具有适当电压驱动分布的离散换能器的圆柱形阵列中获得[33](参见第 7.1.4 节)。使用更高阶的辐射模式可以得到更窄的波束。

6.5.7 声强传感器

标量传感器的输出用于度量声压,而矢量传感器的输出用于度量质点振速,这两者的乘积则用于度量声强。声强在第 10.1 节中被定义为一个矢量,并由声压与质点振速的乘积得出。

如第13.3节中所示,时间平均值可由 $\langle I \rangle = 1/2\mathrm{Re}(pu^*)$ 得出,而平面波则存在 $pp^*/2\rho c = \rho c uu^*/2$(其中 * 表示复共轭)。将所有方向上的声强合并得到功率。Smith 等[36]研究了如何利用一个探头对小房间或装满水的小型水池中的换能器进行测量。例如,可利用两个间距 s 较小的小型标量传感器测定声强。此时,总电压如图6-20(a)所示并根据式(6-36)得出。当 $s \ll \lambda$,此电压可表示如下

$$V = p_i \mathrm{e}^{-jkr} [(M_1 + M_2) + j(M_1 - M_2)(\pi s/\lambda) \cos\theta] \quad (6-48)$$

式中,θ 为入射平面波的方向与传感器对的轴所形成的角。如果两个传感器求和且 $M_2 = M_1$,则输出电压如下

$$V_0 = 2M_1 p_i \mathrm{e}^{-jkr} \quad (6-49\mathrm{a})$$

而差分输出电压为

$$V_d = j2M_1 p_i \mathrm{e}^{-jkr} (\pi s/\lambda) \cos\theta \quad (6-49\mathrm{b})$$

全向和偶极子电压的共轭乘积声强如下:

$$|V_0 V_d^*| = 4|p_i|^2 |M_1|^2 (\pi s/\lambda) \cos\theta = 8\rho c I_i |M_1|^2 (\pi s/\lambda) \cos\theta \quad (6-50)$$

它与入射声强中平行于传感器对的轴分量成正比。由转动传感器得到的最大输出可确定声源的方向。

声强传感器常被称作声强探头,可以多种形式存在[24,37],如 Gabrielson 等[38]提出的声压/振速探头,Ng[39]提出的声压/声压探头,Sykes[40]和 Schloss[41]提出的声压/加速度探头,以及 McConnell 等[42]提出的振速/振速探头。G. C. Lauchle 已经调查了检测和利用声强虚部的可行性[43],也被称作无功声强,以便与有功声强或时间平均声强区分开。无功声强可定义为 $\mathrm{Im}(pu^*)$,如第13.3节中所示。Stanton 和 Beyer[44]研制了一种用于测量复合声强中实部和虚部的探头。

图6-34 显示了声强传感器的一种磁致伸缩/压电混合形式,其中,悬臂梁换能器由一个输出电压为 V_p 的 31 模式压电陶瓷棒和两个每侧有一个线圈且电压输出为 V_m 的磁致伸缩细棒组成。这两个磁致伸缩细棒极性相反(通过磁铁或在可能情况下通过剩磁实现),因此不会产生压缩标量的分量输出,但会产生压力差 p_1-p_2 的输出,形成净弯曲力。另一方面,压电陶瓷棒是对称的,且不会对弯曲产生输出,但会因标量压力 p_1 产生输出。这两个输出的乘积与声强成正比。如果将弯曲谐振设为低于工作频带,则磁致伸缩传感器输出的电压在该谐振之上是平坦的,没有压电矢量传感器常见的 6dB/倍频程上升的现象。

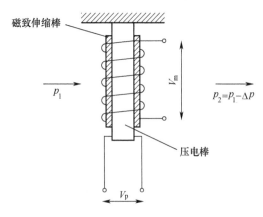

图6-34 混合声强探头[45]

如果在一个柔软的表面附近使用声强探头,则声压较小,声压与振速的乘积也较小。同样情况下,如果压力探头在刚性表面附近,振速则较小,输出也较小。针对这种情况,Lubman[46]建议可分开测量声压和振速,以实现传感器系统对附近结构的干扰或海洋环境中的衰减不那么敏感。

6.6 平面波衍射常数

一个小型水听器不会干扰声场,因此可用于测量自由场平面波的声压幅值 p_i,如同它不存在一般。一个大型水听器或一个位于大型安装结构中的小型水听器则会干扰声场,此时衍射常数 D_a 则可用于度量此干扰作用。可将 D_a 定义为 p_b/p_i,其中,p_b 为水听器被钳持导致有效表面无法移动时其表面声压的空间平均。当水听器尺寸与波长相比较小且被放置在较大的刚性障板中时,有 $D_a = 2$,而相同的水听器在没有障板时不会干扰声场,其 $D_a = 1$。入射声波的自由场声压加上散射波声压以及水听器表面移动所引起的声压(与辐射阻抗有关)在水听器表面上产生了总作用力。在式(1-5)中,这个总作用力被划分为由表面的移动 u_0 所造成的部分,$F_r = -Z_r u_0$,以及与移动无关的部分,即钳持力 F_b,如图6-35(a)所示。

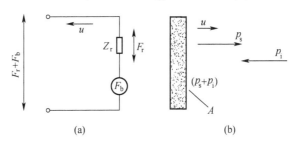

图 6-35 (a)钳持(阻挡)力 F_b 与辐射力 F_r;(b)入射声压 p_i 与散射声压 p_s

通常情况下,水听器表面存在不均匀移动时,式(1-6)将钳持力定义为入射声压和散射声压的和,如图6-35(b)所示,钳持力经振速分布函数加权后在整个表面上进行积分。根据上述定义,衍射常数是式(1-6)和式(1-7)给出的钳持力与自由场力的比值:

$$D_a = \frac{F_b}{Ap_i} = \frac{1}{Ap_i} \iint_A [p_i(\vec{r}) + p_s(\vec{r})] \frac{u^*(\vec{r})}{u_0^*} dS \tag{6-51}$$

式中,F_b 为钳持力;A 为水听器可移动表面的面积;Ap_i 为入射声压 p_i 所产生的自由场力;p_s 为散射声压;$[p_i(\vec{r}) + p_s(\vec{r})]$ 为作用在表面上的总钳持声压;$u^*(\vec{r})/u_0^*$ 为振速分布函数的复共轭,其中,u_0 为参考振速。Woollett[47]已将这个公式用于矢量水听器的衍射常数测定。衍射常数为水听器尺寸与波长比值、外形、振速分布以及平面波到达方向的函数。通常依据最大响应轴(MRA)上抵达的平面波[48]来定义衍射常数,这与灵敏度的常用定义相一致。在第11.3.1节中,将根据平面波的到达方向定义一种更常用的衍射常数。

水听器的自由场电压灵敏度 M 最早被定义为开路电压与MRA上抵达的平面波自由场声压的比值。然而,等效电路或换能器公式中出现的是钳持声压 $F_b/A = p_b = D_a p_i$,因此灵敏度必须根据下列公式计算:

$$M = V/p_i = VD_a A/F_b \tag{6-52}$$

第 6.1.1 节的结果也是正确的,这是因为假设这些情况中的水听器尺寸与波长相比较小,有 $D_a = 1$,且 $F_b/A = p_i$。

Bobber[48]对衍射常数的讨论最具启发性,他指出衍射常数的命名属于用词不当,因为多数情况中是反射或干涉造成的钳持力与自由场力彼此不同。因此,比如安装在平面障板中的平板水听器的情况,式(6-51)中 p_s 为反射波而非衍射波。在其他情况中,如细的线或环形水听器,衍射、反射和散射均非常重要,但是水听器表面不同部分之间入射波的局部抵消会降低钳持力并使衍射常数低于 1。

Henriquez[49]计算了几种理想水听器形状的衍射常数,用于估算实际水听器的衍射常数。对于半径为 a 的球形水听器,存在:

$$D_a = (1 + k^2 a^2)^{-1/2} \tag{6-53}$$

式中,由于对称性 D_a 与声波的方向无关。这种情况下,在所有频率下的响应为全向的,但衍射常数与频率是强相关的。当 ka 较大时,D_a 的频率相关性会导致随着频率增大,灵敏度以 6dB/倍频程降低。式(6-53)在第 11.3.1 节中介绍推导过程。

对于半径为 a 的较长的圆柱形水听器,其入射波方向与轴垂直,则存在:

$$D_a = (2/\pi ka) [J_1^2(ka) + N_1^2(ka)]^{-1/2} \tag{6-54}$$

式中,J_1 和 N_1 分别为一阶贝塞尔函数和诺伊曼函数。对于半径为 a 的细环形水听器,入射波位于圆环平面,有:

$$D_a = J_0(ka) \tag{6-55}$$

对于半径为 a 的圆形活塞水听器,波 X 射方向垂直于长管体末端的活塞面,则可利用 Levine 和 Schwinger[50]所得结果确定 D_a。图 6-36 对上述情况进行了对比[49]。

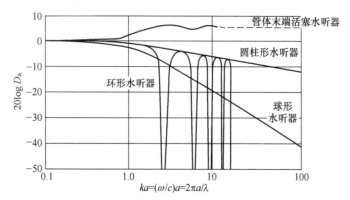

图 6-36 活塞、球形、圆柱形和圆环水听器的衍射常数 D_a[49]

(圆柱形和圆环的曲线应按 $20\log D_a$ 而非图示的 $10\log D_a$ 降低。参见 Z. Milosic[51]。因此,圆环和圆柱形曲线的 dB 值应乘以 2)

这些结果表明在所有情况下当 ka 较小时有 $D_a \approx 1$,对于球形、圆柱形和圆环形水听器,D_a 随着 ka 增大而降低,而对于长管体末端活塞水听器随着 ka 增大达到最大值 2。出现后面这种特殊状况是因为随着活塞增大,由它散射的声波变得与无限刚性平面所反射的声波一样,导致表面上的声压增加了一倍。因此,安装在坚硬表面的水听器的衍射常数为 2。对于刚性平面障板中的活塞,或者活塞尺寸相对于波长较大时也可得到衍射常数为 2。另一方面,安装在柔软表面上的小型水听器的衍射常数几乎为零,这是由于柔软表面上的声压接近零。

当表面上的振速不均匀时,利用式(6-51)的振速分布函数对表面声压进行加权,在任何情况下都非常重要。比如弯曲(参见第6.4节)或多模水听器(参见第6.5.5节)。当水听器能够在一个以上的模式下振动时,可得到多个衍射常数[48]。

然而,如果设计的换能器其某一模式并非为电驱动,则换能器在该模式下受到声激励时不会产生电压输出,但仍然能够通过模式之间的声耦合影响水听器的电压输出。

三个重要的声参数,即衍射常数 D_a、指向性因数 D_f 和辐射阻 R_r,通常情况下是彼此相关的,根据文献[48]有:

$$D_a^2 = \frac{4\pi R_r D_f}{\rho c k^2 A^2} = \frac{4\pi c R_r D_f}{\rho \omega^2 A^2} \quad (6-56)$$

根据式(6-56),衍射常数可利用辐射阻和指向性因数计算得出,或者当三个参数中的两个为已知参数时,第三个参数可根据这个关系式得出。例如,对于任何形状的无障板换能器,当它的尺寸与波长相比较小时,存在 $D_a = D_f = 1$,表明 $R_r = \rho c k^2 A^2/4\pi = \omega^2 A^2 \rho/4\pi c$,这将在第10章中进行推导。进一步了解式(6-56)可参见第11.3.1节。

式(6-51)根据水听器敏感表面上的加权平均声压来定义衍射常数,但衍射可能在水听器表面上某一点产生重要的影响。这些影响经常发生在测量水听器响应时,这部分内容将在第9.7.5节中进行简要讨论。

6.7 水听器热噪声

水听器的性能受到一个基本限制,即在其内部和水体中由于热扰动而产生的电噪声。为了达到良好的性能,热噪声不得超过总的海洋噪声。水听器的内部噪声是由其能量损耗机制造成的,即换能器材料的电损耗因子和机械损耗因子、水听器内部其他可移动组件包括装配件的机械阻,以及辐射阻。电损耗和机械阻使得水听器的电能和机械能发生损耗变成内部热能,同时使得水听器材料中的热能生成电噪声。辐射阻则有所不同,它使得换能器的机械能在水中产生声能,但也会使水中的热能生成电噪声。根据等效电路的概念,电损耗和机械损耗机理可利用戴维南等效串联电阻 R_h 表示。那么,利用此电阻可根据下列公式得出等效约翰逊热噪声均方电压 $\langle V_n^2 \rangle$:

$$\langle V_n^2 \rangle = 4KTR_h \Delta f \quad (6-57)$$

式中,K 为玻尔兹曼常数(1.381×10⁻²³ J/K);T 为绝对温度;Δf 为带宽。在20℃时,由式(6-57)可得到:

$$10\log\langle V_n^2 \rangle = -198\text{dB} + 10\log R_h + 10\log\Delta f \quad (6-58)$$

式(6-58)强调了噪声随带宽增大的情况。数值-198dB 为20℃下1Ω 电阻器在1Hz 带宽中低于1V时的噪声级。电阻 R_h 为水听器总输入阻抗的电阻部分,包含了按机电匝数比 N 转换的动生阻抗(参见第13.15节和第6.7.7节了解更多有关水听器内部噪声的内容)。

式(6-58)中的噪声电压值在转换为等效噪声均方声压值时更为有用,即通过水听器的灵敏度 M 转换为 $\langle p_n^2 \rangle = \langle V_n^2 \rangle / M^2$。那么,所得到的等效噪声声压级如下:

$$10\log\langle p_n^2 \rangle = -198\text{dB} + 10\log R_h - 20\log M + 10\log\Delta f$$
$$= -198\text{dB} - 10\log M^2/R_h + 10\log\Delta f \quad (6-59)$$

通常情况下,按1Hz 带宽($\Delta f = 1$)来求取等效噪声声压级,并将其称作噪声声压谱密度。在下文中,将使用谱密度并删除$10\log\Delta f$这一项。式(6-59)显示,从噪声的角度看,第6.1.2节中所讨论的水听器优质因数最有意义的形式便是M^2/R_h。

利用平面波灵敏度的概念,如果根据式(6-59)得出的噪声声压,与水听器最大响应轴向入射的平面波声压相等,那么由此可得到与内部噪声相同的电压,这通常被称作等效平面波噪声声压。图6-37中将零级海况(SS0)噪声与热噪声合并,这通常视为接近海洋噪声中的最小环境噪声,因此适合用来与水听器内部噪声相比较。显然,在具体应用中优良的水听器其内部噪声应低于预期的海洋环境噪声。

由于水听器通常存在指向性响应,所有方向上的平均灵敏度适用于式(6-59)中将噪声电压转换成噪声声压,以便与海洋噪声进行比较(参见第6.7.1节和第11.3.1节)。这样得出的等效噪声声压被Woollett称作电噪声的各向同性声等效值。此外,Woollett还介绍了水听器噪声与环境噪声进行比较的过程,包括在前置放大器输入阶段的噪声[52]。

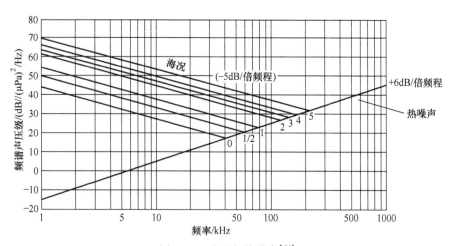

图6-37 海况与热噪声[54]

6.7.1 指向性和噪声

利用指向性因数D_f、发射电流响应S和互易性因子J,将式(6-59)写为与灵敏度M无关的形式,从而可以表达水听器噪声与指向性因数、电声效率之间的关系。首先以发射换能器为例将指向性因数表示如下:

$$D_f = I_0/I_a = I_0 4\pi d^2/W_0 = 4\pi d^2 p_0^2/\rho c W_0 \tag{6-60}$$

式中,利用均方根值I_0和p_0表示距离换能器d处的轴向声强和声压;I_a为相同距离的声强空间平均值。输出功率W_0可根据$\eta_{ea}i^2R_h$得出,其中,η_{ea}为电声效率;i为输入电流。利用式(6-60)中的关系式并求解p_0^2得到:

$$p_0^2 = \eta_{ea}D_f\rho c i^2 R_h/4\pi d^2 \tag{6-61}$$

上式可根据发射电流响应(距离为d,而非1m)表示如下:

$$S^2 = p_0^2/i^2 = \eta_{ea}D_f R_h \rho c/4\pi d^2 \tag{6-62}$$

发射电流响应通过互易性因子$M/S = J = 2d/\rho f$(参见第9.5节)与接收响应相关联,从而得到:

$$M^2 = D f \eta_{ea} R_h c/\rho \pi f^2 \tag{6-63}$$

并且,所得到 RVS 如下:
$$RVS = 20\log M = 10\log R_h - 20\log f + 10\log\eta_{ea} + DI - 123.2 \quad (6-64)$$
上式显示了灵敏度、输入电阻、频率、电声效率以及指向性指数 DI 之间的关系。

将式(6-64)和式(6-59)之间的 M 消除,则得到所需的结果:
$$10\log\langle p_n^2 \rangle = 20\log f - 74.8 - 10\log\eta_{ea} - DI \quad (6-65)$$
应注意 DI 不会提高水听器的灵敏度,但对于存在指向性的水听器则会降低内部噪声的各向同性声等效值[52],从而提高信噪比。

可根据 $M = V/p_{\text{ff}} = V \times 10^6$ 得出 1μPa 参考声压下的输出电压 V,并利用式(6-58)消除 $10\log R_h$,从而进一步调整式(6-64)。当只存在内部水听器噪声时,所得结果是 1μPa 声信号的电压信噪比(SNR),具体如下:
$$SNR = 10\log V^2/\langle V_n^2 \rangle = DI + 10\log\eta_{ea} - 20\log f - 45.2\text{dB} \quad (6-66)$$
显然,信噪比随 DI 和电声效率的提高而增大,但随频率的提高是降低的。随着频率提高,平面障板中水听器的 D_f 接近 $4\pi Af^2/c^2$。那么,将式(6-65)和式(6-66)中的 $20\log f$ 这一项消除,留下一个面积相关项 A。随着 A 增大,噪声降低且信噪比增大,这正如第 6.7.4 节中所述。

6.7.2 低频水听器噪声

当远低于谐振频率时,机械阻 R_m、辐射阻 R_r 与机械电抗 $1/j\omega C^E$ 相比较小。然而,电损耗随频率的变化与机械电抗相关,往往成为主要的损耗,从而形成低频工作时主要的内部噪声。此时,等效电阻由电损耗部分单独构成。利用式(6-5)可得到:
$$R_h = \text{Re}\{1/j\omega C_f(1 - j\tan\delta)\} = (\tan\delta/\omega C_f)/(1 + \tan^2\delta) \approx \tan\delta/\omega C_f \quad (6-67a)$$
由于在典型情况下 $\tan^2\delta \ll 1$,虽然损耗通常较小且电容一般较大,但 R_h 与 $1/\omega$ 的相关性会在极低频率下生成严重的噪声。可将此电阻代入式(6-59)得到低频等效噪声声压级如下:
$$10\log\langle p_n^2 \rangle \approx -206\text{dB} + 10\log(\tan\delta/C_f) - 20\log M - 10\log f \quad (6-67b)$$
该值随频率的下降按 3dB/倍频程增大。损耗因子 $\tan\delta$ 是一个针对典型压电陶瓷材料在较宽的频率范围内各种小信号的常数,并且通常在 1kHz 频率下测量。需注意当压敏压电陶瓷水听器在频率大幅度低于谐振频率下工作时,式(6-67b)中的电压灵敏度这一项不会随频率发生变化。

例如:假设一个 PZT-4 空心球形水听器半径为 0.02m 且壁厚为 0.002m,其低频灵敏度为 -193dB,电容为 29nF(参见第 6.2.2 节)。利用第 13.5 节中的 $\tan\delta = 0.004$,根据式(6-67b)可得出在 1kHz 时内部噪声约为 8dB//(μPa)²/Hz 或 SS0 以下 37dB(参见图 6-37),更低频率下则差异更大。

6.7.3 水听器噪声的其他信息

通过对电输入阻抗 Z_h 的实部进行研究,可进一步了解电损耗、机械阻和辐射阻在确定水听器噪声中的相对重要性。对于图 6-38 所示的集总模式等效电路,存在短路机械阻抗 $Z_m^E = R_m + j[\omega M_m - 1/\omega C^E]$,辐射阻抗 $Z_r = R_r + j\omega M_r$ 以及钳持导纳 $Y_0 = G_0 + j\omega C_0$,则电输入阻抗可由下式得出:
$$Z_h = 1/Y_h = 1/[G_0 + j\omega C_0 + N^2/(Z_m^E + Z_r)] \quad (6-68)$$

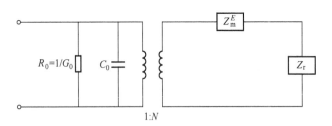

图 6-38 水听器电输入阻抗 Z_h 的简化等效电路

辐射质量 M_r 在低频时为一个常数,但在较高频率(通常接近或高于谐振频率)时是一个递减的频率函数。将输入电阻 $R_h = \text{Re}(Z_h)$ 用于式(6-58)和式(6-59)时,可得到约翰逊热噪声总电压和相应的等效噪声声压。量值 R_h 可进一步简化为:

$$R_h = \frac{R/N^2 + G_0 |Z/N^2|^2}{|1 + Y_0 Z/N^2|^2} \tag{6-69}$$

式中,$Z = Z_r + Z_m, R = R_r + R_m$。假设这种形式的 R_h 适用于有限的频带区域,可利用类似的换能器参数方便地得出如下表达式:

$$R_h = \frac{k^2 \left\{ \dfrac{R}{N^2}\left[1 - \dfrac{\omega^2}{\omega_a^2} + \dfrac{\omega \tan\delta}{\omega_r Q_m}\right] + \dfrac{X}{N^2}\left[\dfrac{\omega}{\omega_a Q_a} + \tan\delta\left(\dfrac{\omega^2}{\omega_r^2} - 1\right)\right]\right\}}{\left[1 - \dfrac{\omega^2}{\omega_a^2} + \dfrac{\omega\tan\delta}{\omega_r Q_m}\right]^2 + \left[\dfrac{\omega}{\omega_a Q_a} + \tan\delta\left(\dfrac{\omega^2}{\omega_r^2} - 1\right)\right]^2} \tag{6-70}$$

式中,谐振频率和反谐振频率分别为 $\omega_r = (M'C^E)^{-1/2}$,$\omega_a = (M'C^D)^{-1/2}$,$X = \omega M' - 1/\omega C^E$ 且 $M' = M_m + M_r$。此外,$Q_m = \omega_r M'/R$ 且 $Q_a = \omega_a M'/R$。电阻分别按 ω_r 和 ω_a 求值。

显然,上述 R_h 的表达式中 3 个损耗机理以一种复杂的方式耦合且并未明确区分,但在有限的频带区域中近似时除外。然而,第 13.15 节中介绍了另一种方法,将这 3 种损耗分别进行处理,并在电损耗可忽略不计时根据式(6-78b)给出 R_h 的近似值。当频率大幅度低于 ω_r 或 ω_a 时,式(6-70)可简化为

$$R_h = \frac{[\tan\delta/\omega C_f + k^4 R_r/N^2 \eta_{ma}]}{(1 + \tan^2\delta)} \tag{6-71}$$

在这种形式中,损耗机理被明确分开。当频率仍然较低时,第一项起主要作用,R_h 等于式(6-67a)中的值,此时只有电损耗是重要的,下面举例详细说明。

此处,将根据式(6-67a)和式(6-67b)对半径为 0.02m 的 PZT-4 球形水听器进行计算,并据此得出在何种频率下,式(6-71)中机械电阻项即 $k^4 R_r/N^2 \eta_{ma} = k^2 R_r C^E/\eta_{ma} C_f$,与电损耗项 $\tan\delta/\omega C_f$ 相比变得更为重要。对于球形水听器,辐射阻和衍射常数可根据下列公式得出:

$$R_r = 4\pi a^2 \rho c (ka)^2/[1 + (ka)^2]$$
$$D_a = [1 + (ka)^2]^{-1/2}$$

自由电容为 C_f = 29nF,短路状态柔顺系数为 $C^E = s_c^E/4\pi t = 1.6 \times 10^{-10}$ m/N,$k^2 = k_p^2 = 0.34$ 且 $\tan\delta$ = 0.004(参见第 6.2.2 节和第 13.5 节)。假设 η_{ma} = 0.8,可从表 6-3 中前三行找出关于 R_h 的结果,然后将之前计算得出的低频率下的 M 加上 $20\log D_a$,从而得到有效灵敏度 (MD_a^2),最终根据式(6-59)求出 $\langle p_n^2 \rangle$。需注意球形水听器在所有频率下都有 D_f = 1。

表 6-3 水听器噪声$\langle p_n^2 \rangle$,零级海况和海洋热噪声(单位 dB//(μPa)^2/Hz)

f/kHz	R_r/(kg/s)	$\dfrac{k^2 R_r C^E}{\eta_{ma} C_f}$	$\dfrac{\tan\delta}{\omega C_f}$	R_h	D_a	MD_a^2 (dB)	$\langle p_n^2 \rangle$ (dB)	SS0 (dB)	海洋热噪声 (dB)
1	53	0.12	22	22	0	−193	8	45	−15
10	3100	7.3	2.2	9.5	−2	−195	7	27	5
20	5500	13	1.1	14	−6	−199	12	23	11
44(f_r)	7000	16	—	49①	−12	−199	18	17	18
54(f_a)	7200	17	—	167②	−15	−198	22	14	22

注:①根据式(6-72b)得出;
②根据式(6-72c)得出

表 6-3 显示在 1kHz 时,水听器热噪声几乎完全由 tanδ 造成;在 10kHz 时,($R_r + R_m$)的影响会超过 tanδ 的影响;在 20kHz 时,($R_r + R_m$)起到主要作用。此外,还假设 tanδ 和 η_{ma} 与频率无关,这意味着我们假设 R_m 与 R_r 具有相同的频率相关性。这个水听器的一阶谐振频率约为 44kHz(见下文),而只要在灵敏度中包含了衍射常数 D_a,则低频下对 R_h 和 M 的近似直到 20kHz 都是合理的。

在机械频率 ω_r 下,当 $X = 0$ 时,式(6-70)可简化为

$$R_h = \dfrac{(k^2 R/N^2)[k^2 + \tan\delta/Q_m]}{[k^2 + \tan\delta/Q_m]^2 + (1-k^2)/Q_a^2} \tag{6-72a}$$

然而,多数情况下 $k^2 \gg \tan\delta/Q_m$,并且存在:

$$R_h \approx \dfrac{k^4 R/N^2}{k^4 + (1-k^2)/Q_a^2} = \dfrac{k^2 R_r C^E/\eta_{ma} C_f}{k^4 + (1-k^2)/Q_a^2} \tag{6-72b}$$

因此,在谐振频率附近,只要 k^2 较大,噪声主要取决于辐射阻和机声效率,而受电损耗的影响很小。

例如:继续以球形水听器为例,在谐振频率下水听器质量为 0.075kg,辐射质量约 0.008kg,$f_r = 44$kHz,$f_a = 54$kHz,$Q_m = 2.6$ 且 $Q_a = 3.1$。通过谐振将灵敏度提高到−187dB(参见式(4-10)),通过衍射常数将其降低至−199dB。这个球形水听器与图 6-11 中的球形水听器类似,但半径大 10%。表 6-3 第 4 行列出了这些影响所导致的最终结果,表明谐振时内部热噪声与海洋热噪声几乎相同。

在反谐振频率 ω_a 下,存在 $X = \omega_a M'k^2$。如果 $1/Q_a$ 与 $k^2 \tan\delta/(1-k^2)$ 和 $\omega_a \tan\delta/\omega_r Q_m$ 相比都较大,则水听器电阻可通过下列公式近似:

$$R_h = k^4 Q_a^2 R/N^2 = Q_a^2 k^2 R_r C^E/\eta_{ma} C_f \tag{6-72c}$$

式(6-10)表明在 $\omega = \omega_a$ 时,灵敏度相对于低频时数值按倍数 Q_a 增大,在施加−15dB 的 D_a^2 的影响之前达到−183dB,从而得到表 6-3 中第 5 行的结果。此时,内部噪声再次接近海洋环境噪声。

将表 6-3 中 $\langle p_n^2 \rangle$ 的数值在 DI = 0 时用于式(6-65),可以得到电声效率的合理取值,即在 1kHz 时数值非常低,而在其他频率下数值较高,可以达到 80%。按照式(6-59)对于 $\langle p_n^2 \rangle$ 的定义,其中,R_h 包含辐射阻,热噪声既存在于海洋中,同样也存在于水听器中。因此,在 tanδ 对噪

声影响很小的较高频率下，$\langle p_n^2 \rangle$ 近似等于海洋环境噪声按系数 $1/\eta_{ma}$ 增加并按系数 D_f 降低，在下一节中将进一步讨论。在表 6-3 中，当取 $\eta_{ma}=0.8$ 且 $D_f=1$ 时，预期偏差大约为 1dB，这包含在计算精度范围内。

6.7.4 水听器噪声综合模型

第 13.15 节中详细介绍了所建立的水听器噪声综合模型，从另一个角度扩展了约翰逊热噪声的定义[53]，通过考虑机械分量（如机械阻和辐射阻）并为这些分量确定了一个噪声作用力（见第 6.7.7 节）。然后，这个噪声作用力根据水听器的有效面积和衍射常数被直接转换成等效噪声声压。所得模型与 Mellen[54] 的模型以及第 6.7.3 节中的结果一致。在此方法中，可利用下列公式得到等效水听器噪声声压：

$$\langle p_n^2 \rangle = [4\pi KT(\rho/c)f^2/D_f\eta_{ma}] \\ \times [1+(\tan\delta/k^2)\{\omega/\omega_r Q_m + (Q_m\omega_r/\omega)(1-\omega^2/\omega_r^2)^2\}] \tag{6-73}$$

上式可简化为

$$\langle p_n^2 \rangle = 4\pi KT(\rho/c)f^2/D_f\eta_{ea} \tag{6-74}$$

式(6-74)可在 20℃下以 $dB//(\mu Pa)^2/Hz$ 为单位改写如下：

$$10\log\langle p_n^2 \rangle = 20\log f - 74.8 - 10\log\eta_{ea} - DI \tag{6-75}$$

上式与第 6.7.1 节中利用互易性得出的式(6-65)相同。入射平面波信号声压的平方值 $|p_i|^2$ 必须大于式(6-74)所得数值，从而得到信噪比高于单位值。

电气噪声总电压 $\langle V_n^2 \rangle$ 可根据式(6-74)得出，并利用图 6-19 的等效电路得出水听器电压灵敏度的表达式。该电路并不限于弯曲水听器，而且根据式(6-32)所得灵敏度对大多数的压敏水听器而言都是一个很好的近似值。因此，可将水听器灵敏度表示如下：

$$|V/p|^2 = k^2 A_a^2 D_a^2 C^E/C_f[(\omega/\omega_a Q_a)^2 + (1-\omega^2/\omega_a^2)^2] \tag{6-76}$$

然后，用 $\langle p_n^2 \rangle$ 替换 p^2，则噪声电压均方值可表示如下：

$$\langle V_n^2 \rangle = \langle p_n^2 \rangle k^2 A_a^2 D_a^2 C^E/C_f[(\omega/\omega_a Q_a)^2 + (1-\omega^2/\omega_a^2)^2] \tag{6-77}$$

将式(6-74)和式(6-56)中第二项代入式(6-77)中得到：

$$\langle V_n^2 \rangle = 4KTR_r k^2 C^E/C_f\eta_{ea}[(\omega/\omega_a Q_a)^2 + (1-\omega^2/\omega_a^2)^2] \tag{6-78a}$$

前置放大器的电噪声应低于这个值，且水听器应与前置放大器适当匹配以达到最佳性能[52,55-57]。

利用式(6-78a)代替式(6-57)（其中，$\Delta f=1$），可得到水听器在任何频率下的输入电阻近似值如下：

$$R_h = R_r k^2 C^E/C_f\eta_{ea}[(\omega/\omega_a Q_a)^2 + (1-\omega^2/\omega_a^2)^2] \tag{6-78b}$$

通常情况下电损耗因子 $\tan\delta \ll 1$，所以式(6-78b)所得结果与式(6-70)是相同的。

6.7.5 矢量水听器内部噪声

矢量水听器的内部热噪声可根据前面所述的各种方法进行分析。然而，矢量水听器的输出经常是根据压差或力差得出，它随着频率下降会以 6dB/倍频程的速率降低，因此相对于标量水听器在较低频率时灵敏度较低。由于灵敏度较低，矢量水听器在低频范围内的电损耗噪声等效声压大于 M 取常数时根据式(6-67b)所得数值。

假设按第 6.5.1 节和第 6.5.2 节所述以及图 6-20(a)所示，将两个相同的小型全向压电水听器紧密堆积在一起。那么串联、同轴、全向标量和不同矢量定向下的电压输出可根据式(6-49a),式(6-49b)得到,并表示如下:

$$V_0 = 2M_1 p_i \text{ 且 } V_d = 2M_1(\pi s f/c_0) p_i \tag{6-79}$$

式中,p_i 为自由场入射声压;M_1 为各水听器的灵敏度;s 为小型水听器之间的间隔且 $\pi s f/c = \pi s/\lambda \ll 1$。因此,可利用式(6-59)根据矢量水听器的 $M = 2M_1$ 和标量水听器的 $M = 2M_1(\pi s f/c)$ 求出等效热标量噪声 p_{0n} 以及矢量噪声 p_{dn},具体表示如下:

$$10\log\langle p_{0n}^2 \rangle = -198\text{dB} + 10\log 2R_h - 20\log 2M_1 \tag{6-80a}$$

或者

$$10\log\langle p_{dn}^2 \rangle = -198\text{dB} + 10\log 2R_h - 20\log 2M_1 - 20\log f\pi s/c_0 \tag{6-80b}$$

由于 $f\pi s/c < 1$,附加项 $-20\log f\pi s/c$ 为正值,这使得矢量水听器的噪声随频率降低按 6dB/倍频程增大。此外,对于矢量水听器也可以使用式(6-67b),即低频标量压电陶瓷水听器噪声公式,并加上相同的噪声附加项 $-20\log(f\pi s/c)$,可表示如下:

$$10\log\langle p_{dn}^2 \rangle \approx -206\text{dB} + 10\log 2\tan\delta/C_f - 20\log 2M_1 - 30\log f$$
$$- 20\log\pi s/c \tag{6-80c}$$

上式表明随着频率增大内部噪声按 9dB/倍频程增加,这对于低频下的信号检测造成了严重的局限。

在表 6-3 中,针对具体的 0.04m 直径压电陶瓷球形水听器,将水听器等效热噪声与 SS0 环境噪声进行比较。发现在 1kHz 时,水听器的噪声为 33dB,低于 SS0 噪声 45dB//(μPa)²/Hz。如果利用两个相同的水听器制作一个偶极子,则可能最小的间隔为 $s = 0.04$m,得到 $\pi s/c = 8.5 \times 10^{-5}$。利用式(6-90a)并根据球形水听器 $\tan\delta = 0.01$ 且 $C_f = 29$nF,可得出在 1kHz 时的偶极子等效噪声为 31dB//(μPa)²/Hz,比单体水听器的噪声高出 19dB,但仍然比 SS0 噪声低 14dB。这个结果对平行于偶极子轴的入射波成立。如果入射波的角度为 θ,则间隔 s 被替换为 $s\cos\theta$。当 $\theta = 60°$ 时,偶极子噪声会高出 6dB,但仍然比 SS0 噪声低 8dB。在较低频率下,偶极子噪声会按 9dB/倍频程增大,而海况噪声会按大约 5dB/倍频程增大。但是,在这种低频区域,舰船航行噪声比海况噪声更为重要。这个例子表明在声纳频率范围内使用偶极子传感器时,只要采用的压电材料介电损耗较低,则内部热噪声就不会成为严重问题。

此外,经常应用于振速传感器中的加速度计,其内部噪声也很重要。对两个专为振速传感器所设计的加速度计进行测量,并以所测得结果为例。第一种情况中[58],压电陶瓷弯曲盘式加速度计有 $C_f = 3.4$nF 和 $\tan\delta = 0.014$,得到 1kHz 时低频输入电阻为 $R_h = 656\Omega$。对应于 1kHz 时为 -205dB//V/μPa 的声压灵敏度(参见第 6.5 节开始介绍的转换关系),低频加速度灵敏度为 -17dB//V/g。由式(6-59)给出的 1kHz 时加速度计的等效噪声声压如下:

$$10\log\langle p_n^2 \rangle = -198\text{dB} + 205\text{dB} + 10\log R_h = 35\text{dB}//(\mu\text{Pa})^2/\text{Hz} \tag{6-81}$$

这与参考文献[58]的图 13 中所测得数值 38dB 很接近。在另一个例子中所测得的加速度计噪声几乎是相同的,约等于参考文献[59]的图 5 中的 37dB//(μPa²)/Hz。因此,很显然在使用相同的压电陶瓷时,无论是根据加速度计或依据偶极子水听器,矢量水听器的内部噪声都基本相同。

Lo 和 Junger[60] 指出矢量声强传感器对各向同性噪声不会发生响应。在环境噪声存在很大的各向同性分量且是主要限制因素的应用中,此结果可能会起到一定的作用[61,62]。

6.7.6 矢量水听器对局部噪声的敏感性

矢量水听器在低频下还与外部噪声源具有很强的相关性。假设两个小型标量传感器构成了一个矢量水听器,其间隔为 s,每个传感器的电压分别为 $V_1 = M_1 p_1$ 和 $V_2 = M_1 p_2$,且电压差为 $V_d = M_1(p_1 - p_2) = M_1 \Delta p$。此外,假设附近有一个简单的小型球形噪声源,距离为 r,它位于穿过两个小型传感器的连线上。实践中噪声源不会如此简单,通常是由于湍流和结构振动而产生了空间分布的声源。本例中应用了这种全向的形式,仅仅是为了显示矢量水听器对附近噪声源或不均匀噪声场的强敏感性(另见第 8.5.3 节)。

由于噪声源位于附近,其波前为球形且声压梯度与到噪声源的距离有关。设该噪声源产生的声压为 $p = Ae^{-jkr}/r$,其中,A 与声源强度成正比,则声压梯度由下列公式得出:

$$\partial p/\partial r = -jk(1 + 1/jkr)p \tag{6-82}$$

由于 $\partial p \approx \Delta p$ 且 $\partial r \approx s$,则式(6-82)可近似为

$$\Delta p = -jks(1 + 1/jkr)p \tag{6-83}$$

得出矢量水听器对噪声源的电压响应如下:

$$V_d = -jM_1 ks(1 + 1/jkr)p \tag{6-84}$$

对于一个位于很远距离且在两个矢量水听器上产生相同声压的噪声源,有 $kR \gg 1$,可以得到 $V_{dp} = -jksM_1 p$。那么,附近和远处噪声源的电压输出均方值之间的比值如下:

$$\langle V_d^2 \rangle / \langle V_{dp}^2 \rangle = 1 + 1/(kr)^2 \tag{6-85}$$

这表明矢量水听器对附近噪声源的灵敏度与对远处噪声源的相比有所增大。这种作用在较低频率时,即 $kr<1$ 时尤为明显。矢量水听器的灵敏度取决于声波场的曲率。因此,可以推测这类水听器对附近的偶极子和四极子声源更为敏感。因此,利用一个屏障或导流罩将噪声源尽量远离很重要。由于压力差可以看作是作用在物体上的力,因此振速 $u = -(1/j\omega\rho)\partial p/\partial r$ 的影响可用于声压梯度和质点振速水听器。

正如前文所述,矢量水听器也存在机械产生的噪声,因此安装时应使悬挂谐振频率大幅度低于工作频带。对于以加速度计为基础的矢量水听器而言,这种方式尤为重要,因为这些加速度计本质上能够检测到机械振动以及声信号产生的加速度。当存在各向同性噪声场时,矢量水听器的信噪比与小型标量传感器相比要高出 4.8dB,这主要是由 DI 的余弦指向性图造成的。此外,在某些情况下指向性图中存在的零陷可以指向较强的噪声源。Gabrielson[63]详细讨论了矢量水听器中的噪声。第 8 章将讨论矢量水听器基阵。

6.7.7 辐射阻产生的热噪声

水听器输出的热噪声包含了直接的电噪声以及机械噪声所转化的电噪声。直接电噪声为电阻中的普通约翰逊噪声,与换能器的电气部件有关。在压电换能器中,直接电噪声与电损耗因子 $\tan\delta$ 相关。转化的机械噪声首先是机械部件(如辐射前盖板)内部或表面的随机热运动,再加上冲击前盖板的介质中分子的随机热运动。这种内部和外部的热起伏会在前盖板上生成一个随机噪声作用力,并经换能机理被转化成一个随机噪声电压。为了方便与其他声源所产生的噪声进行比较,可将这个热噪声电压转化成等效平面波噪声声压,如第 6.7.4 节所述。在所有的内部噪声中,只有介质中的热噪声是一种最初就实际存在的声压。

R. H. Mellen[64]计算了这个源自介质中的热噪声声压,并指出了此声压与换能器辐射阻之间的关系。在其研究中,水听器振动表面上的噪声声压表达式是基于正常振动模式下介质中热运动的表达式。每种模式代表一个自由度,并在热平衡时将能量均分,每个模式得到能量为 KT,其中,K 为波耳兹曼常数;T 为绝对温度。那么,单位频带 Δf 的噪声声压均方值表示如下:

$$\langle p_r^2 \rangle = 4\pi f^2 KT\rho/c \tag{6-86}$$

上式为由小型全向水听器所检测的介质的热噪声声压,并在图 6-37 中与海况噪声进行了比较。这种热噪声被视为具有理想的各向同性,对于指向性水听器,在将其叠加到其他声源产生的噪声时需要减去指向性因数 D_f。

研究辐射阻与海洋热噪声之间的关系,最直接的方法需要查看水听器内部并考虑单独作用在辐射阻上的力和振速,如第 13.15 节所述。可利用下式,将式(6-86)中的声压均方值转化成作用力均方值:

$$\langle F_r^2 \rangle = \langle p_r^2 \rangle A^2 D_a^2 / D_f \tag{6-87}$$

这里,我们利用所有方向上的平均衍射常数 $\overline{D} = D_a/D_f^{1/2}$,将介质中实际的各向同性噪声声压转化为对水听器施加的作用力。其中,平均衍射常数在第 11.3.1 节推导得出,$D(\theta,\phi)$ 定义为指向性平面波衍射常数。需注意这种声压转化为作用力不同于第 13.15 节中将作用力转化为等效平面波声压($F = p_{ff} A D_a$)。将式(6-86)代入式(6-87)得到:

$$\langle F_r^2 \rangle = 4KT(\pi\rho f^2 A^2 D_a^2)/c D_f \tag{6-88}$$

利用式(6-56)中辐射阻的常用关系式,即 $R_r = \omega^2 \rho A^2 D_a^2 / 4\pi c D_f$,则得到每单位频带 Δf 的数值:

$$\langle F_r^2 \rangle = 4KTR_r \tag{6-89}$$

式(6-89)显示了噪声作用力 F_r 和辐射阻 R_r 之间存在直接关系,这与奈奎斯特定理一致。因此,可按第 6.7.4 和第 13.15 节中的做法,将辐射阻视为热噪声的来源。

热噪声的贡献可表示为噪声作用力 F_r,并与无噪声电阻 R_r 串联,如图 13-10 所示。匝数比为 N 的机电变压器将机械量转化右侧的电气量,即将作用力除以 N 以及阻抗除以 N^2。因此,由于 $V_r = F_r/N$,也可得到:

$$\langle V_r^2 \rangle = 4KTR_r/N^2 \tag{6-90}$$

上式表示在水听器机械输入处的噪声电压源,该处前盖板的移动是由介质中的热起伏引起的。

在水听器电端子处的输出噪声电压被换能器修正,因为换能器可看作是输入噪声的滤波器。第 6.7.4 节中讨论的水听器输出噪声电压,在第 13.15 节中表示如下:

$$\langle V_n^2 \rangle = 4KTR_h = 4KTR_r k^4 / N^2 \eta_{ea} [(\omega/\omega_a Q_a)^2 + (1 - \omega^2/\omega_a^2)^2] \tag{6-91}$$

式中,R_h 为水听器串联电阻;η_{ea} 为电声效率;$k^2 = N^2 C^E / C_f$。式(6-91)表明水听器的噪声输出电压与辐射阻成正比,并与电声效率成反比;同时,还取决于频率及换能器参数。显然,若换能器的效率达到 100%,则介质在水听器端子处仍然存在噪声,这对水听器的可探测信号设置了一个基本限制。另一方面,由于 $\eta_{ea} = \eta_{em}\eta_{ma}$,当机声效率为 $\eta_{ma} = R_r/(R_r + R_m)$ 时,可将式(6-91)中的 R_r/η_{ea} 替换为 $(R_r + R_m)/\eta_{em}$,其中,R_m 为机械损耗电阻,而 η_{em} 为机电效率。因此,在 $R_r = 0$ 的真空负载条件下,有一个源自 R_m/η_{em} 的噪声贡献值,它仅与机械损耗和电损耗有关。这种情况与空气负载条件下 $R_r \ll R_m$ 时的情况类似。

6.8 小　　结

本章介绍了多种水听器,包括全向的压敏水听器和偶极子振速敏感矢量水听器,还涉及了水听器工作原理和水听器类型,如圆柱形和球形、平面、弯曲、矢量水听器以及衍射常数和热噪声。水听器通常工作在低于开路谐振频率下,有时也会达到该谐振频率。在低于谐振频率下,水听器的灵敏度为 $M = V/p_i = gt$,其中,V 为开路电压;p_i 为声压;t 为电极之间的厚度;g 为压电 "g" 常数。如果机械应力在极化的 3 轴方向,且输出电极与它垂直,则 g 为 g_{33} 且可得到最大输出。如果应力位于一个正交方向，则 g 为 g_{31}，其数值接近于 $-g_{33}/2$。对于 31 模式的圆柱体有 $M = g_{33}a$，其中，a 为平均半径。

对于一个所有表面声压均相等的块状材料，其静水压灵敏度为 $M = (g_{33} + 2g_{31})t$，对于大多数压电材料该数值几乎为零。水听器设计中面对的一大挑战是需要对声压进行屏蔽来消除其他表面的影响，另一大挑战是设计较高的优质因数，即 $FOM_h = M^2C_f = gdV_p$，其中 C_f 为自由电容；V_d 为压电材料的体积；d 为压电"d"常数。显然，与具有相同高度的同尺寸圆柱形水听器相比，球形水听器具有更宽的频带响应。此外，还介绍了具有高灵敏度的平面 Tonpilz 型水听器、1-3 复合水听器模型及其柔性与静水压灵敏度。弯曲水听器具有柔顺性，其尺寸较小时具有良好的灵敏度，但通常受大深度工作能力的限制。本章还介绍了最常见的双弯曲盘换能器并给出了其等效电路。

矢量水听器对压差或振速敏感，在部分设计中也有对加速度比对声压更为敏感。因此，矢量水听器不可能是全向的，而是存在指向性指数为 4.8dB 的偶极子波束图。第 6.5 节中介绍了矢量水听器各类设计及其在障板附近的响应。分析了对声压梯度、振速和加速度计矢量水听器的响应。此外，还讨论了声强传感器以及多模矢量水听器的单极、偶极和四极性能。

本章还介绍了平面波衍射常数 D_a，当水听器尺寸与波长相比较小时，它可以提供一种获取接收灵敏度的方法。若 p_i 为入射声压且 V 为输出电压，则有 $M = V/p_i = VD_aA/F_b$，其中，A 为面积；F_b 为作用于等效电路机械端子处的钳持力。如果换能器尺寸与波长相比较小，则 $D_a = 1$；如果放置在刚性障板中或其正前方，则有 $D_a = 2$。对于半径为 a 的球体，且波数为 k，则 $D_a = (1 + k^2a^2)^{-1/2}$。一个重要的常用公式 $D_a^2 = 4\pi R_rD_f/\rho ck^2A^2$，将 D_a 与指向性因数 D_f、辐射阻 R_r 关联起来。

水听器受限于介质中的噪声以及水听器自身产生的电噪声。约翰逊电热噪声电压 V_n 的电压级可表示为 $20\log V_n = -198dB + 10\log R_h + 10\log\Delta f$，显然它与带宽 Δf、水听器电输入总阻抗的电阻部分 R_h 相关。此电阻因换能器的电损耗、机械损耗以及辐射阻而产生。本章中还给出了换能器噪声的各种模型。其他噪声包括海况噪声以及流噪声和舰船噪声。针对上述噪声源，给出了模型与测量结果，以及降低噪声的方法。增大水听器的指向性指数可以降低噪声，这也是水听器基阵的优势之一。第 8 章会进一步讨论噪声源和降噪的内容。此外，可参见第 13.15 节中的综合噪声模型。

参考文献

1. C. L. LeBlanc, Handbook of Hydrophone Element Design Technology, NUSC Technical Document 5813(NUWC, Newport, 11 October 1978)
2. W. J. Trott, Sensitivity of piezoceramic tubes, with capped or shielded ends, above the omnidirectional frequency range. J. Acoust. Soc. Am. 62, 565–570(1977)
3. J. L. Butler, Model for a ring transducer with inactive segments. J. Acoust. Soc. Am. 59, 480-482(1976)
4. R. A. Langevin, Electro-acoustic sensitivity of cylindrical ceramic tubes, J. Acoust. Soc. Am. 26, 421-427 (1954). An example of a tangentially poled tube hydrophone is given by T. A. Henriquez, An extended-range hydrophone for measuring ocean noise, J. Acoust. Soc. Am. 52, 1450-1455(1972)
5. S. Ko, G. A. Brigham, J. L. Butler, Multimode spherical hydrophone, J. Acoust. Soc. Am. 56, 1890-1898(1974). See also, S. Ko, H. L. Pond, Improved design of spherical multimode hydrophone, J. Acoust. Soc. Am. 64, 1270-1277

(1978). J. L. Butler, S. L. Ehrlich, Superdirective spherical radiator, J. Acoust. Soc. Am. 61, 1427–1431(1977)
6. G. W. McMahon, Sensitivity of liquid-filled, end-capped, cylindrical, ceramic hydrophones. J. Acoust. Soc. Am. 36, 695–696(1964)
7. W. D. Wilder, Electroacoustic sensitivity of ceramic cylinders. J. Acoust. Soc. Am. 62, 769–771(1977)
8. W. A. Smith, Modeling 1-3 composite piezoelectrics: Hydrostatic response. IEEE Trans. Ultrason. Ferroelectr. Freq. Control 40, 41–49(1993)
9. G. Hayward, J. Bennett, R. Hamilton, A theoretical study on the influence of some constituent material properties on the behavior of 1-3 connectivity composite transducers. J. Acoust. Soc. Am. 98, 2187–2196(1995)
10. M. Avellaneda, P. J. Swart, Calculating the performance of 1-3 piezoelectric composites for hydrophone applications: an effective medium approach. J. Acoust. Soc. Am. 103, 1449–1467(1998)
11. Private communication with Brian Pazol, MSI, Littleton, MA 01460
12. G. M. Sessler, Piezoelectricity in polyvinylidenefluoride. J. Acoust. Soc. Am. 70, 1596–1608(1981)
13. T. D. Sullivan, J. M. Powers, Piezoelectric polymer flexural disk hydrophone. J. Acoust. Soc. Am. 63, 1396–1401(1978)
14. J. L. Butler, Analysis of a Polymer Sandwich Hydrophone(Image Acoustics, Cohasset, 26 October 1983)
15. M. B. Moffett, D. Ricketts, J. L. Butler, The effect of electrode stiffness on the piezoelectric and elastic constants of a piezoelectric bar. J. Acoust. Soc. Am. 83, 805–811(1988)
16. R. S. Woollett, Theory of the Piezoelectric Flexural Disk Transducer with Applications to Underwater Sound, USL Research Report No. 490(Naval Undersea Warfare Center, Newport, 1960)
17. Y. T. Antonyak, M. E. Vassergisre, Calculation of the characteristics of a membranes-type flexural-mode piezoelectric transducer. Sov. Phys. Acoust. 28, 176–180(1982)
18. B. S. Aronov, Energy analysis of a piezoelectric body under nonuniform deformation. J. Acoust. Soc. Am. 113, 2638–2646(2003)
19. R. S. Woollett, The Flexural Bar Transducer(Naval Undersea Warfare Center, Newport, n. d.)
20. H. F. Olson, Acoustical Engineering(D. Van Nostrand, New York, 1957)
21. J. Eargle, Sound Recording(D. Van Nostrand, New York, 1976)
22. C. B. Leslie, J. M. Kendall, J. L. Jones, Hydrophone for measuring particle velocity. J. Acoust. Soc. Am. 28, 711–715(1956)
23. T. B. Gabrielson, D. L. Gardner, S. L. Garrett, A simple neutrally buoyant sensor for direct measurement of particle velocity and intensity in water. J. Acoust. Soc. Am. 97, 2227–2237(1995)
24. J. A. McConnell, Analysis of a compliantly suspended acoustic velocity sensor, J. Acoust. Soc. Am. 113(3), 1395–1405(2003). See also Ph. D. Thesis, Development and Application of Inertial Type Underwater Acoustic Intensity Probes, Penn State University, State College, December 2004
25. P. Murphy, Geophone design evolution related to non-geophysical applications, in Acoustic Particle Velocity Sensors, ed. by M. J. Berliner, J. F. Lindberg(American Institute of Physic, AIP Conference Proceedings 368, Woodbury, 1995) pp. 49–56
26. J. L. Butler, Directional Transducer, U. S. Patent 4, 326, 275(20 April 1982)
27. M. B. Moffett, J. M. Powers, A bimorph flexural-disc accelerometer for underwater use, in Acoustic Particle Velocity Sensors, ed. by M. J. Berliner, J. F. Lindberg(American Institute of Physic, AIP Conference Proceedings 368, Woodbury, 1995), pp. 69–83. See also,
M. B. Moffett, D. H. Trivett, P. J. Klippel, P. D. Baird, A piezoelectric, flexural-disk, neutrally buoyant, underwater accelerometer, IEEE-T-UFFC, 45, 1341–1346(1998). J. L. Butler, A low profile motion sensor, SBIR N96-165, NUWC, Contract N66604-97-M-0109(16 July 1997)
28. R. S. Gordon, L. Parad, J. L. Butler, Equivalent circuit of a ring transducer operated in the dipole

mode. J. Acoust. Soc. Am. 58,1311-1314(1975)

29. M. Abramowitz, I. A. Stegun, Handbook of Mathematical Functions, Eq. 9. 12. 1(Wiley, New York, 1972)

30. S. L. Ehrlich, P. D. Frelich, Sonar Transducer, U. S. Patent 3,290,646(6 December 1966)

31. S. L. Ehrlich, Private communication to J. L. B.

32. A. L. Butler, J. L. Butler, J. A. Rice, A tri-modal directional transducer, J. Acoust. Soc. Am. 115,658-665 (2004). Also see Oceans 2003 Proceeding (September 2003). J. L. Butler, A. L. Butler, Multimode Synthesized Beam Pattern Transducer Apparatus, U. S. Patent6,730,604 B2(11 May 2004)

33. J. L. Butler, A. L. Butler, A Directional Power Wheel Cylindrical Array, ONR 321 Maritime sensing(MS) Program Review(NUWC, Newport, 18 August 2005)

34. R. J. Urick, Principles of Underwater Sound, 3rd edn. (Peninsula, Los Altos Hills, 1983)

35. W. Thompson Jr., Higher powers of pattern functions—a beam pattern synthesis technique. J. Acoust. Soc. Am. 49, 1686-1687(1971)

36. P. W. Smith, T. J. Schultz, On Measuring Transducer Characteristics in a Water Tank, BBN Report No. 876(September 1961). P. W. Smith, T. J. Schultz, C. I. Malme, Intensity Measure-ment in Near Field and Reverberant Spaces, BBN Report No. 1135(July 1964). See also, T. J. Schultz, P. W. Smith, C. I. Malme, Measurement of Acoustic Intensity in Reactive Sound Field, J. Acoust. Soc. Am. 57,1263-1268(1975)

37. K. J. Bastyr, G. C. Lauchle, J. A. McConnell, Development of a velocity gradient underwater acoustic intensity sensor. J. Acoust. Soc. Am. 106,3178-3188(1999)

38. T. B. Gabrielson, J. F. McEachern, G. C. Lauchle, Underwater Acoustic Intensity Probe, U. S. Patent No. 5,392,258 (1995)

39. K. W. Ng, Acoustic Intensity Probe, U. S. Patent No. 4,982,375(1991)

40. A. O. Sykes, Transducer for Simultaneous Measurement of Physical Phenomena of Sound Wave, U. S. Patent No. 3, 274,539(1966)

41. F. Schloss, Intensity Meter Particle Acceleration Type, U. S. Patent No. 3,311,873(1967)

42. J. A. McConnell, G. C. Lauchle, T. B. Gabrielson, Two Geophone Underwater Acoustic Inten-sity Probe, U. S. Patent No. 6,172,940(2001)

43. G. C. Lauchle, K. Kim, Acoustic intensity scattered from an elliptic cylinder, in Proceedings of Workshop on Directional Acoustic Sensors(Newport, April 2001). G. C. Lauchle, Intensity Measurements of DIFAR Signals, ONR Maritime Sensing Program Review(Newport, May 2004)

44. T. K. Stanton, R. T. Beyer, Complex measurement in a reactive acoustic field, J. Acoust. Soc. Am. 65, 249 – 252 (1979). See also, P. J. Westervelt, Acoustic impedance in terms of energy functions, J. Acoust. Soc. Am. 23,347-348(1951)

45. J. L. Butler, A. E. Clark, Hybrid Piezoelectric and Magnetostrictive Acoustic Wave Transducer, U. S. Patent 4,443, 731(17 April 1984)

46. D. Lubman, Benefits of acoustical field diversity sonar, J. Acoust. Am. 70(S1), S101(A)(1981). D. Lubman, Antifade sonar employs acoustic field diversity to recover signals from multipath fading, in Acoustic Particle Velocity Sensors, ed. by M. J. Berliner, J. F. Lindberg (American Institute of Physics, AIP Conference Proceedings 368, Woodbury, 1995), pp. 335-344

47. R. S. Woollett, Diffraction constants for pressure gradient transducers. J. Acoust. Soc. Am. 72,1105-1113(1982)

48. R. J. Bobber, Diffraction constants of transducers. J. Acoust. Soc. Am. 37,591-595(1965)

49. T. A. Henriquez, Diffraction constants of acoustic transducers. J. Acoust. Soc. Am. 36,267-269(1964)

50. H. Levine, J. Schwinger, On the radiation of sound from an unflanged circular pipe. Phys. Rev. 73,383-406(1948)

51. Z. Milosic, J. Acoust. Soc. Am. 93,1202(1993)

52. R. S. Woollett, Procedures for comparing hydrophone noise with minimum water noise. J. Acoust. Soc. Am. 54, 1376-1380(1973)
53. C. Kittel, Elementary Statistical Physics(Wiley, New York, 1958), pp. 148-149
54. R. H. Mellen, Thermal-noise limit in the detection of underwater acoustic signals. J. Acoust. Soc. Am. 24, 478-480 (1952)
55. J. W. Young, Optimization of acoustic receiver noise performance. J. Acoust. Soc. Am. 61, 1471-1476(1977)
56. R. S. Woollett, Hydrophone design for a receiving system in which amplifier noise is dominant. J. Acoust. Soc. Am. 34, 522-523(1962)
57. T. B. Straw, Noise Prediction for Hydrophone/Preamplifier Systems, NUWC-NPT Technical Report 10369, NUWC, Newport, 3 June 1993)
58. P. D. Baird, EDO directional acoustic sensor technology, in Proceedings of Workshop on Directional Acoustic Sensors, Newport(April 2001)
59. P. A. Wlodkowski, F. Schloss, Advances in acoustic particle velocity sensors, in Proceedings of Workshop on Directional Acoustic Sensors, Newport(April 2001)
60. Y. E. Lo, M. C. Junger, Signal-to-noise enhancement by underwater intensity measurements. J. Acoust. Soc. Am. 82, 1450-1454(1987)
61. V. I. Ilyichev, V. A. Shchurov, The properties of the vertical and horizontal power flows of the underwater ambient noise, in Natural Physical Sources of Underwater Sound, ed. by B. R. Kerman(Kluwer Academic, The Netherlands, 1993), pp. 93-109
62. D. Haung, R. C. Elswick, J. F. McEachren, Acoustic pressure-vector sensor array. J. Acoust. Soc. Am. 115, 2620 (2004)
63. T. B. Gabrielson, Modeling and measuring self-noise in velocity and acceleration sensors, in Acoustic Particle Velocity Sensors, ed. by M. J. Berliner, J. F. Lindberg(AIP Conference Proceedings 368, Woodbury, 1995), pp. 1-48
64. R. H. Mellen, Thermal-noise limit in the detection of underwater acoustic signals. J. Acoust. Soc. Am. 24, 478-480 (1952)

第 7 章

发射器基阵

海军的应用是大型声纳系统创新发展的主要推动力。因此,大型水声基阵的发展与新型舰船的建造联系密切,尤其是对声学探测极度依赖的新型潜艇的建造工作[1,2]。潜艇上主动声纳的主要功能是搜索水面舰船和其他潜艇,但躲避水雷、海底山脉以及进行水下通信也是极其重要的功能。主动声纳利用工作在 2~10kHz 的大型发射器基阵实现中等距离的探测,而水下避障采用更小型且更高频的基阵来完成。在所有的潜艇应用中,均要求换能器能够承受每平方英寸数百磅的静水压且性能不能出现显著变化。在水面舰艇中,主动声纳主要用于搜索潜艇,其换能器基阵与潜艇类似,只是对静水压的要求不同。探测距离更远的主动声纳要求更低的工作频率和更高的发射功率(见图 1-10),这就会在换能器及其基阵的设计中引发众多问题,也可能会对环境产生影响。

为了在预定方向辐射足够的声功率,主动声纳基阵通常包含数百个发射器阵元。这些基阵中的换能器阵元通常安装在一个平面、柱面或球形表面上,如图 7-1、图 1-10、图 1-11 和图 1-12 所示,然后封闭在舰船、潜艇或拖体等船体外壳透声窗的后面。

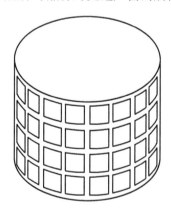

图 7-1 主动声纳中的圆柱阵示意图

如图 7-1 中所示,基阵中的换能器阵元紧密堆积在一起以实现最大的发射功率,并形成可扫描的波束。但是,紧密堆积的换能器阵元之间也会通过介质水,利用声耦合相互影响,这样每个换能器阵元的振动就不仅取决于自身的驱动电信号,也取决于其他换能器阵元的振动。第二次世界大战后,在对大型基阵中换能器有效性的测试中发现,声耦合至关重要。声耦合会降低基阵性能,某些情况下甚至会损坏换能器。在基阵设计过程中需要考虑声耦合问题,可以从换能器互辐射阻抗的角度来预测其影响。

一个主动声纳系统的设计首先要从明确在特定的安装平台上探测特定范围内的目标这样的需求开始。探测目标决定了合适的工作频带及所需的声学性能,如最大声源级、最大声功率、指向性指数、扫描波束数量以及波束宽度。安装平台和其他工作条件通常对基阵大小、重量、形状和可用电功率加以各种限制,这些限制反过来又会影响声学性能。但是,这里不会讨论声纳系统的设计。Urick[3]在其著作的第2章和第13章简要介绍了设计的整个流程,Horton[4]讨论了声纳系统各方面的特点,而Bell[2]阐述了水面舰船主动式声纳系统近二十年来的发展情况。

本章仅讨论基阵的设计问题,第7.1节首先介绍频率、尺寸和指向性之间的关系。利用这些关系可以确定上述限制条件下的基阵尺寸、形状以及换能器阵元的数量和布局。然后,利用上述因素确定单个换能器的大小、形状和重量。基阵分析的第一步可以先忽略声耦合问题,这样可以使换能器的振速与所施加的电压成正比,从而更方便地计算整个频率和扫描角范围内初步的指向性图和指向性指数(DI)。利用DI和给定的声源级可以初步估算每个换能器阵元所需的平均功率。由换能器的尺寸、频率和平均功率指标可确定换能器类型的适用性,以及在接近能量转换能力极限时是否正常运行。但是,如果在基阵分析中不考虑声耦合,则换能器限制问题就无法解决,因为声耦合使得换能器的功率各不相同。

在基阵分析中考虑声耦合时,可按第7.2节中所述,利用假设的换能器参数,和具体电压幅度、相位计算得到的互阻抗来确定各换能器的振速。互阻抗的计算问题将结合基阵分析实例在第7.3节中进行讨论。换能器振速的求解需要对复杂的矩阵求逆,然后可得到每个换能器的总辐射阻抗,也能得到电流和电阻抗。由于声耦合的存在,各个换能器存在不同的振速、辐射阻抗、谐振频率和辐射功率。此外,由于换能器阵元的振速与电压相位不完全相同,这意味着根据这类振速计算得到的波束指向性图,其DI通常低于不考虑互耦效应时的计算值。

对于指定电压下的基阵辐射的总声功率可以通过计算振速和辐射阻抗得到。将此功率与最初指定声源级所需的最大功率比较,重新计算的DI给出了所需的换能器最大电压幅值和最大振速幅值。对于换能器而言,这类信息至关重要。振速决定了换能器中的应力,应力必须足够低以避免出现机械故障,而电压决定了电场和电流强度,足够低的电流才能避免出现电击穿(参见第2.8.5节)。

通过基阵分析得出的信息是确定现有换能器的设计是否充分、是否需要新的设计以及新的设计是否可行的基础。换能器由于声耦合所引起的问题主要源自于振速和电流的变化,而这类变化随着频率和波束扫描而发生改变。由于功率放大器通常可近似看作电源,其电压幅度和相位都是受控的,但是振速和电流的变化是不受控的。每个换能器及其功率放大器必须能够承受最坏情况下的高振速或大电流。尽管在给定的频率和波束扫描情况下,只有少量的换能器会受到这些高值的影响,但是当波束发生扫描或频率出现变化时,其他换能器也会承受类似的高振速或大电流。因此,基阵输出会受到耦合引起的振速和电流变化可能导致的故障的限制。

当通过基阵分析发现假定的换能器特性不能满足时,可通过改善结构或考虑采用不同的换能器材料或机制来提高或接近换能器的电学和机械限制(参见第2.8.5节和第2.9节)。通过修改后的换能器设计和一组新的换能器参数,再次求解基阵方程并重新计算声学性能来启动另一个基阵设计迭代。当这种集成的换能器/基阵设计过程产生满意的结果时,可以构建和测试部分基阵,以便与基阵分析结果进行比较。实验测试还必须包括一个完整的基阵,并考虑所有系统组件[1-2]。

在回声测距系统中,通常会使用发射器基阵作为接收基阵。当要求具有较高的抑制噪声性能且空间足够时,采用一个单独的接收基阵是最好的[1]。第 8 章会介绍有关水听器基阵的内容。

基阵分析的复杂性取决于换能器特性和基阵几何形状。最简单的情况是固定振速分布(FVD)换能器的平面阵,也可以称为挡板基阵,因为这种基阵中每个换能器与其他换能器共同构成一个平面,如图 7-2(a)所示。非 FVD 换能器可在多个模态下振动,且模态的构成与其在基阵中的位置有关,因此这类基阵就更为复杂。互辐射阻抗的概念也必须进一步扩展以包含不同模态之间的耦合情况(参见第 7.4 节)。

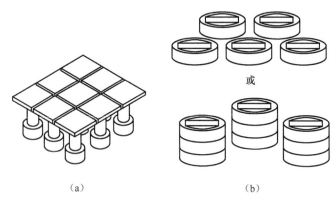

图 7-2 平面阵和体积阵示意图
(a)紧密排列纵向谐振换能器平面阵;(b)椭圆弯张换能器体积阵。

当基阵中的换能器未构成一个封闭表面,而是在整个体积中排列时,就会出现另一种复杂程度,如图 7-2(b)所示。那么,由于在换能器的周边不存在共用的挡板,换能器阵元之间的耦合除了换能器之间直达信号的相互影响外还包含了散射作用(参见第 7.5 节)。在大体积基阵中,经典的分析方法并不实用,但有限元建模是适用的。

基阵近场的声压变化也可能是一个限制,因为基阵表面上或附近的某个点的压力可能高到足以引发空化(参见第 10.3.2 节)。有些情况下,水面舰船将其声纳罩的内部静水压力提高到超过外部压力,以避免产生空化。由于辐射阻抗是换能器表面声压的空间平均值,所以基阵表面上的声压变化与换能器之间的总辐射阻抗变化有关。因此,如果基阵分析显示总的辐射阻抗变化量较大时,则表明存在空化的可能性。

第 7.6 节将阐述对基阵进行有限元建模能够获得的详细信息,包括举例说明基阵表面上声压和位移的分布。第 7.7 节将介绍一种不同类型的发射基阵,即非线性参量阵。第 7.8 节提出了一个新的基阵概念,即换能器阵元与基阵可扫描到相同的方向。

7.1 基阵指向性函数

7.1.1 乘积定理

基阵的远场指向性函数是所有单个换能器在远场指向性的总和(参见第 10 章)。如果平面挡板延伸超过基阵的边缘数个波长,使得基阵中所有单个换能器阵元在远场有相同的指向性函数,那么这种由完全相同的换能器所组成的平面基阵是最容易分析的。假设该挡板是刚性的,基阵辐射面为任意形状且面积为 A,那么基阵中第 i 个换能器所产生的声压可采用式(10-25a)的瑞利积分得出,式中,R 为换能器表面一点到声场中某一点之间的距离。在远场中,R 远大于换能器的尺寸,并且可用式(10-25a)的分母中的 r_i 和相位因子中的 $R = r_i - r_0\sin\theta\cos(\phi - \phi_0)$ 来近似。其中,r_i 为自换能器中心到远场中一点的距离;r_0 为自换能器中心到换能器表面上一点的距离(参见图7-3)。对于具有相同振速的换能器声压为:

$$p_i(r_i,\theta,\phi) = \frac{\mathrm{j}\rho ck u_i A}{2\pi} \frac{\mathrm{e}^{-\mathrm{j}kr_i}}{r_i A} \iint \mathrm{e}^{\mathrm{j}kr_0\sin\theta\cos(\phi-\phi_0)} \mathrm{d}S_0 \tag{7-1}$$

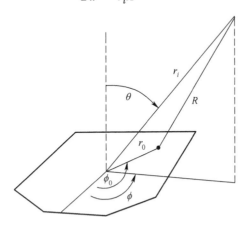

图7-3 式(7-1)所用的坐标系,用于任意形状活塞换能器声场

将式(7-1)中的积分除以 A 得到单个换能器的无量纲指向性函数,该函数仅与 θ 和 ϕ 有关,因此可表示为 $f(\theta,\phi)$,并且只要基阵中换能器的方位相同,该函数对基阵中每个换能器都是相同的。式(7-1)可表示为:

$$p_i(r_i,\theta,\phi) = \frac{\mathrm{j}\rho ck u_i A}{2\pi} f(\theta,\phi) \frac{\mathrm{e}^{-\mathrm{j}kr_i}}{r_i} \tag{7-2}$$

式(7-2)表明每个换能器产生的远场声压与其频率、振速和面积成正比。由于 $jcku = jwu$ 为加速度,因此也可理解为与其加速度和面积成正比。

平面上以任何方式排列的 N 元换能器基阵,换能器相对于基阵坐标系具有相同的方位,那么存在一个远场声压表示为:

$$p(r,\theta,\phi) = \frac{\mathrm{j}\rho ckA f(\theta,\phi)}{2\pi} \frac{1}{r} \sum_{i=1}^{N} u_i \mathrm{e}^{-\mathrm{j}kr_i} \tag{7-3}$$

式中,所有的 r_i 在幅度上均采用 r 进行近似,但在相位上并非如此。R 是从基阵坐标系中心到远场中一点的距离。当换能器阵元具有不同的振速,并在平面上任意排列时,可采用式(7-3)来计算基阵的指向性函数。显然,基阵指向性函数是单个换能器的指向性函数 $f(\theta,\phi)$ 和基阵的指向性函数的乘积,该基阵由位于每个换能器中心的点源组成,并由方程(7-3)中的求和公式给出。这个结果被称为乘积定理[5]。由于曲面基阵中的换能器轴向并非都指向同一方向,因此该定理不适用于这类基阵。

7.1.2 线形、矩形和圆形基阵

式(7-3)可用来计算任意几何排列的平面基阵的远场指向性函数,不管换能器振速如何分布,只要所有换能器指向是相同的。当基阵中换能器均以相同速度振动,且布置在如图7-4所示的均匀矩形网格上,则式(7-3)的计算就会简化。

设基阵平面位于 xy 平面,基阵一角位于坐标原点。有 N 个换能器平行于 x 轴排列,阵元间距为 D。M 个换能器平行于 y 轴,阵元间距为 L。式(7-3)中的距离 r_i 是从以 n,m 标记的换能器中心到远场一点之间的距离。其中,$n = 0,1,2,\cdots,N-1$ 且 $m = 0,1,2,\cdots,M-1$。例如,假设换能器在 $n = 0$,$m = 2$ 的位置,远场一点位于 yz 平面($\phi = 90°$)内。根据图7-4所示,有 $r_i = r_{02} = r - 2L\sin\theta$,一般情况下有:

$$r_i = r_{nm} = r - \sin\theta(nD\cos\phi + mL\sin\phi) \tag{7-4}$$

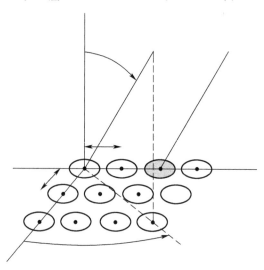

图7-4 用于矩形基阵远场计算的坐标系(阴影换能器位于 $n = 0$,$m = 2$ 的位置)

式(7-3)可表示为:

$$p(r,\theta,\phi) = \frac{j\rho ckuA}{2\pi} f(\theta,\phi) \frac{e^{-jkr}}{r} \sum_{n=0}^{N-1} e^{jknD\sin\theta\cos\phi} \sum_{m=0}^{M-1} e^{jkmL\sin\theta\sin\phi} \tag{7-5}$$

式中,u 为换能器振速。由于这些求和中的每一个都是等比级数,那么基阵的远场声压可表示为:

$$p(r,\theta,\phi) = \left[\frac{jNM\rho ckuAf(\theta,\phi)e^{-jkR}}{2\pi r}\right] \frac{\sin\left(\frac{1}{2}NkD\sin\theta\cos\phi\right)}{N\sin\left(\frac{1}{2}kD\sin\theta\cos\phi\right)}$$

$$\times \frac{\sin\left(\frac{1}{2}MkL\sin\theta\sin\phi\right)}{M\sin\left(\frac{1}{2}kL\sin\theta\sin\phi\right)} \tag{7-6a}$$

式中,$R = r - (N-1)D\sin\theta\cos\phi/2 - (M-1)L\sin\theta\sin\phi/2$,增加的相位因子用来表示基阵输出相对于基阵中心点的相位。式(7-6a)的后两个因子分别在 $\theta = 0$ 时进行了归一化。

对于小型的全向换能器,其 $f(\theta,\phi)$ 为一个等于单位值的常数,此时基阵指向性函数取决于式(7-6a)中的第二个和第三个因子的乘积,它在两个平面上具有简单形式。当 $\phi = 0(°)$ 和 $180°$(xz 平面)时,式(7-6a)中的第二个因子就是全向换能器构成的线列阵的指向性函数 $[N\pi(D/\lambda)\sin\theta]/N\sin[\pi(D/\lambda)\sin\theta]$,此时第三个因子为单位值。同样,当 $\phi = 90°$ 和 $270°$(yz 平面)时,第三个因子为线列阵的指向性函数 $[M\pi(L/\lambda)\sin\theta]/M\sin[\pi(L/\lambda)\sin\theta]$,此时第二个因子为单位值。取 $M = 1$ 且 $\phi = 0°$ 时，式(7-6a)简化为一个线列阵的声场。而当换能器的数量增加 ($N \to \infty$) 且间距缩小 ($D \to 0$) 时，线列阵进一步简化为连续线阵。此时线阵长度为 $ND = L_0$，且 NAu 等于产生远场声压的声源强度 Q_0，具体有：

$$p(r,\theta,0) = \left[\frac{j\rho ck Q_0 e^{-jkR}}{2\pi r}\right] \frac{\sin\left(\frac{1}{2}kL_0\sin\theta\right)}{\left(\frac{1}{2}kL_0\sin\theta\right)} \tag{7-6b}$$

上式与式(10-22)中给出的连续线状声源的远场声压相差两倍，因为线阵位于无限平面挡板中，而线状声源位于自由空间中。第 10 章中对于连续线状声源和矩形声源得出的波束宽度、指向性指数和第一旁瓣级的近似结果也适用于离散线阵和离散矩形基阵，前提是换能器间隔不能超过半波长。指向性因子计算结果如下：

对于 N 元线阵，$D_f \approx 2ND/\lambda$

对于 NM 元矩形基阵，$D_f \approx 4\pi NMDL/\lambda^2$

式(7-6a)存在一个有趣的特例，即通过正方形基阵 ($\phi = 45°, M = N, D = L$) 对角线的垂直平面内的指向性图，该指向性图与间距为 $D/\sqrt{2}$ 的 N 元线列阵指向性的平方成正比：

$$p(r,\theta,\pi/4) = \left[\frac{jN^2\rho ckuAe^{-jkR}}{2\pi r}\right]\left[\frac{\sin\left[\frac{1}{2}Nk(D/\sqrt{2})\sin\theta\right]}{N\sin\left[\frac{1}{2}k(D/\sqrt{2})\sin\theta\right]}\right]^2 \tag{7-6c}$$

该指向性图的有趣之处在于从一个波束到下一个波束不会改变符号。此外，尽管对角线比边长长，但是其主波束宽度大于与基阵一侧平行的线阵的主波束宽度，并且旁瓣更低[6]。出现这种情况是因为，从对角线来看，基阵的菱形相当于阴影以抑制旁瓣(参见第 7.1.4 节)。

另一种很实用并且易于构建的基阵几何结构，即如图 7-5 所示的同一平面中的半径为 a 的等间距圆形基阵。

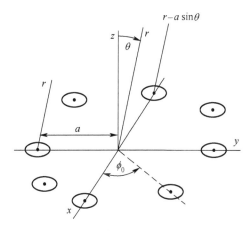

图 7-5 xz 平面内圆形基阵远场计算坐标系
远场在 xz、yz 及其他穿过两个换能器与基阵中心的平面中是相同的

假设 N 个换能器(N 为 4 的倍数)全部以相同速度振动，相邻换能器之间的角度间隔为 $\phi_0 = 360°/N$。这种情况下在与基阵垂直且穿过基阵中心以及其中两个换能器的任意平面中，

其指向性图相同。对于 xz 平面中的指向性图,自 x 轴上两个换能器中心到远场一点之间的距离为 $r \pm a\sin\theta$。对于 y 轴上两个换能器,到远场一点的距离为 r。对于自 x 轴上控制角度 $\pm n\phi_0$ 和 $\pm(180° - n\phi_0)$ 的 4 个换能器,则距离变为 $r \pm a\sin\theta\cos n\phi_0$。当所有换能器的贡献是成对组合时,那么指数项可简化为余弦项,即利用式(7-3)可得到任意穿过圆心和其中两个换能器的垂直面的指向性图:

$$p(r,\theta) = \frac{\mathrm{j}\rho c k u A}{2\pi} f(\theta) \frac{\mathrm{e}^{-\mathrm{j}kr}}{r} \left[2\cos(ka\sin\theta) + 2 + 4\sum_{n=1}^{\frac{N}{4}-1} \cos(ka\sin\theta\cos n\phi_0) \right] \quad (7\text{-}7\mathrm{a})$$

当 $N \to \infty$ 且 $\phi_0 \to 0$ 时,并且有 $N\phi_0 = 2\pi$。由式(7-7a)可得到一个细圆环的远场声压,也可采用式(10-36a)以另一种方式推导得出。当 $\theta = 0°$ 时,则式(7-7a)可归一化:

$$\frac{p(\theta)}{p(0)} = \frac{f(\theta)}{Nf(0)} \left[2\cos(ka\sin\theta) + 2 + 4\sum_{n=1}^{\frac{N}{4}-1} \cos(ka\sin\theta\cos n\phi_0) \right] \quad (7\text{-}7\mathrm{b})$$

参见第 8.6 节中有关扫描平面圆形基阵的内容。

对于内空的圆形基阵,其旁瓣比线列阵要高,这是由于它相当于对线列阵进行束控时强化其端部的作用。圆形基阵之所以令人感兴趣,是因为它们具有比线性基阵更小的旁瓣,下文中将继续讨论圆形基阵。Thompson [7] 讨论了相控圆形基阵。Zielinski 和 Wu [8] 介绍了另一类圆形基阵,其由一个圆形活塞四周布设同心环形活塞换能器组成,这类基阵可形成一个探照灯类型的波束,且可任意抑制其相等的旁瓣。

7.1.3 栅瓣

连续线形声源的指向性公式(7-6b)是一个类似 $\sin x/x$ 的函数,其旁瓣随 θ 增大而变小。但是,实际使用的基阵通常不是连续的,而是由离散的换能器构成且可分别对它们进行相控以使波束扫描。在低频下,换能器之间的间距相对于波长而言较小,离散基阵的指向性函数接近于连续线性基阵的指向性函数。但是在较高频率下,指向性函数变得完全不同。这种差异可以用式(7-6a)中 $\phi = 0°$ 的线列阵函数来说明。当 $\theta = \pm 90°$(θ 的负值在 $\phi = 270°$ 的半平面内)且 D 等于半波长($kD = \pi$)时,声压在 N 为偶数时为零;而对奇数 N,声压则与 $1/N$ 成正比,这是因为单个换能器的作用大部分被抵消了。然而,当 D 等于一个波长($kD = 2\pi$)且 $\theta = \pm 90°$ 时,单个换能器的作用会同相相加,使得归一化声压值等于主瓣声压,如图 7-6 所示。

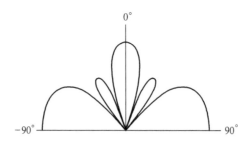

图 7-6 3 个换能器组成的线列阵在 $\pm 90°$ 时的栅瓣,且 $kD = 2\pi$

在 $\pm 90°$ 时的这类大的波瓣被称为栅瓣。除非经单个水听器指向性函数 $f(\theta,\phi)$ 进行修正,这类波瓣与主瓣的高度相等。当 kD 继续增大超过 2π,第一栅瓣就会出现在更小的角度,同时其他栅瓣也会出现。例如,当 $kD = 4\pi$ 时,第一栅瓣会出现在 $\pm 30°$,而第二栅瓣会出现在

±90°。

栅瓣会给声纳系统带来严重的问题,因此必须减小换能器的间距,使其在工作频带上限时也小于一个波长(该标准随波束扫描而改变,参见第7.1.4节)。此外,通常在发射基阵中,辐射面必须几乎完全填满换能器之间的空隙,从而实现最大的辐射阻抗和辐射功率,这就使得单个换能器的指向性函数会产生显著影响。如果换能器辐射面为边长是 d 的正方形,在 xz 平面中单个换能器的指向性函数 $f(\theta,\phi)$ 可由式(7-6b)得出,其中 $L_0 = d$。那么,由 N 个方形换能器构成的间距为 D 的线列阵的归一化指向性图可由乘积定理得到,或者,也可在具体情况下采用式(7-6a)得出,其中 $M=1$。具体如下:

$$p(\theta) = \frac{\sin\left(\frac{1}{2}kd\sin\theta\right)}{\left(\frac{1}{2}kd\sin\theta\right)} \frac{\sin\left(\frac{1}{2}NkD\sin\theta\right)}{N\sin\left(\frac{1}{2}kD\sin\theta\right)} \tag{7-8a}$$

函数中第一个因子在90°时会产生显著影响。此外,如果换能器完全填满基阵平面($d=D$且填充因子 = 1),则式(7-8a)可简化为:

$$p(\theta) = \frac{\sin\left(\frac{1}{2}NkD\sin\theta\right)}{\frac{N}{2}kD\sin\theta} \tag{7-8b}$$

上式是不存在栅瓣情况下长度为 ND 的连续线阵的指向性函数。当 $d=D$ 时,由于在栅瓣出现的角度没有输出,因此单个方形换能器的指向性就消除了栅瓣。

实际情况中,这种完全消除栅瓣的情形是不存在的,因为这需要每个换能器均完全充满所分配的空间,而实际上可扫描的基阵要求换能器之间必须存在较小的间隙。如果由圆形换能器构成的线性基阵将阵元尽可能紧密地堆积(半径等于 $D/2$),那么式(7-8a)中的第一个因子便是 $2J_1(kD\sin\theta/2)/(kD\sin\theta/2)$ (参见第10.2.2节),这会降低而不是消除栅瓣。例如,在 $\theta = 90°$ 且 $kD = 2\pi$ 时,栅瓣可降低7.5dB。后续我们将会看到,当波束扫描时栅瓣也会跟随转向,此时换能器指向性在降低栅瓣方面的影响会显著降低。

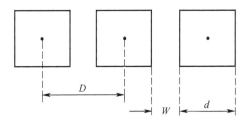

图7-7 方形换能器基阵(阵元间距为 D, 间隙为 w)

具有较小间隙的方形活塞换能器可对栅瓣实现一定程度的控制,如图7-7所示。当间隙宽度为 $w = D - d$ 时,式(7-8a)中第一个因子(换能器指向性函数)可由 D 和 w 表示。对于 $w \ll D$,则该因子可由下式近似:

$$\frac{\left[\sin\left(\frac{1}{2}kD\sin\theta\right) - \frac{1}{2}kw\sin\theta\cos\left(\frac{1}{2}kD\sin\theta\right)\right]}{\left(\frac{1}{2}kD\sin\theta\right)}$$

因此，在 $\theta = 90°$ 且 $kD = 2\pi$ 的临界情况下，换能器指向性图中通过因子（$kw/2\pi$）来降低栅瓣。例如，当间隙宽度为换能器间距的 1/10 时，该因子等于 20dB。此外，Stansfield[9] 也得出相同的结果。综上所述，这类栅瓣控制仅适用于非扫描波束。

换能器阵元之间的非均匀间距是控制栅瓣的另一种方法[10,11]。非均匀间距的效果与改变单个换能器阵元各自驱动（束控）的效果完全不同。在一个无指向性换能器组成的线性基阵（$kD = 2\pi$）中，$\theta = 0°$ 和 $90°$ 时束控对输出的改变是相等的，因此不会改变栅瓣相对主瓣的比值。束控不会降低旁瓣主瓣比的结论是明显的，因为两种情况下基阵的输出都是同相相加的。另外，对于间距不均匀的线列阵，在 $\theta = 0°$ 时全部输出会同相相加，而在 $\theta = 90°$ 时则不会同相相加，从而会降低栅瓣相对于主瓣的比值。圆形基阵也会同样出现栅瓣降低的情况，这是因为圆形基阵与间距不均匀线列阵相类似。因为波束扫描时也会导致栅瓣转向，利用间距的不均匀性对其进行控制的内容将在下一节详细讨论。此外，栅瓣的控制也可以通过使用具有特殊形状阵元的错位基阵来实现[12]。阵元的指向和位置也会影响栅瓣，这将在第 7.1.5 节中进行讨论。

7.1.4 波束扫描与波束形成

到目前为止所讨论的指向性函数都是由相同振动幅度与相位的换能器平面基阵所产生的。上述函数可以用各种方式修改，包括调整换能器电压的幅度和相位，等同于改变换能器振速的幅度和相位。例如，通过调整幅度（称为"束控"）可用来降低旁瓣与主瓣的比值。对束控问题的讨论放在第 8 章中结合接收基阵进行，接收基阵中降低旁瓣在抑制主波束方向之外其他方向的噪声方面尤为重要。

调整振速相位的主要目的是控制波束扫描，这也是主动声纳探测系统必须具备的功能。例如，调整图 7-2 所示矩形基阵的换能器振速的相位，同时保证振速的幅值相同。当所有阵元的振速都同相时，波束指向 $\theta = 0°$，即与基阵平面垂直的方向上，这也称为垂射方向。控制波束扫描到任意方向（由 $\theta = \theta_0$ 和 $\phi = \phi_0$ 指定）需要应用相移，使所有换能器的远场声压在该方向上同相。根据式（7-5）可看出，当振速的相位逐渐变化时就会出现上述情况。此时位于 n, m 位置的换能器振速的相移可由下式给出：

$$\mu_{nm} = -nkD\sin\theta_0\cos\phi_0 - mkL\sin\theta_0\sin\phi_0 \tag{7-9}$$

式（7-5）中加入上述相移后，各求和公式均如前文中一样属于等比级数，并且结果可按与式（7-6a）相同的形式表示：

$$p(r,\theta,\phi) = \left[\frac{jNM\rho ckuAf(\theta,\phi)e^{-jkR}}{2\pi r}\right]\frac{\sin NX}{N\sin X}\frac{\sin MY}{M\sin Y} \tag{7-10a}$$

式中，

$$X = \frac{kD}{2}[\sin\theta\cos\phi - \sin\theta_0\cos\phi_0]$$

且

$$Y = \frac{kL}{2}[\sin\theta\sin\phi - \sin\theta_0\sin\phi_0]$$

式（7-10a）与式（7-6a）的差别在于主瓣峰值对应的最大值分别出现在 $\theta = \theta_0$ 和 $\phi = \phi_0$ 时，表明主波束已经被偏转到所需的方向。但是，这并非表明整个指向性图被完全精确地旋转到该方向。由此产生的总的指向性图仍然是基阵指向性图和换能器指向性图的乘积，但是当偏转角度逐渐增大直到 $\theta_0 = 90°$ 的端射方向时，主波束宽度变宽并且旁瓣相对于偏转前的指向性图也逐渐变高。以间距约为半波长的10阵元线列阵为例,当波束偏转到 $\theta_0 = 60° \sim 90°$ 的区域内时,主波束宽度几乎翻倍[13]。

为了讨论波束扫描对栅瓣的影响,最好采用由等间距全向换能器组成的线列阵。此时,对于 $M = 1$,f 为常量且 $\phi = \phi_0 = 0°$ 的情形,由式(7-10a)可得到归一化的指向性图:

$$\frac{p(\theta, \theta_0)}{p(0,0)} = \frac{\sin NX}{N \sin X} \tag{7-10b}$$

式中,$X = \frac{kD}{2}(\sin\theta - \sin\theta_0)$ 且 θ_0 为扫描角度。当 $X = \pm\pi, \pm 2\pi, \cdots$ 时,栅瓣就会出现,其中角度满足以下公式时,会出现第一个($X = \pm\pi$):

$$\sin\theta = \sin\theta_0 \pm 2\pi/kD = \sin\theta_0 \pm \lambda/D \tag{7-10c}$$

当 $kD = 2\pi$,未进行波束扫描时栅瓣出现在 $\theta = \pm 90°$ 方向。若波束偏转到30°,原出现在 $-90°$ 的栅瓣被转向到 $-30°$。而当波束偏转到90°时,则栅瓣从 $-30°$ 转到 $0°$ 方向。式(7-10c)也显示了当波束扫描时必须缩小阵元间距,或降低频率以消除栅瓣。例如,当 $kD = \pi$ 且波束偏转到90°时,在 $-90°$ 方向会出现一个完整的栅瓣,但是当 $kD < \pi$ 时该栅瓣会缩小,而当 $kD = \pi/2$ 时该栅瓣几乎完全消除。

上一节中以定性的方式介绍了不等间距线列阵可降低栅瓣与主栅的比值。本节会以定量的方式介绍这种栅瓣控制方法[10,11]。图7-8中提供了由 N 个换能器组成的线性基阵,换能器的间距是不均匀的,但是中心对称。其中,$2D_1$ 为两个中心换能器之间的间距;D_2 为中心换能器与同边的下一个换能器之间的间距,以此类推。

因此,自基阵中心到各边第 n 个换能器的距离为 $x_n = \sum_{i=1}^{n} D_i$,且每边第 n 个换能器到由 r 和 θ 确定的波阵面之间的距离为 $r \pm x_n \sin\theta$。

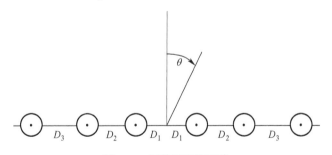

图 7-8 不等间距线列阵

将所有换能器的贡献成对合并,这与式(7-7a)的推导类似,可以得出远场表达式如下:

$$p(\theta) = 2\left[\frac{j\rho ckuAe^{-jkr}}{2\pi r}\right]\sum_{n=1}^{N/2}\cos(kx_n\sin\theta) \tag{7-11a}$$

需注意对于相等间距 D 有 $x_n = nD$。归一化的指向性图如下:

$$\frac{p(\theta)}{p(0)} = \frac{2}{N}\sum_{n=1}^{N/2}\cos(kx_n\sin\theta) \tag{7-11b}$$

取不等间距的一个特殊情况,即 x_n 为等比数列并且相邻换能器间隔的比值固定为 R。因此,得到 $D_2/D_1 = R$,$D_3/D_2 = R$ 和 $D_3/D_1 = R^2$。那么,有 $D_i/D_1 = R^{(i-1)}$ 并且:

$$x_n = D_1 \sum_{n=1}^{n} R^{(i-1)} = D_1(R^n - 1)/(R - 1)$$

指向性图的表达式变为：

$$\frac{p(\theta)}{p(0)} = \frac{2}{N} \sum_{n=1}^{N/2} \cos[kD_1\sin\theta(R^n - 1)/(R - 1)] \quad (7\text{-}11\text{c})$$

除了 $\theta = 0°$ 时等于 $N/2$，上式中余弦相加的和低于 $N/2$，因此式(7-11c)表明了栅瓣相对于主瓣是降低的。这类不等间距的线列阵有时也称为对数基阵，因为有 $\log D_i/D_1 = (i - 1) \log R$。

如前所述，等间距且 $kD = 2\pi$ 的线列阵会在 $\theta = 90°$ 时出现栅瓣，且栅瓣最大值与主瓣最大值相等。当 $\theta = 90°$ 且 $kD_1 = 2\pi$ 时，由式(7-11c)可得出：

$$\frac{p(90°)}{p(0)} = \frac{2}{N} \sum_{n=1}^{N/2} \cos[2\pi(R^n - 1)/(R - 1)] \quad (7\text{-}11\text{d})$$

例如，当 $R = 1.05$ 时，由式(7-11d)可以得到，若 $N = 6$，栅瓣比主瓣低 1.4dB，而若 $N = 8$，栅瓣比主瓣低 5.2dB。Chow[10]指出可通过 $\log[1/N(N - 1)(\ln R)]$ 近似计算出相对的栅瓣级，即在 $R = 1.05$ 和 $N = 8$ 时为 4.4dB，而依据式(7-11d)得到的则是 5.2dB。

如上所述，波束可通过移相 $kx_n\sin\theta_0$ 而偏转到 θ_0 方向，即在式(7-11b)和式(7-11c)中用 $(\sin\theta - \sin\theta_0)$ 代替 $\sin\theta$。那么，通过计算不同 θ 值下的 $p(\theta)/p(0)$ 值，并与等间距基阵进行比较，就可以对特定 R 值的效果进行评价。

利用曲线基阵的部分区域通过相控的方式可形成窄的波束，否则曲线基阵将辐射出比所需范围更宽的波束。例如，可以调整图 7-1 所示圆柱基阵一段中的换能器的相位，使其在与圆柱面相切的一个平面上同相输出。所需的相移可利用 $ka(1 - \cos\beta_i)$ 近似，具体见图 7-9(a)。

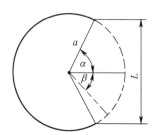

图 7-9(a) 将半径为 a 的柱面基阵通过相控投影到平面上。$L = 2a\sin\alpha$ 为基阵的投影长度。位于角度 β 的换能器存在附加相移 $ka(1 - \cos\beta)$

采取相控措施后基阵的指向性图类似于一个平面基阵的指向性图，该基阵长度等于圆柱形基阵的投影长度，即 $2a\sin\alpha$。然而，发射换能器变化的间距与单个换能器的指向性都会带来期望之外的控制结果。虽然这两种影响因素会部分地相互补偿，但是换能器指向性的重要性往往低一些。并且，由于基阵是反偏转的（端部附近的幅度高于中心位置）从而造成旁瓣相对于主瓣增大了。为限制这种影响因素，除非采取额外的控制措施来消除反偏转，否则柱面基阵可同时工作的角度范围约为 120°。对于圆柱形基阵，通过转换一组相位到不同的换能器中，可以控制指向性图在某个方位，而不会进一步失真。此外，对如上所述的平面基阵，也可通过附加相移在俯仰角范围内实现指向性图的扫描。球形基阵也可通过相控投影到一个平面，然后通过切换到其他换能器组上从而实现方位控制，并且一定程度上也可在俯仰角范围内实现扫描。有时，需要对波束进行散焦或展宽的操作，例如，通过相移将一个平面基阵投影到一个曲面上，如圆柱体，可实现散焦的操作。

如图 7-1 所示，圆柱形基阵的波束形成与扫描也可采用第 5.2.6 节和第 6.5.6 节中针对圆柱形换能器所讨论的模态法来实现，除了模态分布需利用 Tonpilz 型换能器的离散振幅和相位近似，而不是采用弹性圆柱换能器的连续分布模式来近似，两者的实现程序相同。全向辐射模式可通过以相同振幅和相位驱动全部换能器的方式近似。偶极子辐射模式可通过驱动换能器到离散的偶极子函数 $\cos\theta$，并对后半部换能器进行反相的方式近似。四极子辐射模式则通过驱动换能器到离散的四极子函数 $\cos2\theta$，并在后续象限中进行反相的方式近似。更窄的波束则需要更高阶的模式和足够数量的换能器。每个换能器的电压幅度和相位均进行初步调整，使各模式下的远场声压相等，然后叠加权重因子得到特定的波束图。这种叠加得到的各频率下总电压的振幅和相位，分布到换能器四周以得到各频率相同的波束图。Butler 等[14]在一个由 40 个活塞换能器组成的圆柱形基阵中应用了该方法。这些换能器被布置在 8 个纵截面内，每个截面由 5 个并联的换能器组成。得到归一化的波束图如下：

$$P(\theta) = 3[1 + (2/3)\cos\theta - (1/3)\cos2\theta]/4$$

其中，偶极子和四极子的权重因子分别为 2/3 和 -1/3。此分布会产生一个恒定宽度的半圆柱形波束图，并在 180°时存在零陷。在一个倍频带上从 -90°到 +90°的范围内，声压几乎为恒定的。

瞬态效应，例如达到稳态的时间，可以在大型基阵中显著增加。对于单个的换能器，需要 Q_m 个循环达到 96%的稳态。对于垂射波束，上升时间不会增加，但是当波束偏转到角度 θ 并平行于长度为 L 的基阵的一边时，上升时间会增加 $L\sin\theta/\lambda$ 个周期。例如，如果基阵中换能器的 $Q_m = 5$，且其长度为 5 倍波长，则端射波束的上升时间会翻倍。这种效应有时候对于确定声纳系统合适的脉冲宽度，或者实施测量以对基阵进行评估时非常重要。需注意换能器的 Q_m 是由内部损耗机制和辐射负载决定的，而基阵引起的上升时间增加是一种完全不同的机制，取决于基阵大小。

本节讨论的大部分内容以及由具体基阵波束图得出的表达式，都是基于一个大型的刚性平面障板基阵。由于这类障板并不存在，需特别注意的是在靠近平面附近的声场（θ 接近或等于 90°）会小于上述表达式所得出的声场。很多情况下，在 $\theta = 90$°时的差值将会达到 6dB。这可以通过考虑刚性平面情况等效于平面两侧完全相同的平面基阵看出（参见第 10.3.3 节）。在完全柔软平面中相同的基阵等同于两侧的法向振速分布互为正负的基阵。注意在第二种情况下，在 90°时存在零声场。两种情况的叠加表明无障板的平面基阵声场为刚性和柔性障板声场之和的 1/2。因此，在 90°无障板中的基阵声场为刚性大障板中相同基阵声场的 1/2。在第 11 章中将会看到在其他角度时该因子约为 $(1 + \cos\theta)/2$。当波束扫描到接近端射位置时，该因子 $(1 + \cos\theta)/2$ 会在对基阵性能的预测中产生重大影响。此外，该因子还有一个与单个换能器指向性相类似的积极效果，即在波束没有偏转到远离垂射方向且接近 90°时减小栅瓣。

通过相控驱动远场波束扫描也会造成近场的改变，而这种改变可能并非期望发生的。改变换能器振速的相位会造成近场声压分布的变化，这会导致互阻抗以及各换能器总辐射阻抗的改变。因此，驱动基阵进行扫描，尤其是转向端射方向，会增加基阵一端的声压，这可能会引发空化并带来更多因声耦合造成的问题。

7.1.5 错位基阵

本节介绍一种通过阵元错位来降低栅瓣和旁瓣级的方法。假设一个四元线列阵与另一个错位的四元线列阵一起来改善波束结构。图 7-9(c) 显示了一个由 $N(N = 4)$ 个阵元组成的线性基阵，其长度为 L 且阵元中心间距为 S。

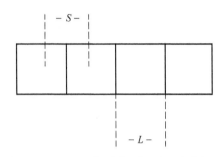

图 7-9(b) 四元线列阵(阵元中心间隔 S);

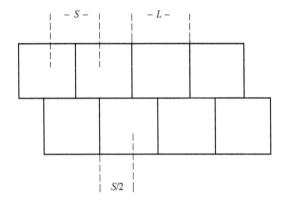

图 7-9(c) 四个阵元组成的错位线列阵(中心间隔 $S/2$);

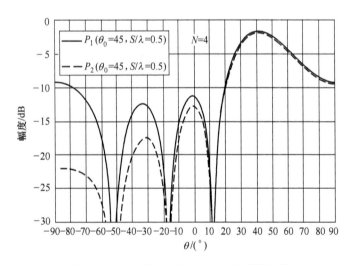

图 7-9(d) 扫描 45°后 P_1 和 P_2 的旁瓣比较

归一化后的波束图 P_1 是角度 θ 的函数,预定的转向角度为 θ_0,波长以 λ 表示。则该指向性图可表示为:

$$P_1(\theta) = [(\sin y)/y][(\sin Nx)/(N\sin x)]$$

式中,

$$y = (\pi L/\lambda)(\sin\theta), \quad x = (\pi S/\lambda)(\sin\theta - \sin\theta_0)$$

$P_1(\theta)$ 的第一个因子为各阵元的波束图,而第二个因子为由 N 个点源阵元构成且阵元间距为 S 的线列阵波束图。如果两个线列阵对齐构成一个矩形基阵,则其水平波束图是相同的。

但是,如果出现如图 7-9(b) 所示的错位,即其中一条垂线移位距离 $S/2$,则两个线列阵错位后的水平方向波束图函数 P_2 可表示为:

$$P_2(\theta) = [(\sin y)/y][(\sin Nx)/(2N\sin x/2)]$$

然后,根据上述三个方程得到:

$$P_2(\theta) = P_1(\theta)\cos[(\pi S/2\lambda)(\sin\theta - \sin\theta_0)]$$

从以上方程可以看出,由于 $\cos(0) = 1$,错位后的波束图函数 P_2 与未错位波束图函数 P_1 在主波束方向 $\theta = \theta_0$ 时值相等。但是,在其他角度时则有 $P_2 < P_1$。图 7-9(d) 显示了这种改进的效果,其中两个四元的错位线列阵偏转角度为 $\theta_0 = 45°$,中心间隔为 $S = L = \lambda/2$。可见,对于错位情况下且 $\theta < 0$ 时,旁瓣电平在 $-70° \sim -90°$ 的范围会降低 10dB 以上,而在 $-20° \sim -50°$ 的范围会降低 5dB 左右。错位实质上是将阵元插入实际相邻的阵元之间,通过有效地降低阵元中心之间的间隔至原来的 1/2,使得基阵可以在两倍的频率下运行,如图 7-9(c) 所示。

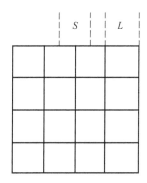

图 7-9(e)　阵元中心间隔为 S 的方形基阵

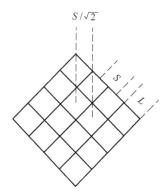

图 7-9(f)　阵元中心间隔为 $S/\sqrt{2}$ 的菱形基阵

当在垂直面和水平面都发生波束扫描时也可以应用错位基阵。最简单的情况是由紧密排列的阵元组成的方形基阵,其边长为 L 且阵元中心间距为 S。如果将基阵扭转 45°,则基阵看起来就变成菱形而非正方形,那么基阵线就是端对端的菱形阵元并且阵元间隙由其他阵元填满。图 7-9(e) 和图 7-9(f) 中分别给出了传统的方形和菱形的基阵布局。

在菱形布局的情况下,垂直和水平平面内有效的阵元中心间距为 $S/\sqrt{2}$,从而可以改善两

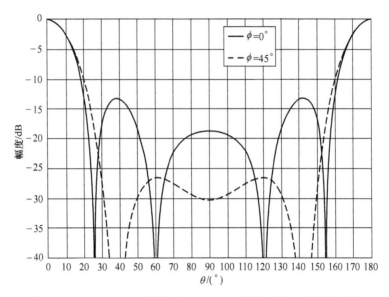

图 7-9(g) $\varphi = 0°$(实线)和 $\varphi = 45°$(虚线)的归一化指向性图

个平面内的扫描波束结构。在这种布局中,由于辐射面积从中心向基阵边缘逐渐减小,从而会带来额外的面积束控的效果。

第 7.1.4 节中式(7-10a)可用来比较方形和菱形基阵归一化后的波束图,其中设 $M = N$ 和 $D = L$ 并替换中括号内的量,对于归一化后方形阵元的波束图函数,可以 $[(\sin x)(\sin y)/xy]$ 替换,其中 $x = (kL/2)\sin\theta\cos\varphi$ 且 $y = (kL/2)\sin\theta\sin\varphi$。对于一个有 $kL = kS = 7.28$ 的 2×2 的 4 元基阵,图 7-9(g) 中分别显示了未扫描的沿水平方向 $\varphi = 0°$ 和沿对角线方向 $\varphi = 45°$ (分别对应图 7-9(e) 和图 7-9(f) 中所示的方位)的波束图。

图中虚线为沿基阵对角线方向($\varphi = 45°$)的波束图,与沿边长($\varphi = 0°$)方向的波束图进行比较,可以看到第一旁瓣减小了约 15dB。此外,还可以看到旁瓣的位置已进一步远离主波束角度。在沿对角线的方向可以得到一个高效的阵元中心错位间距,即 $0.707S$,而非 S,因此工作频率可以提高 40% 并改进对栅瓣效应的抑制效果。

7.1.6 随机变化量的影响

上节讨论的理想状态下的指向性图在实际中是无法实现的,这有几个方面的原因,其中主要有换能器制造公差、基阵中的位置公差以及基阵中声耦合引起的辐射电抗的差异。以上任何一个原因均会造成各换能器振速的相位偏离期望值,这些变化量总是会降低轴向的远场声压,因为远场声压取决于各换能器的贡献能否同相叠加。

辐射电抗的变化和制造公差的共同作用造成机械阻抗和谐振频率的变化,这些变化可能与振速的相位变化有关。任何机械振子的振速可以用公式 F/Z 给出,其中,$Z = R + jX = Ze^{j\phi}$ 为机械阻抗,而驱动力 F 与电压或电流成正比。由于 $X = |Z|\sin\phi$,ϕ 的变化可以引起 X 和 Z 的变化,即

$$\frac{dX}{d\omega} = |Z|\cos\phi\frac{d\phi}{d\omega} + \sin\phi\frac{d}{d\omega}|Z|$$

谐振频率附近有 $|Z| \approx R, \cos\phi \approx 1$ 且 $\sin\phi \approx 0$,可得到 $dX/d\omega = Rd\phi/d\omega$。根据式(4-6)中

Q_m 的定义以及 R 与频率无关,则有 $|\mathrm{d}Z/\mathrm{d}\omega| = \mathrm{d}X/\mathrm{d}\omega$。由此可得出:

$$\left|\frac{\mathrm{d}Z}{\mathrm{d}\omega}\right|_{\omega_r} \approx \frac{2RQ_m}{\omega_r} = \frac{\mathrm{d}X}{\mathrm{d}\omega}\bigg|_{\omega_r} \approx R\frac{\mathrm{d}\phi}{\mathrm{d}\omega}\bigg|_{\omega_r}$$

可表示为:

$$\mathrm{d}\phi|_{\omega_r} \approx 2Q_m \frac{\mathrm{d}\omega_r}{\omega_r} \tag{7-12}$$

因此谐振频率的相对变化会产生相位的变化,其放大系数为 $2Q_m$。由于 Q_m 的典型值为 3~10,因此这些变化可能会对基阵造成显著影响。例如,Q_m 为 10 且 ω_r 变化幅度为 5% 的换能器基阵,即 $\mathrm{d}\omega_r/\omega_r = 0.05$,整个基阵中相位的变化高达 57.5°。

换能器之间具有随机变化的大型基阵可被视为一个部分相干基阵,会在辐射场中产生一个几乎全向的分量[15],非相干的全向分量决定了旁瓣级的下限。我们可以定义随机分数 F,它为非相干辐射功率与相干辐射功率的比率,即

$$F \equiv W_r/W = I_r/I_a = I_r D_f/I_0$$

式中,I_0 为轴向的相干声强;I_a 为平均相干声强;I_r 为非相干的全向声强。那么,$I_r/I_0 = F/D_f$ 就是旁瓣的下限,并以 dB 为单位表示为:

$$10\log(I_r/I_0) = 10\log F - \mathrm{DI} \tag{7-13}$$

例如:如果 $F = 5\% = 0.05$,最低的平均相对旁瓣级可能是 $-13\mathrm{dB} - \mathrm{DI}$,那么在给定随机分数 F 下,DI 越大则旁瓣级的下限值越低。

7.2 互辐射阻抗与基阵方程

7.2.1 基阵方程组的求解

上一节中讨论了假定换能器振速已知时基阵的指向性函数。本节将加入换能器之间的声耦合,并分析其对换能器振速的影响。假设换能器基阵构成一个封闭表面的一部分,如图 7-1 所示的柱面基阵。基阵中的每个换能器会产生一个声场,水中每点的总声场就是所有单个换能器声场的叠加。远场波束图也是所有这些声场在远距离合并的结果。同样,在每个换能器表面上,所有单个换能器声压叠加得到总声压。在由 N 个换能器组成的一个基阵中,距离第 i 个换能器表面 $\vec{r}_i$ 一点处的声压可表示为(参见图 7-10):

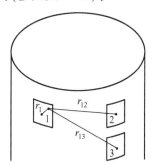

图 7-10 式(7-14)的符号表示圆柱基阵中来自换能器 2 与 3 的声压对换能器 1 上某一点贡献的总声压

$$p(\vec{r_i}) = \sum_{j=1}^{N} p_j(\vec{r_{ij}}) \tag{7-14}$$

需注意求和中也包括第 i 个换能器自身。$p_j(\vec{r_{ij}})$ 为第 j 个换能器在第 i 个换能器上指定点处所产生的声压。r_{ij} 为自第 j 个换能器中心至指定点之间的距离。全部换能器产生的声压对第 i 个换能器所施加的力为：

$$F_i = \iint \sum_{j=1}^{N} \iint p_j(\vec{r_{ij}}) \mathrm{d}S_i \tag{7-15}$$

对于振速均匀分布的换能器，这个力可以用第 i 个换能器的辐射阻抗来表示，该辐射阻抗由这个力除以振速 u_i 得到。如同式（1-4）中给出的单个换能器的情况：

$$Z_i = R_i + \mathrm{j}X_i = \frac{F_i}{u_i} = \frac{1}{u_i} \sum_{j=1}^{N} \iint p_j(\vec{r_{ij}}) \mathrm{d}S_i = \sum_{j=1}^{N} \frac{u_j}{u_i} Z_{ij} \tag{7-16}$$

式中，

$$Z_{ij} = R_{ij} + \mathrm{j}X_{ij} = \frac{1}{u_j} \iint p_j(\vec{r_{ij}}) \mathrm{d}S_i \tag{7-17}$$

Z_{ij} 定义为第 i 个换能器和第 j 个换能器之间的互辐射阻抗或相互作用阻抗。该定义适用于构成部分封闭表面的任何一对换能器，包括那些尺寸和外形不同的换能器。Z_{ij} 的值取决于多个参数，如在给定表面上某一对换能器的间距和相对方位等，但是 Z_{ij} 的值与该基阵中的其他换能器无关。根据声互易原理，有 $Z_{ji} = Z_{ij}$（参见第 11.2.2 节）。在下一节的开头将讨论 Z_{ij} 的计算所存在的实际困难。

Z_{ii} 为第 i 个换能器的自辐射阻抗，即当基阵中所有的其他换能器均被钳制或它是同一基阵表面上仅有的换能器时的辐射阻抗。如果基阵中的换能器完全相同，那么可以认为其自辐射阻抗也是相同的。但是实际情况并非如此，因为自辐射阻抗取决于周边环境。例如，在图 7-1 所示一个截断的柱面基阵中，垂直柱顶部和底部附近的换能器的自阻抗与位于柱中心附近换能器的自阻抗是存在差异的。式（7-16）中定义的阻抗 Z_i 为第 i 个换能器的总辐射阻抗，它取决于自阻抗、全部的互阻抗以及基阵中所有其他换能器的振动速度。此外，阻抗 Z_i 的电阻部分也通常与第 i 个换能器的辐射功率相关，即辐射功率等于 $1/2R_iu_iu^*$。当换能器的辐射面相对于波长较小时，总辐射阻抗在较低频率下最有可能会发生大幅度变化，并且在谐振时，换能器机械阻抗较小时影响最大。然而，这种互作用有利于提高基阵中大多数换能器的总辐射电阻，因此 R_i 通常会大于自辐射电阻 R_{ii}。在某些情况下，辐射电阻的增大近似于理想的全基阵荷载的情况，并有平均值 $R_i \approx \rho c A_i$，其中 A_i 为换能器的面积。

对基阵的分析需要将方程（7-15）中的所有声互作用力包含在描述每个换能器的方程中[16]。这可以用总辐射阻抗替换单个换能器方程组中的自辐射阻抗，从而满足该要求。因此，在电场换能器的基阵中，第 i 个换能器的总机械阻抗为 $Z_\mathrm{m}^E + Z_i$。应用式（2-72a）和式（2-72b），当发射换能器有 $F_\mathrm{b} = 0$ 时，并假设基阵中所有换能器的机械阻抗 Z^E 均相同，且存在相同的匝数比 N_{em} 和钳制导纳 Y_0，则电场换能器由 $2N$ 个方程组成的方程组为：

$$0 = \left(Z_\mathrm{m}^E + \sum_{j=i}^{N} \frac{u_j}{u_i} Z_{ij} \right) u_i - N_{\mathrm{em}} V_i \tag{7-18}$$

$$I_i = N_{\mathrm{em}} u_i + Y_0 V_i \tag{7-19}$$

式中，$i = 1, 2, \cdots, N$。磁场换能器也存在类似的方程组。本章其他小节均依据电场换能器进行讨论,但经过简单修改后可应用于磁场换能器。

如果指定了基阵几何形状以及换能器面的大小和形状,则原则上可以计算 Z_{ij},但在实践中通常是近似的。然后,如果换能器的参数已知,则可利用式(7-18)计算电压。如果每个换能器的振速 u_j 已确定,那么可以简单地将各项求和即可。另外,如果电压已确定,式(7-18)则是由 N 个联立方程组成的方程组,可对振速矩阵进行求逆从而求解。由于换能器振速决定了波束图,所以先确定振速似乎是合理的做法。然而,存在多种理由证明这是不实用的,这将在第 7.2.2 节中另行讨论。实际中,波束形成器为每个换能器提供具有适当相位和幅度的电压,然后将其施加到功率放大器[17]。放大器的阻抗、调谐元件或变压器也会影响施加到换能器上的电压,因此必须在分析中考虑这些因素。上述分量可以用 $ABCD$ 矩阵的形式(参见第 3.3.2 节)与换能器分量合并,并以戴维宁(Thevenin)等效机械阻抗 Z_{mi}^T 和力 F_i^T 表示[17](参见第 13.8 节)。那么,式(7-18)可替换为:

$$F_i^T = Z_{mi}^T u_i + F_i = Z_{mi}^T u_i + \sum_{j=1}^{N} Z_{ij} u_j \tag{7-20a}$$

如第 3.3.2 节中所示,此时各换能器均可表示为:

$$V_i = AF_i + Bu_i \tag{7-20b}$$

在不考虑放大器和调谐阻抗的情况下,与式(7-20a)进行比较发现 $F_i^T = V_i/A$ 且 $Z_{mi}^T = B/A$,这与戴维宁等效电路的表示一致。

进行基阵计算形成阻抗矩阵 Z^T 的方法很简便,其中涉及的元素包括:

$i \neq j$ 时 $Z_{ij}^T = Z_{ij}$ 且 $i = j$ 时 $Z_{ii} + Z_{mi}^T$

$$\begin{cases} Z_{ij}^T = Z_{ij} & i \neq j \\ Z_{ij}^T = Z_{ii} + Z_{mi}^T & i = j \end{cases}$$

上述阻抗矩阵中,对角线上的元素为自辐射阻抗加上戴维宁等效机械阻抗,而非对角线元素则为互辐射阻抗。式(7-20a)可表示为矩阵方程 $F^T = Z^T u$。其中,振速的解如下:

$$u = (Z^T)^{-1} F^T \tag{7-20c}$$

矩阵的求逆运算必须在多种频率下进行,从而确定基阵的性能。与频率相关的 $ABCD$ 参数仅取决于换能器和电气参数,而不依赖于辐射阻抗。这些参数可以在各个频率下方便地从一个换能器设计程序转变到基阵分析程序,如换能器设计和基阵分析程序 TRN[18]。非对角线的元素通常随着与对角线距离的变大而降低,因为这些元素表示了更远的相互作用。然而,接近谐振时当电抗分量被消除后对角线上的元素也变得相当小了。

当振速确定后,各换能器上总的力和总辐射阻抗可由式(7-16)得出:

$$F_i = u_i \sum_{j=1}^{N} \frac{u_j}{u_i} Z_{ij}$$

$$Z_i = F_i/u_i$$

然后,利用换能器的 A、B、C 和 D 参数,每个换能器的电压、电流和电阻抗可由下式给出:

$$V_i = AF_i + Bu_i \tag{7-21a}$$

$$I_i = CF_i + Du_i \tag{7-21b}$$

$$(Z_e)_i = \frac{AZ_i + B}{CZ_i + D} \tag{7-21c}$$

式中,换能器参数 A、B、C 和 D 均根据第 3.3.2 节的内容确定。利用总辐射电阻 R_i 和振速可得出基阵所辐射的总的声功率如下：

$$W = \frac{1}{2}\sum_{j=1}^{N} R_j \ |u_j|^2 \qquad (7\text{-}21\text{d})$$

此外,在参考距离 1m 处,所有方向上声强的平均值为 $W/4\pi$。利用单个换能器的振速和远场参数可以计算所扫描方向上的声强(即 MRA),该值与平均声强一起可以确定指向性因子和指向性指数 DI。根据 W 和指向性指数,可利用式(1-25)求得发射器的声源级。此外,基阵的远场波束图也可以从振速得到,从而完成对基阵性能的描述。

因此,根据给定的参数(包括互阻抗)可以直接确定特定发射基阵的声学性能,但是要设计一个基阵以达到特定的声学性能是不能直接完成的。基阵的设计与换能器的设计不能分开进行,而且会涉及数量众多的变量,而我们对于部分参数的了解还远远不够,例如互阻抗和损耗因子。因此,进行迭代设计、部分基阵测量以及全基阵评估是必要的,尤其是在需要利用某些材料的物理极限才能达到特定设计性能时更是如此。

7.2.2 振速控制

上一节中的讨论表明,由于声互作用的存在,单个换能器的振速与所施加的电压之间并不存在直接的比例关系。由于换能器的振速决定了基阵的指向性图,因此获得所需指向性图最直接的方法是确定各振速的幅度和相位,并使用基阵方程来查找给出这些振速所需的电压幅度和相位。这种方法不会消除耦合,但它会控制振速。但是此方法并不具有实用性,具体原因如下：

(1) 该方法虽然消除了不需要的振速变化,但带来了不需要的电压变化。
(2) 波束形成器的设计更为复杂,因为电压相位并非简单的渐进式变化。
(3) 互阻抗通常无法足够精确地获得,因此无法验证更为复杂的波束形成器的设计。
(4) 主动声纳通常应用大带宽的 FM 和噪声脉冲信号,这导致此方法的应用更为复杂。

Carson[19] 提出了一种振速控制方法,以处理由声互作用而造成的换能器振速的变化。他提出的方法是通过向每个换能器阵元添加电气元件,使得输入电阻抗高于辐射阻抗的变化,从而使振速与电压近似成正比。增加的电阻抗和辐射阻抗的频率依赖性将这种方法的有效性限制在相当窄的频带上,但在声互作用最严重的频带部分该方法也是适用的。存在两个这类频率区。第一个位于换能器谐振频率附近,其中 $Z_m^E + Z_i$ 较小且近似等于 $R_m + R_i$。第二个位于频带低端,这时换能器中心的间距相对于波长比较小,并且换能器间互阻抗最大。这种振速控制可以在一定程度上在谐振区域内实现,因为添加电调谐元件是提高效率和带宽的正常做法。正如 Woollett 所言[20],"调谐电抗可能有助于在基阵中的换能器之间产生理想的隔离效果"。这类振速控制方法的优化需要进行详细的分析,包括提供精确的互阻抗值并考虑效率和带宽。Stansfield[9] 则从实践角度讨论了振速控制的问题。

在部分情况下,利用振速的负反馈对基阵中换能器的振速进行控制是可行的。在反馈信号的设计中,必须通过一个与该换能器的振速幅度成正比的量来降低每个换能器上的电压。将所施加电压 V_i 减去反馈电压 $V_{\mathrm{fi}} = Gu_i$,基阵方程,即式(7-18),可表示为：

$$\left(Z_{\mathrm{m}}^E + \sum_{j=1}^{N} \frac{u_j}{u_i} Z_{ij}\right) u_i = N_{\mathrm{em}}(V_i - V_{\mathrm{fi}}) = N_{\mathrm{em}}(V_i - Gu_i)$$

式中, G 为反馈增益。求解 u_i 并将自阻抗从互作用中分离出来,则第 i 个换能器的振速可表示为：

$$u_i = N_{em}V_i / \left[Z_m^E + Z_{ii} + \sum_{j \neq i}^{N} \frac{u_j}{u_i} Z_{ij} + N_{em}G \right]$$

如果不存在相互作用(即对于 $i \neq j$ 所有的 $Z_{ij} = 0$),只要基阵中的所有换能器相同,所有的换能器振速将与所施加的电压成正比,比例系数为相同的常数 $[N_{em}/(Z_m^E + Z_{ii} + N_{em}G)]$。相互作用的总和因换能器而异,会对这种简单的比例关系造成干扰。但是,如果将反馈增益提升到足够的程度,使得 $[Z_m^E + Z_{ii} + N_{em}G]$ 比 $\sum_{j \neq i}^{N} \frac{u_j}{u_i} Z_{ij}$ 的变化高出很多,则可近似地恢复这种比例关系。在第 5.4.2 节中简要介绍了一个获得反馈信号的方法,其中将 Tonpilz 型换能器中的一个压电陶瓷环用作反馈传感器[21]。另外,还有一种方法是将一个小型加速度计连接到 Tonpilz 型换能器的头部质量块内部[22]。

7.2.3 负辐射电阻

由于存在漏水和电极连接断开等情况,大型基阵中通常会存在一些不工作的换能器。基阵方程组可用于研究这种未驱动换能器在指定位置的影响,此时只需将式(7-18)中的相应电压 V_i 设置为零。这些未被电信号驱动的换能器,会被其他换能器的声信号驱动。根据式(7-18),当对基阵中的第 i 个换能器不施加电压且该换能器的振速不为零时,其总辐射阻抗 Z_i 等于 $-Z_m^E$,而其辐射电阻为负值。负辐射电阻意味着该换能器正在吸收其他换能器所辐射声场中的声功率。这导致基阵辐射的总功率会降低,且波束图也会出现失真。

在其他情况下也可能出现负辐射电阻。正如基阵中未被电驱动的换能器存在辐射负电阻一样,当声压分布导致某种模态被激发时,基阵中未被电驱动的非 FVD 换能器也会存在负辐射阻抗(参见第 7.4 节)。此外,即便所有的换能器都被电驱动,在某些基阵配置情况下也会存在负辐射电阻。Pritchard[23]研究了其中最简单的一种情况,即利用基阵中由换能器围成的圆中心位置的一个换能器,其辐射电阻随频率的变化而从负值到正值变化。这似乎是一种在实践中不会出现的情况,尽管它可能在嵌套的同心圆基阵中出现。

7.3 互辐射阻抗的计算

7.3.1 活塞换能器平面基阵

这里通过对一个刚性平面中任意形状的两个小型活塞声源之间的互辐射阻抗的近似计算(参见图7-11),来介绍一般的计算步骤。

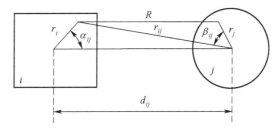

图 7-11 由式(7-23)计算两个活塞换能器间互辐射阻抗示意图

第 j 个活塞换能器在第 i 个换能器表面上的一点产生的声压可根据式(10-25)表示如下:

$$p_j(r_{ij}) = \frac{\mathrm{j}\rho c k u_j}{2\pi} \iint \frac{\mathrm{e}^{-\mathrm{j}kR}}{R} \mathrm{d}S_j \qquad (7\text{-}22)$$

式中，$R^2 = r_{ij}^2 + r_j^2 - 2r_j r_{ij} \cos\beta_j$，$r_j^2 = d_{ij}^2 + r_i^2 - 2r_i d_{ij} \cos\alpha_{ij}$，$d_{ij}$ 为两个活塞换能器中心之间的距离；r_j、β_j、r_i 和 α_{ij} 的定义如图 7-11 中所示。将式（7-22）导入式（7-17）得到互阻抗的表达式如下：

$$Z_{ij} = \frac{1}{u_j} \iint p_j(r_{ij}) \mathrm{d}S_i = \frac{\mathrm{j}\rho c k}{2\pi} \iint \frac{\mathrm{e}^{-\mathrm{j}kR}}{R} \mathrm{d}S_j \mathrm{d}S_i \qquad (7\text{-}23)$$

式（7-23）说明了计算互阻抗的难度，因为使用上面的 R 表达式，除了少数特殊情况外，这些积分不能得到解析解。然而，通过极端近似，我们可以利用式（7-23）得到一个简单但有用的结果。假设两个活塞换能器均比其间隔要小很多，且相对波长也足够小，则在分母和被积函数指数中的 R 可用 d_{ij} 来近似。被积函数变为常量，积分得出结果 $A_j A_i$，即两个活塞面积的乘积。因此，互辐射电阻和电抗可表示为：

$$R_{ij} + \mathrm{j}X_{ij} = \frac{\rho c k^2 A_j A_i}{2\pi} \frac{\mathrm{j}\mathrm{e}^{-\mathrm{j}kd_{ij}}}{kd_{ij}} = \frac{\rho c k^2 A_j A_i}{2\pi} \left[\frac{\sin kd_{ij}}{kd_{ij}} + \mathrm{j} \frac{\cos kd_{ij}}{kd_{ij}} \right] \qquad (7\text{-}24\mathrm{a})$$

此外，式（7-24a）中的 kd_{ij} 也适用于忽略散射作用时的单级子小球之间互阻抗的计算（参见第 7.5 节）。对于相同大小且面积为 πa^2 的圆形活塞换能器，式（7-24a）可变为：

$$\frac{R_{ij} + \mathrm{j}X_{ij}}{\rho c A} = \frac{1}{2} (ka)^2 \left[\frac{\sin kd_{ij}}{kd_{ij}} + \mathrm{j} \frac{\cos kd_{ij}}{kd_{ij}} \right] \qquad (7\text{-}24\mathrm{b})$$

显然，只有当活塞换能器足够小使得其表面不会发生明显的相位变化，即 $ka \ll 1$ 时，式（7-24a）才是一个较好的近似。但是，考虑到式（7-24a）较为简单，且对各种活塞换能器形状均有适用性，因此这种近似也是有用的。此外，这种近似也恰当地显示了互阻抗的一般行为，即电阻和电抗部分在零值上下波动且振幅随活塞换能器之间间隔增大而减少，如图 7-12 所示。

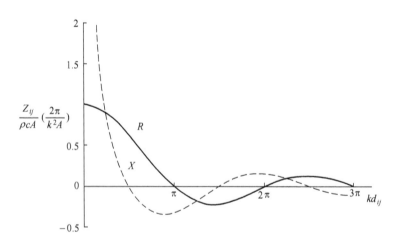

图 7-12 平面中面积为 A 的两个小型活塞换能器根据式（7-24b）所得互辐射电阻和电抗

对于较小的 ka 值，式（7-24b）中圆形活塞换能器的实数部分逐渐变为自电阻的真实值，如当 kd_{ij} 变为零时，有 $R_{11} = 1/2\rho c A (ka)^2$。式（7-24a）的另一个有用形式是对于任何形状的小型带障板活塞换能器，有：

$$R_{ij} + jX_{ij} = \rho c A \frac{k^2 A}{2\pi} \frac{je^{-jkd_{ij}}}{kd_{ij}} = R_{11} \frac{je^{-jkd_{ij}}}{kd_{ij}} \tag{7-24c}$$

对于两个相近 ($kd_{12} \ll 1$) 且等速的小型活塞换能器,总阻抗为 $Z_1 = Z_2 = Z_{11} + Z_{12}$,那么总电阻为 $R_1 = R_2 = R_{11} + R_{12} = R_{11}(1 + \sin kd_{12}/kd_{12}) \approx 2R_{11}$。这表明耦合导致声负载有所增大。

对于刚性平面障板中任意尺寸的圆形活塞换能器,Wolff 和 Malter[24]首次研究了互辐射阻抗,然后 Klapman[25]通过展开被积函数后对式(10-25a)进行积分,得到无穷级数形式的计算结果。此外,Stenzel[26]也按照这种方式进行了计算。Pritchard[23,27]则采用了 Bouwkamp[28]所使用的方法,即在复杂角度范围内对两个活塞声源的远场声强指向性函数进行积分。Thompson[29]也采用了 Bouwkamp 的方法计算环形和椭圆形活塞换能器的自阻抗和互阻抗。该方法的优点是避免了近场的复杂性,并且在物理上意义明确,即在所有方向对声强进行积分得出辐射功率,进而得到辐射电阻。此外,对各种复杂角度进行积分得出的辐射电抗,在物理意义上并不明显,因为它是以复数形式表示物理变量的数学结果。这种涉及希尔伯特变换的方法将在第 11 章中讨论。

使用无穷级数的形式,可表示一个无限刚性平面中任意半径为 a 的圆形活塞换能器之间的互阻抗。Porter[17]进一步扩展了该方法,包括了具有不等半径 a 和 b 的活塞换能器的情形,最终结果如下:

$$Z_{ij} = 2\rho c \pi a^2 \sum_{p=0}^{\infty} \frac{1}{\pi^{1/2}} \Gamma(p+1/2) \left(\frac{a}{d_{ij}}\right)^p h_p^{(2)}(kd_{ij}) \sum_{n=0}^{p} \left(\frac{b}{a}\right)^{n+1}$$
$$\times \left(\frac{J_{p-n+1}(ka) J_{n+1}(kb)}{n!(p-n)!}\right) \tag{7-25}$$

在式(7-25)中,Γ 为伽马函数;$h_p^{(2)}$ 为第二类球面汉克尔(Hankel)函数;J 为贝塞尔(Bessel)函数。图 7-13 给出了一个利用 Pritchar 文章[23]中式(7-25)的 Z_{ij} 的计算实例,并与式(7-24a)进行了对比。

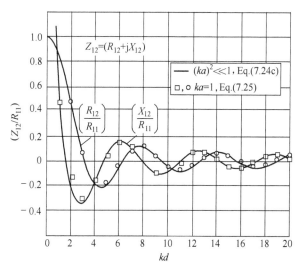

图 7-13 归一化的互辐射阻抗作为无限刚性平面中两个刚性圆盘间距的函数
对于小圆盘为近似结果,对于 $ka = 1$ 为精确结果[23]

当 $ka = 1$ 时,两者的结果几乎相同,但当 ka 较大时则差别明显。式(7-25)已成为数个基阵分析程序中不可或缺的部分。

需注意 Z_{ij} 表示一个振动换能器在另一个非振动换能器的表面上所产生声压的积分,如式(7-23)中的情况。如果两个换能器均以相同的振速振动且两者的声压场均在其中一个的表面上累积,则结果就是 $Z_{ii} + Z_{ij}$。根据 Bouwkamp 的方法,因为计算中用到了两者的远场,两个换能器必须都振动,因此最后的结果为 $2(Z_{ii} + Z_{ij})$。

此外,一个无限平面刚性障板中方形和矩形活塞换能器的互辐射阻抗已被计算过[30,31]。当除以 ρcA 进行归一化时,若面积相同则方形和圆形换能器的结果非常近。对于方形和矩形换能器,彼此之间的方位以及两者中心的距离会影响到互阻抗,但对于 $ka \leq 2$ 的方形换能器而言,方位的影响可以忽略不计[30]。

Pritchard[23]还得出一个有用的结论,也称作水阻抗变换。实际上,Toulis[32]更早提出过该结论。假设一个平面基阵由 N 个小型方形活塞换能器组成,相邻换能器的中心间隔与波长相比较小,如图 7-14 所示。

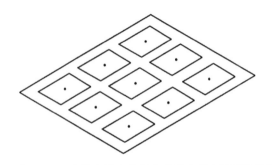

图 7-14 式(7-29a)中给出的水阻抗变换的小型方形活塞换能器基阵

首先采用很小的活塞且填充因子(远小于 1)。然后增大活塞尺寸直到基阵区域被完全填满,填充因子(等于 1)

如果所有的换能器振速均相同,第 i 个换能器的总辐射电阻可用式(7-16)和式(7-24a)得出,具体如下:

$$R_i = \sum_{j=1}^{N} R_{ij} = \rho c \frac{(kA_1)^2}{2\pi} \sum_{j=1}^{N} \frac{\sin kd_{ij}}{kd_{ij}} \tag{7-26}$$

式中,A_1 为一个换能器的面积。基阵的总辐射电阻为:

$$R_A = \sum_{j=1}^{N} R_{ij} = \rho c \frac{(kA_1)^2}{2\pi} \sum_{i=1}^{N} \sum_{j=1}^{N} \frac{\sin kd_{ij}}{kd_{ij}} \tag{7-27}$$

现在假设保持每个换能器的中心位置固定而尺寸逐渐增大,直到整个基阵区域均在振动(虽然这违反了式(7-24a)其中的一个条件,但对于小型活塞换能器阻抗的电阻部分,这种近似是有效的)。在给定的频率下,改变活塞尺寸但保持中心位置不变,不会改变 kd_{ij} 值或二重求和的值。那么,每个活塞换能器的面积就是 $A_1 = A_A/N$,其中 A_A 为基阵总面积。基阵的总辐射电阻由式(7-27)得出如下:

$$R_A = \rho c \frac{(kA_A)^2}{2\pi N^2} \sum_{i=1}^{N} \sum_{j=1}^{N} \frac{\sin kd_{ij}}{kd_{ij}} = \rho c A_A \tag{7-28}$$

如果基阵足够大可以完全加载辐射,则上式最后一步成立。式(7-28)可求解二重求和,然后代入式(7-27)。这样可以消除与所有 kd_{ij} 的相关性,且与基阵的有效面积相对的基阵总辐射电阻可表示为:

$$\frac{R_A}{\rho c N A_1} = \frac{NA_1}{A_A} = \frac{基阵有效面积}{基阵总面积} = 填充因子 = \text{pf} \quad (7-29a)$$

而基阵的总辐射电阻相对于基阵总面积有：

$$\frac{R_A}{\rho c A_A} = (\text{pf})^2 \quad (7-29b)$$

由于 R_A/N 为单个活塞换能器的平均辐射电阻，也可得到：

$$\overline{R}_i = (R_A/N) = \rho c A_1 \text{pf} \quad (7-29c)$$

将式(7-29c)应用到紧密排列的小型圆形活塞换能器所组成的大型基阵中，便可看出上述结果的重要性。填充因子，也即单个活塞换能器平均辐射电阻与自身面积的比值，为 $\pi/4$。例如，对于单独一个活塞换能器，有 $ka = 1/2$，其辐射电阻相对于其面积比值为 $\frac{1}{2}(ka)^2 = 1/8$。因此，对于 $ka = 1/2$，大型基阵中的复合相互作用会使每个活塞的平均阻性负载增加 2π 倍，从 $1/8$ 增加到 $\pi/4$。当两个小型活塞换能器距离很近时，则由于相互作用会导致增加 2 倍。

式(7-29b)和式(7-29c)仅对小型换能器近似有效，此时换能器的振速几乎相同，然后可以应用到其他形状的换能器基阵。只有换能器形状如正方形、矩形、三角形或六边形才能达到全基阵加载的理想，这使得填充因子接近于一致。注意式(7-29c)中也没有揭示换能器之间辐射电阻的变化，这通常很重要。

7.3.2 非平面基阵与不均匀振速

刚性球体上圆形活塞声源[33]以及无限刚性柱面上矩形活塞声源[34]和圆环[35]的互辐射阻抗已计算过。详细的数学推导在第 11.1.1 节和第 11.1.2 节中介绍，而本节会讨论计算结果的一些一般特征。对不同障板形状的互阻抗进行比较可得到一些有用的信息。当阵元间隔超过两个波长左右时，互阻抗振幅降低的速率与障板的曲率有关，这种现象在图 7-15 中给出，在较大的间隔范围内比较了平面、柱面和球形障板的互辐射阻。当间距较小时，互阻抗与曲率无关的现象以柱面障板上方形活塞换能器为例给出，如图 7-16 所示。

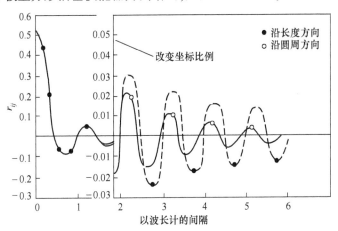

图 7-15 互辐射阻抗与障板曲率相关示意图

虚曲线为平面中的活塞换能器，而实心点为柱面上相同角位置的方形活塞换能器。实曲线为柱面上相同轴位置的圆形活塞换能器。柱面半径为 6 个波长，即 $r_{ij} = R_{ij}/\rho c A$ [34]

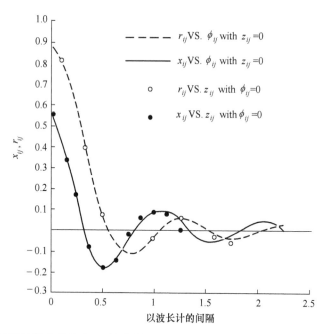

图 7-16 无限长的半径约为 6λ 的刚性柱面上,边长 $\lambda/2$ 的方形活塞换能器互辐射阻和互辐射抗。$R_{ij} = R_{ij}/\rho cA$ 且 $x_{ij} = X_{ij}/\rho cA$,其中 φ_{ij} 为活塞的角间隔,z_{ij} 为活塞的轴向间隔[34]

当沿长度方向且间隔较小的情况下,阻抗值基本相同,这里曲率半径为 5.5 个波长且沿圆周方向没有任何弯曲和间隔[34]。从这些结果中可以明显看出,在大型平面基阵中,互作用产生的影响比在大型弯曲基阵中更重要。大型平面基阵中,远处换能器产生的合并互作用可能与最近相邻换能器所产生的互作用相当,但在弯曲基阵中则可忽略不计。此外,计算结果表明换能器的间隔超过 1/2 个波长左右时,互阻抗与自阻抗相比较小,因此互作用在低频率下的影响最严重。此外,式(7-18)表明在各种频率下,当换能器的内部机械阻抗 Z_m^E 相对较低,即接近谐振时,互作用的影响最大。

互阻抗随换能器之间的间隔而降低的速率也取决于障板表面的声学特性。一个声学柔性的表面会造成互作用更快速地降低,因为柔性表面会降低一个换能器对另一个换能器所产生的压力[36-39]。然而,在紧密排列的基阵中,表面阻抗主要取决于换能器的辐射面,其中各换能器虽可以移动但近似刚性。因此,要确定刚性表面上换能器的互阻抗,需要正确地考虑其他换能器的移动,在紧密排列的基阵中,这些换能器形成环绕任何特定换能器的表面。

当换能器的振速分布均匀时,式(7-17)中对互辐射阻抗的定义成立。当振速分布不均匀,但为固定振速时,则必须按第 1.3 节中对自阻抗的定义对该定义进行总结归纳。首先,将式(1-4b)重新表示为一个由 N 个换能器组成的基阵中第 i 个换能器的总辐射阻抗,具体如下:

$$Z_i = \frac{1}{U_i U_i^*} \iint p(\vec{r_i}) u_i^*(\vec{r_i}) \mathrm{d}S_i \tag{7-30}$$

式中,U_i 为参考振速;$u_i(\vec{r_i})$ 为定速分布振速;$p(\vec{r_i})$ 为基阵中在第 i 个换能器表面上作用的全部换能器所产生的总压力,由式(7-14)得出。因此,Z_i 可表示为:

$$Z_i = R_i + jX_i = \frac{1}{U_i U_i^*} \iint \sum_{j=i}^{N} p_j(\vec{r_{ij}}) u_i^*(\vec{r_i}) \mathrm{d}S_i = \sum_{j=1}^{N} Z_{ij} \frac{U_j}{U_i} \tag{7-31}$$

式中，

$$Z_{ij} \equiv \frac{1}{U_j U_i^*} \iint p_j(\vec{r_{ij}}) u_i^*(\vec{r_i}) dS_i \tag{7-32}$$

上式为存在不均匀振速分布的 FVD 换能器的互辐射阻抗。此定义保留了与功率之间常见的关系，即第 i 个换能器辐射的时间平均功率为 $\frac{1}{2}R_i U_i U_i^*$。当 $u_i(\vec{r_i})$ 为等于 U_i 的常数时，会减少式(7-17)中匀速的情况。由于存在不均匀振速分布，有用的互易关系也成立，即 $Z_{ji} = Z_{ij}$。然而，此关系成立的前提是各换能器表面的所有点均同相振动或表面被划分为 180° 的异相区域时[16]。

对于具有不均匀振速分布的换能器，很少对自辐射阻抗或互辐射阻抗进行数值计算。Porter[40]对无限刚性平面上的圆盘进行了计算，其不均匀的振速分布代表了具有钳持和支撑边缘的板的弯曲振动。这项工作扩展了 Pritchard 基于 Bouwkamp 方法的结果。Chan[41]采用不同的数学方法讨论了相同的弯曲模式情况。Porter 的结论表明参照平均表面振速时，若 ka 大于 1.5，则活塞、被钳持边板和被支撑边板的自阻抗差别很大。而当 ka 大于 0.5 时，自电抗差别很大。当两个弯曲振动器与活塞之间的差别较小时，仅得出了 $ka = 1$ 的互阻抗数值。

7.4 非 FVD 换能器基阵

7.4.1 辐射阻抗模态分析

第 1.3 节中定义的固定振速分布（FVD）并非总能满足，因为一般来说，换能器会在多个模态下振动，每种模态的振幅和相位由电驱动和声作用力决定。由于每种模态在给定介质中都是一个 FVD，且换能器通常工作在某一个模态占优势的相对较窄的频带上，因此单模态 FVD 假设通常就足够了。但在某些情况下，尤其是在基阵中，沿基阵表面的声压变化会导致在单个换能器上产生不均匀作用力，并激发多种模态。这样，每个换能器的振速分布会随频率和转向角而变化。

我们将首先考虑在多模态下的单个换能器振动的辐射阻抗。该换能器的声场为所有模态下声场的叠加，且其辐射阻抗取决于各模态下阻抗和各模态之间的声耦合。换能器表面上的法向振速可表示为各模态下的和，即：

$$u(\vec{r}) = \sum_n U_n \eta_n(\vec{r}) \tag{7-33}$$

式中，系数 U_n 为复合模态下的振速幅度；$\eta_n(\vec{r})$ 为该模态下的法向振速函数；$\vec{r}$ 为表面上的位置矢量。原则上，求和指数趋于无限大。但是，对于大多数实际问题，只会考虑有限的几种模态。模态下的法向振速函数仅在最简单的情况下才存在解析形式，但在这里可用于明确定义各种概念，如模态辐射阻抗。

每种模态下的振速函数会形成一个模态声压场，以 $U_n p_n(\vec{r})$ 表示。其中，$p_n(\vec{r})$ 为单位振速的声压。由于每个模态为一个 FVD，第 n 个模态对应于 U_n 的自辐射阻抗，可根据式(1-4b)表示为：

$$Z_{nn} = \frac{1}{U_n U_n^*} \iint_{S_n} U_n p_n(\vec{r}) U_n^* \eta_n(\vec{r}) dS \tag{7-34}$$

第 n 个模态对应于 U_n 的总辐射阻抗，包括来自所有其他模态下的声压，可表示为：

$$Z_n = \frac{1}{U_n U_n^*} \iint_{S_n} \sum_m U_m p_m(\vec{r}) U_n^* \eta_n(\vec{r}) \mathrm{d}S = \sum_m \frac{U_m}{U_n} Z_{nm} \tag{7-35}$$

式中，Z_{nm} 为第 n 模态和第 m 模态之间的互辐射阻抗，其定义如下：

$$Z_{nm} = \frac{1}{U_m U_n^*} \iint_{S_n} U_m p_m(\vec{r}) U_n^* \eta_n(\vec{r}) \mathrm{d}S \tag{7-36}$$

注意由于存在声互易性（参见第 11.2.2 节），有 $Z_{mn} = Z_{nm}$。而当 n 和 m 为正交模态，如球体的偶极子和单极子模态，则有 $Z_{nm} = 0$。

由第 m 个模态所辐射的声功率为：

$$P_m = 1/2 U_m U_m^* \mathrm{Re} Z_m = 1/2 \mathrm{Re} \sum_n U_n U_m^* Z_{mn} \tag{7-37}$$

这与 FVD 情况的重要区别在于，换能器的振动不是由一个参考振速来表征的。但是，换能器的总辐射阻抗 Z_r 必须根据某个参考振速来定义，这样其实数部分才与总辐射功率存在通常意义下的关系。在大多数的情况下，最低模态 ($n = 0$) 是主导模态，因此 U_0 是参考振速最合适的选择。那么，换能器所辐射的总功率可根据 $\mathrm{Re} Z_r$ 来表示，且等于式 (7-37) 中模态功率之和。

$$1/2 U_0 U_0^* \mathrm{Re} Z_r = \sum_m P_m = \sum_m \frac{1}{2} \mathrm{Re} \sum_n U_n U_m^* Z_{mn} \tag{7-38}$$

由此就可以定义换能器相对于 U_0 的总辐射阻抗，它的实数部分与式 (7-38) 保持一致：

$$Z_r = \sum_m \sum_n \frac{U_n U_m^*}{U_0 U_0^*} Z_{mn} = \sum_m \frac{U_m U_m^*}{U_0 U_0^*} Z_m \tag{7-39}$$

7.4.2 基阵模态分析

基阵中单个换能器表面的压力分布是不均匀的，并且相对于该换能器也是非对称的，除非在基阵的特定位置（参见图 7-17(a)）。如果换能器的辐射面能够在多个模态下振动，则声压分布会激发其他模态，并且各模态的相关量会随在基阵中的位置、频率和扫描角发生变化（参见图 7-17(b)）。在第 7.4.1 节中讨论的每个换能器的模态，可以被视为位于同一基阵位置的单独换能器，且每个换能器的每个模态均与全部换能器的全部模态存在声耦合[42]。

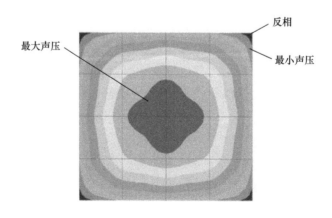

图 7-17(a) 一个 16 元基阵的声压等高线

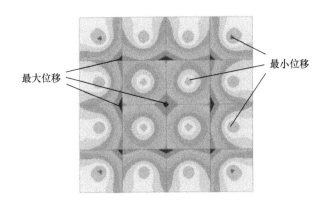

图 7-17(b)　该 16 元基阵的位移等高线

假设换能器存在 M 个模态,那么基阵中第 i 个换能器的振速可以如同式(7-33)中一样写为:

$$u_i(\vec{r_i}) = \sum_{m=1}^{M} U_{mi} \eta_m(\vec{r_i}) \qquad (7\text{-}40)$$

式中,U_{mi} 为该模态振速幅度,且模态函数用 $\eta_m(\vec{r_i})$ 表示。此时,假设基阵中换能器相同。

每个模态的方程组可通过与第 2 章中不同换能器类型的集总参数模型所得出的换能器方程组类比得出。将自辐射阻抗替换为各模态的总辐射阻抗,从而将这些方程扩展成为基阵方程组,其中包括所有换能器的全部模态之间存在的声耦合。如果所研究的换能器存在 M 个有效模态且基阵中有 N 个换能器,则需要 $2NM$ 个方程来描述基阵性能。将与式(7-18)和式(7-19)相同形式的基阵方程组应用于每个换能器的每个模态有:

$$0 = (Z_m^E + Z_{mi})U_{mi} + N_m V_i, m = 1,2,\cdots,M, i = 1,2,\cdots,N \qquad (7\text{-}41)$$

$$I_i = \sum_{m=1}^{M} N_m U_{mi} + Y_0 V_i \qquad (7\text{-}42)$$

在上述基阵方程组中,Z_m^E 为机械阻抗;N_m 为第 m 个模态的转换系数。通常情况下,基阵中每个换能器的上述参数均相同,但在各个模态下存在差异。Z_{mi} 为第 i 个换能器的第 m 个模态下的总辐射阻抗,可通过对基阵中所有换能器求和得到,可表示为式(7-35)的扩展形式:

$$Z_{mi} = \sum_{n=1}^{M} \sum_{j=1}^{N} \frac{U_{nj}}{U_{mi}} Z_{nmij} \qquad (7\text{-}43)$$

式中,

$$Z_{nmij} = \frac{1}{U_{nj} U_{mi}^*} \iint p_{nj}(\vec{r_i}) U_{mi}^* \eta_m(\vec{r_i}) \mathrm{d}S_i \qquad (7\text{-}44)$$

此外,$p_{nj}(\vec{r_i})$ 为第 j 个换能器的第 n 个模态所产生的声压。Z_{nmij} 为第 j 个换能器的第 n 个模态与第 i 个换能器的第 m 个模态之间的互辐射阻抗。例如,Z_{nnij} 为第 i 个和第 j 个换能器之间的互阻抗,而且这两个换能器均在第 n 个模态下振动。Z_{nmii} 为第 i 个换能器的第 n 个和第 m 个模态之间的互阻抗。Z_{nnii} 为在第 n 个模态下振动的第 i 个换能器的自阻抗。且下列互易关系式成立:

$$Z_{nnij} = Z_{nnji}, Z_{nmii} = Z_{mnii}, Z_{mnji} = Z_{nmij}$$

当第 n 个模态为对称且第 m 个模态为反对称时，$Z_{nmii}=0$ 但 $Z_{nmij}\neq 0$。这是因为反对称的模态不能在同一个换能器上相互激发,但它们可以在不同的换能器上相互激发。

一个具体的例子可能是澄清这些概念的最佳方式。假设两个相同的换能器组成一个基阵,其方形辐射面如图 7-18 所示。

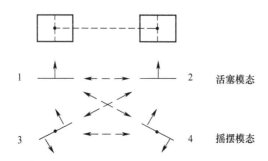

图 7-18 两个换能器,两者都在一个活塞模态和一个摇摆模态下振动
为分析这两个换能器,可将其视为相互作用的四个换能器,其声互作用如虚箭头所示

两个换能器均为电驱动且仅激发活塞模态,但非对称的声学力也会激发摇摆模态,其中方形表面围绕将表面一分为二的节点线旋转,具体参见图 7-18。从图 7-18 可以看出,每个换能器表面上的声压分布将激发摇摆模态,其节点垂直于换能器中心之间的直线,但不会激发与该线平行的节点的另一个摇摆模态。在这个由两个换能器组成的基阵中,每个换能器存在两种模态,那么就存在 16 个自阻抗和互阻抗,具体根据式(7-44)得出。其中,有些阻抗相等,有些为零。将第一个换能器的活塞模态和摇摆模态分别用 1 和 3 表示,而第二个换能器的两个模态分别用 2 和 4 表示,则允许 Z_{nmij} 只用两个下标表示,即 Z_{ij},且 $i,j=1,2,3,4$(参见图 7-18)。例如,Z_{1211} 表示第一个换能器的第一种模态与第一个换能器的第二种模态之间的互阻抗,则可变为 Z_{13}。通过这种简单的表示方法,由两个换能器组成的这个基阵中所有的辐射阻抗可表示为:

$Z_{11}=Z_{22}$:第一个和第二个换能器在活塞模态下的自阻抗。

$Z_{33}=Z_{44}$:第一个和第二个换能器在摇摆模态下的自阻抗。

$Z_{13}=Z_{31}=Z_{24}=Z_{42}=0$:相同换能器的活塞模态和摇摆模态之间的互阻抗(活塞模态函数是一个对称的常量,而摇摆模态函数是方形辐射面上关于位置的一个线性函数,该辐射面以中心反对称从而使阻抗抵消)。

$Z_{12}=Z_{21}$:两个换能器在活塞模态下的互阻抗。

$Z_{34}=Z_{43}$:两个换能器在摇摆模态下的互阻抗。

$Z_{14}=Z_{41}=Z_{23}=Z_{32}$:一个换能器在活塞模态、另一个换能器在摇摆模态下的互阻抗。

该基阵的对称性使得各换能器在活塞模态和摇摆模态下的振速和总辐射阻抗相同。活塞模态下的振速幅度以 U_1 表示,而摇摆模态下的振速幅度以 U_3 表示,则总辐射阻抗如下:

$$Z_1=Z_2=Z_{11}+Z_{12}+\frac{U_3}{U_1}Z_{14} \tag{7-45a}$$

$$Z_3=Z_4=Z_{33}+Z_{43}+\frac{U_1}{U_3}Z_{14} \tag{7-45b}$$

根据基阵方程组,上述阻抗取决于两种模态下的相对振速。此时,两种模态下的式(7-41)

变为：

$$0 = (Z_1^E + Z_{11} + Z_{12})U_1 + Z_{14}U_3 + N_1V_1 \quad (7-46a)$$

$$0 = (Z_3^E + Z_{33} + Z_{43})U_3 + Z_{14}U_1 \quad (7-46b)$$

式中，Z_1^E 和 Z_3^E 分别为活塞模态和摇摆模态的内部机械阻抗。系数 N_1 为活塞模态下施加电压 V_1 时换能器的转换系数，而由于换能器设计为使 V_1 仅驱动活塞模态，从而有 $N_3 = 0$。摇摆模态只能被声耦合驱动，如式(7-46b)中所示，从而得出：

$$U_3 = \frac{-Z_{14}U_1}{Z_3^E + Z_{33} + Z_{43}} \quad (7-47)$$

式中，Z_{14} 为激发摇摆模态的互阻抗。

合并式(7-45b)和式(7-47)得到：

$$Z_3 = R_3 + jX_3 = -Z_3^E = -R_3^E - jX_3^E$$

上述公式表明在非电驱动模式下，摇摆模态的辐射电阻为负值，与预期相同。各摇摆模态下的功率也为负值：

$$W_3 = W_4 = 1/2 U_3 U_3^* R_3 = -1/2 |U_3|^2 R_3^E$$

上述公式表明摇摆模态吸收了电驱动活塞模态下的声场功率。

对于固定电压驱动的活塞模态，所辐射的声功率通过两条途径受摇摆模态的影响。根据式(7-46a)和式(7-46b)可得出，活塞模态下的振速会发生改变，而根据式(7-45a)，活塞模态下的总辐射电阻也会发生改变。因此，当存在摇摆模态时，各活塞模态所辐射的功率为：

$$W_1 = W_2 = 1/2 U_1 U_1^* R_1 = 1/2 U_1 U_1^* \left[R_{11} + R_{12} + \mathrm{Re}\left(\frac{U_3}{U_1}Z_{14}\right) \right]$$

在振速并非完全相同的大型基阵中，由摇摆模态引起的活塞模态下振速的改变会导致波束图失真和功率降低。

上述的概略分析是研究包含非 FVD 换能器基阵的系统方法。实际上对这类基阵问题的数值研究极少，而有限元模型（FEM 或 FEA）或许是最实用的方法（参见第 7.6 节）。

7.5 体积基阵

到目前为止，所提及的基阵中换能器的辐射表面与基阵表面基本一致，如图 7-1 和图 1-10 所示的 Tonpilz 型换能器基阵的辐射面构成了一个圆柱体表面。这类基阵被称为面基阵，尽管换能器之间在声学方面会影响彼此，但它们之间不存在散射现象。然而，某些换能器（例如弯张换能器）是无法构成面基阵的，因为它们会从一侧或多侧辐射信号。将这些换能器安装在一个开放结构中，所构成的基阵被称为体积基阵。即使通过将这些换能器安装在一个封闭的结构中，由于换能器之间存在的散射，所构成的基阵也更像体积基阵而非面基阵。图 7-2 中就显示了面基阵和体积基阵。

由于存在散射，体积基阵中的互作用比面基阵中的更为复杂。在一个面基阵中，单个换能器的声场可通过假设其他换能器被钳制并构成表面的一部分来计算，因此不存在其他换能器产生的散射。但是在体积基阵中，即便其他换能器被钳制，单个换能器的声场也会受到其他换能器的显著影响，因为其他换能器首先会辐射声场。对于紧密堆积的换能器，散射声场会对远场产生巨大作用，并对每个换能器施加非对称性的力，从而激发那些未被电驱动激发的模态。因此,当单独使用或在面基阵中使用时,可以认为具有 FVD 的换能器在体积基阵中使用时就会显示出非 FVD 特性。

这类基阵的分析最好采用 FEA 进行,尽管在大型基阵中这种方法可能难以实施。然而,通过考虑在单极模态下以电方式驱动的小型球形源,可以从分析的角度来说明所涉及的原理。当两个球体并非很靠近彼此时,另一个球体对辐射球面波场的散射可以近似为刚性球体对平面波的散射。假设有两个半径为 a 的脉动小球,其中心间距为 d,具体如图 7-19 所示。

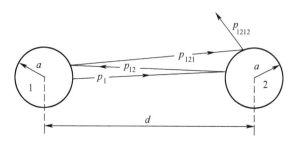

图 7-19 体积基阵中一个脉动球体对另一个球体的散射

用 p_1, p_{12} 等表示球面波,设 p_1 为第一个球体所辐射的声压,且 $Q = 4\pi a^2 u_1$,由式(10-15b)得出:

$$p_1(r_1) = j\rho c k a^2 u_1 \frac{e^{-jkr_1}}{r_1} \tag{7-48}$$

式中,r_1 为自第一个球体的中心开始的距离;u_1 为其法向振速。当球面波抵达第二个球体时,只有一小部分的球形波阵面被拦截。如果 d 足够大,这部分可近似为平面波。处理刚性球体对平面波的散射问题有已知的解决办法[43],当 $ka \ll 1$ 时,散射声压可以下列形式表示:

$$p_{12}(r_2) = p_1(d)\delta_0 \frac{e^{-jkr_2}}{kr_2} \tag{7-49}$$

中,r_2 为自第二个球体的中心开始的距离且 $\delta_0 = (ka)^3/3$。这种多次散射会一直持续,每一次散射声压都会降低。例如,p_{121} 为自第一个球体散射的 p_{12};p_2 为第二个球体辐射的声压;p_{21} 为第二个球体辐射的声波被第一个球体散射的声压等(参见图 7-19)。

第一个球体的总辐射阻抗为该球体表面上总声压的积分除以其法向振速:

$$Z_1 = \frac{1}{u_1}\iint_{S_1}[(p_1 + p_{12} + p_{121} + \cdots) + (p_2 + p_{21} + \cdots)]dS_1 = Z_{11} + \frac{u_2}{u_1}Z_{12} \tag{7-50}$$

式中,

$$Z_{11} = \frac{1}{u_1}\iint_{S_1}[p_1(r_1=a) + p_{12}(r_2=d) + p_{121}(r_1=a) + \cdots]dS_1 \tag{7-51}$$

显然,声压分量可在第一个球体的表面上求值。当 $ka \ll 1$ 时,积分可以通过乘以球体面积来近似,代入式(7-48)和式(7-49)可得到:

$$Z_{11} = 4\pi a^2 j\rho c(ka)^2\left[\frac{e^{-jka}}{ka} - \delta_0\frac{e^{-2jkd}}{(kd)^2} + \delta_0^2\frac{e^{-jk(2d+a)}}{k^3 d^2 a}\right] \tag{7-52}$$

式(7-52)中的第一项是 $ka \ll 1$ 的脉动球体的自辐射阻抗。第二项是对由第二个球体的散射引起的自阻抗的小修正。第三项是对由第一个球体的二次散射引起的更小修正。通过类似的方式得出两个球体之间的互辐射阻抗为:

$$Z_{12} = \frac{1}{u_2} \iint_{S_1} [p_2(r_2 = d) + p_{21}(r_1 = a) + \cdots] \mathrm{d}S_1$$

$$= 4\pi a^2 \mathrm{j}\rho c (ka)^2 \left[\frac{\mathrm{e}^{-\mathrm{j}kd}}{kd} - \delta_0 \frac{\mathrm{e}^{-\mathrm{j}k(d+a)}}{k^2 da} \right] \quad (7-53)$$

式(7-53)中的第一项是忽略散射作用的互辐射阻抗。这与式(7-24a)针对一个刚性平面内任意形状的两个小型活塞换能器所得结果一样,互辐射阻抗与球体之间的间隔有关。第二项是对由第一个球体对第二个球体辐射声压的散射而引起的互阻抗的小修正。将散射项分配给自阻抗或互阻抗,从而使得 Z_{11} 中的所有项均来自于第一个球体,而 Z_{12} 中的所有项均来自于第二个球体。在较大型的基阵中,阻抗将包含来自其他球体的直接辐射和散射产生的附加项。

需指出的是,本节中的分析都是假设球体是 FVD 换能器,并仅在单极子模式下振动。在真实体积基阵中,各实际尺寸的换能器表面存在不均匀声压,导致换能器可能在偶极子模式和单级子模式下振动。非 FVD 换能器组成的体积基阵是基阵分析中所要面对的终极挑战。

这个散射效应对辐射阻抗影响的例子主要是为了定性地说明问题的物理性质。在大多数的体积基阵中,换能器之间的间隔很小,上述简化的散射计算在定量计算上没有用处。Thompson 对球面辐射器之间的散射和声耦合进行了更为精确的分析[44,45]。有限元数值模型可以涵盖所有的散射事件和激发的其他模式。

7.6 发射器基阵的近场

大多数基阵结构都足够复杂,以至于不能期望分析建模能够准确地给出详细的结果,但能够定量提供近似的指导,从而确定所提出的基阵概念是否可行。此外,解析方法也可能遗漏有限元方法会揭示的重要特征,例如意外模态的激发。由于有限元建模可以应用于换能器的结构和声场,至少对于小型基阵而言,它可能是获得基阵设计可靠定量数据的最佳方法。这种基于小基阵的有限元分析信息还可以指导解析近似的制定,以便应用于大型基阵,而有限元分析会过于耗时。

第 3.4 节中介绍了换能器和基阵分析所用 FEA 法的基本原理。本节仅以一个小型基阵的结果为例进行讨论,如图 7-17(a) 和图 7-17(b) 所示,该基阵由 16 个紧密堆积的 Tonpilz 型压电换能器组成,其方形辐射面在水中振动。

图 7-17(a) 中的等高线图表示在基阵表面上的声压幅度,而图 7-17(b) 中的等高线图表示在基阵表面上的法向位移幅度。由于所有的换能器均被同相同强度的电压驱动,因此两个等高线图均以基阵的两条等分线和两条对角线对称。利用这种对称性可以减少计算量,只需在适当的边界条件下对基阵的一个象限进行计算,然后扩展到整个基阵。虽然各换能器有相同的电驱动,但各自受到的声压影响却各有不同,具体见图 7-17(a) 中的声压分布。因此,各换能器的位移分布彼此不同,并且与通常需要的均匀活塞运动相差很大。单个换能器表面会在压电驱动和不同声压分布的影响下,彼此独立发生弯曲和摇摆运动,从而在换能器表面边缘相连接的小空隙处产生不连续位移。

由于声压是基阵上位置的平滑函数,利用图 7-17(a) 可以方便地进行定量描述。声压在中心位置最大,向基阵边缘的中间位置移动约一半距离后声压缓慢下降到原来的 80%,移动 3/4 的位置后下降到 60%,而到边缘时下降到 10% 左右。在接近基阵角落处,声压会降为零,而在角落位置,则存在反相位,幅值约为最大声压幅度的20%左右。图7-17(b)中的位移等高线图不容易定量总结,但在整个基阵中位移为同相位,且其变化幅度没有声压的变化幅度大。最大位移发生在基阵的中心,以及外侧换能器的内部角落位置。最小位移出现在各换能器的中心附近。对于内侧换能器,位移最小值约为基阵中心数值的65%左右,对于位于角落位置的外侧换能器,最小值约为55%左右,而其他外侧换能器则为60%左右。

从图7-17(a)可以看出,角落位置换能器上的声压分布很可能激发具有对角线节点的摇摆模态,而在侧边的换能器上,与基阵边缘平行的节点的摇摆模态可能会被激发。图7-17(b)中的位移分布与这种解释基本一致,因为从图中可见活塞模态和摇摆模态的混合。然而,由于对这些换能器的运动分析也考虑了弯曲模式,因此这种情况比第7.4.2节中所分析的活塞模态和摇摆模态更为复杂。

7.7 非线性参量阵

第2章提及了电声换能器存在的一些非线性机械和电机理。此外,声音通过水传播的过程中也存在非线性的特性,如果声压振幅足够高,则会产生显著影响。由于换能器在正常运行时振幅不足以在介质中产生较大的声学非线性作用,因此在计算声场时忽略了这些特性。然而,在某些条件下,声学非线性确实具有有用且重要的效果[46]。

本节将会介绍一种特殊形式的发射器基阵,即参量阵。这种基阵只有介质中存在非线性时会出现。非线性机理会造成较高振幅的声波,从而产生其他为原声波的谐波频率的声波。然而,当两个不同频率的高振幅声波在同一区域传播时,它们各自产生谐波,并且它们也相互作用以产生频率等于主(即原始)频率之和与之差的声波。这些新声波并非由辐射原波的换能器产生,而是在介质中产生的。当原波在近场构成了叠加的高振幅、高准直波束时,新声波的振幅会变得很大,并且这些波束可以在相当远的距离内彼此产生相互作用。本节从物理角度简要介绍近场中差频的产生,以及差频分量远场的近似计算。

Westervelt[47]认为非线性影响在介质中产生新声波的最有趣之处可能是差频分量。由于存在较低频率,与其他声波相比其被吸收率低很多,从而会传播得更远。他的分析表明,与传统辐射波束相比,差频分量的远场将具有非常窄的波束和非常低的旁瓣,这些特性可能具有显著的实用价值。这些结果可以通过从包含最重要的非线性项的波动方程的近似形式开始来预测。对这个非线性波动方程近似求解表明在近场中存在由非线性机理所产生的差频声压并得出其振幅。然后可以将近场差频声压视为声源,其远场可根据普通的线性声学进行计算。下面的分析主要依据 Westervelt[47]、Beyer[46] 和 Kinsler, Frey 等[13]的研究进行。

对各种非线性项简化后,声压的近似波动方程可表示如下:

$$c^2\left(1+\tau\frac{\partial}{\partial t}\right)\nabla^2 p - \frac{\partial^2 p}{\partial t^2} = -\frac{\beta}{\rho c^2}\frac{\partial^2}{\partial t^2}(p^2) \quad (7\text{-}54)$$

式(7-54)为线性波动方程,但不包括与 τ 成正比的耗散项和与 β 成正比的非线性项。τ 与介质的剪切黏度和体积黏度有关,且 $\beta = 1 + B/2A$。其中,B/A 为介质的非线性参量(海水的 $B/A \approx 5$[46])。虽然 τ 和 β 均不为零,但包含这些参数的项在很多条件下都是可以忽略不计的。这个非线性波动方程可简化为无损耗的线性波动方程。此外,还需注意仅忽略包含 β 的项时,公式为线性的且与表示阻尼平面波的解相同,可表示为:

$$p(x,t) = P_0 e^{-\alpha x} e^{j(\omega t - kx)} \quad (7\text{-}55)$$

式中，$k = \omega/c$；吸收系数 α 近似等于 $\omega^2 \tau / 2c$。分析非线性影响时，必须在波动方程中考虑阻尼，因为阻尼是决定非线性相互作用区域大小的因素之一。需注意近似吸收系数与频率的平方有关。

假设换能器在两个频率下被电驱动，即 ω_a 和 ω_b，称为原波频率。其中，$\omega_a - \omega_b$ 小于 ω_a 或 ω_b。此外，假设与原波波长相比换能器尺寸较大，因此它可以在两个频率下辐射出较高的定向叠加波束。另外，假设转换机理为完全线性的，且两个驱动电压在辐射表面上仅产生频率为 ω_a 和 ω_b 的两个振速。当包含 β 的项被忽略不计时，近场所辐射的声压由两个阻尼平面波组成，在以下分析中用到其乘积时可根据需要以实数形式表示：

$$p_0 = P_a e^{-\alpha_a x} \cos(\omega_a t - k_a x) + P_b e^{-\alpha_b x} \cos(\omega_b t - k_b x) = p_a + p_b \tag{7-56}$$

现在保留包含 β 的项，并通过微扰法找到式(7-54)的近似解，这是一种查找非线性方程近似解的方法。在这种情况下，式(7-54)中的非线性项与 β 成正比，则可在微量 $\delta = \beta/\rho c^2$ 的幂下以微扰级数的形式假设所求得解，具体表示如下：

$$p = p_0 + \delta p_1 + \delta^2 p_2 + \cdots \tag{7-57}$$

式中，p_0 为零阶解；δp_1 为一阶解，依此类推。当将式(7-57)代入到式(7-54)的一维版本中时，并且这些项根据 δ 的幂分成几组，则可得出与 δ 无关的项满足公式的要求：

$$c^2 \left(1 + \tau \frac{\partial}{\partial t}\right) \frac{\partial^2 p_0}{\partial x^2} - \frac{\partial^2 p_0}{\partial t^2} = 0 \tag{7-58a}$$

这样可以得出式(7-56)中已给出的零阶的解 p_0。与此类似，与 δ 有关的且在第一个幂的项满足以下要求：

$$c^2 \left(1 + \tau \frac{\partial}{\partial t}\right) \frac{\partial^2 p_1}{\partial x^2} - \frac{\partial^2 p_1}{\partial t^2} = -\frac{\partial^2 p_0^2}{\partial t^2} \tag{7-58b}$$

这样可以得出 p_1 和一阶解 δp_1。可以相同的方式得出决定更高阶解包括 p_2 等的方程组，但此处无需进行。

采用微扰法将非线性公式(7-54)替换为线性方程组(式(7-58a)，式(7-58b)，…)。由于第二个方程的解取决于第一个方程的解，因此方程组可逐个求解。当式(7-57b)中使用 p_0 时，可得到一个非齐次方程，其右侧有 7 个项，包括 p_a 和 p_b 的时间导数。这些项为源项，每个都构成式(7-58b)整个解的一部分。仅包含 p_a 或 p_b 的源项会给解带来 ω_a 和 ω_b 的谐波。包含 p_a 和 p_b 的项会带来和频分量以及差频分量。本节仅关注差频分量，并将 p_{1d} 定义为 $\delta p_1 = (\beta/\rho c^2) p_1$ 的一部分，得出第一阶差频声压。式(7-58b)中与 p_{1d} 有关的部分如下：

$$\begin{aligned}
\left(1 + \tau \frac{\partial}{\partial t}\right) \frac{\partial^2 p_{1d}}{\partial x^2} - \frac{\partial^2 p_{1d}}{c^2 \partial t^2} &= -\frac{\beta}{\rho c^4} \frac{\partial^2}{\partial t^2} (2 p_a p_b) \\
&= \frac{\beta P_a P_b}{\rho c^4} e^{-(\alpha_a + \alpha_b)x} \omega_d^2 \cos(\omega_d t - k_d x) \\
&= \frac{\beta P_a P_b}{\rho c^4} e^{-2\alpha x} \omega_d^2 e^{j(\omega_d t - k_d x)}
\end{aligned} \tag{7-59}$$

式中，$\omega_d = (\omega_b - \omega_a)$ 为角差频；$k_d = \omega_d/c$ 为该差频下的声波数；$\alpha = (\alpha_a + \alpha_b)/2$ 为原波频率的平均吸收系数。式(7-59)的最后一种形式已经变回复数的表达式，以便于当前线性方程的求解。

可假设右侧的非齐次项表示虚拟线声源且该线源在频率 ω_d 下振动，由因子 $e^{-jk_d x}$ 相控到端

射并用指数因子 $e^{-2\alpha x}$ 进行束控,从而求解式(7-59)。该线源的体积约为 AL,其中,A 为发射器辐射表面的面积;L 为虚拟线源的长度。在部分情况下,L 为第 $1/\alpha$ 阶的长度,需足够大以充分降低原波振幅,从而使虚拟线源外端处的非线性互作用变得微乎其微。

式(7-59)的右侧为 $j\rho\omega_d$ 乘以虚拟线源的源强密度(每单位体积的体积振速)。可根据第 10.2.1 节中计算不均匀线源远场相同的方式计算线源的远场。式(10-21)中的差分源强 $\mathrm{d}Q$ 等于式(7-59)的右侧乘以 $A\mathrm{d}x$,再除以 $j\rho\omega_d$。阵元 $\mathrm{d}x$ 对远场压力的差分贡献如下:

$$\mathrm{d}p_{1d} = \frac{\beta P_a P_b \omega_d^2}{4\pi\rho c^4} e^{-2\alpha x}j(\omega_d t - k_d x) \frac{e^{-jk_d R}}{R} A\mathrm{d}x \tag{7-60}$$

式中,$R = [r^2 + x^2 - 2rx\cos\theta]^{1/2}$ 为阵元到远场一点的距离,远场一点与发射器中心的距离为 r,角度为 θ,如图 7-20 所示。

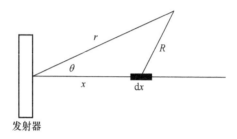

图 7-20 计算参量阵的差频远场所用坐标

此处,保留了时间因子以明确正在计算的差频远场。将式(7-60)从 0 到 L 积分,其中分母中的 R 以 r 逼近,而指数以 $(r - x\cos\theta)$ 逼近,从而得到:

$$\begin{aligned}p_{1d}(r,\theta,t) &= \frac{\beta P_a P_b \omega_d^2 A}{4\pi\rho c^4} \frac{e^{j(\omega_d t - k_d r)}}{r} \int_0^L e^{-jx[k_d(1-\cos\theta) - j2\alpha]} \mathrm{d}x \\ &\approx \frac{\beta P_a P_b \omega_d^2 A}{4\pi\rho c^4 [k_d(1-\cos\theta) - j2\alpha]} \frac{e^{j(\omega_d t - k_d r)}}{jr}\end{aligned} \tag{7-61}$$

式中,由于 L 较大,积分的逼近成立。此外,式(7-59)中已忽略了 $\tau\partial^3 p_{1d}/\partial t\partial x^2$ 项,这相当于忽略了差频波传播到远场时的吸收,就像计算远场时通常所做的那样。可以方便地将此结果表示为振幅:

$$|p_{1d}(r,\theta)| = \frac{\beta P_a P_b \omega_d^2 A}{8\pi\rho c^4 \alpha r} \frac{1}{[1 + (k_d/\alpha)^2 \sin^4(\theta/2)]^{1/2}} \tag{7-62}$$

式中,因子 $[1 + (k_d/\alpha)^2 \sin^4(\theta/2)]^{-1/2}$ 为在 $\theta = 0$ 时归一化为单位值的指向性函数。这个指向性函数表明在-3dB 声强下束宽为 $4\arcsin(\alpha = k_d)^{1/2}$,且 θ 从 0°增加到 90°时没有旁瓣。在典型的情况下,波束宽度仅为几度[13]。

式(7-62)的结果基本上与 Westervelt 的原模型所得结果相同。在原模型中,非线性互作用产生差频的情况完全发生在发射器的近场中。此处以该模型为例说明产生差频的机理,但并未包括其他也同样重要的机理。在后期的模型中,考虑了对原始能量的线性吸收以及发射器远场中差频的非线性产生,对于准确确定差频源电平是必要的[46,48-52]。

Moffett 和 Mellen[48] 将这些后期模型的所有重要特征组合成一个综合模型,Moffett 和 Konrad[53] 以及 Moffett 和 Robinson[54] 将其用作参量阵设计过程的基础。该程序提供了用于确定不同降档比的差频源级的设计曲线,即平均原波频率与差频的比率。图7-21中提供了一组降档比为5的此类曲线,即差频为平均原波频率的1/5[53]。

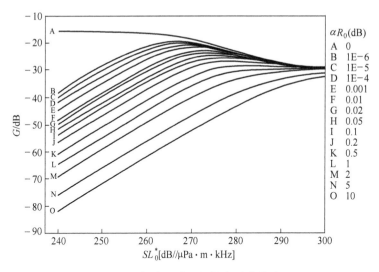

图7-21 标称原波源级的参量阵增益 G
SL_0^* 和降档比为5[53]

差频有效源级可通过以下公式得出:

$$SL = SL_0 + G$$

图中,SL_0 为一个原波频率分量的源级(假设两个原波的源电平相同);G(参量阵增益)为图7-21的纵坐标。图7-21的横坐标为标称原波源级,具体如下:

$$SL_0^* = SL_0 + 20\log f_0$$

式中,f_0 为以kHz为单位的平均原波频率。图7-21的曲线上参数为 αR_0,其中,α 为 f_0 时的吸收系数,单位为dB/m。此外,$R_0 = Af_0/c$ 为瑞利长度,其中,A 表示发射器的面积;c 表示声速。

例如,假设一个边长0.5m的正方形活塞换能器,其原波辐射频率为90kHz和110kHz,因此差频为20kHz(按降档比5计算)。在海水中100kHz下有 $A = 0.25m^2$ 和 $\alpha = 0.03$dB/m,可得到 $\alpha R_0 \approx 0.5$dB。另外,假设原波频率的源级相同,均为 $SL_0 = 237$dB//μPa·m,得到标称源级为 $SL_0^* = 277$dB//μPa·m·kHz。根据图7-21,参量阵增益为 $G = -28$dB,因而差频源级为209dB//μPa·m。比利用式(7-62)中的不完全模型预测的源级约高出9dB,这主要是因为未考虑原波波束的非线性吸收情况。

当原波源级相同且降档比在10~20之间时,在10kHz和5kHz的情况下差频源级会分别降到197和186dB//μPa·m[53]。每个倍频程的差频实际下降11dB,而根据式(7-62)预测每个倍频程下降12dB。

Westervelt[47]还指出一个小振幅平面波与一个不同频率的高振幅近场波相互作用,会导致和频与差频分量,这可以作为参量接收基阵的基础。这类声接收器已有相关研究[55,56],并且其设计流程也有相关介绍[53]。

7.8 双扫描基阵

线阵或平面基阵通常以电驱动方式从垂射方向以 θ 角度扫描,并且在某些情况下也会扫描到 $\theta_s = 90°$ 的端射方向,其中 θ_s 为转向角。当波束角度接近 $90°$ 时,波束宽度增大,声源级降低。本节将介绍如何将基阵阵元的辐射通过电子扫描到与基阵偏转方向相同的方向上来,从而减小声源级下降的情况。这种情况称为双扫描基阵[57]。

首先考虑传统基阵,根据基阵乘积定理,对于由相同尺寸阵元所构成的平面或线性基阵,整个的波束图函数 $F(\theta,\theta_s)$ 是阵元波束指向性图 $F_e(\theta)$ 与基阵波束指向性图 $F_a(\theta,\theta_s)$ 的乘积。以点源替代阵元,得到:

$$F(\theta,\theta_s) = F_e(\theta) F_a(\theta,\theta_s) \qquad (7-63)$$

与单纯的 $F_a(\theta,\theta_s)$ 相比,此乘积一般会产生一个更窄的波束指向性图和更高的垂射非转向指向性指数(DI)。对于传统的长度为 L 且波长为 λ 的未转向线性阵元,有:

$$F_e(\theta) = \sin[(\pi L/\lambda)\sin\theta]/[(\pi L/\lambda)\sin\theta] \qquad (7-64)$$

对于由 N 个阵元组成的中心间隔为 s 的基阵,当转向角为 θ_s 时,有:

$$F_a(\theta,\theta_s) = \sin Nx/N\sin x, \quad x = (\pi s/\lambda)(\sin\theta - \sin\theta_s) \qquad (7-65)$$

对于一个紧密排列的基阵,阵元长度等于阵元中心间距,即 $L = s$。

当 $\theta = \theta_s$ 时,点源基阵的波束指向性函数 F_a 的数值为单位值。然而,对于非转向阵元波束指向性函数 F_e,它仅在 $\theta = 0°$ 时才为单位值。如果基阵转向到 $90°$ 的端射方向,那么有 $F_a(90,90) = 1$,但 $F_e(90) = 2/\pi(\approx -4\text{dB})$,这表示声源级出现巨大损耗。不仅如此,如果基阵为典型基阵且阵元间隔为 $\lambda/2$,则有 $F(90,90) = F(-90,90)$,即同时在 $\pm90°$ 而非仅在 $+90°$ 出现相同的 -4dB 声源级损耗。如果阵元函数被一个全向的阵元函数所替代,则不会出现 4dB 的下降,但是在 $\pm90°$ 同时出现最强波束会使得指向性指数降低 3dB。为了避免上述情况,可使用 $\lambda/4$ 间距的阵元组成基阵,但是这需要尺寸减半的双倍数量的阵元,并且这种情况同样会造成基阵的互作用问题。

如果阵元可电动扫描,如第 5.2.6 节和第 5.7.3 节提到的模态换能器阵元,那么式(7-63)变为:

$$F(\theta,\theta_s) = F_e(\theta,\theta_s) F_a(\theta,\theta_s) \qquad (7-66)$$

式中,阵元可与基阵的转向同步。这种情况下,模态阵元的波束与基阵波束的指向相同。

对于电动扫描的模态基阵阵元(参见第 5.2.6 节),有:

$$F_e(\theta,\theta_s) = [1 + A_1\cos(\theta - \theta_s) + A_2\cos2(\theta - \theta_s)]/[1 + A_1 + A_2] \qquad (7-67)$$

这里,波束形成类似于活塞或线状换能器。模态换能器阵元可扫描到与基阵指向相同的方向,由此保持波束图最大响应轴方向与选定的转向角一致。例如,如果线列阵为端射方式,模态波束指向性图也朝该方向增强(即转向),以增大端射输出。这能够缓解一个普遍存在的端射问题,即阵元指向性图通常朝向垂射方向,即使基阵被导向端射方向时也是如此。此外,更重要的是可以在无需 $1/4$ 波长且阵元尺寸减半的情况下,使基阵转向到端射方向。实施这种双扫描基阵概念还可以消除在端射条件下,后方抵消方向上的基阵互作用卸载问题。

我们将传统线列阵的端射波束与图 7-22 中调节后的柱形换能器(参见第 5.7.3 节)基阵进行比较,其中偶极子强度为 $A_1 = 2$,而四极子强度为 $A_2 = 1$(我们也可以选择更简单的心形方向图,其中 $A_1 = 1, A_2 = 0$)。由于圆柱形结构上存在环壳和活塞负载,这些阵元以低于单个柱面

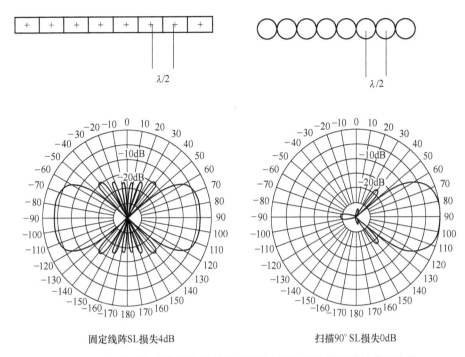

图 7-22 调整后柱形换能器端射线列阵波束图与传统线列阵波束图比较

换能器的频率发生谐振,并可将其间距设置为半个波长。由于上述阵元均可通过电动扫描到与基阵扫描相同的端射方向,它们与线列阵相比可得到一个 4dB 的增益。此外,还能够以半个波长的阵元间距提供一个单独的端射波束,使得指向性指数额外增加 3dB 增益。当与平面活塞基阵相比时甚至会提高 6dB 增益。究其原因,主要是存在单边活塞条件(参见第 11.2.4 节和式(11-44b))以及不存在发生在线列阵中的对称相加的情况。

7.9 小　　结

　　本章介绍、分析并讨论了发射基阵的指向性、互辐射阻抗、基阵方程组、非固定振速分布基阵、体积基阵、基阵近场、参量阵和双扫描基阵。基阵乘积定理表明,由相同类型换能器组成的平面阵或线列阵,波束指向性图和响应等于其中一个换能器阵元的波束指向性图与一个由点源构成基阵的波束指向性图的乘积。其中,点源位于对应阵元的中心位置。然后,分析并研究了线阵、矩形阵和圆形基阵的声压和指向性因子。

　　随后给出了栅瓣产生的原因及其影响,当阵元中心间距接近一个波长时,就会出现这种情况,而且这些栅瓣不会通过束控的方法消除。在针对波束扫描的讨论中,介绍了不等间距基阵的束控,以及如何利用这种基阵降低栅瓣。本章介绍的错位基阵是一种可降低旁瓣和栅瓣的方法。对于基阵随机变化的简单研究发现,旁瓣的极限取决于指向性指数 DI,需要较高的 DI 值才能实现极低的旁瓣。

　　基于换能器的 $ABCD$ 参数表示,得出了基阵方程组以及矩阵求逆的方法。然后,针对活塞换能器的平面基阵给出了互辐射阻抗的计算公式。公式表明对于小型活塞或球形换能器,阵元 i 和阵元 j 之间的互阻抗为 $Z_{ij} = R_{ii}[\sin(kd)/kd + j\cos(kd)/kd]$,其中,$d$ 为阵元中心间距;

R_{ii} 为自辐射电阻。此外,还讨论和分析了非平面基阵、非固定振速分布的基阵、体积基阵和近场效应。

接着介绍了非线性参量阵,表明可以在相对较小的基阵中产生具有低旁瓣的窄波束。究其原因,显然是由于存在极小频率差异的两个声波束的非线性相互作用,造成在差频下形成端射基阵。最后,介绍了双扫描线性基阵,其中,换能器阵元通过电驱动扫描可与基阵扫描到相同的方向,从而获得有显著改善的端射响应。

参考文献

1. H. H. Schloemer, Technology Development of Submarine Sonar Hull Arrays, Naval Undersea Warfare Center Division Newport, Technical Digest, September 1999 [Distribution authorized to DOD components only] Also Presentation at Undersea Defense Technology Conference and Exhibition, Sydney, Australia, 7 February 2000
2. T. G. Bell, Probing the Ocean for Submarines, Naval Sea Systems Command, Undersea Warfare Center, Division Newport, 28 March 2003 [Distribution authorized to DOD and US DOD contractors only]
3. R. J. Urick, Principles of Underwater Sound, 3rd edn. (Peninsula, Los Altos Hills, 1983)
4. J. W. Horton, Fundamentals of Sonar, 2nd edn. (U. S. Naval Institute, Annapolis, 1959)
5. W. O. Pennell, M. H. Hebb, H. A. Brooks et al., Directivity Patterns of Sound Sources, NDRC C4-sr287-089, Harvard Underwater Sound laboratory, April 29, 1942; Reference in Chapter 5 of NDRC, Div 6, Vol. 13, 1946
6. W. S. Burdic, Underwater Acoustic System Analysis, 2nd edn. (Prentice Hall, Englewood Cliffs, 1991)
7. W. Thompson Jr., Directivity of a uniform-strength, continuous circular-arc source phased to the spatial position of its diameter. J. Acoust. Soc. Am. 105, 3078-3082(1999)
8. A. Zielinski, L. Wu, A novel array of ring radiators. IEEE J. Ocean. Eng. 16, 136-141(1991)
9. D. Stansfield, Underwater Electroacoustic Transducers(Bath University Press, Bath, 1990). Fig. 6. 11
10. Y. L. Chow, On grating plateaux of nonuniformly spaced arrays. IEEE Trans. Antennas Propag. 13(2), 208-215 (1965)
11. A. Ishimaru, Theory of unequally spaced arrays. IRE Trans. Antennas. Propag. 10(6), 691-702(1962)
12. F. J. Pompei, S. C. Wooh, Phased array element shapes for suppressing grating lobes. J. Acoust. Soc. Am. 111, 2040-2048(2002)
13. L. E. Kinsler, A. R. Frey, A. B. Coppens, J. V. Sanders, Fundamentals of Acoustics, 4th edn. (Wiley, New York, 2000)
14. J. L. Butler, A. L. Butler, A Directional Power Wheel Cylindrical Array, ONR 321 Maritime Sensing(MS) Program Rev. (NUWC, Newport, 18 August 2005)
15. J. L. Butler, C. H. Sherman, Acoustic radiation from partially coherent line sources. J. Acoust. Soc. Am. 47, 1290-1296(1970)
16. C. H. Sherman, Analysis of acoustic interactions in transducer arrays. IEEE Trans. Sonics Ultrason. SU-13, 9-15 (1966)
17. D. T. Porter, NUSC Train of Computer Programs for Transmitting Array Prediction, Naval Underwater Systems Center Technical Document 8159(26 January 1988)
18. TRN, Transducer Design and Array Analysis Program, NUWC, Newport, RI. Developed by M. Simon, K. Farnham with array analysis module based on the program ARRAY, by J. L. Butler(Image Acoustics, Cohasset)
19. D. L. Carson, Diagnosis and cure of erratic velocity distributions in sonar projector arrays. J. Acoust. Soc. Am. 34, 1191-1196(1962)

20. R. S. Woollett, Sonar Transducer Fundamentals (Naval Underwater Systems Center, Newport, n. d.), p. 147
21. A. L. Butler, J. L. Butler, Ultra Wideband Active Acoustic Conformal Array Module, ONR 321MS Program Review (Naval Undersea Warfare Center, Newport, 17-20 May 2004)
22. J. Zimmer, Submarine Hull Mounted Conformal Array Employing BBPP Technology, ONR 321MS Program Review (Naval Undersea Warfare Center, Newport, 17-20 May 2004)
23. R. L. Pritchard, Mutual acoustic impedance between radiators in an infinite rigid plane. J. Acoust. Soc Am. 32, 730-737 (1960)
24. I. Wolff, L. Malter, Sound radiation from a system of vibrating circular diaphragms. Phys. Rev. 33, 1061 (1929)
25. S. J. Klapman, Interaction impedance of a system of circular pistons. J. Acoust. Soc. Am. 11, 289-295 (1940)
26. H. Stenzel, Leitfaden zur Berechnung von Schallvorgangen (Springer, Berlin, 1939)
27. R. L. Pritchard, Tech. Memo. No. 21, Appendix C, Acoustics Research Laboratory, Harvard Univ., NR-014-903 (15 January 1951)
28. C. J. Bouwkamp, A contribution to the theory of acoustic radiation. Phillips Research Reports 1, 262-277 (1946)
29. W. Thompson Jr., The computation of self and mutual radiation impedances for annular and elliptical pistons using Bouwkamp's integral. J. Sound Vib. 17, 221-233 (1971)
30. E. M. Arase, Mutual radiation impedance of square and rectangular pistons in a rigid infinite baffle. J. Acoust. Soc. Am. 36, 1521-1525 (1964)
31. J. L. Butler, Self and Mutual Impedance for a Square Piston in a Rigid Baffle (Image Acoustics, Contract N66604-92-M-BW19, Cohasset, 20 March 1992)
32. W. J. Toulis, Radiation load on arrays of small pistons. J. Acoust. Soc. Am. 29, 346-348 (1957)
33. C. H. Sherman, Mutual radiation impedance of sources on a sphere. J. Acoust. Soc. Am. 31, 947-952 (1959)
34. J. E. Greenspon, C. H. Sherman, Mutual radiation impedance and near field pressure for pistons on a cylinder. J. Acoust. Soc. Am. 36, 149-153 (1964)
35. D. H. Robey, On the radiation impedance of an array of finite cylinders. J. Acoust. Soc. Am. 27, 706-710 (1955)
36. F. B. Stumpf, F. J. Lukman, Radiation resistance of magnetostrictive-stack transducer in pres-ence of second transducer at air-water surface. J. Acoust. Soc. Am. 32, 1420-1422 (1960)
37. W. J. Toulis, Mutual coupling with dipolesin arrays. J. Acoust. Soc. Am. 37, 1062-1063 (1963)
38. F. B. Stumpf, Interaction radiation resistance for a line array of two and three magnetostrictive-stack transducers at an air-water surface. J. Acoust. Soc. Am. 36, 174-176 (1964)
39. C. H. Sherman, Theoretical model for mutual radiation resistance of small transducers at an air-water surface. J. Acoust. Soc. Am. 37, 532-533 (1965)
40. D. T. Porter, Self and mutual radiation impedance and beam patterns for flexural disks in a rigid plane. J. Acoust. Soc. Am. 36, 1154-1161 (1964)
41. K. C. Chan, Mutual acoustic impedance between flexible disks of different sizes in an infinite rigid plane. J. Acoust. Soc. Am. 42, 1060-1063 (1967)
42. C. H. Sherman, General Transducer Array Analysis, Parke Mathematical Laboratory Report No. 6, Contract N00014-67-C-0424 (February 1970)
43. P. M. Morse, K. U. Ingard, Theoretical Acoustics (McGraw Hill, New York, 1968)
44. W. Thompson Jr., Acoustic coupling between two finite-sized spherical sources. J. Acoust. Soc. Am. 62, 8-11 (1977)
45. W. Thompson Jr., Radiation from a spherical acoustic source near a scattering sphere. J. Acoust. Soc. Am. 60, 781-787 (1976)
46. R. T. Beyer, Nonlinear Acoustics (US Government Printing Office, Washington, DC, 1975)
47. P. J. Westervelt, Parametric acoustic array. J. Acoust. Soc. Am. 35, 535-537 (1963)

48. M. B. Moffett, R. H. Mellen, Model for parametric acoustic sources. J. Acoust. Soc. Am. 61, 325–337(1977)
49. H. O. Berktay, D. J. Leahy, Farfield performance of parametric transmitters. J. Acoust. Soc. Am. 55, 539–546(1974)
50. M. B. Moffett, R. H. Mellen, On parametric source aperture factors. J. Acoust. Soc. Am. 60, 581–583(1976)
51. M. B. Moffett, R. H. Mellen, Nearfield characteristics of parametric acoustic sources. J. Acoust. Soc. Am. 69, 404–409(1981)
52. M. B. Moffett, R. H. Mellen, Effective lengths of parametric acoustic sources, J. Acoust. Soc. Am. 70, 1424–1426 (1981). See also "Erratum", 71, 1039(1982)
53. M. B. Moffett, W. L. Konrad, Nonlinear Sources and Receivers, Encyclopedia of Acoustics, vol. 1(Wiley, New York, 1997), pp. 607–617
54. M. B. Moffett, H. C. Robinson, User's Manual for the CONVOL5 Computer Program, NUWC-NPT Technical Document 11, 577(25 October 2004)
55. P. H. Rogers, A. L. Van Buren, A. O. Williams Jr., J. M. Barber, Parametric detection of low-frequency acoustic waves in the nearfield of an arbitrary directional pump transducer. J. Acoust. Soc. Am. 56, 528–534(1974)
56. M. B. Moffett, W. L. Konrad, J. C. Lockwood, A saturated parametric acoustic receiver. J. Acoust. Soc. Am. 66, 1842–1847(1979)
57. J. L. Butler, A. L. Butler, M. J. Ciufo, Doubly steered array of modal transducers. J. Acoust. Soc. Am. 132, 1985(A)(2012)

第 8 章

水听器基阵

被动和主动声纳系统均旨在实现可靠的远距探测和测距能力,然而影响两者性能的基本因素完全不同。被动声纳系统的接收基阵,比如能够探测未知频率信号的拖曳阵或大口径测距阵,其工作的频带必须远超过典型主动声纳系统的频带,而且当存在干扰噪声时更应如此。第6章给出了多种设计方法可使水听器在足够宽的频带内实现高灵敏度,并且与主动声纳系统所需的大功率发射器相比,其体积小、重量轻且造价低。然而,被动声纳系统的主要问题是如何控制干扰噪声,尤其是在舰载的情况下。

小型的主动声纳系统,如测深器或鱼探仪,由于已知其所接收的回波信号与所发射的频率相同或仅存在微小的多普勒频移,因此应用收发共用的换能器是完全可行的。但是,高性能对于海军应用的主动声纳系统而言至关重要,需要应用一个单独的接收基阵来获取多方面的性能提升。单独的接收基阵,无论是舰壳的还是拖曳式的,可以被做得远大于发射阵,因此可以具有更好的指向性以利于方位测量和噪声抑制,而且它也可以设计某些与发射阵无法兼容的噪声抑制措施。当单独的被动和主动声纳系统均可使用时,最好采用被动基阵而非主动基阵来接收主动发射的回波信号[1]。

第8.1节和第8.2节将讨论基阵设计需考虑的因素,如尺寸、几何排列、相控和束控。这些因素对于降低噪声非常重要,但为了达到满意的噪声控制效果往往需要拓展接收基阵的概念以包括除水听器以外的一些部件,比如基阵内部和外部的解耦器。水下噪声特性与控制主题范围广泛[1-5],本书无法详细介绍,因而仅给出几种会干扰水声信号接收的主要噪声及其重要特征,并讨论了几种主要的降噪方法。

噪声中限制接收基阵性能的成分是内部噪声,它们由水听器材料内的热运动而产生。部分噪声会限制接收基阵的能力,属于因水听器材料的热激发所造成的内部噪声。第6.7节将这类噪声视作换能器的特性之一,包含在水听器的设计中。在大多数的舰载声纳基阵中,这类噪声不相干且幅度较低,因此显得不重要,但是在极低频率下的固定或移动基阵中则属于重要的噪声,可能会超过环境噪声。除了环境噪声外,舰载水听器基阵还必须应对其他几类噪声,如由于水流运动产生的流噪声,水流或机械激发的结构噪声,以及螺旋桨产生的水下噪声。环境噪声可以利用基阵的指向性来抑制,方法是根据已知的噪声相关性和指向性来优化基阵设计。可通过水听器的尺寸等外形设计,将水听器与水流分隔开从而降低流噪声。这种分离的实现要么将水听器置于充满水的导流罩中,要么类似麦克风外的风挡那样在水听器外部覆盖一层透声层(外部解耦器)。结构噪声来自内部,可通过采用多层材料进行抑制。这类材料能够吸收和反射噪声信号(内部解耦器)。此外,结构噪声在某种程度上也可以通过舰船设计来抑制,但是这些方法通常与舰船设计其他方面的性能不能兼得。

由于较大的声压传感器基阵需要内部和外部解耦器,造成了噪声控制和重量方面的问题,这些问题引导人们开始考虑矢量传感器阵列。矢量传感器会对声质点的振速和声强而非声压产生响应,所以相关的噪声特性有所不同并且有时会更容易进行控制。第6.5节中介绍了几种单体矢量传感器,而第8.5节将讨论矢量传感器阵列的情况。

在对水听器基阵设计以及噪声控制问题进行量化讨论之前,先对几类基阵进行定性讨论。噪声控制的一种方法是使基阵远离噪声源,该方法的典型应用是将舰壳基阵安装在离推进器和推进机械尽可能远的船艏附近。当然还可以进一步扩展这一方法,即将基阵拖曳在舰船后方。这种方式对接收线列阵尤其有效,因为线列阵可以做得很细,一方面可以减小拖拉力,另一方面由于柔韧性好便于回收和舰船上存放。此外,这类基阵具有足够的长度,可在低频率下实现较高的平面指向性,而且可以控制波束扫描以便在水中进行平面搜索。

在拖曳基阵中,水听器、电缆、前置放大器和内部填充液体均置于柔性软管中,既保持了水听器的结构空间也实现了整体的防水性。如果采用矢量水听器,软管和内部结构还必须保证单个传感器的指向性,否则这些方位必须能够精确测定。拖曳基阵可以完全消除拖曳舰船的流噪声和结构噪声,并且在足够远的距离上,当波束偏离舰船时也可以隔离舰船的辐射噪声。但是,水流会在软管的外侧产生压力波动,并激发管壁和内部元件的振动,尤其是对直径较小的基阵这种情况更为严重。第6章讨论了部分水听器材料,如0-3陶瓷-聚合物和压电聚合物,如PVDF,这类材料可用于细长的柔性水听器,通过区域平均的方法可降低拖曳基阵中的高波数噪声。

被动基阵可用于确定声源的方位,但无法判断声源的距离,使用一个以上的基阵则可以实现距离的测量。两个基阵可利用三角定位法进行测距,前提是两者分开得足够远以至于能够给出它们方位差的可靠估计。当采用3个基阵时,可通过测量相位差得出入射波阵面的曲率从而确定距离。这种方法在基阵间距很小时也适用,以至于可以将3个基阵安装到一艘潜艇上进行测距。成功地利用波阵面曲率测距需要几个严格的前提条件:精确的基阵位置、3个基阵完全一致的特性、基阵间足够远的距离以及良好的噪声控制措施。基阵间距的最大化不可避免地会将位于舰尾的基阵放置在靠近机械和推进器噪声源的位置,而且这里的结构特征也与中部和艏部有很大不同。要处理好这些相互矛盾的需求,采取的措施包括对预期噪声特性进行详细的理论与实验分析以及全部噪声控制措施的最优运用[1]。

安装在鱼雷上的被动基阵会面对一些特殊的问题。由于鱼雷的尺寸小、速度高,导致难以提供足够的安装孔径并使基阵远离结构噪声源。由于鱼雷对探测距离的要求并不严格,适用于小尺寸载具的高频信号的应用使得鱼雷声纳也可以提供满意的性能。

漂流传感器基阵和自主航行器基阵属于特殊情况,存在各自不同的要求。对于长拖曳基阵、固定基阵和漂流基阵,稳健的基阵设计尤为重要。此外,对个别失效水听器的检测、定位和补偿方法也很重要,包括通过基阵配置最小化失效换能器引起的灵敏度损失。

8.1 水听器基阵的指向性

8.1.1 指向性函数

水听器的工作频段通常低于它们的一阶谐振频率,在这些频段水听器尺寸与波长相比较小且可做出全向性响应。要确定所接收信号的方位需要具备良好的指向性,因此通常需要使用尺寸至少为几倍波长的较大基阵。在最高工作频率下水听器的间距必须小于半波长,从而避免在基阵工作时出现栅瓣,但采用不等间距基阵的情况除外(参见第 7.1.3 节和第 8.1.2 节)。因此,大型基阵通常包含大量的水听器。

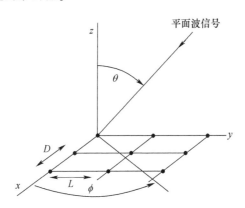

图 8-1 平面波信号从 (θ,ϕ) 方向入射到 XOY 平面的矩形基阵

由于声场的互易性(见第 11.2.2 节),在第 7.1 节讨论的有关发射基阵远场指向性的一些结论同样适用于水听器基阵。在接收情形下从未知方向入射的平面声波,到达接收基阵时在每一个水听器表面产生声波压力。这个压力通过水听器内部的某种机理转换为电压并被系统内的电子器件检测到。指向性图的主波束必须能够扫描到任何感兴趣的方向以检测信号是否存在及其方位信息。为了分析基阵的性能,我们假设信号是如图 8-1 所示的从方位 (θ,ϕ) 入射的幅度为 p_i 的平面波信号。

平面波信号的表达式如下:

$$p(x,y,z)\mathrm{e}^{\mathrm{j}\omega t} = p_i\mathrm{e}^{\mathrm{j}(k_x x + k_y y + k_z z)}\mathrm{e}^{\mathrm{j}\omega t} = p_i\mathrm{e}^{\mathrm{j}(\vec{k}\cdot\vec{r} + \omega t)}$$

式中,$\vec{r} = \hat{i}x + \hat{j}y + \hat{k}z$ 为位置矢量;$\hat{k}$ 为波矢量,其存在以下分量:

$$k_x = k\sin\theta\cos\phi, k_y = k\sin\theta\sin\phi, 且 k_z = k\cos\theta$$

变量 $k = \omega/c = [k_x^2 + k_y^2 + k_z^2]^{1/2}$ 称为波数,其中,c 为水中声速。后面将会探讨与 c 不同的声波传播速度,例如在圆盘中传播的弯曲波的速度 c_p 和波数 ω/c_p。首先,我们考虑采用波矢量分量表示指向性响应,其中,波矢量分量应用前面定义平面波指向性的方位角来表示。第 8.1.4 节将讨论波矢量响应的一般性问题,其中涉及分量 k_x、k_y 和 k_z。

假设声信号在基阵中的每个水听器上产生相同的声压幅值,但相位随水听器所在位置以及信号入射方向而各有不同。如图 8-1 所示的位于 $z=0$ 平面内的平面阵上,坐标为 (x,y) 的水听器上的声压可以表示为

$$p(x,y,0) = p_i\mathrm{e}^{\mathrm{j}k\sin\theta(x\cos\phi + y\sin\phi)} \tag{8-1}$$

将坐标为 (x,y) 的水听器的输出电压与其他所有水听器的输出电压相加,就可以得到任意个水听器任意几何排列的平面阵的总输出电压。

对于由 $N\times M$ 个相同规格、无指向性的水听器组成的矩形基阵,x 与 y 方向的阵元间距分别是 D 和 L,如图 8-1 所示。序号 n,m 表示的是位于 $x=nD,y=mL$ 的水听器,其中 $n=0,1,2,\cdots,N-1$ 和 $m=0,1,2,\cdots,M-1$,式(8-1)给出的水听器声压可以表示为

$$p_{nm} = p_i\mathrm{e}^{\mathrm{j}k\sin\theta(nD\cos\phi + mL\sin\phi)} \tag{8-2}$$

单个水听器输出直接求和是基阵输出的最简单形式。它给出了没有进行方向控制和加权

的波束输出,当输出值除以水听器数量进行归一化,并应用水听器灵敏度 M_0 将输出变换为电压后可以得到:

$$V_A(\theta,\phi) = \frac{1}{NM}\sum_{n,m} V_{nm} = \frac{M_0}{NM}\sum_{n,m} p_{nm} = \frac{M_0}{NM} p_i \sum_{n=0}^{N-1} e^{jknD\sin\theta\cos\phi} \sum_{m=0}^{M-1} e^{jkmL\sin\theta\sin\phi} \quad (8-3)$$

位于 (n,m) 处的水听器输出电压为 $V_{nm} = M_0 P_{nm}$,其中,M_0 为第6.6节中所述衍射常数与低频灵敏度的乘积。在所有输出通道合并(参见第8.1.2节)之前,单个水听器的输出电压通常先进入一个前置放大器和驱动波束扫描的移相器。式(8-3)可以很容易推广到包含单个水听器的指向性,方法是应用乘积定理(见7.1.1节)将上式与水听器的指向性函数相乘。

式(8-3)的求和与式(7-5)一样属于几何级数求和,表明接收基阵的波束指向性图与式(7-6)中的发射基阵波束指向性图相同,这也验证了声学互易原理。求和将所有单个水听器的相位信息合并得到基阵输出电压幅值,作为入射波方向的函数,具体如下:

$$|V_A(\theta,\phi)| = [p_i M_0][\sin(NX)/N\sin(x)][\sin(MY)/M\sin(Y)] \quad (8-4a)$$

式中,

$$X = (kD/2)[\sin\theta\cos\phi], Y = (kL/2)[\sin\theta\sin\phi]$$

如第7.1节所述,式(8-4a)中的第二项和第三项分别给出了在平行于基阵 $\phi = 0°$ 和 $90°$ 的平面内归一化的指向性图。每一项都是一个线列阵的指向性图,因此矩形基阵的指向性图就是两个线列阵指向性图的乘积,这个结果有时也称作第二乘积定理[6]。此外,也经常应用其他几何结构的基阵,并且可利用式(8-1)得出其指向性特征。例如,圆形发射器基阵的结果也适用于水听器基阵。

当水听器间距小于等于 $\lambda/2$ 时,大的连续线阵和连续矩形辐射阵(见第10.2节)的波束宽度和指向性因数可以分别用长度为 ND 的线列阵和面积为 $NMDL$ 的矩形离散阵近似,指向性因数的近似值如下:

$$D_f \approx 2ND/\lambda,\text{针对} N \text{个水听器的线列阵}$$

$$D_f \approx 4\pi NMDL/\lambda^2,\text{针对} NM \text{个水听器的矩形基阵}$$

此外,指向性指数 $DI = 10\log D_f$ 为近似过程。

式(8-3)和式(8-4a)假设基阵中每个水听器所承受的声压场仅为入射信号声压和散射声压,其中,散射声压通过衍射常数反映其影响。然而,入射声压导致每个水听器发生振动并产生辐射声压场,且此声压场通过互辐射阻抗与基阵中所有其他水听器相互作用,具体见第7章中的内容。不过这些相互影响并不十分严重,除非这些水听器正应用于它们的谐振频率附近。

当平面阵输出具有连续可分割的单位面积 $(m_1(x_0)m_2(y_0))$ 灵敏度分布时,其基阵输出可利用傅里叶变换表示如下:

$$V_A = p_i \iint_S m_1(x_0) m_2(y_0) e^{jk\sin\theta(x_0\cos\phi + y_0\sin\phi)} dx_0 dy_0 \quad (8-5a)$$

或者

$$V_A = p_i \int_{-\infty}^{\infty} m_1(x_0) e^{jkx_0\sin\theta\cos\phi} dx_0 \int_{-\infty}^{\infty} m_2(y_0) e^{jky_0\sin\theta\sin\phi} dy_0 \quad (8-5b)$$

因此,平面或线列阵的指向性图为灵敏度函数的傅里叶变换。式(8-5b)再次表明基阵的指向性函数为两个独立指向性函数的乘积,如式(8-4a)。指向性函数与灵敏度函数之间的这种傅里叶变换关系首先由 Michelson 提出[9]。它使得指向性图在某些情况下可以由已知的傅里叶变换很容易地计算出来。

8.1.2 波束扫描

对水听器输出进行逐步相移(或时延)可以驱动接收波束扫描,就像通过电压相移驱动发射波束发生扫描一样(见第 7.1.4 节)。被动声纳在搜索时必须使波束持续扫描,或同时形成多个波束以覆盖感兴趣的所有方位。要将基阵主波束扫描到方位 (θ_0, ϕ_0),需要对第 nm 个水听器输出施加以下的相移

$$\mu_{nm} = -nkD\sin\theta_0\cos\phi_0 - mkL\sin\theta_0\cos\phi_0$$

根据式(8-3)可以得出,当 $\theta = \theta_0$ 和 $\varphi = \varphi_0$ 时产生的相移会使得指数部分消失,全部水听器的输出同相叠加从而形成主波束方向。施加相移后式(8-4a)变为:

$$|V_A(\theta, \phi)| = [p_i M_0] \left|\frac{\sin NX}{N\sin X}\right| \left|\frac{\sin MY}{M\sin Y}\right| \tag{8-6}$$

式中,

$$X = \frac{kD}{2}[\sin\theta\cos\phi - \sin\theta_0\cos\phi_0]$$

并且,

$$Y = \frac{kL}{2}[\sin\theta\sin\phi - \sin\theta_0\sin\phi_0]$$

由于波束扫描造成每个转动的方向出现一个不同的指向性因数,因此主波束和旁瓣也会产生显著的变化。

当基阵位于曲面上时,也可以对每个水听器施加相移从而使得基阵的指向性响应与相切于曲面的平面阵相似,具体可利用式(8-4a)得出。相移必须与每个水听器到该平面的垂直距离成正比。例如,对于一个半径为 a 的圆柱基阵,每个垂直列(或板体)上的水听器须产生 $ka(1-\cos\beta_i)$ 的相移,其中,β_i 为从基阵中心到第 i 个水听器的夹角(参见图 8-2)。

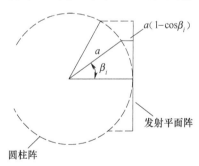

图 8-2 由 13 个板体组成,投影到参考平面阵以进行波束形成的圆柱阵顶视图

相对于平面阵的相移处理方式可以应用于任何形状的基阵,如与舰船的船体形状相一致的基阵。圆柱形基阵用于被动搜索时通常采用多列水听器,以覆盖环绕圆柱阵的全部或大部分方位。通常情况下,圆柱阵表面约 120° 区域用于形成一个波束。当超过 120° 时,从发射水听器位置产生的反向束控将会造成旁瓣增大,并且需要通过额外的束控进行补偿。由一组水听器列产生的声波束可以通过电控开关切换到另一组水听器列(替换一列或多列换能器完成切换)从而控制波束的水平扫描(垂直于圆柱轴线的平面)。此外,也可按照平面阵的方式,利用相移按

俯视角进行波束扫描。当一个球阵采用类似方法投影到一个平面阵时,通过切换不同的水听器组合就可以在水平面与垂直面内形成所需的波束。

8.1.3 束控与指向性因数

对接收基阵进行束控即是通过调整水听器输出的幅值,使指向性图按要求发生改变。由于旁瓣会使噪声、混响混入来自主波束方向的接收信号,所以降低旁瓣高度通常是束控的主要目标。与所有阵元完全一致的基阵束控相比,在束控时如果水听器灵敏度从中心到边缘逐渐减小,就会得到更低的旁瓣级和更宽的主波束。如果束控时从中心到边缘逐渐增大阵元灵敏度,就会增大旁瓣级并减小主波束宽度,这称为反向束控。因此,在每种应用情况下,需要考虑主波束宽度或相对旁瓣级哪个更重要[10]。束控是通过将每个通道的接收信号幅度与加权系数 a_{nm} 相乘实现的。然而,束控后基阵的输出可以看作是式(8-3)的一般形式,具体可以表示为

$$V_A(\theta,\phi) = \frac{M_0 p_i}{NM} \sum_{n=0}^{N-1} \sum_{m=0}^{M-1} a_{nm} e^{j[knD(\sin\theta\cos\phi - \sin\theta_0\cos\phi_0) + kmL(\sin\theta\sin\phi - \sin\theta_0\sin\phi_0)]} \quad (8-7a)$$

对于 x 轴上的线列阵,即 $M=1, a_{n0} = a_n$,且 $\phi = \phi_0 = 0$,式(8-7a)变为:

$$V_A(\theta) = \frac{M_0 p_i}{N} \sum_{n=0}^{N-1} a_n e^{jknD(\sin\theta - \sin\theta_0)} \quad (8-7b)$$

上述表达式均无法使用式(8-3)所采用的简单的解析方法求和,但可以利用其他方式更为方便地求解。例如,假设线列阵包含了奇数个水听器,且除了中心的水听器外,所有的水听器均两两一对,有两个与中心的水听器相邻,然后另外成对的两个位于其外面,依此类推。如果基阵在对称方向进行束控,则每一对水听器的束控系数均相同,且每一对的响应均与 $2\cos[mkD(\sin\theta - \sin\theta_0)]$ 成正比。那么,式(8-7b)可表示为:

$$V_A(\theta) = \frac{M_0 p_i}{(2M+1)} \sum_{m=0}^{M} \epsilon_m a_m \cos[mkD(\sin\theta - \sin\theta_0)] \quad (8-7c)$$

式中,水听器的数量 N 可表示为 $2M+1$,且有 $\epsilon_0 = 1, m > 0$ 时 $\epsilon_m = 2$。当基阵包含偶数个水听器时,也存在类似的表达式。Pritchard[11]利用上述表达式计算了线列阵级数形式的指向性因数。Thompson[12]利用类似表达式分析了大型基阵的指向性图,小型基阵的指向性图也具有类似特点。

Pritchard[11]和 Davids 等[10]详细讨论了接收基阵的最佳束控问题,其中大部分是基于采用切比雪夫多项式的道尔夫束控方法。这种方法在指定所有旁瓣相对于主瓣相同的旁瓣级后,可为等间距线列阵实现最窄的主瓣,因此被视作最优的方法。同样,在指定的主瓣宽度下,此方法可实现最低的相对旁瓣级。Pritchard 的研究结果显示了主瓣宽度、相对旁瓣级、指向性指数和水听器数量及间距之间存在的关系。Urick[14]将道尔夫-切比雪夫束控与其他几种类型的束控方法进行了比较。Albers[6]利用大量的图示详细介绍了道尔夫方法的步骤。此外,还有其他的束控方法被采用,如二项式束控。在二项式束控方法中,权值与二项式的系数成正比,该方法可以在完全无旁瓣的情况下实现尽可能最窄的主瓣。高斯束控也具有相同的情况。泰勒束控(Taylor shading)[15]是对道尔夫-切比雪夫束控的改进,该方法可使最外侧的旁瓣平滑下降。Wilson[16]给出了一个不同束控方法、阵元间距、相移以及水听器数量等参数所产生影响的详细对比。图 8-3~图 8-7 给出了一个对 12 元线列阵进行扫描和束控的例子,其阵元间距为 $\lambda/2$,具体见各图的说明。

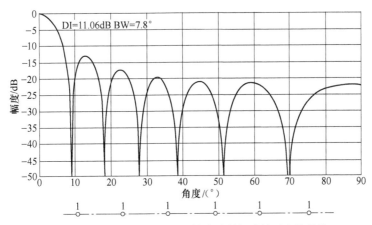

图 8-3 由 12 个间距为 $\lambda/2$ 的阵元所组成的无束控基阵

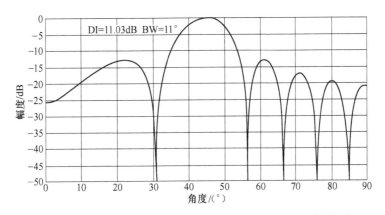

图 8-4 由 12 个间距为 $\lambda/2$ 的阵元所组成的无束控基阵并扫描到 45°

Pritchard[17]也依据式(8-7c)对一个扫描线列阵的指向性因数进行了简单近似。该基阵由 $2M+1$ 个等间距且进行对称束控的水听器组成。近似结果可写为:

$$D_f = (2D/\lambda) / \sum_{m=0}^{M} \epsilon_m b_m^2 \qquad (8\text{-}8a)$$

式中,b_m 为对称束控系数,归一化后得到 $\sum_{m=0}^{M} \epsilon_m b_m = 1$。对于均匀基阵(如无束控),归一化使得所有的 $b_m = (2M+1)^{-1}$ 且 $D_f = (2D/\lambda)(2M+1) \approx 2L/\lambda$,其中,$L$ 为线列阵的长度。对于未扫描的线列阵波束,在与基阵垂直的平面中是全向的环形形状。当波束扫描后主波束形状发生剧烈变化,从环形变成圆锥形,再到端射的探照灯形状宽波束。对于适度的转向,D_f 不会发生巨大变化且式(8-8a)就是一个有用的近似。然而,端射时 D_f 接近垂射时的两倍,即为式(8-8a)给出值的两倍[7,17]。

利用式(8-8a)的近似值可以方便地进行快速估算,但当前计算机可利用式(8-7a)和式(8-7b)计算完整的指向性图和准确的指向性因数。例如,综合声互易原理与式(1-20)中指向性因数的定义以及式(7-19)中声强的定义,利用式(8-7b)可得到对 N 个无指向性水听器所组成线列阵进行束控并扫描到 θ_0 时的指向性因数。为便于计算,可以下列形式表示:

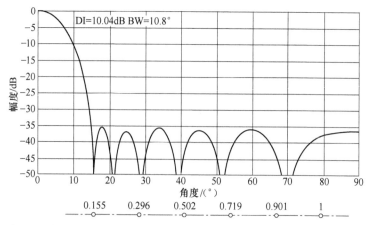

图 8-5 由 12 个间距为 λ/2 的阵元所组成的道尔夫-切比雪夫束控基阵，旁瓣级为-37dB[10]（系数：1,0.901,0.719,0.502,0.296,0.155）

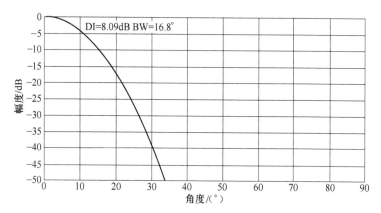

图 8-6 由 12 个间距为 λ/2 的阵元所组成的二项式束控基阵
（系数：1,0.714,0.357,0.119,0.024,0.002）

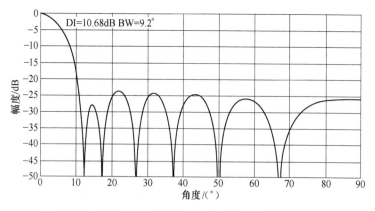

图 8-7 由 12 个间距为 λ/2 的阵元所组成的泰勒束控基阵
（系数：1,0.91,0.77,0.58,0.44,0.40）

$$D_{\mathrm{f}}(\theta_0) = \frac{\sum_{n=0}^{N-1}\sum_{m=0}^{N-1} a_n a_m}{\sum_{n=0}^{N-1}\sum_{m=0}^{N-1} a_n a_m \cos[(n-m)kD\sin\theta_0]\, \frac{\sin[(n-m)kD]}{(n-m)kD}} \tag{8-8b}$$

当间距为 $\lambda/2$（$kD=\pi$）时，公式简化为 $\sum_{n=0}^{N-1}\sum_{m=0}^{N-1} a_n a_m / \sum_{n=0}^{N-1} a_n^2$，且与扫描角无关。当无束控时（所有 a_n 均相等），式(8-8b)依据 $q=n-m$ 得出以下更为简便的形式：

$$D_{\mathrm{f}}(\theta_0) = \frac{N}{1 + \frac{2}{N}\sum_{q=1}^{N-1}(N-q)\cos(qkD\sin\theta_0)\, \frac{\sin(qkD)}{qkD}} \tag{8-8c}$$

当 $kD=\pi$ 时简化为 N。该结果由 Burdic[7] 给出并作为各向同性噪声时的阵增益（参见第 8.2 节有关阵增益的内容），Horton[8] 针对 $\theta_0 = 0°$ 的情况也得出上述结果。

小型水听器基阵的指向性可由于超指向性束控而大幅增加，超指向性束控要求部分束控系数为负值。这类基阵的主波束比全部束控系数为正值的相同基阵要窄得多，而且其指向性因数也更高，但是其主波束响应必然有所降低。对超指向性更为宽泛的定义涵盖所有与波长相比较小的辐射器，如球体或圆柱体的偶极子模式。超指向性的一个简单例子如下：一对小型水听器，其间距较小有 $D \ll \lambda$，且输出相减。式(8-7b)中 $\theta_0 = 0°$、$\theta = 90° - \alpha$、$a_1 = 1$ 且 $a_2 = -1$，水听器分别位于原点两侧 $D/2$ 位置，可得出这对水听器的有效灵敏度在 $kD \ll 1$ 时为 $2M_0 \sin[(kD/2)\cos\alpha] \approx M_0 kD\cos\alpha$。因此，指向性图可根据 $\cos\alpha$ 得出，其中 $D_{\mathrm{f}} = 3$，DI = 4.8dB 且灵敏度为 $M_0 kD$，随频率每倍频程下降 6dB（参见第 6.5.1 节）。如果在相减之前两个水听器之间的 kD 有较小的相移，结果则为 $M_0 kD(\cos\alpha + 1)$，这就是心形指向性图（参见图 6-30），其中 $D_{\mathrm{f}} = 3$，DI = 6.8dB 且灵敏度为 $2M_0 kD$。对于具有一样间距的相同水听器对，如果输出相加，将会接近无指向性，且有 $D_{\mathrm{f}} \approx 1$，DI ≈ 0，灵敏度为 $2M_0$。

Pritchard[11,18] 讨论了线列阵的最大指向性，并指出在水听器间距与波长相比较小时采用道尔夫方法会造成至少一个束控系数接近零。当间距低于 $\lambda/4$ 时（从道尔夫方法的角度）得到最佳的指向性图要求部分系数为负值，且此类指向性图为超指向性。Pritchard 给出的一个特殊例子是由 5 个水听器组成间距为 $\lambda/8$ 或总长度为 $\lambda/2$ 的基阵，并讨论了束控系数为 +5、-6、+24、-16 和 +5 以及指向性指数为 4.9dB 时的情况[11]。将式(8-8a)应用于由 5 个水听器组成且总长度为 $\lambda/2$ 的基阵，经过均匀束控得到 $D_{\mathrm{f}} = 3$ 和指向性指数约为 0.9dB，表明超指向性束控会使指向性指数增加 4dB 左右。需要注意的是，超指向性系数波动较大，且其所有系数之和仅为不存在变号情况时的 3%左右。同时，其灵敏度比传统束控基阵要低 30dB 左右。

超指向性基阵的缺点包括对平面波信号的低灵敏度、高旁瓣、低带宽，并且由于相位翻转提高了对不相干噪声的灵敏度。上述缺点，导致超指向性基阵的适用性较低。超指向性基阵中环境噪声的影响可参见第 8.4.1 节的内容。

接收基阵往往需要尽可能增大带宽，因而栅瓣控制显得尤为重要。第 7.1.3 节中对栅瓣控制的讨论也适用于接收基阵，然而单个水听器的指向性应用相当受限有限，这是由于在大部分频带中水听器往往都是全向的。当水听器之间的间距不均匀时，如第 7.1.4 节中讨论的对数基阵，在接收基阵中也会产生影响。应注意的是相对主瓣束控不会降低栅瓣。栅瓣对于高波数噪声也很重要，下一节将从更广泛的角度讨论和解释栅瓣。

8.1.4 基阵的波矢量响应

式(8-4a)给出了由全向压敏水听器所构成的平面矩形基阵的响应,如果将 $k\sin\theta\cos\phi$ 替换成 k_x 且 $k\sin\theta\sin\phi$ 替换成 k_y,则得到更为常用的基阵响应的表示形式,该形式也适用于非声平面压力波,其中波矢量的分量为 k_x 和 k_y。

$$|V_A(k_x,k_y)| = p_0 M_0(k_x,k_y) \left|\frac{\sin(Nk_xD/2)}{N\sin(k_xD/2)}\right| \left|\frac{\sin(Mk_yL/2)}{M\sin(k_yL/2)}\right| \quad (8\text{-}4b)$$

式(8-4b)中 p_0 为声压幅值,灵敏度 M_0 取决于 k_x 和 k_y,除非单个水听器尺寸与波长相比较小。类似地,当基阵扫描到分量为 k_{0x} 和 k_{0y} 的波矢量时,响应值由式(8-6)给出,其中 $X = (D/2)(k_x - k_{0x})$ 且 $Y = (L/2)(k_y - k_{0y})$。对于船载基阵的非声波,通常出现在弯曲波噪声和流噪声中(参见第8.3.2节和第8.3.3节),且传播速度低于声波。因此,在给定的角频率 ω 下,噪声的波数(ω/速度)高于声波的波数,且噪声的波长更短。

图8-8(a)定性说明了未扫描线列阵的波数响应。在 $k_x = 0$ 时出现主瓣,而栅瓣出现在 $k_x = 2\pi n/D(n = \pm 1, \pm 2, \cdots)$ 时,其中,D 为整数波长。

为了简化,此次讨论删除了栅瓣之间出现的旁瓣。当主瓣按 k_{0x} 扫描时,所有的栅瓣也按 k_{0x} 移动。图8-8(b)是扫描波数为 $k_{0x} = \pi/2D$ 时的特例。当主瓣从 $k_{0x} = 0$ 扫描到 $k_{0x} = \pi/D$,所有的栅瓣均转向 π/D 且可能会接收出现在此波数范围内的噪声分量。例如,如果在 $k_x = 5\pi/2D$ 时出现噪声,主瓣被扫描到 $k_{0x} = \pi/2D$ 时第一个栅瓣会接收到噪声。由于 $k\sin\theta_0 = k_{0x}$,这相当于在 D 为半波长的频率下波束转向 $\theta_0 = 30°$。第8.4.2节将进一步讨论二维基阵和弯曲波噪声的基阵波矢量响应。

为研究噪声的波矢量特征,专门提出了两种特殊目的的基阵:一种是波矢量滤波器,用于测量噪声场的波矢量特征[5,19,20];另一种是发射器基阵,用于生成已知非声波波数的压力场[21]。波矢量滤波器已用于测量湍流边界层(TBL)的特征[20],从而将 TBL 噪声与声波噪声和弯曲波噪声区分开[22],并且用于判断试验船模拟器上弯曲波的特征[1]。波数生成器已用于评估在已知波数下障板和解耦器的性能,该波数对应于舰壳基阵的噪声波数[1]。

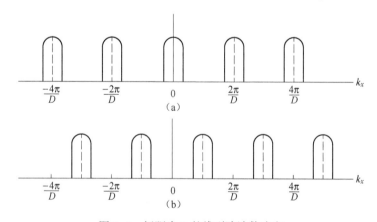

图 8-8　间距为 D 的线列阵波数响应
(a)未扫描;(b)扫描到端射方向 $k_{0x} = \pi/D$。栅瓣之间的旁瓣已略

8.2 阵 增 益

第 1 章中将指向性因数 D_f 和指向性指数 $\mathrm{DI} = 10\log D_f$ 定义为发射器或发射器基阵在主瓣方向上对声辐射聚集程度的度量。具体来说,指向性因数为主瓣方向上辐射声强与所有方向上平均辐射声强的比值。在接收基阵中,也可采用类似的指向性因数和指向性指数定义,即为基阵区分非主瓣方向入射平面波能力的度量。根据声互易原理,接收基阵的指向性因数是主瓣(MRA)方向入射平面波功率响应与所有方向入射的相同幅值平面波的平均功率响应的比值(参见第 11.2.2 节)。由于接收基阵区分噪声的能力至关重要,其指向性因数往往以不同的方式来表示,即基阵输出信噪比相对于无指向性水听器输出信噪比的提高程度[14]。如果信号是主瓣方向入射的平面波,而噪声为各向同性且不相干的混合平面波,上述定义与其他定义相同。在最简单的情况下,基阵对相干信号和不相干噪声求和,从而导致信噪比增大。然而,需要一个更通用的度量基阵区分噪声能力的方式,即能够表示信号和噪声部分相干时的情况。阵增益(AG)即是这种度量方式,AG 为基阵输出信噪比与单个水听器输出信噪比比值的对数的 10 倍[14]。它可以利用信号和噪声场的统计特性来表示,并且与指向性指数一样与频率或特定频带相关。阵增益可表示为:

$$\mathrm{AG} = 10\log \frac{\langle S^2 \rangle / \langle N^2 \rangle}{\langle s^2 \rangle / \langle n^2 \rangle} \tag{8-9}$$

式中,$\langle s^2 \rangle$ 和 $\langle n^2 \rangle$ 为单个水听器信号和噪声输出的均方值(即平方的时间平均),而 $\langle S^2 \rangle$ 和 $\langle N^2 \rangle$ 为基阵信号和噪声输出的均方值。在此定义中,单个水听器无需为全向的或具有任何其他特殊的特征,只需基阵中的水听器完全相同。需注意的是,特定的基阵几何形状、扫描和频率决定了基阵的指向性指数,但相同的基阵几何形状、扫描和频率可以有不同的阵增益,AG 取决于信号和噪声场的相干性。

基阵的信号和噪声输出可以单个水听器的输出表示如下:

$$S = \sum_i a_i s_i, \langle S^2 \rangle = \sum_i \sum_j a_i a_j s_i s_j \tag{8-10a}$$

$$N = \sum_i a_i n_i, \langle N^2 \rangle = \sum_i \sum_j a_i a_j n_i n_j \tag{8-10b}$$

式中,a_i 为幅值束控系数;Σ 为对基阵中的所有水听器求和。数值 $\langle s_i s_j \rangle$ 和 $\langle n_i n_j \rangle$ 为互相关函数,具体表示如下[23]:

$$\langle s_i s_j \rangle = \lim_{T \to \infty} \frac{1}{T} \int_0^T V_i(t) V_j(t - \tau_{ij}) \mathrm{d}t$$

式中,V_i 和 V_j 为第 i 个和第 j 个水听器的输出,其间距为 d_{ij};τ_{ij} 为两者之间存在的时间延迟。当讨论基阵的波束扫描时,采用所接收信号之间的相移 ϕ_{ij} 而不是时间延迟,则会比较方便。归一化的互相关函数可表示如下[14]:

$$\rho_{ij}^s(d_{ij}, \phi_{ij}) = \frac{\langle s_i s_j \rangle}{[\langle s_i^2 \rangle \langle s_j^2 \rangle]^{1/2}} \tag{8-11}$$

例如,当信号为第 i 个和第 j 个水听器之间、波数为 k 且抵达角度为 θ 的入射平面波(参见图 8-9),两个水听器的输出 $s_i = V_0 \mathrm{e}^{\mathrm{j}\omega t}$ 与 $s_j = V_0 \mathrm{e}^{\mathrm{j}(\omega t + kd_{ij}\cos\theta + \phi_{ij})}$ 是成比例的。

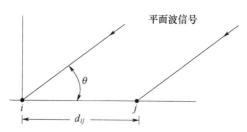

图 8-9　计算两个水听器接收平面波信号互相关函数所用坐标系

取实数部分的乘积并进行时间平均(参见第 13.3 节)可得出 $\langle s_i s_j \rangle = \frac{1}{2}V_0^2 \cos(kd_{ij}\cos\theta + \phi_{ij})$ 和 $\langle s_i^2 \rangle = \langle s_j^2 \rangle = \frac{1}{2}V_0^2$，从而得到归一化的互相关函数如下：

$$\rho_{ij}^{s}(d_{ij}, \phi_{ij}) = \cos(kd_{ij}\cos\theta + \phi_{ij}) \tag{8-12}$$

当信号为由舰船等复杂振动结构发出的声音时，往往仅为部分相干[24]。传播介质中的随机变化也会引起信号的部分相干，尤其是对于较大的基阵，从信号源到各个水听器之间的传播路径并非完全相同。

来自第 i 个和第 j 个水听器的噪声的归一化互相关函数以相同的方式表示，具体如下：

$$\rho_{ij}^{n}(d_{ij}, \phi_{ij}) = \frac{\langle n_i n_j \rangle}{[\langle n_i^2 \rangle \langle n_j^2 \rangle]^{1/2}} \tag{8-13}$$

第 8.3.1 节中提供了具体噪声场的例子。Urick[14]给出了单频和频谱平缓的平面波信号与各向同性噪声的互相关函数。下文中，将这些归一化的互相关函数称为空间相关性函数或仅为空间相关性。

信号和噪声场在基阵表面通常为均匀的，因此在基阵中每个水听器的位置存在相同的均方值。因此，可假设：

$$\langle s_i^2 \rangle = \langle s^2 \rangle, i = 1, 2, \cdots \tag{8-14a}$$

$$\langle n_i^2 \rangle = \langle n^2 \rangle, i = 1, 2, \cdots \tag{8-14b}$$

简化后，阵增益可根据空间相关性函数表示为：

$$AG = 10\log \frac{\sum_i \sum_j a_i a_j \rho_{ij}^{s}}{\sum_i \sum_j a_i a_j \rho_{ij}^{n}} \tag{8-15}$$

通常情况下上述信号被视为完全相干，而在部分情况下噪声会视为完全不相干，例如，水听器的内部噪声完全不相干。因此这是一个可与其他情形相比较的有用的情况，假设存在一个无束控的平面阵 ($a_i = 1$)，无波束扫描 ($\phi_{ij} = 0$) 且平面波信号自垂射方向入射 ($\theta = 90°$)，则相干信号和不相干噪声的空间相关性如下：

$$\rho_{ij}^{s} = 1, \text{对所有 } i, j$$

并且

$$\text{当 } i \neq j \text{ 时}, \rho_{i,i}^{n} = 1, \rho_{i,j}^{n} = 0$$

针对上述空间相关性及由 N 个水听器组成的基阵，无论水听器的布局方式如何，信号相关函数的和为 N^2 而噪声相关函数的和为 N。那么，由式(8-15)可得出阵增益如下：

$$AG = 10\log N$$

根据式(8-8c),我们可得出由 N 个无束控的全向水听器所组成的线列阵的指向性因数等于 N,且当 $kD = \pi$ 时有 $\mathrm{DI} = 10\log N$。因此对于不相干噪声场中的线列阵,在阵元间距为半波长的频率上,指向性指数在数值上与阵增益相等。然而,指向性指数与阵增益往往是不同的。指向性指数取决于频率和基阵参数,如水听器的数量及其空间布局,而阵增益则与信号和噪声特性、频率以及基阵参数均相关。指向性指数和阵增益属于基阵性能的不同度量方式,在特定几何形状的基阵和特定频率下,存在各向同性且不相干的噪声时两者可能会出现数值相等的情况。

当信号相干而噪声部分相干时,存在另一种简单的对比情况。此时,对于 $i \neq j$ 噪声的空间相关性为常数 $\rho_n < 1$:

$$当 i \neq j 时, \rho_{ii}^n = 1, \rho_{ij}^n = \rho_n$$

此外,信号相关性的和为 N^2,而噪声相关性的和为 $N + (N^2 - N)\rho_n$。根据式(8-15),得到阵增益如下:

$$\mathrm{AG} = 10\log \frac{N}{1 + (N-1)\rho_n}$$

上述结果表明对于相干噪声 ($\rho_n \approx 1$) 阵增益接近于 0dB,对于不相干噪声 ($\rho_n \approx 0$) 阵增益接近于 $10\log N$。当 N 值较大且 ρ_n 为中间数值时,阵增益接近于 $10\log 1/\rho_n$。最后一种情况表明,如果噪声相干性与水听器间距无关,较低的噪声不相干性会严重限制阵增益。例如,当 $\rho_n = 0.1$ 时,无论基阵的尺寸多大,阵增益均限制在 10dB 以下。然而,实际上噪声要么是不相干的,要么是部分相干,ρ_{ij}^n 值在水听器间距紧密时接近于 1,而随着水听器间距的增大迅速减小。在通常的阵元间距为半波长或更小时,这种部分相干性使得阵增益低于 $10\log N$。第 8.3.1 节举例说明了特定类型的部分相干环境噪声所存在的空间相关性,并在第 8.4.1 节中计算了相应的阵增益。

8.3 基阵中的噪声源及其性质

8.3.1 海洋环境噪声

海洋中的动态压力变化源于多种不同机理[2],而压敏水听器可对所有这些变化产生响应。海洋中的潮汐、海面波浪、海洋湍流以及地震扰动所造成的压力改变都会产生海洋环境噪声,但是由于频率太低,在大多数声纳应用中这些噪声源并不重要。海水中分子运动产生的热噪声为不相干噪声,且仅会影响工作在 40kHz 以上频率的被动基阵(参见图 8-10 中对各类海洋环境噪声的比较)。

对于大多数的被动基阵,海洋环境噪声的主要来源是舰船航行和海面波浪所造成的湍流、溅水和气泡。但是这两种辐射声波有不同的指向性和相干性特征。航行噪声的主要影响范围为 10~500Hz,一般由附近的各舰船单独产生,但在最低频率处则由远处多艘舰船的共同作用产生。风成噪声与频率和风速密切相关[25]。不同区域的行船密度与风速的改变使得主要的环境噪声源随时间和地点而变化,而图 8-10 中的曲线应视为平均值。间歇性噪声源如鲸鱼、其他生物体和暴风雨[2,14,26-28]会增加环境噪声的易变性。

环境噪声被发现在部分频段内指向性较强。低频噪声主要来自水平方向,其源自远距离的行船和暴风雨。在部分情况下更高频率的噪声来自接近垂直的方向,其声强指向性图接近 $\cos^2\theta$,其中,θ 是与垂直方向的夹角。这与噪声源自海面[14,29]并在气液界面处辐射出偶极子

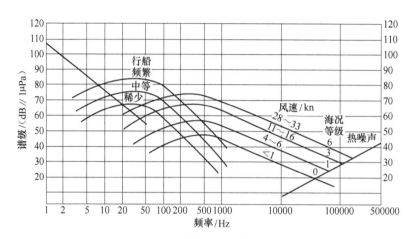

图 8-10 深海平均环境噪声谱

摘自参考文献[14](图 7-5),经半岛出版社许可使用,Westport,CT 06880

指向性图的预期一致。此外,还测得了深海中环境噪声的空间相干性[30],并建立了简单的分析模型来说明指向性和相干性的复合影响[31,32]。

噪声的指向性及其空间相干性影响了基阵的噪声输出。下面比较两个简单的环境噪声场模型,即各向同性噪声场和指向性噪声场。各向同性噪声场的噪声强度在各方向上均相同,而指向性噪声场表示存在 $\cos^2\theta$ 指向性的海洋表面噪声。各向同性一般认为是一种简化,这是因为尽管在某些情况下存在各向同性分量,但是海洋噪声从不是各向同性的。对于各向同性噪声其单频空间相关性函数仅与一个几何变量相关,即水听器之间的距离,具体表示如下[31,32]:

$$\rho_{ij}^n = \sin k d_{ij} / k d_{ij} \tag{8-16}$$

式中,d_{ij} 为第 i 个和第 j 个水听器之间的距离,且 $k = 2\pi/\lambda$(参见图 8-11)。当第 i 个和第 j 个水听器的输出存在相移 ϕ_{ij} 时,因子 $\cos\phi_{ij}$ 即包含在噪声的空间相关性中。式(8-16)和图 8-11 表明位于各向同性噪声场中且存在 $\lambda/2$ 等间距的线列阵,若 $i \neq j$,则始终有 $\rho_{ij}^n = 0$,且阵增益为 $10\log N$,如同在完全不相干噪声场中。

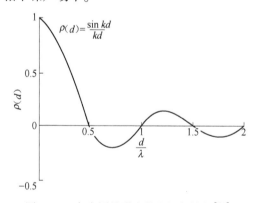

图 8-11 各向同性噪声的空间相关性[31]

当海面指向性噪声存在 $\cos^2\theta$ 指向性图时,单频信号的空间相关函数取决于这对水听器相对于海面的方位及其间距。图 8-12 给出了一对与海面平行的水听器及其几何形状。

空间相关性的结果如图 8-13 所示[31],具体如下:

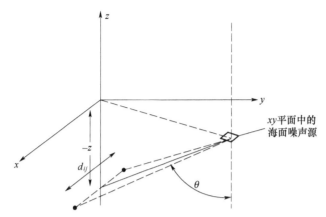

图 8-12　xy 平面中每小块海面均为辐射噪声入水的噪声源，其声强指向性图为 $\cos^2\theta$
图中一对水听器位于深度 z 且方位与海面平行

$$\rho_{ij}^n = 2J_1(kd_{ij})/kd_{ij} \tag{8-17}$$

式中，J_1 为一阶贝塞尔函数，且在应用相移时包含了因子 $\cos\varphi_{ij}$。对于各向同性噪声和海面噪声，当 $i=j$ 且 $d_{ij}=0$ 时，空间相关性都等于单位值，并且随着 d_{ij} 增大而快速降低，如图 8-11 和图 8-13 所示。需注意的是，当水听器间距较小时，海面噪声的相干性略高于各向同性噪声，但当间距增大时其下降的速度更快。

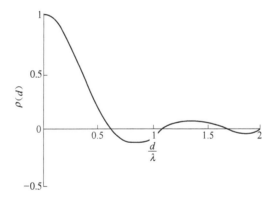

图 8-13　水听器方位与海面平行时，具有 $\cos^2\theta$ 指向性的海面噪声的空间相关性[30]

有趣的是，式(8-16)中各向同性噪声的空间相关性函数，与式(7-24a)[24,33]给出的较小声源间的互辐射阻抗，两者与水听器间距有相同的对应关系。两者均与 $\sin kd_{ij}/kd_{ij}$ 成正比，且当 kd 较小时，上述两者之间的关系式可表示如下（d 表示相邻水听器之间的间隔）：

$$R_{ij}/\rho cA_1 = (k^2A_1/2\pi)(\rho_{ij}^n)$$

式中，A_1 为单个水听器的面积。对于由小型水听器组成的任意大型矩形平面阵，利用式(7-8)可以得到全部噪声相关性求和的一个近似公式：

$$\sum_i\sum_j \rho_{ij}^n = \sum_i\sum_j \frac{\sin kd_{ij}}{kd_{ij}} = \frac{2\pi N^2}{k^2 A_A}$$

式中，N 为基阵中的水听器总数；A_A 为基阵的总面积。假设每个水听器均占据 d^2 的面积，因此基阵的总面积等于 Nd^2。那么，阵增益如下：

$$\mathrm{AG} = 10\log\frac{N^2}{2\pi N^2/N(kd)^2} = 10\log\frac{N(kd)^2}{2\pi}$$
$$= 10\log N - 10\log[2\pi/(kd)^2] \tag{8-18}$$

上述结果仅当 kd 低于 $\pi/2$ 时近似有效。当 $kd = \pi/2$ 时,与 $10\log N$ 相比会降低 4dB 左右。当 kd 更小时阵增益会下降更多,这是由于噪声的相关性更强。

8.3.2 结构噪声

上一节讨论的海洋环境噪声指海洋表面或其他远距离噪声源所辐射的噪声,这也是固定安装基阵的主要噪声,但是承受强水流冲击的基阵除外。然而,对于安装在舰船上或由舰船拖曳的被动基阵,当舰船速度较低时环境噪声可能很重要,但随着舰船速度提高其他噪声源增大,并取代环境噪声的主导地位。由螺旋桨引起的湍流和空化辐射出的噪声,沿着不同的水中路径抵达基阵,如沿船体表面的入射,海面或底部反射,或者混响。机械和湍流激发的船体振动通过弯曲波传播到基阵附近,在基阵附近水域中产生衰减压力波。此外,弯曲波也可以通过安装结构将振动传播到水听器。最后,对于舰壳声纳,沿船体的水流会在水听器附近的湍流边界层上产生压力起伏。在中高船速时,后几类非声噪声是舰壳声纳基阵噪声控制所面对的主要问题。

首先以一个基于水下平板结构的简单模型为例,讨论由机械和水流所激发的结构噪声的基本特征。假设存在一个无限大弹性薄平板,其一侧为空气另一侧为水,作为船体的一个非常简化的模型。机械振动在一侧作用于平板,而水流会在另一侧作用于平板,从而产生传播到基阵的弯曲波,该基阵往往安装在舰船前部。此外,平板也可以代表一个声纳导流罩,此时两侧均为水体且内侧水体相对于平板处于静止状态。在以上两种情况下,振动的平板会在水中产生压力波,从而对附近基阵产生噪声。这些波与声波有所不同,但是所有的压力起伏均会在水听器中产生噪声,因此必须了解其特征从而加以控制。

薄平板中的弯曲波的传播速度与平板的机械属性、频率和其附近的介质有关。两侧均为真空时,则称为自由板状态,其波数如下:

$$k_\mathrm{p} = (\mu\omega^2/D)^{1/4} \tag{8-19}$$

且其波速如下:

$$c_\mathrm{p} = \omega/k_\mathrm{p} = (\omega^2 D/\mu)^{1/4} = [\omega^2 Yh^2/12\rho(1-\sigma^2)]^{1/4} \tag{8-20}$$

式中,$D = Yh^3/12(1-\sigma^2)$ 为抗弯刚度;$\mu = \rho h$ 为单位面积质量;Y 为杨氏模量;σ 为密度;h 为平板的厚度。当一侧或两侧均为水时,平板的弯曲波速因存在水的质量负载而降低,无法采用如式(8-20)的简单表达式,但仍是以类似的形式随频率增大。当根据式(8-20)所得自由板弯曲波速在给定介质中等于声速($c_\mathrm{p} = c$)时,该频率被称为此介质的相干频率。介质中所产生压力波的类型取决于其频率是高于还是低于相干频率,根据式(8-20)可得到:

$$\omega_\mathrm{c} = c^2[12\rho(1-\sigma^2)/Yh^2]^{1/2} \tag{8-21}$$

多数情况下,与声纳相关的频率会低于相干频率。例如,当 0.0508m(2in)厚的钢板位于水中时,$f_\mathrm{c} = \omega_\mathrm{c}/2\pi$ 约为 5kHz,而 1in 厚钢板的 f_c 则为 10kHz 左右。

低于相干频率时,以速度 c_x 在水下平板中传播的弯曲波会在水中产生亚声速的压力波,其以速度 c_x 平行于平板传播,并且其幅值随着与平板的距离呈指数衰减[3]。当与平板的距离为 d 时,衰减因子表示为 $\exp[-(k_x^2 - k^2)^{1/2}d] = \exp[-\omega(1/c_x^2 - 1/c^2)^{1/2}d]$,也即当弯曲波数超出声波数很多时会出现快速衰减。上述压力波的这种易消失性,对于判断其对舰载或舰船附近水听器噪声的贡献作用至关重要。很难用一种通用的方法来讨论这种影响,这是因为船体结构中弯曲波的激发机理,以及结构不均匀性所产生的散射会造成波数的频谱范围很宽。然而,简单的模型也是有用的,如一个点或线作用力在特定频率下作用于一个无限平板,其表明起支配作用的波数为式(8-19)给出的自由板波数。一些降低结构噪声的简化算法将在第8.4.2节讨论。

8.3.3 流噪声

湍流边界层(TBL)压力波动的波矢量谱已在文献[35-37]进行分析与建模,并在特定情况下进行了测量。然而,在大多数的试验中很难避免相关的水声信号与结构噪声的污染。对于航行舰船船体上存在的TBL,可以看作主要由水流方向不同频率和波矢量的波混合而成,其波数为k_x。TBL的一小部分能量会按波数k_y横向于水流方向传播,而更小一部分能量会由船体向外传播,还包括少量的声辐射[38]。TBL频谱的峰值水平出现在波数$k_x = k_c = \omega/u_c$且$k_y = 0$时,其中,k_c为对流波数,u_c为对流流速。TBL压力起伏的主要特征包含在Corcos波矢量频率谱模型中[35],具体表示如下[3]:

$$P(k_x, k_y, \omega) = P(\omega) \frac{\alpha_1 \alpha_2 k_c^2}{\{\pi^2[(k_x - k_c)^2 + (\alpha_1 k_c)^2][k_y^2 + (\alpha_2 k_c)^2]\}} \quad (8-22)$$

式中,α_1和α_2为常数;$P(\omega) \approx \rho^2 v_*^4/\omega$(Pa²·s 以 MKS 为单位),其中,$\rho$为水密度,$v_*$为摩擦速度[3]。$P(k_x, k_y, \omega)$为均方压力谱密度,涉及频率和两个波矢量分量(Pa²·m²·s 采用 MKS 单位)。

在频率较低时对流速度约等于船速。因此当船速为10m/s(约20kn)时,对流波数大约是声波数的150倍。如图8-14所示,TBL的大部分能量集中在接近k_c的较高波数处,这样就使得TBL的这部分频谱相对容易控制,可通过外部解耦器的吸收和较大面积水听器的区域平均来实现(参见第8.4.3节)。

对于声纳应用最棘手的部分是TBL频谱的低波数区域,这里k_x接近声波数,而对于接收基阵,外部解耦器对声波数必须是易透过的。因此,TBL频谱一个很重要的特点是它在$k_x = k_c, k_y = 0$时的数值与在声波数$k_x = k = \omega/c, k_y = 0$时的数值的比值。利用式(8-22)可近似得到在$k \ll k_c$时该比值如下:

$$P(k_c, 0, \omega)/P(0, 0, \omega) 1 + 1/\alpha_1^2$$

测量得到该比值约为40dB[22,39],对应于$\alpha_1 = 0.01$。图8-14给出了波矢量频率谱的实例,其速度为20kn且有$\alpha_1 = 0.01$和$\alpha_2 = 1.0$[3]。

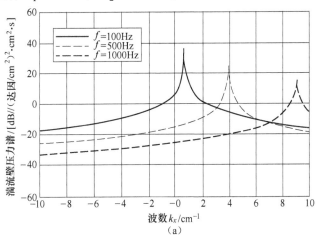

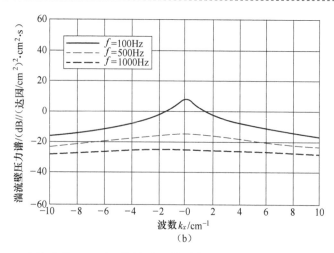

图 8-14 水流速度 20kn,在不同频率下分别为 $kx(ky = 0)$(a)和 $ky(kx = 0)$
(b)的函数时的湍流壁压力谱[39](经美国声学学会许可使用)
注:图中均采用 CGS 单位制

8.4 基阵噪声的控制

8.4.1 环境噪声控制

由于环境噪声属于声波噪声,噪声控制主要通过基阵的相控和束控实现,但有时也可使用障板反射或吸收来自特定方向上的噪声,比如避免海面噪声到达潜艇接收基阵。如果环境噪声完全不相干,则阵增益为 $10\log N$,但噪声往往存在部分相干性,这使得典型几何形状的基阵阵增益低于 $10\log N$。利用计算与海面平行的 N 元线列阵的阵增益来解释这种降低噪声的方法,并模拟在各向同性噪声或指向性表面噪声占主导时低速拖曳基阵的情况。式(8-16)和式(8-17)给出了这两类环境噪声的近似空间相关性函数。

为了进一步简化,我们选择一个频率使得相邻水听器之间的间隔 d 为 $\lambda/4(kd = \pi/2)$,并且仅考虑最近和次最近水听器的相关性。在线列阵末端的两个水听器均只有一个最近和次最近水听器,而两个次末端的水听器均有两个最近和一个次最近水听器,而其他的水听器($N - 4$)均有两个最近和两个次最近的水听器。对于式(8-16)中的各向同性噪声场,存在 $kd = \pi/2$,则最近邻水听器的相关性为 $\rho_{ij}^n(\pi/2) = 2/\pi$,且次最近邻水听器的相关性为 $\rho_{ij}^n(\pi) = 2/\pi$。因此,包括 N 个 $\rho_{ii}^n = 1$ 值,噪声相关性总和如下:

$$\sum_i \sum_j \rho_{ij}^n = N + 2(N - 1)(2/\pi)$$

对于来自垂射方向且不存在波束扫描($\phi_{ij} = 0$)的平面波信号($\theta = 90°$),每个信号相关性均为单位值,且信号相关性的总和为 N^2。因此,由式(8-15)得到阵增益如下:

$$AG = 10\log \frac{N^2}{N + 2(N - 1)(2/\pi)} \approx 10\log \frac{N}{1 + 4/\pi} = 10\log N - 3.6\text{dB}$$

当 N 较大时,以上形式的结果可与完全相干噪声时的 $10\log N$ 进行简单比较。我们看到,各向同性噪声场的部分相干性使阵增益降低了 $10\log(1 + 4/\pi) = 3.6$dB。对于各向同性噪声,无论基阵与海面之间的方位如何,此结果是不变的。需注意若基阵间距低于 $kd = \pi/2$,则噪声相关性与阵增益损耗均会增大。另外,当间距为半波长即 $kd = \pi$ 时,噪声相关性则始终为零并且不存在阵增益损失。

现在我们计算海面指向性噪声场中同一水平线列阵的阵增益,其中空间相关性根据式(8-17)得出。此时,图 8-13 显示 $kd = \pi/2$ 时,包括 $\rho(\pi/2) \approx 0.8$ 和 $\rho(\pi) \approx 0.2$,最近和次最近水听器相关性均为正值。较远水听器的相关性则较小,出于简化考虑本例中对此类相关性忽略不计。端部两个水听器的相关性总和均为 $(1+0.8+0.2)$;次末端的两个水听器的相关性总和均为 $(1+1.6+0.2)$;其他水听器 $(N-4)$ 的相关性总和均为 $(1+1.6+0.4)$。上述所有水听器的噪声相关性总和则为 $(3N-2.4)$,而信号相关性的总和仍为 N^2。因此,阵增益如下:

$$AG = 10\log \frac{N^2}{3N - 2.4} \approx 10\log \frac{N}{3} = 10\log N - 4.8 \text{dB}$$

本例中阵增益损失超过了各向同性噪声的情况,这是因为未扫描水平基阵的主波束指向海面指向性噪声强度最大的部分。Barger[32]以 kd 的函数形式给出了 $N = 50$ 时的类似结果。

如果将波束扫描方向从最大噪声方向移走,则可以大幅提高阵增益。例如,假定信号与基阵平行 $(\theta = 0°)$,且波束扫描到端射 $(\phi_{ij} = -kd_{ij})$ 方向,信号相关性的总和仍为 N^2。但是,现在通过因子 $\cos\phi_{ij}$ 改变噪声相关性如下:

$$\rho(\pi/2) = 0.8\cos(\pi/2) = 0 \text{ 且 } \rho(\pi) = 0.2\cos\pi = -0.2$$

其总和为 $0.6N + 0.8$。这种情况下,阵增益提高到:

$$AG = 10\log \frac{N^2}{0.6N + 0.8} \approx 10\log \frac{N}{0.6} = 10\log N + 2.2 \text{dB}$$

以上这些单频信号的简单例子说明了噪声相干性如何使阵增益降低到 $10\log N$ 以下,以及当噪声有指向性时如何将特定接收方向上的阵增益提高到超过 $10\log N$。当噪声有指向性时,可设计一个噪声方向响应为零的基阵,或利用自适应波束形成等信号处理技术来降低一个或多个方向上的噪声。Farana 和 Hills[40]提出了一种确定束控系数的方法,可使得在各向同性噪声场或水听器内部不相干噪声时基阵输出的均方信噪比最大。

对于压敏水听器,超指向性基阵噪声的危害尤其严重,这是因为各输出之间的差异所造成的信号灵敏度降低超过了部分相干噪声。下面以一个线列阵为例来说明这种影响。该基阵由位于各向同性噪声场的五个水听器组成,阵元间距为 $\lambda/4$。首先假设所有水听器都经过均匀束控 $a_i = 1$,由式(8-8a)得出 $D_f = 2.5$ 且 DI = 4dB。由于存在 $\rho_{ij}^n = \sin kd_{ij}/kd_{ij}$,噪声相关性的总和为 $5 + 8/\pi$,垂射波束($\theta = 90°$ 且 $\phi_{ij} = 0$)的信号相关性总和为 25,则阵增益为 $10\log 3.3 = 5.2$dB。如果相同的基阵采用简单的超指向性束控,中心和两端水听器有 $a_i = 1$ 且另外两个水听器 $a_i = -1$,则 ϕ_{ij} 为 0 或 π。当相关性中包含 $\cos\phi_{ij}$ 因子时,噪声相关性的总和为 $5 - 8/\pi$,信号相关性的总和为 1,则阵增益降低到 $10\log 0.4 = -2.3$dB。两种束控下对于不相干噪声阵增益的损失最大,此时噪声相关性的总和为 5,阵增益从均匀束控时的 7dB 下降到简单超指向性束控的 -7dB。

压力梯度敏感型水听器和振速敏感型水听器也对噪声非常敏感,这是因为两者的灵敏度随着频率的下降而降低。以一个压力梯度敏感型水听器为例,其由两个间隔 s 较小的小型压敏水听器组成,两个水听器相减作为输出(参见第 8.5.1 节)。对于 MRA 方向上的偶极子信号,其噪声相关性的和为 $2(1 - \cos ks)$。对于不相干噪声,噪声相关性为 2,阵增益由比值给出 $10\log(1 - \cos ks) \approx 10\log[(ks)^2/2]$。当 ks 值较小时,阵增益为负值(如 $ks = 0.1$,则为

-23dB),可参见第 8.5.2 节。

8.4.2 结构噪声控制

声纳基阵往往安装在舰船前部,尽可能远离主要的机械噪声源。多数情况下为避免直接接触到水流,基阵会被安装在一个导流罩内,导流罩采用薄钢板或玻璃纤维增强塑料制造。此时,水听器基阵必须安装在导流罩内的某个舰船结构部件上,或仅安装在导流罩内壁上。因此,水听器会接收到来自导流罩结构的弯曲波噪声,以及导流罩内舰船结构其他部件的弯曲波噪声。由于弯曲波噪声具有易消散性,若安装结构自身可隔离振动,那么即使水听器安装位置与振动表面之间有很小的距离也可以有效降低噪声。

潜艇基阵由于尺寸太大无法安装在导流罩内,而是直接安装在压力船体上,因此很难进行结构噪声控制。这种情况下压力船体表面必然存在流线形隆起部分,其厚度和重量至关重要,因为它们能够增大阻力、降低速度并影响浮力。这类基阵除了水听器外还包括其他几个部件,具体如图8-15所示。

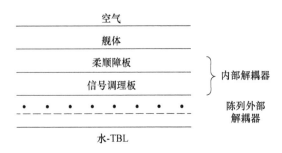

图 8-15 舰载水听器基阵的部件模型

低阻抗的柔顺障板会降低到达水听器的船体噪声,但它也会反射信号并使之发生相移,从而降低水听器的接收信号。因此,需要在障板外增加一层高阻抗材料(即信号调理板,通常为钢板),增大表面阻抗并降低信号衰减[41]。障板和信号调理板共同组成内部解耦器。埋置在弹性材料中的水听器基阵与外部解耦器位于内部解耦器和水体之间。所有的这些部件均置于有限厚度的空间内,并经过整体优化以在可接受的重量、厚度和信号衰减范围内达到所需的降噪效果[1]。外部解耦器对流噪声的影响将在下一节中讨论。

抵达舰载基阵的结构噪声波数谱取决于水流与机械激励的相对值,该相对值与基阵在舰船结构的安装位置有关。此处仅通过讨论高度简化的解析模型来说明,如受到点、线作用力或湍流影响的无限弹性板的激励[3,5]。建模的目的是确定通过多层柔顺吸收材料能够实现的降噪效果,其中将外部钢板(内部解耦器)置于代表船体的振动板和基阵之间,具体如图8-16所示。

对于船体板的特定振动,信号调理板外侧的水中压力(即噪声声压)可认为是对于不同内部解耦器材料与厚度的频率的函数。内部解耦器的有效性可根据其插入损失进行评价,也即水听器所在的远离位置处水中噪声声压与无内部解耦器时位置的噪声声压的比值,p_{nid}/p_{n0}。

内部解耦器降低了抵达水听器基阵的结构噪声,但往往也会降低信号声压[41]。例如,当内部解耦器非常柔软时能够大幅降低噪声,但平面波信号会被反射并发生较大相移,从而降低总的信号声压。为了最小化信号衰减,必须利用信号调理板增加直接面对水听器的内部解耦器表面阻抗,而是否安装内部解耦器时的信号声压比 p_{sid}/p_{s0} 即信号增益,也需要考虑在内。单个水听器在是否安装内部解耦器时的信噪比可利用插入损失和信号增益表示如下:

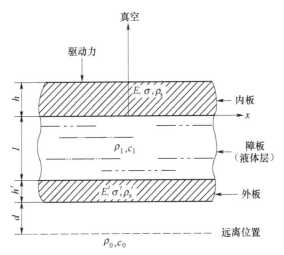

图 8-16 隔离弯曲波的模型几何图[43]

(经美国声学学会许可使用,E 为杨氏模量;σ 为泊松比;ρ 为密度)

$$(s/n)_{\text{id}} / (s/n)_0 = [(p_{\text{sid}}/p_{\text{nid}})/(p_{\text{s0}}/p_{\text{n0}})] = [(p_{\text{sid}}/p_{\text{s0}})/(p_{\text{nid}}/p_{\text{n0}})] \quad (8-23)$$

上述比值可称为内部解耦器的信噪比增益,基阵中每个水听器的此数值均接近。

前文计算弯曲波插入损失时[42,43],利用低声速液体对图 8-16 所示内部解耦器的障板层进行建模,并以内板代表振动的船体,外板代表信号调理板。水中声压的计算在距离振动板 $l + h' + d$(参见图 8-16)的位置进行,并分别考虑安装和未安装障板/信号调理板的情况。图 8-17 中给出了安装和未安装信号调理板时插入损失的计算结果,其中船体板由谐波线作用力驱动。

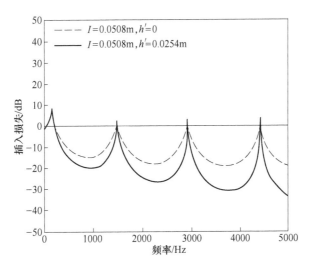

图 8-17 钢板厚 h = 0.0508m,距离 d = 0.0254m 处线作用力激励的弯曲波插入损失

$E = E' = 1.9 \times 10^{10}$, $\sigma = \sigma' = 0.28$, $\rho_s = \rho'_s = 7700 \text{kg/m}^3$, $\zeta = \zeta' = 0.1$(材料阻尼因子),$\rho_1 = 1000 \text{kg/m}^3$, $c_1 = 150 \text{m/s}$, $\rho_0 = 1000 \text{kg/m}^3$, $c_0 = 1500 \text{m/s}$ [41](经美国声学学会许可使用)

从图中可见,在 1kHz 左右频带处可以获得 10~15dB 的插入损失。Ko 等[3]在专著中基于图 8-16 类似的模型进行了大量计算,并对比分析了不同障板材料与信号调理板的影响。此外,

还评估了内部解耦器的信号增益,以及结合插入损失得出的如式(8-23)[3]所定义的内部解耦器信噪比增益。其研究结果也表明,弯曲波插入损失在数值上与法向入射的平面波插入损失接近,由于声插入损失更容易测得,因此这个结论非常有应用价值[43]。

除了单个水听器的内部解耦器增益外,基阵也可以产生阵增益,具体与通过内部解耦器的噪声的相干性和波数谱有关(参见第8.4.4节)。然而,若噪声在与基阵栅瓣一致的波数上携带了可观的能量,则针对结构噪声的阵增益可能会减小。基阵的波矢量响应在第8.1.4节中进行了简单介绍,它在舰壳基阵的整个噪声控制问题中起重要的作用。

对于如第8.1.1节中所讨论的平面矩形基阵,图8-18给出了波矢量响应的定性说明,中央的小圆圈表示主瓣,其他小圆圈表示栅瓣。

为简化图形,位于栅瓣之间的旁瓣在图中略去。对于二维方向间距为D的基阵,栅瓣出现在$k_x = \pm 2\pi n/D$和$k_y = \pm 2\pi m/D$时,其中,n和m均为整数。在声波波长为$2D$的频率下,波矢量的幅值为$k_a = (k_{ax}^2 + k_{ay}^2)^{1/2} = \pi/D$,如图8-18所示半径为$17\mathrm{m}^{-1}$的圆圈代表在基阵平面内来自各个方向的4kHz掠射波。所有其他方向声波的k_a值均在这个圆圈内,且当为垂射波时$k_a = 0$。当主瓣在这个圆圈内扫描以接收声信号时,栅瓣的整个指向性图也在相同方向以相同的波数扫描。

现在我们在这个基阵指向性图上叠加噪声波,这些噪声波可能是来自船体和信号调理板的弯曲波。为简化讨论,我们采用自由板波数并忽略由内部解耦器的柔顺部分、基阵、外部解耦器和水体所产生的负载的影响。式(8-19)用于计算图8-19所示的结果,图中比较了声波波数与分别采用1in和2in厚钢板作为信号调理板时船体模型的自由板波数。

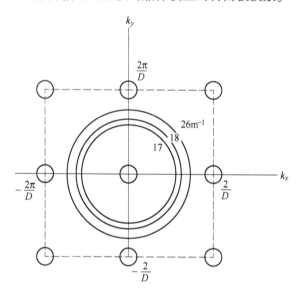

图8-18 间距为D未扫描矩形基阵的波矢量响应(显示主瓣和第一个栅瓣)
半径为$17\mathrm{m}^{-1}$、$18\mathrm{m}^{-1}$和$26\mathrm{m}^{-1}$的三个圆圈分别代表4kHz声波波数和厚度为2in、1in的钢板的自由板波数。

作为特例,4kHz时存在$k_a = \omega/c = \pi/D$,则图8-18中有$\pi/D = 17\mathrm{m}^{-1}$,$2\pi/D = 34\mathrm{m}^{-1}$,以此类推。根据图8-19在4kHz时1in和2in厚钢板的波数分别为$26\mathrm{m}^{-1}$和$18\mathrm{m}^{-1}$,这显示在图8-18所示的基阵指向性图中,圆圈代表在基阵平面内来自各个方向的弯曲波。当基阵扫描时栅瓣也发生移动,但声波和弯曲波波数是固定不变的。此例中,未扫描基阵的栅瓣与弯曲波圆圈

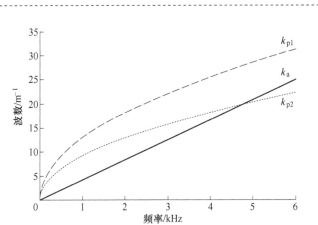

图 8-19 波数与频率的关系

k_a 表示声波;k_{p1} 表示 1in 厚钢板;k_{p2} 表示 2in 厚钢板

均不会相交。然而,若基阵扫描到 $k_{0x}=+8\mathrm{m}^{-1}$,$k_{0y}=0$,则在 $k_x=-34\mathrm{m}^{-1}$,$k_y=0$ 时 1in 厚钢板的栅瓣会与弯曲波圆圈重叠。如果板中的弯曲波按此方向传播,则它们会在栅瓣中被接收,从而基阵噪声会增大。为了将此影响降到最低,必须对噪声的预期波矢量谱进行详细分析,从而优化基阵间距[1,5]。波矢量滤波器和波数生成器是分析上述噪声问题的重要实验工具(参见第 8.1.4 节)。

内部解耦器必须含有柔顺材料,从而有效降低到达水听器的结构噪声。如果柔顺材料中包含带气孔的弹性体,则解耦器的插入损失会随着深度变化而衰减,这是因为静压力会压缩气孔。因此,在潜艇应用中,必须使用一种预调谐解耦器,这种解耦器在低频时声阻抗率较高,而在整个基阵带宽内阻抗较低。在一定程度上柔顺管障板[1,44]满足了上述要求。柔顺管是一个充满空气且端部密闭的长管,横截面为椭圆形或矩形。管材可为金属,或者玻璃、碳纤维强化塑料,具体根据深度、频率和成本情况确定。其宽度和壁厚可依据以下两种情况确定,即一阶宽度谐振必须接近基阵频带的中间,且管壁内的最大应力必须低于管材在最大深度时的屈服强度。柔顺管障板包含一个由此类管组成的基阵,柔顺管均紧密布局并埋置在橡胶中。包含一层柔顺管的障板,在常用的深度范围以及一个倍频程左右的带宽内可以得到 10~20dB 的插入损失。多层和不同尺寸的柔顺管可实现更大的带宽。

8.4.3 流噪声控制

相比于结构噪声控制,针对流噪声控制的分析更全面,这是因为 TBL 波矢量谱模型,如 Corcos 模型,可应用于舰载声纳基阵噪声降低值的计算。Ko 等[3]以及 Ko 和 Schloemer[45,46] 均在文章中讨论了这类计算结果。TBL 激励可视为作用于分层基阵结构的外表面上,如图 8-15 所示的情况,外部解耦器将基阵与水体分离。由于声信号波数远低于流噪声主要部分的波数,仅包含一个橡胶层的外部解耦器就可以极大地降低流噪声,同时对信号的衰减极低。图 8-20 给出了几种不同厚度的外部解耦器时噪声降低(插入损失)的计算结果。

上述计算没有考虑图 8-15 所示的整体结构。外部解耦器附着到 2in 厚的信号调理板上,而声压的计算是在外部解耦器距离信号调理板 0.5in 处的一点,以模拟一个小型的内置水听器。计算包含了 TBL 波矢量谱通过外部解耦器的传输过程,并合并了两个波矢量分量,从而得出了各频率下的结果[3,47]。显然,在较低的频率下噪声降低程度较大。这种降低可视为外部

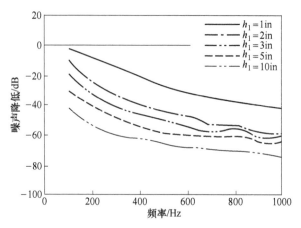

图 8-20 橡胶外部解耦器厚度(h_1)对 TBL 噪声的影响(针对点式水听器)[46]

(经美国声学学会许可使用)

解耦器的插入损失。

由于面积平均,若单个水听器尺寸超过流噪声波长,则相对于声信号也可以实现流噪声的降低。这种情况的发生是因为任何平行于水听器表面传播的压力波,在临近区域产生的压力增大和降低,以及这些区域所产生的电响应会在水听器的输出端相互抵消。因此,面积平均使得那些波长远低于水听器宽度的流噪声分量被显著地消除。采用轻质柔性薄材料制作具有均匀灵敏度的水听器,如第 6.3.3 节中讨论的压电陶瓷-聚合物复合材料和聚偏二氟乙烯(polyvinylidene fluoride)材料,就适用于此类情况。图 8-21 给出了利用大面积方形水听器实现噪声降低的例子,其中边长分别为 1in、5in 和 20in,并与点式水听器进行了对比。需注意的是,噪声的降低是在没有外部解耦器时利用水听器尺寸的改变实现的。

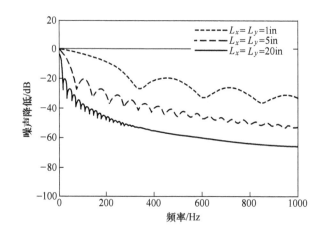

图 8-21 水听器尺寸(嵌入式安装)对湍流噪声降低的影响[46]

(经美国声学学会许可使用)

图 8-21 中利用水听器尺寸的改变实现噪声降低和图 8-20 中利用外部解耦器的厚度实现噪声降低不是相互独立的,因为外部解耦器改变了到达水听器的噪声的波矢量谱。例如,可同时利用外部解耦器和一个大面积水听器实现整体的噪声降低,如图 8-22 所示。此时,图 8-21

所示相同尺寸的水听器嵌入在一个 2in 厚的外部解耦器中,其与信号调理板的距离为 0.5in。可见,外部解耦器显著提高了对最小水听器的噪声衰减,但对较大水听器的提高效果不明显。这是可预见的,因为当大部分高波数噪声已被其中一种方法消除时,另一种方法就不能再实现大幅度的降低。具体了解可对比图 8-20 中采用点式水听器的外部解耦器,图 8-21 中仅采用大面积水听器和图 8-22 中同时采用外部解耦器和大面积水听器 3 种情况。

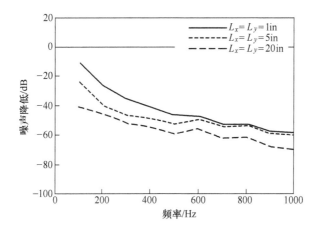

图 8-22　嵌入在 2in 厚弹性体内水听器尺寸的影响[46]
(经美国声学学会许可使用)

最后,对于克服流噪声的阵增益的讨论还涉及位于外部解耦器后面的内嵌基阵的情况。图 8-23 给出了几种紧密堆积的方形基阵的计算结果,包括 5×5、10×10、20×20 和 40×40,即计算结果假设水听器之间不存在间距。单个 2in 方形水听器的情况如图 8-22 所示,其嵌在 2in 厚外部解耦器中且距离为 0.5in。可见,在每种情况下当换能器数量以倍数 4 增加时,可额外产生大约 6dB 的噪声降低。此外,与图 8-20 中 h_1 = 2in 的曲线进行比较,发现相对于一个点式水听器,基阵产生的额外的噪声降低在较低频率时更显著。

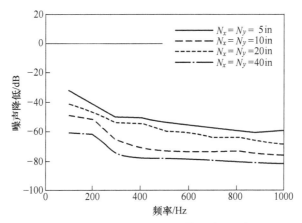

图 8-23　嵌入在 2in 厚弹性体内水听器数量
(水听器之间无间距)的影响[46] (经美国声学学会许可使用)

根据第 7.1.3 节中的讨论,图 8-23 中的计算不考虑完全紧密堆积基阵的栅瓣。采用水听器中心间距为3in且相邻水听器间距为1in的情况重复上述计算,所得结果差别并不大。当基阵间距增大后,会出现相反的两种影响。首先,栅瓣中会接收到一些额外的高波数噪声,但这些高波数噪声已被外部解耦器所消减。其次,基阵的面积增加了一倍以上,使其区分低波数噪声的能力得以提升。

Ko等[3]的专著中包含了很多利用水听器、基阵和外部解耦器进行流噪声控制的其他计算,包括对非矩形水听器和表面灵敏度不均匀水听器的研究。

8.4.4 噪声控制小结

前面所提及的舰壳基阵受本章所讨论的环境噪声、结构噪声和流噪声以及第6章所讨论的水听器内部噪声的影响。每种噪声类型在水听器位置的相对声强取决于频率、航速、机械状况、舰体安装位置、内部和外部解耦器有效性,以及水听器的面积。此外,内部解耦器可能会造成信号的衰减。基阵的整体增益取决于水听器处不同类型噪声的相对声强,因此也与所有的噪声降低措施的有效性有关。

在特定频率下,抵达单个水听器的声信号s,通过内部解耦器的信号增益$(p_{sid}/p_{s0}) = G_s$与自由场声信号s_0相关,并得到:

$$s = G_s s_0 \tag{8-24}$$

此时,假设外部解耦器不会造成声信号的衰减。按照此假设,水听器处的环境声噪声n_a也不会被外部解耦器造成衰减,但会受到内部解耦器的影响,使得$n_a = G_s n_{0a}$,其中,n_{0a}为海洋中的环境噪声。当整合所关注频率下所有波数的分量后,由于内部解耦器的插入损失L_{id},导致到达各水听器的结构噪声n_s从无内部解耦器时的数值n_{0s}降低为:

$$n_s = L_{id} n_{0s} \tag{8-25}$$

此外,到达各水听器的整合所有波数分量的流噪声n_f,被外部解耦器与水听器面积平均的复合插入损失L_{0dh}降低为:

$$n_f = L_{0dh} n_{0f} \tag{8-26}$$

不同类型的噪声彼此不相关,而各水听器的总均方噪声还包含了水听器的内部噪声n_h,具体如下:

$$\langle n_a^2 \rangle + \langle n_s^2 \rangle + \langle n_f^2 \rangle + \langle n_h^2 \rangle = G_s^2 \langle n_{0a}^2 \rangle + L_{id}^2 \langle n_{0s}^2 \rangle + L_{0dh}^2 \langle n_{0f}^2 \rangle + \langle n_h^2 \rangle \tag{8-27}$$

式中,G_s^2、L_{id}^2和L_{0dh}^2均为幅值的平方。

现在我们讨论单个噪声分量如何影响阵增益。首先,考虑式(8-9)中对阵增益的原始定义,只要我们合理假设内部解耦器的信号增益对每个水听器均相同,它们对环境噪声的影响也会抵消。但是,内部和外部解耦器的插入损失以及面积平均都会影响阵增益,除非是在各类噪声存在相同空间相关函数这种不太可能的情况下。假设信号以及各类噪声在每个水听器位置的均方值均相同,则依据空间相关函数形式的阵增益公式(8-15)可表示为:

$$AG = 10\log \frac{\sum \sum \rho_{ij}^s}{\sum \sum [G_s^2 \langle n_{0a}^2 \rangle \rho_{ij}^{na} + L_{id}^2 \langle n_{0s}^2 \rangle \rho_{ij}^{ns} + L_{0dh}^2 \langle n_{0f}^2 \rangle \rho_{ij}^{nf} + \langle n_h^2 \rangle \rho_{ij}^{nh}]}{G_s^2 \langle n_{0a}^2 \rangle + L_{id}^2 \langle n_{0s}^2 \rangle + L_{0dh}^2 \langle n_{0f}^2 \rangle + \langle n_h^2 \rangle} \tag{8-28}$$

在式(8-28)中,求和是对基阵中全部水听器进行的;ρ_{ij}^s为信号的空间相关函数;ρ_{ij}^{na},ρ_{ij}^{ns},ρ_{ij}^{nf}和ρ_{ij}^{nh}分别为水听器的环境噪声、结构噪声、流噪声和内部噪声的空间相关函数,其中,ρ_{ij}^{nh}为不相干的。需注意的是,在水听器位置处任一种噪声远超出其他噪声的情况下,此时式(8-28)

简化为式(8-15)中的简单形式。式(8-28)可以更紧凑的形式表示如下:

$$AG = 10\log \frac{\sum\sum \rho_{ij}^s}{\sum\sum [f_a\rho_{ij}^{na} + f_s\rho_{ij}^{ns} + f_f\rho_{ij}^{nf} + f_h\rho_{ij}^{nh}]} \quad (8-29a)$$

式中, f_a、f_s、f_f 和 f_h 为在水听器位置处各种形式的噪声分别占总噪声强度的比值。这些分数与噪声源相关,并且也与内部和外部解耦器的有效性以及面积平均相关。

举个简单的例子,假设结构噪声被内部解耦器降低而流噪声被外部解耦器和面积平均方式降低后,水听器位置处的环境、结构和流噪声强度均相同。此外,还假设水听器内部噪声可忽略不计。那么,得到 $f_a = f_s = f_f = 1/3$ 且 $f_h = 0$。此外,为了简化讨论,本例中假设结构噪声和流噪声为彼此不相干的,也即是:

$$\rho_{ij}^s = \rho_{ij}^f = 1(i = j = 0, \text{且} i \neq j)$$

N 元水听器基阵的阵增益变为:

$$AG = 10\log \frac{3\sum\sum \rho_{ij}^s}{\sum\sum \rho_{ij}^{na} + N + N} \quad (8-29b)$$

现在,我们再看第 8.4.1 节中第一个计算阵增益的例子,即一个水平线列阵位于各向同性环境噪声中的情况。但是,现在我们假设基阵安装在舰船上,除了部分相干的环境噪声外,在水听器位置处还存在强度相同的不相干的结构噪声和流噪声。可采用第 8.4.1 节中对线列阵环境噪声相关性的求和形式,水听器间距为 $\lambda/4$ 且仅考虑最近和次最近水听器的相关性。如前所述,假设信号为来自垂射方向的平面波,那么信号相关性的总和等于 N^2。在此条件下,由式(8-29b)可得出:

$$AG = 10\log \frac{3N^2}{N + 2(N-1)(2/\pi) + 2N} \approx 10\log \frac{N}{1 + 4/3\pi} = 10\log N - 1.5\text{dB}$$

与第 8.4.1 节中的对应结果进行比较发现,额外的结构和流噪声使得阵增益提升了 2.1dB,从 $10\log N - 3.6$dB 提升到 $10\log N - 1.5$dB。这样的阵增益提升是由于不相干的结构和流噪声与部分相干的环境噪声相混合,造成平均相干性下降所引起的。阵增益取决于噪声的相干性,在平均相干性降低时会得到提升。此外,阵增益与噪声的总声强无关。

上述各种噪声控制措施之间的关系可以另一种方式表示,即考虑基阵的信噪比,而信噪比与噪声的总声强有关。利用式(8-9)、式(8-24)和式(8-27),可将基阵的信噪比表示如下:

$$(S/N)_{\text{array}} = AG + (s/n)_{\text{hyd}} = AG + 10\log G_s^2 + 10\log\langle s_0^2\rangle - 10\log I_N \quad (8-30)$$

式中,

$$I_N = G_s^2\langle n_{0a}^2\rangle + L_{id}^2\langle n_{0s}^2\rangle + L_{odh}^2\langle n_{0f}^2\rangle + n_h^2$$

以上为在水听器位置处噪声的总声强,可由式(8-27)得出。上述表达式表明内部解耦器使得结构噪声降低 $10\log L_{id}^2$dB,除非结构噪声是唯一严重的噪声,否则它不会使基阵的信噪比提高相同的 dB 值。

8.5 矢量传感器基阵

矢量传感器被大量使用(参见第 6.5 节有关各种类型矢量传感器的内容),主要是因为它们比声压传感器具有更多优势,可用于潜艇上的声纳浮标和声监听接收机等应用中。矢量传感器在这些应用中的优势是它们的尺寸与声波长相比相对较小,且它们具有固有的指向性。这种特性也可能被用于其他海军应用以及海洋学研究中,因此人们对矢量传感器产生了浓厚的兴趣。例如,1995年举行了美国物理学会会议,主题是声质点振速传感器:设计、性能和应用[48],随后在2001年举行了海军办公室定向声学传感器研究研讨会[49]。在本节中,将讨论矢量传感器阵列的一些特性,这些特性会影响其对声纳应用中的适用性。

矢量传感器用于舰壳基阵的可能优势既来自其指向性,也来自其安装条件。当平面波信号被声阻抗比水低的表面反射时,表面处的声压降低,但表面处的质点振速增加。对于一个理想的柔软表面,质点振速的法向分量会翻倍,同时表面上的声压降为零。因此,潜艇基阵降噪所需的柔性障板可降低表面的声压,同时要求在障板上安装一块厚重的信号调节板,使得表面可适装声压传感器(参见第8.4.2节)。然而,如果使用的是振速传感器而不是声压传感器,则柔性障板可能具有增强信号的优点。而且,由于不需要信号调节板,也会大幅度降低大型基阵的重量。换言之,对于振速传感器,柔性的障板不仅可以提供针对结构噪声的插入损耗,还可以提供信号增益。然而,正如第6.5.1节中所述,在与理想柔性障板的最大投射距离(远离距离)相同时,声压传感器的输出会等于或大于偶极子传感器。因此,当考虑到现实的安装条件和更真实的障板时,矢量传感器在这种应用中所具有的优势显然变得具有不确定性。第8.5.3节中以一个简单的柔性障板模型为例阐释了这一点,而这个障板比理想的柔性障板更接近实际情况。

矢量传感器在拖曳线列阵中具有一个重要的优势,因为它可以解决声压传感器单一线列阵中固有的左右模糊问题,同时无需耗费时间改变拖船的航向。这种指向性也能辨别来自拖船的辐射噪声,但也需要一个航向传感器,因为线列阵通常会扭曲和改变传感器的方向。此外,还观察到,当环境噪声具有显著的各向同性成分时,声强传感器对环境噪声的免疫能力极强[50,51]。

这些矢量传感器的优势在实践中能否实现,主要取决于噪声以及每种应用中控制噪声的可行性。众所周知,矢量传感器比标量传感器更易受到某些类型噪声的影响,可参见第6.7.5节和第6.7.6节中的简要介绍。显然,偶极子传感器中的等效内部热噪声压远高于使用相同转换材料的声压传感器,因为偶极子传感器的灵敏度随着频率的降低而降低。内部噪声不相干的事实也意味着偶极子传感器的信噪比低于单个声压传感器。

8.5.1 指向性

Cray和Nuttall极为详细地研究了矢量传感器阵列的指向性特征[52]。本节将通过考虑具有余弦指向性模式的偶极子矢量传感器来总结他们的一些结果,尽管其他类型的具有其他模式的矢量传感器,如心形,也可以用于阵列中。正如第6.5.1节所述,偶极子矢量传感器包括两个压敏水听器,其间隔距离s较小且两者的输出也不同。式(6-37a)表明偶极子传感器与形成偶极子传感器的单个声压水听器相比,当两者均接收与偶极轴成角度γ抵达的相同平面波声信号时,其电压输出幅值按因子$(2\pi s/\lambda)\cos\gamma$降低。单个偶极子指向性图在$\gamma = 90°$时的零点导致必须使用二轴或三轴偶极子传感器,以对应质点振速中的两个或3个分量,从而能够实现所有方向波束的控制。图8-24显示了一个利用6个水听器组成3个正交偶极子传感器而形成的三轴传感器,3个偶极子传感器的声中心位于同一点。根据式(6-37a)得出针对从方向(θ,ϕ)抵达的平面波,3个偶极子传感器的电压输出幅值为$(2\pi s/\lambda)M_1 p_i \cos\gamma_n$,其中,$M_1$为单个声压水听器的灵敏度;$p_i$为平面波的幅值;$s$为每对水听器之间的距离;$\gamma_n$为平面波方向与第$n$个偶极轴之间的夹角。上述角度可利用下列等式得出:

$$\cos\gamma_n = \cos\theta\cos\theta_n + \sin\theta\sin\theta_n\cos(\phi - \phi_n)$$

式中,θ_n和ϕ_n表示第n个偶极轴的方向。例如,1号偶极子传感器指向的方向为$\theta_1 = 90°$,$\phi_1 =$

$0°$,且 $\cos\gamma_1 = \sin\theta\cos\phi$。同样,得到 $\cos\gamma_2 = \sin\theta\sin\phi$ 以及 $\cos\gamma_3 = \cos\theta$。因此,三轴传感器输出的加权和具有成比例的指向性函数

$$P(\theta,\phi) = A\sin\theta\cos\phi + B\sin\theta\sin\phi + C\cos\theta$$

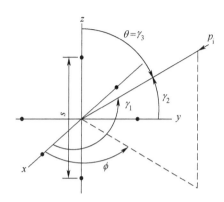

图 8-24 一种由 6 个声压传感器组成的三轴偶极子矢量传感器,每对传感器之间的距离为 s

通过调整 3 个偶极子传感器的输出,使单个三轴偶极子传感器的波束可扫描到方向 (θ_0,ϕ_0),得到 A、B 和 C 的数值如下:

$$A = \sin\theta_0\cos\phi_0, B = \sin\theta_0\sin\phi_0, C = \cos\theta_0$$

那么,所得指向性函数如下:

$$P(\theta,\phi,\theta_0,\phi_0) = \cos\theta\cos\theta_0 + \sin\theta\sin\theta_0\cos(\phi - \phi_0) = \cos\alpha_0$$

式中,α_0 为入射平面波的方向 (θ,ϕ) 与扫描的方向 (θ_0,ϕ_0) 之间的夹角。因此,当波束扫描到入射波的方向时,即 $\theta_0 = \theta, \phi_0 = \phi$,则三轴传感器的响应达到最大值。

单轴偶极子阵列在 xy 平面上的指向性图的轴线平行于 z 轴,可根据乘积定理得出,即 $\cos\theta$ 乘以点式传感器基阵的指向性图。该基阵指向性图在 xy 平面中存在一个零点($\theta = 90°$),与点式传感器指向性图相比旁瓣会降低,且主瓣宽度略有降低。只要阵列不怎么转向扫描,这些都是理想的特性。例如,$45°$ 的扫描会使主瓣降低 3dB,但扫描不可能接近端射,因为偶极零点会破坏主瓣。然而,相同的三轴偶极阵列则可允许朝各个方向扫描。

Cray 和 Nuttall 研究了几种矢量传感器阵列的波束形成方法,并得出结果表明,与声压传感器相比,矢量传感器可以增加指向性指数。他们以由 10 个三轴矢量水听器组成的间距为 $\lambda/2$ 的线列阵为例,发现在大多数的方位扫描角度中,该基阵的指向性指数比相同的声压传感器基阵高 5dB。为了实现相同的指向性指数,声压传感器基阵则必须将长度增大 3 倍左右。从该例子可以看出,矢量传感器固有的指向性是其最重要的特点,因为增加基阵孔径是困难的,而且通常是不可能的。然而,指向性指数的增加并不一定意味着阵增益发生类似的增加,除非主要噪声是各向同性的和非相干的。Cray 和 Nuttall 还考虑了理想障板和基阵曲率的影响,并指出除了检测质点振速 3 个分量的传感器以外,往往会选择使用能够检测出声压的传感器。

8.5.2 环境噪声中的矢量传感器阵列

对于单个偶极子传感器,由于两个声压水听器之间的距离与声波波长相比非常小,所以部分相干环境噪声本质上是相干的。例如,式(8-16)和式(8-17)针对两种不同的环境噪声模型,均表明当间距占波长一小部分时,声压的空间相关性接近于 1。因此,偶极子传感器中的环

境噪声功率将减小到几乎与信号相同的量。根据第 8.4.1 节的内容,环境噪声的部分相干性会使得阵增益从非相干时的 $10\log N$ 降低到不希望的值。由于矢量传感器涉及单个传感器之间的差分,噪声的相干性会对单个传感器输出产生必要的影响,因为噪声会减小,信号也会减小。然而,当偶极子传感器处于非均匀噪声场时,在两个水听器位置的噪声压幅值不同,差分不会像在均匀噪声场中那样降低噪声(参见第 6.7.6 节和第 8.5.3 节中不均匀噪声场的例子)。

矢量传感器阵列分析要求知道对于平面波信号和噪声,在任意间距条件下的两个传感器输出之间的空间相关性,一并指定它们的坐标轴的相对方位。Kneipher[53] 以及 Cray 和 Nuttall[52] 已给出在各向同性噪声下,不同点和不同时间的质点振速 3 个分量之间所存在各种空间相关性的一般结果,而且 Hawkes 和 Nehorai 还增加了声压和振速分量之间的相关性[54]。

在这里,我们将推导出其中一些情况的空间相关性,并使用它们来计算矢量传感器线列阵的阵增益。为了简化分析,假设噪声为各向同性,虽然在某些情况下环境噪声通常是具有各向同性成分的定向噪声。假设矢量传感器为偶极子传感器,其结果也适用于其他类型的矢量传感器。每个偶极子传感器均由两个声压水听器组成,水听器的灵敏度为 M_1 且它们的间距为 s。在第一种情况中,假设两个偶极传感器位于一个球面坐标系的 z 轴上,其中心间距为 d(其中 $d \gg s$),连线的中心在原点,两个传感器轴线均与 z 轴平行,具体如图 8-25(a)所示。在此方位中,一个声压幅值为 p_i 的平面波信号按角度 (θ, ϕ) 抵达,而对于两个偶极子传感器,其偶极轴和平面波方向所形成的夹角均等于 θ。

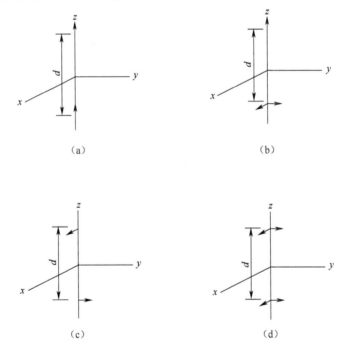

图 8-25 利用两个间距为 d 的单轴偶极子传感器计算感知不同振速分量时的空间相关性示意图
(每个实心箭头代表一个偶极子传感器)
(a)检测两点位置的速度 z 分量;(b)检测一点位置的 z 分量,另一点位置的 x 或 y 分量;
(c)检测一点位置的 x 分量,另一点位置的 y 分量;(d)检测两点位置的 x 分量或 y 分量

根据式(6-37),偶极子传感器 1 和 2 的电压输出均一致,可测出平面波质点振速的 z 分量,具体如下:

$$V_{z1} = -j(2\pi s/\lambda)M_1 p_i \cos\theta e^{j[\omega t - k(r - d\cos\theta/2)]} \tag{8-31a}$$

$$V_{z2} = -j(2\pi s/\lambda)M_1 p_i \cos\theta e^{j[\omega t - k(r + d\cos\theta/2) + \phi_{12}]} \tag{8-31b}$$

式中，ϕ_{12} 为两个偶极子传感器输出之间的相位角。如第 8.2 节所述，由以上表达式中实数部分的乘积时间平均值可得出两个偶极子传感器输出之间的平面波信号空间相关性函数如下：

$$\langle V_{z1} V_{z2} \rangle^s = \frac{1}{2}\left(\frac{2\pi s}{\lambda}M_1 p_i\right)^2 \cos^2\theta \cos(kd\cos\theta + \phi_{12}) \tag{8-32}$$

显然，这个相关性函数类似于式(8-12)给出的两个声压水听器的相关性函数，但这个函数与偶极轴和平面波方向之间的夹角 θ 有关，并在 $\theta = 90°$ 偶极子响应为零时消失。

两个偶极子输出之间的噪声相关性与其所接收的噪声类型有关。例如，若噪声完全不相干，相关性函数为 $\rho_{ij}^n = 0, i \neq j$ 且 $\rho_{ii}^n = 1$。然而，环境噪声往往存在部分相干，这将使两个偶极子输出在某些情况下具有非零互相关。常用的各向同性环境噪声模型由从各个方向到达任意一点的平面波组成，在时间和方向均随机[55]。由于 $\langle V_{z1} V_{z2} \rangle^s$ 为接收平面波的两个偶极子传感器之间的空间相关性，因此，各向同性噪声模型的空间相关性可通过将所有方向上的 $\langle V_{z1} V_{z2} \rangle^s$ 求平均值得出，具体如下：

$$\langle V_{z1} V_{z2} \rangle^n = \frac{1}{4\pi}\int_0^{2\pi}\int_0^{\pi} \langle V_{z1} V_{z2} \rangle^s \sin\theta d\theta d\phi \tag{8-33a}$$

将式(8-32)代入式(8-33a)，p_i 替换成噪声压幅值 p_n，并且代入 $x = \cos\theta$，可得到：

$$\langle V_{z1} V_{z2} \rangle^n = \frac{1}{4}\left(\frac{2\pi s}{\lambda}M_1 p_n\right)^2 \int_{-1}^{1} x^2 \cos(xkd + \phi_{12})dx$$

$$= \frac{1}{2}\left(\frac{2\pi s}{\lambda}M_1 p_n\right)^2 \cos\phi_{12}\left[\frac{2\cos kd}{(kd)^2} - \frac{2\sin kd}{(kd)^3} + \frac{\sin kd}{kd}\right]$$

$$= \frac{1}{2}\left(\frac{2\pi s}{\lambda}M_1 p_n\right)^2 \cos\phi_{12}[j_0(kd) - 2j_1(kd)/kd] \tag{8-33b}$$

式中，j_0 和 j_1 为第一类球贝塞尔函数。式(8-33b)为各向同性噪声在间距为 d 的两个位置处振速的两个 z 分量之间的空间相关性，如图 8-25(a)所示。

为得出一点位置的 z 分量与另一点位置的 x 分量或 y 分量之间的空间相关性(参见图 8-25(b))，可首先将式(8-31a)和式(8-31b)中的一个 $\cos\theta$ 因子替换为 $\sin\theta\cos\phi$ 或 $\sin\theta\sin\phi$。这样可得出一个平面波信号的相关性函数，这与式(8-32)中的函数不同，并且在任何一种情况下对 ϕ 合并求平均值会造成噪声相关性消失，从而得到：

$$\langle V_{z1} V_{x2} \rangle^n = \langle V_{z1} V_{y2} \rangle^n = 0 \tag{8-34}$$

一点位置的 x 分量与另一点位置的 y 分量之间的空间相关性(参见图 8-25(c))涉及 $\sin\theta\cos\phi$ 或 $\sin\theta\sin\phi$ 的乘积，它与 $\sin 2\phi$ 成正比，并且在求平均值时合并为零，从而得到：

$$\langle V_{x1} V_{y2} \rangle^n = 0 \tag{8-35}$$

上述零相关性是矢量传感器在各向同性噪声中的特殊属性，同时在单个三轴矢量传感器的各个分量之间也存在。

两点位置的 x 分量或两点位置的 y 分量之间的相关性(图 8-25(d))均相等且不为零。这种相关性涉及 $\cos^2\phi$ 或 $\sin^2\phi$，在求平均值时合并得到数值 π。那么，当 $x = \cos\theta$，可得到：

$$\langle V_{x1} V_{x2} \rangle^n = \langle V_{y1} V_{y2} \rangle^n = \frac{1}{8}\left(\frac{2\pi s}{\lambda}M_1 p_n\right)^2 \int_{-1}^{1}(1 - x^2)\cos(xkd + \phi_{12})dx$$

$$= \frac{1}{4}\left(\frac{2\pi s}{\lambda}M_1 p_n\right)^2 \cos\phi_{12} j_0(kd) - \frac{1}{2}\langle V_{z1} V_{z2} \rangle^n$$

$$= \frac{1}{2}\left(\frac{2\pi s}{\lambda}M_1 p_n\right)^2 \cos\phi_{12}[j_1(kd)/kd] \tag{8-36}$$

式中,最后两步利用式(8-33b)进行推导。

图 8-26 显示了振速分量的空间相关性随 kd 的变化关系,通过除以 $kd=0$ 时的值进行归一化后,并与各向同性噪声下声压的归一化空间相关性进行比较,即式(8-16)中得出的 $\sin kd/kd = j_0(kd)$。图 8-26 还显示了在一点位置的声压与在另一点位置的振速 z 分量之间的相关性 $\langle V_{p1}V_{z2}\rangle$。

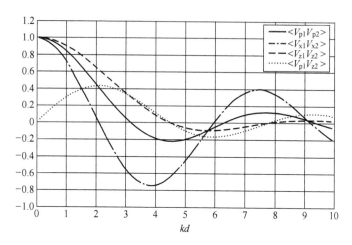

图 8-26 声压和质点振速分量之间的归一化空间相关性函数

以一个无障板矢量传感器线阵为例,假设水平线列阵中偶极子传感器的间隔为 d。设各轴彼此平行并与阵线垂直(参见图 8-27),其中 xz 平面视为与海表面平行。

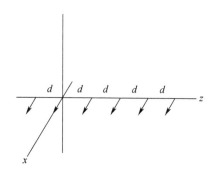

图 8-27 间距为 d 的偶极子矢量传感器线列阵

偶极轴位于 x 方向,模拟偶极子传感器线列阵被 z 方向拖曳,并且零点指向拖船。将该线阵的阵增益和信噪比,与第 8.4.1 节中第一个例子中的声压传感器线列阵进行比较。则平面波信号的 x 分量振速空间相关性如下:

$$\langle V_{x1}V_{x2}\rangle^s = \frac{1}{2}\left(\frac{2\pi s}{\lambda}M_1 p_i\right)^2 \sin^2\theta \cos^2\phi \cos(kd\cos\theta + \phi_{12}) \tag{8-37}$$

并且,从式(8-36)可得出各向同性噪声的相关性。当 $d=0$ 且 $\phi_{12}=0$ 时,单个偶极子传感器的上述表达式可简化为均方信号和噪声,其中信噪比可由下列公式得出:

$$(\text{SNR})_1 = \frac{\langle V_{x1}V_{x2}\rangle^s}{\langle V_{x1}V_{x2}\rangle^n} = \frac{\sin^2\theta\cos^2\phi p_i^2}{(1/3)p_n^2} \tag{8-38}$$

当 $d = 0$ 时，$j_1(kd)/kd = 1/3$。对于从方向 $\theta = 90°$ 和 $\phi = 0°$，即沿着 x 轴方向抵达的平面波信号，存在 $(\text{SNR})_1 = 3(p_i/p_n)^2$，为全向声压传感器信噪比的 3 倍，表明对于各向同性噪声，偶极子传感器指向性因数为 3。

假设基阵扫描到垂射方向 $\phi_{12} = 0$，且平面波信号沿 x 轴方向（$\theta = 90°, \phi = 0°$）抵达。在此条件下，针对 N 个偶极子传感器的基阵，式（8-37）中的所有信号相关性均相等，总和为 $N^2[(2\pi s/\lambda)M_1 p_i]^2/2$。正如第 8.4.1 节所述，假设噪声相关性仅存在于最近邻和次最近邻之间。根据式（8-36），上述相关性的总和如下：

$$\{2(N-1)[j_1(kd)/kd] + 2(N-2)[j_1(2kd)/2kd]\}\frac{1}{2}\left(\frac{2\pi s}{\lambda}M_1 p_n\right)^2$$

$$\approx 2N(0.37)\frac{1}{2}\left(\frac{2\pi s}{\lambda}M_1 p_n\right)^2$$

最终的近似形式是在 N 为较大值且 $kd = \pi/2$ 时，利用图 8-26 中 $\langle V_{x1}V_{x2}\rangle$ 的值除以 3，以消除归一化因子。此外，N 个噪声自相关性均分别等于 $[(2\pi s/\lambda)M_1 p_n]^2/6$。合并上述结果得出基阵的信噪比如下：

$$(\text{SNR})_N = N^2 p_i^2 /[N/3 + 2N(0.37)]p_n^2 = 0.93N(p_i/p_n)^2 \tag{8-39}$$

式（8-39）表明在此特殊情况下，由 $2N(0.37)$ 项所得出噪声的部分相干会造成 $(\text{SNR})_N$ 大幅度降低。对于不相干噪声，并不存在这一项，则 $(\text{SNR})_N$ 便是 $3N(p_i/p_n)^2$。

利用式（8-38）和式（8-39）得出阵增益如下：

$$\text{AG} = (\text{SNR})_N/(\text{SNR})_1 = 10\log(0.93N/3) = 10\log N - 5.1\text{dB} \tag{8-40}$$

在相同条件下，此阵增益比第 8.4.1 节所给出相同声压传感器基阵的结果低 1.5dB。需注意式（8-40）所得阵增益是依据第 8.2 节所给出的定义，并且此时单个传感器为偶极子传感器，而阵增益并非参照全向传感器。如果偶极子基阵的阵增益参照全向传感器，则会增大 4.8dB，高于声压传感器基阵的阵增益。利用基阵的信噪比进行比较可能更有意义。首先，根据第 8.4.1 节得出声压传感器基阵为 $0.44N(p_i/p_n)^2$，并根据式（8-39）得出偶极子传感器基阵为 $0.93N(p_i/p_n)^2$，因此偶极子基阵会高出 3dB。然而，此结果仅适用于在基阵间距为 $\lambda/4$ 时的频率下的垂射波束。

8.5.3 结构噪声中的舰壳基阵

在舰壳基阵中，从感兴趣程度方面来说，结构噪声和流噪声均超过海洋环境噪声。当船体受到水流和机械的激励发生振动时，会形成不同频率和波数的弯曲振动混合，从而在水中基阵所处的位置产生一个部分相干的噪声场。本节旨在比较声压和矢量传感器，由于基阵的信噪比与单个传感器的信噪比有关，因此建立一个简单的模型，用于确定安装在柔性障板上并存在弯曲波噪声的两类传感器的信噪比。利用这种简化的方法可发现矢量传感器基阵所存在的一些问题，并为规划确定其可行性所需的实验提供基础[1]。

Cray 通过一个基于振动板产生的弯曲波噪声中的平面声波信号的模型，阐述了声压传感器与矢量传感器问题的一个方面[56]。本节将首先介绍他的观点。闪发的弯曲波噪声在传播时与板平行（沿 x 方向），并随着与板距的变化而衰减（沿 z 方向），具体如第 8.3.2 节所述。如果假设自由板波数在板振动中占主导地位，则弯曲波的噪声可近似表示如下：

$$p_{\mathrm{n}} = P_{\mathrm{n}} \mathrm{e}^{\mathrm{j}(\omega t - k_{\mathrm{p}} x)} \mathrm{e}^{-(k_{\mathrm{p}}^2 - k_0^2)^{1/2} z} \tag{8-41}$$

式中，k_0 为声波数，k_{p} 为式(8-19)所得自由板波数。信号为一个平面声压波，以正入射接近板，可表示如下

$$p_{\mathrm{s}} = P_{\mathrm{i}} \mathrm{e}^{\mathrm{j}(\omega t - k_0 z)} \tag{8-42}$$

与噪声和信号相关的质点振速 z 分量如下：

$$u_{\mathrm{zn}} = \left[P_{\mathrm{n}} (k_{\mathrm{p}}^2 - k_0^2)^{1/2} / \mathrm{j} \omega \rho_0 \right] \mathrm{e}^{-(k_{\mathrm{p}}^2 - k_0^2)^{1/2} z} \mathrm{e}^{\mathrm{j}(\omega t - k_{\mathrm{p}} x)} \tag{8-43}$$

$$u_{\mathrm{zs}} = (\mathrm{j} k_0 P_{\mathrm{i}} / \mathrm{j} \omega \rho_0) \mathrm{e}^{\mathrm{j}(\omega t - k_0 z)} = (P_{\mathrm{i}} / \rho_0 c_0) \mathrm{e}^{\mathrm{j}(\omega t - k_0 z)} \tag{8-44}$$

在与板距离为 z 的位置，信号与噪声的比的幅值如下：

$$p_{\mathrm{s}}(z)/p_{\mathrm{n}}(z) = P_{\mathrm{i}}/P_{\mathrm{n}} \mathrm{e}^{-(k_{\mathrm{p}}^2 - k_0^2)^{1/2} z} \tag{8-45}$$

同时，信号振速与噪声振速的幅值比如下：

$$u_{\mathrm{zs}}(z)/u_{\mathrm{zn}}(z) = P_{\mathrm{i}} k_0 / P_{\mathrm{n}} (k_{\mathrm{p}}^2 - k_0^2)^{1/2} \mathrm{e}^{-(k_{\mathrm{p}}^2 - k_0^2)^{1/2} z} \tag{8-46}$$

从式(8-45)和式(8-46)可得出，当 $k_{\mathrm{p}} > \sqrt{2} k_0$ 且 z 为任意值时，振速信噪比低于声压信噪比，两者的差异为因子 $k_0 / (k_{\mathrm{p}}^2 - k_0^2)^{1/2}$。当 k_{p} 与 k_0 相比较大时，此差异因子为 k_0/k_{p}。图8-19中列出了一个 2in(0.0508m) 厚的钢板在水中的 k_0 和 k_{p} 的值，其中，在 500Hz 时 $k_0/k_{\mathrm{p}} \approx 0.34$，在 1000Hz 时 $k_0/k_{\mathrm{p}} \approx 0.46$。需注意这是对比振速场和声压场，未考虑检测振速和声压时也会涉及的电压灵敏度差异。Cray 也利用相同的模型将振速梯度传感器与声压传感器进行比较，得出振速梯度的比低于声压的比，而差异因子在 k_{p} 较大时为 $(k_0/k_{\mathrm{p}})^2$。

对安装在舰体上的声压传感器和振速传感器进行全面比较时，必须考虑表面阻抗的影响以及与两种类型的传感器一起使用的不同内部解耦器的信号增益(参见图8-15)。相关的比较可以通过考虑两个阵列来进行，这两个阵列的每种类型传感器的排列和数量相同，但内部解耦器不同，目的是提高每种传感器的性能。

(1) 一个声压传感器基阵安装在内部解耦器上，而解耦器由一个柔性障板和一块厚重的信号调节板组成，可在一定频率范围内提供正的声压信号增益，并降低船体所产生的结构噪声。声压传感器必须设置在适当的外部解耦器中以减小流噪声。

(2) 一个振速传感器安装在内部解耦器上，而解耦器由一个柔性障板制成，且未使用信号调节板。此障板可提供相同频率范围内的正的振速信号增益，并降低船体所产生的结构噪声振速。这种涂层也能够降低高频目标强度。振速传感器必须设置在适当的外部解耦器中以减小流噪声。

式(8-28)~式(8-30)提供了进行上述比较的系统方法，对矢量传感器中的部分参数进行了重新解读。虽然已实施了一些建模和分析，然而仍无法获得大多数参数的详细信息。第8.4.2节中讨论了利用一个柔性层降低弯曲噪声的建模，并在第8.4.3节介绍了利用一个外部解耦器降低流噪声的建模。对噪声振速降低的类似建模存在一定的局限[57,58]。此外，还进行了一项实验研究，利用安装在一个带气孔的弹性体柔性障板上的加速度计作为振速传感器，此障板覆盖了全尺寸潜艇船体固定装置的一部分[1,59]。测量了相对于自由场灵敏度的灵敏度和反射增益(信号增益)随频率的变化，当频率足够高时，两者均表现出接近预期的 6dB 增加。然而，在远程被动声纳感兴趣范围内的较低频率处，这两种措施的性能都有很大的下降，尤其是实验中使用了 3in 厚柔性障板的情况下。此外，还利用振动发生器激励船体固定装置以模拟结构噪声，从而测量了振速降低(插入损失)的情况。利用这种特殊障板所测得的振速降低在低频时也发生了退化。测量结果表明振速传感器可用于潜艇基阵，但需要使用针对低频率进行性能改善的障板。

在这里,并不能详细地比较分析振速传感器和声压传感器基阵的情况,但可将上述的 Cray 模型[56]进行扩展,增加一个简单的内部解耦器模型,其中包含一个柔性障板但无信号调节板。这种情况将有利于振速传感器。假设以一个大型振动板作为船体,其中自由板波数占主导。这个船体板覆盖了一层厚度为 L 的材料作为柔性障板,具体如图 8-28 所示。

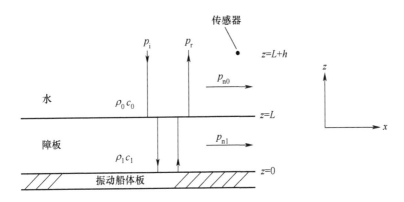

图 8-28 振动船体板在障板内和水中产生平行于板材传播的闪发弯曲噪声波。声信号以法向入射并被反射,声传感器位于 $z = L + h$ 的位置

为了简化计算,将障板视为一种密度和声速分别为 ρ_1 和 c_1 的液体。此外,假设来自振动船体板的闪发噪声波穿过障板进入水中,其密度和声速分别为 ρ_0 和 c_0。障板内和水中的闪发噪声波可表示为:

$$p_{n1}(z) = P_{n1} e^{-(k_p^2 - k_1^2)^{1/2}z} e^{j(\omega t - k_p x)}, \quad 0 \leqslant z \leqslant L \tag{8-47}$$

$$p_{n0}(z) = P_{n0} e^{-(k_p^2 - k_0^2)^{1/2}z} e^{j(\omega t - k_p x)}, \quad z > L \tag{8-48}$$

假设噪声振速的法向分量在障板和水的边界处为连续性($z = L$),在振动船体板和障板的边界处也是如此($z = 0$),则可得出 P_{n1} 和 P_{n0} 的关系式如下:

$$P_{n0} = P_{n1} \frac{\rho_0 (k_p^2 - k_1^2)^{1/2}}{\rho_1 (k_p^2 - k_0^2)^{1/2}} e^{-[(k_p^2 - k_1^2)^{1/2} - (k_p^2 - k_0^2)^{1/2}]L} \tag{8-49}$$

将式(8-49)代入式(8-48)得到 $z>L$ 时的水中噪声压,然后根据声压计算水中噪声振速的 z 分量,结果如下:

$$u_n(z) = (P_{n0}/j\omega\rho_0)(k_p^2 - k_0^2)^{1/2} e^{-(k_p^2 - k_0^2)^{1/2}z} e^{j(\omega t - k_p x)}, \quad z > L \tag{8-50}$$

由式(8-48)~式(8-50)可得出水中弯曲噪声波的声压和振速,其中传感器安装的位置距障板表面的距离较小。

接下来,假设信号为从水中法向入射的平面声波,也即是:

$$p_i = P_i e^{j(\omega t + k_0 z)}$$

在水与障板边界处有一反射波,具体如下:

$$p_r = P_r e^{j(\omega t - k_0 z)}$$

假设传播到障板内的入射波部分在振动船体板上被完全反射,且障板内没有声吸收。因此,障板内的入射波和反射波幅值相同,如图 8-28 所示。声压和质点振速在障板与水之间的流体边界处必须是连续的,可得出求解水中反射声波的幅值所需的表达式如下:

$$P_r = P_i e^{2jk_0 L} \frac{1 - j\rho_0 c_0 \tan k_1 L/\rho_1 c_1}{1 + j\rho_0 c_0 \tan k_1 L/\rho_1 c_1} = P_i e^{2j(k_0 L - \gamma)} \tag{8-51}$$

式中，$\tan y = (\rho_0 c_0/\rho_1 c_1)\tan k_1 L$。

由于假设振动船体板存在全反射且障板不吸收声波，反射系数 P_r/P_i 的大小为 1。在此模型中，障板仅会改变水中反射波的相位，从而改变入射波和反射波形成的驻波中极大值和极小值的位置。因此，障板对位于其表面附近的振速传感器和声压传感器的输出均会产生重大影响。在 $z \geq L$ 时所得水中信号声压如下：

$$p_s(z) = p_i + p_r = P_i[e^{jk_0 z} + (P_r/P_i)e^{-jk_0 z}]e^{j\omega t}$$
$$= 2P_i e^{j(k_0 L - y + \omega t)}\cos[k_0(L-z) - y] \quad (8\text{-}52)$$

此外，所得信号振速的 z 分量如下：

$$u_s(z) = -(P_i/\rho_0 c_0)[e^{jk_0 z} - (P_r/P_i)e^{-jk_0 z}]e^{j\omega t}$$
$$= -2j(P_i/\rho_0 c_0)e^{j(k_0 L - y + \omega t)}\sin[k_0(L-z) - y] \quad (8\text{-}53)$$

式(8-52)和式(8-53)表明数量 $y = \arctan[(\rho_0 c_0/\rho_1 c_1)\tan k_1 L]$ 决定了声压信号和振速信号的极大值和极小值所在位置。上述位置对传感器的输出产生重大影响，且仅与障板的参数 $\rho_0 c_0/\rho_1 c_1$ 和 $k_1 L$ 有关。

现在，在远离障板表面一定距离的位置处比较信号和噪声的声压和振速。通过振速信噪比和声压信噪比的比值来进行此比较，

$$R(z) = \left|\frac{u_s(z)/u_n(z)}{p_s(z)/p_{n0}(z)}\right| \quad (8\text{-}54)$$

如果上述比值大于 1，则条件更适用于检测振速；如果比值小于 1，则更适用于检测声压。具体情况需根据振速和声压传感器的相对灵敏度决定。

当远离距离为零时，即 $z = L$，可根据式(8-48)、式(8-50)、式(8-52)和式(8-53)并依据 $\tan y = (\rho_0 c_0/\rho_1 c_1)\tan k_1 L$ 得出：

$$R(L) = \frac{k_0}{(k_p^2 - k_0^2)^{1/2}}\frac{\rho_0 c_0}{\rho_1 c_1}\tan k_1 L \quad (8\text{-}55\text{a})$$

当远离距离为 $z = L + h$ 时，则有：

$$R(L+h) = \frac{k_0}{(k_p^2 - k_0^2)^{1/2}}\tan(y + k_0 h) \quad (8\text{-}55\text{b})$$

式(8-55a)和式(8-55b)中的第一个因子由 Cray 模型[56]给出，并通过式(8-46)进行讨论。第二个因子表示障板对 Cray 模型进行了修改。显然，当 $h = 0$ 时，减小 $\rho_1 c_1$ 会导致 $R(L)$ 相应增加，也即是更软的障板带来更大的振速信号，而增加 $\rho_1 c_1$ 会导致 $R(L)$ 相应降低，也即是更硬的障板造成更大的声压信号。

下面以具体数值举例说明远离距离所产生的影响。假设采用一种液体作为一个中等柔性障板，其密度和声速均为水的 1/2，也即是 $\rho_1 = 0.5\rho_0$ 且 $c_1 = 0.5 c_0$。$R(L+h)$ 的计算值如表 8-1 所示，其中采用 2in 厚钢板，障板厚度为 0.075m(3in)，且远离距离在一定范围内。根据上述数值，由于频率降低，当 $h = 0$ 时频率接近 800Hz，导致声压信噪比超过了振速信噪比，此时 $R(L+h)$ 的值低于 1。这类障板的声信号在表面上并非为零，但随着与表面的距离增大而降低，并在 $h \approx 0.66\text{m}$ 且频率为 500Hz 时接近零。随着声压降低，振速增加并在声压为零时达到最大值，因此 $R(L+h)$ 随 h 增加而增大。频率较高时，声压在接近障板的位置为零，而在 h 给定值时，$R(L+h)$ 的值更大。

表 8-1 中的结果是依据振速和声信号及噪声场得出，并没有考虑信号和噪声场检测方法

的影响。振速传感器和声压传感器的灵敏度对于确定每种类型的传感器最有效的条件也是至关重要的。例如,第 6.5.1 节中指出在考虑声压传感器和偶极子振速传感器的位置和灵敏度时,两种传感器在理想的柔性障板附近位置的输出相同。当声压传感器到障板表面的距离与偶极子传感器的外部到障板表面的距离相同时,则存在上述情况,因为较大的灵敏度补偿了声压较低的情况。然而,当声压和振速传感器的声中心处于同一位置,并且对信号和噪声的灵敏度相同时,灵敏度就会抵消,下文将具体介绍。表 8-1 中的比值为电压输出的有效信噪比的比较。

表 8-1 在厚度为 0.075m 的柔性障板附近的振速和声压场信噪比的比较

频率/Hz	$k_0/(k_p^2 - k_0^2)^{1/2}$	$\rho_0 c_0/\rho_1 c_1$	$R(L+h)$			
			$h = 0$	$h = 0.025\text{m}$	$h = 0.05\text{m}$	$h = 0.075\text{m}$
500	0.35	4	0.46	0.51	0.58	0.63
750	0.44	4	0.90	1.12	1.43	1.91
1000	0.52	4	1.52	2.17	3.70	—

此时,通过从表 8-1 中 $R(L+h)$ 的数值中提取振速信号与声压信号的比值,可专门比较灵敏度,而不考虑噪声。根据式(8-52)、式(8-53)和式(8-55b)得出:

$$\frac{\rho_0 c_0 u_s}{p_s} = -\text{j}\frac{R(L+h)}{[k_0/(k_p^2 - k_0^2)^{1/2}]} \tag{8-56}$$

上式可得出表 8-2 中 $|\rho_0 c_0 u_s/p_s|$ 的数值。然后,将这些数值转换成振速传感器电压输出 V_u 与声压传感器电压输出 V_p 的比值,具体公式如下:

$$\frac{V_u}{V_p} = \frac{u_s}{p_s}\frac{M_u}{M} = \left(\frac{\rho_0 c_0 u_s}{p_s}\right)\left(\frac{M_u}{\rho_0 c_0 M}\right) \tag{8-57}$$

采用如图 6-11 所示的声压传感器灵敏度 $M = -193\text{dB}//\text{V}/\mu\text{Pa}$,以及根据第 6.7.5 节中所讨论的加速度计(加速度灵敏度为 $-17\text{dB}//\text{V}/g$,参见第 6 章中参考文献[58])所得的振速传感器灵敏度 $M_u = (-37 + 20\log\omega)\text{ dB}//\text{Vs}/\text{m}$,得出表 8-2 中所示的电压比值。

由于水听器是一个直径约 2in 的压电陶瓷球,而振速传感器则是一个直径约 1.5in 的弯曲压电陶瓷圆盘加速度计封装在一个直径约 2in 的浮力体中,所以这两种传感器的比较代表了一个实际案例。因此,两种传感器可安装在距离障板表面相同的距离 h 处。

由于平面波中的比值 $|\rho_0 c_0 u_s/p_s| = 1$,而表 8-2 中的数值超过了 1,显然这些情况下的障板已经使振速相对于声压提高了,这与对柔性障板的预期一致。然而,传感器灵敏度之间存在差异,使得在低频率下声压传感器的电压输出大于振速传感器的电压输出。这种情况主要因振速传感器灵敏度在低频下衰减造成。上述结果与第 6.5.1 节中所得结论一致,即声压传感器在某些情况下可能优于振速传感器,即便安装在理想的柔性障板且无信号调节板的情况也是如此。表 8-2 中显示的远离距离和频率之间的关系,说明了传感器尺寸以及传感器在柔性表面上安装方式的重要性[60,61]。

表 8-2 柔性障板附近的振速传感器和声压传感器的电压输出对比

频率/Hz	$h = 0.025\text{m}$		$h = 0.05\text{m}$	
	$|\rho_0 c_0 u_s/p_s|$	V_u/V_p	$|\rho_0 c_0 u_s/p_s|$	V_u/V_p
500	1.46	0.17	1.66	0.19
750	2.54	0.51	3.25	0.65
1000	4.17	1.11	7.12	1.90

为了对声压传感器和振速传感器进行更加全面的对比,必须考虑两种传感器的电压灵敏度,以及在传感器位置处的信号与噪声的振速和声压值,包括两者位置不同的情况以及振速传感器的噪声灵敏度与噪声类型相关的情况。在考虑所有上述因素的情况下对表 8-1 中的比值 $R(L+h)$ 进行总结,然后将结果应用到相同的柔性障板模型中。位于 h_p 的声压传感器和位于 h_u 的振速传感器的信号和噪声电压输出幅度可表示如下:

$$V_\mathrm{us} = M_\mathrm{u} u_\mathrm{s}(h_\mathrm{u}) = \rho_0 c_0 M_\mathrm{p} u_\mathrm{s}(h_\mathrm{u})$$
$$V_\mathrm{un} = M_\mathrm{un} u_\mathrm{n}(h_\mathrm{u}) = \rho_0 c_0 M_\mathrm{pn} u_\mathrm{n}(h_\mathrm{u})$$
$$V_\mathrm{ps} = M p_\mathrm{s}(h_\mathrm{p})$$
$$V_\mathrm{pn} = M p_\mathrm{n}(h_\mathrm{p})$$

对于信号,振速传感器具有振速灵敏度为 M_u 和声压灵敏度为 M_p,但对于噪声的灵敏度则不同(M_un 和 M_pn)。声压传感器对信号和噪声都有声压灵敏度 M。对障板附近的振速传感器和声压传感器的信噪比的对比,可采用如下形式:

$$V_\mathrm{R} = \frac{V_\mathrm{us}/V_\mathrm{un}}{V_\mathrm{ps}/V_\mathrm{pn}} = \left(\frac{M_\mathrm{p}}{M_\mathrm{pn}}\right)\left(\frac{u_\mathrm{s}(h_\mathrm{u}) p_\mathrm{n}(h_\mathrm{p})}{u_\mathrm{n}(h_\mathrm{u}) p_\mathrm{s}(h_\mathrm{p})}\right) \tag{8-58}$$

该比值已经约去了声压传感器的灵敏度,并且第一个因子仅与振速传感器对信号以及噪声的灵敏度有关,且在两者相同时为 1。第二个因子与在障板的不同距离处振速和声压场有关,且在两个传感器的声中心与障板的距离相同时等于式(8-54)中的 $R(L+h)$。

偶极子是振速传感器的一个例子,其弯曲波噪声灵敏度不同于平面波信号灵敏度。式(8-48)中的弯曲波声压表明偶极子传感器两极之间的输出差为 $2M p_\mathrm{n0} (k_\mathrm{p}^2/k_0^2 - 1)^{1/2} (\pi s/\lambda)$,其中,$s$ 为偶极子传感器的间距。与方程(6-37a)的比较表明,该电压输出对应于噪声灵敏度,该噪声灵敏度大于平面波声压灵敏度,其差异因子为 $(k_\mathrm{p}^2/k_0^2 - 1)^{1/2}$。例如,2in 厚钢板在频率为 500Hz 时该因子为 2.8 左右(参见图 8-19)。此外,类似的因子有望应用到其他类型的振速传感器,因为弯曲波噪声场实际上是不均匀的,而且其振幅随位置而变化,即类似于第 6.7.6 节中所讨论的近场效应。

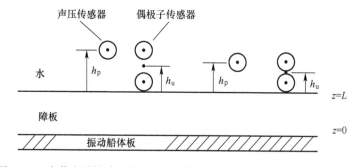

图 8-29 安装在柔性障板附近的声压传感器与偶极子振速传感器的对比。两种类型传感器的远离距离相同,图中显示了两种不同远离距离的情况。

表 8-3 柔性障板附近的振速和声压传感器的对比

案例 1($h_\mathrm{p} = 0.1\mathrm{m}, h_\mathrm{u} = 0.0625\mathrm{m}, s = 0.075\mathrm{m}$)	500Hz	$V_\mathrm{R} = 0.19$
	750Hz	$V_\mathrm{R} = 0.77$
案例 2($h_\mathrm{p} = 0.075\mathrm{m}, h_\mathrm{u} = 0.05\mathrm{m}, s = 0.05\mathrm{m}$)	500Hz	$V_\mathrm{R} = 0.18$
	750Hz	$V_\mathrm{R} = 0.63$
	800Hz	$V_\mathrm{R} = 0.96$
	1000Hz	$V_\mathrm{R} = 6.4$

现在,利用式(8-58)比较声压传感器和偶极子振速传感器,如图 8-29 所示。其中,声压传感器由一个与障板的距离为 h_p 的球形水听器构成,而偶极子振速传感器则是由两个同样的水听器组成,其声中心位于 h_u。

在两个传感器从障板上有相同投影的情况下,对应的偶极子最大间距 $s = h_p - a$,其中,a 为水听器的半径,同时也有 $h_u = a + s/2 = (a + h_p)/2$。此处障板的参数与表 8-1 计算所用的相同,如 500Hz 时有 $\tan y = 1.30$。将式(8-48)、式(8-50)、式(8-52)和式(8-53)代入式(8-58)得到:

$$V_R = \frac{\sin(k_0 h_u + y)}{(k_p^2/k_0^2 - 1)\cos(k_0 h_p + y)} e^{-(k_p^2/k_0^2-1)^{1/2}(k_0 h_p - k_0 h_u)}$$

式中,$M_{pn} = (k_p^2/k_0^2 - 1)^{1/2} M_p$ 可用于偶极子传感器。表 8-3 中提供了两种案例的数值结果,均采用了 0.05m 直径的球形水听器。在这两种情况下,单个声压传感器和偶极子传感器的外极与障板的距离相同,而偶极子传感器的内极尽可能接近障板。

表 8-3 中 V_R 的值小于 1,表明声压传感器的信噪比超过了振速传感器的信噪比。显然,在该障板的具体参数下,振速传感器在 800Hz 以上时更具优势,而声压传感器在该频率以下更具优势。这种情况是由于声信号船体的位置所造成,随着频率增加,其位置更靠近障板,也更靠近声压传感器。

表 8-1、表 8-2 和表 8-3 中的结果仅应用了一组障板参数,但它们说明了安装在柔性障板上的振速传感器可能出现的一些情况。上述结果表明,在相关的频率范围内,在得出振速传感器优于声压传感器的结论之前,需认真评估障板的属性以及传感器安装的细节。需要强调的是,此处给出的具体结果是基于理想形式的结构噪声和简化的柔性障板模型。更好的模型将包括来自障板内侧船体的真实信号反射、障板中的吸收以及非正入射的信号。

水流噪声会带来另一个问题,甚至可能会对舰壳的矢量传感器基阵造成与结构噪声一样严重的后果,但此处并未考虑该问题。近期,还讨论了在海洋滑翔机上使用矢量传感器基阵的情况[62]。Abraham 和 Berliner 总结了在拖曳阵中使用矢量传感器所造成的相关问题[63]。此外,还研究了使用矢量传感器在停泊和漂移阵列应用中由低速水流引起的流噪声情况[64]。

8.6 平面圆形基阵

换能器圆形基阵由于其圆形对称性,可扫描至所有方向而不改变指向性图。而且当圆环基阵的阵元间隔较大时也不会造成线列阵中常有的栅瓣问题,因此圆形基阵非常有用。首先,考虑对离散阵元的扫描环形基阵的分析结果,然后利用可连续扫描的连续基阵进行近似从而得到更简单形式的结果。该模型基于固定的振速值,未考虑基阵的互作用并假设存在等效刚性障板的情况。虽然基阵的互作用会造成圆环之间的振速变化,但是由于周向对称在单独的一个未扫描圆环中振速是相同的。本节还详细分析了另外一种特别的声换能器基阵。

首先,假设在 xy 平面中存在一个换能器,其中心与原点的径向距离为 a_i,与 x 轴形成方位角 ϕ_i。此外,存在一个任意远场点在 (r, θ, ϕ) 位置,其中 $r \gg a_i$。采用图 8-30 所示的球面坐标系。

从换能器中心到该点的距离如下:

$$r_i = r - a_i \sin\theta \cos(\phi - \phi_i) \tag{8-59}$$

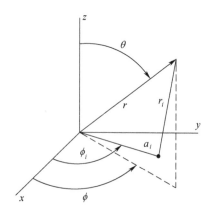

图 8-30 声源位于 xy 平面中 a_i 和 θ_i 处的球面坐标系

当换能器位于波束指向性图所在平面时,我们可以得到更常见的远场情况下的表达式 $r_i = r - a_i\sin\theta$,另见图 7-5。其中,$a_i\sin\theta$ 为两条角度为 θ 的远场平行线之间的差值,即 $r - r_i$。当一个基阵由 N 个相同的小型全向换能器构成,且换能器以任意振速 u_i 和任何方式布置在 xy 平面上时,则该基阵的远场声压如下:

$$p(\theta,\phi) = (j\rho ckA/2\pi r) \sum_{i=1}^{N} u_i e^{-jkr_i} \tag{8-60}$$

如果单个换能器具有较大的指向性,则必须将式(8-60)以及以下有关声压的各公式与阵元的远场指向性函数相乘。

在圆形基阵中,原点位于基阵的中心,因而所有的 $a_i = a$。利用式(8-59)时,圆圈周围各阵元存在任意的间距。当基阵中各阵元有相等振速 u 且沿圆圈四周均匀布置时,有 $\phi_i = n\phi_0$,其中 $n = 0,1,2,\cdots,N-1$,且 $\phi_0 = 2\pi/N$,从而得到:

$$p(\theta,\phi) = (j\rho ckAu_0 e^{-jkr}/2\pi r) \sum_{n=0}^{N-1} e^{jka[\sin\theta\cos(\phi-n\phi_0)-\sin\theta_s\cos(\phi_s-n\phi_0)]} \tag{8-61}$$

在式(8-61)中,可得到扫描至极角为 θ_s、方位角为 ϕ_s 的波束,而振速可根据 $u_n = u_0 e^{-jka\sin\theta_s\cos(\phi_s-n\phi_0)}$ 得出。当波束在一个由 ϕ_s 确定的对称平面中扫描 θ_s 时,利用式(8-61)可得到在任意 ϕ 为常数的平面中以 θ 为变量的指向性图,且在 $\theta_s = 0$ 时简化为未扫描的指向性图。当扫描位于平面 $\varphi = \varphi_s$ 时,式(8-61)的和中的指数简化为 $ka(\sin\theta - \sin\theta_s)\cos(\varphi_s - n\phi_0)$,表明波束在 $\theta = \theta_s$ 时达到峰值,其中,和等于 N。式(8-61)的结果在 ϕ 所表示的任何垂直平面中成立,并在无扫描对称平面上简化为式(7-7)。

当阵元数量为偶数且角度 ϕ 和方位扫描角 ϕ_s 为任意数值时,由式(8-61)可得出一般情况下的表达式,此时对每一对间隔为 180° 的阵元,由于 $\cos(\phi - n\phi_0 + \pi) = -\cos(\phi - n\phi_0)$,其和式具有 $e^{jx} + e^{-jx} = 2\cos x$ 的形式。根据 $\phi_0 = 2\pi/N$,对于阵元数量为偶数的情况,可得到以下结果:

$$p(\theta,\phi) = (j\rho ckAu_0 e^{-jkr}/2\pi r)$$
$$\times \left\{ 2\sum_{n=0}^{N/2-1} \cos ka[\sin\theta\cos(\phi - 2\pi n/N) - \sin\theta_s\cos(\phi_s - 2\pi n/N)] \right\} \tag{8-62}$$

当离散环形基阵的间距较小时,其结果可利用连续环形声源近似。假设一个环形声源位于一个刚性平面（$z=0$）中，其宽度 w 较小，半径为 a 且中心位于原点处。在圆环中方位角为 ϕ_0 的某阵元与场点 (r,θ,ϕ) 的距离为 $r - a\sin\theta\cos(\phi-\phi_0)$。如果该阵元的声源强度为 $\mathrm{d}q = wa\mathrm{d}\phi_0 u$，其中，$u$ 为阵元的振速，则它对远场声压的贡献如下：

$$\mathrm{d}p(\theta,\phi) = (\mathrm{j}\rho ck\mathrm{d}q/2\pi)(\mathrm{e}^{-\mathrm{j}kr}/r)\mathrm{e}^{\mathrm{j}ka\sin\theta\cos(\phi-\phi_0)} \tag{8-63}$$

为了在平面 $z=0$ 之上的半空间内将波束扫描到任意方向 (θ_s,ϕ_s)，圆环的振速必须在每一点存在不同的相位，从而使得最大声压出现在扫描方向。如果振速为 $u_n = u_0 \mathrm{e}^{-\mathrm{j}ka\sin\theta_s\cos(\phi_s-n\phi_0)}$，其中，$u_0$ 为幅值并视为常数，根据之前的讨论以上是可以实现。这样就使全部的相位因子等于 $ka[\sin\theta\cos(\phi-\phi_0) - \sin\theta_s\cos(\phi_s-\phi_0)]$，且当 $\theta=\theta_s$ 和 $\phi=\phi_s$ 时指数达到最大值即单位值，这也是波束的极大值。此时，可得到远场声压如下：

$$p(\theta,\phi) = (\mathrm{j}\rho ck/2\pi)(wau_0)(\mathrm{e}^{-\mathrm{j}kr}/r)\int_0^{2\pi} \mathrm{e}^{\mathrm{j}ka[\sin\theta\cos(\phi-\phi_0) - \sin\theta_s\cos(\phi_s-\phi_0)]}\mathrm{d}\phi_0 \tag{8-64}$$

虽然扫描会破坏未扫描圆环的方位对称性，但低限度的对称仍然是存在的。当波束扫描到 ϕ_s 时，假设声场为 ϕ 平面中 θ 的函数。当波束扫描到 $\phi_s + \Delta\phi_s$ 时，声场在 $\phi + \Delta\phi_s$ 平面仍然是关于 θ 的相同的函数。也即是，按方位角对圆环扫描会使得声场旋转，但不会造成其他改变。因而，声场为 $(\phi-\phi_s)$ 的函数，而非单独的 ϕ 和 ϕ_s 的函数。

式(8-64)中的指数可重新调整以分离求积分的变量，得到以下结果：$ka[\sin\theta\cos(\phi-\phi_0) - \sin\theta_s\cos(\phi_s-\phi_0)] = x\cos\phi_0 + y\sin\phi_0$，其中 $x = ka(\sin\theta\cos\phi - \sin\theta_s\cos\phi_s)$，$y = ka(\sin\theta\sin\phi - \sin\theta_s\sin\phi_s)$，从而得到：

$$x^2 + y^2 = (ka)^2[\sin^2\theta + \sin^2\theta_s - 2\sin\theta\sin\theta_s\cos(\phi-\phi_s)] \tag{8-65}$$

积分值可由下式求得：

$$\int_0^{2\pi} \mathrm{e}^{\mathrm{j}(x\cos\phi_0 + y\sin\phi_0)}\mathrm{d}\phi_0 = 2\pi J_0(\sqrt{x^2+y^2}) \tag{8-66}$$

那么，声压的完整结果如下：

$$\begin{aligned}p(\theta,\phi) = &(\mathrm{j}\rho ck2\pi awu_0)(\mathrm{e}^{-\mathrm{j}kr}/2\pi r)J_0\\ &\times (ka[\sin^2\theta + \sin^2\theta_s - 2\sin\theta\sin\theta_s\cos(\phi-\phi_s)]^{1/2})\end{aligned} \tag{8-67}$$

当式(8-67)中 $\phi=\phi_s$ 时，表达式 $(x^2+y^2)^{1/2} = \pm ka(\sin\theta - \sin\theta_s)$，式(8-67)变为：

$$p(\theta,\theta_s) = (\mathrm{j}\rho ck2\pi awu_0)(\mathrm{e}^{-\mathrm{j}br}/2\pi r)J_0(ka[\sin\theta - \sin\theta_s]) \tag{8-68}$$

从而得到该平面中波束指向性图的简单表达式。对简化后的情况，利用式(8-68)得到归一化的波束指向性图，具体参见图 8-31。其中，周长与波长的比值为 $ka=20$，并显示了未扫描和扫描 60°的情况。

图 8-31 显示了当扫描 60°时波束宽度失真的情况。当 $\theta=\theta_s$ 时，式(8-67)有另一个简化的表达式，其中 $(x^2+y^2)^{1/2} = \pm\sqrt{2}ka\sin\theta_s[1-\cos(\phi-\phi_s)]^{1/2}$，使得声场沿 θ 为固定值的圆弧（一个恒定维度的圆圈）成为 $(\phi-\phi_s)$ 的函数。表 8-4 中列出了作为扫描角 θ_s 函数的-3dB 波束宽度(BW)，其中周长与波长的比值为 $ka=10$ 和 20。如表所示，波束宽度作为 θ 的函数，即 BW(θ)，当 θ_s 从 0°增加到 60°时，ka 在两个数值下都几乎翻倍，而波束宽度作为 ϕ 的函数，

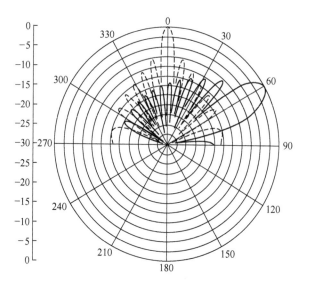

图 8-31 连续圆环 $ka = 20$ 未扫描(虚线)和扫描(实线)$60°$的指向性图

即 $BW(\varphi)$,则基本上是恒定不变的。

表 8-4 作为扫描角 θ_s 函数的波束宽度

θ_s	$ka = 10$		$ka = 20$	
	$BW(\theta)$	$BW(\varphi)$	$BW(\theta)$	$BW(\varphi)$
0°	13°	14°	6.5°	7.0°
10°	13	13	6.5	6.5
20°	14	13	7.0	6.5
30°	15	13	7.5	6.5
40°	17	13	8.5	6.5
50°	20	13	10	6.5
60°	29	13	13	6.5

几个具有不同半径和声源级的同心圆环所产生的声场可以叠加。如果以 α 表示式(8-67)括号内角度的函数,也即 $\alpha = [\sin^2\theta + \cos^2\theta_s - 2\sin\theta\sin\theta_s\cos(\phi - \phi_s)]^{1/2}$,可得到:

$$p(\theta,\phi) = (j\rho ck)(e^{-jkr}/2\pi r)\{q_1 J_0(ka_1\alpha) + q_2 J_0(ka_2\alpha) + \cdots\} \quad (8-69)$$

式中,$q_1 = 2\pi a_1 w_1 u_1$ 等,表示每个圆环的声源强度。每个圆环连续扫描,并且往往全部圆环向相同方向扫描可得到好的波束,因此所有的 α 均相同。但是,也应考虑各圆环向不同方向扫描以同时形成多波束的情况。

式(8-67)仅在圆环宽度远小于波长的情况下成立。对于较宽圆环的声场,可用 da 代替 w 并对半径求积分得到。当圆环宽度为 $(a_2 - a_2)$ 时,可得到:

$$p(\theta,\phi) = (2\pi u_0 j\rho ck)(e^{-jkr}/2\pi r)\int_{a_1}^{a_2} J_0(ka\alpha)ada$$

$$= (2\pi u_0 j\rho ck)(e^{-jkr}/2\pi r)[a_2^2 J_1(ka_2\alpha)/ka_2\alpha - a_1^2 J_1(ka_1\alpha)/ka_1\alpha] \quad (8-70)$$

对于半径为 a_2 的圆形活塞的情形,可以根据式(8-70)在 $a_1 = 0$ 且 $\theta_s = 0$,从而 $\alpha = \sin\theta$ 时得

到。需注意的是式(8-70)适用于连续扫描的环形声源,且圆环上任一点的振速相位与该点的径向位置以及角位置有关。

对于扫描离散和连续圆环基阵的指向性函数,分别以连续扫描圆环基阵与有限宽度圆环基阵为例进行了介绍。式(8-61)给出了离散圆形基阵在任意 ϕ 为常数的平面中作为 θ 的函数的指向性图,此时波束在一个由 ϕ_s 确定的对称平面中随 θ_s 转向,并且在阵元为偶数时简化为式(8-61)。式(8-67)为扫描连续圆环在任意方位角的指向性图,并在扫描至波束指向性图平面时简化为式(8-68)。式(8-69)是针对同心圆环连续基阵的情形,而式(8-70)则适用于有限宽度的连续圆环。连续圆环是对紧密堆积的环状离散声源的有用近似。

8.7 小　　结

本章介绍了水听器基阵的指向性函数、波束扫描、束控、波矢量响应、阵增益以及矢量传感器相关的环境、结构和流噪声。此外,还在部分章节中介绍了扫描平面圆形基阵。对于由全向水听器单元组成且接收灵敏度为 M_0 的 $N \times M$ 基阵,得出了有无扫描时的波束指向性图。然后,介绍了如何利用包括道尔夫-切比雪夫束控在内的各种束控方式降低旁瓣的方法。之后,讨论了以 k_x 和 k_y 表示的波矢量响应,以及考虑了部分相干性的阵增益 AG,但在指向性指数 DI 的讨论中不考虑部分相干性。

基阵中的噪声源包括海洋环境噪声、结构噪声和流噪声。各向同性噪声的空间相关性为 $\rho(d) = \sin(kd)/kd$,其中,d 为水听器之间的距离。环境噪声对安装了水听器的低速舰船很重要,但是振速的增加会导致结构和流噪声占主导。第 8.4 节讨论了如何降低基阵噪声并在第 8.4.4 节中总结了降低噪声的各种方法,得出了多矢量传感器阵列的指向性及相关公式,包括偶极子单元之间的噪声相关性。第 8.5.3 节讨论了舰载基阵中的噪声。

第 8.6 节讨论了平面圆形基阵,并建立了针对扫描离散单元和扫描连续单元的模型。

参考文献

1. H. H. Schloemer, Technology development of submarine sonar hull arrays. Naval Undersea Warfare Center Division Newport, Technical Digest, September 1999 [Distribution authorized to DOD components only]. Also Presentation at Undersea Defense Technology Conference and Exhibition, Sydney, Australia, February 7 (2000)
2. I. Dyer, "Ocean Ambient Noise" Encyclopedia of Acoustics, vol. 1 (Wiley, New York, 1997), p. 549
3. S.-H. Ko, S. Pyo, W. Seong, Structure-Borne and Flow Noise Reductions (Mathematical Modeling) (Seoul National University Press, Seoul, 2001)
4. D. Ross, Mechanics of Underwater Noise (Peninsula, Los Altos Hills, 1987)
5. W. A. Strawderman, Wavevector-Frequency Analysis with Applications to Acoustics. U. S. Government Printing Office, undated
6. V. M. Albers, Underwater Acoustics Handbook (The Pennsylvania State University Press, University Park, 1960)
7. W. S. Burdic, Underwater Acoustic System Analysis, 2nd edn. (Prentice Hall, Upper Saddle River, 1991)
8. J. W. Horton, Fundamentals of Sonar, 2nd edn. (U. S. Naval Institute, Annapolis, 1959)
9. A. A. Michelson, A reciprocal relation in diffraction. Philos. Mag. 9, 506–507 (1905)
10. N. Davids, E. G. Thurston, R. E. Meuser, The design of optimum directional acoustic arrays. J. Acoust. Soc.

Am. 24, 50-56 (1952)
11. R. L. Pritchard, Optimum directivity patterns for linear point arrays. J. Acoust. Soc. Am. 25, 879-891 (1953)
12. W. Thompson Jr., Higher powers of pattern functions—a beam pattern synthesis technique. J. Acoust. Soc. Am. 49, 1686-1687 (1971)
13. C. L. Dolph, A current distribution of broadside arrays which optimizes the relationship between beam width and side lobe level. Proc. Inst. Radio Engrs. 34, 335-348 (1946)
14. R. J. Urick, Principles of Underwater Sound, 3rd edn. (Peninsula, Los Altos Hills, 1983)
15. T. T. Taylor, Design of line-source antennas for narrow beam width and low side lobes. IRE Trans. AP-3, 316 (1955)
16. O. B. Wilson, An Introduction to the Theory and Design of Sonar Transducers (U. S. Government Printing Office, Washington, DC, 1985)
17. R. L. Pritchard, Approximate calculation of the directivity index of linear point arrays. J. Acoust. Soc. Am. 25, 1010-1011 (1953)
18. R. L. Pritchard, Maximum directivity of a linear point array. J. Acoust. Soc. Am. 26, 1034-1039 (1954)
19. G. Maidanik, D. W. Jorgensen, Boundary wave-vector filters for the study of the pressure field in a turbulent boundary layer. J. Acoust. Soc. Am. 42, 494-501 (1967)
20. W. K. Blake, D. M. Chase, Wavenumber-frequency spectra of turbulent-boundarylayer pressure measured by microphone arrays. J. Acoust. Soc. Am. 49, 862-877 (1971)
21. D. H. Trivett, L. D. Luker, S. Petrie, A. L. VanBuren, J. E. Blue, A planar array for the generation of evanescent waves. J. Acoust. Soc. Am. 87, 2535-2540 (1990)
22. C. H. Sherman, S. H. Ko, B. G. Buehler, Measurement of the turbulent boundary layer wave-vector spectrum. J. Acoust. Soc. Am. 88, 386-390 (1990)
23. J. S. Bendat, A. G. Piersol, Engineering Applications of Correlation and Spectral Analysis (Wiley, New York, 1993)
24. J. L. Butler, C. H. Sherman, Acoustic radiation from partially coherent line sources. J. Acoust. Soc. Am. 47, 1290-1296 (1970)
25. D. J. Kewley, D. G. Browning, W. M. Carey, Low-frequency wind-generated ambient noise source levels. J. Acoust. Soc. Am. 88, 1894-1902 (1990)
26. G. M. Wenz, Acoustic ambient noise in the ocean: spectra and sources. J. Acoust. Soc. Am. 34, 1936-1956 (1962)
27. V. O. Knudsen, R. S. Alford, J. W. Emling, Underwater ambient noise. J. Mar. Res. 7, 410 (1948)
28. H. W. Marsh, Origin of the Knudsen spectra. J. Acoust. Soc. Am. 35, 409 (1963)
29. E. H. Axelrod, B. A. Schoomer, W. A. Von Winkle, Vertical directionality of ambient noise in the deep ocean at a site near Bermuda. J. Acoust. Soc. Am. 37, 77-83 (1965)
30. B. F. Cron, B. C. Hassel, F. J. Keltonic, Comparison of theoretical and experimental values of spatial correlation. J. Acoust. Soc. Am. 37, 523-529 (1965). U. S. Navy Underwater Sound Lab. Rept. 596, 1963
31. B. F. Cron, C. H. Sherman, Spatial-correlation functions for various noise models. J. Acoust. Soc. Am. 34, 1732-1736 (1962). Addendum: J. Acoust. Soc. Am., 38, 885 (1965)
32. J. E. Barger, "Sonar Systems", Encyclopedia of Acoustics, vol. 1, Section 3.1 (Wiley, New York, 1997), p. 559
33. R. L. Pritchard, Mutual acoustic impedance between radiators in an infinite rigid plane. J. Acoust. Soc. Am. 32, 730-737 (1960)
34. M. C. Junger, D. Feit, Sound, Structures and Their Interaction, 2nd edn. (MIT Press, Cambridge, MA, 1986)
35. G. M. Corcos, The structure of the turbulent pressure field in boundary layer flows. J. Fluid Mech. 18(3), 353-378 (1964)

36. D. M. Chase, Modeling the wave-vector frequency spectrum of turbulent boundary wall pressure. J. Sound Vib. 70, 29-68 (1980)
37. G. C. Lauchle, Calculation of turbulent boundary layer wall pressure spectra. J Acoust. Soc. Am. 98, 2226-2234 (1995)
38. G. C. Lauchle, Noise generated by axisymmetric turbulent boundary-layer flow. J. Acoust. Soc. Am. 61, 694-703 (1977)
39. N. C. Martin, P. Leehey, Low wavenumber wall pressure measurements using a rectangular membrane as a spatial filter. J. Sound Vib. 52(1) (1997)
40. J. J. Faran Jr., R. Hills Jr., Wide-band directivity of receiving arrays. J. Acoust. Soc. Am. 57, 1300-1308 (1975)
41. S. H. Ko, H. H. Schloemer, Signal pressure received by a hydrophone placed on a plate backed by a compliant baffle. J. Acoust. Soc. Am. 89, 559-564 (1991)
42. M. A. Gonzalez, Analysis of a composite compliant baffle. J. Acoust. Soc. Am. 64, 1509-1513 (1978)
43. S. H. Ko, C. H. Sherman, Flexural wave baffling. J. Acoust. Soc. Am. 66, 566-570 (1979)
44. R. P. Radlinski, R. S. Janus, Scattering from two and three gratings of densely packed compliant tubes. J. Acoust. Soc. Am. 80, 1803-1809 (1986)
45. S. H. Ko, H. H. Schloemer, Calculations of turbulent boundary layer pressure fluctuations transmitted into a viscoelastic layer. J. Acoust. Soc. Am. 85(4) (1989)
46. S. H. Ko, H. H. Schloemer, Flow noise reduction techniques for a planar array of hydrophones. J. Acoust. Soc. Am. 92, 3409-3424 (1992)
47. W. Thompson Jr., R. E. Montgomery, Approximate evaluation of the spectral density integral for a large planar array of rectangular sensors excited by turbulent flow. J. Acoust. Soc. Am. 93, 3201-3207 (1993)
48. M. J. Berliner, J. F. Lindberg (eds.), Acoustic Particle Velocity Sensors: Design, Performance and Applications, AIP Conference Proceedings 368, Mystic CT, September (1995)
49. Proceedings of the Workshop on Directional Acoustic Sensors, Newport, RI, 17-18 April (2001) (Available on CD)
50. E. Y. Lo, M. C. Junger, Signal-to-noise enhancement by underwater intensity measurements. J. Acoust. Soc. Am. 82, 1450-1454 (1987)
51. D. Huang, R. C. Elswick, Acoustic pressure-vector sensor array. J. Acoust. Soc. Am. 115, 2620 (2004) (Abstract)
52. B. A. Cray, A. H. Nuttall, A Comparison of Vector-Sensing and Scalar-Sensing Linear Arrays. Report No. 10632, Naval Undersea Warfare Center, Newport, RI, January 27 (1997)
53. R. Kneipfer, Spatial Auto and Cross-correlation Functions for Tri-axial Velocity Sensor Outputs in a Narrowband, 3 Dimensional, Isotropic Pressure Field. Naval Undersea Warfare Center, Newport, RI, Memo. 5214/87, September (1985)
54. M. Hawkes, A. Nehorai, Acoustic vector sensor correlations in ambient noise. IEEE J. Ocean. Eng. 26, 337-347 (2001)
55. H. W. Marsh, Correlation in Wave Fields. U. S. Navy Underwater Sound Laboratory Quart. Rept., 31 March (1950), pp. 63-68
56. B. A. Cray, in Directional Acoustic Receivers: Signal and Noise Characteristics. Workshop on Directional Acoustic Sensors, Newport, RI, 17-18 April (2001)
57. S. H. Ko, Performance of velocity sensor for flexural wave reduction, in M. J. Berliner, J. F. Lindberg (eds.), Acoustic Particle Velocity Sensors: Design, Performance and Applica-tions, AIP Conference Proceedings 368 (AIP Press, Woodbury, 1996)

58. R. F. Keltie, Signal response of elastically coated plates. J. Acoust. Soc. Am. 103, 1855–1863 (1998)
59. B. A. Cray, R. A. Christman, Acoustic and vibration performance evaluations of a velocity sensing hull array, in Acoustic Particle Velocity Sensors: Design, Performance and Applications, AIP Conference Proceedings 368, ed. by M. J. Berliner, J. F. Lindberg (AIP Press, Woodbury, 1996)
60. N. C. Martin, R. N. Dees, D. A. Sachs, in Baffle Characteristics: Effects of Sensor Size and Mass, AIP Conference Proceedings 368, ed. by M. J. Berliner, J. F. Lindberg (AIP Press, Woodbury, 1996)
61. J. J. Caspall, M. D. Gray, G. W. Caille, J. Jarzynski, P. H. Rogers, G. S. McCall II, in Laser Vibrometer Analysis of Sensor Loading Effects in Underwater Measurements of Compliant Surface Motion, AIP Conference Proceedings 368, ed. by M. J. Berliner, J. F. Lindberg (AIP Press, Woodbury, 1996)
62. M. Traweek, J. Polcari, D. Trivett, Noise audit model for acoustic vector sensor arrays on an ocean glider. J. Acoust. Soc. Am. 116(2), 2650 (2004)
63. B. M. Abraham, M. J. Berliner, in Directional Hydrophones in Towed Systems, Workshop on Directional Acoustic Sensors, Newport, RI, 17–18 April (2001)
64. G. C. Lauchle, J. F. McEachern, A. R. Jones, J. A. McConnell, in Flow-Induced Noise on Pressure Gradient Hydrophones, AIP Conference Proceedings 368, ed. by M. J. Berliner, J. F. Lindberg (AIP Press, Woodbury, 1996)

第 9 章

换能器评估与测量

对换能器进行电学和声学测量,确定其性能特征和参数,以便在目标和理论模型可用时与之进行比较。本章将讨论进行此类测量的步骤和方法[1-11]。导纳或阻抗测量通常先在空气负载(模拟真空)下进行,然后再在水负载下实施测量。通常,测量时会考虑不同的静水压力、温度和驱动电平。换能器和换能器基阵的发射响应、声源级、效率、接收响应、波束图以及谐波失真通常在满足球面扩展的远场条件下进行。但是,在某些情况下也可以在近场进行测量,然后通过外推公式推广到远场。测量是评估所有换能器性能重要的最后一步。第 5 章和第 6 章中介绍了具体的发射换能器和水听器的设计,而在第 2 章和第 3 章中讨论了这些设计的建模方法。

本章重点讨论换能器的重要参数 Q_m、f_r 和 k_{eff} 的评估方法,以及用简单等效电路表示集总元件的方法,包括由换能器电损耗、机械损耗以及声辐射引起的电阻。调谐是换能器制作过程中重要的最后一步,因为调谐可提高功率因子并降低在运行过程中和大功率测试时的伏安要求。本章还讨论了电场和磁场换能器的发射和接收响应以及导纳与阻抗曲线,以便指导对测量结果的评估。此外,还介绍了发射与接收之间的互易关系,介绍了通过开展近场测量可进行远场预测的方法。最后简要回顾和阐述美国海军常用的一些校准换能器。

9.1 空气中换能器的电测量

首先从换能器的电输入阻抗 $Z = R + jX$ 或导纳 $Y = G + jB$(复杂的推导过程参见第 13.17 节)的测量开始。因为 $Y = 1/Z$,则有

$$Y = (R - jX)/(R^2 + X^2) \quad 和 \quad Z = (G - jB)/(G^2 + B^2)$$

对于换能器电性能的评估,可先确定几个重要的性能参数以及简化的等效电路参数。通常在接近且低于基频谐振的频率下进行评估,用一个简单的集总参数等效电路就足以满足要求。图 3-15 所示的简化电路中就包含了压电换能器中大多数必要的元件,可用于表示所有的电场换能器,而图 3-20 中的电路可用于表示磁场换能器。

9.1.1 电场换能器

图 9-1 中重复了图 3-16 中 Van Dyke[12] 提出的等效电路。通过有效机电转换系数 N,将其与图 3-15 中的机电等效回路关联起来。

在 Van Dyke 的表述中,R_0 为电损耗电阻且 $1/R_0 = G_0 = \omega C_f \tan\delta$,其中,$\delta$ 为损耗因子(通常

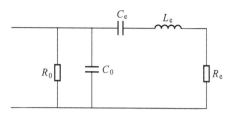

图 9-1 Van Dyke 等效电路

表示为 D)。C_0 为静态电容,而动态电容有 $C_e = N^2 C^E$,其中, C^E 为短路柔度。自由电容为 $C_f = C_0 + C_e$。电感为 $L_e = M/N^2$,其中,M 为有效质量,包括辐射质量 M_r。电等效电阻为 $R_e = R_t/N^2$,其中,R_t 为总机械阻,包括内部机械阻 R 和辐射阻 R_r。在空气负载条件下,M_r 和 R_r 均可忽略不计。图 9-1 中电路的输入导纳 $Y = 1/Z$ 表示为

$$Y = G_0 + j\omega C_0 + 1/(R_e + j\omega L_e + 1/j\omega C_e) \qquad (9\text{-}1)$$

式中,第三项为动态导纳部分。

测得的导纳大小决定了谐振频率 f_r、反谐振频率 f_a 和最大导纳 $|Y|_{max}$。在谐振时(短路条件下),有 $\omega_r L_e = 1/\omega_r C_e$,此时导纳 $|Y|$ 为最大值而阻抗 $|Z|$ 为最小值。反谐振时(开路条件下)有 $\omega_a L_e = 1/\omega_a C^*$,其中 $C^* = C_0 C_e/(C_0 + C_e)$,此时导纳为最小值而阻抗为最大值。因此,谐振和反谐振频率与电路参数的关系如下

$$\omega_r^2 = 1/L_e C_e \text{ 和 } \omega_a^2 = 1/L_e C^* = (C_0 + C_e)/C_e C_0 L_e \qquad (9\text{-}2)$$

图 9-2 中给出了空气负载下的阻抗、导纳大小以及谐振频率 f_r 和反谐振频率 f_a,这其中 R_e 的数值通常比较小。

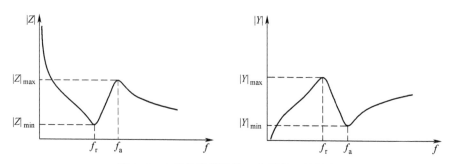

图 9-2 电场换能器阻抗 Z 和导纳 Y 的幅度

作为频率的函数,导纳和阻抗数值的测量可利用"阻抗计"或"导纳计"进行。测量系统简图如图 9-3 所示,它由一个已知电压为 V_0 的交流电源和一个已知阻值为 R 的电阻与阻抗为 Z 的换能器串联组成,其电流 $I = V_0/(Z + R)$。

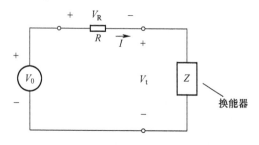

图 9-3 测量 $|Z|$ 和 $|Y|$ 的阻抗/导纳电路

换能器两端的电压可根据公式 $V_t = IZ = V_0 Z/(R+Z)$ 得出。由于 $R \gg Z$，可得到

$$Z \approx V_t(R/V_0) \tag{9-3}$$

因此，测量换能器两端的电压可以得到阻抗 Z 的值。而导纳的值可以通过测量电阻两端的电压 $V_R = IR = V_0 R/(R+Z)$ 来获得，在电阻值不同使得 $R \ll Z$ 时，通过 V_R 可得到换能器的导纳 Y 为

$$Y = 1/Z \approx V_R/(V_0 R) \tag{9-4}$$

此方法要求电源具有低输出阻抗和恒定电压。可用精密电阻器校准阻抗计/导纳计。

测量空气中的谐振和反谐振频率，并通过常用公式得出有效动态耦合系数为

$$k_{\text{eff}}^2 = 1 - (f_r/f_a)^2 \tag{9-5}$$

如第1章和第2章所述，由式(9-2)通过比值 $\omega_r^2/\omega_a^2 = C_0/(C_0 + C_e)$ 得到式(9-5)，进而有 $1 - \omega_r^2/\omega_a^2 = C_e/(C_0 + C_e) = C_e/C_f = N^2 C^E/C_f = k^2$。实际中由于增加了电气或机械组件或者其他振动模式，如弯曲等，C^E 和 C_f 以及 N 都可能为有效值。相应的有效耦合系数 k_{eff} 低于理想换能器的 k，但对于一个特定的完整的换能器设计而言，它是能量转换与能量存储之间的质量。（参见第1.4.1节和第4.4节）。

当 $\omega \ll \omega_r$，远低于谐振频率时，式(9-1)变为

$$Y \approx G_0 + j\omega C_0 + j\omega C_e = \omega C_f \tan\delta + j\omega C_f$$

压电陶瓷的 $\tan\delta$ 值通常在 0.004~0.02 范围内（参见第13.5节）。可使用简单的低频电容和损耗测量仪来测量 C_f 和 $\tan\delta$。在低频范围内图9-1中的电路可简化为图9-4中更简单的电路，其中 C_0 与 C_e 并联。通过自由电容 C_f 和 k_{eff}^2 的值可得 $C_0 = C_f(1 - k_{\text{eff}}^2)$ 和 $C_e = k_{\text{eff}}^2 C_f$。

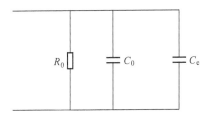

图 9-4 低频时的 Van Dyke 电路

在空气负载下，电感值与换能器自身的动态质量成正比。因此，由 $\omega_r^2 = 1/L_e C_e$ 可得到 $L_e = 1/\omega_r^2 C_e$。此外，根据式(9-1)可以看出，在空气负载下 R_e 数值通常较小且有 $|Y|_{\max} \approx 1/R_e$。然后，可用 $|Y|_{\max}$ 的值得出机械品质因数 Q，具体为

$$Q_m = \omega_r L_e/R_e \approx \omega_r L_e |Y|_{\max}$$

当结果大于30时，这是一个很好的 Q_m 近似值。在空气负载条件下，Q_m 的典型值在30~300范围内，具体数值取决于换能器的装配条件和附加组件。

总之，通过测量导纳幅度、低频电容值以及损耗可得出参数 C_f、$\tan\delta$、f_r、f_a 和 $|Y|_{\max}$。然后，利用 f_r 和 f_a 以及 k_{eff}，通过下式得出图9-1中等效回路的所有参数为

$$\begin{aligned} &C_0 = C_f(1 - k_{\text{eff}}^2), C_e = C_f k_{\text{eff}}^2, L_e = 1/\omega_r^2 C_e \\ &R_e = 1/|Y|_{\max}, R_0 = 1/\omega C_f \tan\delta \end{aligned} \tag{9-6}$$

如果测量得到水负载下的 Q_m 和 Q_e，也可得这些参数，这些将结合图9-5和图9-6，以及式(9-13)进行讨论。Marshall 和 Brigham[13] 提出了一种替代方法，通过测量换能器电容的最大

值、最小值及其相应的频率、低频损耗 tanδ 来确定图 9-1 中各分量的值。

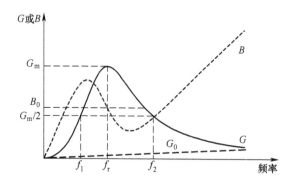

图 9-5　电场换能器的电导 G 和电纳 B

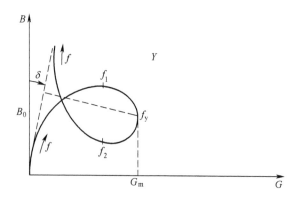

图 9-6　电场换能器的导纳轨迹"环"

由于 $N^2 = M/L_e$（参见图 3-16），机电转换系数 N 可由质量 M 确定。在一些定义明确的情况下，质量 M 可以计算或测量得到。另外，如果一个额外的已知质量 M_a 牢牢地附加在辐射质量 M 上，将此时的机械谐振频率 $\omega_{ra}^2 = 1/(L_e + M_a/N^2)C_e$ 与原始的谐振频率 $\omega_r^2 = 1/L_eC_e$ 进行比较，就可以得到

$$N^2 = (M_a/L_e)/[(f_r/f_{ra})^2 - 1] \tag{9-7a}$$

但多数情况下，很难将质量 M_a 与 M 连接起来，形成一个单一的刚性质量。

更直接的方法是使用两个轻型加速度计测量给定动态电流 $N(u - u_1)$ 下头部质量块和尾部质量块之间的加速度差 a_d，如图 3-18 所示。由图 3-18 和式（9-1），可得出 $N(u - u_1) = V(Y - j\omega C_0 - G_0)$。此外，由于振速差为 $(u - u_1) = a_d/j\omega$，根据下式可确定机电转换系数

$$N = V(Y - j\omega C_0 - G_0)j\omega/a_d \tag{9-7b}$$

式（9-7b）中右侧的所有项均为测量值。如果换能器头部表面的运动不均匀，则应使用加速度的平均值 a_d。

此外，根据第 2 章中表 2-1 也可得出机电转换系数，对于电换能器和磁换能器分别有

$$N = k_{\text{eff}}(K_m^E C_f)^{1/2}, N = k_{\text{eff}}(K_m^H L_f)^{1/2}$$

式中，耦合系数为实测的有效耦合系数 k_{eff}；C_f 和 L_f 为实测的低频自由电容和电感；K_m^E 和 K_m^H 为谐振时测得短路和开路机械刚度。例如，$K_m^E = M\omega_r^2$ 中若 M 已知则可确定 K_m^E。显然，机械测量

和电测量均须进行方可确定机电转换系数。

9.1.2 磁场换能器

上文主要关注电场换能器,尤其是压电陶瓷换能器。磁场换能器可以表示为电场换能器的对偶。图 9-7 是基于图 3-20 电路的磁场换能器的集总等效电路。

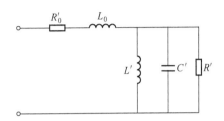

图 9-7 磁场换能器的集总等效电路

输入阻抗如下

$$Z = R_0' + j\omega L_0 + 1/(1/R' + j\omega C' + 1/j\omega L') \tag{9-8}$$

式(9-8)的动态部分,即第三项,采用了图 9-7 中并联电路形式。此时,机械谐振在开路条件下为并联谐振,有 $\omega_r L' = 1/\omega_r C'$,而在短路条件下产生反谐振,有 $\omega_a L^* = 1/\omega_a C'$,其中 $L^* = L_0 L'/(L_0 + L')$。图 9-8 显示了阻抗和导纳大小的示意图,由于图 9-7 是图 9-1 的对偶,因此如预期的那样可以看成是图 9-2 的倒数。

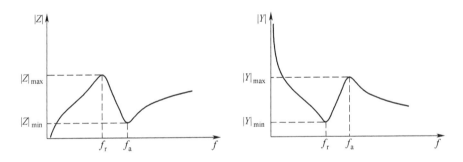

图 9-8 磁场换能器阻抗 Z 和导纳 Y 的大小

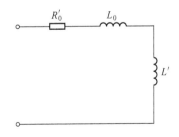

图 9-9 磁场换能器的低频等效电路

图 9-3 所示的测量电路可用于测量图 9-7 所示电路的阻抗大小。线圈电阻 R_0' 和自由电感 L_f 在低频下用电感计测得,这时图 9-7 中的电路简化为图 9-9 所示电路,其中 L_0 和 L' 串联。

有效动态耦合系数为：
$$k_{\text{eff}} = [1 - (f_r/f_a)^2]^{1/2}$$

式中，f_r 为 $|Z|_{\max}$ 时的频率；f_a 为 $|Z|_{\min}$ 时的频率。

该公式适用于 $|Z|_{\max} \gg |Z|_{\min}$ 且 $|Z_{\max}| \approx R'$ 的低损耗情况下。在这种并联谐振电路中，当 $Q_m > 30$ 时，有 $Q_m = R'/\omega_r L' \approx |Z_{\max}|/\omega_r L'$。自由电感为 $L_f = L_0 + L'$，图 9-7 的电路参数如下

$$L_0 = L_f(1 - k_{\text{eff}}^2), L' = L_f k_{\text{eff}}^2, C' = 1/\omega_r^2 L'$$
$$R' \approx |Z_{\max}|, R'_0 = \text{线圈电阻} \tag{9-9}$$

所得结果可与式(9-6)所得电场换能器的相关结果进行比较。虽然图 9-7 考虑了串联线圈电阻损耗 R'_0，但同样重要的涡流损耗，并没有包含在这个简化的阻抗大小测量过程中。要得到涡流数据，必须同时测量阻抗的实部和虚部。

9.2 水中换能器的测量

在水中对换能器进行测量时，由于水中的辐射阻抗比空气中的高出很多，上文中提到的一些测试量会发生变化，如 f_r、f_a 和 Q_m 等。考虑图 3-15 的等效电路，它是图 9-1 的基础。辐射负载增加了一个辐射质量 M_r 和一个辐射阻 R_r。在空气中，由于介质密度小，辐射质量 M_r 远小于典型水下声换能器的辐射质量 M。空气中在机械谐振频率下，质量电抗 ωM 抵消了力顺电抗 $1/\omega C^E$，从而得到 $\omega_r = (1/MC^E)^{1/2}$。在水中 $\omega_{rw} = [1/C^E(M + M_r)]^{1/2}$，从而得到

$$\omega_{rw}/\omega_r = [M/(M + M_r)]^{1/2} \tag{9-10}$$

对于活塞式换能器，水中测量时的谐振频率通常比在空气中测量时的低 10%~20%。

根据第 3 章和第 4 章中的讨论，Q_m 的表达式如下

$$Q_{mw} = \omega_{rw} L_e/R_e = 1/\omega_{rw} R_e C_e = (L_e/C_e)^{1/2}/R_e \tag{9-11}$$

在水中，增加质量 M_r 也会增加储存的能量，从而会提高 Q_m。然而，辐射阻在降低 Q_m 方面的效果更大，因此有 $Q_{mw} < Q_{ma}$，其中，Q_{mw} 表示水中，而 Q_{ma} 表示空气中。两者的关系最清楚地体现在式(9-11)的最后一个表达式中，即

$$Q_{mw} = Q_{ma}(1 + M_r/M)^{1/2}/(1 + R_r/R) \tag{9-12}$$

当各种用于确定 Q_m 的方法所得结果不同时，则表明换能器可能不是以单自由度振子方式工作。Q_{mw} 通常根据功率响应 W 测得，对于固定的均匀根电压 W 可由 $W = V_{\text{rms}}^2 G$ 得出。因此，Q_m 可采用式(4-4)并根据电导曲线的峰值频率 f_r 和半峰值频率 f_1 和 f_2 得出。

$$Q_m = f_r/(f_2 - f_1) \tag{9-13}$$

此外，Q_m 的值也可用于度量谐振器按照因子 $e^{-\pi}$ 从稳态衰减所需的周期数。简单谐振器的瞬态衰减因子为 $R/2M$，并可将振幅衰减函数表示为

$$x(t) = x_0 e^{-tR/2M} = x_0 e^{-\pi t/QT}$$

式中，谐振情况下的振动周期为 $T = 1/f_r$。在时间点 $t = QT$ 有 $x(t) = e^{-\pi}$，由于 $e^{-\pi}$ 的值为 0.043，只需计算振幅衰减至稳态值 4%左右所需的周期数，就可以得出换能器机械品质因数的近似值 Q。此外，达到稳态情况所需的周期数也可以用相同方式得到。

水中负载情况下，对换能器进行损耗评估和精确描述均需用到阻抗或导纳的实部和虚部。此时，图 9-1 中的 R_e 会增大，且由于采用并联形式，图 9-7 中的 R' 变小。在图 9-1 和图 3-15

的电场模型中,阻性负载为 $R_e = (R + R_r)/N^2$,其中,R 为机械损耗阻;R_r 为辐射阻。此外,在水中负载下有 $L = (M + M_r)/N^2$,其中,M_r 为换能器的辐射质量;M 为换能器的动态质量。在图 9-7 和图 3-20 的磁场情况中,阻性负载 $R' = N^2/(R + R_r)$ 和质量负载通过 $C' = (M + M_r)/N^2$ 得出。

图 9-5 中提供了一个典型的测量示意图,显示图 9-1 和式(9-1)的电场模型中 G 和 B 随频率变化的情况。图 9-6 中给出了一个相应的导纳轨迹线图。

图 9-5 显示电损耗电导 $G_0 = \omega C_f \tan\delta$ 会使得电导 G 随频率增大,并使得图 9-6 中的轨迹或"环"略微倾斜。

在谐振频率 f_r,即电导 G 取最大值 G_m 时,根据功率公式 $W = V_{rms}^2 G$,可以得到给定电压下的最大功率。电损耗的电导 G_0 对机械阻尼没有影响,应该在评估 Q_m 前从总电导 G 中减去。然而,G_0 通常较小且经常可忽略不计,所以这种情况下,有 $Q_m \approx f_r/(f_2 - f_1)$,这里 f_1 和 f_2 为取 $G_m/2$ 时的频率。水中负载较大时换能器导纳环很小,而空气中负载较小时换能器导纳环可能大到穿过 G 轴,从而看起来更近似于一个圆圈。在空气中时,电导为 $G_m \approx 1/R_e \approx |Y|_{max}$。

电纳 B 与电导 G 之间的比值可用来得出 Q 值,它在谐振时定义为 $Q_e = B_0/G_m$。根据式(9-1),在谐振时 $B_0 = \omega_r C_0$,乘积为 $Q_m Q_e = \omega_r C_0 R_e/\omega_r C_e R_e = C_0/C_e = k_{eff}^2/(1 - k_{eff}^2)$。这里就得到了 k_{eff}、Q_m 和 Q_e 之间的重要关系如下

$$k_{eff} = (1 + Q_m Q_e)^{-1/2} \tag{9-14a}$$

在机械损耗高或辐射阻大而导致 Q_m 较低的情况下,由最大和最小导纳(或阻抗)幅值测量所得的 f_r 和 f_a 值,和据此计算所得 k_{eff} 的值并不精确。然而,在这样的条件下式(9-14a)可得出准确的结果,并且最适用于水中负载条件下 k_{eff} 的求值。因为 Q_m 和 Q_e 可以精确测量,且其乘积 $Q_m Q_e$ 通过与辐射阻无关的 C_0/C_e 比值决定了 k_{eff}。所以,对于低 Q_m 的情况,式(9-14a)可得出精确的结果。但在空气负载条件下式(9-14a)难以实现,因为谐振点的尖锐度使得很难从快速变化的大直径 B 和 G 关系轨迹中准确地测定 Q_m 和 Q_e 值,除非使用非常小的精确频率增量。另外,当 Q_m 较高时,f_r 和 f_a 可以很容易的分别从最大导纳和阻抗中精确地确定,下式是评估换能器 k_{eff} 的首选

$$k_{eff} = [1 - (f_r/f_a)^2]^{1/2} \tag{9-14b}$$

图 9-6 中的导纳轨迹已成为评价电场换能器的重要图形手段。轨迹的形状可根据式(9-1)并使用图 9-1 的相应电路以及动态阻抗确定

$$Z_m = R_e + j\omega L_e + 1/j\omega C_e = R + jX = |Z_m|e^{j\varphi} \tag{9-15}$$

式中,相位角 $\varphi = \arctan(X/R)$。当 R 与频率无关时,式(9-15)中 X 和 R 的关系如图 9-10 所示。

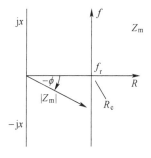

图 9-10 电场换能器的动态阻抗

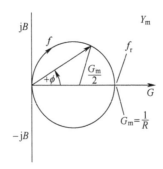

图 9-11 电场换能器的动态导纳

为一条垂直于 R 轴的直线。随着频率 f 逐渐增大，直线在谐振频率 f_r 时穿过坐标轴，其中 $\omega_r L_e = 1/\omega_r C_e$ 且 $Z_m = R_e$。动态导纳为 $Y_m = 1/Z_m = e^{-j\varphi}/|Z_m|$，因此较高的阻抗转换成较低的导纳，其相位角相同但为负值。阻抗 Z 平面中的直线映射到导纳 Y 平面变成半径为 $G_m/2$ 的圆环，从而得到导纳平面中的一个圆形轨迹线图，如图 9-11 所示。

这个圆圈被称为动态导纳圆，表示换能器机械部分的电等效。该圆的半径为 $G_m/2$，中心为 $G = G_m/2, B = 0$。

$$(G_m/2)^2 = (G - G_m/2)^2 + B^2 \tag{9-16}$$

式中，G_m 为在频率为 f_r 时的最大电导值。由于辐射阻为频率的函数，导纳轨迹在很宽的频率范围内通常看起来不是真正的圆，特别是 Q_m 值较低时。该圆的直径与有效耦合系数的平方与 Q_m 的乘积成正比。

式(9-1)和图 9-1 表明总导纳除了动态圆导纳 Y_m 外还包含了电损耗电导 G_0 和静态电纳 $j\omega C_0$。附加这两个分量可得到图 9-6 中的轨迹，其中有 $B_0 = \omega_r C_0$ 和 $G_0 = \omega C_f \tan\delta$。上述过程都是基于一个理想的单自由度系统的假设。但在实际中，除了基频模态之外可能还有多种其他振动模态，这些模态在轨迹图中以更高频率显示为附加圆圈（以及 $|Y|$ 或 $|Z|$ 线图中的最大值和最小值）。

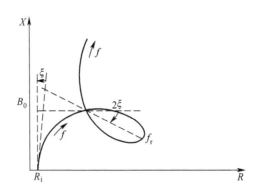

图 9-12 具有涡流损耗角 ξ 的磁场换能器的阻抗轨迹

磁场换能器在阻抗平面有类似的轨迹图。图 9-7 和式(9-8)中动态部分，即 $1/R' + j\omega C' + 1/j\omega L'$，是 Y 平面中的一条直线，如果 R' 为常数，则该直线映射为 Z 平面中的一个圆。增加了静态感抗、损耗阻 R'_e 和涡流因子 $\chi = |\chi|e^{-j\xi}$，然后得到了图 9-12 所示的阻抗轨迹。显然，线圈

电阻通过 R'_e 导致曲线偏移,而涡流损耗角 ξ 造成轨迹以 2ξ 的角度倾斜。由于涡流因子使得转换系数变为 χN,而阻抗是按照转换系数的平方进行变换,得到 $(\chi N)^2 = |\chi|^2 e^{-2\xi} N^2$,导致动态阻抗轨迹或环有一个 2ξ 的角因子。

9.3 换能器效率的测量

辐射到介质中的声功率为 $W_a = |u_{rms}|^2 R_r$,而传递到机械和声学部分的功率为 $W_m = |u_{rms}|^2 (R + R_r)$,得到机声转换效率如下

$$\eta_{ma} = W_a / W_m = R_r / (R_r + R) \tag{9-17}$$

因此,大辐射阻 R_r 和低机械损耗阻 R 会带来较高的机械效率(参见第 2.8.6 节)。如果空气中机械 Q 表示为 $Q_m = 1/\omega_r C^E R$,水中机械 Q 表示为 $Q_{mw} = 1/\omega_{rw} C^E (R + R_r)$,式(9-17)可变为

$$\eta_{ma} = [1 - \omega_{rw} Q_{mw} / \omega_r Q_m] \tag{9-18}$$

因此,机声转换效率可根据空气中和水中所测得机械 Q 值和谐振频率的比值得出。

一般地,式(9-18)中的 Q_m 比值比 ω_r 比值更重要,通常单独用作第一估计值。例如,换能器在空气中的 Q_m 可能为 30,而在水中的 Q_m 可能低至 3,但是,在水中谐振频率的偏移取决于相对于换能器质量的辐射质量,通常要低大约 20% 左右。此外,由于导纳轨迹的直径与 Q_m 成正比,则有

$$\eta_{ma} \approx 1 - Q_{mw}/Q_m = 1 - D_w/D_a = 1 - G_w/G_a$$

式中,D_w 为水中负载下导纳圆的直径;D_a 为空气负载下导纳圆的直径;G_w 为水中负载下谐振时的电导;G_a 为空气负载下谐振时的电导。式(9-18)得出的计算值通常高于功率响应 η_{ma} 测量值,因为默认假设式(9-17)和式(9-18)的水中负载只有 R_r。但是,Q_{mw} 测量值实际上可能会因其他机械损耗而降低,如水中安装和流体黏性等造成的损耗。η_{ma} 的典型值在 60%~90% 之间。各谐振频率和 Q 值可以方便地根据图 9-5 和图 9-6 中的曲线得出。

电场换能器中的电损耗所造成的功率损耗为 $|V_{rms}|^2 G_0$。该损耗可以用机电转换效率度量,即 $\eta_{em} = W_m/W_e$,其中 W_e 为输入电功率。总的电声转换效率可根据下式得出(参见第 2.8.6 节)

$$\eta_{ea} = \eta_{em} \eta_{ma} \tag{9-19}$$

总的电声转换效率可通过式(1-25)并利用输入电功率 W_e 的测量值、发射声源级 SL(dB/1μPa@1m)和指向性指数(DI)得出。其中,输出功率为 $W = \eta_{ea} W_e$

$$10\log\eta_{ea} = SL - DI - 170.8dB - 10\log W_e$$

式中,170.8dB 为一个全向辐射器在 1m 处产生 1W 声功率时的声源级。

尽管声源级和输入功率可精确测得(参见第 9.4 节),但是当换能器或基阵非轴对称时,确定 DI 则要求对多个波束图进行测量。如第 1 章所述,有 $DI = 10\log D_f$,其中,指向性因子 D_f 的倒数可由下式得出

$$D_f^{-1} = (1/4\pi) \int_0^{2\pi} \left\{ \int_0^{\pi} [I(\theta,\phi)/I_0] \sin\theta d\theta \right\} d\phi$$

式中,$I(\theta,\phi)$ 为球坐标系下的远场声强;I_0 为最大响应轴向上的声强。如果声强不受 ϕ 的影响,如圆形活塞,辐射器为轴对称且对 ϕ 的积分得到 2π,只剩下内积分用于 DI 的求值(参见第 13.13 节)。如果外积分可通过对 N 个项求和进行逼近,其中 $N = 2\pi/\Delta\phi$,便可处理非对称的情况,从而得到

$$D_\mathrm{f}^{-1} \approx (1/N) \sum_{n=1}^{N} \left[(1/2I_0) \int_0^\pi I(\theta, \phi_n) \sin\theta \mathrm{d}\theta \right] = (1/N) \sum_{n=1}^{N} D_n^{-1}$$

式中，D_n^{-1} 由括号中的量解析给出，且为所选择角度 ϕ_n 下的波束图指向性因子的倒数。因此，总的互易指向性因子可通过 ϕ_n 角度下的指向性因子倒数的平均值近似。例如，对于一个具有四重对称性的正方形活塞换能器，角度至少需选择 $\phi_n = 0°$ 和 $45°$ 两个角度，即 $N=2$，以获得具有最小精度的 DI 值。

9.4 换能器的声响应

发射器的发射响应给出了单位电压在传播介质中所激发的声压，该参数是频率的函数，并且是表征换能器性能最重要的指标之一。通常，响应是在最大响应轴（MRA）的方向上利用水听器在远场中的径向距离处测量的，此时的远场声压变化与 $1/r$ 成正比，且波束图不随距离而变化。声压测量采用校准后的水听器，且在水下应用时，取参考距离为 1m，参考声压为 $p_0 = 1\mu\mathrm{Pa}$。每伏发射电压的响应称作发射电压响应或 TVR $= 20\log|p/p_0|$ 参考 1V@ 1m，具体定义参见第 1 章。其他经常测量的响应包括发射电流响应（TCR，每安培电流响应）、接收电压响应（RVS，也称作自由场电压灵敏度 FFVS）、发射伏安响应（TVAR）和发射功率响应（TPR）。此外，还经常测量作为频率函数的阻抗（R 和 X）、导纳（G 和 B）、效率和功率因子。上述测量工作是在低驱动电平的情况下进行，但是对于大功率发射器，测量作为驱动电平函数的声源级和谐波失真，直至达到每个应用中预期的最高水平，这也很重要。测量系统必须无反射，通常采用"脉冲门控系统"，在该系统中，水听器只有在收到直达脉冲时才会打开，而在收到反射时则会关闭。脉冲长度必须足以使系统达到稳态（参见第 9.7.2 节）。此外，门控脉冲响应或最大长度序列（MLS）测量技术[14]也可用于 TVR 的评估。确保在水下无气泡的条件下进行测量是很重要的，因为气泡会造成辐射器表面的散射和空载。

正如第 2 章和第 3 章所述，电场换能器的振速 u 与驱动电压 V 有关，即 $u = NV/Z^E$，其中 Z^E 为短路情况下的机械阻抗。同样，磁场换能器的振速为 $u = N_\mathrm{m}I/Z^I$，其中 Z^I 为开路情况下的机械阻抗且 I 为驱动电流。换能器所辐射的远场声压与径向距离 r 成反比，并与介质的密度 ρ、辐射面积 A 和辐射表面加速度 $\mathrm{j}\omega u$ 成正比（如式（10-25a）中所示）。因此，声压在电场换能器中与 $\mathrm{j}\omega NV/Z^E$ 成正比，而在磁场换能器中与 $\mathrm{j}\omega N_\mathrm{m}I/Z^I$ 成正比。在谐振附近，和通常远低于谐振时，阻抗可以近似地视为质量 M、柔度 C 和力阻 R 的组合。因此，可以写出电场换能器在电压驱动下的远场声压为

$$p = K_1 \mathrm{j}\omega \rho A N V / [R + \mathrm{j}(\omega M - 1/\omega C^E)]r \tag{9-20}$$

电流驱动的磁场换能器远场声压可表示为

$$p = K_2 \mathrm{j}\omega \rho A N_\mathrm{m} I / [R + \mathrm{j}(\omega M - 1/\omega C^I)]r \tag{9-21}$$

式中，K_1 和 K_2 为不同的数值常量，与换能器的设计相关。

这些直接驱动响应在形式上通常是相同的，只是一种为电压驱动，其他为电流驱动。因此，电场换能器的 TVR 存在相同的频率相关性，而磁场换能器的 TCR 亦是如此，具体如图 9-13 所示。

在直接驱动的情况下，电场换能器的电压恒定不变，而磁场换能器的电流为常数。在远低于谐振频率的情况下，声压随 ω^2 变化，并按每倍频程 12dB 增加。在远高于谐振频率的情况下，对于这个简化的集总模型，声压不再随频率变化。实践中，在一阶谐振点以上的这个平台区常

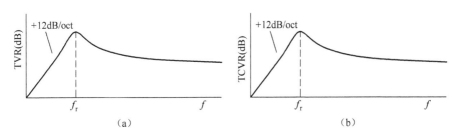

图 9-13 （a）电场换能器的发射电压响应；（b）磁场换能器的发射电流响应

常被其他谐振所改变。

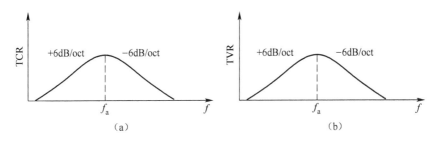

图 9-14 （a）电场换能器的发射电流响应；（b）磁场换能器的发射电压响应

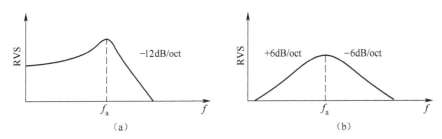

图 9-15 （a）电场换能器的接收电压灵敏度；（b）磁场换能器的接收电压灵敏度

间接驱动的情况可通过换能器电阻抗与直接驱动情况建立联系。对于电场换能器而言，阻抗 V/I 在低于谐振频率时约为 $1/j\omega C_f$，而在高于谐振频率时约为 $1/j\omega C_0$。若忽略 C_f 和 C_0 之间的差异，可将式（9-20）中的电压 V 近似替换为 $I/j\omega C_f$，并分别利用图 9-14 中低于和高于谐振点时+6dB 和-6dB 的斜率得到 TCR 响应。对谐振点附近电阻抗与频率的相关性进行分析发现，该响应的峰值在反谐振频率 f_a 处。对于磁场换能器，阻抗在低于谐振点时约为 $j\omega L_f$，而在高于谐振点时约为 $j\omega L_0$。若忽略电感之间的差异，有 $V/I = j\omega L_f$，并可将式（9-21）中的 I 替换为 $V/j\omega L_f$，得到图 9-14 中的 TVR 响应。需注意在低于谐振频率时，磁场换能器 TVR 仅以 6dB/oct 变化，而图 9-13 中的电场换能器 TVR 以更高的，12dB/oct 变化。

可根据 TCR 利用互易因子得出开路接收响应。图 9-15 中显示了电场换能器和磁场换能器相应的接收响应曲线。显然，两种情况均在反谐振频率 f_a 处产生谐振，但磁场换能器的 RVS 以谐振频率点为对称，而电场换能器在低于谐振点时与频率无关，这对于宽带水听器的性能尤为重要。由于前置放大器的输入阻抗有限，电场换能器的 RVS 实际上在极低频率下接近于零。

相应的-3dB截止频率为$f_c = 1/(2\pi RC_f)$,其中,R为前置放大器的输入电阻;C_f为水听器的自由电容。

换能器的水听器性能通常采用比较法测量。宽带发射器会在介质中产生自由场声压p_{ff},可先用一个已知灵敏度为M_r的已校准参考水听器进行测量,得到测量电压$V_r = M_r p_{ff}$,且有$p_{ff} = V_r/M_r$。然后,将待测量水听器置于相同位置,并测得电压V_e,并由$M_e = V_e/p_{ff} = M_r V_e/V_r$得出灵敏度值。接收电压灵敏度以dB为单位可表示为

$$\text{RVS} = 20\log M_e = 20\log M_r + 20\log V_e - 20\log V_r \tag{9-22}$$

9.5 互易校准

在互易过程[1,8]中,须假设发射换能器在其动态范围的线性部分运行,且由于失真所损耗功率部分可忽略不计。如果驱动场相对于偏置电场更小,则偏置电场换能器和磁场换能器通常为严格线性的。磁场换能器是电场换能器的对偶,且两者一般都服从互易性,但磁场换能器和电场换能器的组合未必服从,就如在第5.3.2节中所讨论的磁致伸缩/压电混合换能器。

换能器传递矩阵(参见第3.3.2节中"ABCD"矩阵形式)可用于将接收电压灵敏度RVS与发射电流响应TCR关联起来。考虑图9-16中的"ABCD"矩阵,辐射阻抗负载Z_R和声作用力F_b由入射声波产生。

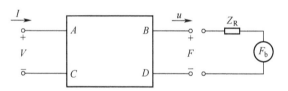

图9-16 ABCD机电表示

正如第3章的阐述,换能器方程组可表示为

$$V = AF + Bu \tag{9-23a}$$
$$I = CF + Du \tag{9-23b}$$

式中,V和I为电压与电流;F和u为耦合到传播介质的力与振速。需注意A、B、C和D的物理单位均不同。换能器在水中时,有$F = F_b - uZ_r$,可得到方程组

$$V = AF_b + (B - AZ_r)u \tag{9-24a}$$
$$I = CF_b + (D - CZ_r)u \tag{9-24b}$$

在开路接收情况下,有$I = 0$,可从方程(9-24b)得到

$$u = -CF_b/(D - CZ_r) \tag{9-25}$$

将上式代入方程(9-24a)可得到存在输入作用力F_b时开路接收电压为

$$V/F_b|_{I=0} = (AD - CB)/(D - CZ_r) \tag{9-26}$$

如果换能器为互易的,则方程(9-23a)和方程(9-23b)中各系数为+1或-1;则$AD - CB = \pm 1$。因此,式(9-26)可简化为

$$V/F_b|_{I=0} = \pm(D - CZ_r)^{-1} \tag{9-27}$$

式中,符号取决于这对基本方程的表示方式。现在,在只有发射电流响应的情况下,不接收其他源输入,钳定力$F_b = 0$,可根据方程(9-23b)得到

$$u/I|_{F_b=0} = (D - CZ_r)^{-1} \tag{9-28}$$

比较式(9-27)与式(9-28)可得到期望的结果为

$$V/F_b|_{I=0} = \pm u/I|_{F_b=0} \tag{9-29}$$

式(9-29)完成了建立互易校准过程的第一步工作,它是基于第1.3节中所讨论的机电互易性。现在,进行第二步工作,需要利用第11.2.2节所讨论的声场互易性。

开路接收响应 $M = V/p_{ff}$ 为开路电压 V 与自由场声压 p_{ff} 之间的比值。自由场声压为水听器移走后在其位置处的声压。如果水听器很小且刚性,在谐振频率以下时,水听器表面上的受力约为 $A_r p_{ff}$ (这里采用 A_r 表示水听器的辐射面积以区分 $ABCD$ 参数中的 A)。否则,水听器表面上的受力 $F_b = A_r p_{ff} D_a$,其中 D_a 为衍射常数(也称接收力系数),即水听器工作面上平均钳定声压与自由场声压之间的比值(参见第6.6节)。对于自由空间中的小型水听器,衍射常数为1,而对于刚性障板中的活塞换能器,衍射常数为2。发射电流响应为 $S = p_{ff}/I$,求解 V、F_b 和 I 的关系式并代入式(9-29)可得出比值 M/S 如下

$$M/S = |A_r D_a u/p_{ff}| = J \tag{9-30}$$

式中,J 被称为互易常数。

对于平面波有 $p_{ff} = \rho c u$,对于大的活塞换能器有 $D_a = 2$,从而可得出 $J = 2A_r/\rho c$ 。平面波条件被用于一些校准过程中,其中平面波由一个直径 $D \ll \lambda$ 的刚性管中的活塞换能器产生。一种更常用的情形是,将一个辐射面积为 A_r 且其法向振速为 u 的活塞换能器置于一个 $D_a = 2$ 的刚性障板中。根据式(10-25a),在一个较远距离 d 处,其轴上声压为

$$p_{ff} = j\omega\rho A_r u e^{-jkd}/2\pi d \tag{9-31}$$

将 p_{ff} 代入式(9-30)得到发射电流响应和开路接收响应之间的关系为

$$M/S = J = 2d/\rho f \tag{9-32}$$

(此外,还注意到 $M_s/S_s = J = 2d/\rho f$ 中,M_s 为短路接收响应;S_s 为发射电压响应。)

任意换能器辐射球面波到远场时均会得到相同的结果,因此,J 的值被称为球面波互易常数。这也可以从Bobber在式(6-56)中给出的衍射常数表达式[1]看出,该常数依据声场互易性得到

$$D_a^2 = 4\pi c D_f R_r / A_r^2 \omega^2 \rho \tag{9-33}$$

式中,R_r 为辐射阻;D_f 为指向性因子。同样,此处的 A_r 为辐射面积。由于 $D_f = I_0/I_a$,其中最大声强为 $I_0 = p_{rms}^2/\rho c$,平均声强为 $I_a = W/4\pi d^2$,功率为 $W = u_{rms}^2 R_r$,且 $D_a = 2pd/uA_r\rho f$,代入式(9-30)再次得到 $J = 2d/\rho f$ 。式(9-33)如第11.3.1节中所示。

式(9-32)可能是水下换能器的测量与校准中最重要的关系式。该公式与机电和声互易性均相关,统称为电声互易性。响应的参考声压取 $1\mu Pa$,距离 $d = 1m$,水的密度取 $\rho = 1000 kg/m^3$ 。由式(9-32)可得到

$$RVS = TCR - 20\log f - 294 dB \tag{9-34}$$

因此,测量 TCR 可得到 RVS,反之亦然。

水听器 RVS 的测量可采用式(9-22)的比较法和式(9-34)的互易法,说明了参考水听器校准实验的准确性和可靠性。如果"校准后"的参考水听器存在误差,被检测水听器的 RVS 正确值应为直接比较测量值与互易法所得值之间的平均值,其单位为 dB [9]。例如,若参考水听器比标称的灵敏度值实际低1dB,则比较法得到的被检测水听器灵敏度要高出1dB。另一方面,由互易法的测量会得到低1dB 的 TCR 值和由式(9-34)得到的相应 RVS 值。最终,将两个 RVS 的结果求平均可消除这两个误差,即 [(RVS + 1) + (RVS - 1)]/2 = RVS。

如果还可测得电阻抗的值,式(9-34)中可使用 TVR 取代 TCR。由于电阻抗为 $Z = V/I$,电流响应 $S = p/I$ 可改写为 $S = Zp/V$,其中,p/V 为恒定电压发射响应。此时,式(9-34)变为

$$\text{RVS} = \text{TVR} + 20\log|Z| - 20\log f - 294\text{dB} \tag{9-35}$$

在极低的频率下,电场换能器的阻抗为 $1/j\omega C_f$,且在此限制下有

$$\text{TVR} \approx \text{RVS} + 20\log(C_f) + 40\log f + 310\text{dB}, f \ll f_r \tag{9-36}$$

由于压电陶瓷换能器的 RVS 在低于谐振频率时是平坦的,式(9-36)表明在低于谐振频率的区域内 TVR 按+12dB/oct 的速度增大。

应用互易原理可对自由场内的换能器进行校准,或在有限的情况下,利用刚性密闭容器内进行测量,如图 9-29 所示,这将在第 9.7.2 节中讨论。如果感兴趣的频率远低于换能器的基频谐振频率,则可利用式(9-36)根据各频率下的 RVS 的测量值来确定 TVR,且上述测量频率也应低于密闭容器的谐振频率。在此范围内,辐射载荷对刚度控制的振速响应以及相应的声压响应影响不大。另外,载荷确实会对辐射功率以及机械效率产生显著影响,但无法在此测量中确定。

9.6 调谐响应

通过对换能器多余的电学分量进行电抵消或"调谐"可以改善换能器的性能,即通过改善功率因子以降低对功率放大器电压电流的要求(参见第 2.8.4 节)。电场换能器可使用电感调谐,而磁场换能器采用电容调谐。电调谐通常在换能器的机械谐振频率处进行,其中质量和刚度抵消,剩下辐射阻和内阻加上静态电容或电感。图 9-1 的电等效电路和图 9-7 的磁等效电路分别显示了换能器的并联静态电容 C_0 和串联静态电感 L_0。图 9-17 显示了机械谐振频率 ω_r 下电场换能器的相应等效电路,而图 9-18 显示了机械谐振频率 ω_r 下磁场换能器的相应等效电路。

9.6.1 电场换能器

对于图 9-1 和图 9-17 中的电路,在谐振时静态电纳与电导的比值可采用电学品质因数 $Q_e = \omega_r C_0 R_e$ 度量。由式(2-81)得出 $Q_e = (1 - k_{\text{eff}}^2)/k_{\text{eff}}^2 Q_m$,要使有效耦合系数高的换能器有更低的 Q_e 值,则在给定的 Q_m 下需要更低的调谐电抗,从而产生更宽的频段以进行有效调谐。电学带宽的极限通常认为是电抗等于电阻且阻抗或导纳的相位角为 45°时的频率(参见第 2.8.3 节)。

首先,假设图 9-1 中电场换能器等效电路的导纳响应和轨迹如图 9-5 和图 9-6 所示。在机械谐振下,图 9-1 中的等效电路变为图 9-17 中的等效电路。电纳的值为 $B_0 = \omega_r C_0$,其中 C_0 为静态电容。用电感 L_p 与换能器并联进行调谐时,在机械谐振处 $\omega_r L_p = 1/\omega_r C_0$ 或

$$L_p = 1/\omega_r^2 C_0 \tag{9-37}$$

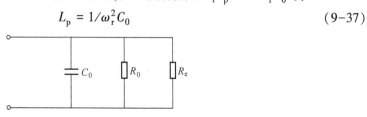

图 9-17 谐振下电场换能器电路

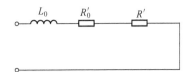

图 9-18 谐振下磁场换能器电路

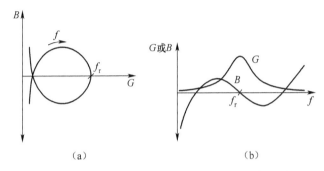

图 9-19 (a)并联调谐电场换能器的导纳轨迹;(b)并联调谐电场换能器电导 G 和电纳 B

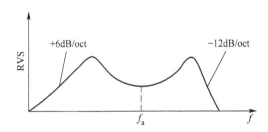

图 9-20 电场换能器的并联调谐接收灵敏度

调谐后,图 9-5 和图 9-6 所示的导纳响应和轨迹变为图 9-19 中的曲线形式,可见在谐振频率 f_r 处没有电抗分量。

由于 L_p 与换能器并联且不会影响施加到换能器的电压,因此图 9-13 中的 TVR 不会发生改变。但是,并联电感确实会影响接收响应输出电压,图 9-15 中的 RVS 会发生改变并变为图 9-20 所示的形式。虽然并联调谐可能会提高谐振频率附近的接收响应,但它以 6dB/oct 的速率将灵敏度降低到远低于谐振的水平,从而使其更像一个带通滤波器。

此外在机械谐振下,也可以采用串联电感的方法来调谐阻抗中的串联电抗项。在此频率下,图 9-17 中等效电路的电抗为 $(1/j\omega_r C_0)Q_e^2/(1+Q_e^2)$,且要求串联的电感值为

$$L_s = (1/\omega_r^2 C_0)Q_e^2/(1+Q_e^2) \tag{9-38}$$

式中,$Q_e = \omega_r C_0 R_0 R_e/(R_0 + R_e)$。显然,当 $Q_e \gg 1$ 时,L_s 接近 L_p。但是,当 $Q_e \ll 1$ 时,$L_s = Q_e^2 L_p$。串联调谐法可降低换能器的输入阻抗,因此相对于未调谐或并联调谐的情况,所要求的放大器驱动电压降低。并联调谐的情况下通常需要增加一个变压器来降低换能器的输入阻抗。然而,这个变压器也可同时作为并联调谐电感(参见第 13.16 节)。图 9-15 中的 RVS 不会发生改变是由于 L_s 与换能器串联,而 RVS 是在开路条件下定义的,这近似于有一个高输入阻抗前置放大器。但是,图 9-13 中的 TVR 会发生改变,并变为图 9-21 所示的形式。

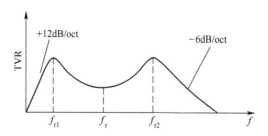

图 9-21　串联调谐电场换能器的发射电压响应

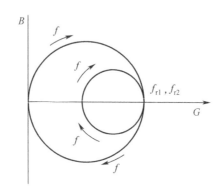

图 9-22　电场换能器的串联调谐导纳轨迹

响应在谐振频率 f_r 处下降的程度与 Q_m 和 Q_e 的值相关。图 9-22 所示的串联调谐导纳轨迹涉及两个谐振频率 f_{r1} 和 f_{r2}。在这两个频率下，TVR 有最大值，如图 9-21 所示。同样，响应曲线的形状与带通滤波器的形状类似。

换能器常常被同时用作接收器和发射器。这可通过图 9-23 中所示的发射/接收"T/R"开关实现，其中，V_t 为发射电压；V_r 为接收电压；X 为换能器；T 为变压器（可能同时具有并联调谐功能）且其匝数比为 T；A 和 B 为低压反向二极管对。

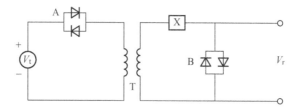

图 9-23　包含背对背二极管 A 和 B 的发射/接收"TR"电路

发射功率放大器通常为一个恒压低阻抗源。发射时，在驱动电压高于 1V 的情况下二极管对 A 和 B 在两个方向导通，换能器 X 上出现电压 TV_t。接收时有 $V_t=0$，换能器作为水听器使用，通常有一个低电平的输出接收电压 V_r。此时，二极管对 A 和 B 相当于开路，接收信号通过变压器次级，输出接收电压 V_r。此电压常常通过一个高输入阻抗的前置放大器进行放大，在传输过程中恰好被二极管对 B 的短路条件所保护。在一些小信号的情况下，二极管的噪声会造成干扰，因此需加以考虑。

9.6.2 磁场换能器

磁场换能器的电调谐可根据图 9-7 和图 9-18 中的等效电路来理解。在机械谐振下,有 $\omega_r L' = 1/\omega_r C'$ 且串联阻抗为 $(R' + R'_0) + j\omega_r L_0$,如图 9-18 所示。电感部分可通过一个串联电容抵消,其值为

$$C_s = 1/\omega_r^2 L_0 \tag{9-39}$$

串联电容对开路 RVS 或 TCR 不会产生影响,但会影响图 9-14 中的 TVR 和图 9-12 中的阻抗轨迹。所得串联调谐阻抗轨迹如图 9-24 所示,而所得 TVR 的带通滤波响应如图 9-25 所示。

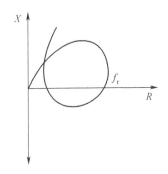

图 9-24 磁场换能器的串联调谐阻抗轨迹

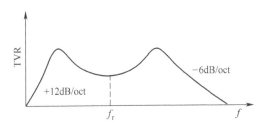

图 9-25 串联调谐磁场换能器的发射电压响应

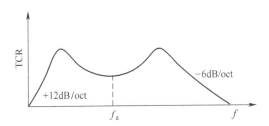

图 9-26 并联调谐磁场换能器的发射电流响应

在机械谐振下,也可使用电容 C_p 对磁场换能器进行并联调谐。由于 $Q_e = \omega_r L_0/(R' + R'_0)$,等效并联感抗为 $j\omega_r L_0 (1 + Q_e^2)/Q_e^2$。因此,并联调谐时有

$$C_p = (1/\omega_r^2 L_0) Q_e^2 / (1 + Q_e^2) \tag{9-40}$$

此并联调谐不会影响 TVR,但会对图 9-13 所示的 TCR 产生影响,即对图 9-26 所示带通滤波响应造成谐振频率以上以 6dB/oct 衰减。

式(9-37)~式(9-40)给出了并联和串联调谐时的电感值和电容值,它们是基于具有有效

参数值的换能器的集总等效电路表示,并且在谐振附近有效。一种更直接和准确的方法是使用阻抗和导纳的测量值或精确建模所得的电抗值。阻抗的电抗部分可用于确定串联调谐值,而导纳的电纳部分可用于确定并联调谐值。因此,如果 X_r 为在机械谐振下的换能器的电抗,电场换能器的串联调谐电感应为 $L_s = X_r/\omega_r$,而磁场换能器的串联电容则为 $C_s = 1/X_r\omega_r$。如果 B_r 为在谐振下的换能器的电纳,电场换能器的并联电感为 $L_p = 1/B_r\omega_r$,磁场换能器的并联电容为 $C_p = B_r/\omega_r$。

电调谐有助于降低机械谐振情况下电压电流的要求,特别是在水中负载的条件下。此外,电调谐也适用于频率高于和低于谐振频率的情况。但是,如果不是在谐振频率附近使用,由此产生的调谐带宽将变窄。由于压电陶瓷在极化后会随时间呈指数级老化(参见第 13.14 节)[15,16],因此调谐频率将随时间而变化,特别是在压电陶瓷刚被极化时。因此,换能器的压电陶瓷部分应在调谐前充分老化,这一点很重要。

9.7 近场测量

水声换能器的测量通常在符合球面扩展规律的远场进行,此时声压的下降与距离 r 成反比或每倍频程下降 6dB,并且波束图也不随距离的增大而改变。测量可以在海洋、湖泊、采石场、池塘、室内水箱和水池中进行。室内测量是最方便的,但是由于水箱尺寸的限制导致在某些频率下的测量可能无法进行。然而,目前多种近场测量技术已开发出来,允许在尺寸小于远场距离的水箱中进行测量,并依据近场测量值外推至远场。

9.7.1 远场距离

远场距离与声波波长和换能器或基阵的尺寸有关。例如,被测量的发射器与测量水听器之间的距离必须比发射器尺寸大很多,这样才能避免发射器中心和边缘的距离差异对测量水听器造成明显的相位和幅度差异。当进行波束指向性图测量和换能器旋转时,这一点尤为重要。按照所谓的瑞利距离,对长度为 L 的发射器或水听器基阵确立远场距离为

$$r \geq L^2/2\lambda \tag{9-41}$$

上述距离可以认为是从距离为 r 的小尺寸声源发出的声波到达长度为 L 的水听器基阵的距离,如图 9-27 所示。

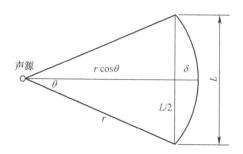

图 9-27 球面波与平面波波阵面的差异

如果上述声源距离水听器基阵比较远,则到达基阵的波阵面弧线沿 L 分布,基阵中所有水听器阵元接收到的声波相位是相近的。从近处小型声源发出的球面波与远处小型声源发出的

平面波之间的差异可以用"弓形高"距离 $\delta = r(1-\cos\theta)$ 来衡量，如图 9-27 所示。当声源距离 r 增大，角度 θ 变小，从而有 $\delta \approx r\theta^2/2$ 和 $\theta \approx L/2r$，得出 $\delta \approx L^2/8r$。如果距离 $\delta < \lambda/4$，尽管不能完全忽略不计，基阵面上的相位差已经比较小。因此，由 $\delta \leq \lambda/4$，依据 $\delta \approx L^2/8r$ 可以得到远场条件为 $r \geq L^2/2\lambda$，如式(9-41)所示。式(9-41)中的条件在多数情况下是足够的，但有时必须使用更精确的条件，即 $\delta \leq \lambda/8$ 或 $r \geq L^2/\lambda$。

需要注意的是式 (9-41) 只是基于对换能器或其基阵表面上较小的相位变化的要求，并未考虑振幅变化的影响。振幅变化可以通过附加条件 $r \gg L$ 来考虑。

此外，依据刚性障板中半径为 a 的活塞状辐射器的轴向声压幅度也可得到一个类似于式(9-41)的表达式。从辐射器中心到轴向任一点的距离以 z 表示，则声压为

$$p(z) = 2\rho c u \sin\{k[(z^2+a^2)^{1/2}-z]/2\} \tag{9-42}$$

图 10-13 给出了上述函数的曲线图，图中显示了干涉是如何在近场引起声压的零点和峰值，且在远场中声压与距离成反比缓慢变化。只有当波长足够小，导致辐射器不同部分发生完全相位反转时，才会出现零点和峰值。在 $z \gg a$ 的区域中，根据二项展开式得到

$$(z^2+a^2)^{1/2} \approx z + a^2/2z \tag{9-43}$$

除此之外，如果满足条件 $ka^2/4z \ll \pi/4$，式(9-42)近似简化为远场表达式如下

$$p_f = \rho c u k a^2/2z_f \tag{9-44}$$

式中，z_f 表示远场参考距离。活塞直径为 $D=2a$，上述远场条件可表示为

$$z_f \geq D^2/2\lambda \tag{9-45}$$

上式与式(9-41)一致。因此，对于任何形状的辐射器表面，远场距离可以用最大尺寸的平方除以 2λ 来进行估算。

9.7.2 水箱中测量

小型测量水箱的局限性取决于换能器尺寸、Q_m 值以及测量的频率。如果采用脉冲门控系统，测量可在直达脉冲与反射脉冲抵达时刻之间进行。这个时间窗口应大于 $Q_m T$，即脉冲达到稳态的时间，其中 T 为振动周期。此外，尽管在某些情况下，$N=1$ 也能满足条件，但要得到可靠的测量值也需要一定数量(N次)的稳态周期，所需的总时间 t 为($Q_m T+NT$)。当 Δ 等于直达波与首个反射波之间的传播距离差时，时间差 Δ/c 应等于或大于($Q_m T+NT$)，以避免对直达脉冲的干扰。因此，直达波与反射波之间的声程差必须为

$$\Delta \geq (Q_m+N)c/f = (Q_m+N)\lambda$$

因此，对于低频、波长长且 Q 值高的换能器，直达波与反射波路径之间的声程差需要更大一些。

脉冲技术可以模拟实际的工作情况，用于对换能器进行大功率驱动和谐波失真的评估。然而，如果只需要低电平的响应，则脉冲方法可能更可取，因为响应曲线几乎是瞬时显示的，且脉冲长度非常短，可以在较低频率下进行测量。

大的 Δ 值意味着较大的测量水箱，其反射面远离接收水听器。图 9-28 中显示了一个可行的布置方式，其中，直达路径为 r，反射路径为 $r_r = (w^2+r^2)^{1/2}$，因此得到 $\Delta = r_r - r$。

最理想的情况是 $w \gg r$，其中 $\Delta \approx w-r$，在极端情况下有 $\Delta \approx w$。另外，当 $w \ll r$ 时，声程差为 $\Delta \approx w(w/2r)$，测量换能器的能力减弱。对于 $w=r$ 的典型情况，声程差 $\Delta = 0.414w$。如果换能器 $Q=5$ 并且选择循环数 $N=5$，则需要 $w \geq 24\lambda$，而当 $Q=1$ 且 $N=1$ 时，则需要 $w \geq 4.8\lambda$。在频率为 3kHz 时，波长为 0.5m，则前一种情况要求水箱尺寸为 12m，后一种情况只要求为 2.4m。吸声材料可应用于测量水箱内部，但是为了达到好的效果，要求吸声材料至少达到

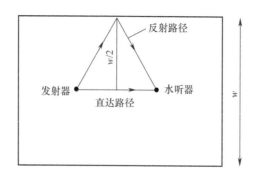

图 9-28　采用水箱测量时直达波与反射波路径

$\lambda/4$ 的厚度。在更高的频率下,脉冲门控系统通常无需吸声材料即可正常工作。

低频带下的水听器测量也可以在近场进行。测量通常在一个小型刚性容器中进行,容器的最大尺寸 $w < \lambda/4$,从而形成一个近似均匀的声压场并且测量频率最高可达到 $c/4w$。图 9-29 中给出了这种布局,其中包含了被检测水听器 H、已校准的参考水听器 H_r 以及发射器 D。

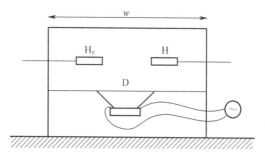

图 9-29　用于全向水听器测量的小型密闭容器

容器中可填充空气或液体以在均匀声压下进行测量。如果填充空气,则可使用传统的扬声器得到所需的低频率;如果填充的是水,则可使用弯曲振动模式的压电换能器达到此目的。容器必须为密封的,所用水听器必须为全向的且工作于基频谐振以下。在运行中,发射器在工作频带内产生声压 p,同时测量来自接收水听器 H 和 H_r 的输出电压 V 和 V_r。当被测水听器和参考水听器的灵敏度分别为 $M = V/p$ 和 $M_r = V_r/p$ 时,被测水听器的灵敏度为 $M = M_r V/V_r$ 或 $20\log M = 20\log M_r + 20\log(V/V_r)$(以 dB 为单位)。通过式(9-36),上述测量结果可与自由电容 C_f 一起用来得到换能器的低频 TVR。

指向性水听器(参见第 6.5 节)的测量可采用一个能够产生声压梯度的系统,如图 9-30 所示。

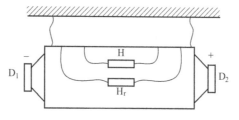

图 9-30　用于指向性水听器测量的容器

声压梯度的建立需要采用两个驱动器 D_1 和 D_2,两个驱动器存在 180°的相位差从而在参考水听器 H_r 和被测水听器 H 上形成一个纵向力。刚性容器以及水听器 H 和 H_r 必须采用柔性悬挂,以使其能够水平自由振动。通过旋转指向性水听器,可以得到被测水听器的指向性图。该系统由 Bauer 等开发[17]。指向性水听器常利用加速度计来构建,具体见第 6.5.4 节中的描述。这些情况下,可先在振动台上利用参考加速度计对加速度计进行检测,再利用水箱进行水中测试。

9.7.3 近场至远场的推算:小型声源

当辐射表面小于波长时,辐射声场通常可使用一个简单辐射器的已知声场来近似。此时,近场声压的测量值可推算至远场。最常见的情况是刚性障板中的活塞辐射器,其轴向压力的解析表达式见式(9-42)。式(9-44)与式(9-42)的比为

$$p_f/p(z) = (a/4z_f)ka/\sin\{k[(z^2 + a^2)^{1/2} - z]/2\} \qquad (9-46)$$

上式表明,如果在指定位置 z 处测得近场声压 $p(z)$,那么可计算得到任何频率下轴向位置 z_f 处的远场声压。但是,当除数是一个很小的数值时使用此公式可能会导致精度下降严重。如果近场声压是在位置 z = 0 的活塞辐射器中心测量的,式(9-46)可进一步简化得到:

$$p_f = p(0)(a/2z_f)/\sin(ka/z) \text{①} \qquad (9-47)$$

在低频条件下,有 $ka \ll 1$,式(9-47)可进一步简化为

$$p_f = p(0)(a/2z_f) \qquad (9-48)$$

Keel[18]首次提出式(9-48),用于获取远场条件难以满足的低频扬声器[14]的远场响应。式(9-48)的使用需要将一个小型麦克风或水听器置于辐射器的中心以测量声压大小,然后乘以 $a/2$ 可得到参考距离为 1m 的远场声压。由于接收器非常接近辐射器,直达信号的距离远小于任何反射器的距离,因此尤其适用于脉冲测量。此外,由于直达信号的声压比任何反射信号的声压高出很多,因此并非必须要脉冲信号,测量连续波有时也可以满足要求。

式(9-48)可以扩展到在距活塞中心较近的位置 z 处进行测量,并在 $ka \ll 1$ 和 $kz \ll 1$ 的情况下对式(9-46)求值得到

$$p_f = p(z)(a/2z_f)/\{[(z/a)^2 + 1]^{1/2} - z/a\} \qquad (9-49)$$

因此,对于 $z \ll a$ 但并非为零,则有

$$p_f = p(z)(a + z)/2z_f \qquad (9-50)$$

此外,对于平均半径为 a 的声学薄壁圆环(参见第 10.3.1 节),则有

$$p_f = p(z)(a^2 + z^2)^{1/2}/z_f$$

在通常情况下,辐射表面是同相的(参见式(10-36a))。这个表达式也适用于常见的径向振动圆环换能器的近场测量。

对于置于刚性障板中的活塞或圆环换能器,以及薄壁活塞或圆环换能器两侧等幅同相振动的情形,上述表达式是严格有效的。这些条件在实际中很少见,通常情况下,活塞换能器是封装在小型的相对刚性的容器中。因此,实际情况更接近于活塞换能器仅单侧无障碍振动的情形。Butler 和 Sherman[19]综合分析了反对称与对称振动器,并利用 Silberger 得出的扁球体结论[20],指出式(9-48)对于无障板活塞换能器可替换为

---

① 原著中为 $p_f = p(0)(a/2z_f)/\text{sinc}(ka/2)$。

$$p_f = p(0)(a/2z_f)\pi/(\pi+2) \approx p(0)(a/3.3z_f) \qquad (9-51)$$

9.7.4 近场至远场的推算：大型声源

近场测量技术可以方便地应用于换能器尺寸小于 $\lambda/2$ 的低频范围。这种情况下不存在相消的情况，并可建立上文所述的简单公式。在更高频率的范围内，近场效应包括因相消所造成的声压的急剧变化。在这一频段，不可能有简单的公式，近场至远场的推算必须基于波动方程的级数展开方法或亥姆霍兹积分法。这两种方法都是通过构建一个包围换能器或基阵的虚拟曲面，并通过测量该曲面上声压和/或振速的幅值及相位来获得远场声压。主要的难点在于需要测量曲面上大量位置点的准确振速值。目前多种可以降低所需测量的位置点数以及无需测量振速的方法已建立起来。

亥姆霍兹积分方程(参见第11.2.4节)可表示为

$$p(P) = (j\omega\rho/4\pi)\iint u_s(e^{-jkr}/r)dS + (1/4\pi)\iint p_s \partial(e^{-jkr}/r)/\partial n dS \qquad (9-52)$$

式中，P 为空间中声压可确定的不动点；ρ 为介质的密度；ω 为角频率；$k=\omega/c$ 为波数；c 为声速；u_s 为法向振速；$\partial/\partial n$ 为曲面垂直方向的导数；p_s 为表面声压；dS 为封闭曲面上面积基元；r 为 dS 至 P 点的距离。总之，要根据亥姆霍兹积分方程得到远场声压必须同时测量得到曲面上的声压与法向振速。

图 9-31 中是坐标系与换能器的简图，其中法线 n 与 r 之间的夹角为 θ 。

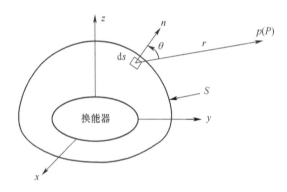

图 9-31　近场至远场测量坐标系

式(9-52)可利用文献[21]（也可以见式(11-43)）中所述内容更为简便地表示如下

$$\partial(e^{-jkr}/r)/\partial n = -\cos\theta \, \partial(e^{-jkr}/r)/\partial r \qquad (9-53)$$

并得到

$$p(P) = (j\omega\rho/4\pi)\iint [u_s + (p_s/\rho c)(1+1/jkr)\cos\theta](e^{-jkr}/r)dS \qquad (9-54)$$

远场中有 $kr \gg 1$，式(9-54)变为

$$p(P) = (j\omega\rho/4\pi r)\iint [u_s + (p_s/\rho c)\cos\theta]e^{-jkr}dS \qquad (9-55)$$

虽然此时的亥姆霍兹积分方程看起来更容易求解，但仍需要测量曲面上的法向振速和表面声压。假设曲面的曲率很小且面上各点有 $p_s \approx \rho c u_s$，就像平面波一样[21]。那么式(9-55)简化为

$$p(r) \approx (j/2\lambda r)\iint [1+\cos\theta]e^{-jkr}p_s dS \qquad (9-56)$$

在适当条件下,利用这个公式仅需要测量封闭换能器近场曲面上的声压,便可得到远场声压。

波动方程的级数展开法从根本上避免了振速测量的需要。在该方法中,波动方程的通解可以写为常系数正交波函数的展开式(参见第 10 章和第 11 章)。这些常系数可以通过对所选坐标曲面上测得的近场声压进行适当的积分获得,具体如下所述。波函数与波动方程可分解的坐标系相关(如圆柱形、球面、球体)。

例如,假设有一个简单的轴对称换能器,包裹换能器的虚拟球面半径为 a,如图 9-32 所示。波动方程在球坐标系下的波函数解可表示为

$$p(r,\theta) = \sum_{n=0}^{\infty} b_n h_n^{(2)}(kr) P_n(\cos\theta) \tag{9-57}$$

式中,$h_n^{(2)}(kr)$ 为第二类 n 阶球面汉克尔(Hankel)函数;$P_n(\cos\theta)$ 为勒让德(Legendre)多项式。

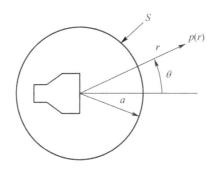

图 9-32 换能器被半径为 a 的球面包围

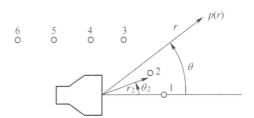

图 9-33 轴对称换能器的近场声压测量点 1~6

如果可以测得球面上足够多点处的声压,则系数 b_n 可根据以下积分得到

$$b_n = [(2n+1)/h_n^{(2)}(ka)] \int_0^\pi p(a,\theta) P_n(\cos\theta) \sin\theta d\theta \tag{9-58}$$

式中,$p(a,\theta)$ 表示在近场测得的声压。然后,将 b_n 的值代入式(9-57)就可以计算 $r \geq a$ 时任意 r 值处的声压 $p(r,\theta)$。特别地,在远场中式(9-57)变为

$$p(r,\theta) = (e^{-jkr}/r) \sum_{n=0}^{\infty} b_n j^{n+1} P_n(\cos\theta) \tag{9-59}$$

该公式允许仅根据近场声压的测量值进行远场 $p(r,\theta)$ 的计算。当 θ 在 0 和 π 之间变化时,式(9-58)中的积分可假设为在距离 a 处对 p 进行连续测量,其实这可以通过离散点处的多次测量来近似。

Butler[22](另见第 11.4.1 节)给出了一种设置测量点的方法,该方法对于波动方程不可分的

表面上的离散点处的声压测量特别有用。该方法可以最简单地描述为轴对称情况,如图 9-33 所示,尽管任意满足波动方程的波函数展开式都可应用,这里仍采用式(9-57)。图 9-33 中给出了声压测量的 6 个位置点,尤其是位于 (r_2,θ_2) 的 2 号位置点。

如果在 N 个点测量声压,即将级数截断成 N 项后,式(9-57)变为

$$p(r_i,\theta_i) = \sum_{n=0}^{N-1} b_n h_n^{(2)}(kr_i) P_n(\cos\theta_i), i = 1,2,3,\cdots,N \qquad (9\text{-}60)$$

基本的假设是 N 足够大,可以包含足够多的项来描述声场。例如,如果已知指向性图为全向的,则只需要进行一次测量。如果指向性图为心形的,则需要进行两次测量。如果未知的指向性图更为复杂,则需要在更多点进行测量。式(9-60)代表了 N 个方程式 ($i=1\sim N$),并各有 N 个未知量 ($n=0\sim N-1$),对其求解可得到未知系数 b_n。用矩阵符号表示为

$$\boldsymbol{p} = \boldsymbol{A}\boldsymbol{b} \qquad (9\text{-}61)$$

式中,$\boldsymbol{p}$ 和 $\boldsymbol{b}$ 为相应的声压和系数列矩阵;$\boldsymbol{A}$ 是元素为 $A_{in} = h_n^{(2)}(kr_i)P_n(\cos\theta_i)$ 的矩阵。A_{in} 中的各行对应测量位置 (r_i,θ_i),而各列对应函数的阶数 n。系数的解可表示为

$$\boldsymbol{b} = \boldsymbol{A}^{-1}\boldsymbol{p} \qquad (9\text{-}62)$$

利用逆矩阵 $\boldsymbol{A}^{-1}$ 可进行求解。然后,将求解得到的 N 个系数 b_n 代入式(9-60),就可以得到声源外部任意距离 r 处的声压。

例如,图 9-34 中显示了关于一个三声源轴对称基阵的声场,通过 13 个在近场点、间距为 0.48λ 排列的水听器,模拟测量声压值。

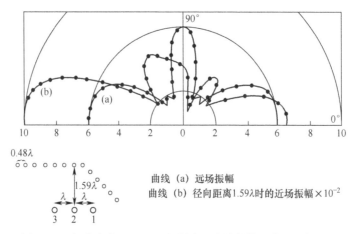

图 9-34 幅度比为 3∶2∶1、间隔为一个波长的三声源,及 13 元
水听器基阵接收的声压幅度极坐标图
(——)为精确值;(…)为估测值;(a)为远场;(b)为近场

基于原点处 2 号声源的 13 个点的位置,可以得到包含 13 项的球面波函数展开式。利用该展开式可创建矩阵 $\boldsymbol{A}$,并通过式(9-62)得出系数 $\boldsymbol{b}$。然后,如图 9-34 所示,计算近场圆上 $r = 1.59\lambda$ 位置处的声压,并根据系数 $\boldsymbol{b}$ 计算远场圆上的声压,从图中可看出与三声源声场的精确计算值吻合较好。

另外,Bobber[1] 还详细讨论了其他近场测量方法,如 Trott 基阵[23] 以及其他适用于水下声换能器的测量技术。

9.7.5 换能器外壳的影响

Tonpilz 型换能器在组装成基阵之前(如图 1-10 和图 1-11),通常在水密外壳下(参见图 1-6、图 1-7 和图 1-8)单独进行测量。正常情况下,外壳不会从侧面大幅突出于活塞换能器表面,因此对换能器的自由场响应影响很小。个别的,如在原型开发期间,Tonpilz 换能器外壳的前表面会较大,以至于等效形成了一个小型的有限障板,此时就会对换能器的发射或接收响应产生一定的影响。人们早已认识到这种衍射效应,并观察到原本平滑的扩音器响应的变化[10,24]。Muller 等[25]通过考虑平面波入射到刚性圆柱体末端和刚性球体的情形,评估了小型点传感器周围放置刚性有限障板所产生的影响。结果如图 9-35 所示,其中,圆柱体和球体的直径为 D,波长为 λ。纵坐标为障板中心点声压与自由场平面波声压 p_0 的比值,以 dB 为单位。

考虑声波垂直入射的情形,此时 $\phi = 0°$,如图 9-35 所示。对于球体,声压在 D/λ 增大到超过 1.0 后接近于翻倍(就如在刚性障板中)。但是对于柱体,声压的翻倍出现在 $D/\lambda = 0.4$ 时,并且之后在 10dB 和 0dB 之间波动,而并没有像球体一样逐渐平稳在 6dB 附近。这种波动是由圆柱体边缘的衍射造成的,它产生的散射波到达障板中心的时间在跨越半径的过程中被延时了。此散射波在圆柱边缘出现反相[26,27],并从外围各点全部向内传播到中心点。第一个峰值的出现是由于中心点处散射波和直达波的叠加造成的,此时半径 $a = D/2 = \lambda/2$。在此频率下,由于传播延时产生的 180°相移加上边缘衍射产生的 180°相移,从而出现了散射波和直达波的同相叠加。当 $a = \lambda$ 时,边缘产生的 180°相移在中心点会产生相消,因此就产生了与无障板时相同的声压。

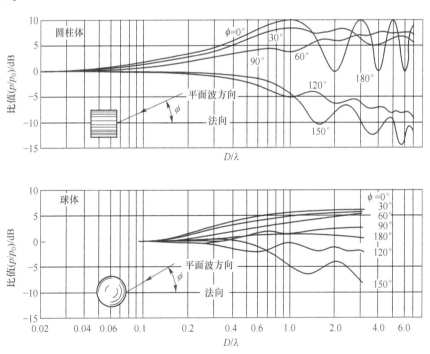

图 9-35 圆柱体与球体造成的声波衍射

这些波动以半波长的间隔持续进行。然而,现实中当活塞换能器的尺寸接近于一个波长时,换能器有限的尺寸会缓解衍射造成的影响。在更高频率下,出现声压翻倍的现象是由于换能器自身尺寸造成的。

如果有限障板为圆形的,则最显著的是干涉效应,如图9-35所示。此时,散射波看起来源自一个环状声源,且在障板(或换能器)的中心出现聚焦性的叠加。因此,可通过将换能器置于偏离中心的位置,使用对称性较差的障板,或者将障板的边缘弯曲或变细来减小这些影响[10,24]。最好的障板要么是可在 $D/\lambda > 1$ 时实现声压翻倍的大型球体,要么是在感兴趣的频带内不会出现声压翻倍和起伏的非常小的障板。

9.8 已校准标准换能器

美国海军的水下声标准分部（US Navy Underwater Sound Reference Division）研发并校准了大量换能器[28]专门用于其他换能器的校准。大多数的这类换能器可提供给美国海军的承包商并常用于美国海军设施。这些换能器包括：

H52 宽带水听器,由一个5cm的垂直线列阵组成,阵列包含八个硫酸锂晶体,置于注满油的防护罩中,有前置放大器,频率范围为 20Hz~150kHz。

H56 高灵敏度低噪声水听器,由一个带盖的 PZT 圆柱体组成,置于注满油的防护罩中,有前置放大器,频率范围为 10Hz~65kHz。

F56 大功率全向换能器,由一个19.7cm的聚氨酯封装 PZT 球壳组成,作为水听器时频率范围为1Hz~15kHz,作为发射器时频率范围为 1~15kHz。

F42 小型低功率 PZT 球壳换能器,有直径 5.0cm、3.81cm、2.54cm 和 1.27cm 可选(响应高至 150kHz)。

F27 指向性换能器,由一个21.4cm圆形基阵组成,基阵包含带钨衬垫的偏铌酸盐圆片,内部通过一个橡胶窗注满油,主要用作 1~40kHz 范围的发射器。

J9 28cm×11.4cm 动圈电动发射器,配有静水压被动补偿系统,频率范围为 40Hz~20kHz。

9.9 小　　结

本章介绍了换能器测量和评估的方法,并描述了压电和磁致伸缩换能器在空气中和水中的测量技术。利用空气中的阻抗可对谐振、反谐振频率进行评估,并可得出有效耦合系数 $k_{\rm eff} = [1 - (f_{\rm r}/f_{\rm a})^2]^{1/2}$,低频下测得自由电容 $C_{\rm f}$,根据 $C_0 = C_{\rm r}(1 - k_{\rm eff}^2)$ 可得出静态电容,再加上谐振下的电导值,可以得到 Van Dyke 等效电路中各元件的值。换能器的水中测量通常是用来获得有负载时的导纳 $Y = G + {\rm j}B$,根据电导 G 可得出 $Q_{\rm m}$,根据谐振时的 B,也可得出 $Q_{\rm e}$。最终可得到 $k_{\rm eff} = (1 + Q_{\rm m}Q_{\rm e})^{-1/2}$。显然,机械效率可通过 $\eta_{\rm ma} \approx 1 - Q_{\rm m}(水)/Q_{\rm m}(空气)$ 近似获得。

此外,效率 $\eta_{\rm ea}$ 的声学测量是依据输出功率与输入功率的比值。这个比值可以根据轴向的声源级 SL、测得的响应及公式 SL = 170.8dB + DI + 10log$\eta_{\rm ea}$ + 10log$W$ 得出。其中,W 为输入功率;DI 为指向性指数(单位为 dB)。第9.4节介绍了电场和磁场换能器的典型电压 TVR、电流 TCR 以及发射响应曲线。根据互易原理,由 TCR 可得出接收电压灵敏度响应 RVS,并根据 TVR 得出阻抗值。此外,也可利用一个发射源与标准水听器进行比较直接得出。

第9.6节中讨论了换能器调谐的手段、方法及其产生的响应。随后对密闭空间中的水听器和自由场中的发射器的远场与近场测量技术进行了介绍,其中,对于自由场发射器,可将测量水听器置于非常接近辐射表面的位置,也可将近场水听器环绕布置在发射器周围进行测量。对于尺寸小于波长的自由换能器,有效半径为 a ,其参考距离 1m 处的远场声压可以简单表示为 $p_\mathrm{f} \approx 0.3 p_\mathrm{n} a$,其中, p_n 为非常接近辐射表面的声压。此外,本章还介绍了封装对换能器的影响并列出了美国海军的校准用标准换能器。

参考文献

1. R. J. Bobber, Underwater Electroacoustic Measurements (Naval Research Laboratory, Washington, DC, 1969)
2. L. L. Beranek, Acoustical Measurements (American Institute of Physics, New York, 1988)
3. H. B. Miller (ed.), Acoustical Measurements (Hutchinson Ross Publishing Company, Stroudsburg, 1982)
4. D. Stansfield, Underwater Electroacoustic Transducers (Bath University Press, Bath, 1990)
5. O. B. Wilson, Introduction to Theory and Design of Sonar Transducers (Peninsula Publishing Co., Los Altos Hills, 1988)
6. F. V. Hunt, Electroacoustics (Harvard University Press, New York, 1954)
7. R. S. Woollett, Sonar transducer fundamentals (Naval Underwater Systems Center, Newport), undated
8. L. F. Kinsler, A. R. Frey, A. B. Coppens, J. V. Sanders, Fundamentals of Acoustics (Ch. 14 Transduction), 4th edn (Wiley, New York, 2000)
9. Private communication with Frank Massa.
10. H. F. Olson, Acoustical Engineering (D. Van Nostrand Company, Inc., Princeton, 1967)
11. L. L. Beranek, Acoustics (McGraw-Hill Book Company, Inc., New York, 1954)
12. K. S. Van Dyke, The piezoelectric resonator and its equivalent network. Proc. IRE 16, 742–764 (1928)
13. W. J. Marshall, G. A. Brigham, Determining equivalent circuit parameters for low figure of merit transducers, J. Acoust. Soc. Am., ARLO 5(3), 106–110 (2004)
14. D. Rife, J. Vanderkooy, Transfer-function measurements with maximum-length sequences. J. Audio Eng. Soc. 37, 419–443 (1989). See also, J. D'Appolito, Testing Loudspeakers (Audio Amateur Press, Peterborough, 1998)
15. D. A. Berlincourt, D. R. Curran, H. Jaffe, Piezoelectric and piezomagnetic materials and their function in transducers, in Physical Acoustics, vol. 1, Part A, ed. by W. P. Mason (Academic Press, New York, 1964)
16. J. deLaunay, P. L. Smith, Aging of barium titanate and lead zirconate-titanate ferroelectric ceramics, Naval Research Laboratory Report 7172, 15 October 1970
17. B. B. Bauer, L. A. Abbagnaro, J. Schumann, Wide-range calibration system for pressure-gradient hydrophones. J. Acoust. Soc. Am. 51, 1717–1724 (1972)
18. D. B. Keele Jr., Low-frequency loudspeaker assessment by near-field sound pressure measurements. J. Audio. Eng. Soc. 22, 154–162 (1974)
19. J. L. Butler, C. H. Sherman, Near-field far-field measurements of loudspeaker response. J. Acoust. Soc. Am. 108, 447–448 (2000)
20. A. Silbiger, Radiation from circular pistons of elliptical profile. J. Acoust. Soc. Am. 33, 1515–1522 (1961)
21. D. D. Baker, Determination of far-field characteristics of large underwater sound transducers from near-field measurements. J. Acoust. Soc. Am. 34, 1737–1744 (1962)
22. J. L. Butler, Solution of acoustical-radiation problems by boundary collocation. J. Acoust. Soc. Am. 48, 325–336 (1970)
23. W. J. Trott, Underwater-sound-transducer calibration from nearfield data. J. Acoust. Soc. Am. 36, 1557–1568

(1964)
24. H. F. Olson, Direct radiator loudspeaker enclosure. J. Audio Eng. Soc. 17, 22-29 (1969)
25. G. C. Muller, R. Black, T. E. Davis, The diffraction produced by cylindrical and cubical obstacles and by circular and square plates. J. Acoust. Soc. Am. 10, 6-13 (1938)
26. J. R. Wright, Fundamentals of diffraction. J. Audio Eng. Soc. 45, 347-356 (1997)
27. M. R. Urban et al., The distributed edge dipole (DED) model for cabinet diffraction effects. J. Audio Eng. Soc. 52, 1043-1059 (2004)
28. L. E. Ivey, Underwater electroacoustic transducers, Naval Research Laboratory USRD Report. NRL/PU/5910-94-267, August 31, 1994. For more information contact Underwater Sound Reference Division, NUWC/NPT Newport, RI 02841

第10章

换能器的声辐射

本章主要讨论换能器指向性函数、指向性因子、指向性指数、自辐射阻抗等声学特性的计算,并且给出相应的计算公式以及常用案例的数值结果。经典的解析方法在计算实际换能器声学特性方面的能力是有限的,为了应用解析方法,通常需要简化换能器及其周围的结构,偶极子和寄生单极子耦合在一起可以得到声辐射问题一种实用的近似解析解。然而,声场的有限元模型可以为许多案例提供更实际的结果,以对解析结果进行深入的讨论。一些优秀的声学著作,如 Kinsler 等[1]、Morse 和 Ingard[22]、Pierce[2]、Blackstock[3]、Skudrzyk[4]、Beranek 和 Mello[5] 编写的书籍为本章提供了优秀的背景资料以及相关信息。

10.1 声辐射问题

声学介质是电声转换的重要组成部分,大多数情况下是一种流体,比如水或空气,只有两个特性,即静态密度 ρ 和体积弹性模量 B。但是在换能器的分析与设计中,ρ 和声速 $c=(B/\rho)^{1/2}$ 是最常用的特性,这两个量的乘积 ρc 是声阻抗,水的声阻抗(约 $1.5\times 10^6 \text{kg/m}^2$)比空气的($420\text{kg/m}^2$)高得多,因此,水对换能器工作的影响要比空气的影响更显著。假定单个换能器周围的介质是均匀的、各向同性的、非黏性的,且足够大到不需要考虑它的边界。然而,换能器通常是在特定条件下使用或测试的,例如,水面附近、安装在船体上或在装满水的水箱中(见第 9 章),在这种情况下,其他介质或结构的性质可能会严重影响换能器的工作。

当换能器的可运动表面在声学介质中振动时,它会在介质(声场)中产生一个随时间和位置变化的扰动,声辐射问题是由特定换能器表面的给定振动所产生的声场决定的。流体中的声场是一个标量场,可以完全由一个量描述,即压力的变化 p,也称为声压。声场的其他特性参数可以从声压的变换中得到,比如质点振速矢量的分量 $\vec{u}$ 就可从声压的导数中得到。线性声学方程可以写为[2]:

$$\rho \frac{\partial \vec{u}}{\partial t} = -\vec{\nabla} p \tag{10-1a}$$

$$\frac{\partial \rho'}{\partial t} + \rho \vec{\nabla} \cdot \vec{u} = 0 \tag{10-1b}$$

$$p = c^2 \rho' \tag{10-1c}$$

式中,t 是时间;$\vec{\nabla}$ 是梯度算子;ρ' 是声学介质密度,即静态密度 ρ 的变化。方程(10-1a)是介质中质点运动方程,式(10-1b)是质量守恒的连续性方程,式(10-1c)是介质状态方程。

将运动方程代入连续性方程对时间的导数中,并利用状态方程消去 ρ' 可以得到声压的标量波动方程:

$$\nabla^2 p - \frac{1}{c^2} \frac{\partial^2 p}{\partial t^2} = 0 \tag{10-2a}$$

式中,∇^2 是拉普拉斯算子。由于这里考虑特殊情况,所有量都与时间的谐波有关,在下列方程中 p 代表与空间位置相关的声压场,例如,直角坐标系中声压的表达式为 $p(x,y,z)\mathrm{e}^{\mathrm{j}\omega t}$。方程(10-2a)的第二项就变成了 $k^2 p$,其中,$k = \omega/c = 2\pi/\lambda$ 是声波波数;λ 是声波波长。这种形式的波动方程称为亥姆霍兹微分方程:

$$\nabla^2 p + k^2 p = 0 \tag{10-2b}$$

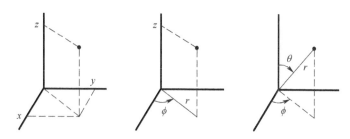

图 10-1　笛卡儿坐标系 (x,y,z)、柱坐标系 (r,φ,z) 和球坐标系 (r,θ,φ)

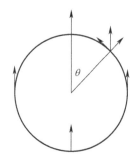

图 10-2　刚性球体振动的法向和切向振速分量

在笛卡儿坐标系 (x,y,z)、柱坐标系 (r,φ,z) 和球坐标系 (r,θ,φ) 中(见图10-1),亥姆霍兹方程分别具有以下形式(注意在柱坐标和球坐标中都用到了符号 r 和 ϕ,ϕ 在两个坐标中有相同的意义,但 r 的意义不同):

$$\frac{\partial^2 p}{\partial x^2} + \frac{\partial^2 p}{\partial y^2} + \frac{\partial^2 p}{\partial z^2} + k^2 p = 0 \tag{10-3}$$

$$\frac{1}{r}\frac{\partial}{\partial r}\left(r\frac{\partial p}{\partial r}\right) + \frac{1}{r^2}\frac{\partial^2 p}{\partial \phi^2} + \frac{\partial^2 p}{\partial z^2} + k^2 p = 0 \tag{10-4}$$

$$\frac{1}{r^2}\frac{\partial}{\partial r}\left(r^2\frac{\partial p}{\partial r}\right) + \frac{1}{r^2 \sin\theta}\frac{\partial}{\partial \theta}\left(\sin\theta\frac{\partial p}{\partial \theta}\right) + \frac{1}{r^2 \sin^2\theta}\frac{\partial^2 p}{\partial \phi^2} + k^2 p = 0 \tag{10-5}$$

一般来说,振动表面每个点的振速都有一个与表面垂直的法向分量和一个与表面相切的切向分量。例如,对于位于坐标原点刚性振动的球体,平行于 z 轴平面只有法向振速分量,而 $\theta = 90°$ 的

x-y 平面上的点只有切向分量。对于表面上的所有其他点,振速都有法向分量和切向分量,如图 10-2 所示。

在非黏性介质中,只有法向振速分量能够产生声场,而切向振速分量产生的运动不能引起介质的扰动。如果介质是黏性的,切向分量也会引起扰动,但它只沿振体延伸很短的距离,对辐射声场没有贡献。

声场空间可以被分为两个区域。在近场中,介质的部分运动不能远离振体,因为它产生的能量交替地传递到介质中,然后又作用在振体上。在第 1 章中,这部分能量与辐射质量有关,而且辐射质量增加了换能器的有效质量。在远场中,传递给介质的能量不再返回,因为它被辐射出去,而辐射到远场的声功率与辐射阻成正比。因此,波动方程的解包括声场的两个部分。显然,辐射远场在大多数情况下是声场的有用部分,但在其他情况下,近场是重要的,因为它会引起诸如空化和换能器之间的声互作用等问题。

通过指定某一特定表面振动的法向振速,可以得到一个声辐射问题。利用与表面相适应的波动方程的解,可以计算得到介质中换能器表面的质点振速,并且这些振速与换能器表面指定的法向振速是相等的,这就是确定特定问题具体解的边界条件。介质中,声压与质点振速矢量 $\vec{u}$ 的关系,可以由运动方程(10-1a)给出,对于谐波激励情形,有

$$\vec{u} = -\frac{1}{j\omega\rho}\vec{\nabla}p \tag{10-6}$$

该振动表面产生的声场的所有特征,都可以从波动方程的解中计算得到。

求解波动方程最常用的解析方法之一是分离变量法。例如,在直角坐标系中,波动方程的解可以被假设为 x、y 和 z 的函数的乘积,即:

$$p(x,y,z) = X(x)Y(y)Z(z) \tag{10-7}$$

将该式代入式(10-2b),可以得到 X、Y 和 Z 满足的方程为:

$$\frac{\mathrm{d}^2 X}{\mathrm{d}x^2} + k_x^2 p = 0 \tag{10-8}$$

$$\frac{\mathrm{d}^2 Y}{\mathrm{d}y^2} + k_y^2 p = 0 \tag{10-9}$$

$$\frac{\mathrm{d}^2 Z}{\mathrm{d}z^2} + k_z^2 p = 0 \tag{10-10}$$

式中,k_x、k_y、k_z 为相互关联的常数,由下式决定

$$k_x^2 + k_y^2 + k_z^2 = k^2 \tag{10-11}$$

由于方程(10-8)~方程(10-10)的解中都包含 $\mathrm{e}^{\pm jk_x x}$、$\mathrm{e}^{\pm jk_y y}$ 和 $\mathrm{e}^{\pm jk_z z}$,在直角坐标系中,声场的完整解由式(10-7)给出,为

$$p(x,y,z)\mathrm{e}^{j\omega t} = P_0 \mathrm{e}^{j(\omega t \pm k_x x \pm k_y y \pm k_z z)} \tag{10-12}$$

式中,P_0 是由边界条件确定的常数。这个表达式表示幅值为 P_0 的平面波,沿着矢量 x、y、z 分量传播,k_x、k_y、k_z 被称为波矢量。例如,对于沿 x 正向传播的平面波,$k_x=k$,$k_y=k_z=0$。

虽然平面波只是作为有限空间区域的近似存在,但是平面波是声学中一个基本概念。研究水听器的接收响应时,通常假定水听器接收到的是平面波;并且校准换能器时,通常也尽量使换能器接收到的是平面波(见第 9 章)。在平面波中,质点振速矢量与传播方向平行,平面波一个重要的性能参数是声压 p 与质点振速幅值 u 的比值,比值 p/u 被称为声阻抗,等于式(10-6)对平面波情况的 ρc。这与机械阻抗,即力与振速的比值一致,令平面波波前面积为 A,则对应的是

ρcA,因此介质的特征阻抗比发射换能器的辐射阻抗重要。

波动方程在柱坐标系、球坐标系以及其他坐标系中的解也可以通过分离变量法得到。在这些情形下,声辐射问题的解必须满足辐射条件,也即,在离原点很远的地方,解是一种外向波的形式。外向波在柱坐标系中分离变量的形式为:

$$p(r,\phi,z)e^{j\omega t} = A_m H_m^{(2)}(k_r r) e^{j(m\phi \pm k_z z + \omega t)} \tag{10-13}$$

式中,A_m 是由边界条件确定的幅值常数;$H_m^{(2)}(k_r r) = J_m(k_r r) - jY_m(k_r r)$ 是第二类柱形汉开尔函数,$J_m(k_r r)$ 和 $Y_m(k_r r)$ 分别是贝塞尔函数和诺依曼函数,$k_r^2 + k_z^2 = k^2$,m 是正的或负的整数。$H_m^{(2)}(k_r r)$ 和 $e^{j\omega t}$ 是由外向波的特性决定的。

外向波在球坐标系中分离变量的形式为:

$$p(r,\theta,\phi)e^{j\omega t} = A_{nm} h_n^{(2)}(kr) P_n^m(\cos\theta) e^{j(\omega t \pm m\phi)} \tag{10-14}$$

式中,$h_n^{(2)}(kr) = j_n(kr) - jy_n(kr)$ 是第二类球形汉开尔函数,$j_n(kr)$ 和 $y_n(kr)$ 分别是贝塞尔函数和诺依曼函数;$P_n^m(\cos\theta)$ 是勒让德函数,m 和 n 都是正整数,并且 $n \geq m$(第10.5节给出了采用球形汉开尔函数解决声辐射问题的例子)。

波动方程的这些解中包含两个与空间坐标和时间独立的参数,在直角坐标系中 $k_x^2 + k_y^2 + k_z^2 = k^2$ 是 k_x、k_y、k_z 中的任两个;在柱坐标系中是 m 和 k_r 或 k_z;在球坐标系中是 m 和 n。由于波动方程是线性的,包含这些参数的不同值的组合都是方程的解。因此,可以通过对整数参数的求和和对连续参数的积分来构造更多的解。考虑一个简单的例子,半径为 a 的脉动球,表面上每一点都沿径向(表面的法向)以相同幅度 $u_0 e^{j\omega t}$ 的正弦方式振动,如图10-3所示。

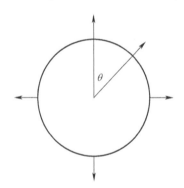

图10-3 以均匀振速振动的脉动球体

因此,这种情形下不存在切向振速分量。由于振动表面是一个球面,采用球坐标系求解式(10-14)比较合适。此外,由于表面上任意点的法向振速相同,所以辐射声场在各方向是相同的,即声场与 θ 和 ϕ 无关,这对应于式(10-14)中 $m = n = 0$ 的情形,因为 $P_0^0(\cos\theta) = 1$,因此有:

$$p(r) = A_0 h_0^{(2)}(kr) = jA_0 e^{-jkr}/kr \tag{10-15a}$$

幅值 A_0 可以从球体振动表面与周围介质的边界相容性条件确定,即在 $r = a$ 处,表面的法向振速 u_0 必须等于介质中的法向振速,也即

$$u_0 = -\frac{1}{j\omega\rho}\frac{\partial p}{\partial r}\bigg|_{r=a} = \frac{A_0}{\omega\rho}\left[jk + \frac{1}{a}\right]\frac{1}{ka}e^{-jka} \tag{10-16}$$

因此可以得到幅值 A_0 为

$$A_0 = \frac{\omega\rho u_0 k a^2}{(1+\mathrm{j}ka)}\mathrm{e}^{\mathrm{j}ka} \tag{10-17}$$

将 A_0 代入式(10-15a)可以得到以表面法向振速 u_0 表示的脉动球体辐射声场的完整解,即为

$$p(r) = \frac{\mathrm{j}\rho c u_0 k a^2}{(1+\mathrm{j}ka)}\frac{\mathrm{e}^{-\mathrm{j}k(r-a)}}{r} \tag{10-15b}$$

第5.2.3节将脉动球体的辐射声波称为简单的球面波,因为它是以相同的幅值在各个方向传播的。当换能器的尺寸小于波长时,这对于表面以同相振动的任何形状换能器的远场辐射声波是一种很有用的近似。这样只需用换能器的声源强度代替脉动球的声源强度就可以得到相应的辐射声压,声源强度定义为法向振速在振动表面的积分:

$$Q = \iint_A \vec{u}(\vec{r}) \cdot \hat{n}\mathrm{d}S \tag{10-18}$$

式中,$\hat{n}$ 是表面法向的单位矢量;$\mathrm{d}S$ 是换能器表面的面元(第10.4.1节将其作为声源强度的定义)。注意,声源强度等于体积振速,单位为 m^3/s。因此,脉动球的声源强度为 $Q = 4\pi a^2 u_0$,对于 $ka \ll 1$ 的情形,振幅常数是 $A_0 = \omega\rho u_0 k a^2 = (\rho c k^2/4\pi)Q$,从而式(10-15b)变为

$$p(r) = \frac{\mathrm{j}\rho c k}{4\pi r}Q\mathrm{e}^{-\mathrm{j}kr} \tag{10-15c}$$

这一表达式近似地适用于足够低频率情况下许多形状不同于球形的换能器,但在较高频率下,声压的幅值随方向而变化。

脉动球的声辐射也是点声源概念的基础。点声源是一种理想情形,在点声源中脉动球体的半径趋于0,振速增加到使 $Q = 4\pi a^2 u_0$ 仍然有限。由于点声源的尺寸无穷小,故可以认为它是非散射声源,因此其他实际声源的声场可以由点声源的叠加实现。由于波动方程是线性的,因此在同一表面上满足相同类型边界条件的解的叠加也是波动方程的解。

瞬时声强向量 $\vec{I}$ 可以被定义为声压与质点振速向量的乘积,即 $p\vec{u}$,可以用来度量声能流。瞬时声强向量表示的是单位时间内单位面积上的声能或单位面积上的声功率,其量纲为 $\mathrm{W/m}^2$ 或 $\mathrm{W/cm}^2$。多数情况下,瞬时声强向量时间平均的幅度被记为 $\langle I \rangle$,第13.3节给出了通用的表达式:

$$\langle I \rangle = \frac{1}{2}\mathrm{Re}(p\vec{u}^*) \tag{10-19a}$$

对于平面声波,上式为

$$\langle I \rangle = \frac{pp^*}{2\rho c} = \frac{|p_{\mathrm{rms}}|^2}{\rho c} \tag{10-19b}$$

声能沿平面波传播的方向流动。对于简单的球面波,质点振速矢量只是式(10-15a)中得到的径向振速分量,即

$$u_r = -\frac{1}{\mathrm{j}\omega\rho}\frac{\partial p}{\partial r} = \frac{p}{\rho c}\left[1+\frac{1}{\mathrm{j}kr}\right] \tag{10-20}$$

对于平面波,时间平均声强 $1/2\mathrm{Re}(p\vec{u}_r^*) = pp^*/2\rho c$。虽然时间平均声强的表达式仅适用于平面波和简单的球面波,但它可能适用于所有发射换能器的远场辐射声压,尽管它可能随方向变化,但辐射形状基本上是球形的。简单球面波的能量流是径向向外的,时间平均声强也存在相反的分量(见第6.5.7和第13.3节)。

10.2 远场声辐射

10.2.1 线声源

由式(10-15c)可以看出,脉动球声场的形式不会随场点与球体距离的增大而改变。然而,对于大多数声辐射体,近场声压分布比较复杂,但当场点与辐射体的距离足够远时,它们的辐射声波可近似为具有指向性的球面波。一个简单的例子是长度为 L 和半径为 A 的均匀振动圆柱线声源,其中,A 比 L 和波长要小得多,该线声源可以被认为是由大量相邻的无穷小点声源组成的,每个长度为 dz_0,如图 10-4 所示。

由式(10-15c)可以给出各点声源对声压场的微分贡献为:

$$\mathrm{d}p = \mathrm{j}\frac{\rho c k}{4\pi R}\mathrm{d}Q\mathrm{e}^{-\mathrm{j}kR} \tag{10-21}$$

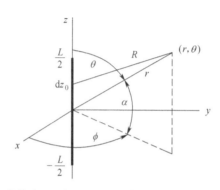

图 10-4 计算长度为 L 的线声源远场点 (r,θ) 处声压的坐标系,声场元素 dz_0,声场与 ϕ 无关

式中,$dQ = 2\pi a u_0 dz_0$ 是微元声源强度;u_0 是径向振速。虽然采用圆柱坐标系对于圆柱对称的线声源来说是很自然的,但是球坐标系在计算远场时更方便,因为远场声压是由球面波组成的。因此,图 10-4 给出的 $R = [r^2 + z_0^2 - 2rz_0\cos\theta]^{1/2}$ 是 z_0 处的声源强度 dQ 与远场点 (r,θ) 之间的距离;并且由于对称性,声场与 ϕ 无关。整个线声源的声压场可以由所有点声源辐射的声压场叠加得到,也即将式(10-21)对 z_0 从 $-L/2$ 到 $L/2$ 积分得到。对于 $r \gg L$ 的远场,R 可以近似为 r,这时该积分很容易求解。然而,指数 R 必须近似为 $r - z_0\cos\theta$ 才能保持各方向声场的相位关系,这对于确定指向性函数非常重要。令 $\alpha = (\pi/2) - \theta$,可以得到连续线声源的远场声压为:

$$p(r,\alpha) = \frac{\mathrm{j}\rho c k Q_0}{4\pi}\frac{\mathrm{e}^{-\mathrm{j}kr}}{r}\frac{\sin[(kL/2)\sin\alpha]}{(kL/2)\sin\alpha} \tag{10-22}$$

式中,$Q_0 = 2\pi a L u_0$ 是整个线声源的源强。在式(10-22)中,因子 $\mathrm{e}^{\mathrm{j}kr}/r$ 表明,远场声压由球面波组成,并且所有有限尺寸声源的远场声压都由球面波组成。但是由于声压幅值随声源的方向变化,即随角度 α 变化,因此这些球面波不是简单的球面波。当球面波幅值与大多数情况一样和角度有关时,质点振速分量和声强分量与径向分量垂直,但是在远场中它们可以忽略。

式(10-22)中 α 的函数就是熟悉的 $\sin x/x$,或者 $\mathrm{sinc}(x)$ 函数,它的平方是归一化声强的指向性函数,或线声源平分线 $\alpha = 0$ 时平面上最大值为 1 的波束。随着 α 的增大,声压减小,并且在 $(kL/2)\sin\alpha = \pi$ 处为零,然后出现另一个旁瓣和声压为零的角度,其中,声压为零的角度主要取决于 kL 的取值。图 10-5 给出了平面上典型的波束图。

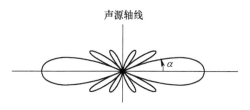

图 10-5 $kL=3\pi$ 时线声源的远场波束图。它是绕着声源轴线旋转给出的三维对称图形

波束图中最有用的部分是主瓣,其最重要特征是它的角宽。通常,主瓣两侧的-3dB 点被用来测量波束宽度(BW)。这出现在 $(kL/2)\sin\alpha \approx 1.4$ 的地方,即波束宽度为 $2\arcsin(2.8/kL)$,当 $L \gg \lambda$,波束非常窄,可简化为

$$BW = 5.6/kL \text{ 弧度} = 51/L \text{ 角度}$$

主瓣两侧的旁瓣是不期望的,而第一旁瓣是最高的,也是最麻烦的,它的峰值出现在 $(kL/2)\sin\alpha \approx 3\pi/2$,即 $(2/3\pi)^2$,或低于主瓣 13.5dB 的角度,该结果适用于具有均匀源强分布的连续线声源。线列阵可以降低旁瓣相对于主瓣的幅值(见第7章和第8章)。

式(1-20)定义的指向性因数可以由波束函数式(10-22)计算。采用 $\alpha=0$ 处的最大声强进行归一化,那么归一化的声强在所有方向的平均为:

$$I_a = \frac{1}{4\pi}\int_0^{2\pi}d\phi\int_0^{2\pi}\left[\frac{\sin[(kL/2)\sin\alpha]}{(kL/2)\sin\alpha}\right]^2\sin\theta d\theta = \frac{1}{2}\int_{-\pi/2}^{\pi/2}\left[\frac{\sin[(kL/2)\sin\alpha]}{(kL/2)\sin\alpha}\right]^2\cos\alpha d\alpha$$

式中,$\alpha=(\pi/2)-\theta$。当 $kL \gg 1$ 时,根据表定积分[1,6]可以采用 $q=(kL/2)\sin\alpha$ 将该积分转化为另一种近似形式,即

$$I_a = \frac{2}{kL}\int_0^{kL/2}\frac{\sin^2 q}{q^2}dq \approx \frac{2}{kL}\int_0^{\infty}\frac{\sin^2 q}{q^2}dq = \frac{2}{kL}\frac{\pi}{2} \qquad (10\text{-}23a)$$

因此,指向性因数是

$$D_f = \frac{I(0)}{I_a} = \frac{kL}{\pi} = \frac{2L}{\lambda} \qquad (10\text{-}23b)$$

和

$$DI = 10\log 2L/\lambda \approx 20 - 10\log BW (dB)$$

BW 的单位是角度。Horton[7] 和 Burdic[8] 都讨论了线声源和其他声源,并通过对上述积分的精确求解,给出了线声源在正弦积分条件下的指向性因数 D_f。Horton 还给出了一个比式(10-23b)更准确的结果:

$$D_f = \frac{2L}{\lambda}\Big/\left(1-\frac{\lambda}{\pi^2 L}\right) \qquad (10\text{-}23c)$$

当 $L>\lambda$ 时,该结果比式(10-23b)准确 10%。

在第 8.1.3 节中给出了考虑障板与不考虑障板情形下,由 N 个小换能器阵元组成的线基阵指向性因数的表达式(8-84a)和式(8-84b)。对于半波长 $\lambda/2$,$D_f=N$;对于 N 比较大的情形,$D_f \approx N$。

10.2.2 平面声源

安装在一个大的刚性平面障板上的辐射器的远场声压可以从点声源的辐射声场得到,首先

考虑两个点声源以相同声源强度同相振动,如图 10-6 所示。

假定有一个无限大的平面,它平分两个点声源的连线,并且垂直于这条线。想象一下这个平面上的每个点有一个无限平面,它的平分线,连接两个源垂直于这条线。两个声源在平面上每一点的声压,是两个源强相等的点声源作用的叠加,但是质点振速垂直于该平面的分量大小相等、方向相反,故相互抵消。因此,在两个点声源中间的无限大刚性平面障板上,这两个点声源的声压是一致的。两个点声源的声场可以被加到同一无限大平面两侧其他对点声源的声场中,因此可以采用这种方式构造平面上连续面声源的辐射声场。该过程类似于线声源声辐射问题求解的过程,但声源强度的微元现在是两个点声源的和,每一个都等于式(10-21),即

$$\mathrm{d}p = \frac{\mathrm{j}\rho c k}{4\pi}\mathrm{d}Q\left[\frac{1}{R_1}\mathrm{e}^{-\mathrm{j}kR_1} + \frac{1}{R_2}\mathrm{e}^{-\mathrm{j}kR_2}\right] \qquad (10\text{-}24)$$

式中,R_1 和 R_2 是从每个点声源到任意场点的距离(见图 10-6)。

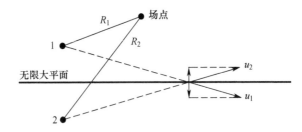

图 10-6　两个相同强度点声源之间的无限大平面,平面上法向振速分量相互抵消

式(10-24)是镜像法的基础。该方法利用了无限大刚性平面附近的点声源的声场,是自由空间中点声源声场与该平面另一侧镜像点声源的叠加的物理事实,如图 10-7 所示。

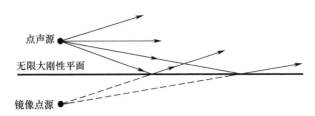

图 10-7　镜像法中点声源与对称无限大刚性平面点处的镜像点声源

现在将镜像法扩展到安装在平面上的辐射体的声辐射问题,令平面上每一对声源之间的距离满足 $R_1 = R_2 = R$,将式(10-24)沿辐射体表面积分即可得到该问题的解。对于具有固定振速分布的任意形状的平面辐射体,可以在任何合适的坐标系中实现。令 $\mathrm{d}Q = u(\vec{r}_0)\mathrm{d}S_0$,则声压为

$$p(\vec{r}) = \frac{\mathrm{j}\rho c k}{2\pi}\iint u(\vec{r}_0)\frac{\mathrm{e}^{-\mathrm{j}kR}}{R}\mathrm{d}S_0 \qquad (10\text{-}25\mathrm{a})$$

方程(10-25a)是由 Rayleigh[9]首次给出的,因此常被称为瑞利积分。它是声学中最常用的声辐射方程之一。

这里首先讨论具有均匀法向振速的圆形辐射体(也称为圆形活塞)的声辐射问题,因为它常被用作换能器的近似声场。这种情形下,建立以活塞中心为原点的柱坐标系比较合适。令活塞的法向振速为 u_0,面积微元为 $\mathrm{d}S_0 = r_0\mathrm{d}r_0\mathrm{d}\phi_0$,其中,$r_0$ 和 ϕ_0 是图 10-8 所示的活塞表面声源坐标,则式(10-25a)变为:

$$p(r,z) = \frac{j\rho c k u_0}{2\pi} \int_0^{2\pi} \int_0^a \frac{e^{-jkR}}{R} r_0 dr_0 d\phi_0 \quad (10\text{-}25b)$$

式中，$R^2 = r^2 + z^2 + r_0^2 - 2rr_0\cos\phi_0$；$a$是活塞的半径；并且由于圆的对称性，声压场与$\phi$无关。

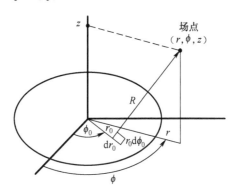

图10-8 计算无限刚性平面内圆形活塞式辐射体声场的柱坐标系

式(10-25b)的积分只能在有限数量的声场点上存在解析解，比如远场场点、活塞轴上的点、活塞边缘的点。活塞表面的平均声压也可以计算出来，这就产生了辐射阻抗(见第10.4节)。

同上，远场由球面波组成，这样通过改变球坐标系 $R^2 = r^2 + r_0^2 - 2rr_0\sin\theta\cos\phi_0$ 以及球坐标系的对称性，可以方便地计算得到远场声压。在远场，$(r \gg r_0, r_0 \leq a)$，场点的距离可以简化为 $R = r - r_0\sin\theta\cos\phi_0$，从而式(10-25b)变为：

$$p(r,\theta) = \frac{j\rho c k u_0}{2\pi} \frac{e^{-jkr}}{r} \int_0^{2\pi} \int_0^a e^{jkr_0\sin\theta\cos\phi_0} r_0 dr_0 d\phi_0 \quad (10\text{-}26)$$

式中，分母中的R可用r近似。这是一个已知的积分[10]，其结果是一阶贝塞尔函数J_1，最终结果为

$$p(r,\theta) = j\rho c k u_0 a^2 \frac{e^{-jkr}}{r} \frac{J_1(ka\sin\theta)}{ka\sin\theta} \quad (10\text{-}27)$$

式(10-27)中关于θ的函数是指向性函数，其主瓣位于活塞轴上，其他一系列旁瓣分布在两侧，如图10-9所示。主瓣上的-3dB点出现在$ka\sin\theta = 1.6$处，则大ka的波束宽度为：

$$\text{BW} = 3.2/ka \text{ 弧度} = 58\lambda/D \text{ 角度}$$

式中，$D = 2a$是活塞直径。因此，活塞的声波束比长度等于活塞直径的线列阵宽20%，但第一个旁瓣比主瓣下降17.8dB，而线列阵的第一个旁瓣仅下降13.5dB。

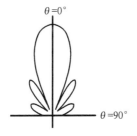

图10-9 $ka = 3\pi$时无限刚性平面上圆形活塞的远场波束图。它是绕$\theta = 0°$旋转给出的三维波束

最大声强出现在 $\theta = 0°$，由式(10-27)可知

$$I_0 = \frac{(pp^*)|_{\theta=0}}{2\rho c} = \frac{k^2\rho c u_0^2 a^4}{8r^2} \qquad (10\text{-}28)$$

根据式(1-20)的定义，可以用平均声强计算指向性因数，即指向性因数等于总辐射功率除以距离为 r 的远场的球体的面积 A。由于总辐射功率 W 可以用辐射阻 R_r 表示，因此平均声强为：

$$I_a = \frac{W}{4\pi r^2} = \frac{(R_r u_0^2/2)}{4\pi r^2} \qquad (10\text{-}29)$$

故指向性因数为：

$$D_f = \frac{I_0}{I_a} = \frac{\pi k^2 \rho c a^4}{R_r} \qquad (10\text{-}30)$$

圆形活塞的辐射阻将在第 10.4 节计算得到，将其代入式(10-30)得

$$D_f = \frac{(ka)^2}{1 - J_1(2ka)/ka} \qquad (10\text{-}31a)$$

当 $ka > \pi$ 时，$J_1(2ka)$ 就变小了，从而有

$$D_f \approx (ka)^2 = \left(\frac{2\pi a}{\lambda}\right)^2 = \frac{4\pi A}{\lambda^2} \qquad (10\text{-}31b)$$

式中，A 是活塞的面积。在式(10-30)中令 $R_r = \rho c \pi a^2$ 可以获得相同的结果。对于非圆形大活塞声源(比如矩形活塞声源)，这种简单的形式是一个非常方便的近似。当 $ka \ll 1$ 时，由于刚性障板采用半球面 $2\pi r^2$ 代替球面 $4\pi r^2$，所以式(10-31a)给出的结果是 $D_f \approx 2$。因此，对于大障板中的小活塞，式(10-31a)是一个很好的近似；对于没有障板的大活塞(活塞本身就相当于障板)也是一种很好的近似。图 10-10 给出了障板中的圆形活塞 $DI = 10\log D_f$ 与 ka 的关系。注意，二维辐射表面(如活塞)的 DI 比一维线性声源的要大，例如，$2ka = 20$ 的活塞的 $DI \approx 20\text{dB}$，而 $kL = 20$ 的线声源的 $DI \approx 8\text{dB}$。

式(10-25a)可应用于刚性平面障板中的其他辐射体。对于一个两边分别为 a 和 b 的在 xy 平面上以 u_0 匀速振动的矩形活塞(见图 10-11)，远场声压为：

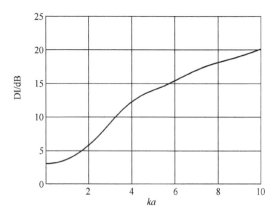

图 10-10 圆形活塞指向性指数与 ka 的关系

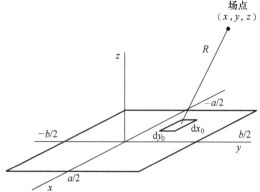

图 10-11 计算无限大障板中矩形活塞声场的坐标系

$$p(r,\theta,\phi) = \frac{j\rho c k u_0}{2\pi} \frac{e^{-jkr}}{r} \int_{-b/2}^{b/2} \int_{-a/2}^{a/2} e^{jk\sin\theta(x_0\cos\phi + y_0\sin\phi)} dx_0 dy_0$$

$$= \frac{j\rho cku_0 ab}{2\pi} \frac{e^{-jkr}}{r} \frac{\sin[(ka/2)\sin\theta\cos\phi]}{(ka/2)\sin\theta\cos\phi} \frac{\sin[(kb/2)\sin\theta\cos\phi]}{(kb/2)\sin\theta\cos\phi} \quad (10\text{-}32\text{a})$$

该式表明: $x,z(\phi=0)$ 平面和 $y,z(\phi=\pi/2)$ 平面内的远场波束图与线声源的相同,同时对于其他平面的其他 ϕ 值,波束图是两个相似函数的乘积。在这些情形下,因为 $\sin x/x$ 是"boxcar"函数的傅里叶变换,因此,远场声压是声源函数的傅里叶变换。按照上面圆形活塞($R_r = \rho cab$)的计算过程,大矩形活塞的指向性因数为 $4\pi ab/\lambda^2 = 4\pi A/\lambda^2$。因此,式(10-31b)对于两边边长比波长大的矩形活塞声源是适用的,因为这里仅仅用到了 $R_r \approx \rho cab$。

文献[11]给出了非均匀振速分布轴对称圆形辐射体的远场指向性函数,圆形弯张换能器可以采用这种辐射体近似。结果表明,当声源中心的振速高于平均振速时,主瓣更宽,旁瓣较低。文献[12]还计算了摆动(或摇摆)活塞的远场指向性。

对于比波长尺寸大的活塞的指向性指数,可以从式(10-31b)中得到一些方便的近似,并且对于线声源和圆形活塞声源,波束宽度可以近似为:

圆形活塞: $DI \approx 45dB - 20\log BW$

矩形活塞: $DI \approx 45dB - 10\log BW_1 - 10\log BW_2$

其中,BW_1 和 BW_2 是平行于矩形截面两侧平面的波束宽度,波束宽度的单位是度(注:这些和其他辐射相关的表达式在第 13.13 节中列出)。

刚性平面障板中环形活塞的声场是一个利用叠加法的很好的例子,如图 10.12 所示。

考虑半径为 a 的圆形活塞和半径为 $b(b<a)$ 的圆形活塞,两个活塞在同一平面上,并且圆心在同一点,由式(10-27)可以给出两个活塞的远场声压为:

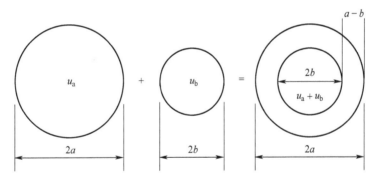

图 10-12 当两个同心圆形活塞的振速大小相等、方向相反($u_b = -u_a$)时,两个活塞边界条件的组合可以给出环形活塞的边界条件,环形活塞的声场是两个活塞声场的和

$$p(r,\theta) = j\rho ck \frac{e^{-jkr}}{r} \left[u_a a^2 \frac{J_1(ka\sin\theta)}{ka\sin\theta} + u_b b^2 \frac{J_1(kb\sin\theta)}{kb\sin\theta} \right] \quad (10\text{-}32\text{b})$$

式中,u_a 和 u_b 是两个活塞振速的振幅。如果振速分布 $u_b = -u_a$,圆形活塞声压场的叠加正是宽度为 $(a-b)$、振速为 u_a 的环形活塞的声场。当 $(a-b) \ll a$ 时,环形活塞变成细环,其远场指向性函数与 $J_0(ka\sin\theta)$ 成正比。通过使用 δ 函数的振速分布 $u(r_0) = u_0 a\delta(r_0 - a)$,细环的远场声压可以直接由式(10-25b)给出;或者在式(10-32b)中令 $a = b + \Delta$,并且 $\Delta \to 0$ 时,$u_a b\Delta$ 等于声源强度,因此远场声压为

$$p(r,\theta) = j\rho cku_0 2a\Delta J_0(ka\sin\theta) \frac{e^{-jkr}}{r} \quad (10\text{-}32\text{c})$$

虽然所有点的声压都是近场声压和远场声压的叠加,但是只有远场点的声压可以写成式(10-27)的形式。如使用式(10-32b)的其他情形,$u_a = u_b$,给出阶跃函数振速分布活塞的声场;然而,其他复杂轴对称振速分布的情形可以近似为几个同心活塞的组合。这种方法是早期 Massa 控制旁瓣专利[13]的基础。请注意,在这些情形下,由于活塞是同心的,所以叠加法是一种简单的形式;但是同一平面上非同心活塞声辐射问题的求解也可以采用叠加法。

尽管个别换能器通常有一些代表部分障板的周围结构,但是这些结构的尺寸比波长小,有时甚至不是刚性的,这使得无限大刚性障板情形的结论存在质疑(见第 9.7.5 节)。有限尺寸障板和非刚性障板的影响通常必须采用数值方法分析(见第 3.4 节和第 11.4 节)。对于内部较拥挤的基阵中的活塞式换能器,如果考虑换能器之间的相互作用,可以认为周围的换能器是刚性障板(见第 7 章)。第 8.6 节分析了刚性障板中离散和连续平面圆形基阵的远场声辐射问题。

10.2.3 球声源和柱声源

其他一些易于计算和非常有用的换能器的近似模型可以从波动方程的球面坐标系的解式(10-14)得到。沿 z 轴振动的刚性球形声源,振速在其整个表面 z 方向的分量是相同的,但是整个表面振速的法向分量随 $\cos\theta$ 变化。由于球体振动是关于 z 轴对称的,所以它所辐射的声场必须具有相同的对称性,而式(10-14)中指数 m 必须为零。因此辐射声场可以用勒让德多项式 $P_n(\cos\theta)$ 描述,并且由于 $P_1(\cos\theta) = \cos\theta$,所以它只是 θ 的函数,需要使声场满足表面法向振速的匹配条件。因此,刚性球体振动的辐射声压为:

$$p(r,\theta) = A_1 h_1^{(2)}(kr)\cos\theta \tag{10-33}$$

这种换能器声强波束图为 $\cos^2\theta$ 是其最重要的特征,因为它是第 6.5 节中描述的各种矢量传感器的基本的波束图,它也是任何具有刚性振荡运动的换能器或两个相似部分反相运动的换能器远场声压的一种近似。这种波束图被称为偶极子,因为它是在勒让德多项式中与指数 n 对应的多极辐射器中的第二种,并且,它也与单极子全向脉动球模式一致。两个距离比波长小的点声源以反相振动,即可构成偶极子。偶极子的波束图通常与其他模式的结合以实现定向发射或接收(见第 6.5.6 节)。类似的远场指向性模式可以通过使用圆柱形换能器的周向展开得到(见第 5.2.6 节)[14]。

Laird 和 Cohen[15]计算了无限长刚性圆柱的远场辐射声压。一个简单有用的例子是,轴向长度为 $2L$ 的环绕整个圆柱的均匀振动环的声辐射,其远场声压在球坐标系 (r,θ) 中可表示为:

$$p(r,\theta) = \frac{2\rho c u_0 L}{\pi} \frac{\text{sinc}(kL\cos\theta)}{\sin\theta H'_0(ka\sin\theta)} \frac{e^{-jkr}}{r} \tag{10-34}$$

第 11 章将更全面地讨论圆柱体部分的声辐射。

10.3 近场声辐射

10.3.1 圆形活塞轴上的声场

换能器附近的声场,即近场,比远场更复杂,因此更难计算,只有很少的情形下容易计算得到,并且以无限大刚性平面中圆形活塞轴向声场的形式表示。对于图 10-8 中活塞轴向点 z,由于 $r = 0$,式(10-25b)中的 R 是 $R^2 = z^2 + r_0^2$。因为在对活塞表面的积分过程中 z 是常数,$RdR = r_0 dr_0$,故式(10-25b)为:

$$p(0,z) = \frac{j\rho c k u_0}{2\pi} \int_0^{2\pi}\int_{R_1}^{R_2} e^{-jkR} dR d\phi_0, \quad (10\text{-}35)$$

式中，$R_1 = z; R_2 = (z^2 + a^2)^{1/2}$。对式(10-35)积分可得

$$p(0,z) = -\rho c u_0 [e^{-jk(z^2+a^2)^{1/2}} - e^{-jkz}]$$
$$= 2j\rho c u_0 \sin\left[\frac{k}{2}(\sqrt{z^2+a^2} - z)\right] e^{-j\frac{k}{2}(\sqrt{z^2+a^2}+z)} \quad (10\text{-}36a)$$

式(10-36a)表明，活塞中心表面的声压幅值是 $2\rho c u_0 \sin(ka/2)$，并且如果 ka 足够大，活塞轴向声压在 $2\rho c u_0$ 和零之间变化，如图 10-13 所示。

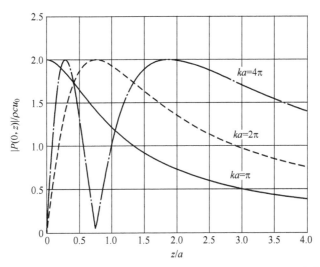

图 10-13 $ka = \pi$ 时圆形活塞轴向声压幅值；$ka = 2\pi$ 和 $ka = 4\pi$ 时，最大值只出现在表面

当活塞的直径等于 λ，$ka = \pi$ 时，声压唯一的最大值出现在表面中心。当 $ka < \pi$ 时，声压的最大值是在表面中心，但值小于 $2\rho c u_0$；当 $ka > \pi$ 时，声压的最大值在活塞轴上的一个或多个点。活塞轴向最远处声压的最大值出现在 $z = a^2/\lambda - \lambda/4$；在此之后，声压逐渐减小，并逐渐接近于远场声压 e^{jkz}/z。从近场到远场的过渡是渐近的，但这个例子表明，当 z 超过 a^2/λ，已经接近远场了。过渡距离 $2a^2/\lambda$ 被称为瑞利距离。在进行声学测量时，对远场开始位置的估计是很重要的，并且可以根据圆形活塞的情况估计远场的开始距离(见第 9 章)。

由于圆形活塞的高度对称性，活塞振动所激起的轴向声压变化是极端的；如此大的变化只发生在足够高频率下工作的活塞轴上。对于矩形活塞，活塞正前方区域内的声场更均匀，当活塞尺寸比波长大时，它与平面波有相似之处。尽管圆形活塞轴向上声压是从 0 到 $2\rho c u_0$ 变化的，但是对于平面波，声压的平均值近似为 $\rho c u_0$。

通过使用 δ 函数表示振速分布 $u(r_0) = u_0 a\delta(r_0 - a)$，由式(10-25a)可以直接给出细环轴向任意点的声压为

$$p(0,z) = j\rho c k u_0 a^2 \frac{e^{-jk(z^2+a^2)^{1/2}}}{(z^2+a^2)^{1/2}} \quad (10\text{-}36b)$$

所有来自细环声源的声压到达轴上任意点都是同相的；因此，同活塞声源一样，细环轴上压力幅值没有波动。活塞或细环轴上任意点声压的表达式为近场换能器测量外推到远场提供了理论基础(见第 9 章)。

10.3.2 近场对空化的影响

当声压幅值超过流体静压时，水中将发生空化。然后，在每个循环的负压部分，微小的气泡可能形成水中的颗粒杂质，作为空泡核。在其他均匀介质中，气泡会引起声音的散射和吸收。因此，高功率换能器和基阵附近的空化现象限制了辐射声功率的提高。Urick[16]讨论了空化的许多实际方面，本节将解释换能器近场声压的变化是如何影响空化的。

对于水面附近的平面波，当压力幅值超过一个大气压（约 10^5Pa）时，空化就开始产生，此时空化对应的声强为：

$$I_c = p^2/2\rho c = 1/3 \text{ W/cm}^2 \tag{10-37}$$

在水深为 h 英尺处空化极限会增加，这使得在 40°F 温度下的静水压增加了 $h/34$ 个大气压。如果水中几乎没有溶解的空气，或者其他作为空化核的杂质，空化极限也会增加。这时，可以认为水具有 T 个大气压的抗拉强度[16]。空化极限可能也会随着频率增加，但是 10kHz 以下，频率的影响很小。因为空化是从最大声压幅值开始的，因此降低空化极限的另一个因素是换能器附近声压的空间变化，如图 10-13 所示。故估算换能器的空化极限需要掌握换能器近场中声压幅值的空间变化。换能器的辐射功率可与近场的最大声压有关，所有这些影响产生的换能器表面空化强度极限可以表示为：

$$I_c = (\gamma/3)(1 + h/34 + T)^2 \text{ W/cm}^2 \tag{10-38}$$

式(10-38)中 γ 是无量纲近场空化参数[17]：

$$\gamma = (R_r/\rho cA)/(|p_m|/\rho cu_0)^2 \tag{10-39}$$

式中，R_r 为相对于振速 u_0 的辐射阻；A 为换能器的辐射面积；p_m 为振速 u_0 对应的近场最大声压幅值。注意，如果换能器可以辐射平面波，$R_r = \rho cA, p_m = \rho cu_0$，故 γ 是单位 1。对于脉动球体，表面声压均匀分布，γ 也是单位 1。然而，大多数换能器的近场声压中都包含部分反作用声压，这部分声压不向外辐射，对最大声压幅值没有影响，使得 γ 小于单位 1。

图 10-14 给出了平面刚性障板中圆形声源空化参数 γ 的数值结果[17]。

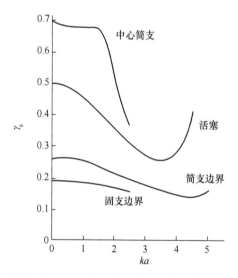

图 10-14 不同振速分布环形辐射体的空化参数。除活塞外均为具有不同边界条件的挠曲板[17]

图10-14比较了活塞和圆板以基本弯曲模态振动下,均匀振速分布时的空化参数和非均匀振速分布时的空化参数。简支边界和固支边界板的振速分布最不均匀,因为边缘处振速为零,因此这两种情形下空化参数最低。中心简支情形的空化参数最大,但只对于小的 ka。应该注意到的是,不管声源尺寸比波长小多少,圆形声源的声压分布都不是均匀的,这将通过圆形活塞声压在边界和中心的分布说明。

在圆形活塞中心建立极坐标系,边界上任意点可用 R 和 α 表示(如图10-15 所示),由式(10-25a)可以得到圆形活塞边缘的声场。

然后,微分面积为 $RdRd\alpha$,对 R 从 0 到 $2\cos\alpha$ 积分,对 α 从 0 到 $\pi/2$ 积分,可以覆盖活塞面积的一半。对 R 积分并乘以 2 之后,柱面坐标系 (r,z) 中边界声压为

$$p(a,0) = \frac{\rho c u_0}{\pi} \int_0^{\pi/2} (1 - e^{-2jka\cos\alpha}) d\alpha \tag{10-40}$$

该积分可以用零阶贝塞尔函数(J_0)和零阶 Struve(S_0)函数来表示,即

$$p(a,0) = \frac{1}{2}\rho c u_0 [1 - J_0(2ka) + jS_0(2ka)] \tag{10-41a}$$

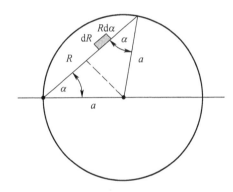

图10-15 用于计算圆形活塞边缘声压的坐标系:对 R 从 0 到 $2\cos\alpha$ 积分,对 α 从 0 到 $\pi/2$ 积分

对于甚低频,$ka \ll 1$,边缘声压可简化为

$$p_1(a) = j\rho c u_0 \frac{2ka}{\pi} \tag{10-41b}$$

而式(10-36a)给出的 $ka \ll 1$ 时活塞中心的声压为

$$p_1(0) = j\rho c u_0 ka \tag{10-41c}$$

式(10-41b)、式(10-41c)中的因子 j 表明边缘声压是与辐射质量有关的反射声压。对于 $ka \ll 1$ 的情形,辐射阻可以忽略。因此,ka 趋于零的情形,活塞中心的声压是边缘声压的 $\pi/2$ 倍。在式(10-39)中用 $p_1(0)$ 代替最大声压,$R_r/\rho cA = 1/2(ka)^2$(小 ka 的情形),这样可以得到空化因子为 1/2,如图 10-14 所示。

虽然这些空化因子的例子并不完全适用于任何实际的换能器,但它们对于估计实际情况下换能器的空化极限功率是有用的。

10.3.3 圆形声源的近场

从式(10-25a)中只能得到圆形活塞轴向和边缘近场的解析解。然而,通过该式的数值积分,可以得到近场中任意点的声压,而且在很久以前,Stenzel[18] 采用数值方法给出了几个特殊

例子的近场声压,这些结果仍然是有用的。Rschevkin[19]在其著作中,给出了不同 ka 情形下活塞表面和正前方的声压。

比较无限大刚性平面障板中圆形活塞的近场声压和两个密切相关情形中的另一个近场声压的例子。从圆形活塞近场声压的求解方法可以看出,该问题等价于无障板两边振动的相同活塞的近场声辐射问题。现在考虑同样的刚性薄活塞的振动,活塞两侧的振速反相(如图 10-16 所示)。

在这种情形下,由于活塞两侧的振动反相,活塞周围包括边缘的无限平面上的声压是零。由于没有无限大的刚性平面,因此无法通过式(10-25a)计算出该声场,但是 Silbiger 用扁球体坐标系解决了该问题[20]。$ka \ll 1$ 时,振动活塞中心的声压为

$$p_2(0) = j\rho c u_0 \frac{2ka}{\pi} \tag{10-41d}$$

而
$$p_2(a) = 0 \tag{10-41e}$$

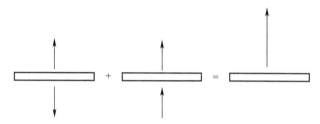

图 10-16 将同幅振动活塞的声场叠加到振动活塞的两侧,使活塞的声场在一侧

第三个例子是相同无障板活塞的单侧振动。这种情形的近场声压可以由前面两种情形叠加给出,但是叠加后一侧的表面振速为 $2u_0$,而另一侧的为零,如图 10-16 所示。因此,活塞一侧以幅值为 u_0 振动的声压场仅是叠加情形的一半。用式(10-41b)~式(10-41e)可以给出活塞边缘以及两边中心的声压为:

$$p_3(a) = j\rho c u_0 \frac{ka}{\pi}$$

$$p_3(0)_{\text{front}} = j\rho c u_0 [ka(\pi + 2)/2\pi]$$

$$p_3(0)_{\text{back}} = j\rho c u_0 [ka(\pi - 2)/2\pi]$$

对于无障板单侧振动活塞($ka \ll 1$),振动侧中心声压是边缘声压的($\pi/2 + 1$)倍,是背侧中心声压的 $(\pi + 2)/(\pi - 2)$ 倍。与有障板活塞振动声场比较发现,对于无障板的活塞,$ka \ll 1$ 表面的声压分布更不均匀。活塞表面的这些无功声压分布与辐射质量分布有关,其中一些近场的结果在第 9 章中作为评估发射换能器近场测量的近似依据。

10.4 辐射阻抗

辐射阻抗是换能器声场最重要的特性之一。它直接取决于近场声压,因为它是声压的平均值,或者当换能器表面振速分布不均匀时,它是压力和振速的乘积。辐射阻是一种测量给定振速的换能器功率的一种方法,同时也是决定换能器效率和有效带宽的关键指标。辐射抗也很重要,因为它影响换能器的谐振频率和带宽。本节将计算典型简单声源的辐射阻抗,并给出数值结果。

10.4.1 球形声源

式(1-4b)给出了固定振速分布换能器辐射阻抗的一般定义,即

$$Z_r = (1/u_0 u_0^*) \iint_S p(\vec{r}) u^*(\vec{r}) dS \tag{1-4b}$$

对于均匀振速分布 $u(\vec{r}) = u_0$ 的单极球体,辐射阻抗的定义可以简化为声压的表面积分,即

$$Z_{r0} = (1/u_0) \int_0^{2\pi} \int_0^{\pi} p(a, \theta, \phi) a^2 \sin\theta d\theta d\phi \tag{10-42}$$

其中,表面声压分布也是均匀的,由式(10-15b)可知

$$p(a) = \frac{j\rho c u_0 ka}{1 + jka} \tag{10-43}$$

因此,积分就是表面声压与球体面积的乘积,将其分离为辐射阻和辐射抗为:

$$Z_{r0} = R_{r0} + jX_{r0} = 4\pi a^2 \rho c \frac{(ka)^2 + jka}{1 + (ka)^2} \tag{10-44a}$$

式(10-44a)表明了辐射阻抗的几个一般特征,它们适用于任何具有主要单极特征的辐射体。在低频段,R_{r0} 与频率的平方或 $(ka)^2$ 成正比;而在高频段,R_{r0} 接近于面积的 ρc 倍,对于平面波就是其机械阻抗 $\rho c A$。在低频段,辐射抗 X_{r0} 与频率成正比,并且定义为 X_{r0}/ω 的辐射质量是恒定的,对于单极球体等于 $4\pi a^3 \rho$。低频辐射质量的值是球体附加的水的质量的 3 倍,或者等于球体周围一层厚为 $0.59a$ 的水的质量。在高频段,jX_{r0} 趋于 $-4\pi a\rho c^2/j\omega$,其作用相当于一个负刚度抗,这种负刚度可以用来抵消换能器的刚度[21]。图 10-17 给出了辐射阻和辐射抗与 ka 的关系。

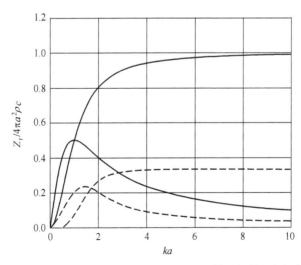

图 10-17 单极子(实线)和偶极子(虚线)球体的辐射阻与辐射抗

低频段单极子球体的辐射阻可以写成:

$$R_{r0} = \frac{\rho c k^2 A^2}{4\pi} \tag{10-44b}$$

式中,A 是振动表面的面积。该式对于计算任何形状的小的无障板单极子辐射体的声辐射阻

都是一种非常有用的近似。当指向性因数和衍射常数是单位1时,式(10-44b)给出了特殊情形下辐射阻、指向性因数和衍射常数之间的一般关系(见第6.6节)。

对于偶极子球体,如果法向振速不均匀,必须选择一个参考振速。因为 $u = u_0\cos\theta$,自然地将参考振速选为 u_0,那么由式(1-4b)给出参考振速 u_0 对应的辐射阻抗为

$$Z_{r1} = \frac{1}{u_0}\iint_S p(\vec{r})\cos\theta dS \qquad (10-45)$$

式中,p 是表面声压,在式(10-33)中令 $r = a$ 即可得到。这样方程(10-45)变为

$$Z_{r1} = \frac{1}{u_0}\int_0^{2\pi}\int_0^{\pi} A_1 h_1^{(2)}(ka)\cos^2\theta a^2\sin\theta d\theta d\phi \qquad (10-46)$$

式中,A_1 仍然是 ka 的函数,由式(10-33)和式(10-6)可以确定满足振速边界条件的 A_1。这样辐射阻抗为

$$Z_{r1} = R_{r1} + jX_{r1} = 4\pi a^2\rho c\frac{-jh_1^{(2)}(ka)}{h_0^{(2)}(ka) - 2h_2^{(2)}(ka)}$$

$$= \frac{4\pi a^2\rho c}{3}\left[\frac{(ka)^4 + j[2ka + (ka)^3]}{4 + (ka)^4}\right] \qquad (10-47)$$

式(10-47)中的最后一种形式比较方便,因为它只涉及 ka,它可以通过将球面汉开尔函数展开为三角函数和代数函数得到[22]。单极子和偶极子的辐射阻抗如图10-17所示。

采用相似的计算过程可以得到四极子球体的辐射阻抗,四极子球体的声压正比于 $P_2(\cos\theta) = (1/4)(3\cos2\theta + 1)$,文献[14]给出了四极子球体的辐射阻抗为:

$$Z_{r2} = \frac{4\pi a^2\rho c}{5}\frac{\{(ka)^6 + j[27ka + 6(ka)^3 + (ka)^5]\}}{[81 + 9(ka)^2 - 2(ka)^4 + (ka)^6]} \qquad (10-48)$$

单极子球体是一种极好的声辐射器,球体表面等分反相振动偶极子球体是一个较差的声辐射器,而四极子球体则更差。这是由低频和高频辐射阻的行为表现出来的:

对于 $ka \ll 1$:
$$R_{r0} \approx \rho cA(ka)^2$$
$$R_{r1} \approx \rho cA(ka)^4/12$$
$$R_{r2} \approx \rho cA(ka)^6/405$$

对于 $ka \gg 1$:
$$R_{r0} \approx \rho cA$$
$$R_{r1} \approx \rho cA/3$$
$$R_{r2} \approx \rho cA/5$$

这些案例也说明了式(10-18)中声源强度定义的一个问题。尽管偶极子和四极子球体(以及更高阶的多极子球体)确实辐射有用声功率(见第5.2.6节),但是该定义给出的声源强度为零。式(10-18)中使用的声源强度的定义仅适用于主要具有单极子特性的声源。声源强度的一个更一般的定义是基于辐射功率而不是表面法向振速。

10.4.2 平面上的圆形源

虽然对于平面上的圆形活塞,只有活塞轴和边缘的近场声压可以用解析法计算得到,但是可以计算出活塞表面的平均声压,也就是辐射阻抗。首先,对于式(10-25b)建立一个与图10-15相似的坐标系,但是这里的坐标原点是活塞边缘与中心之间的任一点 $r = r, z = 0$,如图10-18所示。

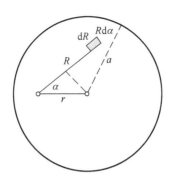

图 10-18 用于计算圆形活塞表面任意点声压的坐标系,对 R 从 0 到
$R_0 = r\cos\alpha + (a^2 - r^2\sin^2\alpha)^{1/2}$ 积分,对 α 从 0 到 2π 积分

然后,对 R 从 0 到 $R_0 = r\cos\alpha + (a^2 - r^2\sin^2\alpha)^{1/2}$ 积分,得到活塞表面点的声压为:

$$p(r,0) = \frac{\rho c u_0}{2\pi}\int_0^{2\pi}(1 - e^{-jkR_0})d\alpha \qquad (10\text{-}49)$$

对于均匀振速分布情形,将式(10-49)在活塞表面积分可以得到辐射阻抗为:

$$Z_r = (1/u_0)\iint_S p(r,0)dS = \frac{1}{u_0}\int_0^{2\pi}\int_0^a p(r,0)rdrd\phi \qquad (10\text{-}50)$$

由于 $p(r,0)$ 不是 ϕ 的函数,因此,关于 ϕ 的积分得到因子 2π,将其代入式(10-49)得

$$Z_r = \rho c\int_0^a\int_0^{2\pi}(1 - e^{-jkR_0})d\alpha rdr = \rho c\pi a^2 - \rho c\int_0^a\int_0^{2\pi}e^{-jkR_0}d\alpha rdr \qquad (10\text{-}51)$$

剩余的积分可以用一阶 Bessel 函数和一阶 Struve 函数来计算。注意,对于一阶 Struve 函数,S_1 是一种较好的近似[23]。因此,圆形活塞辐射阻抗可以表示为:

$$Z_r = R_r + jX_r = \rho c\pi a^2[1 - J_1(2ka)/ka + jS_1(2ka)/ka] \qquad (10\text{-}52)$$

在低频段,圆形活塞的辐射阻等于 $\rho c\pi a^2(ka)^2/2$;在高频段,辐射阻变为常数 $\rho c\pi a^2$。在低频段,辐射抗为 $\rho c\pi a^2(8ka/3\pi)$,对应的辐射质量为 $8a^3\rho/3$,或与活塞半径相同、厚度为 $8a/3\pi$ 的水的质量;在高频段,辐射抗变为零。辐射阻和辐射抗与 ka 的关系如图 10-19 所示,这些可能是估计换能器辐射阻抗最常用的曲线。

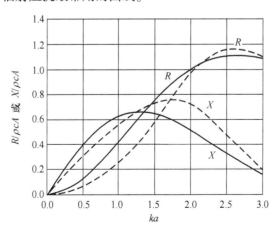

图 10-19 环形活塞的辐射阻抗:无限大障板(实线)和无障板(虚线),
后者来自 Nimura 和 Watanabe[24]

图 10-19 也包括了无障板活塞单侧振动的结果；这些曲线与 Nimura 和 Watanabe[24]调整后的曲线相似，可以减小误差。例如，有障板活塞的声辐射阻抗曲线可以由式(10-52)准确给出，而无障板活塞的声辐射阻抗曲线是通过活塞振动的扁球体坐标系展开，以及与有障板活塞结果的比较给出的[20,24]，具体可见第 10.3.3 节。文献[24]中的曲线是根据小 ka 情形下无障板阻抗是有障板阻抗的一半的事实调整过的。无障板活塞辐射阻抗曲线与安装在长管末端活塞的曲线非常相似[25]，Beranek 根据 Levine-Schwinger 理论给出了长管末端辐射平面波的辐射阻抗[26]。无障板情形通常能更好地估计单个换能器的辐射阻抗，但是在一个大的基阵中，周围换能器提供了一个显著的屏障效应。

文献[11,12]给出了非均匀振速分布圆形声源在刚性平面障板中的辐射阻抗，文献[27,28]给出了方形和矩形活塞的辐射阻抗。同时也得到了在长刚性圆柱上一致振动圆周带的辐射阻抗[29,30]。

很明显，前面所讨论的例子都不完全符合实际换能器的几何形状。事实上，一个最简单的符合许多换能器几何形状的有限长圆柱体，就不能用前面提出的方法来处理。尽管如此，这些解析方法所获得的结果是有价值的，因为它们提供了一般的物理理解和对换能器设计所必需参数的估计。幸运的是，第 3.4 节中介绍的换能器结构的有限元模型 FEM 或 FEA[31,32]，可以扩展到声学介质，并能够计算实际换能器的声辐射问题。一些换能器特定的有限元程序，如 Atila[33]通过计算换能器附近封闭表面上的声压和振速，然后使用亥姆霍兹积分方法（参见第 11 章）来计算远场压力和波束模式，从而避免了对大型流场的建模。这是将解析方法和 FEA 方法相结合以减少运行时间或增大可处理问题尺寸的一个可行的例子。在确定好所需最小流场后，可以将亥姆霍兹积分子程序添加到其他 FEA 程序中，第 3.4 节讨论了有限元法的基本原理及其在换能器和换能器声辐射问题中的应用，第 11.4 节将讨论其他数值方法。

10.5　偶极子耦合到寄生单极子

本节以一个典型的例子来结束这一章，该例子使用球面 Hankel 函数，求解一个小的偶极子换能器在一个小的无源单极辐射体的影响下的声辐射。这一分析也说明了在谐振器相对于介质的波长较小的情况下，如何得到一个简单的解。

换能器基阵可能包括无源组件来改善性能。换能器分析程序 TRN[34]允许在基阵中使用无源谐振或非谐振组件。这些组件可以改变换能器波束图和附近有源压电活塞式换能器的阻抗。无源组件被称为寄生元素[35,36]，它们探测有源组件产生的声场。本节将寄生单极子辐射体作为提高附近偶极子辐射体输出功率的方法，并建立偶极子发射换能器与无源单极子谐振器的声耦合方程。

在深水区，偶极子压电式弯张换能器可以获得低频谐振；然而，由于换能器以相反相位振动，前后的声辐射显著抵消，它们的输出功率受到影响。为提高其性能，可以在其附近布置一种寄生单极子谐振器，该谐振器不受非相位抵消的影响。由于水下无源声组件不包含任何应力敏感的压电元件，所以即使在很大的水压力作用下，它们也可以更容易地被设计成一个有效的单极子辐射体。该系统一个关键的概念是偶极子辐射体的特性，即偶极子辐射体提供了一个与单极子源强一样的近场，从而可以为寄生单极子提供一个强大的低频信号，可以作为一个更高效的单极子源向远场辐射声压。将一个小的振动球作为偶极源和一个小的脉动球作为寄生单极子谐振器，可以得到一个简单的近似球面 Hankel 函数模型。由于相对于水中的波长来说，这些结构尺寸很小,所以它们的细节结构和散射影响并不重要,这个模型可以用来代表其他小的偶极子换能器声源和被动寄生单极子谐振器。

考虑第 10.1 节中轴对称球面声波函数展开中的前两项,偶极子声压 $p_a(r,\theta) = c_1 h_1(kr)\cos(\theta)$,单极子声压 $p_b(r) = c_0 h_0(kr)$,其中,$h_n(kr)$ 是第 n 类球面 Hankel 函数,$k = \omega/c$ 是波数,$\omega = 2\pi f$ 是角频率,c 是介质中的声速,常数系数 c_0 和 c_1 可以从振速边界条件得到。那么,偶极子和单极子的自由声场分别为:

$$p_a(r,\theta) = -j\rho c u_a [h_1(kr)/h_1'(ka)]\cos\theta \tag{10-53}$$

和

$$p_b(r) = -j\rho c u_b [h_0(kr)/h_0'(kb)] \tag{10-54}$$

式中,上标"'"表示对参数的导数。如图 10-20 所示,偶极子和单极子的球体半径分别为 a 和 b,振速分别为 u_a 和 u_b,两个球体之间的距离为 d,场点到两个球体中心的距离为 r 和 r_0,它们之间的关系为 $r_0^2 = r^2 + d^2 - 2rd\cos\theta$,在角度 θ 处,产生了一个总声压 $p_t(r,\theta)$。

如果单极子和偶极子的振速、半径都相同,那么,$ka \ll$ "1"时,有 $h_0'(ka) = -h_1(ka) \approx -j/(ka)^2$,$h_1'(ka) \approx -2j/(ka)^3$ 和 $h_1(kr) = h_0(kr)(j + 1/kr)$,从而可以得到:

$$p_a(r,\theta) \approx p_b(r)(j + 1/kr)(ka/2)\cos(\theta) \tag{10-55}$$

从这个重要的方程可以看出,当距离大于波长,且 $kr \gg 1$ 时,偶极子的声压为 $p_a(r,\theta) \approx jp_b(r)(ka/2)\cos(\theta)$,减小为单极子声压的 $ka/2$ 倍,随着频率的降低以 6dB/倍频程降低。也就是说,$\theta = 0$,$p_a(r,0)/p_b(r) \approx jka/2$,随着频率的降低或波长的增大,偶极子源是一个逐渐变弱的辐射体。然而,在近场,距离比波长小,且 $kr \ll 1$,偶极子的声压为 $p_a(r,\theta) \approx p_b(r)(a/2r)\cos(\theta)$,它不随频率的降低而降低,并且是一个常数,是单极子的 $a/2r$ 倍。这种近场效应使偶极子能够显著激发寄生单极子在 $kr \gg 1$ 时能辐射出更大的功率。

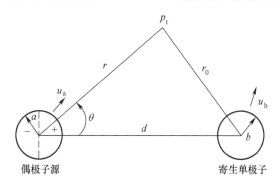

图 10-20 偶极子和单极子的球体半径为 a 和 b,振速为 u_a 和 u_b,
两球体中心的距离为 d,距离 r 和 r_0 到达在 θ 角一起形成总声压 $p_t(r,\theta)$

现在考虑图 10-20 中,b 和 u_b 并不一定等于 a 和 u_a 的情形。这里的寄生单极子的振速 u_b,需要用偶极子源振速 u_a 来确定,可以从寄生单极子的阻抗 $Z = F/u_b$ 得到,其中 F 是作用在半径为 b 的寄生单极子上的力,$F = \int p_a(r,\theta)\mathrm{d}A$,$\mathrm{d}A$ 是球体的面积元,$A = 4\pi b^2$。该力是由振速 u_a 的偶极子源产生的,如果介质中单极子球体的尺寸比声波波长 $\lambda = 2\pi/k$ 小,$F \approx p_a(d,0)A$,且球的散射很小,可以忽略。在这些条件下,$u_b = p_a(d,0)A/Z$,令式(10-53)中 $\theta = 0$,有

$$u_b = -u_a j[\rho c A/Z][h_1(kd)/h_1'(ka)] \tag{10-56}$$

将式(10-56)代入式(10-54),并且定义总声压 $p_t(r,\theta) = p_a(r,\theta) + p_b(r)$,从而有

$$p_t/p_a(r,0) = \cos\theta - [j\rho cA/Z][h_1(kd)/h_0'(kb)][h_0(kr_0)/h_1(kr)] \quad (10-57)$$

如果考虑低频率和小尺寸,有 $kb \ll 1$ 和 $kd \ll 1$,并且也希望辐射系统是在远场中,$kr \gg 1$ 和 $r_0 \approx r$,使用这些条件和近似,可以得到简单的关系为:

$$p_t/p_a(r,0) = \cos\theta + (\rho cA/Z)(b/d)^2 \quad (10-58)$$

式(10-57)和式(10-58)表示来自偶极子声源和寄生单极子声源在偶极子声源最大极限条件 $\theta = 0°$,$p_a(r,0)$ 时的总声压。第一项是偶极子声源的贡献,显示与 θ 角的关系,而第二项是由寄生单极子声源引起的,并且与阻抗 Z 和面积 $A = 4\pi b^2$ 有关。在式(10-57)和式(10-58)中 $\theta = 90°$(偶极子为零),这就成了寄生单极子声源独自辐射的声压;另外,如果距离 d 或寄生单极子声源阻抗 Z 非常大,那么式(10-58)就是偶极子独自辐射的声压。式(10-58)表明,低的寄生阻抗 Z 可以增加寄生单极子源的贡献,克服偶极子输出功率低,并能对偶极子角响应、对单极子无指向性响应进行修正。

式(10-58)是在条件 $ka \ll 1$,$kb \ll 1$ 和 $kd \ll 1$,以及 $kr \gg 1$ 下得到的远场总声压。也就是说,与波长相比,单极子和偶极子辐射器的尺寸被认为是小的,而两中心的距离 d,等于或大于 $a+b$,也被认为与波长相比很小。虽然元件尺寸可能会有限制,但它是水下低频发射换能器的常见条件。

一种小的寄生单极子低频集总参数阻抗 Z 可以近似写成:

$$Z = R + j\omega M + 1/j\omega C \quad (10-59)$$

式中,质量 $M = M_m + M_r$,M_m 是机械质量,M_r 是辐射质量;C 是电容;电阻 $R = R_m + R_r$,其中,R_m 是机械阻力损失,R_r 是辐射电阻,机声效率是 $\eta = R_r/R$。当单极子的尺寸比类似弹簧阻尼结构中声波波长的 1/4 还小时,电容 C 的值很容易计算出来。在其他情形下,可以通过计算势能得到电容的有效值。同时,在低频段,$kb \ll 1$,球形寄生单极子的等效面积 $A = 4\pi b^2$,辐射阻 $R_r = \rho cA(kb)^3$,辐射质量 $M_r = 4\pi b^3 \rho$(见第 13.13 节)。谐振发生在 $\omega_0 = (MC)^{-1/2}$,总机械品质因数 $Q_0 = \omega_0 M/R_0 = 1/\omega_0 R_0 C$,其中,$R_0$ 是谐振时的阻力。因此,式(10-59)中关于质量 M、电容 C 的项可以用更一般的项 Q_0、ω_0、η 描述,从而阻抗可以写成

$$Z = R[1 + j(\omega/\omega_0 - \omega_0/\omega)Q_0 R_0/R] \quad (10-60)$$

式中,总电阻 $R = R_r/\eta$;下标"0"意味着谐振时的值。

将式(10-60)代入式(10-58)可以得到更普遍的总辐射声压为

$$p_t/p_a(r,0) = \cos(\theta) + \eta/(k_0 d)^2 (\omega/\omega_0)^2 [1 + j(\omega/\omega_0 - \omega_0/\omega)Q_0(\eta/\eta_0)(\omega_0/\omega)^2]$$
$$(10-61)$$

从式(10-61)可以看出,理想寄生单极子谐振时具有高的效率 η_0 和一个较小的 $k_0 d$ 值,并且在换能器的期望工作频带内也有较高的效率 η_0。谐振时,式(10-61)为

$$p_t/p_a(r,0) = \cos(\theta) + \eta_0/(k_0 d)^2 \quad (10-62)$$

式(10-61)中使用的 Q_0、ω_0、η_0 和 $k_0 d$ 的值由寄生单极子的具体设计决定。图 10-21 给出了式(10-61)的计算结果,绘制了 $\eta = \eta_0$ 时,三种情形下 $20\log(p_t/p_a)$ 与 $\omega/\omega_0 = f/f_0$ 的关系,从图中可以看出,寄生单极子和偶极子声压的总和从 $\cos(0) = 1$ 开始普遍超过了偶极子的声压。最低水平是在最大距离 $k_0 d = 0.2$ 处寄生单极子图 10-21(a)的情形,最低 $Q_0 = 2.5$,效率 $\eta_0 = 10\%$。最好的结果是图 10-21(c)的情形,$k_0 d = 0.1$,$Q_0 = 10$,$\eta_0 = 50\%$。也就是说,两球心的距离越近,Q_0 和效率 η_0 均越高。图 10-22 给出了图 10-21 中(b)情形 $f/f_0 = 0.5$、1.0 和 2.0 时的波束

图。Butler 等[36]设计了几种寄生单极子,结果表明,在寄生谐振频率附近,偶极-寄生单极子对远场辐射声压无指向性。

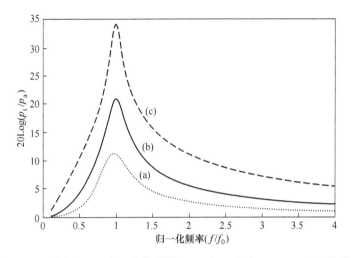

图 10-21　轴向($\theta = 0$)归一化总声压 $20\log(p_r/p_a)$ 与 $\omega/\omega_0 = f/f_0$ 的关系
(a)(点划线)$k_0 d = 0.2, Q_0 = 2.5, \eta_0 = 10\%$;(b)(实线)$k_0 d = 0.1, Q_0 = 5, \eta_0 = 50\%$;
(c)(虚线)$k_0 d = 0.1, Q_0 = 10, \eta_0 = 50\%$。

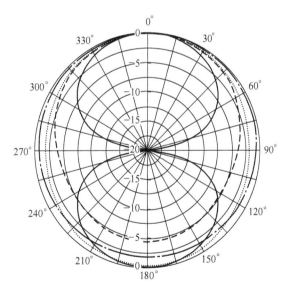

图 10-22　图 10-21 中(b)情形 $f/f_0 = 0.5$(点划线)、1.0(点虚线)和 2.0(虚线)时归一化的波束图,与无寄生单极子(实线)波束图的比较,θ 是按图 10-20 的对称轴测量的

10.6　小　　结

本章从矩形、圆柱和球坐标系中的亥姆霍兹微分方程出发,给出了换能器声辐射的基本原理,并且得到了均匀振动球中最简单的声辐射问题的解。

研究了线声源、平面声源声辐射问题的求解方法,并对重要的特性进行了广泛分析。研究表明,$D > \lambda$ 时,直径为 D 的圆形活塞的 -3dB 波束宽度为 BW $\approx 58\lambda/D$,DI ≈ 45dB $- 20\log$BW。同时,研究了圆形活塞边缘和两侧中心声压引起的近场空化,球体以单极子、偶极子、四极子模式振动的声辐射阻抗,均匀振速分布活塞的辐射阻抗,以及小声源或换能器组成的线列阵的指向性指数。

最后,采用球面 Hankel 函数给出了偶极子换能器与寄生单极子之间声耦合问题的解。结果表明,一种谐振单极子寄生组件,可以改善偶极子辐射体的低频响应,并且产生无指向性的波束图,这不同于偶极子的波束图,这是互辐射耦合的结果。

参考文献

1. L. F. Kinsler, A. R. Frey, A. B. Coppens, J. V. Sanders, Fundamentals of Acoustics, 4th edn. (Wiley, New York, 2000)
2. A. D. Pierce, Acoustics- An Introduction to Its Physical Principles and Applications (McGraw-Hill Book, New York, 1981)
3. D. T. Blackstock, Fundamentals of Physical Acoustics (Wiley, New York, 2000)
4. E. Skudrzyk, The foundations of Acoustics (Springer, New York, 1971)
5. L. L. Beranek, T. J. Mellow, Acoustics: Sound Fields and Transducers (Academic, Oxford, 2012)
6. R. S. Burington, Handbook of Mathematical Tables and Formulas (Handbook Publishers, Sandusky, 1940), p. 88
7. J. W. Horton, Fundamentals of Sonar, 2nd edn. (U. S. Naval Institute, Annapolis, 1959)
8. W. S. Burdic, Underwater Acoustic Systems Analysis, 2nd edn. (Prentice Hall, Englewood Cliffs, 1991)
9. J. W. S. Rayleigh, The Theory of Sound, vol. II (Dover Publications, New York, 1945)
10. P. M. Morse, H. Feshbach, Methods of Theoretical Physics; Part II (McGraw-Hill, New York, 1953), pp. 1322-1323
11. D. T. Porter, Self and mutual radiation impedance and beam patterns for flexural disks in a rigid plane. J. Acoust. Soc. Am. 36, 1154-1161 (1964)
12. V. Mangulis, Acoustic radiation from a wobbling piston. J. Acoust. Soc. Am. 40, 349-353 (1966)
13. F. Massa, Vibrational energy transmitter or receiver, Patent 2,427,062, 9 Sept 1947
14. J. L. Butler, A. L. Butler, J. A. Rice, A tri-modal directional transducer. J. Acoust. Soc. Am. 115, 658-667 (2004)
15. D. T. Laird, H. Cohen, Directionality patterns for acoustic radiation from a source on a rigid cylinder. J. Acoust. Soc. Am. 24, 46-49 (1952)
16. R. J. Urick, Principles of Underwater Sound, 3rd edn. (Peninsula, Los Altos Hills, 1983)
17. C. H. Sherman, Effect of the near field on the cavitation limit of transducers. J. Acoust. Soc. Am. 35, 1409-1412 (1963)
18. H. Stenzel, Leitfaden zur Berechnung von Schallvorgangen (Springer, Berlin, 1939)
19. S. N. Rschevkin, A Course of Lectures on the Theory of Sound (Pergamon, Oxford, 1963)
20. A. Silbiger, Radiation from circular pistons of elliptical profile. J. Acoust. Soc. Am. 33, 1515-1522 (1961)
21. J. E. Barger, Underwater acoustic projector, U. S. Patent 5,673,236, 30 Sept 1997
22. P. M. Morse, K. U. Ingard, Theoretical Acoustics (McGraw-Hill Book, New York, 1968), pp. 336-337
23. R. M. Aarts, A. J. E. M. Janssen, Approximation of the Struve function H1 occurring in impedance calculations. J. Acoust. Soc. Am. 113, 2635-2637 (2003)

24. T. Nimura, Y. Watanabe, Vibrating circular disk with a finite baffle board. J. IEEE Japan. 68, 263 (1948) (in Japanese). Results available in Ultrasonic Transducers, Ed. by Y. Kikuchi, Corona Pub. Co., Tokyo, 1969, p. 348
25. L. L. Beranek, Acoustics (McGraw-Hill Book Company, New York, 1954)
26. H. Levine, J. Schwinger, On the radiation of sound from an unflanged circular pipe. Phys. Rev. 73, 383–406 (1948)
27. E. M. Arase, Mutual radiation impedance of square and rectangular pistons in a rigid infinite baffle. J. Acoust. Soc. Am. 36, 1521–1525 (1964)
28. J. L. Butler, Self and Mutual Impedance for a Square Piston in a Rigid Baffle, Image Acoustics Report, Contract N66604-92-M-BW19, 20 Mar 1992
29. J. L. Butler, A. L. Butler, A Fourier series solution for the radiation impedance of a finite cylinder. J. Acoust. Soc. Am. 104, 2773–2778 (1998)
30. D. H. Robey, On the radiation impedance of an array of finite cylinders. J. Acoust. Soc. Am. 27, 706–710 (1955)
31. ANSYS, Inc., Canonsburg, PA
32. COMSOL, Burlington, MA
33. ATILA, MMech, State College, PA
34. TRN, Transducer Design and Array Analysis Program, NUWC, Newport, RI. Developed by M. Simon and K. Farnham with array analysis module based on the program ARRAY, by J. L. Butler, Image Acoustics, Inc., Cohasset, MA
35. K. F. Lee, Principles of Antenna Theory (Wiley, New York, 1984). Ch. 8
36. J. L. Butler, A. L. Butler, V. Curtis, Dipole transducer enhancement from a passive resonator. J. Acoust. Soc. Am. 135, 2472–2477 (2014)

第11章

声辐射数学模型

本章将通过解析法计算声学参量,如互辐射阻抗,来扩展第10章的分析结果。在快速计算机出现以前,解析方法推导的一些结果是缓慢收敛的无穷级数或需要进行数值积分的形式,这时解析法的意义有限。现在借助于快速计算机,这些级数和积分可以很容易地求出。在某些情形下,与严格的数值方法相比,解析法可以给出更深刻的物理解释,有时也可以将计算公式化简为更便于求解的形式。本章将由解析法给出几个常用案例的结果,并对其进行数值计算。然而,即使最先进的解析方法也无法处理实际换能器及其基阵所呈现出的结构,在这种情形下,采用有限元法进行求解是必要的。

从1960年左右开始,快速计算得到了迅速发展,计算声场的新的数值方法也开始发展起来,现在已经发展到称为边界元方法(BEM)的大领域。这些数值方法与结构有限元分析法相结合,已经发展到可以求解包括换能器及其基阵细节部分的声振耦合系统的动力学与声学响应,第7.6节给出了水中16个换能器基阵的计算结果。这一章将包括一些数值方法的简要说明。此外,还有一些关于声辐射参量计算[1-6]、BEM[7,8]的书籍可以参考,关于换能器及其基阵的文献,其中包括亥姆霍兹积分方法、变分方法和双渐近逼近[9]也可辅助对声辐射数学模型的理解。

11.1 互辐射阻抗

11.1.1 球面上活塞式换能器

现在我们将用式(10-14)中的通用球面坐标解来求解更复杂的问题,如刚性球面上活塞的声辐射问题。这是分析球阵的第一步,例如在声纳中经常使用的换能器(见图1-11)。第二步,为了分析第7章中的球阵,需要确定同一球面上两个活塞之间的互辐射阻抗。这里将采用图11-1所示的球坐标系(r,θ,ϕ),将式(10-14)对所有的整数m和n进行求和,可以获得辐射声压的一般表达式:

$$p(r,\theta,\phi)e^{j\omega t} = \sum_{n=0}^{\infty}\sum_{m=-n}^{n} A_{mn} P_n^m(\cos\theta) e^{jm\phi} h_n^{(2)}(kr) e^{j\omega t} \quad (11-1)$$

该表达式适用于球面上任何法向振速分布情形,只需要通过振速边界条件确定系数A_{mn}即可。分析球面上单个圆形活塞的辐射问题时,可以在球坐标系中令$\theta=0$的方向通过活塞的中心,具体如图11-1所示。刚性球体表面的法向振速可以写成:

$$u(\theta)\mathrm{e}^{\mathrm{j}\omega t} = \begin{cases} u_0 \mathrm{e}^{\mathrm{j}\omega t}, & 0 < \theta < \theta_{0i} \\ 0, & \text{其他角度} \end{cases} \tag{11-2}$$

式中，u_0 是活塞法向振速的振幅；θ_{0i} 是活塞的角半径。请注意，式(11-2)描述的是带曲面的径向脉动活塞，而不是大多数换能器的平面形式。由于含有平面的球体不符合任何坐标系的恒定坐标面，为了简化分析，这里采用一种几何近似形式。与球体相比，当活塞尺寸很小时，比如相对于球体半径 $ka(1-\cos\theta_{0i}) \ll 1$，这是一种声学计算的有效近似。

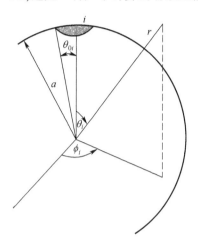

图 11-1　球面上圆形活塞的球坐标系

边界条件要求球体表面 $r=a$ 上的任何一点，球体表面附近水的法向振速等于球体表面的法向振速 $u(\theta)$。由于式(11-2)中的振速分布与 ϕ 无关，所以辐射的声场也与 ϕ 无关，在式(11-1)中只需 $m=0$。这样忽略时间项 $\mathrm{e}^{\mathrm{j}\omega t}$ 之后，辐射声压的表达式为：

$$p(r,\theta) = \sum_{n=0}^{\infty} A_n P_n(\cos\theta) h_n^{(2)}(kr) \tag{11-3a}$$

和

$$u(\theta) = -\frac{1}{\mathrm{j}\omega\rho}\frac{\partial p}{\partial r}\bigg|_{r=a} = -\frac{k}{\mathrm{j}\omega\rho}\sum_{n=0}^{\infty} A_n P_n(\cos\theta) h_n'(ka) \tag{11-3b}$$

式中，$h_n'(ka) = \partial h_n^{(2)}(x)/\partial x|_{x=ka}$。根据勒让德多项式的正交性[4]，可以式(11-3b)中确定出系数 A_n 为

$$A_n = \frac{\rho c u_0}{2\mathrm{j}h_n'(ka)}[P_{n-1}(\cos\theta_{0i}) - P_{n+1}(\cos\theta_{0i})] \tag{11-4}$$

将式(11-4)代入式(11-3a)可以得到球体外部任意点的声压为：

$$p(r,\theta) = \frac{\rho c u_0}{2\mathrm{j}}\sum_{n=0}^{\infty}\left[\frac{P_{n-1}(\cos\theta_{0i}) - P_{n+1}(\cos\theta_{0i})}{h_n'(ka)}\right]P_n(\cos\theta) h_n^{(2)}(kr) \tag{11-5}$$

当 θ_{0i} 很大时，该模型不再是球体上平面活塞的很好近似；相反，它代表的是一个具有径向脉动的球体。当 $\theta_{0i} = \pi$，也即整个球体以均匀的法向振速振动时，这些结果简化成了脉动球体的辐射声场，根据第 10 章的结果，除了 $A_0 = \rho c u_0/\mathrm{j}h_0'(ka)$，其他系数均为零。当 $\theta_{0i} = \pi/2$，即球体的一半脉动、另一半静止时，可以作为固定框架中换能器的模型。当 ka 不大于 2 或 3 时，只需要几个级数就可以得到一个有用的近似。

从式(11-5)可以得到远场辐射声压和辐射阻抗这两类实用信息。远场情形下，$kr \gg 1$ 时，球形 Hankel 函数成为 $(j^{n+1}/kr)e^{-jkr}$，式(11-5)可表示为：

$$p(r,\theta) = \frac{\rho c u_0}{2kr} e^{-jkr} \sum_{n=0}^{\infty} \left[j^n \frac{P_{n-1}(\cos\theta_{0i}) - P_{n+1}(\cos\theta_{0i})}{h'_n(ka)} \right] P_n(\cos\theta) \quad (11-6)$$

虽然这个结果给出了一般的远场指向性，但远场指向性只能通过数值计算得到。以一个大型球阵为例，每个换能器与球阵相比都很小，ka 的值通常是 20~30，需要一个大的求和项数(一般要等于或大于 ka 的值)才能得到一个较好的近似。当 ka 非常大时，可以采用渐近法来近似求解无穷级数[5]。例如，Watson 转换可以将该级数转换为一个小级数条件下收敛的残差级数[10]。

对于第 7 章讨论的换能器基阵性能的完整分析，必须计算出在基阵中所有换能器对之间的互辐射阻抗。对于球阵，可以考虑将另一个圆形活塞放在如图 11-2 所示的同一球面上的指定位置 α_{ij} 和 β_{ij} 处。

式(7-17)定义了活塞式换能器之间的互辐射阻抗，即第 i 个活塞对第 j 个活塞的声压力与第 i 个活塞的振速振幅之比，在这里可以写为：

$$Z_{ij} = \frac{1}{u_i} \int_0^{2\pi} \int_0^{\theta_{0i}} p_i(a,\theta_i) a^2 \sin\theta_j d\theta_j d\phi_j \quad (11-7)$$

式中，θ_{0j} 是第 j 个活塞的角半径。尽管在大多数基阵中，所有换能器都有相同的尺寸，为了给出一般的计算公式，这里将计算不同大小活塞之间的互辐射阻抗。积分 Z_{ij} 涉及两个不同的球坐标系，第一个用来表示式(11-5)中的 p_i；另一个是旋转坐标系，它的极轴穿过第 j 个活塞的中心。由于是关于第 j 个活塞表面的积分，积分变量与第 j 个坐标系相关，因此，$p_i(a,\theta_i)$ 必须转换为 θ_j 和 ϕ_j 的函数才便于计算积分。

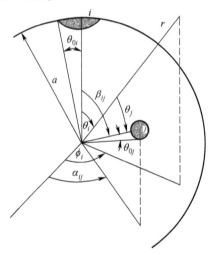

图 11-2 球面上两个圆形活塞的球坐标系[11]

两个坐标系中角之间的关系为

$$\cos\theta_i = \cos\theta_j \cos\beta_{ij} + \sin\theta_j \cos(\phi_j - \alpha_{ij}) \quad (11-8)$$

根据球面调和加法定理[3]可以得到所需的变换为

$$P_n(\cos\theta_i) = P_n(\cos\theta_j) P_n(\cos\beta_{ij}) + 2 \sum_{m=1}^{n} \frac{(n-m)!}{(n+m)!} P_n^m(\cos\theta_j) P_n^m(\cos\beta_{ij}) \cos m(\phi_j - \alpha_{ij})$$

$$(11-9)$$

这里请注意,式(11-8)是式(11-9)在 $n=1$ 时的特例。由式(11-9)、式(11-5)和式(11-7),可以得到刚性球面上,两个角度为 β_{ij} 的大小不同的圆形活塞之间的互辐射阻抗为:

$$Z_{ij} = \rho c \pi a^2 \sum_{n=0}^{\infty} \frac{1}{2n+1} [P_{n-1}(\cos\theta_{0i}) - P_{n+1}(\cos\theta_{0i})]$$
$$\times [P_{n-1}(\cos\theta_{0j}) - P_{n+1}(\cos\theta_{0j})] \frac{h_n^{(2)}(ka)}{jh'_n(ka)} P_n(\cos\beta_{ij}) \quad (11-10)$$

在式(11-10)中令 $\beta_{ij}=0, \theta_{0j}=\theta_{0i}$,就可得到刚性球面上圆形活塞的自辐射阻抗为:

$$Z_{ii} = \rho c \pi a^2 \sum_{n=0}^{\infty} \frac{1}{2n+1} [P_{n-1}\cos\theta_{0i} - P_{n+1}\cos\theta_{0i}]^2 \frac{h_n^{(2)}(ka)}{jh'_n(ka)} \quad (11-11)$$

自辐射阻抗也可以通过活塞表面积分式(11-5)直接得到。根据式(11-10)可以计算互辐射阻抗值[11],与图7-15中的平面和圆柱体情况进行比较发现,对于小的分离角 β_{ij} ,大障板上小活塞的互辐射阻抗基本上与障板的形状无关。虽然图1-11中球阵的换能器是矩形的,但使用相同面积的圆形代替矩形,可以用式(11-10)和式(11-11)计算的辐射阻抗作为近似。已经得到了球面上矩形活塞的辐射阻抗的解析表达式,但数值结果还未给出[11]。

由于声学问题中涉及的特殊函数相似,直角坐标系、柱坐标系和球坐标系是声学问题中最常用的坐标系,但是通过分离变量法,其他8个坐标系也可以用来求解波动方程[3]。利用其中的一些方法获得了部分有用结果,如 Silbiger[12]、Nimura 和 Watanabe[13]用扁圆球体坐标系计算了刚体振动的无障圆盘的辐射声场和辐射阻抗。由于扁球体常数坐标表面的极限形式是一个无穷小的圆盘,所以这是一个可解的分离变量问题。这种情形具有特殊的意义,因为它可以与无限刚性平面内圆形活塞的情况相结合,从而获得第10.3.3节中圆盘的单侧振动。Boisvert 和 Van Buren[14,15]利用长椭球体坐标系计算了长椭球体上矩形活塞的声场和辐射阻抗。与其他任何坐标系相比,长椭球体模型与各种水下航行体的形状有着更密切的关系。McLachlan 讨论了椭圆柱面坐标系和 Mathieu 函数在声辐射问题中的应用[16],Boisvert 和 Van Buren 计算了无限椭圆柱面上矩形活塞的辐射阻抗[17]。

虽然在环坐标系中,亥姆霍兹微分方程不能通过变量分离法求解,但 Weston 为该坐标系提出了一种类似的求解方法[18-20]。它应用于计算自由浸水环形换能器的声场,得到了适用于短、薄壁环的环形模型,用于计算远场指向性模式,并与实测模式进行了比较[21]。

11.1.2 圆柱上活塞式换能器

在球坐标系中,恒定坐标面 $r=a$ 是一个有限的恒定坐标表面,因此球坐标系特别适合描述实际问题。球坐标系的有用部分也取决于它的有限恒定坐标表面,尤其是在极限情形下,比如扁球系统中的薄圆盘,椭球系统中的有限长细线。在直角坐标系中,恒定坐标面是无限平面,在圆柱坐标系中,常数 z 曲面是无限平面,而常数 r 曲面是无限长圆柱面。这些无限表面上实际问题的边界条件通常不是周期性的,需要采用积分变换求解亥姆霍兹方程。在本节中,我们将通过傅里叶变换来计算刚性圆柱上的活塞式换能器的自辐射阻抗和互辐射阻抗。

假定活塞式换能器是半径为 a 的无限长圆柱面上的小的矩形部分,如图11-3所示(也见图1-10)。

同球面上的活塞,如果与圆柱半径相比活塞尺寸足够小,为了便于声学分析可以认为这些活塞的外形是平面的。如果活塞位于一个中心在 $r=a$、$\phi=0$、$z=0$ 的圆柱坐标系表面上,以

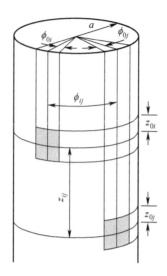

图 11-3　圆柱上的两个矩形活塞的坐标[22]

$u_0 \mathrm{e}^{\mathrm{j}\omega t}$ 的振速振动，圆柱体表面振速的幅度分布为

$$u(\phi,z) = \begin{cases} u_0 & \text{当} -\phi_0 < \phi < \phi_0 \text{ 且 } -z_0 < z < z_0 \\ 0 & \text{其他} \end{cases} \quad (11\text{-}12)$$

由于振速分布不是变量 z 的周期函数，并且 z 的取值范围为 $-\infty$ 到 $+\infty$，因此，可以采用傅里叶变换（第 13.11 节）进行求解。声压 $p(r,\phi,z)$ 的傅里叶变换可以被定义为：

$$\overline{p}(r,\phi,\alpha) = \frac{1}{2\pi}\int_{-\infty}^{\infty} p(r,\phi,z) \mathrm{e}^{-\mathrm{j}\alpha z}\mathrm{d}z \quad (11\text{-}13\mathrm{a})$$

其逆变换为

$$p(r,\phi,z) = \int_{-\infty}^{\infty} \overline{p}(r,\phi,\alpha) \mathrm{e}^{\mathrm{j}\alpha z}\mathrm{d}\alpha \quad (11\text{-}13\mathrm{b})$$

我们以方程（10-4）给出的柱坐标系中亥姆霍兹微分方程开始求解，并将其重写为：

$$\frac{1}{r}\frac{\partial}{\partial r}\left(r\frac{\partial p}{\partial r}\right) + \frac{1}{r^2}\frac{\partial^2 p}{\partial \phi^2} + \frac{\partial^2 p}{\partial z^2} + k^2 p = 0 \quad (11\text{-}14\mathrm{a})$$

该式两端同乘以 $\mathrm{e}^{-\mathrm{j}\alpha z}/2\pi$，并对 z 从 $-\infty$ 到 $+\infty$ 积分，对涉及 $\partial^2 p/\partial z^2$ 的项进行分步积分，假定在无穷远处 p 和 $\partial p/\partial z$ 等于零，可以得到亥姆霍兹方程的傅里叶变换方程为：

$$\frac{1}{r}\frac{\partial}{\partial r}\left(r\frac{\partial \overline{p}}{\partial r}\right) + \frac{1}{r^2}\frac{\partial^2 \overline{p}}{\partial \phi^2} + (k^2 - \alpha^2)\overline{p} = 0 \quad (11\text{-}14\mathrm{b})$$

显然该式中变量 z 已被消除。由于式（11-12）中的振速分布是变量 ϕ 的周期性函数，所以可以扩展成傅里叶级数形式，边界条件上的法向振速可以写为

$$u(\phi,z) = -\frac{1}{\mathrm{j}\omega\rho}\frac{\partial p}{\partial r}\bigg|_{r=a} = u_0\sum_{m=0}^{\infty}\frac{\varepsilon_m \sin m\phi_0}{m\pi}\cos m\phi, \quad |z| \leq z_0 \quad (11\text{-}15)$$

当 $|z| > z_0$ 时，$u(\phi,z) = 0$。其中，$\varepsilon_0 = 1$，$m > 0$ 时，$\varepsilon_m = 2$；$2a\phi_0$ 和 $2z_0$ 是图 11-3 所示活塞的尺寸。注意到式（11-15）是 z 的一个偶函数，对其进行傅里叶变换可以得到 $\overline{p}$ 必须满足的边界条件为：

$$\overline{u}(\phi,\alpha) = \frac{1}{j\omega\rho}\frac{\partial \overline{p}}{\partial r}\bigg|_{r=a} = \frac{\sin\alpha z_0}{\alpha\pi}u_0\sum_{m=0}^{\infty}\frac{\varepsilon_m\sin m\phi_0}{m\pi}\cos m\phi \qquad (11-16)$$

根据式(10-13)可以得到方程(11-14b)需要满足的辐射条件为

$$\overline{p}(r,\phi,\alpha) = \sum_{m=0}^{\infty}A_m(\alpha)\cos m\phi H_m^{(2)}(\beta r) \qquad (11-17)$$

式中，$\beta = (k^2 - \alpha^2)^{1/2}$，系数 $A_m(\alpha)$ 是将式(11-17)代入边界条件式(11-16)确定的，具体表达式为

$$A_m(\alpha) = \frac{2\varepsilon_m j\omega\rho u_0 \sin\alpha z_0 \sin m\phi_0}{m\pi^2\alpha\beta[H_{m-1}^{(2)}(\beta a) - H_{m+1}^{(2)}(\beta a)]}$$

将系数 $A_m(\alpha)$ 的表达式代入式(11-17)，并求其反变换可以得到圆柱外任意点的辐射声压为：

$$p(r,\phi,z) = \int_{-\infty}^{\infty}\sum_{m=0}^{\infty}A_m(\alpha)\cos m\phi H_m^{(2)}(\beta r)e^{j\alpha z}d\alpha \qquad (11-18)$$

Laird 和 Cohen 首先采用式(11-18)的形式计算了无限长刚性圆柱上矩形活塞辐射器的远场指向性[23]（见第10.2.3节）。

通过计算第 i 个活塞引起的声压在第 j 个活塞表面的积分，可以计算出互辐射阻抗为：

$$Z_{ij} = \frac{1}{u_{0i}}\int_{-z_{0j}}^{z_{0j}}\int_{-\phi_{0j}}^{\phi_{0j}}p_i(a,\phi_i,z_i)ad\phi_j dz_j \qquad (11-19)$$

其中，第 j 个活塞的大小可能与第 i 个活塞不同，并且积分变量是在不同的柱坐标系中表示的，第 j 个活塞的中心在点 $(a,0,0)$ 处。如果两个活塞高度差为 ϕ_{ij}、方位差为 z_{ij}，如图11-3所示，这些变量之间的关系为：

$$\phi_i = \phi_j + \phi_{ij} \text{ 和 } z_i = z_j - z_{ij}$$

这样，式(11-19)中的积分可以表示为

$$Z_{ij} = \frac{16j a\omega\rho}{\pi^2}\sum_{m=0}^{\infty}\frac{\varepsilon_m \sin m\phi_{0i}\sin m\phi_{0j}\cos m\phi_{ij}}{m^2}\int_0^{\infty}\frac{H_m^{(2)}(\beta a)\sin\alpha z_{0i}\sin\alpha z_{0j}\cos\alpha z_{ij}}{\alpha^2\beta[H_{m-1}^{(2)}(\beta a) - H_{m+1}^{(2)}(\beta a)]}d\alpha$$

$$(11-20a)$$

文献[23]利用式(11-20a)，由数值积分给出了几种具体情形下的互辐射阻抗（见图7-15和图7-16）。

令 $\phi_{0i} = \phi_{0j}, z_{0i} = z_{0j}, z_{ij} = \phi_{ij}$，圆柱面上两个活塞之间的互辐射阻抗式(11-20a)就变成了矩形活塞的自辐射阻抗。当 $\phi_{0i} = \phi_{0j} = \pi$ 时，式(11-20a)就变成了两个完全包围圆柱的振动环之间的互辐射阻抗。在这种情况下，只有 $m = 0$ 的项不等于零，因此互辐射阻抗为

$$Z_{ij}(\text{rings}) = -8j a\omega\rho\int_0^{\infty}\frac{H_0^{(2)}(\beta a)\sin\alpha z_{0i}\sin\alpha z_{0j}\cos\alpha z_{ij}}{\alpha^2\beta H_1^{(2)}(\beta a)}d\alpha \qquad (11-20b)$$

当两个圆环具有相同的高度（$z_{0i} = z_{0j}$）时，式(11-20b)与 Robey 给出的结果一致[24]。令 $z_{ij} = 0$ 和 $z_{0i} = z_{0j}$，即可得到无限长圆柱表面圆环的自辐射阻抗。式(11-20a)也可简化为圆柱面上两个无限条之间单位长度的互辐射阻抗：

$$Z_{ij}(\text{strips}) = \frac{8j a\omega\rho}{\pi k}\sum_{m=0}^{\infty}\frac{\varepsilon_m \sin m\phi_{0i}\sin m\phi_{0j}\cos m\phi_{ij}H_m^{(2)}(ka)}{m^2[H_{m-1}^{(2)}(ka) - H_{m+1}^{(2)}(ka)]^2} \qquad (11-20c)$$

将式(11-20c)除以条的长度 $2z_{0j}$，然后令 $z_{0i} = z_{0j} \to \infty$，利用文献[23]化简该积分结果，即可得到

$$\lim_{z_{0j}\to\infty}\frac{\sin^2\alpha z_{0j}}{\pi a^2 z_{0j}}=\delta(\alpha)$$

球面上换能器之间互辐射阻抗的表达式与圆柱面上的不同,其原因在于两者涉及的特殊函数不同。当求和无穷级数或数值积分时,这两种情形都需要进行大量的数值计算,以达到足够的收敛精度。圆柱面上换能器之间互辐射阻抗的结果也适用于无限长有障板圆柱的情形。这种情形一直是发展数值方法的强大动力,数值方法可以处理具有有限尺寸和形状更实际的物体。例如,计算有限长圆柱表面上换能器之间的互辐射阻抗是非常有用的,因为这将是许多声纳基阵的一个很好的近似。本章后面将简要介绍能够处理这类情形的数值方法。

注意,上面给出的圆柱面上活塞之间互辐射阻抗的解中包含傅里叶变换和傅里叶级数,圆柱表面圆环之间的互辐射阻抗只包含 $m=0$ 模态的傅里叶级数,那么应该也可以将圆柱面上单个圆环的辐射阻抗用级数形式表示[25],为了这一目的,假定无限长圆柱表面布置着间隔为 d 的振动圆环,间隔 d 足够使振动圆环之间的声学耦合不明显(如图11-4所示)。

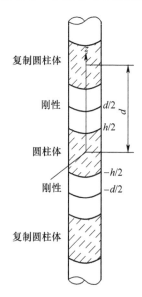

图11-4 傅里叶级数解中使用的包含间隔为 d 的实际圆柱体和复制圆柱体[25]

通过对圆环表面的压力积分,可以得到每个环的自辐射阻抗。采用这种方法可以很自然地确定辐射阻抗的每个角模态,而这些值正是处理多模态圆柱换能器声辐射问题所必需的结果(见第5、6章)。需要注意的是,该模型得到的结果可以被认为只适用于单个振动环的近场特性,比如辐射阻抗,因为远场声压中包含无限长圆柱上所有振动圆环的贡献。

采用该方法得到的圆环模态辐射阻抗的最终结果为[25]:

$$Z_n=(-\mathrm{j}\pi ah^2\omega\rho\delta_n/d)\sum_{m=0}^{\infty}\varepsilon_m\,\mathrm{sinc}^2(\alpha_m h/2)\frac{H_n^{(2)}(\beta_m a)}{\beta_m H_n'(\beta_m a)} \quad (11\text{-}21)$$

式中, $\beta_m^2=k^2-\alpha_m^2, \alpha_m=2\pi m/d; \varepsilon_0=1$,当 $m>0, \varepsilon_m=2; \delta_0=2$,当 $n>0, \delta_n=1; a$ 是圆柱的半径, h 是圆环的高度, d 是复制周期。 $n=0$ 模态对应于圆柱面上的均匀振速分布和 $z=0$ 平面上无指向性的声场;而 $n=1$ 是偶极子模式,对应于圆柱表面两个振速分布, $z=0$ 平面上声场的指向性与 $\cos\phi$ 成正比。图11-5、图11-6、图11-7和图11-8给出了由式(11-21)计算的均匀模态和偶极子模式下不同 $h/2a$ 对应的归一化辐射阻和辐射抗与 ka 的关系[25]。

用傅里叶变换法计算了无限刚性平面上矩形活塞之间的自辐射阻抗和互辐射阻抗[26]。

这里将给定的问题转换为一个更容易解决的替代问题,替代问题具有近似于原始问题的特性,这种求解问题的思路在其他情形下也是值得考虑的。

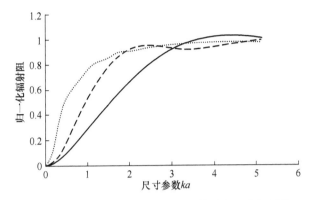

图 11-5　$n=0$ 模态下匀速运动圆柱体的归一化辐射阻:
$h/2a=0.5$(实线),1.0(虚线)和 5.0(点划线)[25]

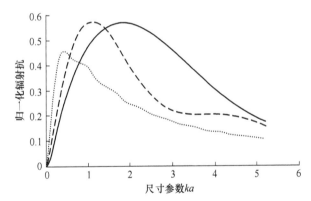

图 11-6　$n=0$ 模态下匀速运动圆柱体的归一化辐射抗:
$h/2a=0.5$(实线),1.0(虚线)和 5.0(点划线)[25]

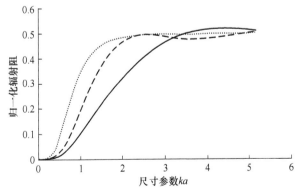

图 11-7　$n=1$ 模态下偶极子运动圆柱体的归一化辐射阻:
$h/2a=0.5$(实线),1.0(虚线)和 5.0(点划线)[25]

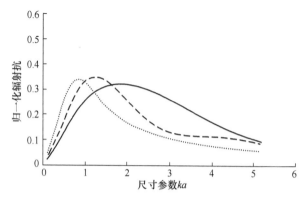

图 11-8　$n=1$ 模态下偶极子运动圆柱体的归一化辐射抗：
$h/2a=0.5$(实线)，1.0(虚线)和 5.0(点划线)[25]

11.1.3　Hankel 变换

对于无限长平面上圆形活塞的声辐射问题(第 10 章)，可以用一个不同的积分变换来求解，比如 Hankel 变换(参见第 13.11 节)。以活塞面为 $z=0$ 平面、活塞中心为原点建立一个柱坐标系，活塞半径为 a，平面 $z=0$ 上法向振速边界条件为 $r\le a$ 时，$u(r)=u_0$，其他点 $u(r)=0$。由于圆形活塞的对称性，它辐射的声场与 ϕ 无关，因此式(11-14a)的亥姆霍兹方程可以简化为：

$$\frac{1}{r}\frac{\partial}{\partial r}\left(r\frac{\partial p}{\partial r}\right)+\frac{\partial^2 p}{\partial z^2}+k^2 p=0 \tag{11-22}$$

声压 $p(r,z)$ 的 Hankel 变换可以定义为：

$$\overline{p}(\gamma,z)=\int_0^\infty p(r,z)J_0(\gamma r)r\mathrm{d}r \tag{11-23}$$

将方程(11-22)两端同乘以 $rJ_0(\gamma r)$，并对 r 积分，可以得到[27]：

$$\frac{\partial^2 \overline{p}}{\partial z^2}+(k^2-\gamma^2)\overline{p}=0 \tag{11-24}$$

方程(11-24)的解可以表示为

$$\overline{p}(\gamma,z)=A(\gamma)\mathrm{e}^{-\mathrm{j}\beta z} \tag{11-25}$$

式中，$\beta=(k^2-\gamma^2)^{1/2}$；系数 $A(\gamma)$ 是由上面的边界条件决定的。边界条件的 Hankel 变换为[28]：

$$\overline{u}(\gamma)=u_0\int_0^a J_0(\gamma r)r\mathrm{d}r=u_0 aJ_1(\gamma a)/\gamma=-\frac{1}{\mathrm{j}\omega\rho}\left.\frac{\partial \overline{p}(\gamma,z)}{\partial z}\right|_{z=0}=\frac{\beta A(\gamma)}{\omega\rho}$$

由该式可以得到系数 $A(\gamma)$，将其代入式(11-25)有：

$$\overline{p}(\gamma,z)=\frac{\omega\rho u_0 aJ_1(\gamma a)}{\gamma\beta}\mathrm{e}^{-\mathrm{j}\beta z} \tag{11-26}$$

对式(11-26)进行逆变换可以得到辐射声压为：

$$p(r,z)=\int_0^\infty \overline{p}(\gamma,z)J_0(\gamma r)\gamma\mathrm{d}\gamma=\omega\rho u_0 a\int_0^\infty \frac{J_1(\gamma a)J_0(\gamma r)}{\beta}\mathrm{e}^{-\mathrm{j}\beta z}\mathrm{d}\gamma \tag{11-27}$$

该积分可以与第 10 章的瑞利积分那样求解活塞的声辐射阻抗[5]。

11.1.4 Hilbert 变换

辐射阻抗定义为振动体引起的声场的反作用力,因此,计算声辐射阻抗需要确定近场声压。通常也可以根据测量的远场辐射总功率,利用辐射阻与远场辐射功率的关系来确定辐射阻。本节将进一步根据第 7.3 节中提到的辐射抗与辐射阻的关系,由远场辐射声功率确定声辐射阻抗。正如 Mangulis[29]所述,这种方法与基于 Hilbert 变换(见第 13.11 节)的 Kramers-Kronig 关系有关。它也与 Bouwkamp 通过远场指向性函数对复角的积分得到的辐射阻抗的结果[30]密切相关。

当将 Hilbert 变换应用于机械阻抗 $Z(-\omega) = Z^*(\omega)$ 时,可以得到阻与抗之间的一般关系,Morse 和 Feshbach[3]将这种关系表示为:

$$R(\omega) = \frac{2}{\pi}\int_0^\infty \frac{xX(x) - \omega X(\omega)}{(x^2 - \omega^2)}\mathrm{d}x \ ; \ X(\omega) = \frac{2\omega}{\pi}\int_0^\infty \frac{R(x) - R(\omega)}{(x^2 - \omega^2)}\mathrm{d}x \tag{11-28}$$

机械阻抗 $Z(\omega) = R(\omega) + jX(\omega)$,被定义为采用复指数形式表示的力与振速的比值。$R$ 和 X 是彼此的 Hilbert 变换,且都以频率作为复变量。

式(11-28)类型的积分可以通过计算残差来确定,我们将用球体单极模态的辐射阻计算辐射抗的例子来说明。对于半径为 a 的脉动球体,它的辐射阻可以由式(10-44)确定,将其以标准化的形式表示为:

$$R(\omega) = \frac{(ka)^2}{1 + (ka)^2} = \frac{\omega^2}{\omega^2 + \alpha^2} = \frac{\omega^2}{(\omega + j\alpha)(\omega - j\alpha)}$$

式中,$\alpha = c/a$。由式(11-28)可得

$$X(\omega) = \frac{\omega}{\pi}\int_{-\infty}^{\infty} \frac{[x^2/(x^2 + \alpha^2) - \omega^2/(x^2 + \alpha^2)]}{(x^2 - \omega^2)}\mathrm{d}x$$

这个积分可以分成两个积分:由于第二个积分在复平面的上半部分没有奇异点,所以积分结果是零;第一个积分在虚轴上半部分平面中有一个奇点 $j\alpha$,因此该积分为:

$$X(\omega) = \frac{\omega}{\pi}\int_{-\infty}^{\infty} \frac{x^2\mathrm{d}x}{(x + j\alpha)(x - j\alpha)(x^2 - \omega^2)} = \left(\frac{\omega}{\pi}\right)(2\pi j)\frac{1}{2j\alpha}\frac{(j\alpha)^2}{\{(j\alpha)^2 - \omega^2\}}$$

$$= \frac{\omega}{\pi}\frac{\pi}{\alpha}\frac{\alpha^2}{\omega^2 + \alpha^2} = \frac{\omega\alpha}{\omega^2 + \alpha^2} = \frac{ka}{1 + (ka)^2}$$

(11-29)

该式就是式(10-44)给出的归一化辐射抗。这个例子说明了声源的辐射抗可以由辐射阻和远场声功率来确定。由于计算远场声功率比计算近场要容易得多,这种方法有时是确定辐射阻抗的最好方法,而且经常被使用[31-34]。

11.2 格林定理和声学互易定理

11.2.1 格林定理

1828 年,英国诺丁汉自学成才的 George Green 发表了一篇关于我们现在称之为格林公式和格林函数的文章,格林公式和格林函数在物理领域和工程领域都有重要的应用,也包括声学领

域[35]。本节将给出格林定理和声学互易定理的数学基础,然后定义格林函数,并说明如何用它们来以不同的方法给出声辐射问题的解。

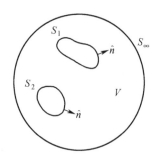

图 11-9 格林公式中体积 V,无穷远处表面积 S_∞ 和另外两个表面 S_1、S_2 与单位法向向量 $\hat{n}$

考虑球面 S 包围的封闭空间 V 内两个位置的标量函数 p_1 和 p_2,其中 S 包含无穷远处球面 S_∞,在 S_∞ 处 p_1 和 p_2 等于零,S 内还有两个或两个以上的封闭曲面,如图 11-9 中的 S_1 和 S_2。

格林定理涉及的是 p_1 和 p_2 之间的关系。应用矢量散度定理分析可以将 $p_1\vec{\nabla}p_2$ 表示为向量形式:

$$\iint p_1 \vec{\nabla} p_2 \cdot \hat{n} \mathrm{d}S = \iiint [p_1 \nabla^2 p_2 + \vec{\nabla} p_1 \cdot \vec{\nabla} p_2] \mathrm{d}V \tag{11-30}$$

方程(11-30)是第一类格林公式,其中,$\hat{n}$ 是 S 表面的单位法向向量。这里的 $\nabla^2 p_2$ 可以与亥姆霍兹微分方程建立一种有用的关系。交换式(11-30)中的 p_1 和 p_2,可以给出相同形式的另一方程,将式(11-30)减去该方程,并利用公式 $\vec{\nabla}p \cdot \hat{n} = \partial p / \partial n$ 可得

$$\iint \left(p_1 \frac{\partial p_2}{\partial n} - p_2 \frac{\partial p_1}{\partial n} \right) \mathrm{d}S = \iiint [p_1 \nabla^2 p_2 - \nabla p_2 \nabla^2 p_1] \mathrm{d}V \tag{11-31}$$

式(11-31)被称为第二类格林公式[36],可以直接应用于声辐射问题的求解中,若 p_1 和 p_2 代表图 11-9 中表面 S_1 和 S_2(分别以法向振速 u_1 和 u_2 运动)上两个声源辐射声场的声压。在这种情况下,p_1 和 p_2 满足:

$$\nabla^2 p_1 + k_1^2 p_1 = 0 \text{ 和 } \nabla^2 p_2 + k_2^2 p_2 = 0$$

利用第二类格林公式有:

$$\iint \left(p_1 \frac{\partial p_2}{\partial n} - p_2 \frac{\partial p_1}{\partial n} \right) \mathrm{d}S = \iiint p_1 p_2 (k_1^2 - k_2^2) \mathrm{d}V \tag{11-32}$$

显然,当两个声场的频率相同时,即 $k_1 = k_2$,方程(11-32)的右边等于零。由于表面声压的法向导数 $\partial p = \partial n$ 等于 $-\mathrm{j}\omega\rho u$,u 是表面振速的法向分量,式(11-32)变为

$$\iint_S [p_1 u_2 - p_2 u_1] \mathrm{d}S = 0 \tag{11-33}$$

体积 V 内可能包含两个以上的封闭表面,以及两个以上的声源,式(11-33)适用于 S_1 和 S_2 表面的任意两个声源,由于在无穷远处球面积分等于零,因此该式可以写成:

$$\iint_{S_1} p_2 u_1 \mathrm{d}S = \iint_{S_2} p_1 u_2 \mathrm{d}S \tag{11-34}$$

11.2.2 声学互易性

式(11-33)和式(11-34)是声学互易定理的两种形式[1]。声学互易与第 1.3 节讨论的机

电互易是不同的。第 9.5 节中，这两种互易的结合是互易校准方法的基础，使得换能器的校准得以简化。由于声学互易定理适用于空间中任何形状的声源、任何距离的声源、表面法向振速任何分布的声源、任何声源或非振动表面声源组成的基阵，所以它更为通用。此外，声学互易定理还适用于同一换能器两种不同振动模式引起的声源，并且如果这两种模式是正交的，式(11-34)的两边都等于零。

从具有均匀振速换能器的声辐射问题中很容易看出声学互易的物理意义。如果 u_1 和 u_2 是常数，式(11-34)变为：

$$\frac{1}{u_2}\iint_{S_1} p_2 \mathrm{d}S = \frac{1}{u_1}\iint_{S_2} p_1 \mathrm{d}S \qquad (11-35)$$

这个结果意味着，不管两个换能器之间的距离、方位、大小和形状如何，如果两个换能器具有相同的振速分布，那么它们对彼此施加的声压力是相同的。方程(11-35)的两边代表的是两个活塞式换能器之间的互辐射阻抗，并且该方程显示了阻抗的互易性 $Z_{12} = Z_{21}$。互易性意味着在基阵中，对于每一对相互作用的换能器只需要一个互阻抗的值就可以分析基阵的性能。

由于式(11-34)适用于换能器具有非均匀振速分布的情形，因此可以看出，声学互易是声功率的另一种解释，即声功率是声压与振速的乘积在表面上的积分，而不是声压力的积分。式(1-4a)给出了辐射阻抗的一般定义，由此也得到了互辐射阻抗，如式(7-32)，辐射阻抗也可以用声功率表示，这使得它们与声学互易性一致。

如果两个换能器的尺寸与波长相比足够小，那么每个换能器产生的声压几乎都作用在另一个的表面上，因此，式(11-34)可变为：

$$p_{21}\iint_{S_1} u_1 \mathrm{d}S \approx p_{12}\iint_{S_2} u_2 \mathrm{d}S \qquad (11-36)$$

式中，p_{21} 为换能器 2 作用在换能器 1 上的声压；p_{12} 为换能器 1 作用在换能器 2 上的声压。由于积分是每个换能器的源强，这一形式的声学互易定理表明，每个换能器在另一个换能器的表面产生相同的声压。

11.2.3 格林函数解

本节将采用格林函数求解声辐射问题。由于格林函数法不需要使用特定的坐标系，并且适用于部分振动边界或分布体积振速(见第 7.1 节 Morse 和 Ingard[4] 或 Baker 和 Copson[36])引起声源的声辐射问题，因此，这种方法比第 10 章给出的分离变量法得到更广泛的应用。声学求解中，格林函数通常被定义为点 $\vec{r}_0$ 处单位源强产生的声源在点 $\vec{r}$ 处引起的声场的空间因子(如图 11-10 所示)。

根据该定义，格林函数 $G(\vec{r}, \vec{r}_0)$ 是非齐次亥姆霍兹方程的解，即 $G(\vec{r}, \vec{r}_0)$ 满足：

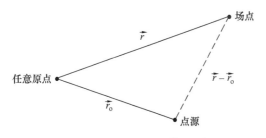

图 11-10　定义格林函数的坐标

$$\nabla^2 G(\vec{r},\vec{r}_0) + k^2 G(\vec{r},\vec{r}_0) = \delta(\vec{r}-\vec{r}_0) \tag{11-37}$$

函数 $\delta(\vec{r}-\vec{r}_0)$ 是单位为 m^{-3} 的三维 Diracδ 函数,因此,$G(\vec{r},\vec{r}_0)$ 的单位为 m^{-1}。方程(11-37)的右端是一个与谐波时间相关的源分布,该声源除了在点 $\vec{r}_0$ 处具有单位源强之外,它在其他任何地方的源强为零。因此,格林函数也可以看作是空间脉冲函数。

对于式(10-15a)给出的非常小球源的无反射声场,可以忽略它的非空间因子,并且令源强 $Q=1$,那么该声场也满足格林函数的定义。在这种特殊情形下,没有反射边界,我们用 $g(\vec{r},\vec{r}_0)$ 表示格林函数,并称之为自由空间的格林函数。那么式(10-15a)为:

$$g(\vec{r},\vec{r}_0) = e^{-jkR}/4\pi R \tag{11-38a}$$

式中,$R=|\vec{r}-\vec{r}_0|$ 是源强点 $\vec{r}_0$ 与声场点 $\vec{r}$ 之间的距离。由于 $|\vec{r}-\vec{r}_0|=|\vec{r}_0-\vec{r}|$,根据自由空间式(11-38a)格林函数的互易性,有

$$g(\vec{r},\vec{r}_0) = g(\vec{r}_0,\vec{r}) \tag{11-38b}$$

式(11-38b)也满足于一般格林函数 $G(\vec{r},\vec{r}_0)$ [4]。

一般情况下,边界是存在的,因此声源可能存在于感兴趣的体积内,也可能存在于体积的边界上。连续性方程(10-1b)中包含一个源强项和时间谐波的关系,声压 $p(\vec{r})$ 的波动方程成为非齐次亥姆霍兹方程,即

$$\nabla^2 p(\vec{r}) + k^2 p(\vec{r}) = j\omega\rho S_V(\vec{r}) \tag{11-38c}$$

为了确定方程的特解,声压边界条件或者边界上声源的法向导数必须给定。方程(11-38c)的右边描述了体积内的声源分布,其中,ρ 是介质的密度;$S_V(\vec{r})$ 是源强密度,即单位体积内的体积振速。因子 $j\omega\rho$ 使右边与左边压力一致。

方程(11-38c)的通解可以用满足方程(11-37)的格林函数表示。将方程(11-37)两端乘以 $p(\vec{r})$,方程(11-38c)两端乘以 $G(\vec{r},\vec{r}_0)$,然后由第二个方程减去第一个方程,交换 $\vec{r}_0$ 和 $\vec{r}$,利用互易关系,并在点源坐标系 $\vec{r}_0$ 中对体积积分可以得到 $p(\vec{r})$,该积分包含 δ 函数,具体为:

$$p(\vec{r}) = \iiint [-G(\vec{r},\vec{r}_0)\nabla_0^2 p(\vec{r}_0) + p(\vec{r}_0)\nabla_0^2 G(\vec{r},\vec{r}_0)]dV_0 + j\omega\rho\iiint S_V(\vec{r}_0)G(\vec{r},\vec{r}_0)dV_0$$

利用第二类格林公式(11-31),第一项体积积分可以转换成一个曲面积分,从而 $p(\vec{r})$ 可转换为:

$$p(\vec{r}) = \iint \left[G(\vec{r},\vec{r}_0)\frac{\partial p(\vec{r}_0)}{\partial n_0} + p(\vec{r}_0)\frac{\partial G(\vec{r},\vec{r}_0)}{\partial n_0} \right]dS_0 + j\omega\rho\iiint S_V(\vec{r}_0)G(\vec{r},\vec{r}_0)dV_0 \tag{11-39}$$

式中,微分面元 dS_0 是在点源坐标中表示的。式(11-39)为非齐次亥姆霍兹方程格林函数解的一般形式。它给出了任意点 $\vec{r}$ 处的声压,该声压可以表示为格林函数加上 $\vec{r}_0$ 处声压值和它在边界上的法向导数,以及体积内声源强度密度函数的形式。这种表示方式可以为每个声辐射问题找到合适的格林函数。

本节的其余部分将重点解释和说明式(11-39)的使用情况。由于 $\partial p(\vec{r}_0)/\partial n_0 = -j\omega\rho u_n(\vec{r}_0)$,其中,$u_n(\vec{r}_0)$ 是法向振速。式(11-39)中的第一项面积分表明,边界上的任意点是振动点源对 $\vec{r}$ 处声压的贡献值,但这不是 $\vec{r}$ 处的总声压,因为第二项曲面积分声压和

$G(\vec{r},\vec{r}_0)$ 的法向导数在边界任意点处并不都等于零。由于导数与两点源的差成正比[36],面积积分被称为双源贡献。最后,式(11-39)的第三项给出了整个体积内分布的其他声源贡献的声压。当不考虑边界时,只有体积积分产生压力。当只考虑边界上的声源时,仅表面积分就决定了声压压力,这是大多数换能器和基阵问题的情形。当边界存在时,且有声源在体积内,这两个积分都对声压有贡献。

格林函数的解潜在的物理意义是建立了点声源的辐射声场 $p(\vec{r})$,与第10.2节中采用的方法有些类似,但是格林函数的解给出的辐射声场 $p(\vec{r})$ 的公式更具普遍性。也许最简单的例子是一个没有边界、位于球坐标系原点的单位强度($Q = 1 \text{m}^3/\text{s}$)的点声源,曲面积分为零,$S_V(\vec{r}_0) = \delta(\vec{r}_0)$,由式(10-15b)可知,声压 $p(\vec{r})$ 为

$$p(\vec{r}) = \frac{j\omega\rho}{4\pi r}e^{-jkr} = j\omega\rho\iiint\delta(\vec{r}_0)g(\vec{r},\vec{r}_0)dV_0 = j\omega\rho g(\vec{r},0)$$

这与式(11-38a)一致。

另一个使用式(11-39)的例子是第10.2.1节中讨论的介质中一个没有边界的无穷小线声源,将半径为 a、长度为 dz_0 的圆柱体的每一部分作为一个具有均匀径向振速 u_0 和源强为 $2\pi a u_0 dz_0$ 的点声源,因此,体积元为 $dV_0 = \pi a^2 dz_0$,沿线长度方向的声源强度密度是 $S_V = 2u_0/a$,其他地方 S_V 为零。将这些值和自由空间格林函数式(11-38a)代入式(11-39)中的体积积分,可以得到式(10-21)中的一些直观结果。尽管具有振动表面圆柱体的声辐射是一个边值问题,并且需要计算式(11-39)中的曲面积分,但当圆柱体无穷小时,它就可以被看作是点声源的体积分布。另一个例子是第7.7节中讨论的差分频率参量阵,其声辐射结果也可以从式(11-39)的体积积分求得。在这种情况下,声源分布在整个有限长圆柱体内,并且在圆柱体内的两个主波束相互作用。

当考虑边界时,必须寻求满足边界条件的格林函数,从而简化式(11-39)的计算。例如,当边界上的声压未知时,存在一个边界上法向导数为零的格林函数非常有用。这时,式(11-39)中的第二项将被消除,而式(11-39)中的其他项都是已知量。第10.2.2节中已经使用了这种无限平面边界的格林函数,两个同相单位源强点声源的格林函数为:

$$G(\vec{r},\vec{r}_{01},\vec{r}_{02}) = \frac{1}{4\pi R_1}e^{-jkR_1} + \frac{1}{4\pi R_2}e^{-jkR_2} \tag{11-40}$$

该函数在垂直于和平行于两个声源连线的无限平面上任一点的法向振速为零。因此,如果用这个函数作为格林函数,它就具有简化式(11-39)所需要的性质,即消除了无限刚性平面上声源辐射问题中表面积分的第二项。对于平面上的点声源 $R_1 = R_2 = R$,式(11-40)的格林函数等于 $e^{jkR}/2\pi R$,这样式(11-39)简化为

$$p(\vec{r}) = \frac{j\omega\rho}{2\pi}\iint u_n(\vec{r}_0)\frac{e^{-jkR}}{R}dS_0 \tag{11-41a}$$

这就是第10章中计算平面内圆形和矩形声源辐射问题的瑞利积分公式(10-25a)。第10章中,直观地得到了式(11-41a),本节采用格林函数法也得到了亥姆霍兹方程的解。瑞利积分是许多声学计算的起点,对换能器的发展有重要的价值[26,31,32,40]。

无限平面上,格林函数对声辐射问题的简化似乎是独一无二的。例如,一个在刚性球面或圆柱等简单结构表面上的法向振速等于零的格林函数,比分离变量解中包含的相同特殊函数的无穷级数[4,5]要复杂得多,第11.3.2节将给出这样一个格林函数,比如在式(11-62)中删除因

子 $(\omega\rho Q/2)$，$G(\vec{r},\vec{r}_0)$ 就是满足无限长刚性圆柱边界条件的格林函数。

另一个类似于式(11-40)的简单的格林函数，可以表示为两个点声源的差。该函数在两个声源之间的无限平面上的声压为零，该无限平面上的法向导数加倍，这使得式(11-39)的第一项积分在该平面上等于零，并且适用于无限长柔性平面上的声源，如振动的刚性圆盘。从而可以得到

$$p(\vec{r}) = \frac{1}{2\pi}\iint p(\vec{r}_0) \frac{\partial}{\partial n_0}\left(\frac{e^{-jkR}}{R}\right)dS_0 \qquad (11\text{-}41b)$$

式(11-41b)给出了任何平面振动源的声压场，它只需声源表面上的声压就可以求解表面外任意点的声压。表面声压可以通过不考虑水压场的有限元模型求得，在其他情形下，表面声压也可以通过测量得到或表示为给定振速的幂级数形式[37]。

11.2.4 亥姆霍兹积分公式

任何格林函数都可以在式(11-39)中使用，但是一个重要的特殊情形是自由空间格林函数式(11-38a)，其体积内没有分布声源。因此，有

$$p(\vec{r}) = \frac{1}{4\pi}\iint\left[\frac{e^{-jkR}}{R}j\omega\rho u(\vec{r}_0) + p(\vec{r}_0)\frac{\partial}{\partial n_0}\left(\frac{e^{-jkR}}{R}\right)\right]dS_0 \qquad (11\text{-}42a)$$

式中，$u(\vec{r}_0) = -(1/j\omega\rho)(\partial p/\partial n_0)$ 是边界上的法向振速，这种声压解的形式被称为亥姆霍兹积分公式[36,39]。对于大多数实际情形，只知道一个边界函数，这使得式(11-42a)成为另一个边界函数的积分方程。例如，在一般的声学问题中，边界上的振速是已知的，而声压未知，因此可以将场点移动到边界，这样边界上就形成了一个未知声压的积分方程，然后求解积分方程，再将边界上的声压代入式(11-42a)就可以得到边界外任意点的声压。这是大多数数值计算方法的基础，将在第11.4.2节中简要讨论。

方程(11-42a)适用于任何边界形状，但在边界为无限平面的情形下，应该注意到一些特殊的性质。对于无限刚性平面上任意给定振速分布，瑞利积分式(11-41a)和式(11-42a)相等，都等于亥姆霍兹积分公式中第一项的两倍，亥姆霍兹积分公式的第一项和第二项是相等的。因此，对于刚性平面边界，$p(\vec{r})$ 有两种不同的表示方式，一种是表面振速的函数；一种是表面上声压的函数，即：

$$p(\vec{r}) = \frac{1}{2\pi}\iint j\omega\rho u_n(\vec{r}_0)\frac{e^{-jkR}}{R}dS_0 \qquad (11\text{-}42b)$$

$$p(\vec{r}) = \frac{1}{2\pi}\iint p(\vec{r}_0)\frac{\partial}{\partial n_0}\left(\frac{e^{-jkR}}{R}\right)dS_0 \qquad (11\text{-}42c)$$

同样，式(11-41b)是亥姆霍兹积分公式中第二项的两倍，因此式(11-42b)和式(11-42c)也有两种表示方式。这些表达式适用于无限刚性平面上的任意振速分布，或在无限柔性(压力释放)平面上的任意声压分布，或任何对称或反对称的平面振动体。式(11-42b)是瑞利积分，要求表面振速已知，而式(11-42c)要求表面声压已知。这两种表达式都可以用于近场FEM计算的远场声压，远场声压也可以通过大平面区域声压或振速的测量和这两种表达式相结合得到。文献[38]使用近场测量的振速确定了一个含声障板带式高音喇叭的远场声压。

对于特定方向的远场声压，由于式(11-42a)在特定边界上的法向振速不是零就是常数，因此，通过式(11-42a)可以得到一些特殊的关系。法向导数可以写成：

$$\frac{\partial}{\partial n_0}\left(\frac{\mathrm{e}^{-\mathrm{j}kR}}{R}\right) = -\vec{\nabla}\left(\frac{\mathrm{e}^{-\mathrm{j}kR}}{R}\right) \cdot \hat{n}_0 = -\cos\beta \frac{\partial}{\partial R}\left(\frac{\mathrm{e}^{-\mathrm{j}kR}}{R}\right)$$

$$= \cos\beta \frac{\mathrm{e}^{-\mathrm{j}kR}(\mathrm{j}kR+1)}{R^2} \approx \mathrm{j}k\cos\beta \frac{\mathrm{e}^{-\mathrm{j}kR}}{R} \tag{11-43}$$

式中,β 是 $\hat{n}_0$ 与 $(\vec{r}-\vec{r}_0)$ 之间的夹角。当场点在远场中,可以近似为式(11-43)的形式。例如,对于有限长圆柱轴向的一个远场场点,圆柱两端的任何源点,$\beta=0$,R 是常数,法向振速也是常数;圆柱侧面的任何源点,$\beta=90°$,法向振速为零。因此,对于这样的场点,式(11-42a)的第二项中圆柱侧面声源对远场辐射声压没有任何贡献,并且它对两端的贡献体现在与两端声压的积分成正比,即辐射阻抗。作为一个具体的例子,考虑一个只在一端有均匀振速的圆柱,式(11-42a)给出的圆柱轴向远场场点声压 $p(z)$ 与圆柱两端声辐射阻抗的关系为[41]:

$$p(z) = \frac{\mathrm{j}ku_0\mathrm{e}^{-\mathrm{j}kz}}{4\pi z}\left[\mathrm{e}^{\mathrm{j}kb}(\rho cA + Z_{11}) - \mathrm{e}^{-\mathrm{j}kb}Z_{12}\right]$$

式中,u_0 为圆柱体一端的法向振速;$2b$ 为长度;A 为横截面积;Z_{11} 为一端的自辐射阻抗;Z_{12} 为两端之间的互辐射阻抗。这种关系适用于任何截面形状的圆柱体。Mangulis[42]给出了一个无限非刚性障板中任意形状活塞的远场辐射声压与辐射阻抗之间的相似关系。

在某些情况下,使用式(11-42a)近似求解已知振速的表面声压是可行的。例如,一个振速为 $u(r_0)$ 的大无障板声源中,式(11-42a)的表面声压有时可以近似于平面波声压,即 $p(\vec{r}_0) = \rho cu(\vec{r}_0)$。根据这种近似,利用式(11-43)得到远场表达式中法向振速的导数,从而得到远场声压为:

$$p(\vec{r}) = \frac{\mathrm{j}\omega\rho}{4\pi}\iint u(\vec{r}_0)\frac{\mathrm{e}^{-\mathrm{j}kR}}{R}(1+\cos\beta)\mathrm{d}S_0 \tag{11-44a}$$

一般来说,对于远场一个固定的点,$\cos\beta$ 是声源表面位置的函数;对于平面声源,$\cos\beta$ 是一个常数,在这种情形下:

$$p(\vec{r}) = \frac{\mathrm{j}\omega\rho}{4\pi}(1+\cos\beta)\iint u(\vec{r}_0)\frac{\mathrm{e}^{-\mathrm{j}kR}}{R}\mathrm{d}S_0 \tag{11-44b}$$

与有障板声源的声压公式(11-41a)比较可得:

$$p(\vec{r})_{\mathrm{umbaff}} = \frac{1}{2}(1+\cos\beta)p(\vec{r})_{\mathrm{baff}} \tag{11-44c}$$

例如,由于式(11-42a)中声压项的影响,无障板平面声源 $\beta=90°$ 方向的远场声压比大障板中相同声源的声压低6dB。

Mellow 和 Kark Kainen[38]计算了含封闭后障板和有限障板中活塞声源的辐射声场,将得到的结果用来评估这里给出的近似公式的有效性。对于无障板和活塞直径为半波长($ka=\pi/2$,a 是半径)的情形,90°方向的声压降低了7.5dB(见文献[38]图17),然而无限大刚性障板的情形下只降低了2.8dB。将额外降低的4.7dB与式(11-44c)给出的无障板的情形下的6dB进行比较,发现式(11-44c)应该适用于直径大于半波长的情形。文献[38]图16显示,对于指向性图,在有限大刚性障板的直径是辐射活塞直径两倍的情形下,即 $ka=3$ 时和 $ka=5$ 时,90°方向的声压级分别是-18dB 和-23dB。相应的刚性障板情况下的声压级分别是-12.9dB 和-17.6dB,相对降低了-5.1dB 和-5.4dB,这与式(11-44c)给出的降低6dB的结果更接近。

在其他情形下,声压可以测量,而振速不容易测量,这时振速可以近似表示为声压的形式,这是第9.7.4节中近场外推远场法的基础[43]。对于大型基阵,当基阵测量表面的曲率与波长相比较小时,$u(\vec{r}_0) \approx p(\vec{r}_0)/\rho c$,可以采用这种方法校准基阵。

11.3 散射和衍射常数

在换能器与基阵的连接中出现了多种不同的声散射问题。刚性物体散射的平面波,如球体,是确定水听器衍射常数的一种简单实用模型,但是确定发射换能器基阵内换能器之间的散射常数比较复杂。在这种情形下,由于发射换能器靠得很近,多次散射也比较重要,因此,散射声场更像球面波而不是平面波。第11.4.2节中基于亥姆霍兹积分方程的数值方法可以处理散射的所有问题。这类声学相互作用问题对于弯张型换能器基阵尤为重要,这种基阵从多个侧面辐射声压,因此不同于表面基阵。在这种情形下,散射可能激发非预期的振动模式,通常会产生一些不良影响。

体积阵的散射与衍射问题可以用球面上散射的球面波模型进行求解,Thompson采用该模型计算了由另一个附近的球体引起的振动球的辐射阻抗的变化[44,45],考虑了第二个球体的各种形式,包括刚性球、与第一个球体具有不同声学特性的球、与第一个球体具有相同振动样式的球或不同振动模式的球等。求解过程用到了球面波函数的平移加法定理,将一个球面坐标系中的解转化到另一个球面坐标系中,并且原点也在一个不同的位置。这个过程与式(11-9)中使用的加法定理类似,将一个球面坐标系的解转化为另一个具有相同原点的旋转球坐标系。

11.3.1 衍射常数

在第6.6节中,我们讨论了衍射常数,这是一种测量入射声波水中散射的方法。如果水听器的尺寸与波长相差不大(如图6-35所示),散射声波会强烈地影响到水听器的有效接收灵敏度,所以确定水听器的衍射常数非常重要。由式(6-51)知,衍射常数取决于入射波声压和散射波声压之和,所以确定衍射常数的第一步是计算散射波声压,需要将代表水听器的散射对象简化为一个简单的形状,以与亥姆霍兹方程可分离的坐标系相容。其中,球形散射体是一个最有用的例子,因为一些水听器是球形的,其他的水听器形状也可以用球体来近似。

考虑一个平面波沿刚性球体的正z方向入射,球体的中心是坐标系的原点,如图11-11所示。

在轴对称情形下,平面波的表达式可以写成球坐标级数的形式:

$$p_i = p_0 e^{j(\omega t - kz)} = p_0 e^{j(\omega t - kr\cos\theta)} \tag{11-45}$$

式(11-45)的空间部分可以用球面波函数展开:

$$e^{-jkr\cos\theta} = \sum_{n=0}^{\infty} B_n P_n(\cos\theta) \tag{11-46}$$

利用勒让德多项式的正交性可得

$$B_n = (n + 1/2) \int_0^\pi e^{-jkr\cos\theta} P_n(\cos\theta) \sin\theta d\theta = (n + 1/2)[2(-j)^n j_n(kr)] \tag{11-47}$$

式中,最后一步是根据球面Bessel函数的标准积分$j_n(kr)$[3]得到的。将这些结果代入球面波函数表示的入射平面波,有

$$p_i = p_0 e^{j\omega t} \sum_{n=0}^{\infty} (2n+1)(-j)^n j_n(kr) P_n(\cos\theta) \tag{11-48}$$

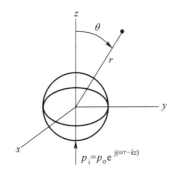

图 11-11 球面上平面波的散射坐标

注意,这个平面波的表达式,虽然是在球坐标系中表示的,但是由于采用的因子是 $j_n(kr)$ 而不是 $h_n^{(2)}(kr)$,所以它不是球面波的级数形式。然而,散射波可以被认为是由无限连续的球面波表示的,即

$$p_s = e^{j\omega t} \sum_{n=0}^{\infty} A_n P_n(\cos\theta) h_n^{(2)}(kr) \tag{11-49}$$

刚性球表面的边界条件要求总的质点振速为零。通过对入射声波 p_i 和散射声波 p_s 的表达式进行微分,并将两者的和即总质点振速等于零来确定系数 A_n。这样,散射声波就被确定了,也可以得到散射声功率的大小和方向。然而,计算衍射常数的过程中,入射声波和散射声波之和施加在水听器表面的力是重要的物理量,而不是散射声功率。这样式(6-51)可以被记为:

$$D_a = \frac{F_b}{Ap_i} = \frac{p_b}{p_i} = \frac{1}{Ap_i} \iiint_A [p_i(\vec{r}) + p_s(\vec{r})] \frac{u^*(\vec{r})}{u_0^*} dS \tag{11-50}$$

式中,$A = 4\pi a^2$ 是半径为 a 的球形水听器的面积。由于建立的是平面波方向的对称轴,故 $dS = 2\pi a^2 \sin\theta d\theta$。下面将考虑水听器的敏感表面只能以单位振速运动,从而使振速分布归一化,即 $u^*(\vec{r})/u_0^* = 1$。由于 p_i 和 p_s 都与无穷级数 $P_n(\cos\theta)$ 成正比,所以采用归一化极大地简化了积分运算。根据勒让德函数的正交性,积分中除了 $n = 0$ 项外,其他项都等于零。因此,只需考虑式(11-48)和式(11-49)中的零阶部分,从而有

$$[p_i(\vec{r}) + p_s(\vec{r})]_0 = e^{j\omega t}[p_0 j_0(kr) + A_0 h_0^{(2)}(kr)] \tag{11-51}$$

这个总和的径向导数可以计算得到,令其在 $r = a$ 的表面上等于零可以确定系数 A_0,通过计算得到 $A_0 = [-p_0 j_0'(ka)/h_0'(ka)]$,其中,上标"'"是球面 Bessel 函数和 Hankel 函数对变量的导数。由 A_0 可以给出球面的总声压,则式(11-50)变为:

$$D_a = \frac{2\pi a^2}{p_0 A} \int_0^\pi [p_0 j_0(ka) - p_0 h_0^{(2)}(ka) j_0'(ka)/h_0'(ka)] \sin\theta d\theta$$

$$= j_0(ka) - h_0^{(2)}(ka) j_0'(ka)/h_0'(ka) = [1 + (ka)^2]^{-1/2} \tag{11-52}$$

其中,最后一步利用了球面 Bessel 函数和 Hankel 函数之间的关系[4],这是 Henriques[46]首次给

出的,如式(6-53)。这种简化使该公式非常有用,也很容易应用于其他形状,但它只对球形水听器比较精确。随着频率的增加,式(11-52)所预测的其他形状水听器的灵敏度可能会大幅度降低,从而不太准确。

由于对称性,球体的衍射常数是一个特别简单的例子,然而,其他形状水听器的衍射常数取决于平面波到达的方向。

广义的衍射常数将被定义为包括这个方向的形式,同时在式(6-56)中得到非常有用的关系。考虑任意形状和面积为 A_1 的换能器,表面法向振速分布为 $u(r_1)$,球坐标原点处 z 向的参考振速为 u_1。该换能器接收来自(θ,ϕ)方向、远距离 r 处的一个小的源强为 $u_2 A_2$ 的简单球形声源辐射的平面波,球形声源作用在换能器上的平均夹持声压为 p_b,由式(11-50)定义;根据声学互易定理式(11-34),p_b 与球形声源位置处换能器远场辐射声压 $p_1(r,\theta,\phi)$ 的关系为

$$u_1 A_1 p_b = u_2 A_2 p_1(r,\theta,\phi) \tag{11-53}$$

由于 $p_1(r,0,0)$ 是传感器 MRA 上辐射声压的幅值,它可以由声辐射阻 R_r(涉及 u_1)和指向性因数 D_f 来定义,即

$$[p_1^2(r,0,0)/2\rho c] = D_f[R_r u_1^2/8\pi r^2] \tag{11-54}$$

那么,换能器的归一化指向性函数可定义为:

$$P(\theta,\phi) = p_1^2(r,\theta,\phi)/p_1^2(r,0,0) \tag{11-55}$$

由式(11-55)、式(11-54)和式(11-53)可以得到施加在换能器上的声压为:

$$p_b = [\rho c D_f R_r P(\theta,\phi)/4\pi]^{1/2}[u_2 A_2/A_1 r] \tag{11-56}$$

方程(10-15b)给出了换能器处球形声源自由辐射声场声压的幅值为 $p_i = \rho\omega u_2 A_2/4\pi r$,这样可以定义与式(11-50)一致的平面波方向衍射常数为:

$$D(\theta,\phi) = p_b/p_i = \left[\frac{4\pi c D_f R_r P(\theta,\phi)}{\rho\omega^2 A_1^2}\right]^{1/2} = D_a[P(\theta,\phi)]^{1/2} \tag{11-57a}$$

用式(11-57a)可以给出 MRA 产生的衍射常数 D_a、指向性因数 D_f 和辐射阻 R_r 之间的一般关系,即

$$D^2(0,0) = D_a^2 = 4\pi c D_f R_r/\rho\omega^2 A_1^2 \tag{11-57b}$$

这与式(6-56)和式(9-33)一致。在前面任何关于接收灵敏度的表达式中使用 $D(\theta,\phi)$ 代替 D_a,可以获得灵敏度与方向的关系。根据定义 $P(\theta,\phi)$ 的平均是 $1/D_f$,将 $D^2(\theta,\phi)$ 平均在各个方向得到 $\overline{D^2} = D_a^2/D_f$。

11.3.2 圆柱声源的散射

在换能器和基阵中,安装在圆柱附近的换能器的声散射问题通常也是很重要的[47]。本节将从声压变换的一般表达式(11-17)开始讨论具体案例,对式(11-17)进行反变换可以得到声压表达式(11-18),即

$$p(r,\phi,z) = \sum_{m=0}^{\infty} \cos m\phi \int_{-\infty}^{\infty} A_m(\alpha) H_m^{(2)}(\beta r) e^{j\alpha z} d\alpha \tag{11-58}$$

考虑一个小声源的具体问题,该点声源位于距离圆柱轴向 r_0 处,圆柱的半径为 a,如图 11-12 所示。

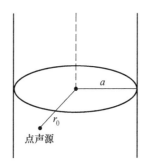

图 11-12 一个位于距离无限圆筒表面 $r_0 - a$ 处的点声源

以声源位于 $\phi = 0$ 和 $z = 0$ 的点为坐标原点建立坐标系。然后点声源的辐射声场可以用柱面波函数展开,并写成[48]:

$$p_s(r,\phi,z) = -(\mathrm{j}q/2)\sum_{m=0}^{\infty}\varepsilon_m\cos m\phi\int_{-\infty}^{\infty}\{J_m(\beta r_0)H_m^{(2)}(\beta r)\}\mathrm{e}^{\mathrm{j}\alpha z}\mathrm{d}\alpha, r_0 \leqslant r \quad (11-59)$$

当 $r_0 \geqslant r$,括号用 $\{J_m(\beta r)H_m^{(2)}(\beta r_0)\}$ 替代;$m = 0, \varepsilon_0 = 1; m > 0, \varepsilon_m = 2; q = \mathrm{j}\omega\rho Q/4\pi$,$Q$ 是点声源的源强(见式(10-15b))。在这种情形下,圆柱表面是刚性静止不动的,而来自于点声源的声波则被圆柱体所散射。当 $r < r_0$ 时,点声源场和散射场产生的总的声压为:

$$p_t = p + p_s = \sum_{m=0}^{\infty}\cos m\phi\int_{-\infty}^{\infty}[A_m(\alpha)H_m^{(2)}(\beta r) - (\mathrm{j}q/2)\varepsilon_m J_m(\beta r)H_m^{(2)}(\beta r_0)]\mathrm{e}^{\mathrm{j}\alpha z}\mathrm{d}\alpha$$

$$(11-60)$$

令刚性圆柱表面总法向振速等于零即可确定函数 $A_m(\alpha)$,即 $r = a, u_t = -(1/\mathrm{j}\omega\rho)(\partial p_t/\partial r) = 0$,从而可以得到

$$A_m(\alpha) = (\mathrm{j}q\varepsilon_m/2)\frac{J'_m(\beta a)H_m^{(2)}(\beta r_0)}{H'_m(\beta a)} \quad (11-61)$$

式中,上标"'"是 J_m 和 H_m 对变量 $r = a$ 处的导数,$r \geqslant r_0$ 处任意点的总声压,即声源外的声压为:

$$p_t(r,\phi,z) = -\frac{\omega\rho Q}{8\pi}\sum_{m=0}^{\infty}\varepsilon_m\cos m\phi\int_{-\infty}^{\infty}[J'_m(\beta a)H_m^{(2)}(\beta r_0) - J_m(\beta r_0)H'_m(\beta a)]\frac{H_m^{(2)}(\beta r)}{H'_m(\beta a)}\mathrm{e}^{\mathrm{j}\alpha z}\mathrm{d}\alpha$$

$$(11-62)$$

对于非常小的活塞声源,$[H_{m-1}^{(2)}(\beta a) - H_{m+1}^{(2)}(\beta a)] = 2H'_m(\beta a)$,当 $r_0 = a$ 时(11-62)与式(11-18)一致。

文献[47]对于具有弹性和压力释放表面的圆柱体,也得到了这样的结果,并且对这 3 种情况都进行了数值计算。图 11-13 和图 11-14 给出了位于圆柱表面外 0.01m 处以 1800Hz 频率振动的小声源散射到刚性、压力释放和弹性圆柱表面形成的垂直方向和水平方向的指向性图。在弹性表面情形下,圆柱是一个壁厚为 0.005m 的钢管。

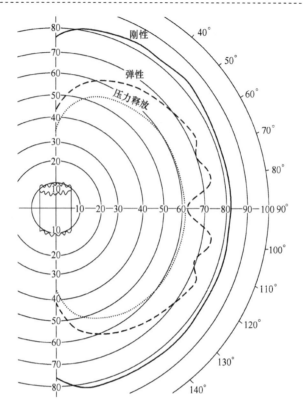

图 11-13　图 11-12 中声源以 1800Hz 振动时垂直方向远场指向性图,包括刚性表面(实线)、弹性表面(虚线)和(点线)面[47]

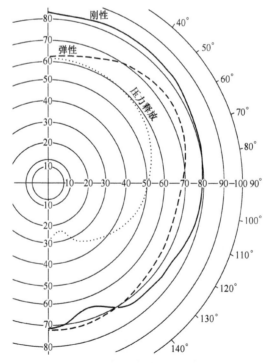

图 11-14　图 11-12 中声源以 1800Hz 振动时水平方向远场指向性图,包括刚性表面(实线)、弹性表面(虚线)和压力释放表面(点线)[47]

11.4 声学计算的数值方法

本章所讨论的用于计算声场的解析方法仅限于具有简单形状的振动物体。当考虑更复杂形状或混合边界条件的声学问题时需要数值方法,尽管1960年之前进行了一些广泛的数值计算,如圆形活塞表面的声压分布[49],但数值计算的结果是相当有限的。随着高速计算机的使用,开发新的数值计算方法和扩展现有方法的结果变得可行。在这些发展中,有限长圆柱体的经典声辐射问题发挥了重要作用[5,50-53],也得到了其他问题的结果,包括混合边界条件、列点法[54]、最小二乘分析法[55]等一些情况。但是声学数值计算方法取得的最显著进展体现在有限元法和边界元法的发展方面。

11.4.1 混合边界条件:配置法

大多数换能器声辐射问题的边界条件并不像之前考虑的理想边界条件那样简单。单个活塞换能器的振动面可能被小的刚性或非刚性法兰所包围,很少被一个大到足以认为是近似无限刚性平面的法兰所包围。然而,在一个大的密集的平面阵中,认为中间的换能器位于无限大刚性平面上是合理的,但是边缘或接近边缘的换能器显然有着完全不同的环境条件。这些是换能器振动面上可以指定振速的声辐射问题的例子,但是很难指定换能器周围表面的振速。安装在壳体上的换能器可以用部分球形表面振动、其他静止部分代表壳体的球体来建模,如果可以认为壳体是静止的,且是刚性的,那么这就是整个球面的振速边界条件,声辐射问题就可以采用第11.1节的方法求解。如果认为壳体是软的,并且壳体上的声压为零,那么这就成为一个混合边值问题,即部分振速指定、部分压力指定,这样声辐射问题就不能用第11.1节的方法求解。如果认为壳体是柔性的,可以用局部反射阻抗描述,这就相当于将振速以声压的形式给定,尽管无限大平面上的阻抗边界条件可以用格林函数来表示,Mangulis 也给出了近似解析结果[56],但这类问题通常必须采用数值方法处理。Mellow 和 Karkkainen[38]利用不同的数值方法,得到了有限刚性障板中振动圆盘声辐射混合边值问题的解。

下面将采用边界配置法得到的近似数值解来说明混合边值问题。对于任何封闭和有限表面振动物体,即使物体不是球形的,它的亥姆霍兹方程的解也可以用一系列球面波函数近似。在轴对称情形下,这个级数被截断为 N 项,即

$$p(r,\theta) = \sum_{n=0}^{N-1} A_n P_n(\cos\theta) h_n^{(2)}(kr) \tag{11-63}$$

如果振动物体是一个具有压力或振速边界条件的球体,则系数可以采用第11.1节的方法确定。如果给定的不是球体的边界值,或者是混合边界值,在点 r_j、θ_j 处的 N 个边界值可以得到 N 个方程,这样就可以确定系数 A_n。

$$p(r_j,\theta_j) = \sum_{n=0}^{N-1} A_n P_n(\cos\theta_j) h_n^{(2)}(kr_j), \quad j=1,2,\cdots,N \tag{11-64}$$

如果边界值是以声压式(11-64)的形式给出的,则可以直接使用。如果给出的是边界面上的法向振速,则必须找到每个点对应的法向导数,然后由式(11-64)得到另一组方程。注意,法向振速导数并不是非球面物体的径向导数。如果某些边界点处的声压已知,其他边界点处的法向振速已知,这样可以使用一组 N 个混合方程。对于阻抗边界条件,某些点处的声压与振速的比值可以用来形成方程。在任何情况下,N 个方程可以通过联立求解,从而得到复系数 A_n。将这些

系数代入式(11-63),可以给出满足 N 个边界条件声压的近似解,该近似解在其他点也具有一定的有效性,有效程度主要取决于所使用边界点的个数和振动对象的复杂程度。

Butler 详细评价了配置法在求解声学问题中的作用,并给出了几个典型问题的数值结果[54]。作为一个具体的例子,非刚性障板对换能器声辐射的影响。考虑一个半径为 a 的球面,球面上 $0 \leqslant \theta \leqslant 60°$ 的部分以均匀法向振速振动,球面上其他部分有 3 个不同的边界条件:法向振速为零(刚性)、声压为零(软)和声压是法向振速的 ρc 倍(阻抗条件)。图 11-15 和图 11-16 给出了 3 种情形对应的远场指向性图和归一化辐射阻抗,结果表明,当 $ka \leqslant 2$ 时,换能器周围软障板的主要影响是使指向性增强、辐射阻降低。这些数值结果可以用来定性地评估其他情况下的类似效果。

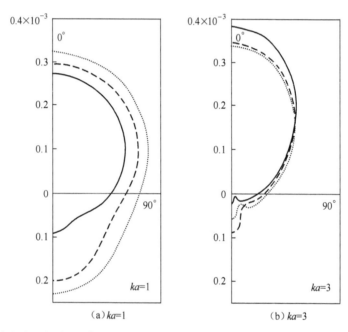

图 11-15　半径为 a 的球面,球面上 $0 < \theta < 60°$ 的部分以均匀法向振速振动,球面上其他部分有 3 个不同的边界条件软(实线)、ρc(虚线)刚性(点划线)[54], $kr = 1000$ 时的远场指向性图 其中(a) $ka = 1$;(b) $ka = 3$。

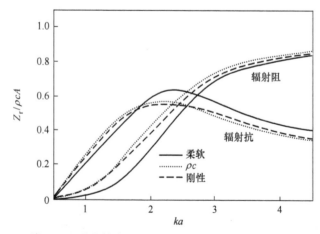

图 11-16　图 11-15 对应的球面上极坐标系活塞的归一化辐射阻抗曲线[54]

11.4.2 边界元法

20世纪60年代中期,在大多案例中,更强大的数值方法开始应用于亥姆霍兹积分公式的求解。Chen和Schweikert[57],Chertock[58],Copley[59]和Schenck[60]的论文清楚地展现了这些方法的快速发展和改进,这些方法都与水下声辐射问题有关。Schenck对前期论文中介绍的技术进行了回顾和评价,并展示了如何将它们结合在一种实用的计算方法中,并可靠地给出了方程的唯一解。Schenck提出的结合亥姆霍兹积分公式(CHIEF)的方法目前已被广泛应用,并且常与有限元结构分析相结合,为复杂结构换能器振动与声辐射问题提供全面的解。这种分析方法已经扩展到一个新的领域,称为边界元法(BEM)或边界元声学,关于声学边界元法有大量的文献[7,8]。

本节主要针对换能器和基阵的声辐射问题,简要介绍CHIEF方法,该方法基于亥姆霍兹积分方程(11-40):

$$p(\vec{r}) = \frac{1}{4\pi} \iint \left[\frac{e^{-jkR}}{R} j\omega\rho u(\vec{r}_0) + p(\vec{r}_0) \frac{\partial}{\partial n_0} \frac{e^{-jkR}}{R} \right] dS_0 \quad (11-65)$$

这里,可以将一个或多个封闭表面的积分理解为每个面代表一个换能器。式(11-65)给出了封闭面外任意点的声压$p(\vec{r})$,但是在表面上声压是$1/2 p(\vec{r})$而不是$p(\vec{r})$,表面内所有点的声压为零[36,59,60]。CHIEF算法中,假定表面的法向振速是已知的,场点被放置在表面上,式(11-65)成为未知表面压力的积分方程,即

$$p(\vec{r}_0)/2 - \frac{1}{4\pi} \iint p(\vec{r}_0) \frac{\partial}{\partial n_0} \frac{e^{-jkR}}{R} dS_0 = \frac{j\omega\rho}{4\pi} \iint u(\vec{r}_0) \frac{e^{-jkR}}{R} dS_0 \quad (11-66)$$

该积分方程可以用数值方法解出表面上N个位置r_n处的声压,用一组方程来代替它,即

$$2\pi p(r_n) - \sum_m p(r_m) \frac{\partial}{\partial n_0} \frac{e^{-jkR_{mn}}}{R_{mn}} \Delta S = j\omega\rho \sum_m u(r_m) \frac{e^{-jkR_{mn}}}{R_{mn}} \Delta S_0 \quad (11-67)$$

式中,R_{nm}是表面上点r_n和r_m之间的距离,r_m是已知的量,所以可以得到它与任意点r_n之间的距离。CHIEF法的一个重要部分是要求增加一些内部点,这样频率对应于内部谐振频率时式(11-65)的右边为零。这给出了一个超定方程组和所有频率的唯一解[60]。

在给定振速的情形下,当确定了表面声压之后,由式(11-65)可以计算得到表面外任意点的声压,比如远场声压。通过对单个换能器表面声压在其表面积分,可以得到声压力和辐射阻抗;对于多个换能器,表面声压包含了所有其他换能器的贡献,这时表面积分得到的声压包含了所有互辐射阻抗对质点振速分布的贡献,质点振速分布是最初给定的。由于CHIEF法可以计算所有换能器一起工作以及含有散射情形下的辐射声场,所以它是自动求解第11.4节中体基阵声散射问题的。

为了解决发射换能器基阵的问题,需要确定互辐射阻抗。在CHIEF法中,可以通过一次只指定一个换能器的振速,然后计算其他换能器的声压来确定互辐射阻抗,可以将这些阻抗用于第7.2.1节包含换能器参数$ABCD$的基阵方程中。图11-17给出了3个短椭圆柱形发射换能器组成的基阵[61],3个换能器以同相单位电压驱动,并且指定3300Hz时的$ABCD$参数。表11-1给出了3个发射换能器之间的辐射阻和振速。

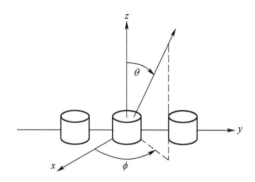

图 11-17　表 11-1 中计算用到的三元线性基阵

表 11-1　图 11-17 中基阵的结果

发射换能器	电压		辐射阻	振速	
	幅值	相位		幅值	相位
1	1	0	17800	0.00010	10
2	1	0	21200	0.00008	30
3	1	0	17800	0.00010	10

11.5　小　　结

本章采用级数展开法和积分公式给出了声辐射数学模型的求解方法,通过将亥姆霍兹微分方程的解展开为球面波函数和柱面波函数形式,给出了球面上活塞和圆柱上活塞的互辐射阻抗。通过复制圆环和沿刚性圆柱分离变量得到了圆柱体上圆环互辐射阻抗的级数解,该方法可以用于求解单极子模式和偶极子模式下的声辐射阻抗。同时介绍了 Hankel 变换,并利用 Hankel 变换得到了无限大刚性障板中圆形活塞声辐射问题的另一个解。本章还介绍了 Hilbert 变换,利用该变换给出了辐射阻与辐射抗的关系,从而可以用易于从远场声压中得到的辐射阻求解辐射抗。

本章还介绍了格林定理,并将其应用于声学互易定理。含声源的亥姆霍兹方程的解可以表示为格林函数及其公式的形式,并且采用格林函数及其公式可以简化亥姆霍兹积分方程。研究了几种不同情形的声辐射问题,研究表明,对于自由空间中大的平面声源,其远场辐射声压 $p \approx p_\mathrm{b}(1+\cos\theta)/2$,其中,$p_\mathrm{b}$ 是刚性障板中同一声源的远场辐射声压,θ 是法向波束角。

另外,本章还详细讨论了衍射常数 D_a,并且考虑了到达波角度对衍射常数的影响。半径为 a 的刚性球体的衍射常数被简化为 $D_\mathrm{a} = [1 + (ka)^2]^{-1/2}$,同时,研究了刚性、弹性和压力释放圆柱附近的小声源的声散射问题,给出了轴向以及与轴向垂直平面的声散射结果,发现压力释放圆柱对声源指向性的影响最严重。最后讨论了混合声压和振速边界条件下,采用配置法和 CHIEF 算法得到的亥姆霍兹积分方程的数值解。

参考文献

1. P. M. Morse, Vibration and Sound (McGraw-Hill, New York, 1948)
2. L. E. Kinsler, A. R. Frey, A. B. Coppens, J. V. Sanders, Fundamentals of Acoustics, 4th edn. (Wiley, New York, 2000)
3. P. M. Morse, H. Feshbach, Methods of Theoretical Physics (McGraw-Hill, New York, 1953)
4. P. M. Morse, K. U. Ingard, Theoretical Acoustics (McGraw-Hill, New York, 1968)
5. M. C. Junger, D. Feit, Sound, Structures and Their Interaction, 2nd edn. (The MIT Press, Cambridge, 1986)
6. L. L. Beranek, T. J. Mellow, Acoustics: Sound Fields and Transducers (Academic, Oxford, 2012)
7. T. W. Wu (ed.), Boundary Element Acoustics (WIT Press, Southampton, 2000)
8. C. A. Brebbia, J. Dominguez, Boundary Elements: An Introductory Course (Computational Mechanics Publications, Southampton and McGraw-Hill, New York, 1989)
9. G. W. Benthein, S. L. Hobbs, Modeling of Sonar Transducers and Arrays, Technical Document 3181, April 2004 (SPAWAR Systems Center, San Diego, CA) (Available on CD)
10. M. C. Junger, Surface pressures generated by pistons on large spherical and cylindrical baffles. J. Acoust. Soc. Am. 41, 1336–1346 (1967)
11. C. H. Sherman, Mutual radiation impedance of sources on a sphere. J. Acoust. Soc. Am. 31, 947–952 (1959)
12. A. Silbiger, Radiation from circular pistons of elliptical profile. J. Acoust. Soc. Am. 33, 1515–1522 (1961)
13. T. Nimura, Y. Watanabe, Vibrating circular disk with a finite baffle board. Jour. IEEE Japan 68, 263 (1948) (in Japanese). Results available in Ultrasonic Transducers, ed. by Y. Kikuchi (Corona Pub. Co., Tokyo, 1969), p. 348
14. J. E. Boisvert, A. L. Van Buren, Acoustic radiation impedance of rectangular pistons on prolate spheroids. J. Acoust. Soc. Am. 111, 867–874 (2002)
15. J. E. Boisvert, A. L. Van Buren, Acoustic directivity of rectangular pistons on prolate spheroids. J. Acoust. Soc. Am. 116, 1932–1937 (2004)
16. N. W. McLachlan, Theory and Application of Mathieu Functions (Dover, New York, 1964)
17. J. E. Boisvert, A. L. Van Buren, Acoustic radiation impedance and directional response of rectangular pistons on elliptic cylinders. J. Acoust. Soc. Am. 118, 104–112 (2005)
18. V. H. Weston, Q. Appl. Math. 15, 420–425 (1957)
19. V. H. Weston, Q. Appl. Math. 16, 237–257 (1958)
20. V. H. Weston, J. Math. Phys. 39, 64–71 (1960)
21. C. H. Sherman, N. G. Parke, Acoustic radiation from a thin torus, with application to the free-flooding ring transducer. J. Acoust. Soc. Am. 38, 715–722 (1965)
22. J. E. Greenspon, C. H. Sherman, Mutual radiation impedance and nearfield pressure for pistons on a cylinder. J. Acoust. Soc. Am. 36, 149–153 (1964)
23. D. T. Laird, H. Cohen, Directionality patterns for acoustic radiation from a source on a rigid cylinder. J. Acoust. Soc. Am. 24, 46–49 (1952)
24. D. H. Robey, On the radiation impedance of an array of finite cylinders. J. Acoust. Soc. Am. 27, 706–710 (1955)
25. J. L. Butler, A. L. Butler, A Fourier series solution for the radiation impedance of a finite cylinder. J. Acoust. Soc. Am. 104, 2773–2778 (1998)
26. J. L. Butler, Self and Mutual Impedance for a Square Piston in a Rigid Baffle, Image Acoustics Rept. on Contract N66604-92-M-BW19, March 20, 1992

27. C. J. Tranter, Integral Transforms in Mathematical Physics, 3rd edn. (Wiley, New York, 1966), pp. 47–48
28. C. J. Tranter, Integral Transforms in Mathematical Physics, 3rd edn. (Wiley, New York, 1966), p. 48, Eq. (4.15)
29. V. Mangulis, Kramers-Kronig or dispersion relations in acoustics. J. Acoust. Soc. Am. 36, 211–212 (1964)
30. C. J. Bouwkamp, A contribution to the theory of acoustic radiation. Phillips Res. Rep. 1, 251–277 (1946)
31. R. L. Pritchard, Mutual acoustic impedance between radiators in an infinite rigid plane. J. Acoust. Soc. Am. 32, 730–737 (1960)
32. D. T. Porter, Self and mutual radiation impedance and beam patterns for flexural disks in a rigid plane. J. Acoust. Soc. Am. 36, 1154–1161 (1964)
33. W. Thompson Jr., The computation of self and mutual radiation impedances for annular and elliptical pistons using Bouwkamp's integral. J. Sound Vib. 17, 221–233 (1971)
34. G. Brigham, B. McTaggart, Low frequency acoustic modeling of small monopole transducers, in UDT 1990 Conference Proceedings (Microwave Exhibitions and Publishers, Tunbridge Wells), pp. 747–755
35. L. Challis, F. Sheard, The green of Green's functions. Phys Today 56, 41–46 (2003)
36. B. B. Baker, E. T. Copson, The Mathematical Theory of Huygens' Principle, 3rd edn. (AMS Chelsea, Providence, 1987)
37. E. M. Arase, Mutual radiation impedance of square and rectangular pistons in a rigid infinite baffle. J. Acoust. Soc. Am. 36, 1521–1525 (1964)
38. T. Mellow, L. Karkkainen, On the sound field of an oscillating disk in a finite open and closed circular baffle. J. Acoust. Soc. Am. 118, 1311–1325 (2005)
39. S. N. Reschevkin, A Course of Lectures on the Theory of Sound (Pergamon, Oxford, 1963). Chapter 11
40. A. L. Butler, J. L. Butler, Near-field and far-field measurements of a ribbon tweeter/midrange. J. Acoust. Soc. Am. 98(5), 2872 (1995) (A)
41. C. H. Sherman, Special relationships between the farfield and the radiation impedance of cylinders. J. Acoust. Soc. Am. 43, 1453–1454 (1968)
42. V. Mangulis, Relation between the radiation impedance, pressure in the far field and baffle impedance. J. Acoust. Soc. Am. 36, 212–213 (1964)
43. D. D. Baker, Determination of far-field characteristics of large underwater sound transducers from near-field measurements. J. Acoust. Soc. Am. 34, 1737–1744 (1962)
44. W. Thompson Jr., Radiation from a spherical acoustic source near a scattering sphere. J. Acoust. Soc. Am. 60, 781–787 (1976)
45. W. Thompson Jr., Acoustic coupling between two finite-sized spherical sources. J. Acoust. Soc. Am. 62, 8–11 (1977)
46. T. A. Henriquez, Diffraction constants of acoustic transducers. J. Acoust. Soc. Am. 36, 267–269 (1964)
47. J. L. Butler, D. T. Porter, A Fourier transform solution for the acoustic radiation from a source near an elastic cylinder. J. Acoust. Soc. Am. 89, 2774–2785 (1991)
48. W. Magnus, F. Oberhettinger, Formulas and Theorems for the Functions of Mathematical Physics (Chelsea, New York, 1962), pp. 139–143
49. H. Stenzel, Leitfaden zur Berechnung von Schallvorgangen (Springer, Berlin, 1939), pp. 75–79
50. M. C. Junger, Sound radiation from a radially pulsating cylinder of finite length. Harvard Univ. Acoust. Res. Lab. (24 June 1955)
51. M. C. Junger, A Variational Solution of Solid and Free-Flooding Cylindrical Sound Radiators of Finite Length, Cambridge Acoustical Associates Tech. Rept. U-177-48, Contract Nonr-2739(00) (1 March 1964)
52. W. Williams, N. G. Parke, D. A. Moran, C. H. Sherman, Acoustic radiation from a finite cylinder. J. Acoust.

Soc. Am. 36, 2316-2322 (1964)

53. B. L. Sandman, Fluid loading influence coefficients for a finite cylindrical shell. J. Acoust. Soc. Am. 60, 1256-1264 (1976)
54. J. L. Butler, Solution of acoustical-radiation problems by boundary collocation. J. Acoust. Soc. Am. 48, 325-336 (1970)
55. C. C. Gerling, W. Thompson Jr., Axisymmetric spherical radiator with mixed boundary conditions. J. Acoust. Soc. Am. 61, 313-317 (1977)
56. V. Mangulis, On the radiation of sound from a piston in a nonrigid baffle. J. Acoust. Soc. Am. 35, 115-116 (1963)
57. L. H. Chen, D. G. Schweikert, Sound radiation from an arbitrary body. J. Acoust. Soc. Am. 35, 1626-1632 (1963)
58. G. Chertock, Sound radiation from vibrating surfaces. J. Acoust. Soc. Am. 36, 1305-1313 (1964)
59. L. G. Copley, Integral equation method for radiation from vibrating bodies. J. Acoust. Soc. Am. 41, 807-816 (1967)
60. H. A. Schenck, Improved integral formulation for acoustic radiation problems. J. Acoust. Soc. Am. 44, 41-58 (1968)
61. J. L. Butler, R. T. Richards, Micro-CHIEF, An interactive desktop computer program for acoustic radiation from transducers and arrays, in UDT conference Proceedings (London, 7-9 February 1990)

第12章

非线性机理及其影响

尽管大多数机械设备和人造装置都可以采用线性很好地近似,并且可以作为大多数工程设计的基础,但是严格意义上讲它们都是非线性的。在许多设备中,非线性的影响主要在高驱动条件下才比较明显,然而对于其他含固有非线性的设备,即使在非常小的驱动下也会呈现出非线性效应,比如倍频现象。在这种情况下,只能通过施加偏差来实现线性近似。电声换能器中只有压电材料和动圈机构在小振幅激励下才能拥有线性动力学响应。

电致伸缩、磁致伸缩、静电和可变磁阻的机械装置与压电动圈式机械装置有很大不同,它们即使在很小振幅激励下也没有线性运算区域,除非采用偏压的方式进行线性化。在这些情况下,线性化之前的自然机械响应是施加电场或磁场的偶函数;并且响应是遵循平方律的小振幅。对于所有情况,响应线性化的方法基本相同,即施加一个大的偏置电场或磁场建立一个极轴使材料或装置拥有单向特性,然后添加一个只能沿单一方向增加或减小,且比偏置场幅值小的可变驱动场。这种方法虽然能够产生运动的一个线性分量,但是由于非线性因素依然存在,随着驱动幅值的增加,非线性的影响将变得越来越重要。

本章第1部分将介绍第2章中采用一维、集中参数模型描述的六种主要换能器中存在的非线性机理。换能器经常包含一些结构的非线性和基本换能机理中的非线性。非线性机理具有可观察到的效应,比如换能器输出波形的失真、输出功率的降低等。本章其余部分将致力于分析这些影响,并对引起的这些非线性效应进行定量解释,进一步给出控制非线性效应的方法。

谐波失真是非线性效应中最重要的实际影响之一。它发生在所有类型的换能器中,并且是由许多不同的非线性机理引起的。我们将会发现,所有类型换能器简单的集总参数模型可以用非线性动力学方程描述,而该非线性动力学方程可以用一种通用的方法来求解得到方程的谐波解。还将表明,如果主动驱动部分进行一维运动,而其他运动部件不包含显著的非线性,这些谐波解就可用于估算具有更复杂结构换能器的谐波响应,例如,柔性张力传感器。分布参数换能器谐波失真的分析,以及杆的非线性纵向振动将证明这种谐波解。非线性失真通常是机械故障、电气故障和过热导致的最终非线性效应的前兆。

12.1 集总参数换能器中的非线性机理

12.1.1 压电换能器

具有耦合弹性和电或磁性的材料可以采用状态方程描述:应力 T、应变 S、电场 E、电位移

D、磁场 H、磁通量密度 B。电场和磁场都可以包含在同一组方程中,温度和熵也可以包含在一个完整的描述中[1]。然而,就当前的目的而言,仅考虑只有电场或磁场的重要材料,并且只考虑材料性质中的热效应就足够了。这里要用到的是与第 2 章所使用的现象学基础方程相同的级数展开式,但是这里将保留第一个非线性项(独立变量的平方和叉积)。虽然 S 和 D 在第 2.1 节中的线性方程组中被选为因变量,但是 T 和 D 的依赖关系用非线性方程组描述更方便。

第 2 章中使用的集总参数纵向谐振换能器模型也将在本节中用于说明非线性机理。在理想的压电陶瓷纵向谐振器中,所有的非线性都存在于有源材料中,并包含在状态方程中。首先讨论基本的压电换能器是一种基于压电陶瓷的薄 33 模式,其电场与它的长度方向平行。图 12-1 给出了基本机械部件的原理图,也适用于本节其他类型的换能器(图 2-6、图 2-7、图 2-8、图 2-9 和图 2-10 给出了每种类型换能器的详细信息)。

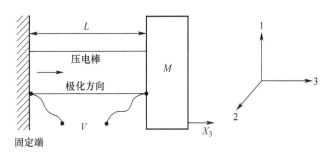

图 12-1 33 型压电式纵向振动器,其工作应变平行于杆端和电极的极化方向

由于薄板的两侧有应力自由的边界条件,这里唯一的电场分量是 E_3 和 D_3,且只有一个应力分量 T_3。然而,当应变是自变量时,有横向应变分量 S_1 和 S_2、平行应变分量 S_3,三者都出现在 T_3 的方程中。然而,当 S_1 和 S_2 通过线性方程[2,3]表示为 T_3 和 E_3 的函数时,可以近似地忽略。然后,将一维非线性状态方程组写成级数展开的二阶形式,即

$$T = c_1 S - e_1 E + c_2 S^2 - 2c_a SE - e_2 E^2 \tag{12-1}$$

$$D = e_1 S + \varepsilon_1 E + c_a S^2 + 2e_2 SE + \varepsilon_2 E^2 \tag{12-2}$$

Berlincourt 导出了热力学势的线性状态方程[1],Ljamov[4]和 Mason[5]则给出了热力学势的非线性状态方程。在这些状态方程中,使用术语的数量取决于应用领域,而系数的值通常由实验测量来确定(一个磁致伸缩的例子将在第 12.1.3 节中提及)。

在这些方程式中,T、S、E 和 D 是与杆轴向平行的分量,因为只涉及三个分量所以此处省略下标以简化方程。方程(12-1)和方程(12-2)中系数的符号与标准线性压电表示法(见第 2 章)有关,但是由于非线性项的存在需要新的系数,因此需要新的符号。这里,我们用系数下标表示术语的顺序而不是方向。例如,系数 c_1 表示一阶弹性常数,c_2 表示二阶弹性常数,e_1 表示一阶压电常数,e_2 和 c_a 表示二阶压电常数,ε_1 和 ε_2 表示一阶和二阶介电系数等。每个系数的物理意义最好从它与偏导数的关系看出,例如,$c_1 = (\partial T / \partial S)_E$,$c_2 = (1/2)(\partial^2 T / \partial S^2)_E$,其他的可以从方程中看出。一些系数在两个方程中都是一样的,因为它们是能量函数的导数,这是一个精确的微分。Ljamov[4]使用了基本相同的二阶方程。注意,由于忽略了横向压力,系数 c_1、e_1 和 ε_1 分别对应的不是 c_{33}^E、e_{33}、ε_{33}^S。第 13.4 节的关系适用于一阶系数,而第 13.5 节的值则为低振幅测量的一阶系数。

当施加电场的幅值足够小时,方程(12-1)和方程(12-2)中的线性项占主导地位,压电换

能器的运动可近似为线性。然而,当施加电场的幅值增加到一定程度时,非线性效应不可忽略,需要用到其他一些术语。其他一些术语变得重要,而非线性效应可能是重要的。这里请注意,方程(12-1)和方程(12-2)中包含 7 个独立的系数,而描述大多数换能器工作的线性方程只需要 3 个独立系数。还请注意,由于非线性项的存在,使得比值 $|T/E|_{S=0} = e_1 + e_2 E$ 和 $|D/S|_{E=0} = e_1 + c_a S$ 不相等,从而破坏了系统的机电互易性。

图 12-1 中换能器一维、集总参数模型的运动方程基本与方程(2-7)相同,但现在使用的是非线性方程(12-1),其中应力是一个因变量,可以直接插入到方程中:

$$M\ddot{x} + R\dot{x} = -AT = A(c_1 S - e_1 E + c_2 S^2 - 2c_a SE - e_2 E^2) \tag{12-3}$$

本章中,A 表示功能材料的横截面面积;因为只考虑投影算符,忽略 F_b。与第 2.1 节相同,应变 S 是位移 x 的函数,电场 E 是位移 x 和电压 V 的函数,即:

$$S = x/L_0 \tag{12-4}$$

$$E = V_1 \cos\omega t/(x + L_0) \tag{12-5}$$

由于非线性分析中变量的乘积采用复指数表示不太方便,所以式(12-5)中将电压表示为 $V_1 \cos\omega t$ 而不是 $V_1 e^{j\omega t}$。

方程(12-5)也表明驱动电压是给定的(参阅第 2.10 节的最后一段)。在电场换能器的非线性分析中,主要采用电场驱动,且电压驱动比电流驱动更容易,而对磁场换能器来说则相反,它主要依靠磁场驱动。这一区别显示了两类换能器的本质区别,证明了电场换能器的电压驱动和磁场换能器的电流驱动是直接驱动,而电场换能器的电流驱动和磁场换能器的电压驱动则被定义为间接驱动。第 12.2.1 节中所述的谐波分析方法,适用于所有类型换能器的直接驱动。间接驱动的非线性分析比较复杂,将在第 12.2.2 节中简要讨论。将式(12-4)和式(12-5)代入式(12-3),有:

$$M\ddot{x} + R\dot{x} = -A\left[c_1 \frac{x}{L_0} - e_1 \frac{V_1 \cos\omega t}{x + L_0} + c_2 \left(\frac{x}{L_0}\right)^2 - 2c_a \frac{x V_1 \cos\omega t}{L_0(x + L_0)} - e_2 \left(\frac{V_1 \cos\omega t}{x + L_0}\right)^2\right] \tag{12-6a}$$

注意,式(12-5)的分母中不像第 2 章中那样将其近似为 L_0。这意味着,虽然电压幅值保持不变,但由于运动引起的电场的变化也包含在方程中。方程(12-6a)是 x 的非线性微分方程,只能获得近似解。如果用二项级数将方程(12-6a)右端的第二、第四和第五项展开,则可以方便地获得方程的近似解。例如:

$$\frac{e_1 V_1 \cos\omega t}{x + L_0} = e_1 V_1 \cos\omega t (x + L_0)^{-1} = \frac{e_1 V_1 \cos\omega t}{L_0}\left(1 - \frac{x}{L_0} + \left(\frac{x}{L_0}\right)^2 + \cdots\right) \tag{12-6b}$$

可以看出,对于方程(12-6a)等式右边的其他项,分母中的 $(x + L_0)$ 可以以相似的方式展开,然后方程可以写成:

$$\ddot{x} + r\dot{x} = \sum_{n=0}^{n'} \sum_{m=0}^{m'} \gamma_{nm} x^n \cos m\omega t \tag{12-7}$$

式中,$r = R/M$;n' 和 m' 是展开过程中保留的项数;γ_{nm} 中包含了常数 A/M,是 $x^n \cos m\omega t$ 对应的系数。表 12-1 给出了方程(12-6a)适用于压电换能器低阶 γ_{nm} 的数值。例如,从式(12-6b)扩展项的第一部分可以得到:

$$\gamma_{01} = Ae_1 V_1/ML_0 \quad 和 \quad \gamma_{11} = -Ae_1 V_1/ML_0^2$$

γ_{01} 是线性驱动项的幅值,而 γ_{11} 则是变化电场引起的一阶效应中非线性项的系数。

有几个原因使换能器的振动方程为式(12-7)的形式,其中最重要的是,这种形式适用于直接驱动的各类主要换能器,对于不同类型的换能器,只需确定系数 γ_{nm} ,并且式(12-7)的解的系数 γ_{nm} 可以用来描述直接驱动所有主要类型换能器的非线性效应。此外,函数 $x^n \cos m\omega t$ 便于进行摄动分析,并且采用这种形式也便于解释非线性效应。

表12-1 压电式($E_1 = V_1/L_0$)和动圈式换能器的 $M\gamma_{nm}$ [3]

nm	压电式换能器	动圈式换能器
00	$1/2 e_2 A E_1^2$	$-1/4 L_1 I^2$
10	$-c_1 A/L_0 - e_2 A E_1^2/L_0$	$-K_1 - 1/2 L_2 I^2$
20	$c_2 A/L_0^2 + 3 e_2 A E_1^2/2 L_0^2$	$-K_2 - 3/4 L_3 I^2$
01	$e_1 A E_1$	$B_0 l_c I$
11	$-A E_1 (e_1 - 2 c_a)/L_0$	$B_1 l_c I$
21	$A E_1 (e_1 - 2 c_a)/L_0^2$	$B_2 l_c I$
02	$1/2 e_2 A E_1^2$	$-1/4 L_1 I^2$
12	$-e_2 A E_1^2/L_0$	$-1/2 L_2 I^2$
22	$-3 e_2 A E_1^2/2 L_0^2$	$-3/4 L_3 I^2$

式(12-7)的前9项中,$n=0, m=0$ 项是恒力,$n=0, m=1$ 项是基本的驱动力,$n=0, m=2$ 项是二次谐波驱动力。从数学意义上讲,$n=0$ 的这三项没有一项使方程呈现出非线性,但是恒力和二次谐波力具有非线性效应,它们引起了换能器的静态位移和二次谐波位移。由于状态方程中二阶项(见表12-1)的存在,这两种位移分量都与驱动电压的平方成正比。

如果非线性常数 e_2 比较大的话,$n=1, m=0$ 项就是普通的线性弹簧力,其振幅主要取决于材料的弹性,但也取决于驱动电压的平方,如表12-1所示。因此,γ_{10} 决定了振速谐振频率 ω_r 的平方,即

$$-\gamma_{10} = \omega_r^2 = \omega_0^2 + \omega_d^2 \qquad (12-8)$$

式中,ω_0 是低幅驱动时的谐振频率;ω_d 是一阶间接驱动部分的谐振频率。从表12-1中可以看出,ω_d^2 的数值主要由依赖于驱动电压的 γ_{10} 决定,即 $\omega_d^2 = e_2 A V_1^2/L_0^3 M, \omega_0^2 = c_1 A/L_0 M$。$n=1$,$m=0$ 项是关于 x 的线性项,但是由于 x 是时间的非线性函数,从而使该项难以求解,从物理意义上说,这项代表的是时间弹簧力或者位移驱动力。其他各项都是关于 x 的非线性函数,有些是非线性弹簧项,有些是非线性驱动项,有些是混合项。

方程(12-7)的摄动解将在第12.2.1节中介绍,并讨论其他换能器类型中的非线性机理。对于直接驱动的各类换能器,其运动方程都可以采用方程(12-7)描述,并且它的摄动解适用于所有类型换能器。位移的摄动解中包含谐波分量,并且这些谐波分量也存在于应变、振速、加速度中。利用位移的非线性解和给定的电参量,将式(12-2)对时间求导可以得到待求电参量的谐波(电场换能器的电流、磁场换能器的电压)。例如,对于压电换能器来说,电流为

$$I = A(\mathrm{d}D/\mathrm{d}t) = A[e_1 \dot{x}/L_0 + \varepsilon_1 \dot{E} + 2c_a x\dot{x}/L_0^2 + (2e_2/L_0)(x\dot{E} + \dot{x}E) + 2\varepsilon_2 E\dot{E}]$$

式中,x 为位移的非线性解;E 可以由式(12-5)给出。

所有间接驱动的换能器也可以用摄动方法进行分析。这种情形下,由于运动方程中包含未知的电参量,而给定的电参量又在电学方程中,因此,摄动解需要在两个非线性方程中求解,求

解过程更为复杂。第12.2.2节中给出了一些间接驱动的结果[6,7]以比较驱动类型对谐波失真的影响。

12.1.2 电致伸缩换能器

在电致伸缩材料中,应力和应变是电场的偶函数。通过将式(12-1)和式(12-2)展开至四阶级数,然后将E和E^3中所有项的系数设为零,即可得到相应的状态方程。为了简化处理,忽略第三阶、第四阶弹性项。这里的基本原理是使用对电场有准确依赖的方程,该方程具有与压电方程相同的项数,即:

$$T = c_1 S + c_2 S^2 - e_2 E^2 - e_4 E^4 \tag{12-9}$$

$$D = 2e_2 SE + 4e_4 SE^3 + \varepsilon_1 E + \varepsilon_2 E^2 \tag{12-10}$$

最常用的铁电致伸缩材料通常表现出迟滞和残余极化现象,但是式(12-9)和式(12-10)并不能描述残余极化现象。正如第2.2节中简单讨论的,Piquette和Forsythe[8,9]已经开发出电致伸缩陶瓷的一种更为完整的三维现象学模型,它明确地包含了饱和度和残余极化。然而,一些重要的电致伸缩材料,如陶瓷PMN,具有非常小的残余极化和非常窄的滞后环[10]。在这种情形下,根据式(12-9)和式(12-10),T和D作为S和E的函数,可以近似地描述为S和E的单平均曲线。

如第2.2节所述,对于具有较小剩磁的材料,需要施加一个偏置电场E_0,以实现小幅值驱动的线性化。当这些材料被高强度电场驱动时,通常还需要施加一个压缩预应力T_0,以避免材料的拉伸破坏。施加的偏置电场和机械力,将引起材料的静电位移D_0和静态应变S_0。在偏置电场的基础上增加一个交变电场E_3时,将引起其他变量T_3、S_3、D_3交替变化,总应力式(12-9)变为

$$T_0 + T_3 = c_1(S_0 + S_3) + c_2(S_0 + S_3)^2 - e_2(E_0 + E_3)^2 - e_4(E_0 + E_3)^4 \tag{12-11}$$

这里将考虑与前一节相同的纵向谐振换能器,但这里的活性材料是一个施加偏置电压的电致伸缩陶瓷棒。由于方程(12-11)右边的常数项只满足方程,并且当$E_3 = 0$时,$S_3 = 0$和$T_3 = 0$,因此忽略方程右边的常数项,从而得到运动方程所需要交替应力的表达式为

$$T_3 = (c_1 + 2c_2 S_0) S_3 + c_2 S_3^2 - (2e_2 E_0 + 4e_4 E_0^3) E_3 - (e_2 + 6e_4 E_0^2) E_3^2 - 4e_4 E_0 E_3^3 - e_4 E_3^4 \tag{12-12}$$

T_3可以表示为质量的位移x、偏压V_0和驱动电压$V_3 = V_{30}\cos\omega t$之间存在这样的关系,即$S_3 = x/L_0$,$E_0 = V_0/L_0$,$(E_0 + E_3) = (V_0 + V_3)/(L_0 + x)$,代入已知参数$E_0$和$T_0$可以得到$E_3 = (V_3 - xV_0/L_0)/(L_0 + x)$,其中,$L_0$是陶瓷棒的长度。然后运动方程变成:

$$M_t \ddot{x} + R_t \dot{x} = -AT_3 = -A\left[(c_1 + 2c_2 S_0)\frac{x}{L_0} + c_2\left(\frac{x}{L_0}\right)^2 \right.$$
$$\left. - e_2(2E_0 E_3 + E_3^2) - e_4(4E_3 E_0^3 + 6E_0^2 E_3^2 + 4E_0 E_3^3 + E_3^4)\right] \tag{12-13}$$

方程(12-13)也可以写成方程(12-7)的形式,表12-2给出了低阶γ_{nm}的数值,其中,γ_{02}的数值将被用于第12.2.1节中来计算一个二次谐波分量,并与Piquette和Forsythe给出的电致伸缩

理论和测量结果[9]进行比较。

表 12-2　电致伸缩（$F_0 = E_0 = V_0/L_0, F_{30} = E_{30} = V_{30}/L_0$）和磁致伸缩（$F_0 = H_0 = nI_0/L_0$，$F_{30} = H_{30} = nI_{30}/L_0$）换能器保持极化时的 $M\gamma_{nm}$（更多的值见文献[3]）

nm	$M\gamma_{nm}$
00	$A[1/2e_2F_{30}^2 + 3e_4(F_0^2F_{30}^2 + F_{30}^4/8)]$
10	$-(A/L_0)[c_1 + 2S_0c_2 + 2e_2(F_0^2 + 1/2F_{30}^2)]$
20	$-(A/L_0^2)[c_2 - 3e_2(F_0^2 + 1/2F_{30}^2)]$
01	$A[2e_2F_0F_{30} + e_4(4F_0^3F_{30} + 3F_0F_{30}^3)]$
11	$-(A/L_0)(4e_2F_0F_{30})$
02	$A(1/2e_2)F_{30}^2$

表 12-2 给出的数值适用于恒定偏置电场作用下弱残余极化的电致伸缩材料；适用的另一极端是具有高度剩磁的电致伸缩材料，这时材料被永久极化，成为压电陶瓷，线性压电陶瓷系数和电致伸缩系数的关系在第 2.2 节中已经进行了讨论。它们还显示了高电压驱动的非线性效应，分析和结果见第 12.1.1 节和表 12-1 中压电材料的系数。然而，应该指出的是，压电陶瓷系数依赖于残余极化，它们可能随高静态应力、高温或高交变场变化[3]。

12.1.3　磁致伸缩换能器

当我们不考虑磁和电损耗机制时，磁致伸缩在许多方面与电致伸缩类似。例如，磁致伸缩应变是磁场的偶函数，因此，可以通过电致伸缩方程式（12-9）和式（12-10）方便地获得磁致伸缩材料的近似现象学描述，即有

$$T = c_1S + c_2S^2 - e_2H^2 - e_4H^4 \quad (12\text{-}14)$$

$$B = 2e_2SH + 4e_4SH^3 + \mu_1H + \mu_2H^2 \quad (12\text{-}15)$$

这里同样针对第 2.3 节中图 2-7 描述的纵向谐振式换能器，建立其非线性运动方程。L_0 是施加预应力 T_0 和偏置磁场 H_0 后磁致伸缩杆的长度，A 是两个杆的横截面积，n 是每个杆上线圈的匝数。I_0 为偏置电流，$I_3 = I_{30}\cos\omega t$ 是驱动电流（用于直接驱动磁场换能器），x 表示位移。变量之间的关系是 $S = x/L_0, H_0 = nI_0/L_0, H_0 + H_3 = n(I_0 + I_3)/(L_0 + x)$，从而可以得到

$$H_3 = n(I_3 - xI_0/L_0)/(L_0 + x)$$

因为这些关系和方程（12-14）、方程（12-15）与电致伸缩运动方程类似，并且系数 γ_{nm} 也类似，因此，表 12-2 给出了同时适用于磁致伸缩和电致伸缩中的系数 γ_{nm}。

在第 12.2.1 节中可以看到，非线性机理所引起的谐波响应可以以 γ_{nm} 系数的形式表示，这些系数主要由材料的特征参数决定，而这些材料参数又必须通过测量来确定。图 12-2 和图 12-3（文献[11]中的图 3 和图 4）是用于 Terfenol-D 法测量材料参数的例子。

将应变和应力作为磁场与偏置条件的函数，每个偏置条件对应不同的固定偏置应力和固定的磁场偏置，如表 12-3 所示。

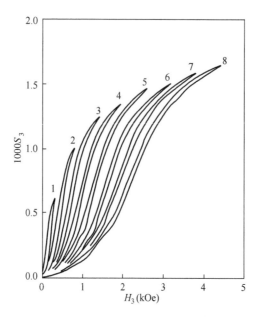

图 12-2 在 Terfenol-D 中,施加磁场下拉伸应变的 8 个磁滞回线[11],
用于确定表 12-3 中的恒应力值

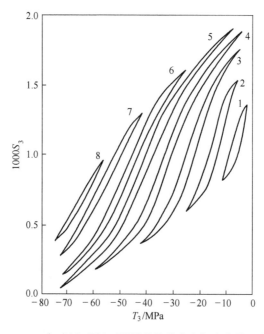

图 12-3 在 Terfenol-D 中,恒定磁场下测量的拉伸应变与应力的 8 个磁滞回线[11],
用于确定表 12-3 中的恒应力值

图 12-2 和图 12-3 的测量结果可用来确定式(12-14)的系数,但是由于缺乏每个偏置条件下静态应变的测量值,致使确定的结果不够完整[2]。

Moffett 等利用图 12-2 和图 12-3 中的数据采用不同的方法确定了系数 γ_{nm}。他们使用这些数据计算了每种偏置条件和驱动幅度下线性常数 d_{33}、S_{33}^H 和 μ_{33}^T 的数值,而不是解释测量中的非线性理论。由于非线性的影响,这些参数不是恒定的,而是随偏置条件和驱动幅度变化的。

表 12-3 偏置磁场与预应力的关系[11]

偏置条件	压缩预应力		偏置磁场	
1	1.01 ksi	6.9 MPa	0.15 kOe	11.9 kA/m
2	2.22	15.3	0.4	31.8
3	3.42	23.6	0.7	55.7
4	4.64	32.0	1.0	712.6
5	5.96	40.4	1.3	103
6	7.07	48.7	1.6	127
7	8.28	57.1	1.9	151
8	12.49	65.4	2.2	175

12.1.4 静电和可变磁阻换能器

前三节讨论的换能器简单模型中的非线性,仅仅体现了活性材料状态方程中所包含的物理效应。在实际的传感器中,非线性往往与结构特征有关,尤其与安装和密封条件有关。现在讨论的表面力传感器中,驱动机构、弹簧和其他部件中都可能存在非线性。接下来的两节将讨论经常发生的具体的非线性机理,但是在任何一个特定的换能器设计中,都可能会有其他机理引入意想不到的非线性效应[12]。

第 2.4 节中已经提到了静电换能机理中存在的非线性,由于该机理基本上是非线性的,并且输出运动中包含输入的二次谐波。为了使输出实现线性化,需要施加一个较大的偏置电压 V_0。但是施加的偏置电压将引起其他非线性效应,例如,第 12.2.3 节中讨论的,当偏置电压 V_0 超过 $[8K_m L^3/(27\varepsilon A)]^{1/2}$ 时,换能器的输出将不稳定。式(2-47)给出了电压驱动静电换能器的运动方程,包括与基本换能机理相关的非线性。现在,静电换能器中的另一种常见非线性机理将被加入到运动方程中,即由幂级数表示的非线性弹簧力,

$$F(x) = K_1 x + K_2 x^2 + K_3 x^3 + \cdots \tag{12-16}$$

将 $x = x_0 + x_1$,$V = V_0 + V_1 \cos\omega t$ 以及式(12-16)代入方程(2-47),得

$$M\ddot{x}_1 + R\dot{x}_1 + K_1(x_1 + x_0) + K_2(x_1 + x_0)^2 + K_3(x_1 + x_0)^3 = -\frac{\varepsilon A(V_0 + V_1\cos\omega t)^2}{2(L_0 + x_1)^2}$$

$$\tag{12-17}$$

式中,$L_0 = L + x_0$,x_0 是偏置电场引起的静态位移。式(12-17)中弹簧力被任意限制为3项,实际应用中,应根据驱动的幅值和换能器的特性确定所需的项数。方程(12-17)的右边是按照式(12-7)形式展开的,表 12-4 给出了展开系数 γ_{nm}。通过比较偏置换能器中总的有效非线性弹簧系数 $K_0(x_1)$,可以获得其中一些项的物理意义。

$$K_0(x_1) = \left(K_1 + 2x_0 K_2 + 3x_0^2 K_3 - \frac{\varepsilon A V_0^2}{L_0^3}\right) + \left(K_2 + 3x_0 K_3 + \frac{3\varepsilon A V_0^2}{2L_0^4}\right)x_1 + \left(K_3 - \frac{2\varepsilon A V_0^2}{L_0^5}\right)x_1^2 + \cdots$$

$$\tag{12-18}$$

从式(12-18)可以看出,由 K_2、K_3 和偏置电压 V_0、位移 x_0 表示的弹簧非线性系数,改变了线性

弹簧常数的有效值以及非线性弹簧的系数。在第 2.4 节中提到的负刚度,作为线性解的一部分,以线性弹簧常数的一部分出现在这里;也可以看到,即使机械弹簧是线性的,当 $K_2 = K_3 = 0$ 时,施加的偏置电压也使弹簧呈现出非线性效应。

表 12-4　静电换能器的 $M\gamma_{nm}(E_0 = V_0/L_0, E_1 = V_1/L_0)$

nm	$M\gamma_{nm}$
00	$(-1/4)\varepsilon A E_1^2$
10	$-(K_1 + 2x_0 K_2 + 3x_0^2 K_3) + (\varepsilon A/L_0)(E_0^2 + E_1^2/2)$
20	$-(K_2 + 3x_0 K_3) - (3\varepsilon A/2L_0^2)(E_0^2 + E_1^2/2)$
01	$-\varepsilon A E_0 E_1$
11	$(2\varepsilon A/L_0) E_0 E_1$
02	$-\varepsilon A E_1^2/4$

当忽略磁饱和时,这里的 $M\gamma_{nm}$ 同样适用于可变磁阻换能器,只需分别将 ε、E_0、E_1 用 μ、$H_0 = nI_0/2L_0$、$H_1 = nI_1/2L_0$ 代替。

第 2.5 节中给出了当磁路间隙的能量远大于磁性材料的能量时,可变磁阻传感器的运动方程。采用磁路间隙的能量远大于磁性材料的能量假设,使可变磁阻机理与静电机理类似。

文献[3]给出了包含近似磁饱和效应的可变磁阻换能器的 $M\gamma_{nm}$。

12.1.5　动圈式换能器

在图 2-10 所示的动圈式换能器中,有 3 种非线性的不同来源,将这些非线性因素加入到第 2 章讨论过的线性方程(2-65)中,有

$$M_t \ddot{x} + R_t \dot{x} + K_m(x)x = B(x) l_c I + \frac{1}{2} \frac{dL}{dx} I^2 \quad (12\text{-}19)$$

如式(12-16),$K_m(x)$ 表示非线性弹簧系数,这个系数在动圈式换能器中是很重要的。线圈悬架的弹性和换能器内密封空气的弹性是 $K_m(x)$ 的两个不同的组成部分,由于换能器内密封空气的弹性很容易计算,而线圈悬架的弹性通常不容易计算,因此需要单独考虑非线性弹簧系数 $K_m(x)$ 的两个组成部分,这样可以将其写为

$$K_m(x) = K_s(x) + K_a(x) = (K_{s1} + K_{a1}) + (K_{s2} + K_{a2})x + (K_{s3} + K_{a3})x^2 + \cdots \quad (12\text{-}20)$$

其中,

$$K_a(x) = \frac{\gamma A^2 p_0}{v_0} \left(1 + \frac{Ax}{v_0}\right)^{-(\gamma+1)} = K_{a1} + K_{a2} x + K_{a3} x^2 + \cdots$$

是用绝热变化的压力和体积计算得到的密封空气的弹簧系数。绝热条件下压力的变化 p 和体积变化 Ax,与初始压力 p_0 和体积 V_0 有关,即 $(p_0 + p)(v_0 + Ax)^\gamma = p_0 v_0^\gamma$,其中,$\gamma$ 是空气的比热比;A 是振动表面的面积。通过求解该式以及 $A\, \partial p/\partial x$ 可以确定 $K_a(x)$,将它的表达式展开,可以得到密封空气的线性和非线性弹簧系数:

$$K_{a1} = \gamma A^2 p_0 / v_0$$
$$K_{a2} = -(\gamma + 1) K_{a1}(A/v_0)$$
$$K_{a3} = \frac{1}{2}(\gamma + 1)(\gamma + 2) K_{a1} (A/v_0)^2$$

对于水下使用的特定的动圈式换能器,测量分析表明,密封空气的线性弹性 K_{a1} 超过了悬架的线性弹性 K_{s1},而悬架的非线性弹性则比密封空气的非线性弹性大得多,表12-5给出了具体的结果[6]。这种情况不是一个特例,它是悬架设计如何引入非线性因素的一个典型例子。

表 12-5　线性和非线性弹簧系数(N/m)

i	K_{si}	K_{ai}
1	0.57×10^5	2×10^5
2	6.8×10^6	-0.84×10^6
3	1.3×10^8	0.18×10^7

在式(12-19)中,$B(x)$ 描述磁场位置的变化,通常可以将它表示为幂级数形式,即

$$B(x) = B_0 + B_1 x + B_2 x^2 + \cdots \tag{12-21}$$

式中,B_0 为间隙中心部分的径向磁场,其他项是线圈偏离中心时施加的修正磁场。当存在小位移 $B(x) \approx B_0$ 时,$B(x)$ 在式(12-19)中就是普通的线性驱动力。然而,如果间隙长度不大于线圈的长度,较大的位移将会使间隙外的部分线圈进入较小的边缘场,这时 $B(x)$ 中的非线性项可能就起重要作用了。通过测量文献[6]中水下动圈式换能器磁场的非均匀性,发现与悬架刚度中的非线性相比,磁场的非均匀性是一个重要的非线性来源。

驱动电流产生的二次磁场是式(12-19)中第三种非线性的来源。这个二次磁场中存储的能量为 $LI^2/2$,L 是线圈的电感。如果电感随间隙的位置发生变化,将会产生额外的力作用在线圈上,即:

$$F = -(I^2/2) dL/dx$$

这项力与主洛伦兹力平行[13]。由于线圈的运动改变了它与磁铁的空间关系,导致线圈中的电感发生改变,因此这种力只存在于电感随线圈移动而变化的情形中。电感也可以表示为幂级数的形式,即:

$$L(x) = L_c + L_1 x + L_2 x^2 + \cdots \tag{12-22}$$

式中,L_c 是固定电感,其他系数由实验测量确定。将式(12-20)、式(12-21)和式(12-22)代入方程(12-19),并给定驱动电流 $I = I_0 \cos\omega t$,方程(12-19)也可以展开为方程(12-7)的形式,系数 γ_{nm} 如表12-1所示,其中 $K_1 = K_{a1} + K_{s1}$。注意,压电换能和动圈换能这两种"线性"换能机理在数学上具有相似性。与此不同的是,Geddes采用一种综合的方法来分析动圈式换能器的谐波失真[14]。

12.1.6　其他非线性机理

文献[6]指出,对于水下低频工作的动圈式换能器,电阻机制中存在着重要的非线性因素。在这种情况下,所观察到的谐波振幅与驱动幅度、谐振频率无关,但这些谐波振幅确实与换能器的轴向与垂直方向的夹角有关[12]。这种方向依赖性表明,由于换能器的运动部件安装在定心杆的轴承上,部件的运动摩擦产生了谐波。实验过程中观察到了奇次谐波和偶次谐波,然而,当摩擦力服从于一般的库仑阻尼定律,即摩擦力的大小不变,方向随振速方向的改变而改变时,就会出现奇次谐波。当摩擦力服从广义库仑阻尼定律,即摩擦力的方向随振速方向改变,且摩擦力的大小随时间变化时,将产生奇次和偶次谐波。可以通过调整广义模型参数,使谐波振幅与测量值近似一致[12]。

当摩擦力较大时,它是换能器谐波失真的一个独特来源,因为它可以在低幅振动时产生谐波,而其他的失真通常只发生在高幅振动。因此,摩擦产生的谐波,使换能器的无畸变动态范围受到了更低的约束。

12.2 非线性效应分析

由于以上讨论的非线性机理通常会降低换能器的性能,因此,非线性分析的目的是定量地解释这些效应是如何产生的,从而获得对它们的一些控制方法。谐波失真是所有换能器中发生的一种重要非线性效应,并且随着驱动幅度的增大而增大,因此第 12.2.1 节和第 12.2.2 节将详细讨论谐波失真。失稳是一些换能器中发生的另一类非线性效应,如第 2 章所述,它在某些情况下会干扰线性运动,失稳将在第 12.2.3 节中讨论。随着驱动幅度的增加,谐波失真不仅增加,而且还可能出现其他高振幅效应。随着输入能量的增加,部分能量将产生谐波成分,从而降低了换能器的效率。通常情况下谐振频率被认为是常数,但是随着驱动幅度的增加,从式(12-8)中可以看出,谐振频率也在改变。而其他参数,如机电耦合系数,也可能随着驱动幅度的增加而变化。

12.2.1 谐波畸变:直接驱动摄动分析

针对上一节中所有非线性机理(除摩擦力外)引起的谐波分量,本节将采用摄动分析法给出方程(12-7)的近似解[15,16],这种求解方法适用于直接驱动的 6 类主要换能器。首先,将方程(12-7)重新写成如下形式:

$$\ddot{x} + r\dot{x} + \omega_0^2 x = \gamma_{01}\cos\omega t + \gamma_{00} + \omega_d^2 x + \sum_{n,m=1} \gamma_{nm} x^n \cos m\omega t \quad (12\text{-}23)$$

方程(12-23)中包含系数 γ_{01} 和 $\gamma_{10} = \omega_d^2 - \omega_0^2$ 的项是一般的线性项,显然已经从总的非线性扰动项中分离出来了。此外 γ_{10} 被分解为独立于驱动幅度的部分 ω_0^2 和依赖于驱动幅度的部分 ω_d^2,后者引起了谐振频率的变化,前者是恒定的低频谐振频率。尽管 γ_{00} 是一项非线性力,为了强调它是一项与位移 x 和时间 t 无关的力,且只能产生一个静态位移,也即零阶谐波,所以也将其从总的力中分离出来。由于不同情况下需要考虑的非线性项数不同,所以方程(12-23)右边并没有明确求和的上限。将所有的物理扰动展开为一系列 $\gamma_{nm} x^n \cos m\omega t$ 函数的形式,是为了数学求解的方便,并且这种方式适用于所有换能器,但是需要注意的是,不只一项与个别物理机理有关。比如,式(12-16)或式(12-20)中,非线性弹簧系数用一系列幂级数表示,包括 γ_{10}、γ_{20}、γ_{30},并且在压电方程中包含系数 e_2 和不同的 γ_{nm}(见表 12-1)。

在开始分析之前,对非线性振动系统中谐波的增加进行简单的描述对理解方程(12-23)的求解是有用的。首先,只考虑方程(12-23)中的一项非线性项 $\gamma_{20} x^2$,即

$$\ddot{x} + r\dot{x} + \omega_0^2 x = \gamma_{01}\cos\omega t + \gamma_{20} x^2$$

当施加驱动的幅值较小时,x 也比较小,这时 $\gamma_{20} x^2$ 足够小,可以忽略。这种情形下,上式近似为线性方程,其解可以用 $x \approx X_{01}\sin(\omega t - \phi)$ 来表示,其中,X_{01} 是基础振幅的线性近似,具体表达式如式(12-30)所示。随着驱动幅值的增大,x 将变大,$\gamma_{20} x^2$ 随 x 的增大而增大,$\gamma_{20} x^2$ 将不可被忽略,它将使上式不可能存在精确解,但是根据该项的物理意义,可以用 x 的线性解近似表示,即

$$\gamma_{20}x^2 \approx \gamma_{20}X_{01}^2\sin^2(\omega t - \phi) = \frac{1}{2}\gamma_{20}X_{01}^2[1 - \cos(2\omega t - 2\phi)]$$

该式表明，$\gamma_{20}x^2$ 是静态驱动力和二阶谐波驱动力的叠加，因此，它将在线性解的基础上增加一项静态位移和二阶谐波位移。随着驱动幅度的增加，静态位移和二阶谐波位移的幅值会增加，采用同样的非线性分析过程，它们将产生其他谐波分量。所以，摄动分析是一种计算谐波的系统过程。

摄动分析的第一步是假定振动系统的解可以表示为无量纲摄动参数 δ 的幂级数，即

$$x(t) = x_0(t) + \delta x_1(t) + \delta^2 x_2(t) + \cdots \tag{12-24}$$

式中，x_0 是线性解，也即非摄动或零级解；$\delta x_1(t)$ 是一阶解，包含第一阶谐波；$\delta x_2(t)$ 是二阶解，包含第二阶谐波，等等。当微分方程中只包含一项摄动项，比如上式中的 $\gamma_{20}x^2$ 时，通常选取 δ 为与这项系数成正比的一个小量。方程(12-23)中包含了几项具有不同系数的非线性项，需要选取一个与所有项相关的参数作为摄动参数，即

$$\delta = X_{01}/L_0 \tag{12-25}$$

这是一个比较方便的摄动参数，X_{01} 是基础振幅的线性近似，L_0 是研究的换能器的特征长度。例如，在压电换能器中，L_0 是压电杆的长度。在这种情形下，X_{01}/L_0 是一个小的无量纲量，独立于任何特定的非线性机理，因此是一个合适的摄动参数。将 $\delta L_0/X_{01} = 1$ 代入方程(12-23)得到如下形式：

$$\ddot{x} + r\dot{x} + \omega_0^2 x = \gamma_{01}\cos\omega t + \frac{\delta L_{01}}{X_{01}}(\gamma_{00} + \omega_d^2 x) + \sum_{n,m=1}\gamma_{nm}\left(\frac{\delta L_0}{X_{01}}\right)^{n+m-1}x^n\cos m\omega t \tag{12-26}$$

这种包含摄动参数的方法，使零阶和二阶谐波出现在一阶摄动中，而三阶谐波以及其他线性基础的修正项出现在二阶摄动中。令 $\delta = 0$，即可得到线性基础解，也即零阶摄动解。

当方程(12-24)被式(12-26)替换后，方程中的项可以以 δ 的幂次进行分组。因此，每项的系数都是 δ 的一个多项式，且随时间变化恒等于零。由于 δ 是恒定的，如果系数依赖于时间，那么每个系数都必须等于零，从而可以得到以下三个方程：

$$\ddot{x}_0 + r\dot{x}_0 + \omega_0^2 x_0 = \gamma_{01}\cos\omega t, \tag{12-27}$$

$$\ddot{x}_1 + r\dot{x}_1 + \omega_0^2 x_1 = \frac{L_0}{X_{01}}(\gamma_{00} + \omega_d^2 x_0 + \gamma_{20}x_0^2 + \gamma_{11}x_0\cos\omega t + \gamma_{02}\cos2\omega t) \tag{12-28}$$

$$\ddot{x}_2 + r\dot{\bar{x}}_2 + \omega_0^2 x_2 = \left(\frac{L_0}{X_{01}}\right)^2(\gamma_{30}x_0^3 + \gamma_{21}x_0^2\cos\omega t + \gamma_{12}x_0\cos2\omega t + \gamma_{03}\cos3\omega t)$$
$$+ \frac{L_0}{X_{01}}(\omega_d^2 x_1 + \gamma_{11}x_1\cos\omega t + 2\gamma_{20}x_0 x_1) \tag{12-29}$$

方程(12-27)是零阶方程，它的解是一般的线性解。方程(12-28)和方程(12-29)是一阶和二阶方程，它们分别是 x_1 和 x_2 的线性方程，其驱动项依赖于较低阶方程的解。这一点非常重要，因为这意味着所有的方程都可以用低阶方程的解来连续求解。还需要注意的是，摄动分析已经将原来不可解的非线性方程转化为一系列易于求解的线性方程。由于方程是线性的，每个驱动项的解都可以单独地从其他低阶解中找到，如果有必要的话可以加在一起，或者单独考虑，以确定哪一阶是最重要的。

由于这些方程包含了 x_0^2 和 $x_0 x_1$ 等乘积项，所以不便于像前面章节那样使用复指数函数进

行求解。因此,求解方程(12-27)的线性解,必须采用实数形式,即:

$$x_0 = X_{01}\sin(\omega t - \phi_1) \quad (12\text{-}30)$$

其中,

$$X_{01} = \gamma_{01}/\omega_0^2 z_m(\nu), \nu = \omega/\omega_0$$

$$z_m(N\nu) = [(1 - N^2\nu^2)^2 + (N\nu/Q_m)^2]^{1/2} = \frac{N\omega}{\omega_0^2 M}|Z_m(N\omega)| \quad (12\text{-}31)$$

$$\tan\phi_N = \frac{X_m(N\omega)}{R_m} = \frac{Q_m}{N\nu}(N^2\nu^2 - 1)$$

式中,$Z_m(N\omega) = R_m + jX_m(N\omega)$ 是频率 $N\omega$ 对应的机械阻抗;$Q_m = \omega_0/r = \omega_0 M/R_m$ 是机械品质因数;N 是谐波阶数(注意,文献[3]使用的是 $\tan\phi_N$)。如果方程(12-23)中没有将 ω_d^2 从 ω_0^2 中分离出来,X_{01}、z_m、Q_m 和 $\tan\phi_N$ 中的 ω_0 将被依赖于驱动幅值的 ω_r 所代替,从常数部分分离出谐振频率的驱动相关部分,使我们可以继续使用这些熟悉的低阶谐振频率,同时也能得到随驱动幅值变化的情况。

解一阶方程(12-28)使用零阶解 x_0 时,方程变为:

$$\ddot{x}_1 + r\dot{x}_1 + \omega_0^2 x_1 = \frac{L_0}{X_{01}}[\gamma_{00} + \omega_d^2 X_{01}\sin(\omega t - \phi_1) + \gamma_{20}X_{01}^2\sin^2(\omega t - \phi_1)$$
$$+ \gamma_{11}X_{01}\sin(\omega t - \phi_1)\cos\omega t + \gamma_{02}\cos2\omega t] \quad (12\text{-}32)$$

可以看出,摄动分析不仅提供了一种求解系统谐波的方法,而且也揭示了谐波产生的物理机理。例如,方程(12-32)中右边的第一个驱动项是一个与 x 或 t 无关的恒力,该项对应的解是一个静态位移,而第二个驱动项则随基本频率的变化而变化,因此它是对线性方程进行的修正。同样,如果将第三个驱动项展开,它则是一个恒力与一个二阶谐波力的叠加,它给出的是另一个静态位移和二阶谐波位移的第一次近似。因此,摄动分析的数学过程与谐波产生的物理过程密切相关。

在讨论方程(12-32)的完整解之前,应该注意到,每一个驱动项对应的解都可以单独考虑。例如,在一个特定换能器中,如果有理由认为弹簧的非线性是谐波的最重要来源,则含 γ_{20} 的项需要单独考虑。当展开这项时,会产生静力和二阶谐波,由此产生的二阶谐波的振幅位移是 $\gamma_{20}X_{01}^2/2\omega_0^2 z_m(2\nu)$,通过与基本振幅的比较,可以评估这一项的重要性。

当将一阶位移,也即方程(12-32)的完整解乘以 δ,即可得到方程(12-24)中的第二项摄动级数:

$$\delta x_1 = \frac{\gamma_{00}}{\omega_0^2} - \frac{\omega_d^2 X_{01}}{\omega_0^2 z_m(\nu)}\cos(\omega t - 2\phi_1) + \frac{\gamma_{20}}{2\omega_0^2}\left[X_{01}^2 - \frac{X_{01}^2}{z_m(2\nu)}\sin(2\omega t - 2\phi_1 - \phi_2)\right]$$
$$- \frac{\gamma_{11}}{2\omega_0^2}\left[X_{01}\sin\phi_1 - \frac{X_{01}}{z_m(2\nu)}\cos(2\omega t - \phi_1 - \phi_2)\right] + \frac{\gamma_{02}}{\omega_0^2 z_m(2\nu)}\sin(2\omega t - \phi_2)$$

$$(12\text{-}33)$$

第一、第三、第五项是由 γ_{00}、γ_{20}、γ_{11} 产生的静态位移引起的;第二项是对方程(12-30)线性基础的修正。这里需要注意的是,γ_{20} 和 γ_{11} 都产生了零阶和二阶谐波,而 γ_{02} 只产生二阶谐波,因为这一项的系数与 x 无关。一阶解最有用的部分通常是二阶谐波分量的幅值与线性基础的关系。采用式(12-30)表示位移 X_{01},则这些位移之间的比值为:

$$\frac{X_{202}}{X_{01}} = \frac{\gamma_{20}\gamma_{01}}{2\omega_0^4 z_m(2\nu)z_m(\nu)}\sin(2\omega t - 2\phi_1 - \phi_2) \quad (12\text{-}34)$$

$$\frac{X_{112}}{X_{01}} = \frac{\gamma_{11}}{2\omega_0^2 z_m(2\nu)}\cos(2\omega t - \phi_1 - \phi_2) \tag{12-35}$$

$$\frac{X_{022}}{X_{01}} = \frac{\gamma_{02} z_m(\nu)}{\gamma_{01} z_m(2\nu)}\sin(2\omega t - \phi_2) \tag{12-36}$$

式中,X 的三个下标分别是 n、m 和谐波阶数 N。这些分量是二阶谐波位移的主要贡献,但是对二阶谐波的一些小的修正会出现在高阶解中。

请注意,二阶谐波的这三种贡献来自于三种不同的物理机制,X_{202} 来自于非线性弹簧,X_{112} 来自于位移变化引起的电场的变化,X_{022} 来自于平方律的驱动。在任何一种特定情况下,这些贡献中的一种起主要作用,支配其他两种。从表 12-1 中的 γ_{nm} 可以看出,X_{01} 正比于 γ_{01};X_{112}、X_{022} 随驱动电压或电流的平方增加而增大;而 X_{202} 包含两部分,一部分随驱动的平方增大,另一部分随驱动的四次方增大。在方程(12-29)中,使用零阶 x_0 和一阶解 x_1,可以采用相同的方法得到三阶谐波分量。

将位移谐波转化为声压谐波后,谐波分量的频率依赖性更有意义。假设辐射过程是线性的,并且每个辐射谐波都独立于其他辐射,第 10 章的任何结果中,换能器表面振速或加速度的辐射声压,比如描述脉动球体的式(10-18)和式(10-15c),可认为是将位移谐波转换为了压力谐波。相对于位移谐波,振速谐波的幅值 $u = j\omega x$ 随谐波阶数 N 增大,加速度和压力谐波的幅值随谐波阶数 N^2 增大。由式(10-15c)可知,在距离 r 上,特定谐波分量的压力幅值为

$$|p_{nmN}(r)| = \frac{\rho A (N\omega)^2 X_{nmN}}{4\pi r}$$

第 nmN 阶声压谐波与基本声压的比值为

$$\left|\frac{p_{nmN}(r)}{p_{01}(r)}\right| = \frac{N^2 X_{nmN}}{X_{01}}$$

其中,式(12-34)~式(12-36)给出的是二阶谐波分量的位移比,例如,$|X_{202}/X_{01}| = (2\gamma_{20}\gamma_{01})/[\omega_0^4 z_m(2\nu) z_m(\nu)]$。从参数 γ_{nm} 可以看出,基础分量和谐波分量与激励频率有关,并且 γ_{nm} 中包含驱动电场或磁场的幅值。定义如下的无量纲压力振幅 P_{nmN} 与实际的压力振幅 $|p_{nmN}|$,其中,$\alpha = 4\pi r/\rho A$:

$$P_{01} = \frac{\alpha |p_{01}|}{\gamma_{01}} = \frac{\nu^2}{z_m(\nu)}$$

$$P_{202} = \frac{2\alpha \omega_0^4 |p_{202}|}{\gamma_{20}\gamma_{01}^2} = \frac{(2\nu)^2}{z_m^2(\nu) z_m(2\nu)}$$

$$P_{112} = \frac{2\alpha \omega_0^2 |p_{112}|}{\gamma_{11}\gamma_{01}} = \frac{(2\nu)^2}{z_m(\nu) z_m(2\nu)}$$

$$P_{002} = \frac{\alpha |p_{002}|}{\gamma_{02}} = \frac{(2\nu)^2}{z_m(2\nu)}$$

采用这种方法描述的压力谐波分量与频率的关系,适用于所有直接驱动类换能器。图 12-4 给出了品质因数 $Q_m = 10$、3、1 时,定义的标准声压 P 与无量纲频率 ν 的关系[3]。从图 12-4 中可以看出,P_{202} 和 P_{112} 取决于基本振幅,具体函数是 $z_m(\nu)$ 和 $z_m(2\nu)$。因此,当驱动频率 $\omega = \omega_0/2$ 时,激励频率的二阶谐波激起换能器产生谐振。然而,由于 P_{022} 只与 $z_m(2\nu)$ 有关,因此它的谐振峰值只出现在 $\omega_0/2$ 处。同时,也可以发现,当 $Q_m = 3$ 时,谐振峰值大大降低了;当 $Q_m =$

1时,谐振峰值则完全消失了。

通过求解方程(12-29)可以得到振动系统的二阶摄动解[3],其中三阶谐波分量的8个不同成分的贡献如图12-5所示,这些结果与二阶谐波的相似。将求解方程(12-33)得到的解 x_1 代入方程(12-29)可以发现,包含两个不同 γ_{nm} 相乘的项将会出现,由于这些项与 $z_m(\nu)$、$z_m(2\nu)$ 和 $z_m(3\nu)$ 有关,所以它们激起的三阶谐波成分在一些情况下会出现3个峰值。通过测量不同激励频率下谐波分量的幅值,并与图12-4和图12-5进行比较,可以帮助确定引起谐波分量的物理机理。

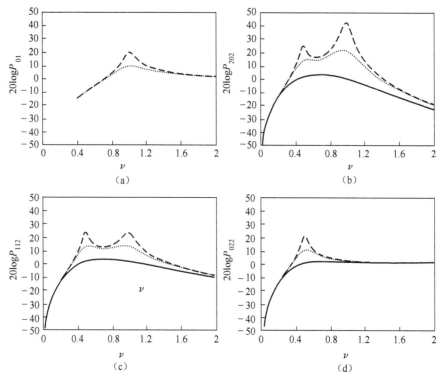

图12-4 不同激励下标准声压 $P(\mathrm{dB})$ 中基本线性和二阶谐波与无量纲频率 ν 的关系
(a) X^3 ;(b) X^2 ;(c) $\cos\omega t$;(d) $\cos 2\omega t$ ($Q_m = 1$ 为实线、$Q_m = 3$ 为点划线、$Q_m = 10$ 为虚线)[3]

由于谐波位移分量可以采用激励频率和谐波频率处的基础位移来表示,所以式(12-34)~式(12-36)的结果可以纳入线性换能器模型,例如,式(12-34)可以写为:

$$X_{202} = \frac{\gamma_{20}}{2\gamma_{01}} X_{01}^2(\omega) X_{01}(2\omega) \sin(2\omega t - 2\phi_1 - \phi_2) \tag{12-37}$$

其他二阶谐波分量以及更高阶次的谐波分量也可以用类似的方式表示[3]。式(12-37) X_{202} 的表达式中,除了非线性振幅参数 γ_{20} 外,其他都是线性参数。因此,对于直接驱动换能器,函数 X_{01} 包含了决定换能器线性动态力学特性的所有参数,也决定了谐波的频率。当然,谐波分量的幅值取决于非线性参数 γ_{nm}。

虽然式(12-34)~式(12-36)是从一维换能器模型中得到的,但是如果换能器的机电驱动部分只进行一维运动,而其他运动部件中不包含显著的非线性,则这些表达式也可以应用于更复杂结构的换能器。通常压电陶瓷堆栈驱动的柔性压电换能器就满足这些条件。这种压电陶瓷堆栈驱动换能器产生的谐波通过换能器的其他结构传输,并通过近似的线性过程辐射到介质中。因此,这种换能器的线性模型可以与式(12-37)相结合评估谐波分量[17]。

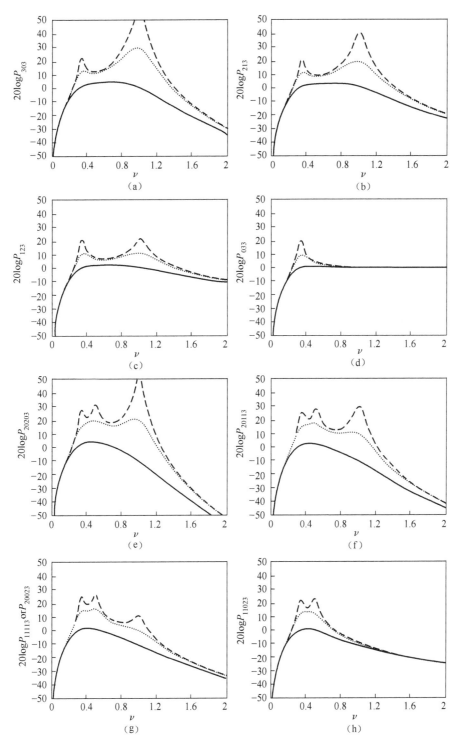

图 12-5 不同激励下标准声压 $P(\mathrm{dB})$ 的三阶谐波分量与无量纲频率 ν 的关系

(a) X^3；(b) $X^2\cos\omega t$；(c) $X\cos 2\omega t$；(d) $\cos 3\omega t$；(e) X^2；(f) $X^2+X\cos\omega t$；

(g) $X\cos\omega t+\cos 2\omega t$ 或 $X^2+\cos 2\omega t$；(h) $X\cos\omega t+\cos 2\omega t$

($Q_\mathrm{m}=1$ 为实线、$Q_\mathrm{m}=3$ 为点划线、$Q_\mathrm{m}=10$ 为虚线)[3]

适用于任何换能机理的二阶谐波分量的计算结果,将与电致伸缩陶瓷的物理特性相关,并与 Piquette 和 Forsythe 对 PMN 的实验测量结果[8]进行比较。从表 12-2 可以看出,γ_{nm} 中主要的项是:

$$M\gamma_{01} = 2e_2AE_0E_{30} = 2e_2A(V_0V_{30}/L_0^2)$$

$$M\gamma_{02} = \frac{1}{2}e_2AE_{30}^2 = \frac{1}{2}e_2A(V_{30}/L_0)^2$$

$$M\gamma_{11} = 4e_2AE_0E_{30}/L_0 = 4e_2A(V_0V_{30}/L_0^3)$$

$$M\gamma_{20} = c_2A/L_0^2$$

$$M\omega_0^2 = c_1A/L_0$$

在低频段,$z_m(v)$、$z_m(2v)$ 近似等于 1,式(12-34)~式(12-36)中二阶谐波分量的相对幅值可进一步表示为:

$$\left|\frac{X_{202}}{X_{01}}\right| = \frac{\gamma_{20}\gamma_{01}}{2\omega_0^4} = \frac{c_2e_2V_0V_{30}}{c_1^2L_0^2} \tag{12-38}$$

$$\left|\frac{X_{112}}{X_{01}}\right| = \frac{\gamma_{11}}{2\omega_0^2} = \frac{2e_2V_0V_{30}}{c_1L_0^2} \tag{12-39}$$

$$\left|\frac{X_{022}}{X_{01}}\right| = \frac{\gamma_{02}}{\gamma_{01}} = \frac{V_{30}}{4V_0} \tag{12-40}$$

需要注意的是,这些二阶谐波分量的相对幅值与材料特性的关系是不同的:当二阶非线性弹性常数 c_2 为零时,X_{202}/X_{01} 为零;X_{112}/X_{01} 与一阶电致伸缩常数 e_2 成比例,X_{022}/X_{01} 与任何材料常数无关,因为 X_{022} 和 X_{01} 与 e_2 相关。比率 X_{022}/X_{01} 是一个特例,即任何偏置的平方律机理都会产生一个基础谐波和一个二阶谐波,并得到式(12-40)所给出的相对位移幅值的表达式,其他的特例将在第 12.3 节中给出。在保持施加偏置电场或磁场幅值恒定的情况下,γ_{20} 和 γ_{11} 引起的非线性机理随着施加偏置程度的降低,产生的二阶谐波将降低,而 γ_{02} 的非线性机理将增大。在大多数情况下,当换能器被驱动时,V_{30} 是 V_0 的重要部分,谐波分量 X_{022} 支配着其他二阶谐波分量。

Piquette 和 Forsythe 用所建立的模型得到了 PMN 中谐波分量的表达式[9]。在 PMN 换能器实验中,他们还测量了偏置场高达 700V/cm,V_{30}/V_0 从约 0.2 到接近 1 过程中,换能器的二阶谐波分量,其中,X_{022} 可能是测量中最重要的组成部分。他们得出的结果是加速度比为位移比的 4 倍,这个加速度比正好等于 V_{30}/V_0,与式(12-40)的结果一致。该比值与文献[9]中表 1 中的测量结果非常接近,并且当饱和参数为零,激励频率远低于谐振频率时,比值与式(30)的结果完全一致。

12.2.2 间接驱动的谐波畸变

前一节中讨论的谐波分析方法仅限于直接驱动,即电压驱动的电场换能器和电流驱动的磁场换能器。直接驱动只需要求换能器动力学方程的解,如式(12-23),其中每一项代表一种力。间接驱动,比如电压驱动的磁场换能器和电流驱动的电场换能器,需要同时求解换能器的机械方程和电学方程。因此,间接驱动的谐波分析比直接驱动更为复杂。由于许多功率放大器的内阻较低,在实际应用中近似的电压驱动非常常见,电场换能器主要采用直接驱动,而磁场换能器主要采用间接驱动。在某些情形下,这两种类型的驱动方式会产生较大不同的谐波成分,这就意味着存在降低谐波失真的可能性[6]。例如,电流驱动可以降低动圈式换能器中的谐波成分[18]。

文献[7]给出了间接驱动换能器位移谐波分量一般的求解方法,但具体结果过于复杂,不便于阐述。通过比较文献[3]和文献[7]的结果,分析了不同驱动方式下低阶谐波失真的实际问题。间接驱动产生的每一阶位移的谐波分量都比直接驱动产生的多,因为它涉及换能器的电气和机械部分的非线性机理。因此,当电、机械和机电非线性因素都显著时,间接驱动将产生比直接驱动更高阶的位移谐波。然而,即使没有电学非线性因素,间接驱动谐波也不同于直接驱动谐波,谐波阶次可能更高[7]。

文献[7]并没有给出哪种驱动方式会产生较低的谐波这个问题的一般性答案,但是提到了一些具体的结果。例如,在低电损耗的换能器中,除非极高耦合系数($k>0.925$)且弹簧是主要的非线性谐振情形下,间接驱动产生的二阶谐波通常比直接驱动产生的高。直到最近,高耦合系数只在动圈式换能器中被发现,但在最新的换能器材料中也发现了高耦合系数,例如单晶材料 PIN-PMN-PT(见第 13.5 节)。

12.2.3 静电和可变磁阻换能器的不稳定性

第 2 章中提到了静电和可变磁阻换能器的不稳定性,因为这种非线性效应会干扰这类换能器的线性特性。这类换能器的不稳定性将在本节用静电换能器分析,但如果忽略磁饱和效应,所得结果同样适用于可变磁阻换能器。如果施加的偏置电压的幅值过高,静电换能器中的非线性因素会使其不稳定。式(2-48)表达了电场力和弹簧力之间的静态平衡,令 $y = x_0/L$,式(2-48)可写为

$$y^3 + 2y^2 + y + \lambda = 0 \tag{12-41}$$

对于静电换能器,$\lambda = \varepsilon A_0 V_0^2 / 2K_m L^3$;对于可变磁阻换能器,$\lambda = \mu A_0 (nI_0)^2 / 2K_m L^3$。这个三次方程得到了广泛的研究,其影响也是众所周知的[19-21]。随着偏置电压的增加,可移动板向固定板移动,当 $V_0 = 0$ 时,两板之间的距离为 L。因此,移动板的位移在 $-1 \leq y \leq 0$ 范围内才有物理意义。方程(12-41)的根在这个范围内的分布情况为:当 $\lambda < 4/27$ 时,方程有两个实根;当 $\lambda = 4/27$ 时,方程有两个相等的实根;当 $\lambda > 4/27$ 时,方程没有实根。图 12-6 以不同符号给出了电场(或磁场)力的两种形式,在力大小相等且方向相反的点上显示这些根。

只要电压足够低使得 $\lambda < 4/27$,这时 $y = 0$ 和 $y = -1/3$ 之间存在一个稳定的平衡点,使移动板保持稳定。在 $y < -1/3$ 处,这个电压对应的另一个根,是一个不稳定的平衡点,从图 12-6 可以看出,通过在这个点上做一个小位移,将得到一个合力。如果施加的电压足够大使得 $\lambda > 4/27$,可移动板会将固定板撞倒。因此,偏置电压值必须足够小使 $\lambda = 4/27$、$y_0 = -L/3$,即为了避免出现不稳定,V_0 必须小于 $[8K_m L^3/(27\varepsilon A_0)]^{1/2}$。需要注意的是,方程(2-55)表明,此时 V_0 的值对应的是 $k = 1$。对于可变磁阻换能器,将 V_0 和 ε 用 nI_0 和 μ 代替,就可得到类似的结果。

这些结论适用于 $-K_1 x$ 的线性弹簧力。弹簧在某种程度上总是非线性的,通常在位移增加时,弹簧会变得更硬。Hunt 指出,对于立方弹簧,它的弹簧力为 $-K_3 x^3$,这时间隙接近 $x_0 = -3L/5$ 而不是 $x_0 = -L/3$[20]。通过静电换能器的实验研究他还指出,可能因为振动膜的弯曲形成了换能器的一个板,在 $x_0 = -L/3$ 前,间隙就消失了。比如,一个硬弹簧,随着位移的增加而变硬,用一个包含线性和立方项混合的弹簧模型 $-K_1 x - K_3 x^3$ 更为实用,在这种情形下,平衡方

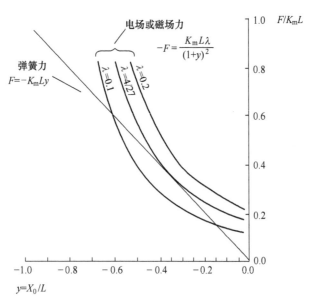

图 12-6 静电和可变磁阻传感器的静态平衡图

注意,当 $\lambda = 0.1$ 时,稳定平衡点在 $y = -0.16$ 处,不稳定点在 $y = -0.59$ 处;
当 $\lambda = 4/27$ 时,平衡点在 $y = -1/3$ 处;当 $\lambda > 4/27$ 时,不存在平衡点[21]

程(12-41)可以被下式替代,即

$$y + \beta y^3 = -\frac{\lambda}{(1+y)^2} \tag{12-42}$$

式中,$y = x_0/L$;$\beta = K_3 L^2/K_1$。对于给定的 λ 和 β,确定方程的平衡点需要求解一个五次方程,但是确定间隙消失前的位移可以不需要求解五次方程。在间隙闭合时,不仅满足方程(12-42),而且两个力的斜率也相等,如图 12-6 所示。由于方程(12-42)中每一项都与力成正比,方程两边对 y 求微分,可以得到斜率方程:

$$1 + 3\beta y^2 = \frac{2\lambda}{(1+y)^3} \tag{12-43}$$

将方程(12-42)除以方程(12-43)可得

$$\beta y^2 = -\frac{3y+1}{5y+3} \tag{12-44}$$

由该式可以确定非线性弹簧在间隙闭合时的 y 值。该式表明,对于线性弹簧 $\beta = 0$,$y = -1/3$;对于三次弹簧 $\beta \to \infty$,$y = -1/3$,这与 Hunt 的结果一致;对于 $\beta = 4$,$y = -1/2$;对于 $\beta = 5/4$,$y = -2/5$。对于一个给定的 β 可以确定相应的 y 值,根据式(12-41)可以得到 λ,进而可以确定导致间隙关闭的驱动电压。非线性硬弹簧,随着位移的增大而变硬,从而提高了静电换能器中不稳定的偏置电压。在可变磁阻换能器中,同样的效果增加了间隙闭合发生时的偏置电流。

当施加的偏置电压或电流从零缓慢增长到与稳定平衡点对应的值时,上述结果保持不变。如果增加速度过快,可移动板会超过预定的点,而超调可能会导致间隙关闭和保持关闭。针对线性弹簧,文献[21]分析了电压(或电流)快速增长的情形,发现当 λ 超过 1/8 而不是 4/27 就出现了间隙关闭的现象。两者的差异只有大约 9%,因为电压(或电流)与 λ 的平方根成正比。

现在我们讨论静电和可变磁阻换能器的不稳定性,包括将交变驱动电压(或电流)增加到稳定的偏置电压引起的动态不稳定性。随着驱动电压的增加,导致平衡点的位移偏移增加,平衡点也发生变化,最终当偏移达到临界振幅时,间隙闭合。上述分析表明,方程(12-33)的一阶解中包含的三项力改变了系统的位移静力平衡,由表12-4可知其中最重要的一项是 $\gamma_{00}/\omega_0^2 = -\varepsilon A V_1^2/4K_1L_0^2$。这一项是静态位移的增量,它随驱动电压的平方增加,从驱动电压为零时的静态位移 $-\varepsilon A V_0^2/2K_1L_0^2$ 开始增大。另外两个一阶静态项也改变了这个增量,而更高阶的摄动解也将进一步改变它。但是摄动分析法不能预测在什么驱动幅度下,间隙会缩小。

为了研究静电换能器的动力学稳定性,需要采用不同的方法[21]。在方程(12-17)中,考虑一个线性弹簧($K_2 = K_3 = 0$)的驱动电压和位移之间的一个待定相角 θ,可以得到:

$$M\ddot{x} + R\dot{x} + K_1 x = \frac{-\varepsilon A [V_0 + V_1 \cos(\omega t + \theta)]^2}{2(L+x)^2} \quad (12\text{-}45)$$

将方程(12-45)两端除以 L,并用如下形式的近似解替换。

$$y = x/L = y_0 + y_1 \cos\omega t \quad (12\text{-}46)$$

这样可以得到一组关于 y_0, y_1, θ 的三个方程,方程中的静态项、包含 $\cos\omega t$ 的项、包含 $\sin\omega t$ 的项必须分别等于零,而包含二阶和三阶谐波的项则可以忽略。在谐振时,这些方程可以得到更多简化,确定 y_0 的方程变为

$$y_0^3 + 2y_0^2 + y_0(1 + \frac{1}{2}y_1^2) + \frac{\varepsilon A}{2K_1L^3}[V_0^2 + \frac{1}{2}V_1^2] = 0 \quad (12\text{-}47)$$

方程(12-47)是 y_0 的三次方程,与确定静态稳定性的方程具有相同的形式,由式(2-48)可知,可以通过忽略方程中包含 y_1 和 V_1 的项求解。在动态情形下,y_0 项的系数取决于交变振幅 y_1,而不包含取决于驱动电压 V_1 的 y_0 项。这一项表明,由于非线性的存在,增加驱动电压与增加偏置电压具有相同的效果,它使换能器更接近于不稳定点。采用数值算法可以得到关于 y_0、y_1、θ 三个方程的数值解,进而可以确定近似动态不稳定性发生的条件。文献[21]给出了不同机械品质因数 Q_m 时系统的动态不稳定条件。

12.3 分布参数换能器的非线性分析

本章第一部分的分析仅限于由非线性常微分方程描述的集总参数换能器。正如第3章和第4章中所讨论的那样,当换能器振动部分的长度超过 $\lambda/4$ 时,集总参数假设就会失效。分布参数分析中需要建立的是偏微分方程,而不是一般的微分方程。同样,分析分布系统的非线性效应需要求解非线性偏微分方程,换能器相关的非线性效应与杆、圆盘的纵向波和弯曲波有关。在本节中,将通过计算第3.2.3.1节中描述的薄分段压电陶瓷棒中非线性纵波产生的二阶谐波来说明分布系统的非线性效应。

根据式(12-1)可知,陶瓷棒的应力与应变和电场强度有关,但现在应力和应变不仅是时间的函数,而且是杆轴向位置的函数。这里采用与第3.2.3.1节一致的符号,令 ζ 为杆的轴向上微元的位移,然后 z 处的应变为 $\partial\zeta/\partial z$。将这些变量代入方程(12-1)可得:

$$T(z,t) = c_1 \frac{\partial\zeta}{\partial z} - e_1 E + c_2 \left(\frac{\partial\zeta}{\partial z}\right)^2 - 2c_a E \frac{\partial\zeta}{\partial z} - e_2 E^2 \quad (12\text{-}48)$$

这里采用电压驱动,指定施加电场为 $E = E_3 \cos\omega t$,由于电场为分段施加,故认为 E 是沿杆的轴向均匀分布。作用在杆上无穷小单元上的单位轴向体积力为 $\partial T/\partial z$,根据第3章微元的运动方

程,有

$$\frac{\partial T}{\partial z} = \rho \ddot{\zeta} \quad (12-49)$$

式中,ρ 是压电陶瓷杆的密度。由于 E 沿杆轴向均匀分布,从而使作用在每个微元两侧的力大小相等,方向相反,因此,由式(12-48)可以计算得到 $\partial T/\partial z$。应力只与电场 E 相关,可以在后续通过边界条件来确定。因此,描述杆内波动的非线性偏微分方程为:

$$\left(c_1 + 2c_2\frac{\partial \zeta}{\partial z} - 2c_a E\right)\frac{\partial^2 \zeta}{\partial z^2} = \rho \ddot{\zeta} \quad (12-50)$$

采用类似于集总参数的摄动分析,可以将摄动参数定义为:

$$\delta = \zeta_{01}/L_0$$

式中,ζ_{01} 是杆自由端的基本线性振幅;L_0 是杆的长度。如第 12.2.1 节所述,可以通过将非线性项乘以 $\delta L_0/\zeta_{01}$ 引入摄动参数,但是用 δ 乘以方程(12-50)中的二次项可以得到相同的结果(如果方程中包含立方项可以乘以 δ^2),获得摄动解后令 $\delta = 1$ 就可得到原始方程的解。因此,波动方程可以改写为:

$$\left(c_1 + 2\delta c_2\frac{\partial \zeta}{\partial z} - 2\delta c_a E\right)\frac{\partial^2 \zeta}{\partial z^2} = \rho \ddot{\zeta} \quad (12-51)$$

假定方程的解可以表示为摄动级数形式:

$$\zeta(z,t) = \zeta_0(z,t) + \delta\zeta_1(z,t) + \cdots \quad (12-52)$$

将摄动级数解代入波动方程,并根据 δ 的幂次进行分离可得:

$$c_1 \frac{\partial^2 \zeta_0}{\partial z^2} = \rho \ddot{\zeta}_0 \quad (12-53)$$

$$c_1 \frac{\partial^2 \zeta_1}{\partial z^2} + 2c_2 \frac{\partial \zeta_0}{\partial z}\frac{\partial^2 \zeta_0}{\partial z^2} - 2c_a E \frac{\partial^2 \zeta_0}{\partial z^2} = \rho \ddot{\zeta}_1 \quad (12-54)$$

当只考虑应力表达式中的线性项和二次项时,只有零阶和一阶方程。零阶方程是关于 ζ_0 的线性齐次方程,可以采用第 3 章中的方法求解。将得到的解 ζ_0 代入非齐次一阶方程,可以发现方程是关于 ζ_1 的线性方程,因此也可以求解。

式(12-53)的通解形式如下。

$$\zeta_0(z,t) = (A\sin kz + B\cos kz)(C\sin\omega t + D\cos\omega t) \quad (12-55)$$

式中,$k^2 = \omega^2\rho/c_1$,$(c_1/\rho)^{1/2}$ 是陶瓷杆的纵向波速;A、B、C、D 是待定常数。以一端固支($z=0$、$\zeta_0 = 0$)、一端自由($z = L_0$、$T=0$)的杆作为一个具体的例子,驱动电场只以边界条件确定的应力出现在方程的解中。在实际换能器中,杆的末端与质量、电阻和辐射阻抗有关(见第 3 章),而不是固定或自由的。将边界条件代入式(12-55)和式(12-48)可以得到 $B = C = 0$,$AD = e_1 E_3/c_1 k\cos kL_0$,即

$$\zeta_0(z,t) = \frac{e_1 E_3}{c_1 k\cos kL_0}\sin kz\cos\omega t = \zeta_{01}\sin kz\cos\omega t \quad (12-56)$$

根据边界条件,只有应力的线性部分出现在零阶解中,但是应力中的线性和二次项都将出现在一阶解中。

根据 ζ_0 的表达式,方程(12-54)中 ζ_1 的非齐次项就可以给出了,因此方程(12-54)可以改写为:

$$c_1 \frac{\partial^2 \zeta_1}{\partial z^2} + c_a E_3 k^2 \zeta_{01} \sin kz (1 + \cos 2\omega t) - \frac{1}{2} c_2 k^3 \zeta_{01}^2 \sin 2kz (1 + \cos 2\omega t) = \rho \ddot{\zeta}_1 \quad (12\text{-}57)$$

因为方程(12-57)是关于 ζ_1 的线性方程,方程在两项驱动力作用下的解可以分开求解,例如,令含有 c_a 项驱动力作用下方程的解为 $\zeta_{11}(z,t)$,那么, ζ_{11} 和驱动项展开为满足该部分齐次方程的一系列函数的组合形式。由于 ζ_1 的齐次方程和 ζ_0 的齐次方程具有相同的形式,所以关于 ζ_0 的解式(12-56)同样可以展开为 ζ_1 的解,即振型函数为 $\sin k_n z, k_n L_0 = (n+1/2)\pi, n = 0, 1, 2, \cdots$ 。 ζ_{11} 的表达式必须与包含 c_a 的驱动项和时间的关系保持一致。因此,可以假定 ζ_{11} 的表达式为

$$\zeta_{11}(z,t) = \sum_{n=0}^{\infty} b_n \sin k_n z + \sum_{n=0}^{\infty} c_n \sin k_n z \cos 2\omega t \quad (12\text{-}58)$$

并将包含 z 的驱动项 $\sin kz$ 展开为相同的函数

$$\sin kz = \sum_{n=0}^{\infty} d_n \sin k_n z \quad (12\text{-}59)$$

根据函数 $\sin k_n z$ 的正交性,有

$$d_n = \frac{2k(-1)^n \cos k L_0}{L_0(k_n^2 - k^2)} \quad (12\text{-}60)$$

将式(12-58)和式(12-59)代入方程(12-57),系数 b_n、c_n 都可以只由 c_a 来表示。

$$b_n = \frac{2(-1)^n c_a e_1 E_3^2 (\omega/\omega_n)^4}{c_1^2 k^2 L_0 (1 - \omega^2/\omega_n^2)}, c_n = \frac{b_n}{(1 - 4\omega^2/\omega_n^2)} \quad (12\text{-}61)$$

式中, $\omega_n^2 = c_1 k_n^2 / \rho$ 。解 ζ_{11} 可表示为

$$\zeta_{11}(z,t) = \sum_{n=0}^{\infty} b_n \sin k_n z \left(1 + \frac{\cos 2\omega t}{1 - 4\omega^2/\omega_n^2}\right) \quad (12\text{-}62)$$

令 $\zeta_{11}(z,t)$ 是方程(12-57)中包含 c_2 的驱动项对应的解,采用求解式(12-62)相同的过程,可以得到:

$$\zeta_{12}(z,t) = \sum_{n=0}^{\infty} f_n \sin k_n z \left(1 + \frac{\cos 2\omega t}{1 - 4\omega^2/\omega_n^2}\right) \quad (12\text{-}63)$$

其中,

$$f_n = \frac{2 c_2 e_1^2 E_3^2 (-1)^n (\omega/\omega_n)^4 \cos 2k L_0}{c_1^3 k^2 L_0 \cos^2 k L_0 (1 - 4\omega^2/\omega_n^2)} \quad (12\text{-}64)$$

ζ_{11} 和 ζ_{12} 都包含一个静态分量(或零阶谐波)和二阶谐波分量,所有的解都表示为悬臂杆模态叠加的形式,这两个解都满足相同的边界条件,即:

$$\zeta_{11} = \zeta_{12} = 0, z = 0 \quad (12\text{-}65)$$
$$\partial \zeta_{11}/\partial z = \partial \zeta_{12}/\partial z = 0, z = L_0 \quad (12\text{-}66)$$

ζ_{11} 与 ζ_{12} 的和就是方程(12-57)中 ζ_1 的解,但它并不是完整解,因为它在 $z = L_0$ 处不满足边界应力条件。应力中包含 $e_2 E^2 = 1/2 e_2 E_3^2 (1 + \cos 2\omega t)$,因此需要在方程的解中添加一项,称为 ζ_{13} , ζ_{13} 需要满足依赖于 $e_2 E^2$ 这部分的边界条件。由于 $e_2 E^2$ 中包含静态分量和谐波分量, ζ_{13} 必须满足 $z = 0$ 处的边界条件,因此,这个添加的解可以表示为如下形式:

$$\zeta_{13}(z,t) = a_{130} \sin kz + a_{132} \sin 2kz \cos 2\omega t \quad (12\text{-}67)$$

为了使完整的一阶解满足与原微分方程相同近似阶的边界条件,需要在式(12-48)二次应力表

达式中引入摄动参数：

$$T(z,t) = c_1 \frac{\partial \zeta}{\partial z} - e_1 E + \delta c_2 \left(\frac{\partial \zeta}{\partial z}\right)^2 - 2\delta c_a E \frac{\partial \zeta}{\partial z} - \delta e_2 E^2 \tag{12-68}$$

将 ζ 用 $\zeta_0 + \delta\zeta_1$ 替换，并忽略 δ 的高阶项，可以得到应力关于 δ 的一次幂与 ζ_1 的表达式：

$$T(z,t) = c_1 \frac{\partial \zeta_0}{\partial z} - e_1 E + \delta c_2 \left(\frac{\partial \zeta_0}{\partial z}\right)^2 - 2\delta c_a E \frac{\partial \zeta_0}{\partial z} - \delta e_2 E^2 + \delta c_1 \frac{\partial \zeta_1}{\partial z} \tag{12-69}$$

由于 δ 被用于确定方程的一阶项，令 $\delta = 0$，并将 $\zeta_1 = \zeta_{11} + \zeta_{12} + \zeta_{13}$ 和 $z = L_0$ 处的边界条件 $\partial\zeta_{11}/\partial z = \partial\zeta_{12}/\partial z = 0$ 代入，可以确定 $z = L_0$ 处的应力边界条件为：

$$T(L_0,t) = 0 = (c_1 - 2c_a E)\frac{\partial \zeta_0}{\partial z}\bigg|_{z=L_0} - e_1 E + c_2\left(\frac{\partial \zeta_0}{\partial z}\right)^2\bigg|_{z=L_0} - e_2 E^2 + c_1 \frac{\partial \zeta_{13}}{\partial z}\bigg|_{z=L_0} \tag{12-70}$$

由式(12-56)可以计算出 $\partial\zeta_0/\partial z$，由式(12-67)计算出 ζ_{13}，所以常数 a_{130}、a_{132} 可表示为：

$$a_{130} = \frac{E_3^2}{2c_1 k\cos kL_0}\left(e_2 + \frac{2c_a e_1}{c_1} - \frac{c_2 e_1^2}{c_1^2}\right) \tag{12-71}$$

$$a_{132} = \frac{a_{130}\cos kL_0}{2\cos 2kL_0} \tag{12-72}$$

因此，原始微分方程(12-50)的一阶完整解为：

$$\zeta(z,t) = \zeta_0 + \delta\zeta_1 = \zeta_0 + \delta\zeta_{11} + \delta\zeta_{12} + \delta\zeta_{13} = \zeta_{01}\sin kz\cos\omega t + \sum_{n=0}^{\infty}(b_n + f_n)$$

$$\times \sin k_n z\left[1 + \frac{\cos 2\omega t}{1 - 4\omega^2/\omega_n^2}\right] + a_{130}\sin kz + a_{132}\sin 2kz\cos 2\omega t \tag{12-73}$$

式(12-73)也满足一阶的边界条件，即

$$\zeta(0,t) = 0 \text{ 和 } T(L_0,t) = 0 \tag{12-74}$$

式(12-73)是由一个基础分量、3个独立的静态分量和3个独立的二阶谐波分量组成。3个非线性参数 c_2、c_a 和 e_2，分别产生一个静态分量和两个谐波分量；b_n 的系数仅与 c_a 有关，f_n 的系数仅与 c_2 有关，但是 a_{130} 和 a_{132} 与3个非线性参数都相关。如果求解更高阶数的解，将会在这些结果的基础上加入更高阶的谐波分量。

杆自由端的基础位移分量和二阶谐波位移分量应与低频时集总参数模型的结果相同。当 $kL_0 \ll 1$ 时，式(12-56)的基础部分是：

$$\zeta_0(L_0,t) = \frac{e_1 E_3 L_0}{c_1}\cos\omega t = \frac{e_1 E_3 A_0}{K_m}\cos\omega t \tag{12-75}$$

其中，$K_m = c_1 A_0/L_0$ 是第2.1节中提到的短杆的有效弹簧系数，$c_1 = 1/s_{33}^E$ 是杨氏模量。$\zeta_0(L_0,t)$ 的幅值等于第12.2.1中的 X_{01}，结果表明，在极低频段时，杆基础运动的线性近似会降低为集总参数近似。

现在，考虑低频段二阶谐波分量。当 $\omega \ll \omega_0$ 时，式(12-73)中的求和可以用 $n=0$ 的项近似，在杆的自由端，ζ_1 的3个位移分量为：

$$\zeta_{11}(L_0,t) = b_0(1 + \cos 2\omega t) = \frac{2c_a e_1 E_3^2 \omega^4}{c_1^2 k^2 L_0 \omega_0^4}(1 + \cos 2\omega t) \tag{12-76}$$

$$\zeta_{12}(L_0,t) = f_0(1+\cos 2\omega t) = -\frac{2c_2 e_1^2 E_3^2 \omega^4}{c_1^3 k^2 L_0 \omega_0^4}(1+\cos 2\omega t) \tag{12-77}$$

$$\zeta_{13}(L_0,t) = \frac{E_3^2 L_0}{2c_1}\left(e_2 + \frac{2c_a e_1}{c_1} - \frac{c_2 e_1^2}{c_1^2}\right)(1+\cos 2\omega t) \tag{12-78}$$

这些结果与频率的关系非常明显。当 $\omega \ll \omega_0$ 时，与 ζ_{13} 相比，ζ_{11} 和 ζ_{12} 非常小。将 ζ_{13} 的二阶谐波部分记为 ζ_{132}，则在处 $z=L_0$，ζ_{132} 与基础振幅的比值为：

$$\left|\frac{\zeta_{132}}{\zeta_0}\right|_{z=L_0} = E_3\left(\frac{e_2}{2e_1} + \frac{c_a}{c_1} - \frac{c_2 e_1}{2c_1^2}\right) \tag{12-79}$$

由式(12-34)~式(12-36)中使用的表12-1中的压电系数可以看出，$|\zeta_{132}/\zeta_0|_{z=L_0}$ 的三项分别为：

$$|X_{022}|/X_{01}, |X_{112}|/X_{01}, |X_{202}|/X_{01}$$

这证实了在低频段，非线性分布参数模型在杆端的位移结果与非线性集总参数模型的结果是相等的。

其中的一些结果也可用于偏压电致伸缩材料或磁致伸缩材料。对 PMN 材料施加一个恒定的偏置电场 E_0，令 $E=E_0+E_3\cos\omega t$，$c_a=0$，并且为了简化分析，令 c_2 引起的非线性弹簧项为零。在这些条件下，一阶解中只有由系数 e_2 产生的二阶谐波分量。然后，按照第2.2节中的分析步骤，用 $2e_2 E_0$ 替换 e_1，由式(12-56)和式(12-73)可以得到 $x=L_0$ 处，基础位移幅值和二阶谐波位移幅值分别为

$$\zeta_{01}\sin kL_0 = \frac{2e_2 E_0 E_3 \sin kL_0}{c_1 k\cos kL_0} \tag{12-80}$$

$$a_{132}\sin 2kL_0 = \frac{e_2 E_3^2 \sin 2kL_0}{4c_1 k\cos 2kL_0} \tag{12-81}$$

两者的比值为

$$\frac{\text{二阶谐波位移幅值}}{\text{基础位移幅值}} = \frac{E_3 \tan 2kL_0}{8E_0 \tan kL_0} \tag{12-82}$$

当 $kL_0 \ll 1$，即 $\omega \ll \omega_0$ 时，式(12-82)正好等于 $E_3/4E_0$，这与之前从集总参数模型得到的结果式(12-40)一致。但是式(12-82)同样适用于更高频率的情形，并且可以发现，这个比值随频率的增大而增大，在频率 ω 接近 $\omega_0/2$ 和 $2kL_0$ 接近 $\pi/2$ 时出现峰值，这与图12-4所示的结果一致，即当驱动频率接近一阶谐振频率的一半时，出现二阶谐波峰值。

杆内弯曲波的谐波分量可以采用同样的方法进行求解。对于偏压电致伸缩或磁致伸缩材料，二阶谐波与基础位移振幅的比值类似于式(12-82)，并且在低频段，该比值也降低到 $E_3/4E_0$。在低频段的比值 $E_3/4E_0$ 也适用于静电和可变磁阻换能器，以及其他所有采用偏置平方律换能机理的换能器。

12.4 非线性因素对机电耦合系数的影响

第1.4.1节给出了换能器机电耦合系数 k 的定义，第4.4.1节对该定义又进行了深入讨论，但这些结果仅限于线性换能器。在线性条件下，所有的能量转换都假定与驱动频率有关，并且机电耦合系数被认为是与驱动幅度无关的。由于一些应用前景广阔的新的转换材料具有显著的非线性特征，在高幅驱动下会将一些能量转换为谐波成分，因此需要给机电耦合系数一个

更普遍的定义。例如,在驱动频率中只包含转换机械能的定义可能更可取。随着输入能量的增加,机电耦合系数 k 将会随着驱动幅度的降低而降低。通过比较不同换能器材料、概念或设计形式对机电耦合系数的影响发现,这样的考虑并不会降低 k 的线性定义,因为非线性定义会降低低幅驱动时线性机电耦合系数的值。然而,由于高幅驱动条件通常会降低换能器特性,比如与机电耦合系数 k,如效率和带宽,一个广义的描述退化现象的非线性机电耦合系数将更有用。

第 1.4.1 节和第 4.4.1 节给出的基于能量的机电耦合系数 k 的定义,适用于一般化非线性条件的。Piquette 采用式(4-25)定义机电耦合系数,用建立的电致伸缩材料的非线性方程,计算了不同非线性条件下的机电耦合系数 k[22]。他选择的状态方程给出了线性情形下期望的机电耦合系数,从而避免了与该 k 的定义和互能量(第 4.4.1.2 节)相关的模棱两可的概念。他得到的 k 的非线性结果似乎有一些合理的特征,比如当保持偏置电场为零时,机电耦合系数也为零;当驱动幅度超过固定的偏差时,耦合系数会迅速衰减。

Hom 等[23]和 Robinson[24]也讨论了非线性电致伸缩材料的机电耦合系数。另一种估算非线性效应对耦合系数影响的方法可能是基于摄动分析的,如第 12.2.1 节所述。基础幅值随谐波幅值的增大而减小,二阶摄动分析给出了基础幅值减小的第一个近似值。基础振幅的减小对应于转换基础机械能的减少,这可以用来定义一个随驱动幅值减小的机电耦合系数。

12.5 小　　结

虽然线性常被用作一个很好的近似表示,但大多数机械设备和人造装置都是非线性的。在多数换能机理中,为了实现换能机理的线性化需要施加一个内部或外部的偏置电场或磁场。即使这样,当换能机理被驱动到高位移条件的高应力时,也会出现非线性效应。在这种情况下,由于偏差作用下非线性张力的降低,换能机理也将减弱。非线性通常伴随着二阶谐波失真或三阶谐波失真,以及谐振频率的显著降低和谐振频率附近的不对称响应。

本章首先讨论了压电、电致伸缩、磁致伸缩、静电、可变磁阻和动圈式换能器集总参数模型中的非线性。用摄动法分析了非线性效应,并考虑了直接驱动和间接驱动条件下换能器动力学响应中的畸变。直接驱动可以用于电压驱动的电场换能器,如压电、电致伸缩和静电换能器,以及电流驱动的磁场换能器,如磁致伸缩、可变磁阻和动圈式换能器。间接驱动可以是电流驱动条件下的电场换能器和电压驱动条件下的磁场换能器。由于输出声学响应中包含非线性输入阻抗,因此间接驱动的情形更难求解。

压电换能器的方程中包含二阶项 S^2、T^2 和 SE,其中,S 为应变,T 为应力,E 为电场。对于集总换能器的微分方程中包含输入力为 x^n 和 $\cos(m\omega t)$ 形式的情形,可以假定谐波解为双谐波叠加形式,然后由摄动分析法可以求解原始方程。对于其他直接驱动的换能器可以采用相似的求解过程。本章提出了一种分布参数压电棒的非线性模型,并给出了一个偏微分波动方程的解。最后,提出非线性效应对机电耦合系数的影响需要进一步研究。

参考文献

1. D. A. Berlincourt, D. R. Curran, H. Jaffe, in Piezoelectric and Piezomagnetic Materials and Their Function in Transducers, ed. by W. P. Mason. Physical Acoustics, vol 1, Part A (Academic, New York, 1964)

2. C. H. Sherman, J. L. Butler, Harmonic distortion in magnetostrictive and electrostrictive transducers with application to the flextensional computer program FLEXT, Image Acoustics, Inc. Report on Contract No. N66609-C-0985, 30 Sept 1994

3. C. H. Sherman, J. L. Butler, Analysis of harmonic distortion in electroacoustic transducers. J. Acoust. Soc. Am. 98, 1596-1611 (1995)

4. V. E. Ljamov, Nonlinear acoustical parameters in piezoelectric crystals. J. Acoust. Soc. Am. 52, 199-202 (1972)

5. W. P. Mason, Piezoelectric Crystals and Their Application to Ultrasonics (Van Nostrand, New York, 1950)

6. C. H. Sherman, J. L. Butler, Perturbation analysis of nonlinear effects in moving coil transducers'. J. Acoust. Soc. Am. 94, 2485-2496 (1993)

7. C. H. Sherman, J. L. Butler, Analysis of harmonic distortion in electroacoustic transducers under indirect drive conditions. J. Acoust. Soc. Am. 101, 297-314 (1997)

8. J. C. Piquette, S. E. Forsythe, A nonlinear material model of lead magnesium niobate (PMN). J. Acoust. Soc. Am. 101, 289-296 (1997)

9. J. C. Piquette, S. E. Forsythe, Generalized material model for lead magnesium niobate (PMN) and an associated electromechanical equivalent circuit. J. Acoust. Soc. Am. 104, 2763-2772 (1998)

10. W. Y. Pan, W. Y. Gu, D. J. Taylor, L. E. Cross, Large piezoelectric effect induced by direct current bias in PMN-PT relaxor ferroelectric ceramics. Jpn. J. Appl. Phys. 28, 653-661 (1989)

11. M. B. Moffett, A. E. Clark, M. Wun-Fogle, J. F. Lindberg, J. P. Teter, E. A. McLaughlin, Characterization of Terfenol-D for magnetostrictive transducers. J. Acoust. Soc. Am. 89, 1448-1455 (1991)

12. C. H. Sherman, J. L. Butler, Harmonic distortion in moving coil transducers caused by generalized Coulomb damping. J. Acoust. Soc. Am. 96, 937-943 (1994)

13. W. J. Cunningham, Nonlinear distortion in dynamic loudspeakers due to magnetic effects. J. Acoust. Soc. Am. 21, 202-207 (1949)

14. E. Geddes, Audio Transducers, copyright 2002, Chapter 10

15. J. J. Stoker, Nonlinear Vibrations (Interscience, New York, 1950)

16. J. A. Murdock, Perturbations—Theory and Methods (Wiley, New York, 1991)

17. J. L. Butler, FLEXT, (Flextensional Transducer Program), Contract N66604-87-M-B328 to NUWC, Newport, RI, Image Acoustics, Inc. , Cohasset, MA 02025

18. P. G. L. Mills, M. O. J. Hawksford, Distortion reduction in moving coil loudspeaker systems using current-drive technology. J. Audio Eng. Soc. 37, 129-147 (1989)

19. A. A. Janszen, R. L. Pritchard, F. V. Hunt, Electrostatic Loudspeakers (Harvard University Acoustics Research Laboratory, Cambridge) Tech. Memo. No. 17, 1 Apr 1950

20. F. V. Hunt, Electroacoustics: The Analysis of Transduction and Its Historical Background (Wiley, New York, 1954)

21. C. H. Sherman, Dynamic mechanical stability in the variable reluctance and electrostatic transducers. J. Acoust. Soc. Am. 30, 48-55 (1958). See also C. H. Sherman, Dynamic Mechanical Stability in the Variable Reluctance Transducer, a thesis submitted to the University of Connecticut, 1957

22. J. C. Piquette, Quasistatic coupling coefficients for electrostrictive ceramics. J. Acoust. Soc. Am. 110, 197-207 (2001)

23. C. L. Hom, S. M. Pilgrim, N. Shankar, K. Bridger, M. Massuda, R. Winzer, Calculation of quasi-static electromechanical coupling coefficients for electrostrictive ceramic materials. IEEE Trans. Ultrason. Ferroelectr. Freq. Control 41, 542-551 (1994)

24. H. C. Robinson, A comparison of nonlinear models for electrostrictive materials. Presentation to the 1999 I. E. Ultrasonics Symposium, Lake Tahoe, NV, 17-20 Oct 1999

第13章 附录

13.1 量纲转化与常数

13.1.1 量纲转化

长度(英寸)	1in	=0.0254m
长度(米)	1m	= 39.37in
质量(磅)	1lb	= 0.4536kg
质量(千克)	1kg	= 2.205lb
声压(psi)	1psi	= 6.895kN/m^2
声压(Pa)	1N/m^2	= 0.145×10^{-3}psi
深度和水压	1ft	= 0.444psi
深度和水压	1m	= 1.457psi
深度和水压	1m	= 10.04kPa
磁场	1Oe	= 79.58A/m
磁场	1kA/m	= 12.57Oe

13.1.2 常数

真空介电常数	ε_0	$10^{-9}/36\pi$	=8.842×10^{-12}C/mV
真空磁导率	μ_0	$4\pi\times10^{-7}$	=1.2567×10^{-6}H/m
声速	c	海水	=1500m/s@13℃
声速	c	淡水	=1481m/s@20℃
声速	c	空气	=343m/s@20℃
密度	ρ	海水	=1026kg/m^3@13℃
密度	ρ	淡水	=998kg/m^3@20℃
密度	ρ	空气	=1.21kg/m^3@20℃

13.2 换能器的材料和阻抗

杨氏模量 Y、体积弹性模量 $B(10^9\text{N/m}^2,\text{GPa})$，密度 $\rho(\text{kg/m}^3)$，棒的声速 $c(\text{m/s})$，泊松比 σ，特性阻抗 $\rho c(10^6\text{kg/m}^3)$。注：$B = Y/3(1-2\sigma)$。

材料	Y/GPa	B/GPa	σ	ρ/(kg/m^3)	c/(m/s)	ρc/(Mrayls)
钨	362	183	0.17	19350	4320	83.6
镍	210	184	0.31	8800	4890	43.0
碳钢	207	157	0.28	7860	5130	40.3
不锈钢	193	146	0.28	7900	4940	39.0
氧化铝	300	172	0.21	3690	9020	33.3
铍铜	125	123	0.33	8200	3900	32.0
氧化铍	345	338	0.33	2850	11020	31.4
黄铜	104	96	0.32	8500	3500	29.8
铁素体	140	111	0.29	4800	5400	25.9
PZT-8[1]	74	77	0.34	7600	3120	23.7
PZT-4[1]	65	68	0.34	7550	2930	22.1
钛	104	119	0.36	4500	4810	21.6
Galfenol[2]	57	158	0.44	7900	2690	21.2
铍铝合金	200	101	0.17	2100	9760	20.5
Terfenol-D[2]	26	62	0.43	9250	1680	15.5
铝	71	70	0.33	2700	5150	13.9
铅	16.5	46	0.44	11300	1200	13.6
玻璃陶瓷[3]	66.9	53	0.29	2520	5150	13.0
玻璃	62.0	40	0.24	2300	5200	12.0
PIN-PMN-PT'	17.5	97	0.47	8000	1480	11.8
PMN-29PT'	16.7	93	0.47	7740	1470	11.4
镁	44.8	45	0.33	1770	5030	8.90
玻璃钢(沿纤维方向)	16.4	15	0.37	2020	2850	5.76
玻璃钢(垂直纤维方向)	11.9	15	0.37	2020	2430	4.91
A-2 环氧	5.8	6.0	0.34	1770	1810	3.20
PVDF[1]	3.0	3.0	0.34	1600	1370	2.19
合成树脂(lucite)	4.0	6.7	0.40	1200	1800	2.16
尼龙 6.6	3.3	6.1	0.41	1140	1700	1.94
尼龙 6	2.8	4.2	0.39	1130	1570	1.78
复合泡沫塑料	4.0	4.4	0.35	690	2410	1.66
硬橡胶	2.3	3.8	0.40	1100	1450	1.60
纤维板	3.0	1.7	0.20	800	1940	1.55

(续)

材料	Y/GPa	B/GPa	σ	ρ/(kg/m³)	c/(m/s)	ρc/(Mrayls)
牛皮纸	1.03	1.14	0.35	1200	926	1.11
SADM5	0.33	0.55	0.40	2000	406	0.81
软木橡胶4(500psi)	0.47	1.58	0.45	1100	654	0.72
葱皮纸	0.50	0.56	0.35	1000	707	0.71
酚醛树脂/棉	0.23	0.55	0.43	1330	416	0.55
软木橡胶4(100psi)	0.15	0.49	0.45	1000	387	0.39
氯丁橡胶,A型	0.06	0.50	0.48	1400	207	0.29
聚亚安脂 PR15%	0.036	0.30	0.48	1080	182	0.20
硅橡胶	0.014	0.12	0.48	1150	110	0.13
硅胶胶水(615)	0.0015	0.012	0.48	0.50	38	0.04
海水	0.00	2.28	0.50	1026	1500	1.54

这里给出了通常在有限元模型中使用各种材料的杨氏模量、密度和泊松比。然而,在一维分析中,通常需要贴在刚性表面上薄软材料($\rho c < 1$)的体积弹性模量 $B = Y/3(1-2\sigma)$,以限制横向膨胀。此外,软材料的值取决于组成和方向,其值和泊松比相关,这可能不准确。注:1 短路33模式,2 开路33模式,3 可加工玻璃陶瓷,4 DC-100,5 隔音材料,6 1000 psi 的纸栈。

13.3 时间平均,功率因数,复声强

13.3.1 时间平均

两个具有相同周期的时间简谐变量乘积的时间平均值等于它们的实部乘积的时间平均值。例如,考虑任何两个这样的变量,它们之间的相位差为 ϕ,即:

$$x(t) = x_0 e^{j\omega t} \tag{13-1}$$

$$y(t) = y_0 e^{j(\omega t + \phi)} \tag{13-2}$$

xy 的时间平均为

$$\langle xy \rangle = \frac{1}{T}\int_0^T (x_0 \cos\omega t)[y_0 \cos(\omega t + \phi)]dt = \frac{1}{2}x_0 y_0 \cos\phi \tag{13-3}$$

式中,T 是周期。可以看出,这个结果也可以表示为

$$\langle xy \rangle = \frac{1}{2}\mathrm{Re}(xy^*) = \frac{1}{2}\mathrm{Re}(x_0 y_0 e^{-j\phi}) = \frac{1}{2}x_0 y_0 \cos\phi \tag{13-4}$$

13.3.2 功率

对于电变量,电压和电流为:

$$V(t) = V_0 e^{j\omega t} \tag{13-5}$$

$$I(t) = I_0 e^{j(\omega t + \phi)} \tag{13-6}$$

时间平均功率是:

$$\langle VI \rangle = \frac{1}{2}V_0 I_0 \cos\phi \tag{13-7}$$

式中，$\cos\phi$ 是电功率因子。

对于辐射声功率，在换能器表面上的反作用力和振速是（见第 1 章，第 1.3 节）：

$$F_r = (R_r + jX_r)u_0 e^{j\omega t} = |Z_r|e^{j\phi}u_0 e^{j\omega t} \tag{13-8}$$

$$u = u_0 e^{j\omega t} \tag{13-9}$$

式中，Z_r 是辐射阻抗。那么时间平均辐射功率为

$$\langle F_r u \rangle = \frac{1}{2}\text{Re}\left[|Z_r|u_0 e^{j(\omega t+\phi)}u_0 e^{-j\omega t}\right] = \frac{1}{2}|Z_r|u_0^2\cos\phi = \frac{1}{2}R_r u_0^2 \tag{13-10}$$

式中，$\tan\phi = X_r/R_r$；而 $\cos\phi$ 与电功率因子一样定义为机械功率因子。

13.3.3 声强

声强矢量定义为声压和质点振速的乘积（见第 10.1 节）：

$$\vec{I} = p\vec{u}, \tag{13-11}$$

因此，时间平均声强是：

$$\langle \vec{I} \rangle = \frac{1}{2}\text{Re}(p\vec{u}^*). \tag{13-12}$$

$\langle \vec{I} \rangle$ 的每个分量代表声场中某点处每单位面积上的辐射能流。在换能器的表面，$\langle \vec{I} \rangle$ 的法向分量是每单位面积的辐射能流。

13.3.4 辐射阻抗

对于换能器表面振速非均匀的辐射阻抗定义为面上某点振速 u_0 为参考的时间平均辐射功率，即 $1/2 R_r u_0^2$，其中，R_r 为辐射阻，等于均匀振速分布换能器的辐射阻。这与式（1-4b）一致，表示为：

$$R_r = \text{Re}(Z_r) = \frac{1}{uu^*}\iint_S \text{Re}(pu^*)dS = \frac{1}{u_0^2}\iint_S \text{Re}(pu^*)dS \tag{13-13}$$

从而有

$$\frac{1}{2}R_r u_0^2 = \iint_S \frac{1}{2}\text{Re}(pu^*)dS = \iint_S \langle I_n \rangle dS = \text{时间平均辐射功率} \tag{13-14}$$

式中，$\langle I_n \rangle$ 为换能器表面时间平均法向声强。

13.3.5 复声强

一般来说，(pu^*) 是复数（见第 13.17 节），虚部称为抗性声强（见第 6.5.7 节）。它的时间平均值为 0，对应于声能从声场的一部分到另一部分，或者从声场到换能器的振荡传输。在理想的平面波声场中，抗性声强为零。对于简单的球面波 $p = (P/r)e^{j(\omega t - kr)}$，振速只有径向分量 $u_r = (p/\rho c)(1 + 1/jkr)$，$(pu^*)$ 的虚部是 $P^2/\rho\omega r^3$，它在远场以 $1/r^3$ 的方式趋于零，而不是像时间平均声强那样以 $1/r^2$ 的方式趋于零。因此，在大多数实际情况中，抗性声强被认为是可以忽略不计的，但在某些情况下，它可能是可测量的，并具有有用的解释。辐射场和散射场也有垂直于径向方向的振速和声强分量。在远场中，这些声强分量也以 $1/r^3$ 减小，并在大多数情况下变得可以忽略不计。

13.4 压电系数之间的关系

不同的压电系数组之间的关系为：

$$d_{mi} = \sum_{n=1}^{3} \varepsilon_{nm}^T g_{ni} = \sum_{j=1}^{6} e_{mj} s_{ji}^E \quad g_{mi} = \sum_{n=1}^{3} \beta_{nm}^T d_{ni} = \sum_{j=1}^{6} h_{mj} s_{ji}^D$$

$$e_{mi} = \sum_{n=1}^{3} \varepsilon_{nm}^S h_{ni} = \sum_{j=1}^{6} d_{mj} c_{ji}^E \quad h_{mi} = \sum_{n=1}^{3} \beta_{nm}^S e_{ni} = \sum_{j=1}^{6} g_{mj} c_{ji}^D$$

由于压电陶瓷和压磁材料只有 10 个独立的系数（3 个是压电的或压磁的系数，2 个是介电或磁导率系数，5 个是弹性常数），这些关系对这些材料来说可以简化，表示为：

$d_{31} = \varepsilon_{33}^T g_{31} = e_{31} s_{11}^E + e_{31} s_{12}^E + e_{33} s_{13}^E$	$g_{31} = \beta_{33}^T d_{31} = h_{31} s_{11}^D + h_{31} s_{12}^D + h_{33} s_{13}^D$
$d_{33} = \varepsilon_{33}^T g_{33} = e_{31} s_{13}^E + e_{31} s_{13}^E + e_{33} s_{33}^E$	$g_{33} = \beta_{33}^T d_{33} = h_{31} s_{13}^D + h_{31} s_{13}^D + h_{33} s_{33}^D$
$d_{15} = \varepsilon_{11}^T g_{15} = e_{15} s_{44}^E$	$g_{15} = \beta_{11}^T d_{15} = h_{15} s_{44}^D$
$e_{31} = \varepsilon_{33}^S h_{31} = d_{31} c_{11}^E + d_{31} c_{12}^E + d_{33} c_{13}^E$	$h_{31} = \beta_{33}^S e_{31} = g_{31} c_{11}^D + g_{31} c_{12}^D + g_{33} c_{13}^D$
$e_{33} = \varepsilon_{33}^S h_{33} = d_{31} c_{13}^E + d_{31} c_{13}^E + d_{33} c_{33}^E$	$h_{33} = \beta_{33}^S e_{33} = g_{31} c_{13}^D + g_{31} c_{13}^D + g_{33} c_{33}^D$
$e_{15} = \varepsilon_{11}^S h_{15} = d_{15} c_{44}^E$	$h_{15} = \beta_{11}^S e_{15} = g_{15} c_{44}^D$
$\beta_{33}^T = 1/\varepsilon_{33}^T$ 和 $\beta_{11}^T = 1/\varepsilon_{11}^T$	$\beta_{33}^S = 1/\varepsilon_{33}^S$ 和 $\beta_{11}^S = 1/\varepsilon_{11}^S$

磁致伸缩参数如 μ_{33}^T，μ_{11}^T 等之间也有类似关系。

在下列弹性系数之间的关系中，上标 E 或 D（或 H 或 B）适用于每个方程中的 c 和 s：

$$c_{11} = (s_{11}s_{33} - s_{13}^2)/(s_{11} - s_{12})[s_{33}(s_{11} + s_{12}) - 2s_{13}^2] \quad (13\text{-}15)$$

$$c_{12} = -c_{11}(s_{12}s_{13} - s_{13}^3)/(s_{11}s_{33} - s_{13}^3) \quad (13\text{-}16)$$

$$c_{13} = -c_{33}s_{13}/(s_{11} + s_{12}) \quad (13\text{-}17)$$

$$c_{33} = (s_{11} + s_{12})/[s_{33}(s_{11} + s_{12}) - 2s_{13}^2] \quad (13\text{-}18)$$

$$c_{44} = 1/s_{44} \quad (13\text{-}19)$$

类似地可以用 c_{ij} 来表示 s_{ij}。系数 c_{66} 和 s_{66}，可以使用 $c_{66} = 1/s_{66}$，$s_{66} = 2(s_{11} - s_{12})$。

当在 3 极化方向施加均匀电场时，三个正交应变分量为：

$$S_1 = s_{11}T_1 + s_{12}T_2 + s_{13}T_3 + d_{13}E_3 \quad (13\text{-}20)$$

$$S_2 = s_{21}T_1 + s_{22}T_2 + s_{23}T_3 + d_{23}E_3 \quad (13\text{-}21)$$

$$S_3 = s_{31}T_1 + s_{32}T_2 + s_{33}T_3 + d_{33}E_3 \quad (13\text{-}22)$$

式中，$s_{21} = s_{12}$、$s_{22} = s_{11}$、$s_{23} = s_{31} = s_{32} = s_{13}$，弹性系数 s_{ij} 为恒定电场<短路状态>下的值，用上标 E 表示。对于磁场激励时，E 被 H 代替，弹性系数 S_{ij} 为 H 恒磁场下（开路状态）的值。有关泊松比，在电场、磁场激励时，也是分别在电场短路状态，磁场开路状态下计算。对 33 模式激励，$T_1 = T_2 = 0$，$\sigma = -\dfrac{s_{13}}{s_{33}}$；对引模式激励，$T_2 = T_3 = 0$，$\sigma = -\dfrac{s_{12}}{s_{11}}$ 和 $\sigma = -\dfrac{s_{13}}{s_{11}}$。

对于均匀各向同性材料，$s_{13} = s_{12}$、$s_{33} = s_{11}$、$s_{44} = s_{66}$，这时只留下两个独立的弹性系数，尽管通常都使用四个不同的弹性系数：杨氏模量 $Y = 1/s_{11}$，剪切模量 $\mu = 1/s_{66}$，泊松比 $\sigma = S_{12}/S_{11}$，体积模量 $B = [3(s_{11} + 2s_{12})]^{-1}$。这四个常数之间的关系为：

$$B = Y/3(1 - 2\sigma), \mu = Y/2(1 + \sigma), Y = 2\mu/(1 + \sigma), Y = 9B\mu/(\mu + 3B) \quad (13\text{-}23)$$

13.5 小信号下的压电材料性能

小信号下的压电材料性能如下：

数量	PZT-8	PZT-4	PZT-5A	PZT-5H	PMN-0.33PT
	III型	I型	II型	VI型	单晶
k_{33}	0.64	0.70	0.705	0.752	0.9569
k_{31}	0.30	0.334	0.344	0.388	0.5916
k_{15}	0.55	0.513	0.486	0.505	0.3223
k_p	0.51	0.58	0.60	0.65	0.9290
k_t	0.48	0.513	0.486	0.505	0.6326
K_{33}^T	1000	1300	1700	3400	8200
K_{33}^S	600	635	830	1470	679.0
K_{11}^T	1290	1475	1730	3130	1600
K_{11}^S	900	730	916	1700	1434
$d_{33}/(\text{pC/N})$	225	289	374	593	2820
d_{31}	-97	-123	-171	-274	-1335
d_{15}	330	496	584	741	146.1
$g_{33}/(\text{V}\cdot\text{m/N})$	25.4×10^{-3}	26.1×10^{-3}	24.8×10^{-3}	19.7×10^{-3}	38.84×10^{-3}
g_{31}	-10.9	-11.1	-11.4	-9.11	-18.39
g_{15}	28.9	39.4	38.2	26.8	10.31
$e_{33}/(\text{C/m}^2)$	14.0	15.1	15.8	23.3	20.40
e_{31}	-4.1	-5.2	-5.4	-6.55	-3.390
e_{15}	10.3	12.7	12.3	17.0	10.08
$h_{33}/(\text{GV/m})$	2.64	2.68	2.15	1.80	33.94
h_{31}	-0.77	-0.92	-0.73	-0.505	-5.639
h_{15}	1.29	1.97	1.52	1.13	7.938
$s_{33}^E/(\text{pm}^2/\text{N})$	13.5	15.5	18.8	20.7	119.6
s_{11}^E	11.5	12.3	16.4	16.5	70.15
s_{12}^E	-3.7	-4.05	-5.74	-4.78	-13.19
s_{13}^E	-4.8	-5.31	-7.22	-8.45	-55.96
s_{44}^E	31.9	39.0	47.5	43.5	14.49
s_{33}^D	8.5	7.90	9.46	8.99	10.08
s_{11}^D	10.1	10.9	14.4	14.05	45.60
s_{12}^D	-4.5	-5.42	-7.71	-7.27	-37.74
s_{13}^D	-2.5	-2.10	-2.98	-3.05	-4.111

(续)

数量	PZT-8 III型	PZT-4 I型	PZT-5A II型	PZT-5H VI型	PMN-0.33PT 单晶
S_{44}^D	22.6	19.3	25.2	23.7	12.99
c_{33}^E/GPa	132	115	111	11.7	103.8
c_{11}^E	149	139	121	126	115.0
c_{12}^E	81.1	77.8	75.4	79.5	103.0
c_{13}^E	81.1	74.3	75.2	84.1	102.0
c_{44}^E	31.3	25.6	21.1	23.0	69.00
c_{33}^D	169	159	147	157	173.1
c_{11}^D	152	145	126	130	116.9
c_{12}^D	84.1	83.9	80.9	82.8	104.9
c_{13}^D	70.3	60.9	65.2	72.2	90.49
c_{44}^D	4.46	5.18	9.97	4.22	77.00
ρ	7600	7500	7750	7500	8038
Q_m	1000	600	75	65	—
$\tan\delta$/(kg/m³)	0.004	0.004	0.02	0.02	<0.01
T_c/℃	300	330	370	195	—

注意:PMN_.33PT 列出的是实验室等级,不像 PMN_.28PT 和 PMN_.29PT 那样稳定。

小信号下的纹理陶瓷、PZT-8 陶瓷和商用级单晶压电材料的性能比较如下:

数量	PMN-PT 纹理(无掺杂物)	PMN-PT 纹理(有掺杂物)	PZT-8	PMN-0.29PT 单晶(TRS)	PIN-PMN-PT(TRS)	PIN-PMN-PT(CTG)
k_{33}	0.83	0.76	0.64	0.91	0.91	0.89
k_{31}	0.54	0.44	0.30	0.44	0.47	0.46
k_{15}	0.52	0.55	0.55	0.35	0.25	0.26
k_p	0.76	0.63	0.51	—	—	—
k_t	0.58	0.54	0.48	0.60	0.57	0.50
K_{33}^T	3490	2200	1000	5400	4200	4753
K_{11}^T	3300	2830	1290	1560	1335	1728
d_{33}/(pC/N)	855	517	225	1540	1320	1285
d_{31}	-393	-207	-97	-699	-634	-646
d_{15}	423	419	330	164	105	122
g_{33}/(V.m/N)	27.7	26.5	25.4	32.2	35.6	30.6
g_{31}	-12.7	-10.6	-10.9	-14.6	-17.0	-15.4
g_{15}	14.5	16.7	28.9	11.9	8.8	8.0

(续)

数量	PMN-PT 纹理（无掺杂物）	PMN-PT 纹理（有掺杂物）	PZT-8	PMN-0.29PT 单晶（TRS）	PIN-PMN-PT（TRS）	PIN-PMN-PT（CTG）
$S_{33}^E/(pm^2/N)$	34.1	23.5	13.5	59.9	57.3	49.0
S_{11}^E	17.4	11.5	11.5	52.1	49.0	45.8
S_{12}^E	0.1	-0.5	-3.7	-24.6	-20.0	-19.6
S_{13}^E	-14.3	-8.0	-4.8	-26.4	-26.5	-23.2
S_{44}^E	22.5	23.3	31.9	16.0	15.2	14.3
c_{33}^E/GPa	93	90	132	108	114	124
c_{11}^E	122	133	149	124	119	124
c_{12}^E	64	50	81.1	111	105	109
c_{13}^E	78	63	81.1	104	104	110
c_{44}^E	44	43	31.3	63	66	70
$\rho/(kg/m^3)$	8068	8050	7600	7740	8000	8122
Q_m	94	714	1000	164	165	—
$\tan\delta$	0.01	0.005	0.004	0.005	0.005	—
$T_c/℃$	129	130	300	129	180	—
$T_{rt}/℃$	76	—	—	—	125	—

注意：PMN-PT 材料需要一个偏置电场。掺杂元素锰为单晶 PMN-PT 和 PIN-PMN-PT 为 [001]。$\varepsilon_{ii} = K_{ii}\varepsilon_0$，其中，$\varepsilon_0 = 8.842 \times 10^{-12} C/mV$。转化温度 T_{rt} 是斜方体到四方体转变的温度，它引起了性能的变化。居里温度 T_c 是压电材料完全去极化的温度。

13.6 压电陶瓷近似频率常数

频率常数	PZT-8 Ⅲ型	PZT-4 Ⅰ型	PZT-5A Ⅵ型	PZT-5H Ⅵ型	厚度 长度，直径
(kHz·m)					
板，N_t	2.11	2.03	1.98	1.98	$f \times T$
棒，N_{31}	1.57	1.50	1.40	1.40	$f \times L$
棒，(31)	1.70	1.65	1.47	1.45	$f \times L$
棒，(33)	1.57	1.47	1.37	1.32	$f \times L$
圆盘平板	2.34	2.29	1.93	1.96	$f \times D$
圆环，(31)	1.07	1.04	0.914	0.914	$f \times D$
圆环，(33)	0.990	0.927	0.851	0.813	$f \times D$
球，N_{sp}	1.83	1.73	1.55	1.52	$f \times D$
半球	2.27	2.14	1.92	1.89	$f \times D$

(续)

频率常数 (kHz in.)	PZT-8 Ⅲ型	PZT-4 Ⅰ型	PZT-5A Ⅵ型	PZT-5H Ⅵ型	厚度 长度,直径
板,N_t	83	80	78	78	$f \times T$
棒,N_{31}	62	59	55	55	$f \times L$
棒(31)	67	65	58	57	$f \times L$
棒(33)	62	58	54	52	$f \times L$
圆盘,平板	92	90	76	77	$f \times D$
圆环(31)	42	41	36	36	$f \times D$
圆环(33)	39	36.5	33.5	32	$f \times D$
球,N_{sp}	72	68	61	60	$f \times D$
半球	89	84	75.5	74.5	$f \times D$

注:频率常数是短路条件测量得到的。厚度 T、长度 L、平均直径 D,N_t 为板的厚度模式,N_{31} 为末端电极,(31)为侧电极,(33)为电并联的镶拼棒,圆盘,平板为径向模式,N_{sp} 为中空球径向模式。

13.7 小信号下的磁致伸缩材料性能

13.7.1 33 磁致伸缩性能

33 磁致伸缩性能如下:

特性	Terfenol-D	Galfenol	Metglas
$\rho/(kg/m^3)$	9250	7900	7400
k_{33}	0.72	0.61	0.92
$d_{33}/(nm/A)$	15	46	910
$Y^H/(GN/m^2)$	26	57	22
$Y^B/(GN/m^2)$	55	91	140
μ_r^T	9.3	260	17×10^3
μ_r^S	4.5	160	2.6×10^3
$\rho_e/(\mu\Omega \cdot cm)$	60	75	130
$c^H/(m/s)$	1.7×10^3	2.7×10^3	1.7×10^3
$c^B/(m/s)$	2.4×10^3	3.4×10^3	4.4×10^3
$\rho c^H/(kg/(m^2 \cdot s))$	16×10^6	21×10^6	13×10^6
$\rho c^B/(kg/(m^2 \cdot s))$	23×10^6	26×10^6	33×10^6

注:磁导率 $\mu = \mu_r\mu_0$,其中 $\mu_0 = 4\pi \times 10^{-7}$。Terfenol-D 为 18 MPa 压应力和 5000e(奥斯特)偏置磁场下的数值。Galfenol 为 20MPa 压应力和 23Oe 偏置磁场下的数值。Metglas(2605Sc 退火)为 0MPa 压应力和较小的未知偏置磁场下,在 7kOe 横向场下的数值。

13.7.2 三维 Terfenol-D 性能

在 30MPa 压应力和 1257Oe（100kA/m）偏置磁场下测量的结果如下：

k_{33} = 0.70	k_{31} = 0.33	k_{15} = 0.33
μ_{33}^T = 3.0μ_0	μ_{11}^T = 8.1μ_0	μ_{33}^S = 1.1μ_0
d_{33} = 8.5×10^{-9}	d_{31} = −4.3×10^{-9}	d_{15} = 16.5×10^{-9}
s_{33}^H = 3.8×10^{-11}	S_{11}^H = 4.4×10^{-11}	s_{13}^H = −1.65×10^{-11}
s_{12}^H = −1.1×10^{-11}	s_{44}^H = 24×10^{-11}	s_{66}^H = 11×10^{-11}

其他参数的值可以从第 13.4 节给出的关系中计算出来。

13.8　电压分压器和戴维宁等效电路

在换能器等效电路分析中，通常使用分压器和戴维宁电路。分压器提供了简单的计算方法，而戴维宁等效电路则提供了从更复杂的电路简化为更简单的双元件电路的方法。图 13-1 的简单例子可以解释这两方面的应用。

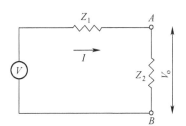

图 13-1　简单分压器

13.8.1　分压器

电压源 V、电流 I 和两个阻抗 Z_1、Z_2 组成的电路如图 13-1 所示，在 Z_2 的终端 A-B 产生输出电压 V_0。电压源 $V = I(Z_1 + Z_2)$，即 $I = V/(Z_1 + Z_2)$，从而输出电压 $V_0 = IZ_2$ 或

$$V_0 = VZ_2/(Z_1 + Z_2) \qquad (13-24)$$

因此，电压分压器的输出电压仅仅是输入电压乘以输出阻抗与阻抗之和的比值。如果 $Z_1 = Z_2$，$V_0 = V/2$；如果 $Z_2 = 100Z_1$，则 $V_0 = V[100/(1+100)] = V/1.01$，$V_0 \approx V$。如果阻抗是由电容 C_1 和 C_2 产生的，有 $Z_1 = 1/j\omega C_1$ 和 $Z_2 = 1/j\omega C_2$，则有

$$V_0 = VC_1/(C_1 + C_2) \qquad (13-25)$$

这种情形解释了低于谐振频率下工作的带电缆水听器（自由电容 C_1），由于电缆电容 C_2 引起的水听器输出电压降低。

13.8.2　戴维宁等效电路

戴维宁等效电路表示法允许诸如图 13.1 所示的电路，用图 13.2 所示的更简单的电路来表示。以本例为基础，戴维宁定理表明，图 13-1 中的输出电压 V_0 转化为图 13-2 的电压源，

图 13-1 两端点 A-B 的输出阻抗转化成了图 13-2 中的电源阻抗 Z。对于图 13-1 的简单例子，由阻抗并联可以得到点源阻抗 $Z = Z_1Z_2/(Z_1 + Z_2)$，从图 13-2 可以得到源电压 $V_0 = VZ_2/(Z_1 + Z_2)$。无论初始电路有多复杂，都可以采用这个等效过程。

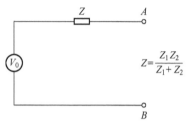

图 13-2 戴维宁等效电路

13.9 磁 路 分 析

13.9.1 等效电路

磁致伸缩换能器的设计需要注意磁路的路径和材料。对于 Terfenol-D 尤其如此，它的相对磁导率仅为真空中的五倍。虽然有限元分析可以用来精确设计计算磁路，但在初始设计阶段，可以使用等效电路分析获得近似的结果。

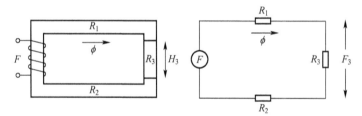

图 13-3 磁场等效电路

图 13-3 给出了一个简单的基于磁路的等效电路分析模型。这里的磁动力 F、磁通量 ϕ 和磁阻 R 分别类似于电压、电流和电阻。横截面积 A、截面长度 L、L_c 为 N 匝线圈长度或永磁铁的长度、磁导率 μ、磁场强度 H、磁通密度 B，I 为电流有如下类比关系：

电压 (V)	↔	磁动力	$F = NI = HL_c$
电流 (I)	↔	磁通量	$\phi = BA$
电阻 (R)	↔	磁阻	$R = L/A\mu$

如果在封闭磁路内有 M 个磁阻，那么总的磁通量 $\Phi = \dfrac{F}{\Sigma R_i}$，求和从 1 到 M。每一个磁阻都是分别按各自的磁导率、长度和横截面积来计算的。

13.9.2 例子

图 13-3 给出了由三个磁阻元件组成的简单模型及其等效电路，其中磁动力 F 由一个匝数为 N 匝的线圈和电流 I 产生，磁场强度为 H 线圈长度为 L_c。如果想计算磁阻 R_3 的磁场强度

H_3、R_3 代表换能器的主动部分，而磁阻 R_1 和 R_2 可以认为是必要的从磁源 F 到元件 3 的磁路径。首先计算磁通量 $\phi = F/(R_1 + R_2 + R_3)$，然后计算通过磁阻 R_3 的磁动力 $F_3 = R_3\phi$，得到磁场强度 $H_3 = F_3/L_3$。可以看出，低磁阻路径 1 和 2 是可取的，可以使用高磁导率的材料获得。其他组件，如与 R_3 并联的磁阻 R_4，也可以用来表示磁场的边缘磁漏现象，它将减少元件 3 的磁通量，从而降低所需的磁场强度 H_3。在这种情况下，与路径 3 相比，路径 4 应该具有较高的磁阻和低磁导率，以减少磁泄漏场。虽然这种类型的分析在磁致伸缩换能器的初始设计中是有用的，但应该采用磁性有限元分析来进行更精确的评估，尤其是在有明显磁场边缘磁漏的情况下。

13.10 诺顿电路变换

在电路分析中发现有两种诺顿电路变换是有用的，Mason 将其用于换能器的等效电路表示。第一种变换是通过在输入端并联一个阻抗 Z_s，将一个匝数比为 N 的理想变压器转换成一个等效"T"型网络，其输入阻抗为 Z_a、输出阻抗为 Z_b，Z_a 和 Z_b 的连接处并联阻抗为 Z_c，如图 13-4 所示。阻抗之间的关系为：

$$Z_a = Z_s(1 - N), Z_b = Z_s N(N - 1), Z_c = Z_s N \tag{13-26}$$

例如，考虑压电陶瓷换能器的常见输入阻抗，其中，Z_s 表示输入静态电容 C_0 的阻抗，$Z_s = 1/j\omega C_0$，其中 N 是机电匝数比。在这种情况下，"T"型网络的三个阻抗可以用三个电容 C_a、C_b 和 C_c 表示，即

$$C_a = C_0/(1 - N), C_b = C_0/(N - 1), C_c = C_0/N \tag{13-27}$$

图 13-4 中的阻抗用相应的电容代替。

另一种有用的诺顿电路变换是将半个"T"型网络转换为带变压器的反向的半个"T"型网络。这种情况如图 13-5 所示，其中理想变压器的匝数比为 T，有

$$T = 1 + Z_1/Z_2, Z_A = Z_1 T, Z_B = Z_2 T \tag{13-28}$$

例如，考虑换能器头部质量为 m，其机械阻抗表示为 $Z_1 = j\omega m$，换能器尾部质量为 M，其机械阻抗表示为 $Z_2 = j\omega M$。在这种情况下，阻抗 Z_A 和 Z_B 用质量 m_A 和 M_B 表示，即有：

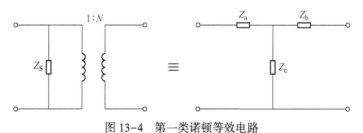

图 13-4 第一类诺顿等效电路

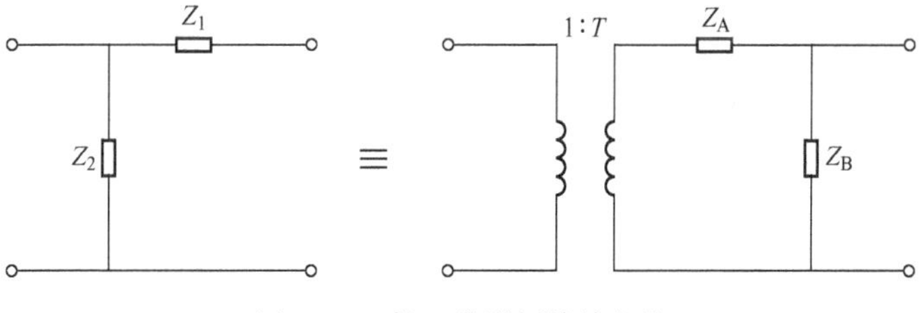

图 13-5 第二类诺顿等效电路

$$T = 1 + m/M, m_A = mT, m_B = MT \tag{13-29}$$

这种变换可以通过将换能器尾部质量移动到一个更有利的位置,使其与头部质量并联,从而简化双谐振换能器的等效电路(m 为中心质量)。

13.11 积分变换对

傅里叶变换:

$$\bar{p}(\alpha) = \frac{1}{2\pi} \int_{-\infty}^{+\infty} p(z) e^{-j\alpha z} dz, p(z) = \int_{-\infty}^{+\infty} \bar{p}(\alpha) e^{-j\alpha z} d\alpha \tag{13-30}$$

Hankel 变换:

$$\bar{p}(\alpha) = \int_{0}^{\infty} p(r) J_0(ra) r dr, p(r) = \int_{0}^{\infty} \bar{p}(\alpha) J_0(ra) \alpha d\alpha \tag{13-31}$$

Hilbert 变换:

$$\bar{p}(\alpha) = \frac{1}{\pi} \int_{-\infty}^{+\infty} \frac{p(x)}{(x-\alpha)} dx, p(x) = -\frac{1}{\pi} \int_{-\infty}^{+\infty} \frac{\bar{p}(\alpha)}{(x-\alpha)} d\alpha \tag{13-32}$$

阻抗 $Z(\omega) = R(\omega) + jX(\omega)$,其中 $Z(-\omega) = Z^*(\omega)$ 的 Hilbert 变换:

$$x(\omega) = \frac{2\omega}{\pi} \int_{0}^{\infty} \frac{R(\alpha) - R(\omega)}{(\alpha^2 - \omega^2)} d\alpha, R(\omega) = \frac{2}{\pi} \int_{0}^{\infty} \frac{\alpha X(\alpha) - \omega X(\omega)}{(\alpha^2 - \omega^2)} d\alpha \tag{13-33}$$

13.12 刚度、质量、力阻

本节简要讨论压电换能器的刚度 K、质量 m 和力阻 R 的基本原理,以及它们对换能器性能和谐振的影响。本节还简要介绍水下压电换能器的一些基本原理。复阻抗 Z 及其对应的 K、m 和 R 见第 13.17 节。

13.12.1 结构刚度 $[K=F/x]$

刚度 K 是一种材料或结构在给定力 F 作用下位移 x 的度量。也即是胡克定理:$x = F/K$ 或 $F = Kx$。柔度 $C = 1/K$,这里 $x = CF$,C 是给定力作用下位移 x 的另一种度量。由于 C 是电容量的力学模拟,因此它在换能器的等效电路表示法中经常使用。材料的柔度用更一般的术语表示为 $S = sT$,其中,s 是柔顺系数,应力 $T = F/A$,A 是横截面积,而应变 $S = x/L$,L 是受力材料的长度。在简单的一维结构中,如自由杆,杨氏模量 $Y = 1/s$。这样可以得到柔度的方程 $C = sL/A$,$K = YA/L$。因此,结构的柔度与柔顺系数 s 和长度与面积的比值成正比,而刚度 K 与 Y 和面积与长度的比值成正比。由于阻抗 $Z = F/u$,其中,振速 $u = j\omega x$(见第 13.17 节),在频率 $f = \omega/2\pi$ 时,对应的机械阻抗为 $Z = K/j\omega = 1/j\omega C$,其中,$1/\omega C$ 为柔顺抗。

13.12.2 压电材料的柔度 $[C^E=x/F]$

对于压电换能器,电压 V 类比于力 F,所以在远低于谐振时,$x = dV$,其中,d 是压电常数

(见第 13.5 节)。在这种情况下,压电材料被内力 $F = NV$ 拉伸,其中,N 可以被认为是机电转换系数,并在等效电路中通过 $N = F/V$ 给出。对于一维压电模型,位移 x 由外部应力 T 和电场 $E = V/x$ 产生的内部应力来产生,从而产生总的应变 $S = sT + dE$ 或等效位移 $x = CF + dV$。由于其中包括了 E 和 V 短路时 ($V = E = 0$) 的弹性和柔顺性,所以为了避免与开路条件下的 s^D 和 C^D 混淆,将 s 和 C 写成 s^E 和 C^E。

其他非主动部分的结构柔度 C_i 可能是换能器设计所必需的,这些部分将降低机电耦合系数 k,因为 k^2 = 转换能量/总存储能量。理想情况下 $k^2 = N^2 C^E / C_f$,其中自由电容 $C_f = C_0 + N^2 C^E$,C_0 是静态电容,是换能器钳定时的电容,也是换能器在谐振时的电容。

13.12.3 质量 [$m = F/a$]

上述讨论都是假定工作频率远低于谐振频率(准静态条件),质量的影响通常可以忽略不计。但是所有的材料都有质量,这是换能器模型的重要组成部分,特别是当工作在谐振频率附近或远高于谐振频率时,刚度往往经常被忽略。尽管压电材料有贡献质量,但通常关心的是活塞向水中辐射声部分的质量,而压电材料的有效质量则被添加到这个辐射质量中。如果在驱动力 F 作用下,质量 m 以及加速度 a 运动,有 $F = ma = mj\omega u$ (见第 13.17 节),对于质量 m,有一个阻抗 $Z = F/u = j\omega m$。

驱动质量为 m 的活塞的压电棒或堆的有效质量为 $m_b/3$,其中 m_b 是压电棒的质量,棒的另一端固定(见第 4.2.2 节)。如果辐射质量是 m_r,总质量则是 $m + m_r + m_b/3$,而不仅仅是 m。在低频的情况下,换能器辐射表面相对于介质中的声波来说是很小的,m_r 是一个常量,但是随着频率的增加,m_r 最终会下降为 $1/f$。

13.12.4 谐振 [$\omega_0 = (mC)^{-1/2}$]

许多振动模型是针对关心的质量建立的,作用在质量上的力是从驱动力中减去反作用力得到的合力。例如,如果关心的质量位于弹性系数 $K = 1/C$ 的弹簧上,有 $ma = F - Kx$,或者写成更好的形式 $ma + Kx = F$。如果力 F 是以角频率 ω 变化的,可以将方程写成振速 u 的形式,即 $(j\omega m)u + (1/j\omega C)u = F$。振速 u 的正弦解为 $u = F/j(\omega m - 1/\omega C)$。可以看出,在谐振频率 $\omega_0 = (mC)^{-1/2}$ 附近,振速将变大,在谐振无损耗的情况下,振速无穷大。

13.12.5 力阻 [$R = F/u$]

R 为力阻,在谐振时稳定并减小输出。在这个力阻项下,阻抗 $Z = R + j(\omega m - 1/\omega C)$,谐振时 $u = F/R$ (见第 13.17 节)。力阻降低了换能器的机械品质因数 $Q = \omega_0 m/R$,使频率响应比较平滑。无功项来自于存储的势能和动能,分别由刚度和质量表示,而力阻项则表示能量损失。如果这一损失代表能量通过声辐射离开换能器,进入预定的介质,它是有用的。这个发射功率可用 $u^2 R_r$ 表示。

R_r 是辐射阻,可能和换能器辐射体尺寸与介质中声波波长的比值有关。R_r 随着频率的增加而增加(参见第 13.13 节),直到辐射体大小约为一个波长。此时力阻近似是一个常数,辐射体被认为是"ρc"负载,R_r 在该频率以上保持近似为恒定值。

损耗阻 R_1,可能包含常数项或依赖于频率的项。这种功率损耗 $u^2 R_1$ 是无用的,且能够使换能器变热。换能器的机械效率为传输到介质中的功率与作用于换能器上的功率的比值,可以写成 $\eta = R_r / (R_r + R_1)$。

13.13 换能器常用公式

13.13.1 转换关系

有效机电耦合系数 k_{eff} 的关系式为：

$$k_{\text{eff}}^2 = [1 - (f_r/f_a)^2], k_{\text{eff}}^2 = (1 + Q_m Q_e)^{-1} \tag{13-34}$$

式中，f_r 和 f_a 分别是谐振和反谐振频率；Q_m 和 Q_e 分别是机械和电气品质因数，有

$$Q_m = f_r/(f_2 - f_1) = \omega_{rw} M/R, Q_e = \omega_{rw} C_0/G_m, \omega_{rw} = (K/M)^{1/2} \tag{13-35}$$

式中，频率 f_2 和 f_1 为半功率点对应的频率；M、K 和 R 分别是有效质量、刚度和阻力；C_0 为静态电容；G_m 为谐振频率处的动态电导；ω_{rw} 为水中谐振角频率：

$$C_0 = C_f(1 - k_{\text{eff}}^2), k_{\text{eff}}^2 = N_{\text{eff}}^2/K^E C_f \text{ 或 } k_{\text{eff}}^2 = N_{\text{eff}}^2/(N_{\text{eff}}^2 + K^E C_0) \tag{13-36}$$

式中，C_f 是自由电容；N_{eff} 是有效机电转换比；$K^E = 1/C^E$ 是短路刚度，C^E 是短路状态柔度。

如果换能器压电材料的机电转换比 N 计入黏合剂镶接的总顺性 C_i，则有效机电比和有效短路状态柔度是

$$N_{\text{eff}} = N/(1 + C_i/C^E), C_{\text{eff}}^2 = C^E(1 + C_i/C^E) \tag{13-37}$$

对于一个小的 33 型横截面面积为 A_0、厚度为 t 的压电材料，在电极之间，黏合剂厚度为 t_i，弹性常数 s_i，有

$$N = d_{33} A_0/t s_{33}^E, C^E = s_{33}^E t/A_0, C_i = s_i t_i/A_0 \tag{13-38}$$

在给定的电场 E，或应力 T 时，谐振时压电陶瓷的每单位体积输入功率 P，有

$$P = k_{\text{eff}}^2 \omega_{rw} \varepsilon_{33}^T E^2 Q_m/2, P = \omega_{rw} s_{33}^E T^2/2Q_m \tag{13-39}$$

式中，ε_{33}^T 和 s_{33}^E 为自由介电常数和短路状态柔顺系数，与 33 模式机电耦合系数的关系为：

$$\varepsilon_{33}^S = \varepsilon_{33}^T(1 - k_{33}^2), s_{33}^D = s_{33}^E(1 - k_{33}^2), k_{33}^2 = d_{33}^2/\varepsilon_{33}^T s_{33}^E \tag{13-40}$$

偏置磁致伸缩换能器中存在着相似的关系，将 s^E 和 s^D 分别由 s^H 和 s^B 取代即可得到。

棒的声速：

$$c_{\text{bar}} = (Y/\rho_m)^{1/2} \tag{13-41}$$

式中，Y 为杨氏模量；ρ_m 为棒的密度。在谐振频率 f_r 下，长度为 L 和平均直径为 D 的棒的频率常数为：

$$f_r L = c_{\text{bar}}/2, f_r D = c_{\text{bar}}/\pi \tag{13-42}$$

水听器内部等效平面波热噪声谱密度为：

$$10\log\langle p_n^2 \rangle = -198\text{dB} - \text{RVS} + 10\log R_h \text{dB}//(\mu\text{Pa})^2/\text{Hz} \tag{13-43}$$

式中，RVS 是平面波接收灵敏度(dB//V/μPa)；R_h 是水听器戴维宁等效电路的串联电阻。对于压电陶瓷水听器，在低频时，噪声为：

$$10\log\langle p_n^2 \rangle = -206\text{dB} + 10\log(\tan\delta/C_f) - \text{RVS} - 10\log f \text{dB}//(\mu\text{Pa})^2/\text{Hz} \tag{13-44}$$

式中，$\tan\delta$ 是介电耗散因子；f 是频率。

压电矩阵的状态方程中，应力 T 和电场 E 已知，从而有：

应力 $S = s^E T + d^t E$

电场位移 $D = dT + \varepsilon^T E$

若 $T_1 = T_2 = 0, S_3 = s_{33}^T T_3 + d_{33} E_3$；若 $T_2 = T_3 = 0, S_1 = s_{11}^T T_1 + d_{31} E_3$。开路条件下，$D = 0, E =$

$-(d^t/\varepsilon^T)T$。

低频水听器电压 V(远低于谐振)可以写成:
$$V = g_{31}tT_1 + g_{32}tT_2 + g_{33}tT_3$$

这里,使用 $E_3 = -V/t$,t 为压电材料电极之间的距离。若 $T_1 = T_2 = 0$,声压 $p = T_3$,接收灵敏度 $M = V/p = g_{33}t$(请注意,对于平均半径 a 的圆柱体,短31模式情形下,$V = g_{31}ap$,$M = g_{31}a$)。

当压电材料的体积为 V_p、总体积为 V_0,输出功率为 W,电场为 ξ_r,效率为 η,浮力为 B,采用下标33或31时的优质因数(FOM)为:

发射换能器 $\mathrm{FOM}_v = W/(V_0 f_r Q_m) = 2\pi\eta\varepsilon^T k_e^2 \xi_r^2 V_p/V_0$, $\mathrm{FOM}_m = B\,\mathrm{FOM}_v$。

单压电型 $\mathrm{FOM}_v = 2\pi\xi_r^2 d^2/s^E = 2\pi\xi_r^2 ed$,水听器 $\mathrm{FOM}_h = gdV_p$。

13.13.2 辐射

① 指向性函数

刚性障板中,长度为 L 的线状换能器和直径为 D 的圆形活塞换能器的远场归一化指向性函数为:
$$P(\theta) = \sin(x)/x, \quad P(\theta) = 2J_1(y)/y \tag{13-45}$$

式中,$x = (\pi L/\lambda)\sin\theta$,$y = (\pi D/\lambda)\sin\theta$,$\theta$ 是入射波与换能器法向夹角。函数 $J_1(y)$ 是参数为 y 的一阶 Bessel 函数。

它们主波瓣-3dB 开角 $13W$(度)是:

长线辐射体(长度 $L \gg$ 波长 λ) $\mathrm{BW} \approx 51\lambda/L$ (13-46)

大直径活塞辐射体($D \gg \lambda$) $\mathrm{BW} \approx 58\lambda/D$ (13-47)

② 乘积定理

根据基阵波束乘积定理有:
$$P(\theta,\varphi) = f(\theta,\varphi)A(\theta,\varphi) \tag{13-48}$$

式中,$f(\theta,\varphi)$ 是平面阵中相同阵元的指向性函数,$A(\theta,\phi)$ 是阵元所在中心点位置构成的点源阵的指向性函数。对于一个 N 元线阵,每个阵元长度变为 L,阵元中心距为 S,由乘积定理可得,
$$P(\theta) = [\sin x_1/x_1][\sin(Nx_2)/N\sin(x_2)] \tag{13-49}$$

式中,$x_1 = (\pi L/\lambda)\sin\theta$,$x_2 = (\pi s/\lambda)\sin\theta$。当 $L = s$ 时,$P(\theta) = \sin(Nx_2)/Nx_2$。

③ 指向性因数 D_f

在刚性障板中,半径为 a、波数为 $k = 2\pi/\lambda$ 的圆形活塞换能器,有
$$D_f = (ka)^2/[1 - J_1(2ka)/ka] = (ka)^2/R_n \tag{13-50a}$$

式中,法向辐射阻 $R_n = R_r/\pi a^2 \rho c$,R_r 是辐射阻。

对于一个由 N 个中心距为 s 的小阵元组成的线列阵,有
$$D_f = N/[1 + (2/N)\sum(n-q)\,\mathrm{sinc}\,(qks)] \tag{13-50b}$$

式中,求和是从 $q = 1$ 到 $q = N-1$ 的,$\mathrm{sinc}(x) = \sin(x)/x$。对于半波长 $(\lambda/2)$,$D_f = N$;当 N 较大时,$D_f \approx N$。

对于面积为 A 的平面辐射器,当全部尺寸均远远大于 λ 时:
$$D_f \approx 4\pi A/\lambda^2 \tag{13-51}$$

对于长度为 L 的线辐射器,当 $L \gg \lambda$ 时:
$$D_f \approx 2L/\lambda \tag{13-52}$$

对于一个阵元间距为 $\lambda/2$ 组成的 N 元线列阵：

$$D_\mathrm{f} = N \tag{13-53}$$

轴对称辐射器：

$$D_\mathrm{f} = 2I(0)\Big/\int_0^\pi I(\theta)\sin\theta\mathrm{d}\theta \tag{13-54}$$

式中，$I(\theta)$ 是声强。

④ 指向性指数，$\mathrm{DI} = 10\log D_\mathrm{f}$。

指向性指数 DI 与波束宽度 BW（度）的近似关系为：

长度为 L 的线辐射器： $\quad \mathrm{DI} \approx 20\mathrm{dB} - 10\log \mathrm{BW} \tag{13-55}$

直径为 D 的圆形辐射器： $\quad \mathrm{DI} \approx 45\mathrm{dB} - 20\log \mathrm{BW} \tag{13-56}$

两边边长为 L_1、L_2 的矩形辐射器：$\mathrm{DI} \approx 45\mathrm{dB} - 10\log\mathrm{BW}(L_1) - 10\log\mathrm{BW}(L_2)$。

低频近似，$ka \ll 1$

⑤ 对于半径为 a，在密度 ρ、声速 c 的介质中单面辐射的圆形活塞换能器，其辐射阻 R_r、辐射抗 X_r、辐射质量 M_r 分别为：

刚性障板中	$R_\mathrm{t} + \mathrm{j}X_\mathrm{t} = \rho c \pi a^2[(ka)^2/2 + \mathrm{j}8ka/3\pi]$	$M_\mathrm{r} = (8/3)\rho a^3$
无障板	$R_\mathrm{r} + \mathrm{j}X_\mathrm{r} = \rho c \pi a^2[(ka)^2/4 + \mathrm{j}2ka/\pi]$	$M_\mathrm{t} = (6/3)\rho a^3$
柔性障板中	$R_\mathrm{r} + \mathrm{j}X_\mathrm{r} = \rho c \pi a^2[8(ka)^4/27\pi^2 + \mathrm{j}4ka/3\pi]$	$M_\mathrm{r} = (4/3)\rho a^3$

半径为 a 的球体，以任意频率脉动时，R_r 和 X_r 为

$$R_\mathrm{r} + \mathrm{j}X_\mathrm{r} = \rho c A \frac{(ka)^2 + \mathrm{j}ka}{1 + (ka)^2} \tag{13-57}$$

在 $ka \ll 1$ 的低频处

$$R_\mathrm{r} + \mathrm{j}X_\mathrm{r} = \rho c A (ka)^2 + \mathrm{j}\omega 3 M_\mathrm{w} \tag{13-58}$$

式中，表面积 $A = 4\pi a^2$；M_w 是半径为 a 的球体水的质量。

⑥ 互辐射阻抗

在平面阵中，间距为 d_{12} 的两个小换能器之间的互辐射阻抗为：

$$Z_{12} = R_{12} + \mathrm{j}X_{12} = R_{11}\left[\frac{\sin kd_{12} + \mathrm{j}\cos kd_{12}}{kd_{12}}\right] \tag{13-59}$$

式中，R_{11} 是单个换能器的自辐射阻。

⑦ "衍射"常数

面积为 A 的换能器在任意频率下，衍射常数 D_a 与 D_f 和 R_r 之间的一般关系为：

$$D_\mathrm{a}^2 = 4\pi R_\mathrm{r} D_\mathrm{f} / \rho c k^2 A^2 \tag{13-60}$$

半径为 a 的球形水听器的衍射常数（$k = 2\pi/\lambda$）：$D_\mathrm{a} = (1 + k^2 a^2)^{-1/2}$。对于半径为 a，波方向垂直于轴的长圆柱形水听器，$D_\mathrm{a} = (2/\pi ka)[J_1^2(ka) + N_1^2(ka)]^{-1/2}$，其中，$J_1$ 和 N_1 分别是一阶 Bessel 和 Neumann 函数。对于半径为 a 且波方向在环平面内的薄壁圆环形水听器，$D_\mathrm{a} = J_0(ka)$。

⑧ 声源级

当输入电功率为 W_i，电声效率为 η_{ea} 时，换能器的声源级为

$$SL = 10\log W_i + 10\log \eta_{ea} + DI + 170.8 dB//1\mu Pa@1m \qquad (13-61)$$

⑨ 互易因子

互易因子 J：

$$J = M/S = 2d/\rho f \qquad (13-62)$$

式中，M 是水听器的开路电压灵敏度；S 是恒定的发射电流响应；d 是两个换能器之间的距离；ρ 是介质密度；f 为频率。以 dB 形式的表示互易关系为：

$$RVS = TCR - 20\log f - 294 dB = TVR + 20\log|Z| - 20\log f - 294$$

式中，RVS 是接收电压灵敏度(dB//V/μPa)，TCR 是发射电流响应(dB//μPa@1m/A)，TVR 是发射电压响应(dB//μPa@1m/V)，Z 是换能器的电阻抗，f 是频率。

⑩ 远场声压

半径为 a 的球源以振速为 u、强度为 $4\pi a^2 u$ 振动，距离为 r 处的远场声压 p 为

$$p(r) = [j\omega\rho 4\pi a^2 u e^{-jk(r-a)}/4\pi r][1/(1+jka)] \qquad (13-63)$$

注意，当 $ka \ll 1$ 时，$1/(1+jka) = 1$。

最大值为 L 的辐射器的瑞利距离(远场距离)，为 $R_0 = L^2/2\lambda$。在刚性障板中，半径为 a 的活塞换能器以振速为 u、强度为 $\pi a^2 u$ 振动，距离 r 处与活塞轴夹角 θ 的远场声压 p 为：

$$p(r,\theta) = [j\omega\rho\pi a^2 u e^{-jkr}/2\pi r][2J_1(ka\sin\theta)/ka\sin\theta] \qquad (13-64)$$

注意，当 $\theta = 0$ 或 $ka \ll 1$ 时，$[2J_1(ka\sin\theta)/ka\sin\theta] = 1$。对于仅在一侧振的活塞换能器(无障板)，$ka \ll 1$ 时，有：

$$p(r) \approx j\omega\rho\pi a^2 u e^{-jkr}/4\pi r \qquad (13-65)$$

13.14 压电陶瓷的应力极限、电场极限和老化

压电陶瓷的应力极限、电场极限和老化：

数　量	PZT-8 Ⅲ型	PZT-4 Ⅰ型	PZT-5A Ⅱ型	PZT-5H Ⅵ型
压应力/(kpsi)	>75	>75	>75	>75
最大静水压/(kpsi)	>50	50	20	20
最大静应力/(kpsi) 平行于3方向	12	12	3	2
最大静应力/(kpsi) 垂直于3方向	8	8	2	1.5
动态峰值张应力/(kpsi)	5	3.5	2	1.5
ε_{33}^T 在 2kV/cm 的变化/(%)	+2	+5	NA	NA
ε_{33}^T 在 4kV/cm 的变化/(%)	+4	+18	NA	NA
$\tan\delta$ (低电场)	0.003	0.004	0.02	0.02
$\tan\delta$ (2kV/cm)	0.005	0.02	NA	NA
$\tan\delta$ (4kV/cm)	0.01	0.04	NA	NA

(续)

数量	PZT-8 Ⅲ型	PZT-4 Ⅰ型	PZT-5A Ⅱ型	PZT-5H Ⅵ型
交流退极化电场(kV/cm)	15	>10	7	4
k_p/十倍时间的变化/%	−1.7	−1.7	−0.0	−0.2
ε_{33}^T/十倍时间的变化/%	−4.0	−2.5	−0.9	−0.6
d_{33}/十倍时间的变化/%	—	−3.9	−6.3	—
k_p 的变化/%				
0~40℃	—	+4.9	+2.5	+3.2
−60~+85℃	—	+9.5	+9.0	+12
K_{33}^T 的变化/%				
0~40℃	—	+2.7	+16	+33
−60~+85℃	—	+9.4	+52	+86

注：1kV/cm=2.54kV/in，2kV/cm=5.1kV/in，4kV/cm=10.2kV/in。

图 13-6 给出了未老化材料和老化材料中的 tanδ 和 ε_{33}^T 的百分比随电场变化的曲线，显示了老化材料的改善。图 13-7 和图 13-8 为 1 个月老化的 PZT-4 和 PZT-8，在不同的平行压应力下 tanδ 和 ε_{33}^T 随电场的变化曲线。老化曲线见图 13-9。极化后，典型的情况是介电常数每十年下降 5%。极化后的 10~100 天内稳定，可以通过加热实现老化处理，但会以牺牲耦合系数值为代价。

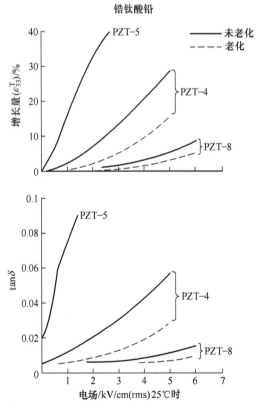

图 13-6 PZT-4、PZT-5 和 PZT-8 的介电常在数和介电损耗的非线性特征

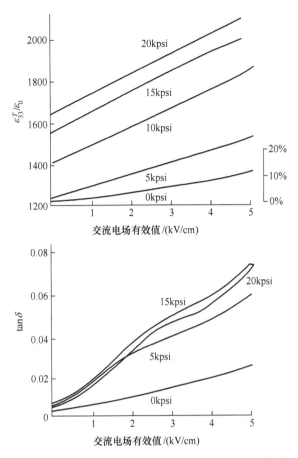

图 13-7 平行应力(T3)作用下 $\varepsilon_{33}^T/\varepsilon_0$ 和 $\tan\delta$ 与交流电场的关系

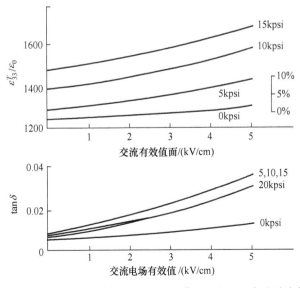

图 13-8 不同平行应力(T3)作用下 PZT-8 $\varepsilon_{33}^T/\varepsilon_0$ 和 $\tan\delta$ 与交流电场的关系

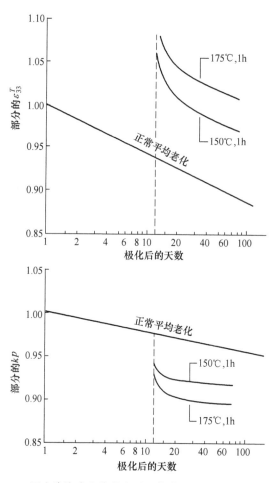

图 13-9 压电陶瓷介电常数和平面耦合系数的典型老化曲线，表明极化后 12 天的热处理效果

13.15 水听器综合噪声模型建立

第 6.7.3 节给出了基于串联电阻 R_h 的水听器噪声的一般描述，其中，电噪声由 R_h 通过约翰逊均方热噪声电压确定，由式（6-57）给出。由此，通过水听器灵敏度计算了水中的等效噪声压。本节将采用一种不同的方法，将约翰逊热噪声的定义扩展到包括机械阻和辐射阻等机械部件，从而为这些元件定义一种噪声力。然后，通过水听器的接收面积和衍射常数直接转换成等效的噪声声压。对压电材料由于 $\tan\delta$ 引起的电损耗噪声计算，与之前一样，通过水听器的灵敏度来参考到换能器的机械端得到。总等效噪声声压是两个均方等效声压之和（参见第 6.7.7 节）。

基于集总等效电路的噪声模型如图 13-10 所示，其中阻抗与图 6-38 的阻抗表示一致。这些电路可以用来表示常用的球形、圆柱形、弯曲式水听器以及 Tonpilz 换能器，所有这些换能器都可以简化为等效的形式。

在图 13-10 的电路中，1Hz 带宽的电耗散噪声为：

$$\langle V_n^2 \rangle = 4KTR_h \tag{13-66}$$

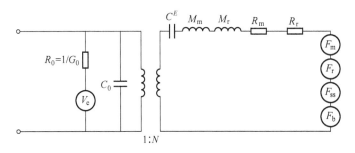

图 13-10 具有噪声电压源 $\langle V_e^2 \rangle$、机械噪声力 $\langle F_m^2 \rangle$、辐射噪声力 $\langle F_r^2 \rangle$、
海洋环境噪声力 $\langle F_{ss}^2 \rangle$ 以及声信号力 F_b 的综合等效噪声电路

用 $R_0 = 1/G_0 = 1/\omega C_f \tan\delta$ 取代 R_h。等效的机械噪声力 $\langle F_m^2 \rangle$ 和 $\langle F_r^2 \rangle$（1Hz 带宽）为：

$$\langle F_m^2 \rangle = 4KTR_m \text{ 和 } \langle F_r^2 \rangle = 4KTR_r \tag{13-67}$$

总质量 $M' = M_m + M_r$，总机械阻 $R = R_m + R_r$，图 13-10 的等效电路可以简化为图 13-11 的形式，其中

$$\langle F_{mr}^2 \rangle = \langle F_m^2 \rangle + \langle F_r^2 \rangle = 4KTR = 4KTR_r/\eta_{ma} \tag{13-68}$$

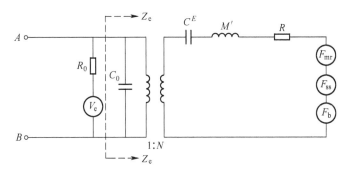

图 13-11 简化的等效电路，其中 $R = R_m + R_r$ 和 $M' = M_m + M_r$

其中，机械噪声效率 η_{ma} 和 R_r 通常是频率的函数。基于平面波关系 $F = p_{ff}AD_a$，等效平面波总机械噪声压为

$$\langle p_{mr}^2 \rangle = 4KTR_r/\eta_{ma} D_a^2 A^2 \tag{13-69}$$

该式可以和自由场的声压信号 p_{ff} 直接比较。对于信噪比等于或大于 1 的情形，p_{ff} 应该等于或大于 $\langle p_{mr}^2 \rangle$。式(13-69)表明，通过增加面积、衍射常数或机械噪声效率可降低热噪声。

首先，考虑辐射阻对噪声的贡献，并假设 $\eta_{ma} = 1$。对于无指向性有效面积为 A 的小型水听器，辐射阻 $R_r = A^2\omega^2\rho/c4\pi$，$D_a = 1$，由式(13-69)可以得到等效噪声均方声压为：

$$\langle p_r^2 \rangle = 4KT\pi f^2 \rho/c \tag{13-70}$$

该噪声与 40kHz 的 SS0 噪声和 80kHz 的 SS1 噪声相比，增加了 6dB/oct，如图 6-37 所示，这也与式(6-65)中 DI = 0 和 $\eta_{ma} = 1$ 的情形一致。式(13-70)对小型水听器的噪声设定了基本限制，这种最小限制可以解释为辐射阻的原因，这是电声换能器的基础。

注意，Mellen 给出的式(13-70)与任何换能器无关，它是将介质中分子的热运动表示为振动模式，将热平衡状态下单位模式的平均振动能量等效为 KT 得到的。这种热噪声存在于海水中并被每个水听器所接收。从表 4-3 的数值例子中可以清楚地看出，这种水听器内部的热噪

声主要是在环境噪声以热噪声为主的较高频率（40kHz 以上）的水声应用中很重要，如图 6-37 所示。对于安装在船舶上的换能器，流噪声和结构噪声经常超过环境噪声，内部噪声的作用可以忽略（见第 8 章）。

对于大型平面水听器，或在高频时，辐射阻趋近于 $A\rho c$，而 D_a 接近于 2，那么式（13-69）变为：

$$\langle p_r^2 \rangle = KT\rho c / A\eta_{ma} \tag{13-71}$$

由此可见，水听器所接收到的热噪声在一个取决于孔径面积 A 的值上保持恒定。因此，在这个频率区域内，利用大平面区域的水听器可以降低某些应用的噪声，所以将大直径厚度模式压电陶瓷盘作为水听器可能是该理论的一个应用（见第 5.4.3 节）。

再考虑一种更一般的情况，即 η_{ma} 不等于 1 的情形。由于 $R_r/D_a A^2 = \omega^2 \rho / D_f 4\pi c$（见式（6-56）），式（13-69）可以写成指向性因数的形式，即

$$\langle p_{mr}^2 \rangle = 4\pi KT(\rho/c) f^2 / \eta_{ma} D_f \tag{13-72}$$

式（13-72）表明，如前所述，可以通过增大指向性因数来降低等效的机械/辐射热噪声压。如果参考声压为 $1\mu Pa$，则式（13-72）可以写成：

$$10\log\langle p_{mr}^2 \rangle = 2\log f - 74.8 dB - 10\log\eta_{ma} - DI, \tag{13-73}$$

这一结果与图 6-37 的热噪声曲线完全一致，即机械噪声效率为 100% 和指向性因数为 1 的情形。将式（6-65）中的 η_{ea} 用 η_{ma} 代替，可以得到同样的结果。

在前面的讨论中，机械噪声力和等效噪声压是直接从约翰逊热噪机械等效模型中计算出来的。图 13-11 给出的等效噪声压产生的电损耗 $\tan\delta \langle V_e^2 \rangle$，同样可以将其应用到机械噪声中，即根据电气输出端的噪声电压，通过灵敏度将其转换到机械端。式（6-67a）中由于电阻 R_0 产生的电噪声，在耗散因子 $\tan\delta \ll 1$ 的典型条件下，为

$$\langle V_e^2 \rangle = 4KT\tan\delta / \omega C_f \tag{13-74}$$

$\langle V_e^2 \rangle$ 在终端产生的噪声电压是电压分压器的结果（见第 13.8 节），其值为 $Z_e/(Z_e + R_0)$，其中，图 13-11 中的 Z_e 是与电阻 R_0 串联的换能器的剩余电阻抗。经过一定的代数运算后，在换能器电气终端 A,B 上产生的噪声可以写为

$$\langle V^2 \rangle = \langle V_e^2 \rangle [(\omega/\omega_r Q_m)^2 + (1 - \omega^2/\omega_r^2)^2] / H(\omega) \tag{13-75}$$

其中

$$H(\omega) \approx [(\omega/\omega_a Q_a)^2 + (1 - \omega^2/\omega_a^2)^2] \\ + \tan^2\delta[(\omega/\omega_r Q_m)^2 + (1 - \omega^2/\omega_r^2)^2] \tag{13-76}$$

在典型的压电陶瓷水听器中，$\tan^2\delta \ll 1$，有

$$H(\omega) \approx (\omega/\omega_a Q_a)^2 + (1 - \omega^2/\omega_a^2)^2 \tag{13-77}$$

在这种典型条件下，式（13-74）、式（13-75）和式（13-77）产生的开路噪声电压为

$$\langle V^2 \rangle \approx [4KT\tan\delta/\omega C_f][(\omega/\omega_r Q_m)^2 + (1 - \omega^2/\omega_r^2)^2] \\ /[(\omega/\omega_a Q_a)^2 + (1 - \omega^2/\omega_a^2)^2] \tag{13-78}$$

总的电噪声电压 $\langle V_n^2 \rangle$ 可以从式（13-72）和由图 6-19 的等效电路得到的水听器电压灵敏度表达式中得到。该电路不局限于弯曲水听器，其灵敏度由式（6-32）给出，它对于大多数压敏水听器是一个很好的近似。因此，可以将水听器的灵敏度表示为

$$|V^2| = k^2 [pAD_a]^2 C^E/C_f [(\omega/\omega_a Q_a)^2 + (1 - \omega^2/\omega_a^2)^2] \tag{13-79}$$

将式（13-78）和式（13-79）联立，可以得到基于平面波假设的电学等效噪声压为：

$$\langle p_e^2 \rangle = [4KT\tan\delta/A^2D_a^2k^2\omega C^E][(\omega/\omega_r Q_m)^2 + (1-\omega^2/\omega_r^2)^2] \tag{13-80}$$

由于 $Q_m = \eta_{ma}/\omega_r C^E R_r$,以及式(6-56)的 $R_r/D_a^2 A^2 = \omega^2\rho/c4\pi D_f$,式(13-80)也可以写成:

$$\langle p_e^2 \rangle = [4KT\tan\delta f^2\rho/c\eta_{ma}k^2 D_f][(\omega/\omega_r Q_m)^2 + (Q_m\omega_r/\omega)(1-\omega^2/\omega_r^2)^2] \tag{13-81}$$

基于电学分析的噪声声压式(13-81)与基于机械分析的噪声声压式(13-72)的比值为:

$$\langle p_e^2 \rangle / \langle p_{mr}^2 \rangle = [\tan\delta/k^2][(\omega/\omega_r Q_m) + (Q_m\omega_r/\omega)(1-\omega^2/\omega_r^2)^2] \tag{13-82}$$

在 $\omega \ll \omega_r$ 的低频段

$$\langle p_e^2 \rangle / \langle p_{mr}^2 \rangle = [\tan\delta/k^2][Q_m\omega_r/\omega] \tag{13-83}$$

这等于式(6-71)中两项的比值,因此与表6-3在1kHz、10kHz和20kHz处的结果一致。在谐振 $\omega = \omega_r$ 时,式(13-82)变为:

$$\langle p_e^2 \rangle / \langle p_{mr}^2 \rangle = [\tan\delta/k^2 Q_m] \tag{13-84}$$

对于 $\tan\delta = 0.01$,$k^2 = 0.5$ 和 $Q_m = 2.5$ 的情形,式(13-84)的比值为0.008,因此,谐振时基于机械分析的等效噪声占主导。

由式(13-72)和式(13-81)给出水听器总等效噪声 $\langle p_n^2 \rangle = \langle p_{mr}^2 \rangle + \langle p_e^2 \rangle$,即有

$$\langle p_n^2 \rangle = [4KT(\rho/c)f^2/D_r\eta_{ma}] \times [1 + (\tan\delta/k^2)\{\omega/\omega_r Q_m + (Q_m\omega_r/\omega)(1-\omega^2/\omega_r^2)^2\}] \tag{13-85}$$

其中,η_{ma} 通常是频率的函数。式(13-85)中第二个括号中的因子是机电效率的倒数(见第2章),即

$$\eta_{em} = N^2 R/[N_2 R + (R^2 + X^2)/R_0] \tag{13-86}$$

式中,$X^2 = (\omega M' - 1/\omega C^E)^2$。然后,根据 $N^2 = k^2 C_f/C^E$,$Q_m = \dfrac{1}{\omega_r C^E R}$,$\omega_r^2 = 1/M'C^E$,$1/R_0 = \omega C_f\tan\delta$,式(13-86)变为

$$\eta_{em} = 1/[1 + (\tan\delta/k^2)\{\omega/\omega_r Q_m + (Q_m\omega_r/\omega)(1-\omega^2/\omega_r^2)^2\}] \tag{13-87}$$

由于整体效率 $\eta_{ea} = \eta_{em}\eta_{ma}$,所以可以把式(13-85)写成:

$$\langle p_n^2 \rangle = 4\pi KT(\rho/c)f^2/D_f\eta_{ea} \tag{13-88}$$

并且,转换成级的形式 $(dB//(\mu Pa)^2)$ 有

$$10\log\langle p_n^2 \rangle = 20\log f - 74.8 - 10\log\eta_{ea} - DI \tag{13-89}$$

这与式(13-73)中令 $\eta_{ma} = 1$ 的特殊情形相同,且与第6.7.1节中由互易定理得到的式(6-65)一致。入射平面波信号声压 $|p_i|^2$ 必须大于式(13-89)所给出的值,以获得大于1的信噪比。

总的电噪声 V_n 可以从式(13-79)中得到,即

$$\langle V_n^2 \rangle = \langle p_n^2 \rangle k^2 A^2 D_a^2 C^E/C_f[(\omega/\omega_a Q_a)^2 + (1-\omega/\omega_a^2)^2] \tag{13-90}$$

将式(13-88)和式(6-56)代入式(13-90),得

$$\langle V_n^2 \rangle = 4KTR_r k^2 C^E/C_f\eta_{ea}[(\omega/\omega_a Q_a)^2 + (1-\omega^2/\omega_a^2)^2] \tag{13-91}$$

前置放大器的电噪声应小于此值,水听器应与前置放大器适当地匹配,以达到最佳性能。将式(6-57)($\Delta f = 1$)代入式(13-91),可以得到任意频率下,水听器近似输入电阻 R_h 为:

$$R_h = R_r k^2 C^E/C_f\eta_{ea}[(\omega/\omega_a Q_a)^2 + (1-\omega^2/\omega_a^2)^2] \tag{13-92}$$

式(13-92)给出的结果与式(6-70)在电损耗因子 $\tan\delta \ll 1$ 的典型条件下的结果一致。本节使用的简化假设,通常能够满足实际应用;在这种情况下,本节的结果应该是可以接受的。该假设最初是在式(6-67a)中使用的,并且通常用于考虑典型损耗的电容模型。这种可接受的近似方法使得水听器的自噪声模型相对简单而全面。

13.16 电缆和变压器

13.16.1 电缆

当水听器的工作频率低于谐振频率时,自由电容 C_f 上的电压 V_h 在接上分布电容为 C_c 的电缆后,电压降低为 V_c,两个电压的比值为:

$$V_c/V_h = C_f/(C_f + C_c) = 1/(1 + C_c/C_f) \tag{13-93}$$

电缆电容可以降低耦合系数,也可以降低发射换能器的功率因数(见第 5 章和第 6 章),但是当 $C_c/C_f \ll 1$ 时,其影响可忽略不计。

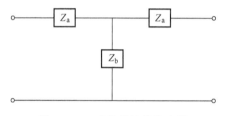

图 13-12 看作传输线的电缆

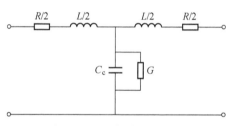

图 13-13 近似传输线模型

对于长电缆的分布电感、电阻和电容的考虑是有重要意义的。这样的电缆可用含阻抗 Z_a 和 Z_b 的传输线路来描述,如图 13-12 所示。

如图 13-13 所示,Z_a 和 Z_b 的值可近似为:

$$Z_a = R/2 + j\omega L/2 \quad 和 \quad Z_b = 1/(G + j\omega C_c) \tag{13-94}$$

式中,R 为电缆串联电阻;L 为电感;C_c 为电容;$G = \omega\varepsilon\tan\delta$,为损耗。在开路条件下,可以得到 C_c 和 G 的值,而 R 和 L 的值可以在短路条件下得到,两种测量都是在低频($\omega \ll \omega_0 = (2/LC)^{1/2}$)的情况下进行的。

一般情况下,Z_a 和 Z_b 的值可以通过在电缆一端开路和短路条件下,在另一端进行分别测量 Z_0 和 Z_s 得到。其结果,以复数形式为:

$$Z_a = Z_0 - Z_b \quad 和 \quad Z_b = [Z_0(Z_s - Z_0)]^{1/2} \tag{13-95}$$

13.16.2 变压器

变压器通常用于将功率放大器的电压提高到适用于电场换能器的驱动电压,这主要是依靠变压器的匝数比来实现的,理想状态下匝数比为次级线圈匝数 n_s 和初级线圈匝数 n_p 的比值。图 13-14 给出了次级线圈和初级线圈提供隔离的传统变压器,而图 13-15 给出的则是不提供隔离的自耦变压器。

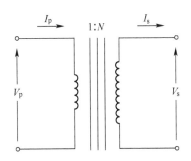

图 13-14 变压器的匝数比 $N = V_s/V_p$

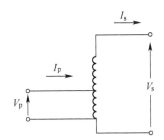

图 13-15 自耦变压器的匝数比 $N = V_s/V_p$

这两种变压器都能够提供电压升高、电流降低,转换负载阻抗 Z_L,从而有

$$V_s = NV_p, \quad I_s = I_p/N, \quad Z_p = Z_L/N^2 \tag{13-96}$$

式中,Z_L 为接在变压器次级线圈的负载阻抗,初级线圈的阻抗是 $Z_p = V_p/I_p$。

设计变压器通常希望在给定负载阻抗下,在它工作频率范围内,所产生的附加电阻、电感和电容都可以忽略不计。另外,除了提高电压外,还可以利用固有的并联电感 L 为换能器的静态电容 C_0 提供调谐。自耦变压器比传统变压器更紧凑,其匝数比小,并且能够自我调谐,常与电场换能器一起使用。

一个典型变压器的等效电路如图 13-16 所示,其中,理想状态下的变压比为 N。L_p 和 L_s 分别是初级线圈和次级线圈漏电感,R_p 和 R_s 分别是初级线圈和次级线圈电阻。并联电容 C 是杂散分布电容,其值和在电路中的位置总是难以确定。

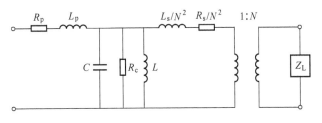

图 13-16 变压器的等效电路图

并联电阻 R_c 是由涡流和磁滞损耗引起的。在工作频率范围内,变压器铁芯必须工作在低于材料的磁饱状态,同时选择低涡流损耗、低磁滞损耗的铁芯材料。

并联电感 L 是由流经初级线圈的磁化电流而引起的,它与次级负载 Z_L 无关。该电感取决于初级线圈的匝数,并通过理想匝数比(N)向次级线圈转换,在次级线圈中产生与负载 Z_L 并联的电感 N^2L。由于 L 与 n_p^2 成正比,且 $N = n_s/n_p$,所以电感 $L_0 = N^2L$ 与次级线圈匝数的平方(n_s^2)成正比,该电感值可以通过将 L_0 的值设置为 $\dfrac{1}{\omega_r^2 C_0}$ 来调整换能器的静态电容。

13.17 复数运算

在本书的整个过程中,都使用了复数运算,因为需要对声学和电学的正弦函数进行表示,这些函数既有振幅又有相位(见第 13.3 节)。这非常重要,因为如果两个函数有相同的相位,它们会相加,但如果是反相 180°,它们就会相减。复数表示可以用于阻抗 Z 和导纳 $Y = 1/Z$ 以及电压 V、电流 I、力 F、振速 u、声压 p 以及它们的导数。

复数由实部和虚部组成,如阻抗 $Z = R + jX$,其中,电阻 R 为实部,电抗 X 为虚部,$j = \sqrt{-1}$。这里注意到 $j^2 = -1$ 和 j 通常用于电气工程,而 $i = -j$ 在物理中经常用于波表示。在阻抗方程中,X 是由于能量储存而产生的无功结果,而 R 是作为损耗或声辐射而耗散的能量的结果。图 13-17 中,阻抗 Z 既可用直角坐标表示又可用极坐标表示,即 $Z = R + jX$ 或 $Z = |Z| e^{j\phi}$,水平轴是实轴,而垂直轴被认为是虚轴,相角 ϕ 从 0° 到 360° 的逆时针方向。

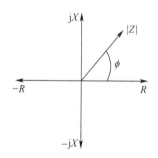

图 13-17 复阻抗 $Z = R + jx$ 的几何图

复共轭 $Z^* = R - jX$,是将表达式 Z 中所有的 j 用 -j 替代得到的。因此乘积

$$ZZ^* = |Z|^2 = (R + jX)(R - jX) = R^2 + X^2 \tag{13-97}$$

这是一个实数,并且 $|Z| = (R^2 + X^2)^{1/2}$。另一方面,ZZ 是复数,且 $ZZ = Z^2 = R^2 - X^2 + j2RX$,两个复数的比值 Z_1/Z_2 可以将分子和分母同乘以 Z_2^*,即

$$Z_1/Z_2 = Z_1 Z_2^* / Z_2 Z_2^* = Z_1 Z_2^* / |Z_2|^2 \tag{13-98}$$

这样就得到了一个复数分子和实数分母,从而可以将 Z_1/Z_2 写成标准的实数和虚数形式 $Z = R + jX$。如果 Z_1 和 Z_2 相乘,可以得到

$$Z_1 Z_2 = (R_1 + jX_1)(R_2 + jX_2) = R_1 R_2 - X_1 X_2 + j(R_2 X_1 + R_1 X_2) \tag{13-99}$$

另一方面,如果将 Z_1 和 Z_2 的共轭 Z_2^* 相乘,可以得到

$$Z_1 Z_2^* = (R_1 - jX_1)(R_2 - jX_2) = R_1 R_2 + X_1 X_2 + j(R_2 X_1 - R_1 X_2) \tag{13-100}$$

如果将 Z_1 和 Z_2 相加,可以简单得到

$$Z_1 + Z_2 = (R_1 + R_2) + j(X_1 + X_2) \tag{13-101}$$

从图 13-17 可以看出,直角和极坐标形式是存在关系的,可以将 $|Z|$ 和 ϕ 表示为 R 和 X 的形式,即

$$\phi = \arctan(X/R) \quad \text{和} \quad |Z| = (R^2 + X^2)^{1/2} \qquad (13\text{-}102)$$

或者,将 R 和 X 表示为 $|Z|$ 和 ϕ 的形式,即

$$R = |Z|\cos\phi \quad \text{和} \quad X = |Z|\sin\phi \qquad (13\text{-}103)$$

由于 $e^{j\phi} = \cos\phi + j\sin\phi$,利用该数学关系有

$$Z = |Z|e^{j\phi} = |Z|\cos\phi + j|Z|\sin\phi \qquad (13\text{-}104)$$

极坐标形式(见第 13.3 节)通常用于动态变量,如电压 V、电流 I、力 F、振速 u 和声压 p。对于极坐标中的变量,复数的加法通常是很困难的,最好是用直角坐标的形式。然而,极坐标形式的复数乘法或除法又很方便,比如 $ZZ = |Z|e^{j\phi}|Z|e^{j\phi} = |Z|^2 e^{j2\phi}$,也即模值相乘、相位相加。对于除法,模值相除、相位相减。在评估基阵中辐射场的声压时,复声压值一直存在,直到最终的压力求和 p_i(允许实部和虚部的适当加法)。一旦已经完成,即可得到总声压 p,如果关心的是声压的模值 $|p|$,可以以对数的形式表示为 $20\log(|p|/p_0)$,其中,p_0 是参考声压 $1\mu\text{Pa}$。

正弦现象的复数表示可以使波动方程简化为更简单的亥姆霍兹方程形式,它还可以使常系数微分方程简化成为代数形式和解。例如,如果位移 $x = x_0 e^{j\omega t}$,振速 $u = dx/dt = j\omega x$,并且加速度 $a = d^2x/dt^2 = j\omega u = -\omega^2 x$,因此,一个交变力 F 引起的一个弹簧刚度 K、附加质量 M、损失电阻 R、系统位移 x 的二阶微分方程可以写成:

$$M d^2x/dt^2 + R dx/dt + Kx = F(\omega)$$

如果 F 是 ω 的函数,且是 $e^{j\omega t}$ 的形式,则 x 的运动是相同的形式,因此可以把微分方程简化成振速 u 的代数方程,得到方程为

$$j\omega M u + Ru + (K/j\omega) = F(\omega)$$

该复数表达式的解 u 为:

$$u = F/[R + j(\omega M - K/\omega)] = F/Z$$

式中,复阻抗 $Z = [R + j(\omega M - K/\omega)] = R + jX$,其中,$X = \omega M - K/\omega$。

对于简单的串联电路也可以得到相同的方程,只需将 F 用电压 V 替换,u 用电流 I 替换,M 用电感 L 替换,K 用 $1/C$ 替换,其中,C 是电容,最后的机械损耗 R 用电阻 R 替换,使得电路可以作为等效电路来分析机械系统。